Einführung in Wasserbau und Grundbau

Von

Dr. Ing. **Traugott Schiffmann**
Wels

Mit 533 Textabbildungen

Wien
Springer-Verlag
1950

ISBN 978-3-7091-3031-5 ISBN 978-3-7091-3030-8 (eBook)
DOI 10.1007/978-3-7091-3030-8

Softcover reprint of the hardcover 1st edition 1950

Vorwort.

Ein als Einführung in ein Fachgebiet bezeichnetes Buch gerät in die schwierige Lage, daß es den Wissensdurst jeder Bildungsstufe gerade im richtigen Ausmaß befriedigen soll, ohne einen bestimmten Umfang zu überschreiten. Der Nichtfachmann erwartet kurzgefaßte Grundlagen, der Fachschüler und Student Einführung und Belehrung auf Grund gesicherter Erkenntnisse, der höher Geschulte Anregungen; auch soll der Inhalt des Buches möglichst allen Anforderungen aus der Praxis gerecht werden. Dieses Ziel ist erstrebt worden. Wer allerdings die Werke von Schoklitsch über Wasserbau und Grundbau kennt, begreift die Schwere des Unterfangens, neben diese eine kurzgefaßte Abhandlung über dasselbe Gebiet, wenn auch in anderem Aufbau zu stellen.

Der erste Abschnitt streift theoretische Grundlagen und zeigt verschiedene Berechnungsarten, um hinzuweisen, daß der Umgang mit Naturbedingtem verschiedener Auffassung unterworfen ist.

Der zweite Abschnitt behandelt die Wassermessung. Er ist verhältnismäßig umfangreich gehalten, weil unter dem Hinweis auf die Beobachtung hier die einzelnen Arten des Wasservorkommens besprochen werden, was mir besonders wichtig erschien.

Im dritten Abschnitt, den wasserbaulichen Vorkenntnissen, ist auch Wissen zusammengetragen, das der allzu sachliche Betrachter als für den eigentlichen Wasserbau belanglos ablehnen könnte; es wäre aber kurzsichtig, es in einer Einführung zu übergehen. Wohl erstmalig in einem Wasserbaubuch ist ein Abriß über Schnee und Lawinen enthalten, weil neuerdings dafür Interesse nicht allein durch die Ausbreitung des Wintersportes, sondern auch infolge des zunehmenden Bauens im Winter im Gebirge besteht.

Als Kern des Buches bringt der vierte Abschnitt den praktischen Wasserbau nach der üblichen Einteilung aufgegliedert, wobei die der geographischen Lage Österreichs naheliegenden Erfordernisse bevorzugt dargestellt sind.

Der fünfte Abschnitt über Wasserwirtschaft wäre wegen der Überordnung dieses Begriffes dem Ganzen voranzusetzen, doch geschah dies nicht, weil erst Fachkenntnisse die hier benützten Ausdrücke verstehen lassen. Erstmalig wurde etwas aus der Geschichte des Wasserbaues berichtet.

Der dem Wasserbau verwandte Grundbau bildet den letzten Abschnitt.

Weil Plandarstellungen ausgeführter Bauten gewöhnlich deren besondere Umstände berücksichtigen, über die nur eine genaue Beschreibung Aufschluß geben würde, ist dem schematischen Bild der Vorzug eingeräumt. Bei der Verwendung solcher Abbildungen habe ich mich zu einem Teil auf die bekannten Werke von Schaffernak, Schoklitsch und Strele gestützt.

Zum Erwerb vertiefter Kenntnisse sind bei den einzelnen Kapiteln jeweils Fachbücher genannt, in denen sich reichliche Literaturhinweise zur weiteren Spezialausbildung finden.

Zum Schluß dankt der Verfasser allen, die ihm beim Vollenden dieses Werkes behilflich waren.

Wels, im März 1950

Dr. Ing. Traugott Schiffmann

Inhaltsverzeichnis.

Erster Abschnitt.

Abriß der Theorie des Wasserbaues (Hydraulik).

Zweiter Abschnitt.

Wassermessung (Hydrometrie).

Dritter Abschnitt.

Wasserbauliche Vorkenntnisse.

Vierter Abschnitt.

Praktischer Wasserbau.

Fünfter Abschnitt.

Wasserwirtschaft und Wasserrecht.

Sechster Abschnitt.

Grundbau.

Meiner Frau gewidmet

Erster Abschnitt

Abriß der Theorie des Wasserbaues.[1]

(Hydraulik.)

Physikalische Grundlagen.

Reines (destilliertes) Wasser hat bei + 4° C seine größte Dichte. Darauf gründet sich das metrische Gewichtssystem; denn 1 dm³ (= 1 l) Wasser von + 4° C wiegt 1 kg, daher ist das spezifische Gewicht (Artgewicht) reinen Wassers oder wie man auch sagt, seine Wichte $\gamma = 1$.

Bei normalem Luftdruck von 760 mm Quecksilbersäule oder 1013 Millibar (Mb)[2]) friert reines Wasser bei 0 ° C und verdampft bei 100 ° C, sodaß sein Schmelzen und Sieden der Temperaturmessung die Bezugspunkte liefert. Auch die Wärmemessung leitet sich vom Verhalten des Wassers ab: Jene Wärmemenge, die 1 kg Wasser von 14,5 auf 15,5° C, also um 1° C erwärmt, heißt 1 Kilogrammkalorie (kcal) und ist die technische Wärmeeinheit (WE). Mit Bezug auf die Gewichtseinheit kg in der Spannungs- und Druckmessung ist eine technische Atmosphäre (1 at = 1 kg/cm²) gleich dem Druck einer 10 m hohen Wassersäule.

Wasser zeigt ein abweichendes, physikalisches Verhalten; es dehnt sich gleichwohl wie andere Körper bei Wärmezunahme aus. Warmes Wasser hat also einen größeren Rauminhalt, damit geringere Wichte, ist also leichter und „schwimmt" auf den kälteren Schichten; daher steigt warmes Wasser in die Höhe (bei Warmwasserheizung). Aber Wasser dehnt sich entgegen allen anderen Körpern auch bei Abkühlung unter + 4 ° C aus, sodaß gefrorenes Wasser ebenfalls seinen Rauminhalt vergrößert. Eis schwimmt daher und taucht etwa ein Zehntel seines Raumes aus dem Wasser.

Das natürlich vorkommende Wasser ist mehr oder minder stark durch Stoffe verunreinigt, die entweder gelöst (vorwiegend Salze und Kalk) oder ungelöst schwebend (suspendiert) beigemengt sind; sie erhöhen etwas das spezifische Gewicht des Wassers.

Fluß- und Seewasser wird als Süßwasser angesprochen, weil sein Salzgehalt unmerklich ist. Verschieden ist der Salzgehalt der Meere: Ostsee 0,78%, Adria 3,20 %, Atlantik 3,54 %; entsprechend ist die Wichte 1,006 bis 1,028, im Durchschnitt 1,02. Mischt sich Süßwasser mit Salzwasser, bei Einmündung von Flüssen ins Meer, spricht man von Brackwasser.

Kalk kennzeichnet die Härte des Wassers und färbt es grün.

Die physikalische Untersuchung beachtet die Zähigkeit von Flüssigkeiten. Sie spielt eine Rolle bei kleinen Wassermengen in engen Röhren

[1]) Forchheimer, Hydraulik, Leipzig-Berlin 1930. Weyrauch, Hydraulisches Rechnen, Stuttgart 1921.

[2]) 1000 Mb = 750 mm Quecksilbersäule.

und in Poren, also z. B. im Versuchsraum für kleinen Maßstab der Versuche und beim Grundwasser. Die Zähigkeit nimmt mit steigender Temperatur ab. Eng verknüpft damit ist die Adhäsion und Kohäsion, sowie Kapillarität und Oberflächenspannung.

Adhäsion heißt das Haften der Flüssigkeit an den Gefäßwänden, Kohäsion der innere Zusammenhalt der Flüssigkeit, also die eigentliche Wirkung der Zähigkeit; Kapillarität nennt man das Aufsteigen der Flüssigkeiten in engen Röhren (Haarröhrchen oder Kapillaren). Die Oberflächenspannung ist eine Kraft, die bei jedem frei gestaltbaren, flüssigen Körper die geringste Oberfläche zu erzielen strebt, also nach Möglichkeit die Kugelform; sie bewirkt die Bildung der Wassertropfen, die Einschnürung eines ausfließenden Strahles und ähnliches.

Die dynamische Zähigkeit ist eine Art Zugspannung in der Flüssigkeit auf die Zeit bezogen, hat daher die Dimension $\left[\frac{kg.s}{m^2}\right]$; gewöhnlich wird die kinematische Zähigkeit ν, das ist die Zähigkeit im Verhältnis zur Dichte angegeben; sie ist von der Temperatur abhängig. Für Wasser bei 4° ist $\nu = 1{,}565 . 10^{-6}$ $m^2/_s$.

Der Einfluß der Zähigkeit ist beim Wasser sehr gering (nicht so bei Ölen) und bei groben Untersuchungen, wie sie die gewöhnlichen, wasserbaulichen Berechnungen darstellen, unwesentlich, sodaß im Nachfolgenden nicht mehr davon die Rede ist.

Zur Überwindung der Reibungswiderstände des Wassers ist ein Energieverbrauch nötig; diese Reibungskräfte sind als Folge der Zähigkeit zu betrachten. Es findet also sowohl innere Reibung innerhalb der Flüssigkeit, als auch äußere Reibung an den Gefäßwänden statt. Weil aber die innere Reibung zumeist gegenüber der äußeren zurücktritt, ist bei Berechnung der Reibung fast immer die äußere gemeint.

Der Druck pflanzt sich im Wasser nach allen Richtungen gleichmäßig und ungeheuer rasch fort. Da Schall und Druck verwandte Erscheinungen sind, kann aus dem Fortschreiten der Schallwellen, die aber nicht mit dem Wellengang am Wasserspiegel verwechselt werden dürfen, die Schnelligkeit der Druckfortpflanzung im Wasser gemessen werden; sie beträgt etwa 1400 m/s.

Wasser kann fast nicht zusammengepreßt werden; es ist nur sehr wenig elastisch, daher ist erst bei sehr großer Wassersäulenhöhe ein Unterschied zwischen geodätischer und manometrischer Höhe merkbar (bei 2000 m etwa + 9 m).

Weniger interessieren im Wasserbau die chemischen und elektrischen Eigenschaften des Wassers. Destilliertes Wasser (H_2O) ist als Trinkwasser ungesund, weil es stürmisch Salze an sich zieht und daher die Magensalze auflöst. Manche chemischen Beimengungen und Auflösungen im Wasser greifen wieder die Gefäßwände und Rohrleitungen an. Auch Ablagerungen und Ausscheidungen werden unangenehm. Die chemische Zusammensetzung ist hauptsächlich für Trink- und Brauchwässer wissenswert.

Reines Wasser ist kein elektrischer Leiter, doch schon wenige Tropfen Schwefelsäure machen Wasser gut leitend. In der Elektrolyse kann Wasser in Wasserstoff und Sauerstoff aufgespalten werden, ein Gemenge, das als Knallgas stark explosiv ist. Verunreinigtes Wasser, also jedes natürliche Wasser, ist gut elektrisch leitend; deswegen ist es gefährlich, elektrische Geräte und Leitungen in nassem Zustande zu berühren.

Die meisten wasserbaulichen Berechnungen nehmen nun zwecks Erleichterung nicht das natürliche Wasser mit seinen schwankenden Eigenschaften, sondern eine ideale Flüssigkeit folgender Art an: Das „ideale Wasser" habe stets genau die Wichte $\gamma = 1$, es ist unzusammendrückbar, der Druck pflanzt sich im Nu[1]) nach allen Richtungen bis ans Ende der Flüssigkeit fort, es gibt nur eine äußere Wandreibung und die Zähigkeit kann vernachlässigt werden. Dampfbildung ist auszuschließen und Temperatur ist ohne Einfluß. Damit werden für die wasserbaulichen Konstruktionen fast immer vollkommen ausreichende Ergebnisse erzielt.

I. Die Lehre vom stehenden Wasser (Hydrostatik).

1. Spiegel- oder Niveaufläche.

Flüssigkeiten können keine Scherkräfte aufnehmen, daher muß jede Kraft, die auf die Oberfläche eines Flüssigkeitsteilchens wirkt, senkrecht zu ihr gerichtet sein. Flüssigkeiten stellen ihren Spiegel so ein, daß er die die Oberflächenteilchen angreifenden Kräfte senkrecht schneidet (Niveaufläche).

Beispiele: Ein Gefäß mit Wasser (Abb. 1) dreht sich mit der Winkelgeschwindigkeit ω um die lotrechte Achse z; auf ein Teilchen im Abstand x wirkt die Schwerkraft G und die Fliehkraft $\frac{G}{g} \cdot \omega^2 \cdot x$.

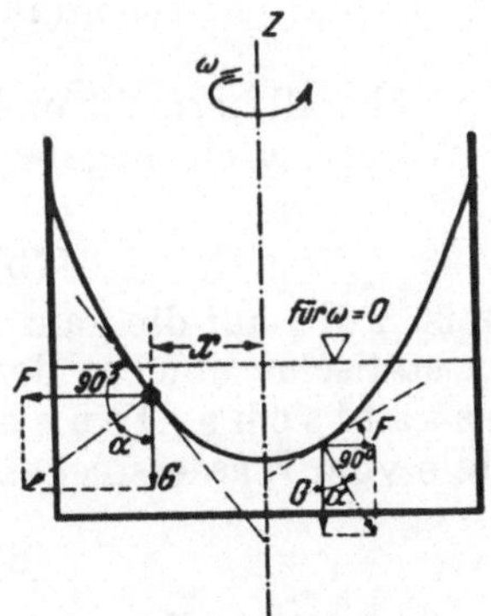

Abb. 1. Wasserspiegelfläche in einer Zentrifuge.

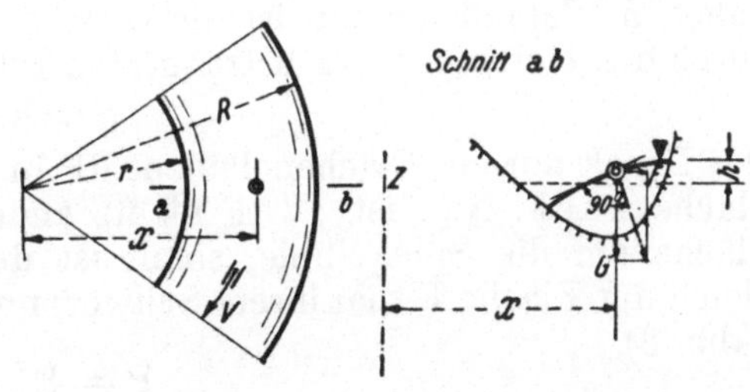

Abb. 2. Wasserspiegelfläche in einer Flußkrümmung.

Die Tangentengleichung für jeden Punkt der Oberfläche lautet:

$$\operatorname{tg}\alpha = \frac{dz}{dx} = \frac{\text{Fliehkraft}}{\text{Schwerkraft}} = \frac{\frac{G}{g} \cdot \omega^2 \cdot x}{G} = \frac{\omega^2}{g} \cdot x \tag{1}$$

Daraus folgt die Differentialgleichung $dz = \frac{\omega^2}{g} \cdot x \cdot dx$ (2)

und die Lösung $z = \frac{\omega^2}{g} \cdot x^2 + c$ (3)

Dies ist die Gleichung einer Parabel und damit diese Spiegelfläche ein Umdrehungsparaboloid. So stellt sich beispielsweise der Spiegel in einer Zentrifuge ein.

Ähnlich wirkt in einer Flußkrümmung (Abb. 2) die Fliehkraft, doch infolge der verschiedenen Winkelgeschwindigkeit, nicht mit gleicher Größe in allen Teilen

[1]) Nicht geltend für spezielle Untersuchung über Druckfortpflanzung.

des Querschnittes, da die Strömungsgeschwindigkeit v gleich bleibt. Es wirkt wieder die Schwerkraft G und die Fliehkraft $\frac{G}{g} \cdot \frac{v^2}{x}$; somit ist

$$\frac{dz}{dx} = \frac{\frac{G}{g} \cdot \frac{v^2}{x}}{G} = \frac{v^2}{g} \cdot \frac{1}{x} \tag{4}$$

Daraus die Differentialgleichung $dz = \frac{v^2}{g} \cdot \frac{dx}{x}$ (5)

Ihre Lösung $z = \frac{v^2}{g} \ln x$ (6)

zeigt den Spiegelverlauf — eine nach unten hohle, logarithmische Kurve. Die Überhöhung h an der Bogenaußenseite ergibt sich durch Einsetzen der Grenzen R und r mit

$$h = \frac{v^2}{g} \cdot \ln\left(\frac{R}{r}\right) \tag{6a}$$

2. Hydrostatischer Druck.

In jedem Punkt einer unbegrenzten Flüssigkeit ist der hydrostatische Druck (Pw) nach allen Richtungen gleich stark; er hängt vom Eigengewicht der Flüssigkeit (γ), von der Tiefe des Punktes unter der Oberfläche (h) und der Flächengröße (F) ab und ist senkrecht auf diese Fläche gerichtet.

$$Pw = \gamma \cdot h \cdot F = (\underbrace{p}_{\text{hydrostatischer Druck}} - \underbrace{p_0}_{\text{Luftdruck}})\,F \tag{7}$$

$$\frac{Pw}{F} = h \cdot \gamma = \frac{p - p_0}{\gamma} \tag{7a}$$

Da für Wasser $\gamma = 1$ und ferner der Luftdruck p_0 überall herrscht und daher in Wegfall kommt, ist die Druckspannung im Wasser, allein gegeben durch die Tiefenlage des betrachteten Punktes

$$p = h \tag{7b}$$

Der Druck auf ein Flächenelement dF in der Tiefe z ist z dF; auf die ganze Fläche $\int z\,dF$. Nun ist $\int z\,dF$ nichts anderes als das statische Moment der Fläche um die Spiegellinie, somit ist der h y d r o s t a t i s c h e D r u c k gleich der Fläche F mal ihrem Schwerpunktsabstande e vom Wasserspiegel. (Abb. 3).

$$P = F \cdot e \tag{8}$$

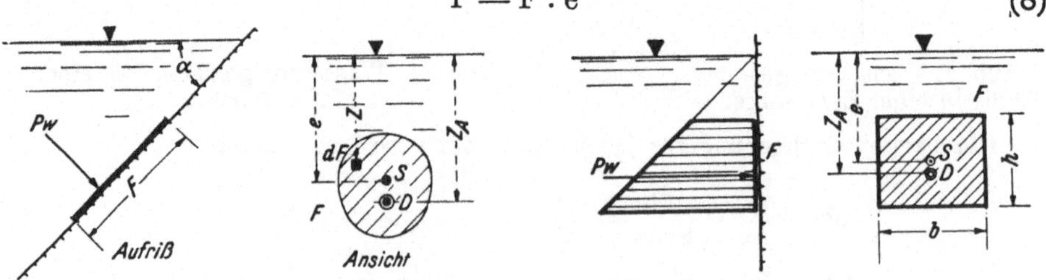

Abb. 3. Wasserdruck auf eine beliebige Fläche.

Abb. 4. Wasserdruck auf eine Rechteckfläche.

Der Angriffspunkt dieses Druckes ist aber nicht im Schwerpunkt der Fläche, sondern tiefer; dieser D r u c k m i t t e l p u n k t hat eine Tiefenlage z_a unter der Oberfläche.

$$z_a = \frac{J_s}{S_s} = \frac{\text{Trägheitsmoment der Fläche}}{\text{Statisches Moment der Fläche}} \Big\} \text{ bezüglich Spiegelschnittgerade} \tag{9}$$

Auf ein Rechteck in der lotrechten Seitenwand eines Gefäßes (Abb. 4) von der Breite b und der Höhe h, dessen Schwerpunktsabstand e beträgt, ist der hydrostatische Druck Pw nach Formel (8)

$$P_w = b\,h\,.\,e \qquad (10)$$

und der Druckmittelpunkt z_a nach Formel (9), in der das Trägheitsmoment bezüglich der Spiegellinie $J_s = \frac{b\,h^3}{12} + b\,h\,.\,e^2$ und das statische Moment für dieselbe Achse $S_s = b\,h\,.\,e$ zu setzen ist.

$$z_a = \frac{h^2}{12\,e} + e \qquad (11)$$

Der Wasserdruck auf eine Staumauer (Abb. 5) wird für einen 1 m breiten lotrechten Streifen berechnet, der von der Sohle bis an den Spiegel reicht. Der resultierende Wasserdruck Rw ist senkrecht auf die wasserseitige Böschung gerichtet; man zerlegt ihn in einen waagrechten Teil W, der gewöhnlich kurz mit Wasserdruck angesprochen wird und einen senkrechten Anteil V, der häufig als Aufdruck oder Wasserlast bezeichnet wird.

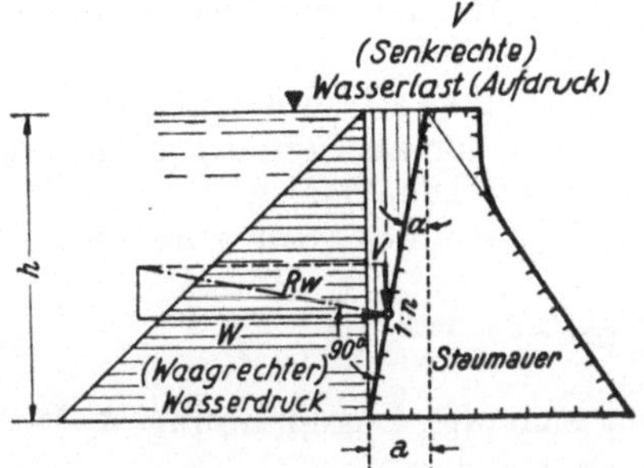

Abb. 5. Wasserdruck auf eine Steinmauer.

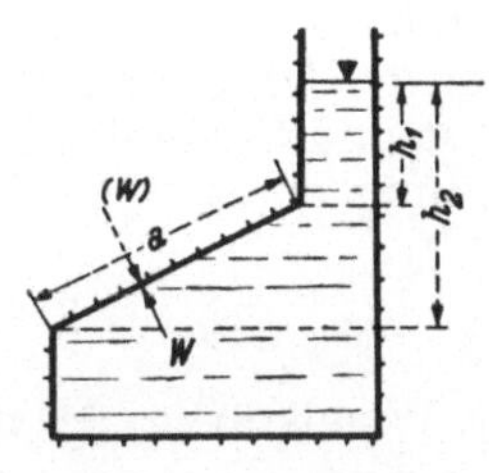

Abb. 6. Wasserdruck auf eine überhängende Wand.

Die waagrechte Teilkraft W ist gemäß Früherem: Fläche mal Schwerpunktsabstand

$$W = 1\,.\,h\,.\,\frac{h}{2} = \frac{h^2}{2} \qquad (12)$$

Ihr Angriffspunkt liegt im Druckmittelpunkt z_a unter dem Weiherspiegel.

$$z_a = \frac{J_s}{S_s} = \frac{\frac{1\,.\,h^3}{3}}{1\,.\,h\,.\,\frac{h}{2}} = \frac{2}{3}\,h \qquad (13)$$

Die vertikale Teilkraft $V = W \operatorname{tg} \alpha = \frac{h}{2}\,.\,\operatorname{tg} \alpha$

$$\operatorname{tg} \alpha = \frac{1}{n} = \frac{a}{h}$$

somit ist

$$V = \frac{h^2}{2n} = \frac{ah}{2} \qquad (14)$$

Ihr Angriffspunkt ist natürlich derselbe wie für die waagrechte Teilkraft W. Daraus ermittelt sich die Größe des gesamten Wasserdruckes

$$R_w = \sqrt{W^2 + V^2} = \frac{h}{2}\sqrt{h^2 + a^2} = \frac{h^2}{2n}\sqrt{n^2 + 1} \qquad (15)$$

Der Druck auf eine überhängende Wandfläche (Abb. 6) von unten ist für einen 1 m breiten Wandstreifen so zu berechnen, als wäre die flüssige Masse fest und der Wasserdruck würde obendrauf lasten.
Der Wasserdruck W ist also nach Formel (8) Fläche mal Schwerpunktsabstand derselben

$$W = 1 \cdot a \cdot \frac{h_2 - h_1}{2} = \frac{a}{2}\,(h_2 - h_1) \qquad (16)$$

Die Lage seines Angriffspunktes unterhalb der Spiegelfläche z_a wird für den senkrechten Anteil $(h_2 - h_1)$ nach der Formel (9) berechnet.

$$z_a = \frac{J_s}{S_s} = \frac{\frac{(h_2 - h_1)^3}{12} + (h_2 + h_1)\left(h_1 + \frac{h_2 - h_1}{2}\right)^2}{(h_2 - h_1)\left(h_1 + \frac{h_2 - h_1}{2}\right)} = \frac{(h_2 - h_1)^2}{6\,(h_2 + h_1)} + \frac{1}{2}(h_2 + h_1) \qquad (17)$$

Rascher wäre z_a aus Formel (11) zu ermitteln gewesen.

Ein auf die Außenfläche einer Flüssigkeit ausgeübter Druck pflanzt sich in der Flüssigkeit nach allen Richtungen gleichmäßig fort, sofern die Flüssigkeit nicht ausweichen kann. (Satz von Pascal.)

Der Innendruck p in einer Rohrleitung, deren Durchmesser d gegenüber der Druckhöhe klein ist, bei der also ein Druckunterschied zwischen First und Sohle der Rohrleitung vernachlässigt werden kann, ruft in der Wandung eines 1 cm langen Rohrstückes (Rohrring) eine Zugkraft Z hervor:

$$Z^{kg} = \frac{1}{2}\,p^{kg/cm^2} \cdot d^{cm} \cdot 1^{cm} \qquad (18)$$

Bei einer Wandstärke s^{cm} rechnet sich die Zugspannung $\sigma_z{}^{kg/cm^2}$ mit:

$$\sigma_z = \frac{p\,d}{2\,s} \qquad (19)$$

Dieser Ausdruck ist als Ring- oder Kesselformel bekannt.

An dem Gefäß in Abb. 7 sind die Öffnungen F_1 und F_2 mit verschieblichen Kolben genau passend verschlossen. Diese Kolben bleiben in Ruhe, solange der Druck P_1 gleich dem Druck P_2 und der darauflastenden Flüssigkeitssäule γz ist.

$$p_1 = \gamma z + p_2 \qquad (20)$$

da die Pressung $p_1 = \frac{P_1}{F_1}$ und $p_2 = \frac{P_2}{F_2}$ ist, ist also

$$\frac{P_1}{F_1} = \gamma z + \frac{P_2}{F_2} \qquad (21)$$

Liegen beide Kolben in gleicher Höhe, dann ist der durch das Eigengewicht der Flüssigkeit hervorgerufene Druckunterschied Null, weil $z = 0$ ist.

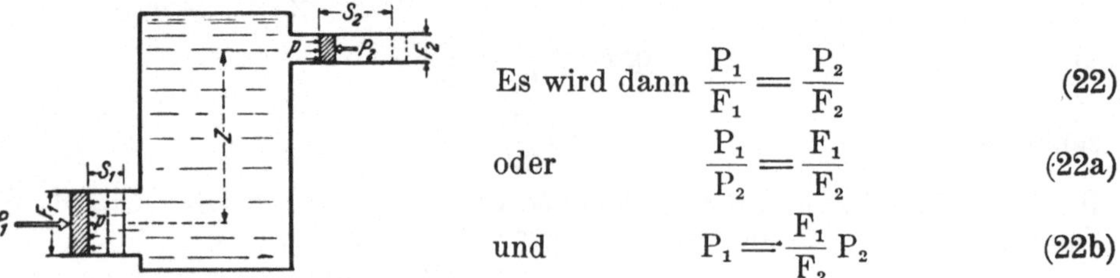

Abb. 7. Wasserdruck im geschlossenen Gefäß (Hydraulische Presse).

Es wird dann $$\frac{P_1}{F_1} = \frac{P_2}{F_2} \qquad (22)$$

oder $$\frac{P_1}{P_2} = \frac{F_1}{F_2} \qquad (22a)$$

und $$P_1 = \frac{F_1}{F_2}\,P_2 \qquad (22b)$$

Die Größe der Kräfte ist der Größe der Flächen umgekehrt verhältnisgleich. Verschiebt sich der eine Kolben, so muß sich, da die Flüssigkeit unzusammendrückbar ist, der andere Kolben entsprechend entgegengesetzt bewegen; um für die durch den einen Kolben verdrängte Flüssigkeit Raum zu schaffen, muß sein

$$F_1 s_1 = F_2 s_2 \tag{23}$$

Die Arbeit des einen Kolben $P_1 . s_1$ ist gleich der Arbeit des anderen Kolben $P_2 . s_2$

$$P_1 s_1 = P_2 s_2 \tag{24}$$

Es sind diese Sätze ein hydraulisches Gegenstück zu den Hebelgesetzen der Mechanik.

Darauf beruht auch die Wirkungsweise der hydraulischen Presse: Mit einer kleinen Kraft kann man große Drücke erreichen, wenn das Verhältnis der Kolbenflächen entsprechend gewählt wird, nur ist dann der Weg des kleinen Kolbens entsprechend länger, weil die Arbeit stets gleich bleibt.

3. Auftrieb und Schwimmen.

Ein allseits vom Wasser umgebener Körper erfährt ringsum Drücke, deren Projektion in die Lotachse einen nach oben wirkenden Druckunterschied ergibt, der gleich dem Gewicht der verdrängten Flüssigkeitsmasse ist. (Prinzip des Archimedes oder Satz vom Auftrieb.)

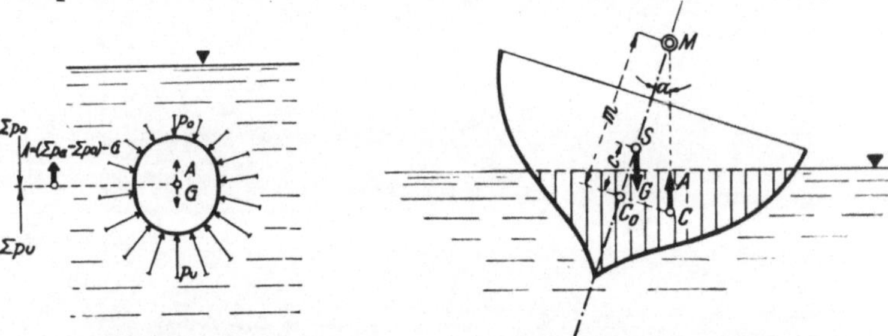

Abb. 8. Druck auf einen untergetauchten Körper (Auftrieb).

Abb. 9. Schwimmen eines Körpers (Stabilitätsmoment).

Wiegt daher ein Körper weniger als das von ihm verdrängte Wasser, ist also sein Auftrieb A größer als sein Gewicht G ($A > G$) (Abb. 8), taucht er empor, bis sich der Auftrieb A und das verdrängte Wasservolumen V das Gleichgewicht hält — er schwimmt. Der Schnitt mit dem Wasserspiegel ist seine Schwimmebene; unendlich vieler solcher Schwimmebenen trennen vom Schwimmkörper gleich große Wasserverdrängung ab, aber nur für eine — die Schwimmachse — fällt der Schwerpunkt des Körpers und der der Wasserverdrängung in eine Lotrechte.

Es herrscht stabiles Gleichgewicht, wenn der Angriffspunkt des Eigengewichtes (Schwerpunkt S) unterhalb des Angriffspunktes des Auftriebes C (Schwerpunkt der verdrängten Flüssigkeitsmasse) liegt; aber selbst bei labilem Gleichgewicht, wenn S oberhalb C liegt, ist noch kein Kentern zu befürchten, weil in jeder anderen Schräglage das nach unten wirkende Eigengewicht G mit dem nach oben gerichteten Auftrieb A ein Moment bildet, das den Schwimmkörper in die Gleichgewichtslage zu drehen versucht, man heißt dies das Stabilitätsmoment.

Solange bei geringem Schwanken des Schwimmkörpers (Schiffes) (Abb. 9) um seine Längsachse („Rollen“) die Lotrechte durch den jeweiligen Schwerpunkt C der Wasserverdrängung (Angriffspunkt des Auftriebes) die Schwimmachse oberhalb des Körperschwerpunktes S schneidet, gibt es kein Kentern. Dieser je nach Neigungswinkel α veränderliche Schnittpunkt M heißt Metazentrum; sein Abstand m vom Schwerpunkt C_0 des Auftriebes bei Ruhelage muß also größer sein als dessen Abstand c vom Körperschwerpunkt S, damit der Körper stabil schwimmt, weil dann das Kräftepaar, Eigengewicht G und Auftrieb A, aufrichtend wirkt.

Somit lautet die Stabilitätsbedingung:

$$MC_0 > C_0 S \quad \text{oder} \quad m > c.$$

II. Die Lehre vom fließenden Wasser (Hydromechanik).

1. Bewegungsweise des Wassers

Das Wasser fließt in gleichlaufenden Schichten als laminare,[1]) Schicht- oder Fadenströmung oder in verwirbelten Bahnen als turbulente oder Wirbelbewegung. (Abb. 10)

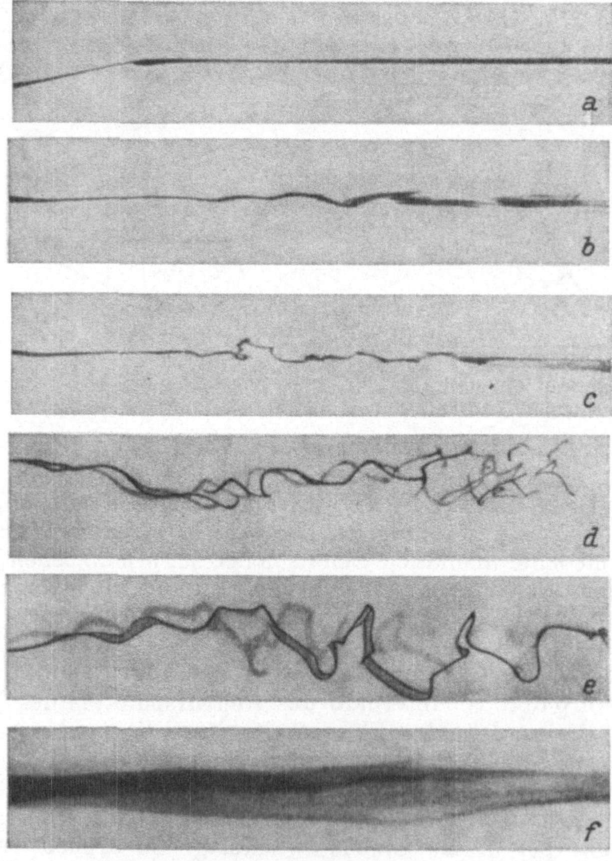

Abb. 10. Schicht- und Wirbelströmung. a) Laminar an der Sohle, b)—e) Verschieden turbulent, f) Laminar in dünner Schicht. (Aus Schoklitsch, Wasserbau I.)

[1]) Man nennt die laminare Bewegung auch Bandströmung, die turbulente manchmal Flechtströmung.

Die Schichtströmung kann sich nur bei sehr kleinen Geschwindigkeiten (wenige cm/s) und sehr glatten Gerinnen entwickeln; wird eine gewisse „kritische Geschwindigkeit“ überschritten, kommt es augenblicklich zur Wirbelbewegung. Jene kritische Geschwindigkeit ist durch die sogenannte Reynoldsche Zahl gekennzeichnet, die der Geschwindigkeit und den Gerinneabmessungen gerade und der Zähigkeit umgekehrt verhältnisgleich ist. In den Gerinnen des praktischen Wasserbaues herrscht ausschließlich Wirbelströmung; die theoretisch weit einfacheren Gesetze der Fadenströmung können nur in wenigen Fällen (z. B. Grundwasserbewegung) Anwendung finden.

Da der verwickelte Vorgang der Wirbelströmung eine rein theoretische Lösung nicht zuläßt, werden die Formeln aus Beobachtung und Erfahrung (empirisch) aufgestellt. Die Turbulenz der Strömung prägt sich dadurch aus, daß an jeder Stelle der bewegten Wassermasse fortwährend sehr rasch wechselnde Schwankungen der Geschwindigkeit, sowohl der Größe als auch der Richtung nach, um einen angenähert gleichbleibenden Mittelwert stattfinden (Pulsationen).

Die Wirbelströmung weist zwei Bewegungsformen auf: „Fließen“ und „Schießen“; beim Fließen oder Strömen, der gewöhnlichen Bewegungsart, kann eine Welle stromaufwärts fortschreiten, bei schießender Bewegung nicht, letzte stellt die rascheste Wasserbewegung dar.

Das Wasser im Gerinne $\left\{\begin{matrix}\text{strömt}\\\text{schießt}\end{matrix}\right\}$, wenn v $\left\{\begin{matrix}\text{kleiner}\\\text{größer}\end{matrix}\right\}$ als $\sqrt{gh}$ (Wellengeschwindigkeit bei der Wassertiefe h) ist.

Gerinneeinengung erzeugt bei strömender Bewegung die Staulinie, bei schießender einen Wassersprung.

Derselbe Durchfluß kann sich unter verschiedener Tiefe vollziehen, die aber nie geringer als die Grenztiefe $h_{gr} = \sqrt[3]{\frac{q^2}{g}}$ sein kann.

(q Durchfluß der Breiteneinheit, g Erdbeschleunigung.)

Bei einem Sohlgefälle i $\left\{\begin{matrix}\text{kleiner}\\\text{größer}\end{matrix}\right\}$ als $\frac{g}{c^2}$ ist $\left\{\begin{matrix}\text{Strömen (Fluß)}\\\text{Schießen (Wildbach, bzw. Schußgerinne)}\end{matrix}\right.$

c Rauhigkeitsbeiwert der Gerinnewandung (s. Seite 13).

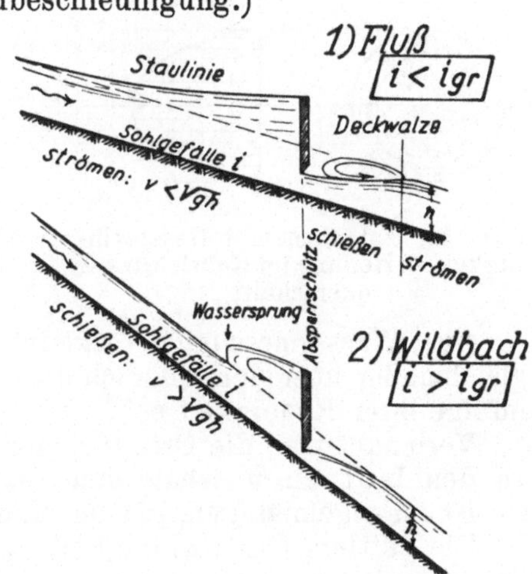

Abb. 11. Bewegungsformen im offenen Gerinne.

Bei gleichgroßer Wassermenge, gleicher Tiefe und Wandrauhigkeit hängt es vom Sohlgefälle ab, welche Bewegungsart sich in einem offenen Gerinne einstellt. (Abb. 11)

Nimmt man in geschiebeführenden Flüssen c = 40 an, ist das Grenzgefälle für Schußgerinne $i_{gr} \leq 0{,}006$, bei welchem noch keine schießende Bewegung zustande kommt.

Sollen die folgenden Formeln gültig sein, darf der Wasserfaden im Gerinne nicht abreißen (Kontinuitätsprinzip), es muß also in jedem Querschnitt gleichviel Wasser zufließen als abrinnt. Ferner muß für jeden senkrechten Schnitt die Summe aus der Bewegungsgröße (Wassermasse mal Geschwindigkeit) und dem angreifenden äußeren Druck gleichbleibend sein (Konstanz der Stützkraft).

Man spricht von stationärer Strömung, wenn im selben Querschnitt der Bewegungszustand zeitlich unverändert bleibt. Die stationäre Strömung ist gleichförmig, wenn die Durchflußquerschnitte einander gleich und die mittlere Geschwindigkeit in aufeinanderfolgenden Querschnitten gleich groß ist (Durchfluß in regelmäßigen Gerinnen); sie ist ungleichförmig, wenn die Querschnitte verschieden sind, somit auch die Geschwindigkeit von Querschnitt zu Querschnitt verschieden ist (Stau und Senkung). Schließlich heißt die Strömung nicht stationär oder ungleichmäßig, wenn Durchflußquerschnitt und mittlere Geschwindigkeit mit der Zeit veränderlich ist. (Wellen, Schwall und Sunk, Gezeiten, Schwingungen, steigendes und fallendesWasser).

2. Durchflußberechnung

Die durch einen Querschnitt in der Zeiteinheit fließende Wassermenge Q ist das Produkt aus mittlerer Querschnittgeschwindigkeit v und Querschnittsfläche F.

$$Q = v \, . \, F \tag{26}$$

In dieser Grundformel der Hydraulik wird die Wassermenge in m^3/s dementsprechend die mittlere Geschwindigkeit in m/s und Fläche in m^2 angegeben.

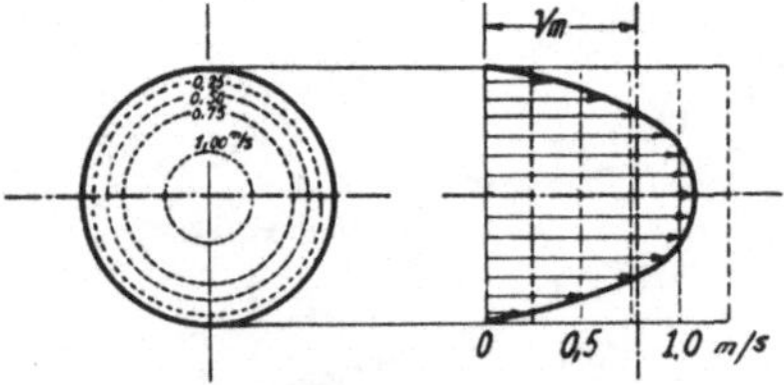

Abb. 12. Isotachen und Geschwindigkeitsverteilung im Rohrleitungsquerschnitt.

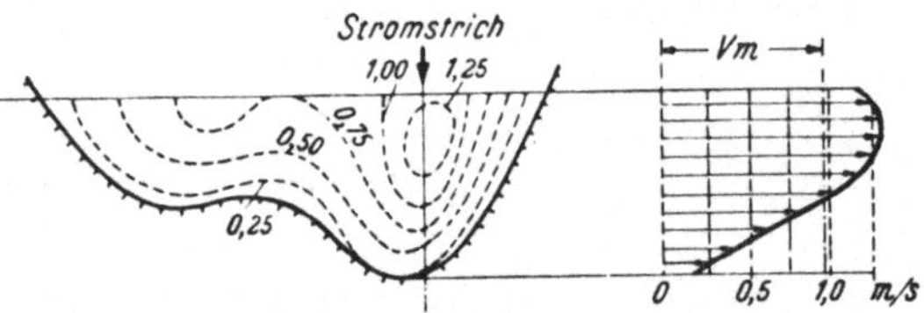

Abb. 13. Isotachen im Flußquerschnitt und Geschwindigkeitsverteilung im Stromstrich.

Aus Wassermessungen erkennt man, daß die Geschwindigkeit nicht gleichmäßig über den Querschnitt verteilt ist, sondern an den Wandungen infolge ihrer Rauhigkeit sehr klein wird.

Verbindet man die Orte gleicher Geschwindigkeit im selben Querschnitt zu den Isotachen, erhält man das Bild der Geschwindigkeitsverteilung; sie ist im regelmäßigen, glatten und geraden Gerinne am gleichmäßigsten.

Die mittlere Geschwindigkeit v_m wird aus Durchflußmenge und Durchflußquerschnitt errechnet.

$$v_m = \frac{Q}{F} \tag{26a}$$

In Rohrleitungen (Abb. 12) ist die Geschwindigkeit in Rohrachse am größten, etwa 1,2 bis 1,5 v_m; der erste Wert gilt für rauhe, der zweite für sehr glatte Gerinne. Im Fluß (Abb. 13) ist die größte Geschwindigkeit (v_{max}) im Stromstrich, die kleinste an der Sohle (v_s). Die Oberflächengeschwindigkeit v_0 ist infolge der Luftreibung kleiner als v_{max}; bei Hochwasser ist nach Reitz $v_m = 0{,}8\, v_0$.

Von Darcy wurde in das wasserbauliche Rechnen als kennzeichnender Ausdruck der Profilradius (hydraulischer Radius) P eingeführt (Abb. 14), der ein Quotient aus Durchflußquerschnitt F und wasserbenetztem Umfang U ist.

$$P = \frac{F}{U} \tag{27}$$

Abb. 14. Idealer Flußquerschnitt.

In breiten, verhältnismäßig seichten Gerinnen, wie es die natürlichen Flüsse meist sind, ist der Profilradius angenähert gleich der mittleren Tiefe.

Das Fließgesetz der Schichtströmung lautet: Das Gefälle $J = \frac{K}{P^2} \cdot v$; bei der Wirbelströmung ist $J = \frac{K}{P} \cdot v^n$, wobei gewöhnlich $n = 2$ gesetzt wird und K eine Konstante ist.

a) Offene Gerinne (Flüsse und Kanäle)

Offene Gerinne haben einen freien Wasserspiegel. Bei gleichförmiger Bewegung ist Wasserspiegelgefälle J und Sohlgefälle i stets gleichlaufend. Die mittlere Querschnittsgeschwindigkeit v ist nach Chezy

$$v = c \sqrt{P \cdot J} \tag{28}$$

worin das Spiegelgefälle J gewöhnlich als Dezimalbruch dargestellt ist.

C kennzeichnet die Rauhigkeit des Gerinnes und nimmt Werte von 20—100 an; je rauher das Gerinne, umso kleiner ist c. Die Dimension dieses Beiwertes ist eigenartig ($m^{1/2} s^{-1}$). In geschiebeführenden Flüssen ist c von 30—50, in Kanälen mit Betonwänden etwa 80.

$$\text{Nach Bazin ist } c = \frac{87}{1 + \frac{\varrho}{\sqrt{P}}} \tag{29}$$

Darin bedeutet ϱ die Wandrauhigkeit gemäß sechs Klassen abgestuft:

1. Gehobeltes Holz oder Zement . . . . $\varrho = 0{,}06$
2. Rauhes Holz oder Quader . . . . $\varrho = 0{,}16$
3. Mauerwerk aus Bruchstein . . . . $\varrho = 0{,}46$
4. Kanäle in Erde mit gepflasterter Böschung . . . . $\varrho = 0{,}85$
5. Erde, Querschnitt regelmäßig und rein . . . . $\varrho = 1{,}30$
6. Geschiebeführende, verwilderte Flußbetten . . . . $\varrho = 1{,}75$

Nach Ganguillet und Kutter ist

$$c = \frac{23 + \frac{1}{n} + \frac{0{,}00155}{J}}{1 + \left(23 + \frac{0{,}00155}{J}\right) \frac{n}{\sqrt{P}}} \tag{30}$$

Darin stellt n die Wandrauhigkeit in acht Klassen dar:

1. Gehobeltes Holz oder Zement . . . . $n = 0{,}010$
2. Rauhes Holz . . . . $n = 0{,}012$
3. Mauerwerk aus Quadern . . . . $n = 0{,}014$
4. Mauerwerk aus Bruchsteinen . . . . $n = 0{,}017$
5. Kanäle in Erde mit gepflasterten Böschungen . . . . $n = 0{,}020$
6. Kanäle und Flüsse, regelmäßig und rein . . . . $n = 0{,}025$
7. Kanäle und Flüsse, teilweise steinig und Wasserpflanzen . . $n = 0{,}030$
8. Kanäle und Flüsse, schlecht unterhalten, geschiebeführend . $n = 0{,}035$

c hat nach der Formel von Bazin eine Abhängigkeit nur von P, nach Ganguillet und Kutter auch noch vom Gefälle J.

Wegen der Unbequemlichkeit dieser Formeln in der rechnerischen Handhabung trachten die Hydrauliker einfachere zu schaffen.

Forchheimer $$v = \frac{1}{n} \cdot P^{0,7} \cdot J^{0,5} \tag{31}$$

n ist der Rauhigkeitswert nach Ganguillet und Kutter.

Für Betonkanäle lautet eine ähnliche Formel:

$$v = 100\, P^{0,65}\, J^{0,5} \tag{32}$$

Für gewöhnliche Flußbette hat die Formel von Strickler Beliebtheit errungen:

$$v = K \cdot P^{2/3}\, J^{1/2} \tag{33}$$

Tabelle 1.

Wandung	K-Werte der Stricklerformel	Vergleich nach Kutter
Felsgrund	15 bis 30	.....
Grober Kies	35	n = 0,030
Mittlerer Kies	40	0,025
Feiner Kies	45	0,022
Bruchsteinmauerwerk	50 bis 60	0,017
Quader, Ziegel	80	0,013
Blechrohre (je nach Ausführung) . .	65 bis 100	.....
Neue Gußeisenrohre, glatter Beton, Holz	90	0,012
mäßig verkrustete Rohre	70	.....
Zementglattstrich	100	0,010

Die Formel von Siedek für Flüsse wird wegen ihrer Umständlichkeit kaum mehr angewandt; sie schließt aber die willkürliche Wahl eines Rauhigkeitswertes aus, weil ihr Autor sagt: Querschnitt, Rauhigkeit und Gefälle stehen in einem natürlichen Flußbett in ursächlichem Zusammenhang.

Aus Messungen in natürlichen Gerinnen leitet Hermanek nachstehende Formeln ab, in denen die mittlere Tiefe T vorkommt:

$$T^{(m)} = \frac{F^{(m^2)}}{B^{(m)}} \quad \text{(B die Spiegelbreite)}$$

$$T < 1{,}5 \text{ m} \qquad v = 30{,}7\ T \sqrt{J} \tag{34}$$

$$1{,}5 < T < 6{,}0 \text{ m} \qquad v = 34 \sqrt[4]{T^3} \sqrt{J} \tag{34a}$$

Neben diesen sind noch viele Durchflußberechnungsformeln aufgestellt worden, die sich aber weniger einbürgerten. Für künstliche Gerinne liefert die Formel von Ganguillet und Kutter ziemlich zutreffende Werte, für natürliche Flußläufe die von Hermanek; meist jedoch zieht man vermöge ihrer Einfachheit die Formeln von Bazin, Strickler und Forchheimer vor.

Man ist bestrebt, Kanäle günstig so zu gestalten, daß ein möglichst kleiner Querschnitt einen größten Durchfluß leistet (hydraulisch günstig) und nennt es ein wirtschaftliches Profil, wenn die Baukosten ein Kleinstwert sind; dies ist bei gleichen Fließverhältnissen (Spiegelgefälle und Rauhigkeit) ein Querschnitt, der entweder halbkreisförmig ist oder dem ein Halbkreis mit dem Mittelpunkt im Wasserspiegel eingeschrieben werden kann (Abb. 15).

Abb. 15. Hydraulisch günstige Kanalquerschnitte.

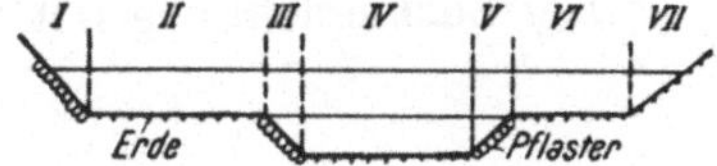

Abb. 16. Zusammengesetzter Flußquerschnitt.

Dies verlangt aber große Tiefen, welchen man wegen Grundwasser- und sonstigen Aushubschwierigkeiten auszuweichen sucht, sodaß man sich mit einem dem hydraulisch günstigen möglichst nahekommenden Profil begnügt.

Von zusammengesetzten Flußquerschnitten (Abb. 16) spricht man, wenn Nieder- bzw. Mittelwasserrinne von jenem für höhere Durchflüsse (Hochwasser) abgestuft unterschieden ist. Ihre Berechnung ist im Abschnitt Flußbau besprochen.

b) Geschlossene Gerinne (Rohrleitungen)

In geschlossenen Gerinnen kann sich beim Vollaufen kein freier Spiegel einstellen, sondern die Wandungen werden ringsum benetzt und kommen unter Wasserdruck. Obige Formeln der Freispiegelgerinne können jedoch ohneweiteres gebraucht werden. Vielfach wird die Formel von Kutter besser passend erachtet:

$$v = \frac{100 \sqrt{P}}{m + \sqrt{P}} \cdot \sqrt{PJ} \qquad (35)$$

Der Rauhigkeitswert ist für glasierte Ton- und unverrostete Stahlrohre . . . . $m = 0{,}27$
bei unreinem Wasser und verfugtem Ziegelmauerwerk . . $m = 0{,}45$
Zwischen m und dem Beiwert n von Ganguillet und Kutter besteht angenähert die Beziehung $m = 100\,n - 1$.

Für kreisrunde Rohrleitungen vereinfacht sich die Formel, weil der Profilradius $P = \frac{D}{4}$ ist.

Das Aufrechterhalten der Bewegung verbraucht infolge Reibung und anderer Widerstände Energie, was sich an offenen Gerinnen im Spiegelgefälle, bei geschlossenen aber an der Druckverlusthöhe h_v erkennen läßt.

Jene Höhenlage, die man zur Erzeugung einer bestimmten (Fall-)Geschwindigkeit benötigt, ist die Geschwindigkeitshöhe

$$h = \frac{v^2}{2\,g} \tag{36}$$

Ein Bruchteil derselben wird zum Überwinden der Bewegungswiderstände verzehrt, so daß

$$v = \zeta \sqrt{2\,g\,.\,h} = \sqrt{2\,g\,.\,h_v} \tag{37}$$

worin g (Erdbeschleunigung) $= 9{,}81$ m/s² und h_v die Druckverlusthöhe in der Gerinnestrecke ist.

Das dem Spiegelgefälle entsprechende Gefälle der Drucklinie ist

$$J = \frac{h_v}{L} \tag{38}$$

Der Zusammenhang mit Formel (26) und (28) ergibt sich folgend:

$$v = c\sqrt{P\,J} = \sqrt{2\,g\,.\,h_v} = \frac{Q}{F}$$

$$J = \frac{2\,g\,.\,h_v}{c^2\,P} = \frac{v^2}{c^2\,P} = \frac{Q^2\,.\,U}{c^2\,.\,F^3} \tag{39}$$

Biegeleisen und Bukovsky nehmen für verkrustete Wasserleitungsrohre an:

$$J = 0{,}004061\;\frac{Q^{1.9}}{D^{4.9}} \tag{40}$$

Ludin bringt eine Formel für Asbestzementrohre

$$v = 134\;R^{0{,}65}\;J^{0{,}54} \tag{40 a}$$

c) Widerstände in Rohrleitungen.

Widerstände werden als Druckverluste h_v berechnet und daher auf die Geschwindigkeitshöhe $v^2/2\,g$ bezogen:

$$h_v = \zeta_v\,\frac{v^2}{2\,g} \tag{41}$$

ζ_v ist ein Widerstandsbeiwert, der aussagt, welcher Teil der Geschwindigkeitshöhe $v^2/2\,g$ zur Überwindung des Widerstandes nötig ist.

1. Eintrittsverlust.

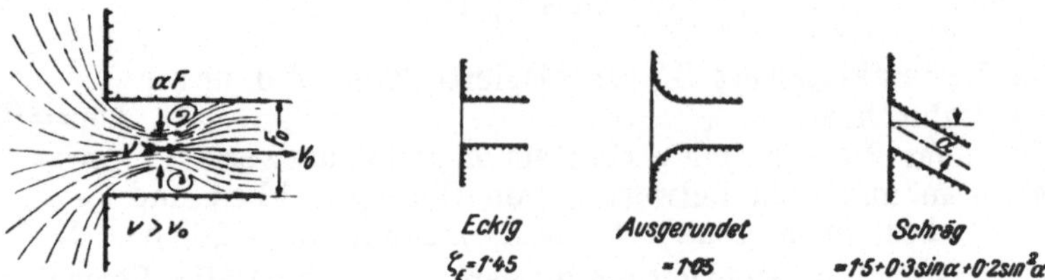

Abb. 17. Einlaufstrahl einer scharfkantigen Einlauföffnung.

Abb. 18. Widerstandsbeiwerte bei verschiedenen Einlaufformen.

An der Einlauföffnung wird der Einlaufstrahl „eingeschnürt", was mit Geschwindigkeitserhöhung verbunden ist, damit die Wassermenge durch den eingeschnürten Querschnitt abfließen kann (Abb. 17); dieses schneller fließende Wasser stößt wieder auf langsameres im nachfolgenden Rohrquerschnitt.

Der **Druckverlust** am Einlauf

$$h_e = \zeta_E \cdot \frac{v_0^2}{2\,g} \tag{42}$$

Je nach Einlaufform ist der Widerstandsbeiwert gemäß Abb. 18 zu wählen.

Steht innen das Ansatzrohr aus der Wand etwas vor, wird $\zeta_E = 1{,}6$; ist überdies der Rohrbeginn scharfkantig, kann ζ_E auf 4,0 steigen. Daraus ist erkennbar, wie wichtig eine gutgeformte Abzweigung zum Vermeiden von Druckverlusten ist.

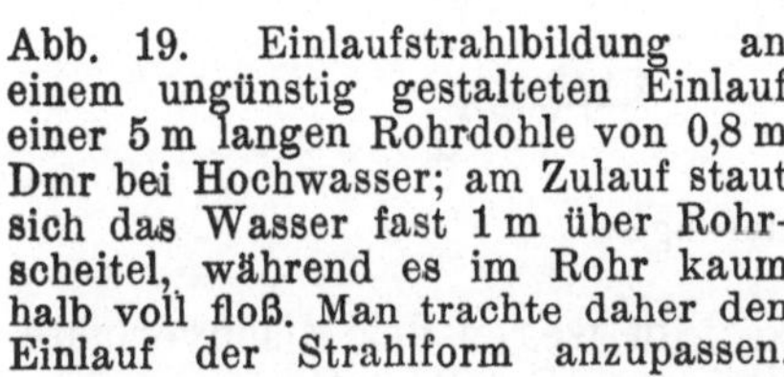

Abb. 19. Einlaufstrahlbildung an einem ungünstig gestalteten Einlauf einer 5 m langen Rohrdohle von 0,8 m Dmr bei Hochwasser; am Zulauf staut sich das Wasser fast 1 m über Rohrscheitel, während es im Rohr kaum halb voll floß. Man trachte daher den Einlauf der Strahlform anzupassen.

2. Querschnittsveränderung.

Sie besteht in Verengungen oder Erweiterungen, die allmählich oder schroff gestaltet sein können.

α) **Allmähliche Verengung** (Abb. 20 a). In der Verengungsstrecke muß die Wassermenge beschleunigt werden; der Unterschied in den Geschwindigkeitshöhen ist der Druckverlust h_v

$$h_v = \frac{v_2^2}{2\,g} - \frac{v_1^2}{2\,g} = \frac{Q^2}{2\,g\,F_2^2} - \frac{Q^2}{2\,g\,F_1^2} = \frac{Q^2}{2\,g\,\alpha^2\,F_1^2} - \frac{Q^2}{2\,g\,.\,F_1^2} =$$

$$= \frac{Q^2}{2\,g\,F_1^2}\left(\frac{1}{\alpha^2} - 1\right) = \frac{v^2}{2\,g}\left(\frac{1}{\alpha^2} - 1\right) = \zeta_v \cdot \frac{v_1^2}{2\,g} \tag{43}$$

$$\zeta_v = \frac{1}{\alpha^2} - 1 \qquad \alpha = \frac{F_2}{F_1} \tag{43 a}$$

β) **Plötzliche Verengung** (Abb. 20 b). Der Durchfluß muß zuerst ähnlich wie beim Einlaufverlust auf die dem eingeschnürten Strahlquerschnitt F_2 entsprechende Geschwindigkeit beschleunigt und dann wieder auf die Geschwindigkeit v_2 verzögert werden; daher ist

$$\zeta_v = 2\left(\frac{1}{\alpha^2} - 1\right) \tag{44}$$

für $\frac{F_2}{F_1}$	0,1	0,2	0,4	0,6	0,8	1,0
ist α	0,61	0,62	0,65	0,70	0,77	1,0

γ) **Allmähliche Erweiterung** (Abb. 20 c). Bei dieser kann Druckhöhe aus der Durchflußverzögerung gewonnen werden, doch nicht die gesamte dem Unterschied der Geschwindigkeitshöhen entsprechende Druckhöhe, weil beim Stoß des schnelleren auf das langsamere Fließen ein Energieverlust (Stoßverlust) in Kauf genommen werden muß.

$$\zeta_w = (0{,}8 \text{ bis } 0{,}85)\,(\alpha^2 - 1) \tag{45}$$

Am günstigsten ist ein Erweiterungswinkel ε von 8°.

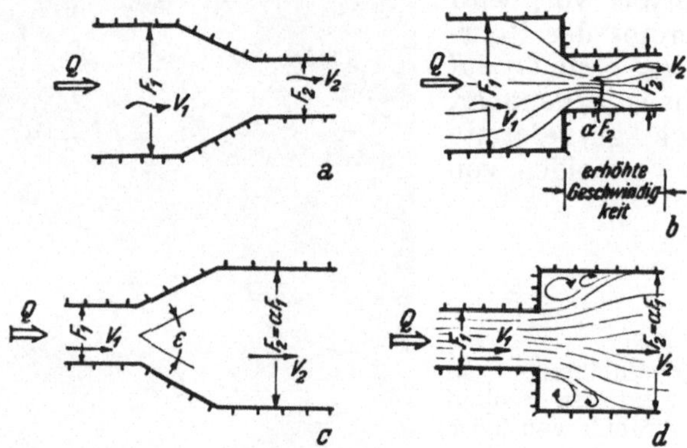

Abb. 20. Querschnittsänderungen.

δ) **Plötzliche Erweiterung** (Abb. 20 d). Diese gibt wegen der Mischverluste an der Übertrittstelle einen wesentlich kleineren Druckgewinn:

$$\zeta_w = 2\,(\alpha - 1) \tag{46}$$

ε) **Absperrorgane:** Schieber (Abb. 21). Je nach Stellung des Schiebers und damit Freigabe des Rohrquerschnittes ist die Widerstandsziffer ζ_s stark verschieden.

Ist der Schieber	3/3 offen	2/3 offen	1/3 offen	geschlossen
so ist ζ_s	0,01	0,77	11,89	∞

(Werte nach Kuichling und Weisbach).

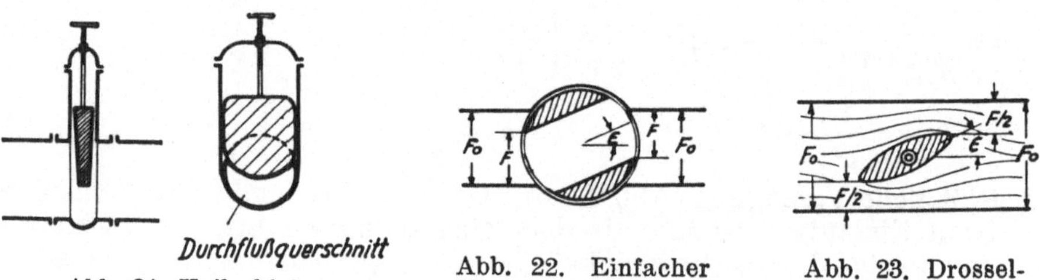

Abb. 21. Keilschieber. Abb. 22. Einfacher Wasserleitungshahn. Abb. 23. Drosselklappe.

Hähne in Wasserleitungsrohren (Abb. 22). Je nach Drehwinkel ε ist die Widerstandsziffer verschieden.

Drehwinkel ε	0°	5°	15°	30°	45°	66°	82°
Querschnittsverhältnis F/F_0	offen	0,93	0,77	0,54	0,32	0,09	geschl.
Widerstandsziffer ζ_s	0,00	0,05	0,75	5,47	31,20	486,00	∞

D r o s s e l k l a p p e n (Abb. 23). Je nach dem Stellwinkel ε ist der Druckverlust verschieden, der aber zum Teil durch diese in die Rohrleitung eingebaute Absperrung ständig vorhanden ist.

Stellwinkel ε	5°	15°	25°	45°	65°	90°
Querschnittsverhältnis F/F_0	0,93 (offen)	0,74	0,58	0,29	0,09	geschlossen
Widerstandsziffer ζ_s	0,25	0,90	2,51	18,70	256,00	∞

d) K r ü m m u n g s v e r l u s t.

Das Umlenken des Strahles in Krümmungen ruft einen Druckverlust hervor, der allerdings bei sehr flachen Krümmungen belanglos ist; es ist auch nicht die Länge der Krümmungsstrecke, sondern der Ablenkungswinkel maßgebender.

Nach N a v i e r ist für Röhren $\zeta_k = (0{,}0039 + 0{,}0186\,r)\,\frac{L}{r}$ (47)

r = Krümmungshalbmesser in m; L = Länge des Bogenstückes in m.

Nach D u B u a t ist für Gerinne mit rechteckigem Querschnitt

$$\zeta_k = 0{,}124 + 0{,}274\,\sqrt{\left(\frac{D}{r}\right)^7} \tag{48}$$

D = kleinster Durchmesser des Gerinnes in m.

e) E n e r g i e l i n i e.

Hydraulische Berechnungen nehmen ihren Ausgang am besten von der Energielinie, die den jeweiligen Energieinhalt des strömenden Wassers an jeder Stelle darstellt. Nach strenger Auffassung wäre dafür eigentlich Arbeitsinhalt zu sagen, doch macht die Wassermenge, die als Gewicht je Zeiteinheit in Erscheinung tritt, den Ausdruck Energie begreiflich.

Der Energieinhalt setzt sich zusammen aus:

1. Lageenergie (potentielle Energie), gekennzeichnet durch Schwerpunktshöhenlage: H
2. Spannungsenergie (Druck), gekennzeichnet durch die Druckhöhe: $\frac{p}{\gamma}$
   p = Druck je Flächeneinheit, γ = Wichte des Wassers;
3. Bewegungsenergie (kinetische Energie), gekennzeichnet durch die Geschwindigkeitshöhe: $\frac{v^2}{2g}$
4. Innere Energie (Wärme), wird in Lageenergie umgewandelt: $\frac{1}{A}\cdot u$
   A = mechanisches Wärmeäquivalent ist jene Arbeit, die durch 1 kcal geleistet werden kann = 427 kgm; u = kcal/kg Wärmeinhalt.

Bei Flüssigkeiten ist Wärmeenergie bedeutungslos, da der Rauminhalt des Wassers fast unabhängig von der Temperatur ist; anders bei den Gasen, wo durch Ausdehnung Arbeit entsteht.

$$E^{kgm} = 1[kg]\,.\,H^{[m]} + 1[kg]\,.\left(\frac{p}{\gamma}\right)^{[m]} + 1[kg]\,.\left(\frac{v^2}{2g}\right)^{[m]} + 1[kg]\,.\left(\frac{1}{A}\,.\,u\right)^{[m]} \tag{49}$$

In der Hydraulik spielt der Wärmeinhalt keine Rolle, weshalb 4. stets wegbleibt

$$E^{kgm} = 1\,[kg]\,.\left(H + \frac{p}{\gamma} + \frac{v^2}{2g}\right)^{[m]}$$

Bei physikalischen Vorgängen wird eine Energieform in eine andere umgewandelt; wenn ein Teil in eine Energieform übergeht, die nicht mehr nutzbar aufscheint (z. B. Wärme), ist dies als Energieverlust in die allgemeine Energiebilanz einzutragen. Die Ermittlung solcher Energieverluste ist wichtig. Die Gesamtenergie kann nicht immer gemessen werden, sondern nur die einzelnen Energieformen an ihrer Auswirkung, z. B. die Höhenlage durch geodätische Instrumente, Druck durch Manometer, Geschwindigkeit durch die verschiedenen Geschwindigkeitsmessungen und Wärme durch Thermometer usw.

Steht ein Körper in einer Strömung, sind die Stromfäden gezwungen, ihm auszuweichen; die Bahnen der Wasserteilchen nennt man Stromlinien.

Für jede Stromlinie ist der Energieinhalt stets gleichbleibend, damit lautet die Gleichung der Stromlinien (Satz von Bernouilli):

$$H + \frac{p}{\gamma} + \frac{v^2}{2g} = \text{konstant} \tag{50}$$

Bei reiner Schichtströmung ließen sich die Strombahnen leicht errechnen, infolge der Turbulenz verwickeln sich aber die Vorgänge und man ist auf Versuche angewiesen.

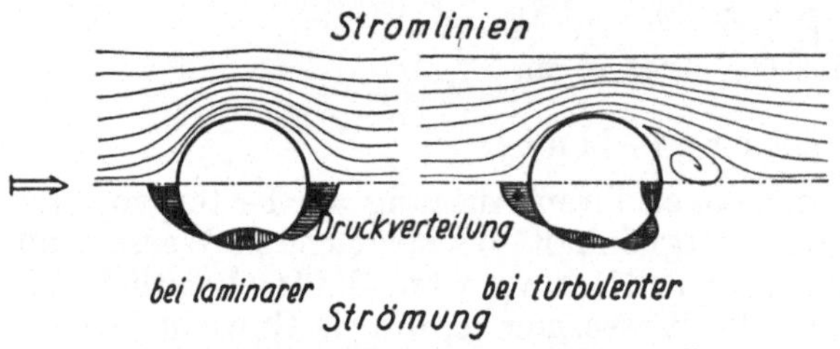

Abb. 24. Stromlinienbilder und Druckverteilung an einem kreisrunden Pfeiler.

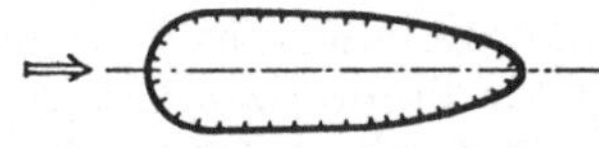

Abb. 25. Idealform eines Strompfeilerquerschnittes.

Das strömende Wasser ruft infolge des Ausweichens der Stromlinien an dem sich entgegenstellenden Körper einen Staudruck hervor (Abb. 24) und hinter dem Körper beim Schließen der Stromlinie einen Unterdruck (Sog). Um diese Kräfte möglichst klein zu halten, werden die im bewegten Strom befindlichen Körper nach den Stromlinien geformt (z. B. Brücken- und Wehrpfeiler, Schiffe, Tragflügel und Gestänge von Flugzeugen etc.). Die Abb. 25 zeigt die Idealform eines Strompfeilers, dem das Bauwerk möglichst nahe kommen soll, umsomehr, je stärker die Strömung ist.

Beispiele zur Anwendung des Satzes von Bernouilli:

In der geschlossenen Rohrleitung eines Hebers (Abb. 26) steht am Einlauf eine Lageenergie gemäß dem Höhenunterschied H zwischen Ober- und Unterwasser zur Verfügung. Da im Heberrohr Luftleere herrscht, wirkt außerdem in der Heberleitung der atmosphärische Luftdruck, der in h_B m Wassersäule umgerechnet wird. Das ruhende Wasser des Oberwasserbeckens muß in Bewegung gebracht und noch weiter beschleunigt werden, bis es am Auslauf die größte Geschwindigkeit erreicht; entsprechend wächst der Inhalt der Bewegungsenergie. Infolge Reibung an den Wänden, Energieumwandlung und Krümmung erwachsen Energieverluste, die der Energienutzung unwiderbringlich verloren gehen.

Die Grenzlinie des jeweilig nutzbaren Energieinhalts bildet die Energielinie, die des am Druckmesser aufscheinenden Druckes die Drucklinie, die außerhalb des Heberumrisses verlaufen muß.

Bei offenen Gerinnen (Abb. 27) liegt die Drucklinie im Wasserspiegel und die Energielinie um die Geschwindigkeitshöhe $\frac{v^2}{2g}$ höher; ihr Gefälle gibt die zur

Aufrechterhaltung des Strömungsvorganges verbrauchte Energie an; der Energieverlust wird hauptsächlich durch Reibung verschuldet. Wird die Energiebilanz in zwei Punkten aufgestellt, so lautet sie:

$$h_2 + \frac{v_2^2}{2g} + h_r = i \, . \, L + h_1 + \frac{v_1^2}{2g}$$

daraus ist der Energieverlust $h_r = \underbrace{iL + (h_1 - h_2)}_{\text{Spiegelhöhenunterschied } \triangle h} + \underbrace{\frac{v_1^2 - v_2^2}{2g}}_{\text{Geschwindigkeitshöhe für Beschleunigung bzw. Verzögerung } h_g}$ (51)

$$h_r = \triangle h \pm h_g \qquad (51\,a)$$

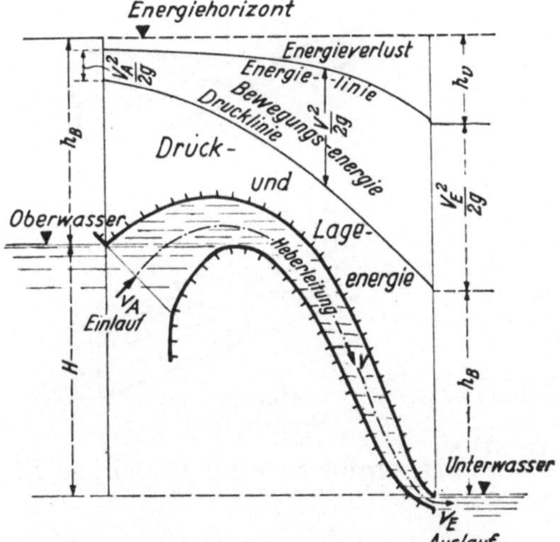

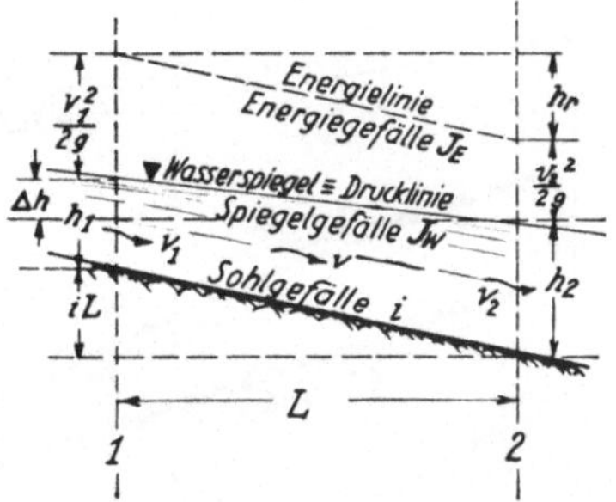

Abb. 27. Energie- und Spiegellinie im offenen Gerinne.

Abb. 26. Druck- und Energieverteilung längs eines Heberrohres.

Diese Gleichung gilt für stationäre, verzögerte (—) [Stau] oder beschleunigte (+) [Senkung] ungleichförmige Bewegung.

Gewöhnlich ist $h_r > h_g$, damit hat der Wasserspiegel die normale Neigung flußab,
ist $h_r = h_g$, strömt das Wasser bei waagrechtem Wasserspiegel,
ist aber $h_r < h_g$, steigt der Wasserspiegel flußab an und das Wasser „läuft bergauf“.

Bei gleichförmiger stationärer Bewegung ist Sohlgefälle, Spiegelgefälle und Energieliniengefälle gleichlaufend: $i = J_w = J_E$

Für hydraulische Rechnung ist es wichtiger, die Energielinie als die Wasserspiegellinie zu kennen.

3. Ungleichförmige und ungleichmäßige Strömung.

a) Stau und Senkung.

Weicht die mittlere Geschwindigkeit zwar in den einzelnen Querschnitten voneinander ab, bleibt sie aber an derselben Stelle dauernd gleich groß, dann ist das Spiegelgefälle nicht mehr gleichlaufend mit dem Sohlgefälle; der Fluß befindet sich im Zustand der ungleichförmigen, stationären Strömung, solange die Spiegellinie unverändert bleibt. Nimmt die Geschwindigkeit flußab zu, entsteht eine Absenkungslinie des Wasserspiegels, nimmt sie ab, eine Staulinie (Abb. 28).

Gleichung (51) lautet:

$$\underbrace{h_r}_{\substack{\text{Reibungs-}\\ \text{widerstand}}} = \underbrace{i\,L}_{\substack{\text{Höhenunterschied}\\ \text{der Flußsohle}}} + \underbrace{(h_1 - h_2)}_{\substack{\text{Unterschied}\\ \text{der Tiefen } (\triangle h)}} + \underbrace{\frac{v_1^2 - v_2^2}{2g}}_{\substack{\text{Änderung der}\\ \text{Bewegungsenergie}}}$$

Vernachlässigt man den sehr geringen Wert der Änderung der Bewegungsenergie in zwei aufeinanderfolgenden Querschnitten von Abstand $\triangle L$, so wird das Spiegelgefälle vom Reibungswiderstand allein aufgezehrt.

$$h_r = J \,.\, \triangle L \tag{52}$$

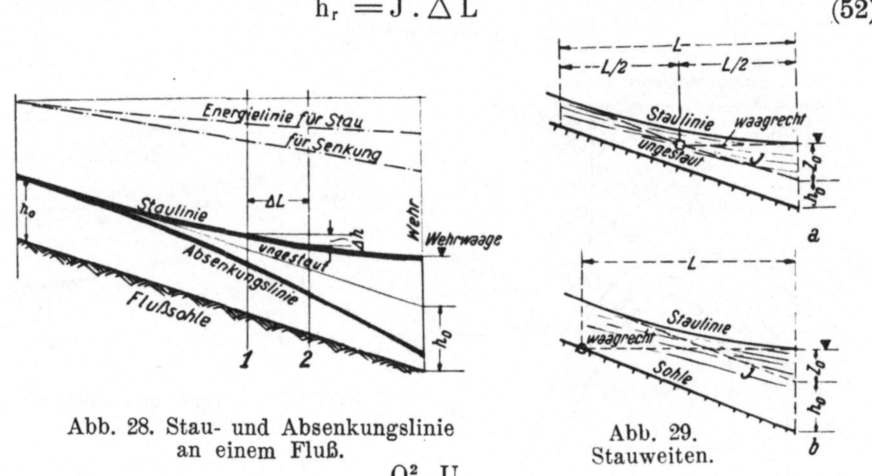

Abb. 28. Stau- und Absenkungslinie an einem Fluß.

Abb. 29. Stauweiten.

Da nach Gleichung (39) $J = \dfrac{Q^2 \,.\, U}{c^2 \,.\, F^3}$ ist, ergibt sich aus Gleichung 51 mit Beachtung der Vorzeichen

$$\triangle L = \frac{\triangle h}{i - \dfrac{Q^2 \,.\, U}{c^2 \,.\, F^3}} \tag{53}$$

Im ungestauten Fluß ist das Sohlgefälle i gleichlaufend dem Spiegelgefälle J ($i = J$), so daß die Gleichung der Staukurve lautet:

$$\triangle L = \frac{\triangle h}{\underbrace{J}_{\substack{\text{Gefälle im}\\ \text{ungestauten Fluß}}} - \underbrace{\dfrac{Q^2 \,.\, U}{c^2 \,.\, F^3}}_{\substack{\text{Gefälle im}\\ \text{gestauten Fluß}}}} \tag{53 a}$$

$\triangle L$ Länge des in Betracht gezogenen Teilabschnittes,
$\triangle h$ Höhenunterschied des Wasserspiegels für diesen Abschnitt.

Die Gleichung der Absenkungskurve erhält man durch Umkehrung des Vorzeichens:

$$\triangle L = \frac{\triangle h}{\dfrac{Q^2 \,.\, U}{c^2 \,.\, F^3} - J} \tag{53 b}$$

Mit Hilfe Gleichung (53) läßt sich die Staulinie bzw. Absenkungslinie stückweise berechnen. Der ungestaute Fluß wird in Teilabschnitte $\triangle L$ derart eingeteilt, daß allfällige Gefällsbrüche der Spiegellinie mit solchen

Teilabschnitten zusammenfallen; die Abschnitte in Wehrnähe sollen aus Gründen der Rechnungsgenauigkeit kürzer gewählt werden. Die Rechnung beginnt beim Aufstau bzw. tiefsten Absenkung am Wehr und schreitet abschnittsweise flußauf fort. Die berechnete Staulinie ist eine stetig gekrümmte Kurve, die am Stauende den ungestauten Flußspiegel schneidet, entgegen dem wahren Verlauf, der einen tangentiellen Übergang verlangt.

Zahlentafeln von Rühlmann, Tolkmitt u. a., die sich in technischen Handbüchern finden, ermöglichen solche Staulinien etwas rascher zu bestimmen.

Sehr angenähert kann die Stauweite, das ist die Reichweite einer kennbaren Stauwirkung, folgend ermittelt werden:

1. Aufstau z_0 am Wehr größer als Tiefe h_0 im ungestauten Fluß (Abb. 29 a)

$$z_0 > h_0$$

Wo die Wehrwaage, d. i. die Waagrechte durch den Wasserspiegel am Wehr, den ungestauten Flußspiegel trifft, ist die halbe Stauweite L.

2. $z_0 < h_0$ (Abb. 29 b)

Wo die Wehrwaage die Flußsohle schneidet, ist der Stau zu Ende.

Stau und Absenkungslinie lassen den Einfluß eines Flußeinbaues (Wehr etc.) auf die Oberlieger erkennen. Wegen Ungenauigkeit in der Berechnung ist es günstig, zur Vermeidung von Streitigkeiten im Fluß noch ein Gefälle von 10—15 cm ungenutzt zu belassen (sog. Friedensgefälle).

b) Pfeilerstau.

Brücken- und Wehrpfeiler verursachen oft einen nicht unbedeutenden Stau (Abb. 30), der besonders bei Hochwasser deutlich merkbar ist. Die größere Tiefe des Staues und die vermehrte Geschwindigkeit infolge der Einengung des Flußquerschnittes durch die Pfeilereinbauten erhöht die Schleppkraft an dieser Stelle, wodurch am Pfeiler häufig tiefe, seinen Bestand gefährdende Kolke entstehen. Bei Pfeilergründung ist darauf Rücksicht zu nehmen, da ein ungenügend gegründeter Flußpfeiler später schwierig zu unterfangen ist.

Der hydraulische Vorgang des Pfeilerstaues ist nicht leicht rechnerisch zu erfassen; es gibt zwar einige Formeln, deren Ergebnisse aber große Unterschiede aufweisen. Der Aufstau ist umso geringer, je schmäler und schlanker der Pfeilerquerschnitt und je besser er der Stromlinienform angepaßt ist.

Rehbock stellt für rein strömenden Durchfluß die folgende Formel der Pfeilerstauhöhe z auf:

$$z = (0{,}72 + 1{,}2\,\alpha + 40\,\alpha^4)\,.\,(1 + 2\,\omega)\,.\,\alpha\,.\,k_0 \qquad (54)$$

Darin ist $\alpha = \frac{f}{F} = \frac{\text{(verbauter Querschnitt)}}{\text{(unverbauter Querschnitt)}} = \frac{\text{Summe der Pfeilerbreiten}}{\text{Querschnittsbreite vor dem Einbau}}$

ω (Fließverhältnis) $= \frac{k_0}{h_0}$; $k_0 = \frac{v_0^2}{2g}$

v_0 Geschwindigkeit vor dem Einbau,

h_0 Tiefe vor dem Einbau.

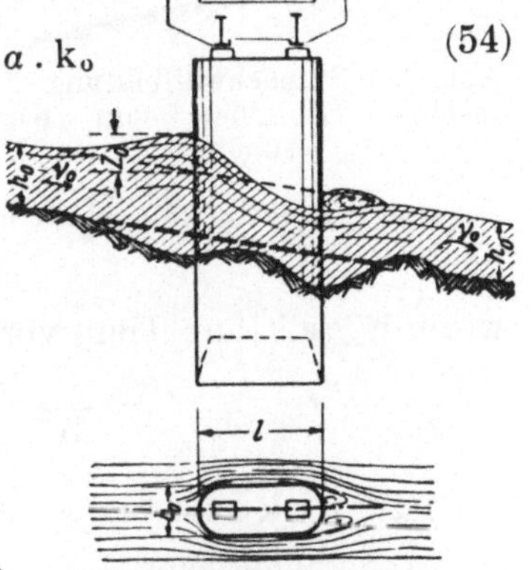

Abb. 30. Stau an einem Brückenpfeiler.

Andere Formeln stammen von Rühlmann und d'Aubuisson.

c) Schwall und Sunk.

Wird bei gleichförmiger Strömung die Durchflußmenge plötzlich geändert, sei es durch Öffnen oder Schließen einer Schütze oder eines Turbinenzulaufes, so durcheilt ein Schwall oder Sunk in Gestalt einer Welle mit steilem Anstieg sehr rasch das Gerinne; die Höhe dieser Welle übertrifft die durch allmählichen Stau oder Absenkung hervorgerufene Erscheinung oft bedeutend und gefährdet damit das Gerinne.

Man unterscheidet:

α) den Stauschwall, welcher durch Abstoppen des Durchflusses am unteren Kanalende entsteht;

β) den Füllschwall, der durch sehr schnelles Öffnen des Zuflusses am oberen Kanalende hereinbricht;

γ) den Absperrsunk, den ein augenblickliches Schließen der Einlaßschützen am oberen Kanalende hervorruft und

δ) den Entnahmesunk, den eine plötzliche Entnahmevermehrung am unteren Kanalende erzeugt.

Gefährlich sind Schwälle (besonders der Stauschwall), weil sie zum Überfluten der Kanalborde führen können. Auch ein Sunk kann durch das plötzliche Entlasten der wassererfüllten Kanalböschungen Rutschungen hervorrufen. Da aber im allgemeinen das Hintanhalten eines Sunks und eines Füllschwalls leicht zu regeln ist und ein Entnahmesunk infolge Dammbruches an und für sich schon eine Katastrophe ist, ist hauptsächlich nur der Stauschwall von Interesse, weil ein plötzliches Abschließen von Turbinen häufig erzwungen wird.

Stauschwall (Abb. 31): Aus dem Verlauf der verschiedenen Spiegellinien beim Fortschreiten des Schwalls ist das Anschwellen am unteren Kanalende bei plötzlichem, vollkommenem Abschluß wichtig, weil das einen höchsten Ausschlag z_{max} erzeugt, der über die endgültige Spiegellinie hinausgeht.

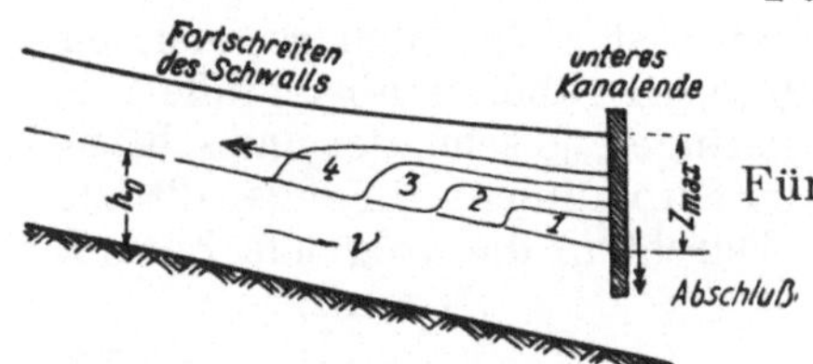

Abb. 31. Stauschwallbildung beim raschen Schließen von Kanalschützen.

Für rechteckigen Querschnitt ist nach Feifel:

$$z_{max} = \frac{v^2 + v\sqrt{v^2 + 4\,g\,h_0}}{2\,g} \tag{55}$$

Für Trapezquerschnitt nach Forchheimer:

$$z_{max} = \frac{v^2 + 4\,v\sqrt{g\,h_0}}{4\,g} \tag{55 a}$$

v die mittlere Geschwindigkeit vor dem Schwall,

h_0 Wassertiefe vor dem Schwall.

Die Schnelligkeit w des Schwallfortschreitens bergauf ist nach Bundschu

$$w = \sqrt{g h_m} - v \tag{56}$$

worin h_m (mittlere Tiefe vor dem Schwall) =

$$= \frac{F}{b} = \frac{\text{Gerinnequerschnitt}}{\text{Gerinnebreite vor dem Schwall}}$$

d) Druckanstieg und Druckabfall in Rohrleitungen.

In geschlossenen Leitungen kann sich der Vorgang von Schwall und Sunk nicht ausbilden, auch ist infolge der Unzusammendrückbarkeit des

Wassers Verdichtung oder Verdünnung wie bei Gasen nicht möglich. Die Einflüsse plötzlicher Durchflußänderungen werden sich deshalb in geschlossenen Rohrleitungen als Druckänderungen zeigen, die zwar den Schwall- und Sunkerscheinungen der Freispiegelgerinne wesensähnlich sind, sich aber mit viel größerer Schnelligkeit, nämlich der Schallgeschwindigkeit im Wasser fortpflanzen und daher auch größere Ausschläge hervorrufen. Dadurch werden solchen Druckstößen nicht gewachsene Rohre, wie beispielsweise Stahlbetonrohre, gefährdet.

Häufig werden Wasserleitungen, in denen solche Druckschwankungen auftreten, durch Steigrohre, Wasserschlösser oder Windkessel nach Art von Sicherheitsventilen entlastet; in diesen schwingen dann die Wassersäulen auf und ab, werden durch die Reibung gebremst und schwächen gemäß einer nur allmählich möglichen Steigerung den Druckstoß stark ab. Ferner sind auch die Absperrorgane meistens so eingerichtet, daß sie ein plötzliches Schließen und Öffnen nicht gestatten.

Es ist ein Unterschied, ob diese Schließzeit T der Absperrvorrichtung größer oder kleiner ist als die Laufzeit der Druckwelle. Laufzeit ist jene Zeit, die eine Welle vom Absperrorgan bis zum anderen Ende der Rohrleitung, wo diese in einen freien Spiegel mündet — also bei Hochdruckwasserkraftwerken das Wasserschloß — hin und zurück braucht.

$$T \lesseqgtr \frac{2\,L}{w} \cong \frac{2\,L}{1000} \tag{57}$$

I. D r u c k a n s t i e g beim Schließen.

A) Für $T \leqq \dfrac{2\,L}{1000}$ ist der Druckanstieg $h' = 102\,v$ (58)

$v = \dfrac{Q}{F_m}$ ist die mittlere Geschwindigkeit in der Rohrleitung, im mittleren Querschnitt F_m.

B) $T > \dfrac{2\,L}{1000}$; . . . . $h' = m - H - \sqrt{m^2 - m'^2}$ (58a)

$$m = m' + m''$$
$$m' = H + 102\,v$$
$$m'' = \frac{0.021\,v^2\,(500\,T - L)^2}{H T^2}$$

H Höhe des Ruhespiegels über der Absperrung.

II. D r u c k a b f a l l beim Öffnen.

Druckabfall $h'' = \sqrt{n\,(2\,H + n)} - n$ (59)

A) $T \lesseqgtr \dfrac{2\,L}{1000}$; $n = \dfrac{5200\,v^2}{H}$ (59a)

B) $T > \dfrac{2\,L}{1000}$; $n = \dfrac{0{,}021\,v^2\,L^2}{T^2 \, . \, H}$ (59b)

An Hauswasserleitungen wird diesen Druckschlägen (W a s s e r s c h l ä g e) häufig zu wenig Aufmerksamkeit geschenkt, weshalb Rohrbrüche oder Ausbeulungen in Bleileitungen auftreten; dabei werden meist die größeren Rohre verletzt, weil diese geringere Sicherheit der Wandstärke besitzen.

Druckschläge sind größer als man annimmt; bei schnellem Schließen wurden in einer für 4.5 at berechneten Leitung Druckschläge bis zu 30 at beobachtet.

Abhilfe gegen Schäden aus Wasserschlägen bringt eine reichliche Querschnittbemessung der Rohre, weil dies die Geschwindigkeit herabmindert — aber die Anlage wird verteuert — oder der Einbau von Windkesseln, die aber versagen können, wenn die Luft vom Wasser allmählich aufgesogen wird; am besten sind Abschlußhähne, die ein schnelles Schließen nicht gestatten (Niederschraubventile mit konischem Ansatz); gewöhnliche Konushähne sind auszuschließen.

e) Gezeiten (Tide).

Damit meint man den Wechsel von Ebbe und Flut im Meer; diese Wellen sind durch die Anziehungskraft des Mondes und in geringerem Ausmaß auch der Sonne verursacht; ihre höchsten Ausschläge erfolgen in einem Zeitzwischenraum von 12½ Stunden, sodaß täglich zwei Flut- mit zwei Ebbezeiten abwechseln. Die gewöhnliche Höhe der Welle an den Küsten ist örtlich sehr verschieden, am offenen Meer ist sie durchschnittlich 0.6 m, beim Eindringen in Meerbuchten, die sich in Richtung von Ost nach West verengen (z. B. Ärmelkanal) steigt die Flut auf 10 m und mehr an, dagegen beträgt sie in Binnenmeeren (z. B. Ostsee und Adria) 0,5 m und weniger. Durch Zusammenwirken von Mond und Sonne wird die Fluterscheinung verstärkt (Springflut), welche Schwankung zweimal monatlich vor sich geht.

Im offenen Meer stellt die Gezeitenwelle eine Sinuskurve dar. Läuft nun die Flutwelle in eine Flußmündung ein, überlagert sie sich ähnlich wie ein Stauschwall der Wassergeschwindigkeit des Flusses, staut diesen und steigt flußauf, wobei ihre Schwingungsdauer sich verändert. Die Flußlänge, auf die die Flutwelle zu spüren ist, heißt Fleetstrecke. Die Schnelligkeit der Flutwelle in solchen Fleetstrecken beträgt nach Forchheimer

$$w = \sqrt{g\,H}\left(1 + \frac{3}{4}\cdot\frac{h}{H}\right) \tag{60}$$

worin H die Flußtiefe in m und h die Flutwellenhöhe in m ist.

Es erreicht also beispielsweise einen 10 km flußaufliegenden Ort die Flut in 17 Minuten und die Ebbe in 21 Minuten. Der Ebbeeintritt ist also dort infolge der geringeren Wassertiefe bei Ebbe verzögert. In langen Fleetstrecken sind oft mehrere solcher Flutwellen hintereinander zu erkennen, z. B. in der 1000 km langen Fleetstrecke des Amazonas wandern manchmal 6 — 8 Wellen.

Dringt eine Flutwelle in eine trichterförmig sich verengende und natürlich auch seichter werdende Flußmündung ein, wächst infolge der abnehmenden Breite und Tiefe die Wellenhöhe und damit der Schnelligkeitsunterschied zwischen Wellenberg und Wellental, es „bricht“ sich die Welle, was als Sprungwelle (Bore) bezeichnet wird. Solche Erscheinungen — in der Seine Maskaret genannt — sind am stärksten im chinesischen Fluß Tsiankiang mit 3,7 m Höhe. Die Sprungwelle gefährdet die Schiffahrt; man muß die Flußtiefen dort vergrößern. Auch in der Ems kommt eine Sprungwelle noch immer trotz Verbesserung der Tiefe zustande.

f) Wellen.

Wellen entstehen, wenn Wasserteilchen in kreisförmigen oder elliptischen Bahnen schwingen.

Ist die Wassertiefe H größer als die halbe Wellenlänge L, sind es Kreisbahnen (Tiefwasserwelle), ist H aber kleiner als $\frac{L}{2}$, werden die Schwingungsbahnen umso flachere Ellipsen, je geringer die Wassertiefe ist (Seichtwasserwelle).

Die Einzelwelle schreitet als Wellenberg mit der Schnelligkeit $w = \sqrt{2g(H + h)}$ fort, worin h die Wellenhöhe ist. Ist die Wellenhöhe h im Verhältnis zur Tiefe H klein, so ist $w = \sqrt{gH}$ (Grundwellengeschwindigkeit). (62)

Im fließenden Wasser kommt zur Wellengeschwindigkeit noch die Strömungsgeschwindigkeit v

$$w = \sqrt{2g(H + h)} \pm v \tag{63}$$

Soll die Welle stromauf fortschreiten, muß $\sqrt{2g(H + h)} > v$ sein.

Die Zeitdauer T des Fortschreitens um eine Wellenlänge L ist

$$T = \frac{L}{w} = \frac{\pi \cdot h}{v_w} \tag{64}$$

worin v_w die Geschwindigkeit ist, mit der die Wasserteilchen ihre Bahnen durchlaufen.

Die Schwingungswelle hat Wellenberg und Wellental; die Wellenhöhe h ist der Höhenunterschied zwischen Wellenscheitel und Wellental, die Wellenlänge L der Abstand zweier aufeinanderfolgender Wellenscheitel.

Im Meer werden Wellen durch Winde erregt; die Wellenhöhe h leitet Stevenson durch eine Faustformel aus der Streichlänge f des Windes ab; er setzt für starken Wind und tiefes Wasser

$$h = 0{,}457 \sqrt{f} \tag{65}$$

f ist die Streichlänge des Windes in Seemeilen (1 SM = 1,8 km), die der Wind ohne Hindernis in derselben Richtung weht, also am Meer die Entfernung von der nächsten Küste. Im offenen Ozean ist die größte Wogenhöhe h etwa 15 m, was bei f = 1000 SM herauskommt; obwohl die Küstenentfernungen größer sind, sind größere Werte nicht anzunehmen, weil die Streichrichtung des Windes kaum auf größere Entfernungen lange beibehalten wird.

Die Wellenbrandung an der Küste hat ihre Ursache in der abnehmenden Tiefe, der Rauhigkeit des Grundes und der zurückflutenden Welle, wodurch die Welle auch höher wird und sich schließlich „bricht" (brandet). Die lebendige Kraft der Welle ist am stärksten in der waagrechten Ebene durch den Ruhespiegel im Augenblick, da sie sich bricht; die hiebei auftretende waagrechte Stoßkraft auf eine senkrechte Wand ist.

$$p^{(t/m^2)} = 0{,}1\, w^{(m/s)} \tag{66}$$

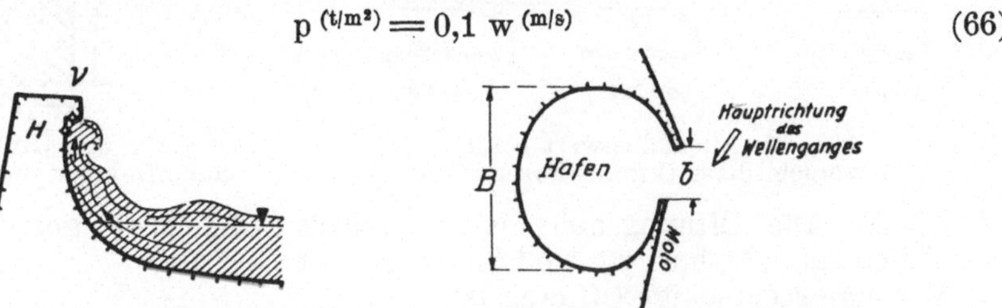

Abb. 32. Welle an einer Ufermauer. Abb. 33. Anlage eines Hafens.

Die Wirkung der Welle nimmt mit zunehmender Tiefe als auch mit der Höhe über den Ruhespiegel rasch ab; stärker wird der Stoß bei ansteigendem Grund. Nach Messungen ist der Stoßdruck der Welle auf dem Punkt

V einer vorragenden Platte vierundachtzigmal so groß als der waagrechte Stoß in derselben Höhe (bei H) (Abb. 32), eine Tatsache, die beim Entwurf von dem Wellenschlag ausgesetzten Bauwerken zu bedenken ist. Die Küstenlinie beeinflußt die Wellenhöhe; es wurde schon früher gesagt, daß in einer trichterförmigen Flußmündung die Welle höher wird. Ein Niedergang der Wellenhöhe wird durch eine Verbreiterung erreicht und zwar angenähert im Verhältnis $\sqrt{\frac{b}{B}}$, deshalb werden Hafeneinfahrten auch entsprechend angelegt (Abb. 33).

4. Ausfluß aus Öffnungen.

Es ist zu beachten, ob der Ausfluß in Luft oder unter Wasser erfolgt und wie groß das Verhältnis der Höhe h der Öffnung zu ihrer Tiefenlage H unter dem Wasserspiegel ist.

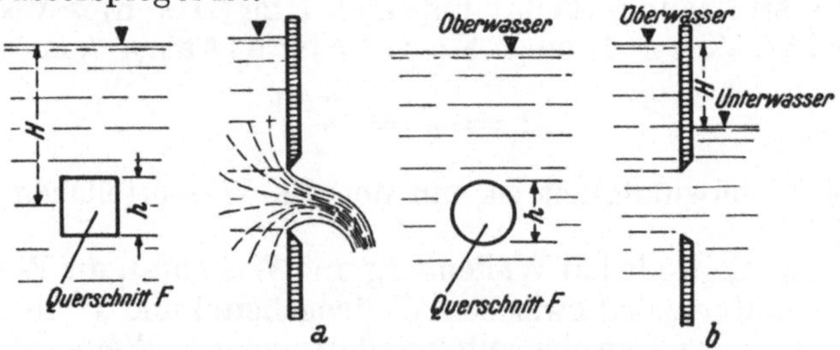

Abb. 34. Ausfluß aus einer kleinen Seitenöffnung a) in Luft, b) unter Wasser.

I. h $<<$ H. Die Öffnungshöhe ist klein im Verhältnis zur Tiefenlage (G r u n d a b l a ß) (Abb. 34).

$$Q = \mu \cdot F \sqrt{2\,gH} \tag{67}$$

Q Ausflußmenge m^3/s
F Ausflußquerschnitt m^2
H Schwerpunktabstand der Ausflußfläche vom Wasserspiegel in m; erfolgt der Ausfluß unter Wasser, ist H der Spiegelabstand zwischen Ober- und Unterwasser.
g Erdbeschleunigung
μ Beiwert, der die Form der Öffnung und die „Einschnürung" des Ausflußstrahles kennzeichnet (Abb. 35).

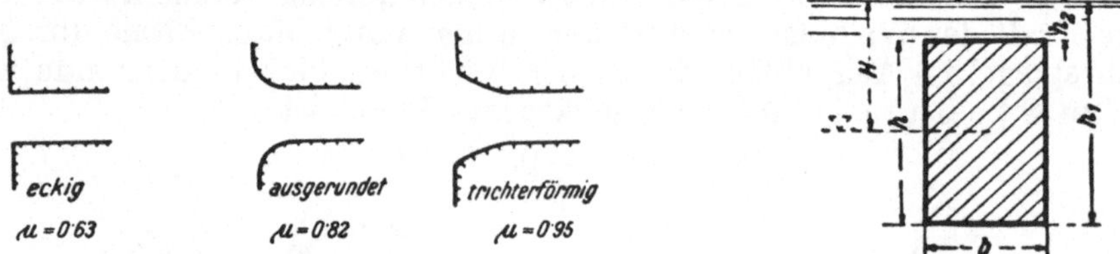

Abb. 35. Ausflußbeiwert μ für verschiedene Öffnungsformen.

Abb. 36. Große Ausflußöffnung in geringer Tiefe.

II. h $>$ H. Die Öffnungshöhe ist verhältnismäßig groß gegenüber der Tiefenlage (S c h ü t z e n ö f f n u n g) (Abb. 36).
Für eine rechteckige Öffnung ist

$$Q = \frac{2}{3}\,\mu \cdot b \sqrt{2g\,(h_1{}^{3/2} - h_2{}^{3/2})} \tag{68}$$

h_2 Abstand der Oberkante der Öffnung vom Wasserspiegel in m
h_1 Abstand der Unterkante der Öffnung vom Wasserspiegel in m.

Taucht aber die Unterkante der Öffnung unter den Spiegel des Unterwassers, ist anstatt h_1 der Spiegelhöhenunterschied Ober- und Unterwasser zu setzen und für den Teil unter Wasser die Berechnung nach I) durchzuführen, die beiden errechneten Ausflußmengen werden dann zusammengezählt.

Beim Grundablaß ist anschließend an die Öffnung meist eine Rohrleitung, die durch Schieber oder Drosselklappen abgeschlossen ist. Zum Auslaufverlust kommen dann noch andere Widerstände; man zieht daher von der vorhandenen Druckhöhe H die verschiedenen Verlusthöhen h_v (Einlaufverlust, Schieberverlust und Rohrreibung) ab. Es ist die Summe dieser Verlusthöhen:

$$\Sigma h_v = \frac{v^2}{2g}\left[\zeta_E + \zeta_s + \zeta_r\right] = \frac{v^2}{2g} \cdot \Sigma\zeta' \qquad (69)$$

Da die wirksame Druckhöhe $H' = H - h_v$ und die Geschwindigkeit $v = \frac{Q}{F}$ ist, ergibt sich der Ausfluß

$$Q = \frac{F\sqrt{2g}}{\sqrt{1+\Sigma\zeta}} \cdot \sqrt{H} \qquad (69a)$$

F Rohrquerschnitt

H Schwerpunkt des Rohrquerschnittes unter dem Wasserspiegel

$\Sigma\zeta$ Summe der Widerstandsbeiwerte.

Ändert sich während der Ausflußdauer die vorhandene Druckhöhe H durch Absinken des Wasserspiegels, so muß dies berücksichtigt werden.

5. Überfall und Wehrberechnung.

Die alten Formeln, die auf Poleni 1717 zurückgehen, aber heute noch immer trotz der verwickelten Form benützt werden, in der sie von Weisbach dargestellt wurden, unterscheiden zwei Fälle:

a) Die Wehrkrone (Überfallkante) liegt höher als das Unterwasser, vollkommener Überfall oder Überfallwehr genannt und

b) Die Wehrkrone liegt unter dem Wasserspiegel des Unterwassers, als unvollkommener Überfall oder Grundwehr bezeichnet.

a) Überfallwehr (Vollkommener Überfall) (Abb. 37/I). Durch den Wehreinbau wird die vorher mit der Tiefe h_0 abfließende Wassermenge Q soweit angestaut, bis der überfallende Strahl wieder die Wassermenge Q abführt.

$$Q = \frac{2}{3} \cdot \mu \cdot b \cdot \sqrt{2g}\left[\left(h + \frac{v_0^2}{2g}\right)^{3/2} - \left(\frac{v_0^2}{2g}\right)^{3/2}\right] \qquad (70)$$

b ist die Wehrbreite,

v_0 Geschwindigkeit oberhalb des Wehres,

$\frac{v_0^2}{2g}$ die daraus errechnete Geschwindigkeitshöhe; da v_0 meist sehr gering ist, wird dieser Ausdruck oft vernachlässigt.

μ ist ein später besprochener Beiwert, der von der Form der Überfallkrone und vom Wehrausschnitt abhängt,

h ist die gesuchte Überfallhöhe.

Nach der Überfallhöhe h aufgelöst, lautet die Formel:

$$h = \left[\frac{Q}{\frac{2}{3}\,\mu \,.\, b \sqrt{2g}} + \left(\frac{v_0^2}{2g} \right)^{3/2} \right]^{2/3} - \frac{v_0^2}{2g} \qquad (70a)$$

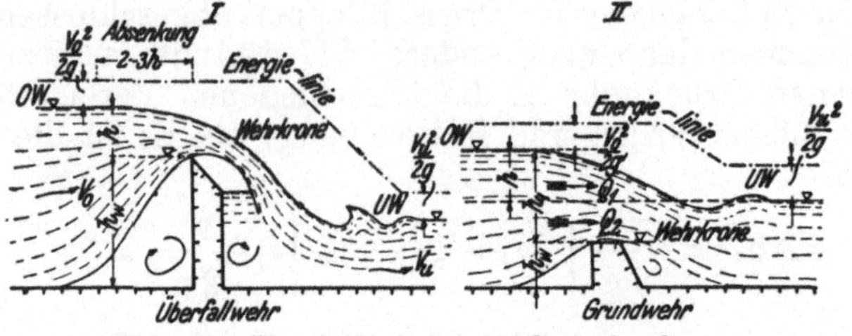

Abb. 37. Überfallwehr und Grundwehr.

Mit Vernachlässigung der Geschwindigkeitshöhe $(\frac{v_0^2}{2g} = o)$

$$h = \sqrt[3]{\left(\frac{Q}{\frac{2}{3}\,\mu \,.\, b \sqrt{2g}} \right)^2} \qquad (70b)$$

b) Grundwehr (Unvollkommener Überfall) (Abb. 37/II).
Die über das Wehr fließende Wassermenge Q besteht aus einem Teil Q_1, der überfällt und einem Teil Q_2, der unter Druck durchfließt; daher besteht die Formel aus zwei Teilen: die überfallende Wassermenge Q_1 ist nach Formel (70) zu rechnen:

$$Q_1 = \frac{2}{3} \,.\, \mu_1 \,.\, b \,.\, \sqrt{2g} \left[\left(h + \frac{v_0^2}{2g} \right)^{3/2} - \left(\frac{v_0^2}{2g} \right)^{3/2} \right] \qquad (71a)$$

die unter dem Druck $(h + \frac{v_0^2}{2g})$ durchfließende Wassermenge Q_2 ist

$$Q_2 = \mu_2 \,.\, b\,(h_1 - h) \sqrt{2g\,(h + \frac{v_0^2}{2g})} \qquad (71b)$$

Der gesamte Durchfluß $\qquad Q = Q_1 + Q_2 \qquad (71)$

Bekannt ist der Unterschied $(h_1 - h)$ für die Berechnung der Überfallhöhe. h selbst ist jedoch durch mehrmaliges Probieren zu finden, wodurch diese Rechnung langwierig ist.

c) Beiwert μ

Er ist stets kleiner als eins ($\mu < 1$), weil der Durchflußquerschnitt nicht voll ausgefüllt wird (Strahleinschnürung) und auch die theoretische Durchflußgeschwindigkeit nicht erreicht wird.

μ hängt ab:

1. von der Gestalt der Überfallskante (abgerundete Wehrkrone liefert größeres μ),
2. von der Überfallhöhe h (μ nimmt mit h zu),
3. von der Zuflußgeschwindigkeit v_0 (μ nimmt mit v_0 zu),
4. von der seitlichen Einschnürung (verkleinert μ),
5. von der Überfallbreite b (vergrößert μ),

6. von der Strahlform (bei Belüftung des sich unter dem Strahl bildenden Hohlraumes steigt μ),
7. von der Höhe des Überfalles über Gerinnesohle des Oberwassers, der Wasserhöhe h_w (ein vollgeschottertes Wehr hat besseres μ),
8. von der Stellung des Wehres zur Gerinneachse.

Für verschiedene Überfallwehre wurde μ aus Versuchen festgestellt, wobei zwei Hauptarten unterschieden wurden:

a) Die Wehrbreite b ist gleich der Gerinnebreite B (Bazinüberfall), es fehlt daher die seitliche Einschnürung.

Für scharfkantigen Überfall (Abb. 38a) fand Rehbock folgende Formel:

$$\mu = 0{,}605 + \frac{1}{1050\,h - 3} + \frac{0{,}08\,h}{h_w} \tag{72}$$

Da diese Form der Wehrkrone eindeutig herstellbar ist, wird sie für Meßwehre benützt; für Flußwehre ist sie wegen des geringen Abfuhrvermögens weniger geeignet.

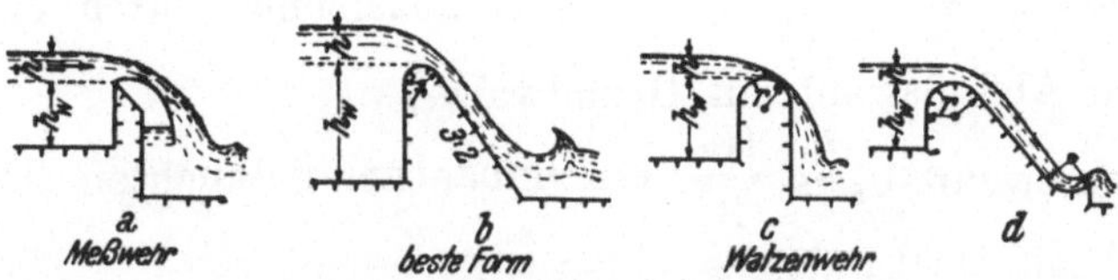

Abb. 38. Wehrformen.

Für abgerundete Wehrkrone (Abb. 38b) ist

$$\mu = 0{,}312 + \sqrt{0{,}30 - 0{,}01\left(5 - \frac{h}{r}\right)^2 + 0{,}09\,\frac{h}{h_w}} \tag{73}$$

$$\text{gültig, wenn } h < r\left(6 - \frac{20\,r}{h_w + 3r}\right) \tag{73a}$$

Für runde Wehrkrone (Walzenwehr) (Abb. 38c)

$$\mu = 0{,}55 + 0{,}22\,\frac{h}{h_w} \tag{74}$$

Für eine Wehrform nach Abb. 38d

$$\mu = 0{,}90 - 0{,}4\left(1 - \frac{h}{h_w}\right)^2 \tag{75}$$

In allen diesen Formeln ist die Kenntnis der gewöhnlich erst zu ermittelnden Überfallhöhe vorausgesetzt; für eine Vorberechnung wäre daher μ anzunehmen:

μ bei abgerundeter Wehrkrone 0,83
μ bei eckiger Wehrkrone 0,68

b) Die Wehrbreite b ist kleiner als die Gerinnebreite B (Ponceletüberfall).

Nach Kinzer ist für ein Wehr mit scharfer Wehrkrone (Abb. 38a)

$$\mu = 0{,}4342 + 0{,}009\,\frac{b}{B} - 0{,}077\,\frac{h}{h_w} \tag{76}$$

Da die Ponceletüberfälle noch zu wenig bezüglich der einzelnen Wehrkronen untersucht sind, läßt sich durch Vergleich der Meßwehrformeln ein Rückschluß ziehen:

$$\text{Poncelet} = \text{Bazin} \cdot \frac{\text{Kinzer}}{\text{Rehbock}} \quad (77)$$

Für Grundwehre sind die Beiwerte aus Versuchen schwer zu erfassen, da sie auch vom Unterwasserstand abhängen. Tolkmitt gibt an:

bei abgerundeter Wehrkrone . . . . $\mu_1 = 0{,}85$, $\mu_2 = 0{,}67$
bei breiter, waagrechter Wehrkrone . . . . . . $= 0{,}83$, $= 0{,}62$
bei Grundschwelle mit Griesständer . . . . . . $= 0{,}65$, $= 0{,}60$
wenn Grundablaß bis zur Sohle reicht . . . . . $= 0{,}75$, $= 0{,}75$.

d) Wehrformel von Bundschu.

Es wurden mehrfach andere Wehrformeln aufgestellt; in neuester Zeit hat Bundschu für den Abflußvorgang über Wehrschwellen mit Bezug auf die Energielinie sehr einfache Formeln mitgeteilt, bei denen er zwei Arten unterscheidet: (Abb. 39)

1. Überströmen, wenn $h_E < \frac{H_E}{3}$ gekennzeichnet durch einen gewellten Abflußstrahl mit Grundwalze;
2. Überfallen, wenn $h_E > \frac{H_E}{3}$ erkennbar am getauchten Überfallstrahl mit Deckwalze. (78)

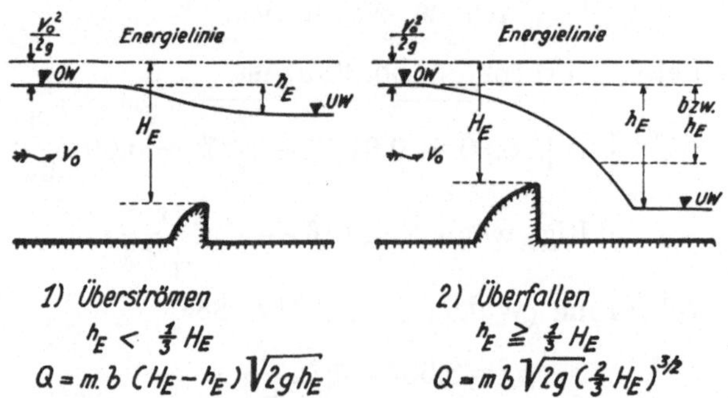

Abb. 39. Wehrformeln nach Bundschu.

Bei gut ausgebildetem Wehr ist der Beiwert $m = 1{,}0$ zu setzen; solange jedoch dieser Wert nicht näher bestimmt wird, sind die Formeln nicht brauchbar.

e) Streichwehr.

Abb. 40. Streichwehr.

Beim Streichwehr oder Übereich liegt die Wehrkrone gleichlaufend zum Stromstrich; es dient dazu, Überschußwasser seitlich abzuführen (Abb. 40).

Nach Forchheimer ist die vom Streichwehr seitlich abgeleitete Wassermenge

$$Q_1 - Q_0 = \frac{2}{3} \mu . x \sqrt{2 g} \left(\frac{z_1 + z_0}{2}\right)^{3/2} \quad (79)$$

Engels berechnet die Abflußmenge eines Streichwehres:

$$Q = \frac{2}{3} \mu \sqrt{2 g} \sqrt{x^{2,5} z_1^5} \quad (79\,a)$$

f) Energievernichtung[4]) und Kolk.

Der Wasserfall über ein Wehr bedeutet eine Leistung, deren Größe der Höhenunterschied der Wasserspiegel anzeigt. Solche ungebändigte Energie muß aufgezehrt werden. Auf natürliche Weise erfolgt dies in dem sich unterhalb des Schußwehrs bildenden Wassersprung, der am Übergang vom schießenden zum strömenden Abfluß entsteht und in seinem Bereich bei unbefestigtem Flußbett einen Kolk hervorruft. Der Wassersprung allein wäre nur eine geringe Energieaufzehrung, mehr bewirken es die Deckwalze und die möglicherweise ebenfalls auftretende Grundwalze (Abb. 41).

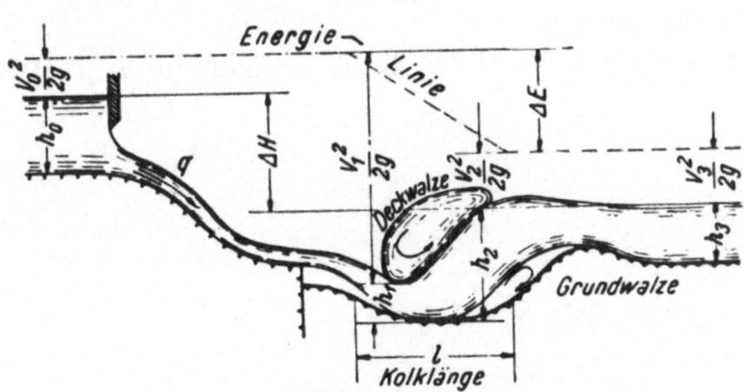

Abb. 41. Kolk unterhalb eines Wehres.

Die Berechnung des Wassersprunges und damit des Kolkes mit Hilfe des Stützkraftsatzes ergibt die Höhe des Wassersprunges bzw. die angenäherte Kolktiefe.

$$h_2 = \frac{1}{2} \sqrt{1 - \frac{8 q^3}{g h_1^3}} \quad (80)$$

worin v der Durchfluß der Breiteneinheit $q = v_0 h_0 = v_1 h_1 = v_2 h_2 = v_3 h_3$ ist.

Die betrachteten Querschnitte sind:

$_0$ Oberwasser im strömenden Abfluß;

$_1$ Unterwasser vor dem Wassersprung, schießende Strömung;

$_2$ Unterwasser nach dem Wassersprung, schießende Strömung;

$_3$ Unterwasser im strömenden Abfluß.

[4]) Das Wort Energievernichtung ist eigentlich unrichtig, denn Energie kann nicht vernichtet werden, sie wird nur in eine Energieform (gewöhnlich Wärme) umgewandelt, in der sie nicht mehr klar erkennbar aufscheint.

Aus der Abb. 41 gehen folgende Beziehungen hervor:

$$\triangle E = \triangle H + \frac{v_0^2}{2g} - \frac{v_2^3}{2g} = \triangle H + \frac{q^2}{2g \cdot h_0^2} - \frac{q^2}{2g \cdot h_3^2} \qquad (81)$$

$$\triangle E = h_1 + \frac{v_1^2}{2g} - h_2 - \frac{v_2^2}{2g} = h_1 + \frac{q^2}{2g \cdot h_1^2} - h_2 - \frac{q^2}{2g \cdot h_2^2} \qquad (82)$$

Nach Versuchen ist die Kolklänge $l = \left(8{,}0 - 0{,}05\,\frac{h_2}{h_1}\right)(h_2 - h_1)$ (83)

Am häufigsten tritt die Abflußart mit gestauter Deckwalze auf, die jedoch schwierig theoretisch erfaßbar ist.

Manchmal wandert die Deckwalze, wenn Veränderung des hydrostatischen Druckes nicht mit der Bewegungsänderung übereinstimmt.

Reiner Wassersprung ohne Deckwalze ist bei $h_2 < 4/3 \sqrt{\frac{q}{g}}$ (84)

Energievernichtende Einbauten sind oft unwirksam. Daher ist zu empfehlen, der natürlichen Kolkausbildung nachzugeben und nur Ufer und Bauwerk entsprechend zu sichern.

Über Energievernichtung wird bei den Wehren noch gesprochen.

Zweiter Abschnitt

Wassermessung (Hydrometrie[1]).

Dem Vorkommen des Wassers in der Natur als Niederschlags-(Meteor-) Wasser, oberirdisches (Oberflächen-) Wasser und unterirdisches (Grund-) Wasser entsprechen die Vorgänge der Beobachtung und Wassermessung.

I. Beobachtung und Messung des atmosphärischen Wasserkreislaufs.

1. Messung der Niederschläge.

Der Regenmesser (Ombrometer) (Abb. 42) besteht in der Hauptsache aus einem Auffangtrichter T, dessen obere offene Kreisfläche von genau 200 cm² in 1,0 bis 1,5 m Höhe über dem Erdboden in windgeschützter

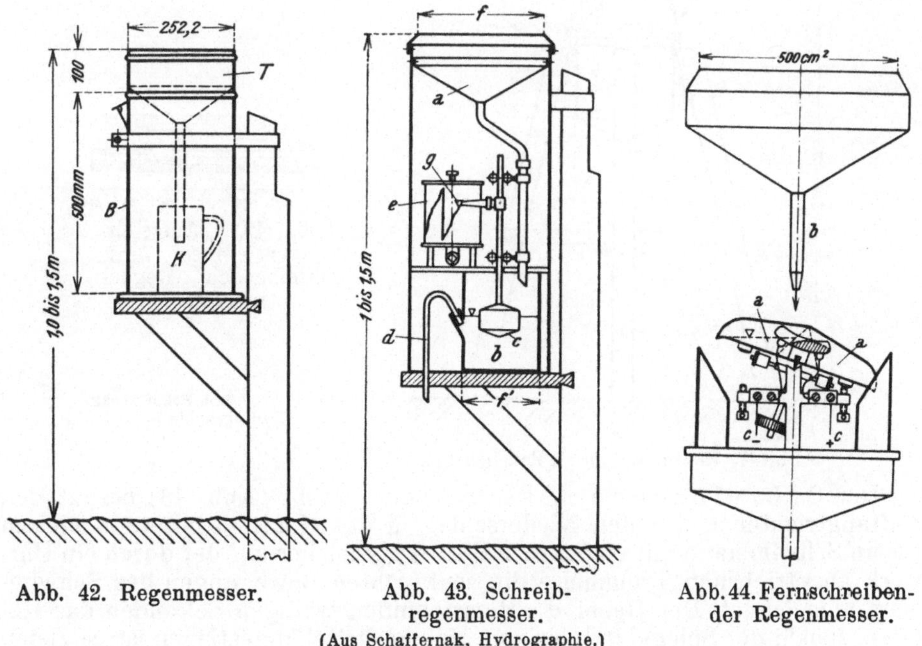

Abb. 42. Regenmesser. Abb. 43. Schreibregenmesser. Abb. 44. Fernschreibender Regenmesser.
(Aus Schaffernak, Hydrographie.)

Lage waagrecht aufgestellt ist. Der damit eingezogene Niederschlag rinnt in das Sammelgefäß K, das sich im Schutz eines Blechzylinders B befindet. Durch Umgießen des Sammelgefäßes in ein Meßgefäß, vom Querschnitt $^1/_{20}$

[1]) Schaffernak, Hydrographie, Julius Springer, Wien 1935.

der Auffangfläche, also gleich 10 cm², ergibt sich die Niederschlagshöhe gleich als $^{1}/_{10}$ der Wasserhöhe im Meßgefäß.

Der Aufstellungsort des Regenmessers ist so zu wählen, daß auch waagrechte Niederschläge, sowie Tau, Nebelreißen, Rauhreif und ähnliches erfaßt werden.

Um der Mühe ständiger Beobachtung enthoben zu sein, hat man Regenmesser gebaut, die den Niederschlag entweder selbsttätig an Ort und Stelle verzeichnen (Schreibregenmesser) oder an eine Beobachtungsstelle fernmelden (Fernschreibende Regenmesser).

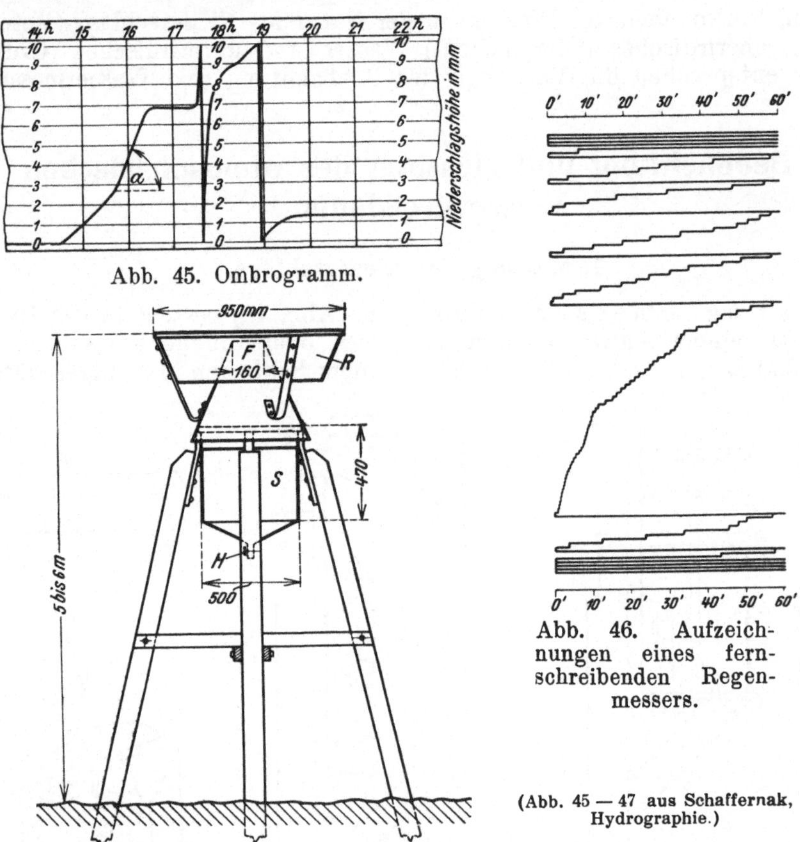

Abb. 45. Ombrogramm.

Abb. 46. Aufzeichnungen eines fernschreibenden Regenmessers.

Abb. 47. Regensammler (Totalisator).

(Abb. 45 — 47 aus Schaffernak, Hydrographie.)

Der Schreibregenmesser (Ombrograph) (Abb. 43) besitzt den Auffangtrichter a, der den Niederschlag in das Gefäß b leitet; in diesem ist ein Schwimmer c mit einem Schreibstift g, welcher auf der durch ein Uhrwerk angetriebenen Trommel e die senkrechten Bewegungen des Schwimmers aufzeichnet. Der Heber d entleert binnen wenigen Sekunden das Gefäß b, sobald der Spiegel in b bis zum Heberscheitel angestiegen ist; sogleich sinkt der Spiegel und damit auch der Schwimmer auf die Ausgangsstellung, bei der der Heber abreißt. Da Trichterfläche und Schwimmgefäßquerschnitt im bestimmten Verhältnis stehen, geben die auf der Schreibtrommel verzeichneten Spiegelschwankungen im Gefäß b das Maß der Niederschlagshöhe an. Diese Aufzeichnungen (Ombrogramme) (Abb. 45) zeigen auch die Dauer der Niederschläge; denn solange die Linie des Ombrogramms ansteigt, fällt Regen, je steiler ihr Anstieg, umso stärker der Regen; der senkrechte Abfall bedeutet die Entleerung des Schwimmergefäßes, ein waagrechter Verlauf weist auf Niederschlagslosigkeit hin.

Der Trichter b des fernschreibenden Regenmessers (Abb. 44) hat eine etwas größere Auffangfläche (500 cm^2); er läßt auf eine Wippe a tropfen, die nach Aufnahme einer bestimmten Wassermenge infolge Übergewichts kippt und sich entleert. Dabei werden durch Berühren elektrischer Kontakte Stromstöße ausgelöst, welche die Zahl der Kippungen und damit die Niederschlagsmenge fernmelden. In der vom Empfänger aufgezeichneten Linie ist jedes Kippen der Wippe als eine Stufe erkennbar (Abb. 46).

Der Niederschlag während eines halben oder ganzen Jahres wird im Niederschlagssammler (Totalisator) (Abb. 47) gespeichert. Der Trichter ist kleiner und wird von einem Windschutzring R umgeben. Zur Vorsorge gegen Einfrieren wird eine vorher gemessene Menge Vaselinöl und gegen Verdunsten Chlorcalzium in das Sammelgefäß S eingefüllt. Das Gemisch wird zeitweise vom Beobachter durch den Auslaßhahn H entleert und gibt nach Abzug der vorher eingegossenen Flüssigkeitsmenge den Niederschlag dieses Zeitraumes an. Dazwischen können Regenmengen aus dem Flüssigkeitsstand im Sammelgefäß erhoben werden.

Schneepegel sind aufrecht am Boden stehende Meßlatten, an denen man die jeweilige Höhe der Schneedecke erkennt; ihre Aufstellung soll so sein, daß die Schneelage durch den Wind unbeeinflußt ist und auch von fern abgelesen werden kann. Eine Niederschlagshöhe daraus zu bestimmen, ist unzulässig, da der Wasserwert des Schnees sehr schwankt (siehe Abschnitt Schnee-, Eis- und Lawinenkunde); dieselbe ermittelt man besser durch Ausstechen einer Schneehöhe und Schmelzen.

2. Messung der Luftfeuchte und anderer Wettergrundlagen.

Die Luftfeuchte kann direkt gemessen werden, indem man ein bestimmtes Luftvolumen über schwefelsäuregetränkten Bimsstein streichen läßt und seine Gewichtszunahme feststellt; dieses Lufttrocknungsverfahren ist für ständige Luftfeuchtigkeitsbestimmungen zu umständlich. Deswegen bedient man sich indirekter Methoden:

a) In einem Becherglas wird Wasser durch Einwerfen von Eisstücken solange abgekühlt, bis sich an den Außenwänden Wasserdunst bildet. Damit hat die Temperatur des Wassers den Taupunkt erreicht, der auf die Luftfeuchte schließen läßt.

b) Beim Psychrometer-Thermometer wird der Kopf eines Thermometers befeuchtet, wobei er sich abkühlt; man befeuchtet solange, bis die Temperatur gleichbleibt. Der Temperaturunterschied ist ein Maß der relativen Feuchte der Luft.

c) Haarhygrometer: Entfettete Haare oder Darmsaiten haben hygroskopische Eigenschaften und dehnen sich in feuchter Luft. Diese Dehnung kann an einer Zeigerskala ersichtlich gemacht werden und zeigt nach Eichung den Grad der Luftfeuchte an. Damit läßt sich auch eine Schreibvorrichtung verbinden.

Die Luftfeuchte hängt innig mit Temperatur und Luftdruck zusammen, sodaß anschließend die Messung dieser, sowie anderer Witterungselemente wie Wind und Sonnenstrahlung kurz erwähnt wird.

Die Temperatur mißt man durch Quecksilberthermometer verschiedener Formen, Grenzthermometer (Maximum und Minimum), elektrische Widerstandsthermometer für Fernmessung und Thermoelemente für Feinmessung.

Ihre Teilung ist jetzt meist nach Celsiusgraden gebräuchlich. Selbstschreibende Temperaturmesser heißen Thermographen.

Zur Messung des Luftdruckes benützt man Quecksilberbarometer, dann Aneroide, welche mit Quecksilberbarometern verglichen werden, ferner Siedethermometer und Hypsometer.

Der jeweils gemessene Luftdruck wird auf Meereshöhe und 0° C umgegerechnet.

Barographen sind selbstschreibende Luftdruckmesser.

Die Windmessung erstreckt sich auf Feststellen der Windrichtung, die die Wetterfahne in Verbindung mit einer Windrose anzeigt, ferner wie oft die einzelnen Winde auftreten (Windhäufigkeit). In die Windrose werden die Anzahl der Tage, an denen eine bestimmte Windrichtung vorherrscht, eingetragen; diese Darstellung bezieht sich auf einen Beobachtungsort in einem bestimmten Zeitraum, meistens ein Jahr (Abb. 48). Die Windstärke mißt man durch das Pendelausschlag-Anemometer oder durch das Schalenkreuz- bzw. Flügelradanemometer (Abb. 49).

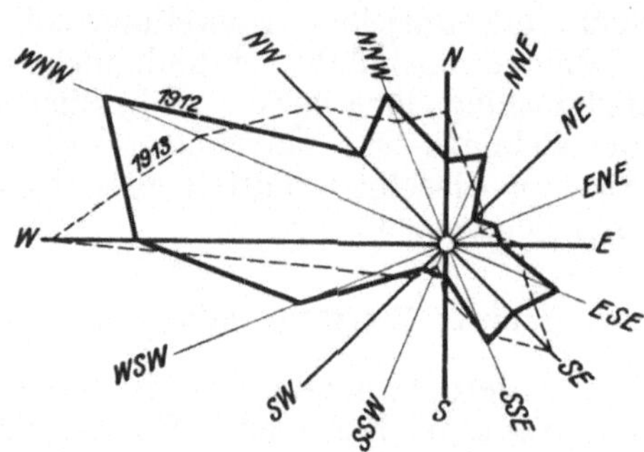

Abb. 48. Windhäufigkeit auf der hohen Warte (Wien) 1912.
(Aus Schaffernak, Hydrographie.)

Abb. 49. Schalenkreuzwindmesser von O. Ganser, Wien.

Jede Windstärke entspricht einer bestimmten Windgeschwindigkeit; es ist eine durch Beaufort eingeführte Skala von 13 Stufen gebräuchlich, in der Windstärke 0 Windstille und Windstärke 12 den stärksten Orkan bedeuten. Eindeutiger ist aber die Angabe der Windgeschwindigkeit.

Die Sonnenstrahlung wird mittels einer als Brennglas wirkenden Glaskugel gemessen, die bei Sonnenlicht im unterlegten Papier durch Brandnarben die Zeitdauer der Sonnenstrahlung vermerkt.

3. Messung der Verdunstung.

a) Seeverdunstung (Freie Wasserfläche).

Der hiezu meist verwendete Verdunstungsmesser von Wild (Abb. 50) ist eine im See schwimmende flache Schale a mit 2000 cm² Fläche, die mit 1 l Wasser gefüllt ist. Nach der Beobachtungszeit wird der Stöpsel b gehoben, sodaß das restliche Wasser in das Gefäß darunter läuft; fällt ein Niederschlag, fließt er durch die Öffnung im hohlen Stöpsel ebenfalls in das

Gefäß. Da nebenbei auch ein Niederschlagsmesser abgelesen wird, kann die verdunstete Wassermenge ermittelt werden. In der Abbildung ist d ein Belüftungsrohr, e der Ablaßhahn, f ein Gewicht, g ein Thermometer und s Haltedrähte.

b) Landverdunstung.

Wild-Fueß hat ein Gerät ähnlich einer Briefwaage (Abb. 51) gebaut, auf der der Erdkörper, aus welchem Wasser verdunstet, liegt; es ist an

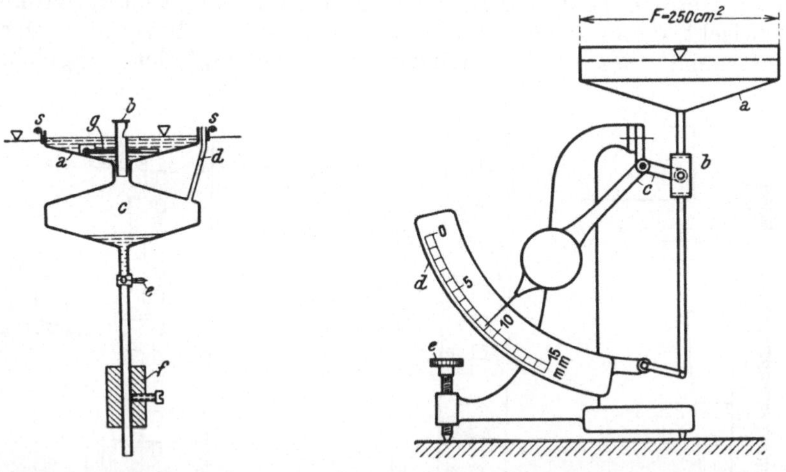

Abb. 50. Verdunstungsmesser von Wild.

Abb. 51. Verdunstungsmesser von Wild-Fueß.

(Aus Schaffernak, Hydrographie.)

einem windgeschützten Ort aufgestellt, der Verdunstungsverlust wird als Gewichtsabnahme angezeigt. Rikatscheff (Abb. 52) versucht, die Verdunstung im Gelände selbst zu messen. Er versenkt Zinkkasten im Boden,

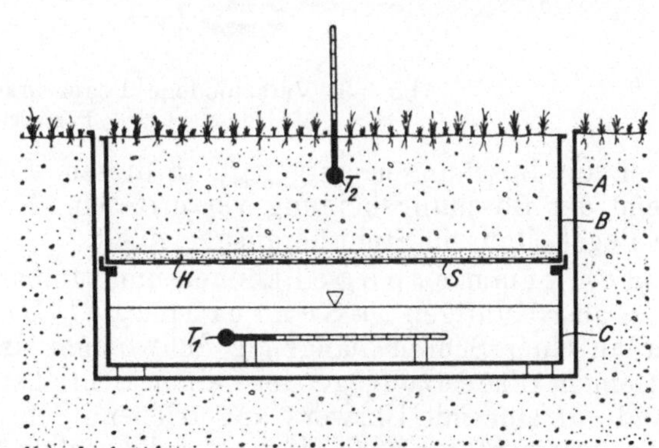

Abb. 52. Verdunstungsmesser von Rikatscheff.

(Aus Schaffernak, Hydrographie.)

von denen der obere B die beobachtete Bodenprobe enthält, welche auf einer hygroskopischen Holzkohleschicht K über einer durchlochten Platte S auflagert; im darunter befindlichen Kasten c ist Wasser, das die Bodenfeuchte ersetzen soll. In beiden Kasten wird die Temperatur festgestellt (Thermometer T_1 und T_2). Die Verdunstung geht aus dem Gewichtsverlust der Bodenprobe hervor.

II. Beobachtung und Messung des oberirdischen Wassers.

1. Beobachtung des Wasserstandes.

An Wasserspiegelpflöcken von bekannter Höhenlage ist der jeweilige Wasserspiegel durch einfaches Abstichmaß zu ermitteln.

An Lattenpegeln (Abb. 53) aus Holz, Gußeisen oder Stahl, die eine Teilung häufig in Doppelzentimetern tragen, kann der Wasserstand abgelesen werden. Teilungsstriche in Farbe sind sehr rasch durch das Wasser verwischt, daher ist eine Loch- oder Zahnteilung bevorzugt. Der Pegel ist freistehend oder an Ufermauern und Brückenpfeilern angelehnt; oft

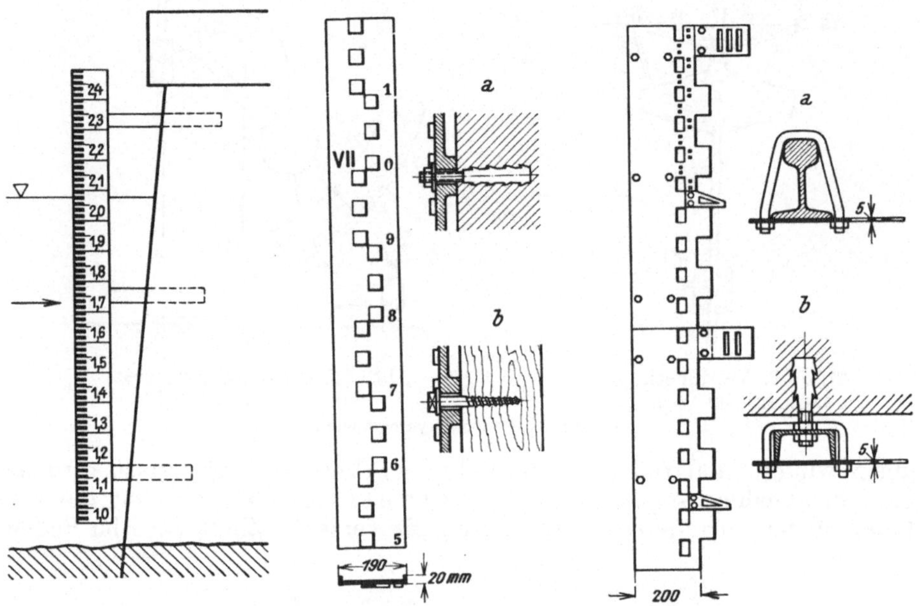

Abb. 53. Verschiedene Pegel (nach A. Ott).
(Aus Schaffernak, Hydrographie.)

ist er auf Böschungen aufgelegt, in diesem Fall muß die Teilung entsprechend der Böschungsneigung verzerrt sein. Manchmal ist bei alten Pegeln die Pegelteilung in Stein herausgemeißelt.

Schwimmerpegel können unmittelbar den Wasserstand anzeigen, meist aber betätigen sie Schreibpegel (Limnigraphen) (Abb. 54). Der an einer Schnur hängende Schwimmer dreht ein Schwimmerrad, das mit einem Übersetzungsgetriebe einen Schreibstift bewegt, der den Wasserstand auf eine mit Uhrwerk angetriebene Schreibtrommel aufzeichnet. Die Schreibeinrichtung ist in einem Pegelhäuschen (Abb. 55) untergebracht, das über dem Schwimmerschacht steht. Der Wasserspiegel in diesem ist entweder durch eine Heberleitung oder eine direkte Rohrverbindung mit dem Gewässer in Zusammenhang. Zum Vergleich dient ein Lattenpegel am Ufer.

Die Schreibtrommel hat eine senkrechte oder waagrechte Achse. Eine Umkehrschreibung klappt über das Schreibblatt hinausreichende Spitzenwasserstände ins normale Schreibfeld um (Abb. 56 a).

Bei manchen Apparaten gestattet eine achsiale Verschubeinrichtung der Trommel, bei mehrmaliger Umdrehung derselben die übereinander geschriebenen Diagramme reinlicher zu scheiden (Abb. 56 b und c).

Die Schwimmerpegel sind auch als Rollband- und Radpegel zu sehen.

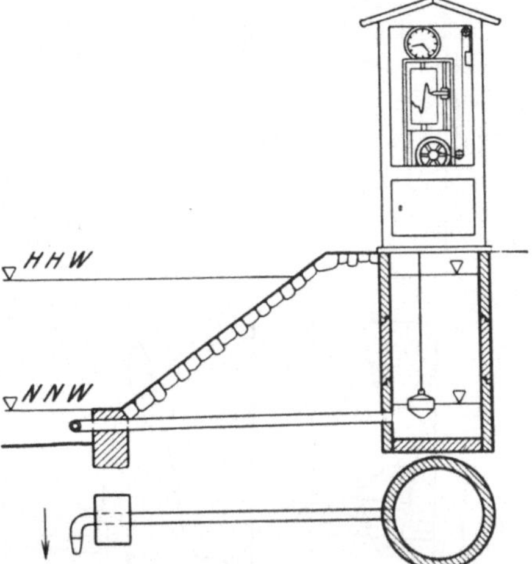

Abb. 55. Pegelhäuschen über einem Brunnen aus Betonröhren mit tiefliegendem Verbindungsrohr zum Fluß.

(Aus Schaffernak, Hydrographie.)

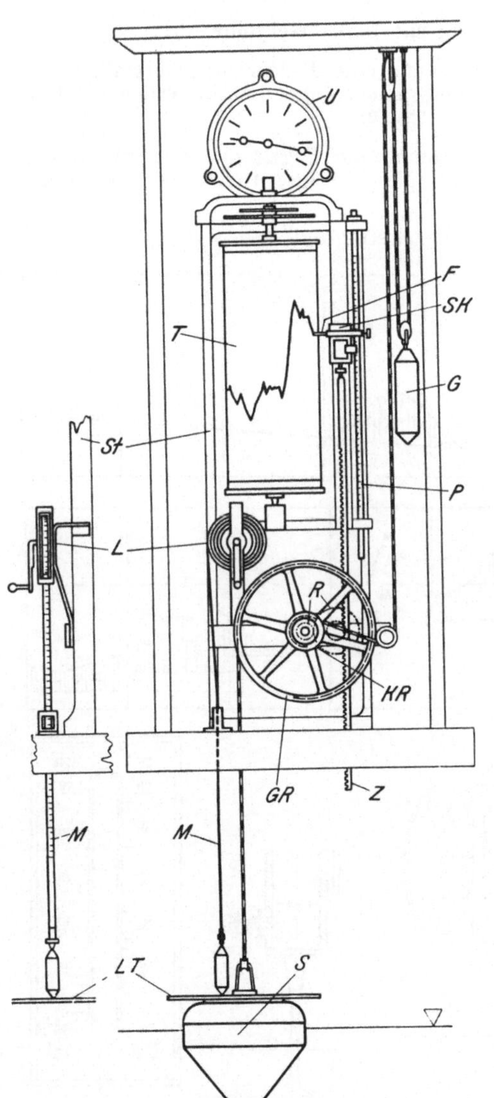

Abb. 54. Schreibpegel von A. Ott. U Uhrwerk, T Schreibtrommel, S Schwimmer mit Lotteller LT, GR großes Schwimmerrad verbunden mit dem kleinen Schwimmerrad KR für die Schnur des Gegengewichts G, R Zahnradtrieblinge der Zahnstange Z, welche den Schreibkopf SK mit der Schreibfeder F trägt, P verjüngte Pegelteilung, L Ablotvorrichtung mit Meßband M am Ständer St.

(Aus Schaffernak, Hydrographie.)

Differenzpegel machen gleichzeitig zwei Wasserstände z. B. Ober- und Unterwasser und womöglich auch ihren Höhenunterschied meist durch verschiebbare Skalen oder Uhrzeiger sichtbar. Bei fernmeldenden Pegeln (Fernpegeln) (Abb. 57) ist der Schwimmer an einen Geber gekuppelt, durch den ein Kontaktmechanismus oder Synchronmotor gesteuert wird, der die entsprechenden Bewegungen beim Empfänger auslöst und damit dort die Wasserstandslage angibt.

Bei Druckluftpegeln wird eine luftgefüllte Dose oder Gummiblase in einer Glocke versenkt; die wechselnden Wasserstände erzeugen verschiedene Drücke, welche durch eine Rohrleitung auf ein Manometer

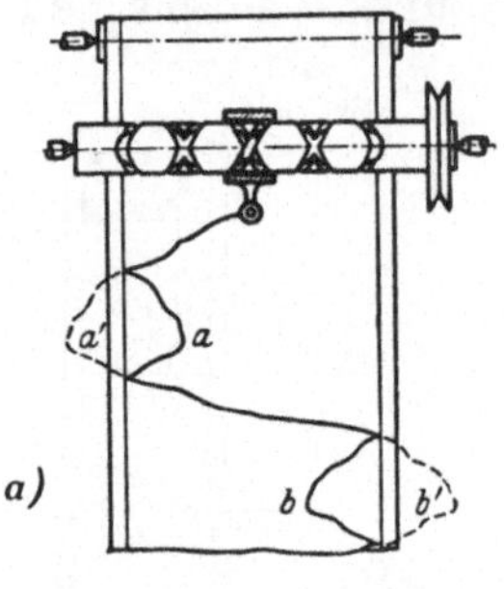

Abb. 56. Pegelaufzeichnungen nach A. Ott, Kempten, Allgäu.

a) Pegel mit Umkehrschreibwerk.

b) Diagramm eines Pegels mit mehrmaliger Umdrehung und gleichzeitiger kontinuierlicher Absenkung der Trommel.

c) Diagramm eines Pegels mit mehrmaliger Umdrehung und gleichzeitiger, ruckweiser Absenkung der Trommel.

(Aus Schaffernak, Hydrographie.)

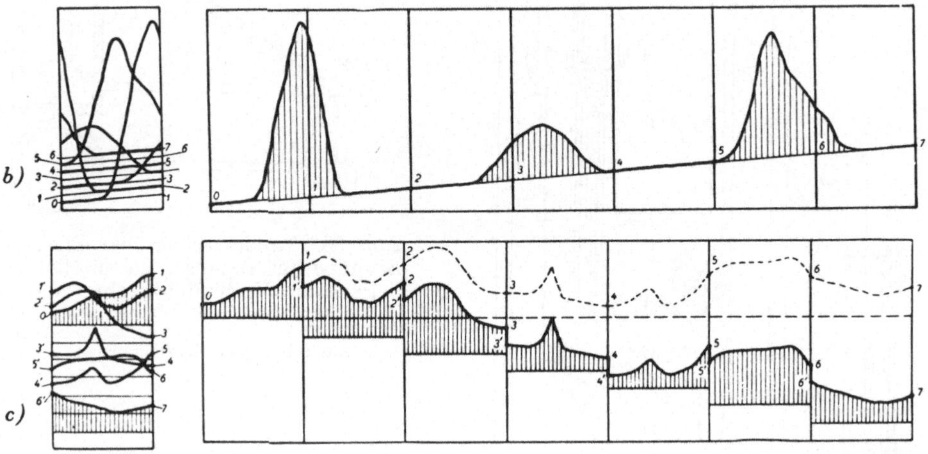

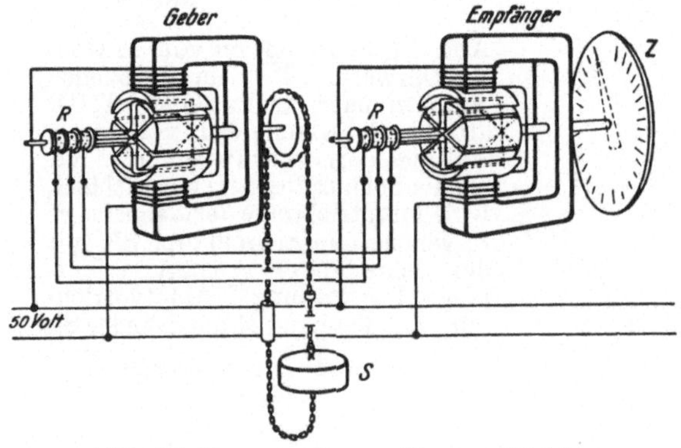

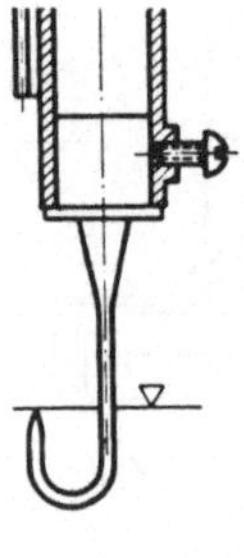

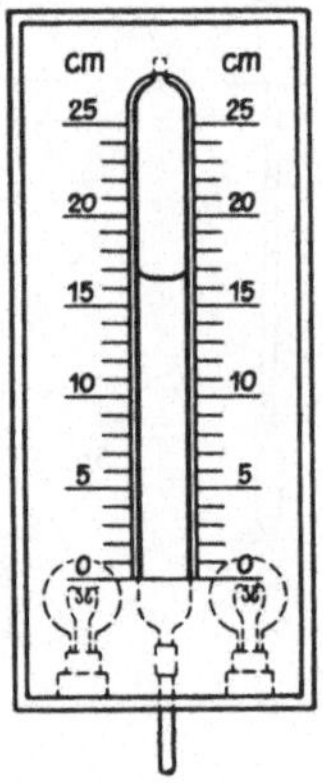

Abb. 57. Fernpegel von Siemens-Halske. R Schleifringe, S Schwimmer, Z Anzeigeapparat.

Abb. 58. Stechpegel.

Abb. 59. Meniskenpegel.

(Aus Schaffernak, Hydrographie.)

übertragen werden, das die Druckschwankungen wieder als Höhenänderungen anzeigt. Solche Pegel sind auch als Fernpegel geeignet.

Stechpegel (Abb. 58) sind verschiebliche Maßstäbe mit Spitzen, die sehr genau auf Wasserspiegelberührung eingestellt werden können;

besser als eintauchende, lassen dies von unten aus dem Wasser auftauchende Spitzen erkennen. Sie dienen genauen Spiegelbestimmungen im Laboratorium.

Denselben Zweck haben die Meniskuspegel (Abb. 59), das sind Glasröhrchen, deren Wasserstand mit dem zu messenden kommuniziert. Die Wassersäule darin bildet einen Meniskus, der mit Hilfe optischer Mittel ziemlich genau abgelesen werden kann. Zum Ausgleich der stetigen Spiegelschwankungen werden diesen Meniskuspegeln meistens Beruhigungsvorrichtungen, gewöhnlich in Gestalt von Querschnittsverengungen, vorgeschaltet.

2. Messung der Wasserführung.[2])

a) Meßarten:

Meßarten und Geräte unterscheiden sich nach den zur Durchflußermittlung herangezogenen Methoden:

α) Direkte Messung der Wassermenge:
1. Meßbehälter; 2. Kippgefäße; 3. Scheiben- oder Volumenmesser.

β) Durchfluß durch einen vorgeschriebenen Querschnitt:
4. Wasserzoll; 5. Danaide; 6. Meßwehr.

γ) Direkte Messung der Geschwindigkeit:
7. Meßschirm; 8. Schwimmer; 9. Elektrische Salzungsmethode; 10. Flügelmessung.

δ) Indirekte Geschwindigkeitsmessung:
11. Hydrometrisches Pendel; 12. Staurohr; 13. Staudüse und Venturirohr; 14. Methode Gibson.

ε) Andere Verfahren:
15. Salztitriermethode; 16. Elektrische Leitfähigkeitvergleichsmethode; 17. Hitzdrahtmessung; 18. Ballistische Messung.

Die Meßstelle möge wohlüberlegt ausgewählt werden: In natürlichen Gerinnen soll die Flußstrecke dort möglichst regelmäßig, ungeteilt, fast gerade, staufrei und ohne Pflanzenbewuchs sein. Gefälle, Querschnittsform und Stromstrich sollen bei allen Wasserständen womöglich unverändert bleiben.

Ein genaues Ergebnis verlangt bei Geschwindigkeitsmessung auch eine sorgfältige Aufnahme des Meßquerschnittes, richtige Austeilung der Meßlotrechten — an Bruchpunkten der Sohle und im Stromstrich — und zutreffende Erfassung der Strömungsverhältnisse.

b) Meßbehälter.

Für kleine Mengen, beispielsweise bei Quellergiebigkeiten, genügt ein Gefäß bekannten Inhalts; gemessen wird die Füllzeit.

Es ist dann der Zufluß $q = \frac{\text{Gefäßinhalt}}{\text{Füllzeit}}$ l/sec oder l/min.

In der wasserbaulichen Versuchsanstalt am Walchensee wurden große Becken als Meßbehälter am Auslauf der Versuchsgerinne zwecks Vergleichs der verschiedenen Meßarten gebaut, weil die Beckenmessung als genaueste Art die Grundlage bildet. Wesentlich ist, daß der Einlauf ins Meßgefäß ungehindert und ohne Rückstau im Zulauf vonstatten geht.

[2]) L. A. Ott, Instrumentenkunde der praktischen Hydrometrie, Selbstverlag A. Ott, Kempten.

c) Kippgefäße.

Kleine Zuflußmengen können wie beim fernschreibenden Regenmesser mittels Wippe durch Zählen der Kippungen während eines Zeitabschnitts ermittelt werden (Abb. 60). Die gefüllte Zelle erhält Übergewicht, kippt und entleert sich, während sich gleichzeitig die Gegenzelle zu füllen beginnt.

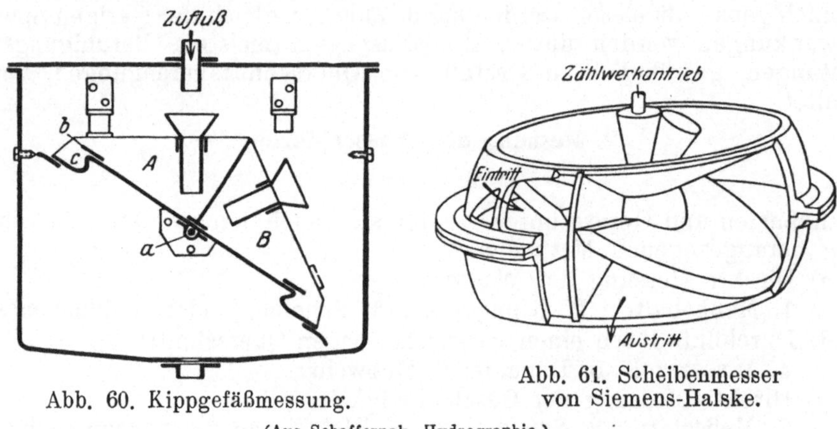

Abb. 60. Kippgefäßmessung.

Abb. 61. Scheibenmesser von Siemens-Halske.

(Aus Schaffernak, Hydrographie.)

d) Scheibenmesser oder Volumenmesser.

Der Übertritt einer bestimmten Wassermenge vom Eintrittsraum zum Austrittsraum ist nur nach Verdrehung der Taumelscheibe möglich, welche mit einem kegelförmigen Achsstumpf am gleichfalls kegelförmigen Ende der Zählwerkstriebachse abrollt. Die Umdrehungen zählen den Durchtritt der einzelnen Wasserquanten (Abb. 61).

e) Wasserzoll.

1686 von Mariotte eingeführt, war diese Meßeinrichtung schon früher im Orient gebräuchlich und stellt die älteste Art einer Wassermessung dar. Von den 1 pariserzollweiten Löchern an der Seitenwand werden soviele geöffnet, daß das Gefäß gerade nicht überfließt. Aus der Anzahl der offenen Löcher schließt man auf die Wassermenge. Jetzt gilt diese Meßart veraltet.

f) Danaide.

Der Boden des Gefäßes weist 60 verschließbare Normdüsen auf; ein gelochtes Blech und ein Stoßbrett beruhigen den Zuflußstrahl. Bei einer bestimmten Anzahl offener Bodenlöcher steigt der Wasserspiegel bis zur Höhe h.

Der Durchfluß läßt sich dann berechnen:

$$q = n \frac{d^2 . \pi}{4} \cdot \mu \sqrt{2gh}$$

$$= n \sqrt{h} . A$$

n = Anzahl der offenen Düsen, h = Wasserspiegelhöhe im Gefäß

$$A = \mu . \frac{d^2 . \pi}{4} . \sqrt{2g} = 3.382\, d^2$$

g) Meßwehr.

Als Meßwehr ist nur ein vollkommener Überfall über eine scharfe Kante brauchbar; je nachdem die Gerinnebreite B größer oder gleich der Überfallbreite b ist, unterscheidet man den Bazinüberfall (B = b) und den Ponceletüberfall (B > b). Vorzuziehen ist die erste Art, weil durch Wegfall einer seitlichen Einschnürung die Beobachtung genauer möglich ist.

Die Überfallhöhe h wird an einem Pegel in genügender Entfernung oberhalb der Überfallkante (mindestens 2 h) abgelesen; damit rechnet man die Wassermenge

$$Q = \frac{2}{3} \mu . b \sqrt{2 g} . h^{3/2}$$

Den Wert μ entnimmt man aus Vergleichsmessungen oder rechnet ihn für einen Bazinüberfall gemäß Gleichung (72) und für einen Ponceletüberfall nach Gleichung (76).

Am besten zeichnet man die Meßwehrgleichung als Kurve mit der Überfallhöhe h als Ordinate und der Durchflußmenge Q als Abszisse.

Meßwehre sind wegen ihrer einfachen Herstellung beliebt. Bei sehr kleinen Überfallmengen gibt die waagrechte Wehrkante ungenaue Ergebnisse, sodaß man dann den Wehrausschnitt als einen auf der Spitze stehenden Winkel von 60° oder 90° wählt (Dreiecks- oder Thomsonüberfall), dessen Durchflußgleichung mittels Eichung erstellt wird.

h) Meßschirm.

Der Meßschirm (Abb. 62) ist eine lotrechte Wand, die den Querschnitt eines regelmäßigen Gerinnes vollkommen ausfüllt; sie hängt an einem am Gerinneufer rollenden Wagen und kann daher vom fließenden Wasser vor sich hergeschoben werden. Die Fortbewegungsgeschwindigkeit nehmen gewöhnlich Zeitschreiber auf. Ein richtiges Meßergebnis verlangt, daß der

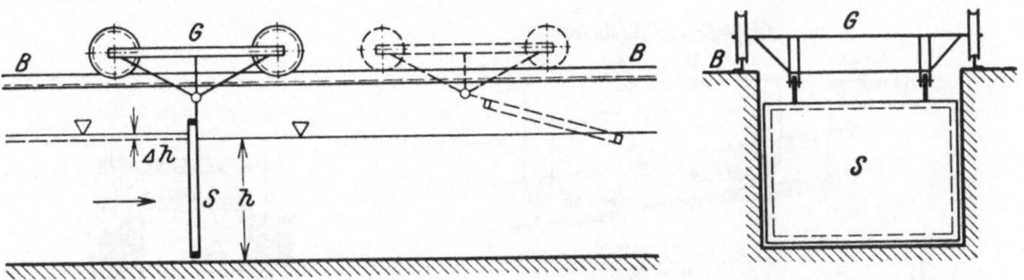

Abb. 62. Meßschirm. (Aus Schaffernak, Hydrographie.)

Meßschirm genau in das Gerinne paßt; weil jedoch dann der Fahrwiderstand zu groß würde, muß ein kleiner Randspalt, etwa 1 bis 1,5 mm bleiben, der Wasserverluste bedingt und dadurch die Messung beeinträchtigt. Zur Überwindung des Fahrwiderstandes ist ein geringer Stau nötig.

i) Schwimmer.

Man unterscheidet Oberflächen- und Tiefenschwimmer. Oberflächenschwimmer sind vom Windangriff beeinflußt; besser sind daher stabförmige Tiefenschwimmer, welche auch einigermaßen die Geschwindigkeit in der Lotrechten mitteln.

Solche Schwimmer hat schon 1646 Cabeo verwendet.

Aus der Zeit, die der Schwimmer zum Durcheilen einer durch zwei Flußquerschnitte abgegrenzten Strecke benötigt, rechnet sich seine Geschwindigkeit, aber nur angenähert, weil der tatsächliche Weg oft länger ist, als die am Ufer gemessene Flußstrecke. Auch eilt ein Schwimmkörper der ihn treibenden Strömung voran. Ferner ist die mittlere Geschwindigkeit v_m einer Meßlotrechten gewöhnlich kleiner als die Oberflächengeschwindigkeit v_0.

$$v_m = \alpha \, . \, v_0$$

α ist bei rauhen und seichten Bächen	0,70 bis 0,80
bei Flüssen	0,85 „ 0,90
in Kanälen	0,90 „ 0,95

Schließlich ist der Schwimmer bestrebt, in den Stromstrich zu gleiten, also in die Linie größter Geschwindigkeit, somit erreicht er eine höhere als die mittlere Geschwindigkeit des Flußquerschnittes; je nach der Art des Querschnittes ist daher eine weitere Einschränkung β zu machen.

β für gleichmäßige Flußquerschnitte	0,90
für einseitige Kolkprofile	0,80

Die aus einer Schwimmermessung errechnete Querschnittsgeschwindigkeit V_m

$$V_m = \alpha \, . \, \beta \, . \, v_0.$$

Dieses Verfahren reicht für rohe Schätzungen und wird gebraucht, wenn andere Verfahren versagen, wie bei Hochwasserdurchflußermittlungen.

Der auf verschiedene Tiefen einstellbare Fesselschwimmer[3]) von Wilke ist an einer Leine gehalten, an deren Ablauf seine Geschwindigkeit erkannt und mit der er auch wieder rückgeholt wird. Bei richtiger Handhabung waren in langsamen Gewässern die Ergebnisse zufriedenstellend.

k) Elektrische Salzungsmethode.

(Schwimmermessung mittels Salzlösung). Statt fester Schwimmkörper kann auch das Fortschreiten einer Farb- oder besser einer Salzwolke beobachtet werden. (Abb. 63). In A wird eine konzentrierte Salzlösung durch

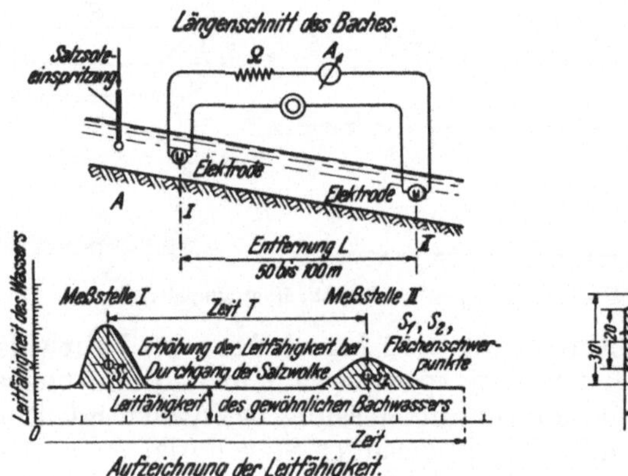

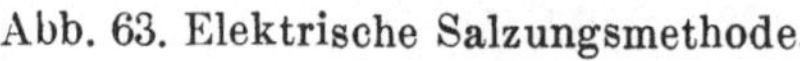
Abb. 63. Elektrische Salzungsmethode.

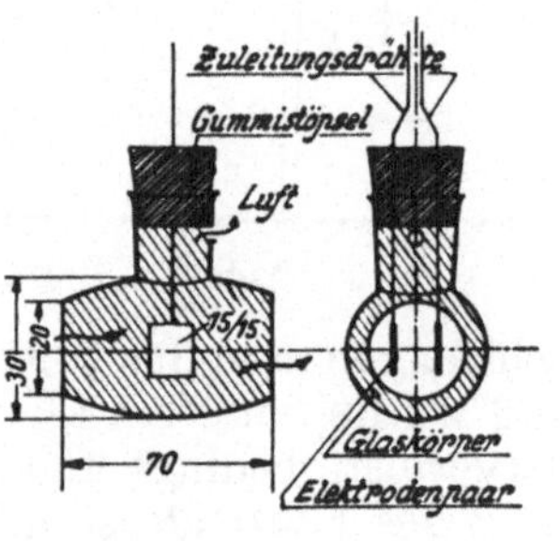

Abb. 64. Meßelektroden.

ein gelochtes Rohr möglichst rasch eingespritzt und der Durchgang dieser Salzwolke an zwei hintereinander gelegenen Meßstellen durch Überprüfung der elektrischen Leitfähigkeit des Wassers festgestellt, weil das gesalzene Wasser leitfähiger ist. Aus dem zeitlichen Verlauf der Schwankung der Leitfähigkeit an beiden Meßstellen ersieht man den Zeitunterschied, da in beiden

[3]) Gramberg, Der Fesselschwimmer, ein neues Wassermengenmeßgerät, Bautechnik 1937, H. 38.

Meßstellen die Leitfähigkeit am größten war; bei bekannter Entfernung der Meßstellen ist die Geschwindigkeit ermittelt.

Zur Leitfähigkeitsbestimmung benützt man ins Wasser versenkte Elektroden (Abb. 64) aus zwei Metallblättchen, die sich in einem bestimmten Abstand innerhalb einer beiderseits offenen Glasröhre befinden, durch die das Wasser strömt. An dem wechselnden elektrischen Widerstand zwischen diesen Metallblättchen ist die verschiedene Leitfähigkeit der dazwischen strömenden Flüssigkeit erkennbar.

Das Verfahren ist für stark wirbelnde kleine Gewässer geeignet, aber wegen Salzverbrauches kostspielig.

l) Flügelmessung.

Diese Meßart hat in Europa die meiste Verbreitung gefunden. Der hydrometrische Flügel, nach seinem Urheber auch Woltmanflügel genannt, ist ein kleines Schaufelrad, das vom fließenden Wasser gedreht wird. Die Umdrehungszahl wird als Maß der Wassergeschwindigkeit gewertet.

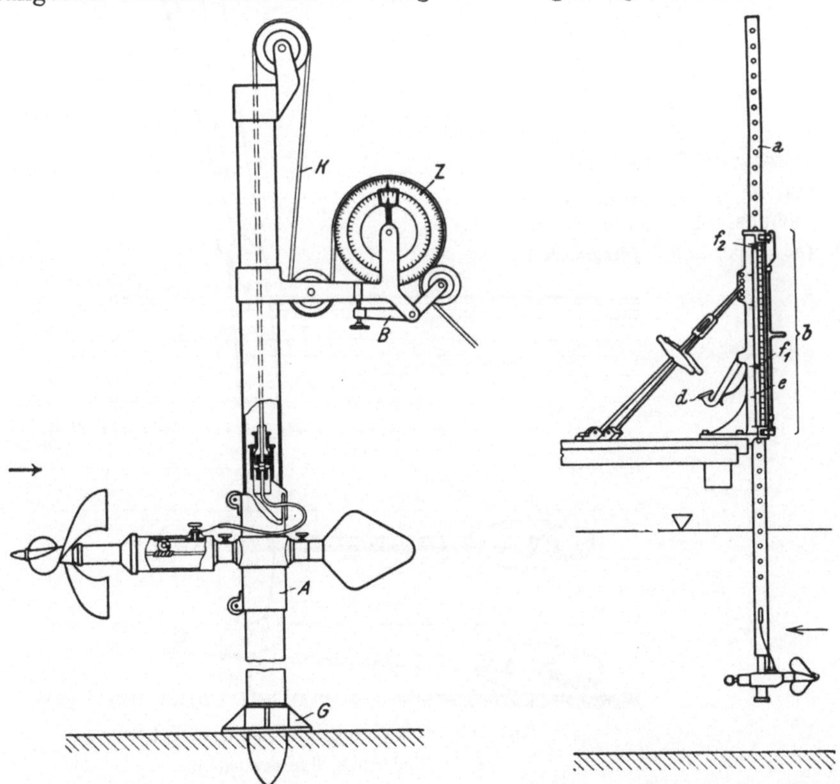

Abb. 65. Flügel an der Grundstange von O. Ganser, Wien.

Abb. 67. Flügel an der Hängestange von A. Ott, Kempten.

(Aus Schaffernak, Hydrographie.)

Die Befestigung des Flügels geschieht:

a) **An einer Grundstange,** die an der Flußsohle aufsteht.

Der Flügel hängt an einem Kabel K (Abb. 65), das über eine Scheibe Z läuft, die durch ihre Umdrehungen die Tiefenlage des Flügels verzeichnet. Bei großen Flügeln ist die schwere Grundstange ein geschlitztes Rohr, in dessen Innern dann das Kabel geborgen und durch den Schlitz mit dem Flügel verbunden ist.

Der Flügel kann auch an einem Überschubrohr h über der Grundstange S befestigt sein (Abb. 66), die eine Teilung trägt, auf der die Tiefenlage des Flügels abgelesen wird.

β) **An einer Hängestange** (Abb. 67), die von einer Brücke oder einem Schiffbord herabhängt. Die Stange hat Lochmarken zur Feststellung der Tiefen-

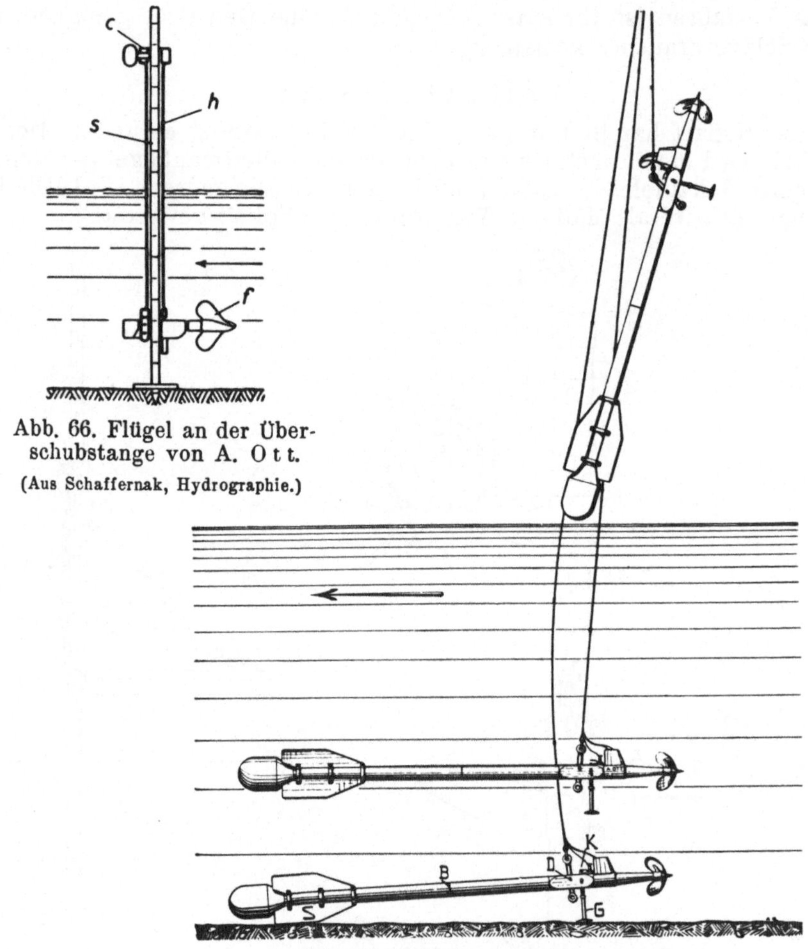

Abb. 66. Flügel an der Überschubstange von A. Ott.
(Aus Schaffernak, Hydrographie.)

Abb. 68. Schwimmflügel von A. Ott.
(Aus Schaffernak, Hydrographie.)

lage des Flügels und gleitet in Muffen des Traggestells, welches an der Brücke oder dem Schiffbord festgemacht wird.

γ) **Als Seil- oder Schwimmflügel** (Abb. 68). Die Lage des Flügels wird aus Abtriftwinkel und abgewickelter Seillänge errechnet; die Abtrift des Flügels hängt von Wassergeschwindigkeit und dem Flügelgewicht ab. Ein Grundtaster GK meldet das Aufsitzen des Flügels an der Flußsohle. Ein Steuer S lenkt den Flügel in die Richtung der stärksten Strömung; man mißt also möglicherweise nicht wie bei den Stangenflügeln die Geschwindigkeit senkrecht zum Flußquerschnitt, wodurch diese Durchflußmessung verfälscht wird.

Der Flügel kann wie eine Seilfähre (Abb. 69) gefesselt sein und mit Haltetauen H_1 und H_2 in jede gewünschte Lage gebracht werden. Dazu ist aber ein den Fluß überspannendes Tragseil D nötig.

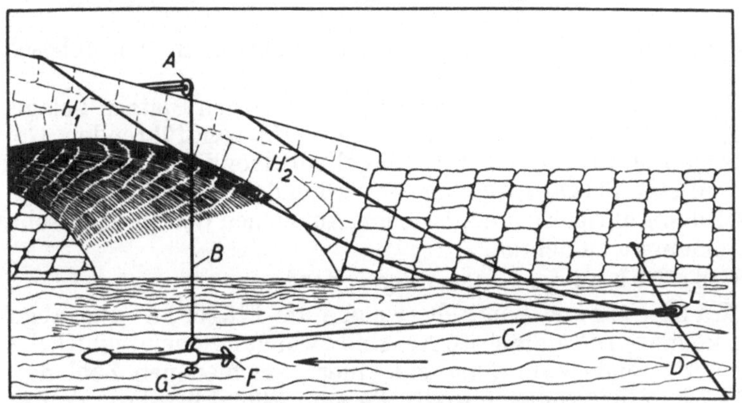

Abb. 69. Gefesselter Schwimmflügel, um ihn an eine bestimmte Stelle im Fluß zu führen. (Nach O. O t t.)

δ) **An einem Schwimmkörper** (Abb. 70). Diese Art wird seltener bei Wassermessungen, sondern als S c h l e p p l o g zur Ermittlung der Fahrgeschwindigkeit eines Schiffes verwendet.

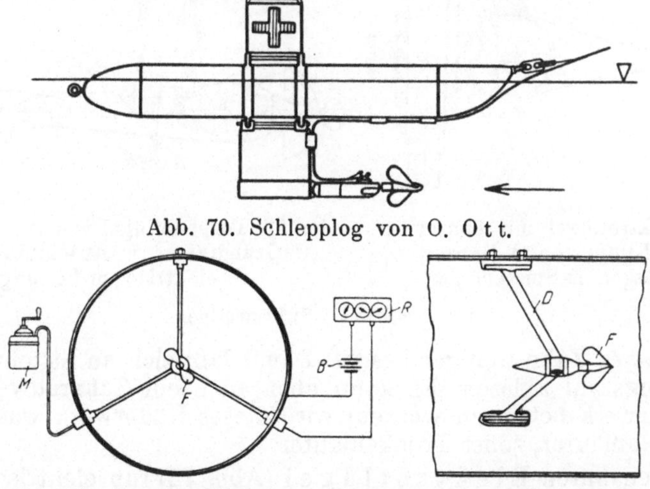

Abb. 70. Schlepplog von O. O t t.

Abb. 71. Dauermeßflügel an Tragarmen im Rohr von Ott. F Meßflügel mit Stromliniekörper, D Strebentragarme, M Drucköler, R Zählwerk, B Batterie.

(Abb. 69 — 71 aus Schaffernak, Hydrographie.)

ε **An Tragarmen** (Abb. 71). In dauernd gemessenen Rohrleitungen wird der Flügel von festeingebauten Stangen getragen, welche zum Vermindern der Widerstände Stromlinienquerschnitt haben. Oft nimmt auch bei kleinen Rohren der Flügel den ganzen Querschnitt ein (Wasserleitungsmesser nach Woltmann).

Der Flügel selbst besteht entweder aus zwei oder drei gegeneinander schräg versetzten Flächen an dünnen Speichen oder einem Turbinenrädchen in Schrauben- oder Bohrerform. Diese ist die gebräuchlichste Form. Das Schalenkreuz oder Becherrad (Abb. 49) ist hauptsächlich für Windmesser verwendet. Es gibt auch Bauarten als achsial durchströmtes Propellerrad, das in einem ringfömigen Gehäuse liegt.

An Gipsformen, in die der Flügel genau paßt, kann sein unbeschädigter Zustand fallweise nachgeprüft werden.

Die Flügelachse ist in Kugellagern oder zwischen Spitzen gelagert. Jene Lagerungsart gibt in verschmutzten, diese in sandführenden Gewässern weniger Anlaß zu Störungen. Der Flügel soll möglichst achsial angeströmt werden, weil eine Schrägströmung die wirkende Teilkraft schwächt. Da die Ergebnisse dann unrichtig sind, ist beim Aufsuchen der Meßquerschnitte auf Schrägströmungen zu achten.

Die Umdrehungen der Flügel werden

α) durch Zählwerke ermittelt, welche am Flügel an- und abgekuppelt werden können. Die einfachste Art sind zwei auf gemeinschaftlicher Achse aneinanderliegende Zahnräder mit einer verschiedenen Zahl der Zähne; in beide Zahnräder zugleich greift die vom Flügel bewegte Treibschnecke ein, sodaß sich beide Zahnräder gegenseitig verschieben, weil das eine

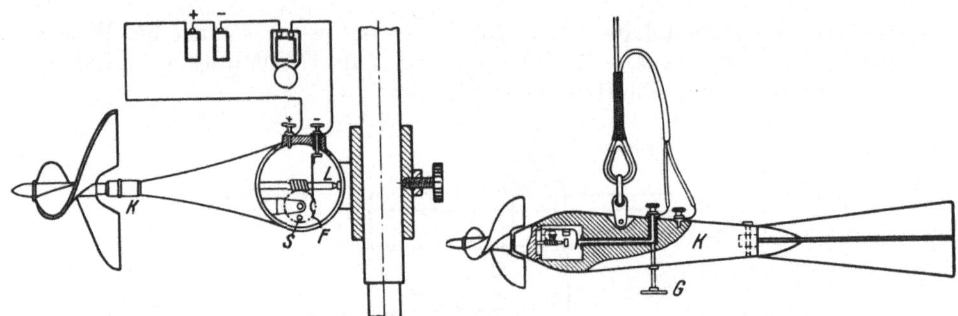

Abb. 72. Elektroflügel mit bohrerförmiger Schaufel von O. Ganser. K Kugellager, L Spitzenlager.

Abb. 73. Torpedoflügel von O. Ganser, Wien. G Grundtaster, K Anschlußklemmen der elektrischen Leitung.

(Aus Schaffernak, Hydrographie.)

Rad um einen Zahn weniger besitzt. Damit läßt sich an Strichmarken die Umdrehungszahl ablesen. Es kann aber auch ein Zahnradwerk ähnlich einem Uhrwerk betrieben werden; wird dieses Räderwerk wasserbespült, heißt es Naßläufer, sonst Trockenläufer.

β) Beim sogenannten Elektroflügel (Abb. 72) tun elektrische Signale die Umdrehungen kund; nach einer bestimmten Anzahl Umdrehungen, meist 50, berührt nämlich ein Kontaktstift S eine Feder F, wodurch der Stromkreis geschlossen und ein Signal ausgelöst wird. Oft sind Flügel auch für die Anzeige jeder einzelnen Umdrehung eingerichtet. Um eine Rückströmung zu erkennen, haben manche Flügel hiefür eine besondere Zeichengebung. (Rücklaufsignal).

Beim Magnetflügel ist das elektrische Kontaktwerk zwecks gesicherter Wasserfreihaltung vollkommen abgeschlossen und nur durch Magnetwirkung an den Flügel gekuppelt.

γ) Neuerdings konstruierte man einen Flügel, der einen winzigen Generator treibt; die erzeugte Leistung ist der Umdrehungszahl verhältnisgleich und wird an einem Millivoltampèremeter gemessen.

Die Verschiedenartigkeit der fließenden Gewässer bedingt verschieden große und kräftige Flügelausbildung. Taschenflügel sind kleine, bequem mitzuführende Flügel mit 5 bis 10 cm Schaufeldurchmesser für Messungen bis 2 m Tiefe und 2 bis 3 m/s Geschwindigkeit. Hochwasserflügel sind dagegen stark und schwer ausgeführt; sie werden zumeist als Seil- und Schwimmflügel verwendet, wobei dann das Gehäuse Torpedoform erhält (Torpedoflügel) (Abb. 73). Der Flügel samt Gehäuse wiegt oft über 100 kg, sodaß ein besonderer Kran nötig ist.

Die große Zahl der mannigfachen Spielarten unterscheiden sich nur in Flügelform, Zeichengebung und Aufstellung.

Jeder Flügel muß geeicht werden, indem seine Umdrehungszahl bei verschiedenen Wassergeschwindigkeiten festgestellt wird. Er wird dabei durch stehendes Wasser eines Kanals in eigens eingerichteten Eichanstalten geschleppt; entlang diesem Kanal fährt ein Meßwagen, der an einer Stange den Flügel ins Wasser hält; entsprechende Einrichtungen schreiben zugleich Eigengeschwindigkeit des Wagens und Umdrehungszahl des Flügels nieder.

Das Eichergebnis wird in der sogenannten Flügelgleichung niedergelegt, ohne deren Kenntnis ein Flügel unbrauchbar ist; sie gibt das Verhältnis der Umdrehungszahl n zur Wassergeschwindigkeit v an. Die Gleichung ist eine unsymmetrische Hyperbel (Abb. 74), kann aber in dem in Betracht kommenden Bereich genügend genau durch eine Gerade ersetzt werden, weshalb die Flügelgleichung lautet:

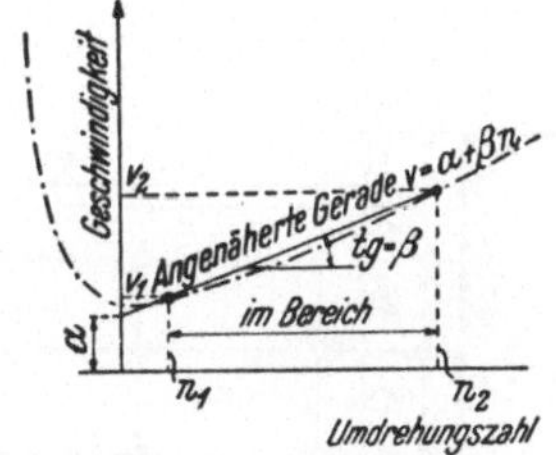

Abb. 74. Flügelgleichung.

$$v = \alpha + \beta n$$

α und β sind die Flügelkonstanten; es ist immer das Bereich anzumerken, in dem diese Flügelgleichung gilt (n_1 bis n_2, bzw. v_1 bis v_2).

m) Meßverfahren mit dem Flügel.

Bei der vollständigen Punktmessung wird der Flügel an jeden einzelnen Meßpunkt geführt und dort die Geschwindigkeit erhoben. Das Austeilen der Meßpunkte soll möglichst allen Unregelmäßigkeiten der Strömung gerecht werden; es müssen also die äußersten Meßpunkte möglichst nahe den Umrissen des Meßquerschnittes liegen, gerade so weit, daß der Flügel nicht heraustaucht und nicht an Sohle oder Wände anstößt. Die Zwischenpunkte sind so einzulegen, daß das Strömungsbild richtig erfaßt wird, also bei unruhiger Strömung und kleinem Flügel näher.

Die Anzahl der Meßpunkte in einem Meßquerschnitt F sei etwa zwischen $14\sqrt{F}$ und $25\sqrt{F}$ (F in m^2). Die Lage jedes Meßpunktes ist durch den Abstand der Meßlotrechten vom linken oder rechten Ufer und durch die Tiefe unter dem Wasserspiegel festgelegt. Wasserspiegelschwankungen während der Meßzeit sind auszugleichen; bei größeren Unterschieden werden die gemessenen Geschwindigkeiten im Verhältnis der Wurzel aus den Tiefen reduziert.

$$V' = V\sqrt{\frac{H'}{H}}$$

In jedem Meßpunkt soll der Flügel je nach Regelmäßigkeit der Strömung ein bis fünf Minuten verbleiben, um einen guten Durchschnittswert zu bekommen.

Die hydrographischen Landesanstalten gaben Anleitungen und Behelfe für Flügelmessung heraus.

Für einen Rechtecksquerschnitt hat der Schweizer Ingenieurverein folgende Norm (Abb. 75):

36 Meßpunkte im Gesamtquerschnitt mit 6 Meßlotrechten à 6 Meßpunkten. Die mittlere Geschwindigkeit ist in jeder Meßlotrechten:

$$v_m = \frac{v_1 + 2v_2 + 3v_3 + 3v_4 + 2v_5 + v_6}{12}$$

Die mittlere Geschwindigkeit im ganzen Querschnitt:

$$V_m = \frac{V_{mI} + 2V_{mII} + 3V_{mIII} + 3V_{mIV} + 2V_{mV} + V_{mVI}}{12}$$

Die a b g e k ü r z t e P u n k t m e s s u n g arbeitet mit kennzeichnenden Punkten; als solche gelten in einer Meßlotrechten beim Herausgreifen von nur 2 Meßpunkten die in 0,2 und 0,8 H (Wassertiefe); daraus ist die mittlere Geschwindigkeit der Meßlotrechten

$$V_m = \tfrac{1}{2}\,(V_{0,2} + V_{0,8})$$

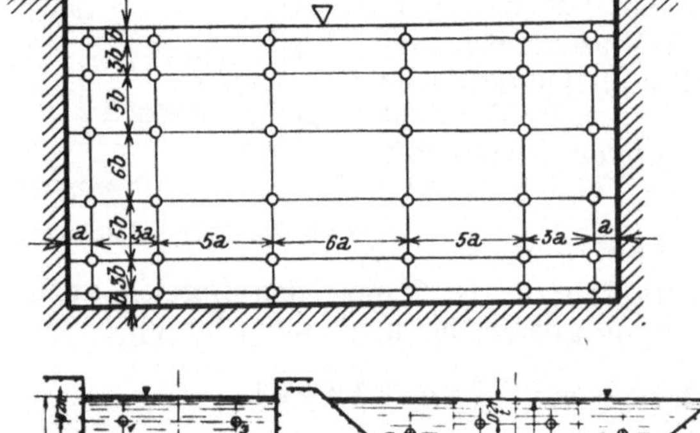

Abb. 75. Meßpunkte im Rechteckquerschnitt nach Schweizer Ingenieurverein.

(Aus Schaffernak, Hydrographie.)

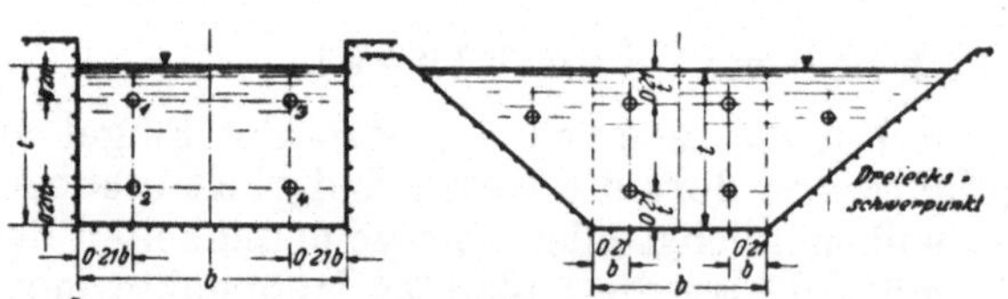

Abb. 76. Auswahl von kennzeichnenden Punkten für abgekürzte Punktmessung.

Will man nur einen Punkt der Lotrechten messen, wählt man den in 0,6 H, weil dort erfahrungsgemäß die Geschwindigkeit meist gleich der mittleren ist.

In einem regelmäßigen Querschnitt nimmt T e i c h m a n n die in Abb. 76 gezeigten Punkte als kennzeichnende Meßpunkte an. Soll nur ein einziger Punkt als Ersatz des ganzen Querschnittes gemessen werden, so wird dieser nach Erfahrung ausgesucht; in einer Rohrleitung liegt er in Rohrachse.

Beim I n t e g r a t i o n s v e r f a h r e n bleibt der Flügel nicht an einem Punkt stehen, sondern durchfährt langsam den Querschnitt so, daß ein möglichst gleichmäßiges Bestreichen des ganzen Profiles gewährleistet ist. Die seitliche Verschubgeschwindigkeit V_q muß dabei gleichbleibend sein und darf ein gewisses Maß nicht überschreiten, damit die dadurch erzeugte Schräganströmung des Flügels nicht zu groß wird ($V_q < \tfrac{1}{4}\,V_m$).

Ist N die gesamte Umdrehungszahl während der Befahrungszeit T, so ist die mittlere Querschnittsgeschwindigkeit V_m

$$V_m = \alpha + \beta \cdot \frac{N}{T}$$

worin α und β die Konstanten der Flügelgleichung sind.

Zur Mehrfachflügelmessung werden mehrere Flügel neben- oder übereinander in einen Rahmen oder auf eine Stange gesetzt (Abb. 77) und so eine ganze Meßlinie zugleich erfaßt. Damit wird Zeit gespart und die Meßgenauigkeit erhöht. Allerdings muß die Zählung mittels Zeitschreiber geschehen; statt hörbarer Signale betätigen die Flügel Schreibstifte, die alle gemeinsam auf ein mit Zeitmessung versehenes Papierband

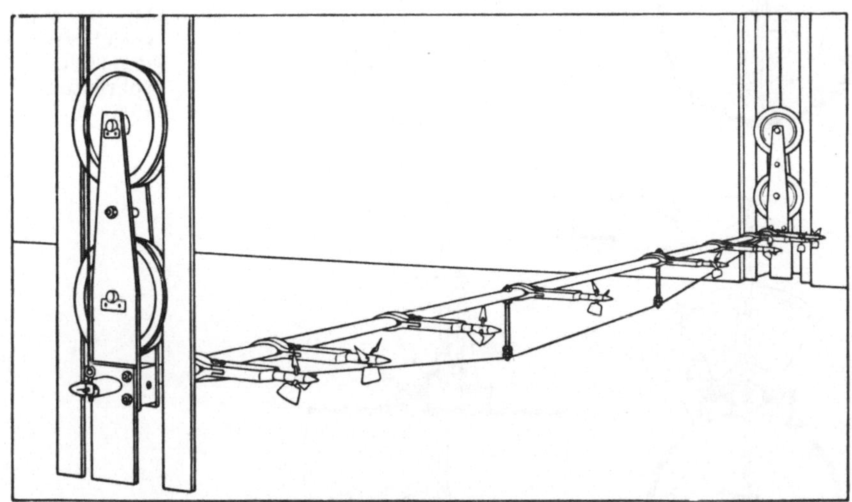

Abb. 77. Flügelrahmen für eine Mehrfachflügelmessung, System Bitterli.
(Aus Schaffernak, Hydrographie.)

ihre Signalzeichen niederschreiben. In wenigen Minuten ist die Messung vollendet und das Schreibband kann ausgewertet werden. Bei Leistungsprüfung in Großkraftwerken wird die Wassermenge gern derart gemessen.

Zwecks Flügelmessung in Rohrleitungen ist der Flügel an Tragarmen fest eingebaut (Abb. 71), er kann aber auch verschiebbar (Abb. 78) und schwenkbar (Abb. 79) an einer Stange sitzen, so daß fast jeder Punkt des ganzen Rohrquerschnittes im Meßbereich liegt; eine andere Anordnung erlaubt auch die Einführung des Flügels in die Rohrleitung während des Betriebes (Abb. 80). Gemessen wird in zwei zueinander senkrechten Richtungen an einzelnen Meßpunkten, deren Abstand voneinander am Rande geringer ist, damit die Geschwindigkeitsverteilung deutlicher erkannt wird. Es genügt, einen einzigen Durchmesser zu messen, weil der Strömungsverlauf in einem geraden kreisrunden Rohr zentrisymmetrisch anzunehmen ist. Schließlich tritt als Ersatz ein einziger Meßpunkt in der Rohrachse.

Infolge der Zentrisymmetrie ist die zur Geschwindigkeit v gehörige Durchflußfläche ein Kreisring vom Halbmesser r und der Dicke dr; somit ist dieser Teildurchfluß

$$dq = v \cdot 2 r \pi \, dr$$

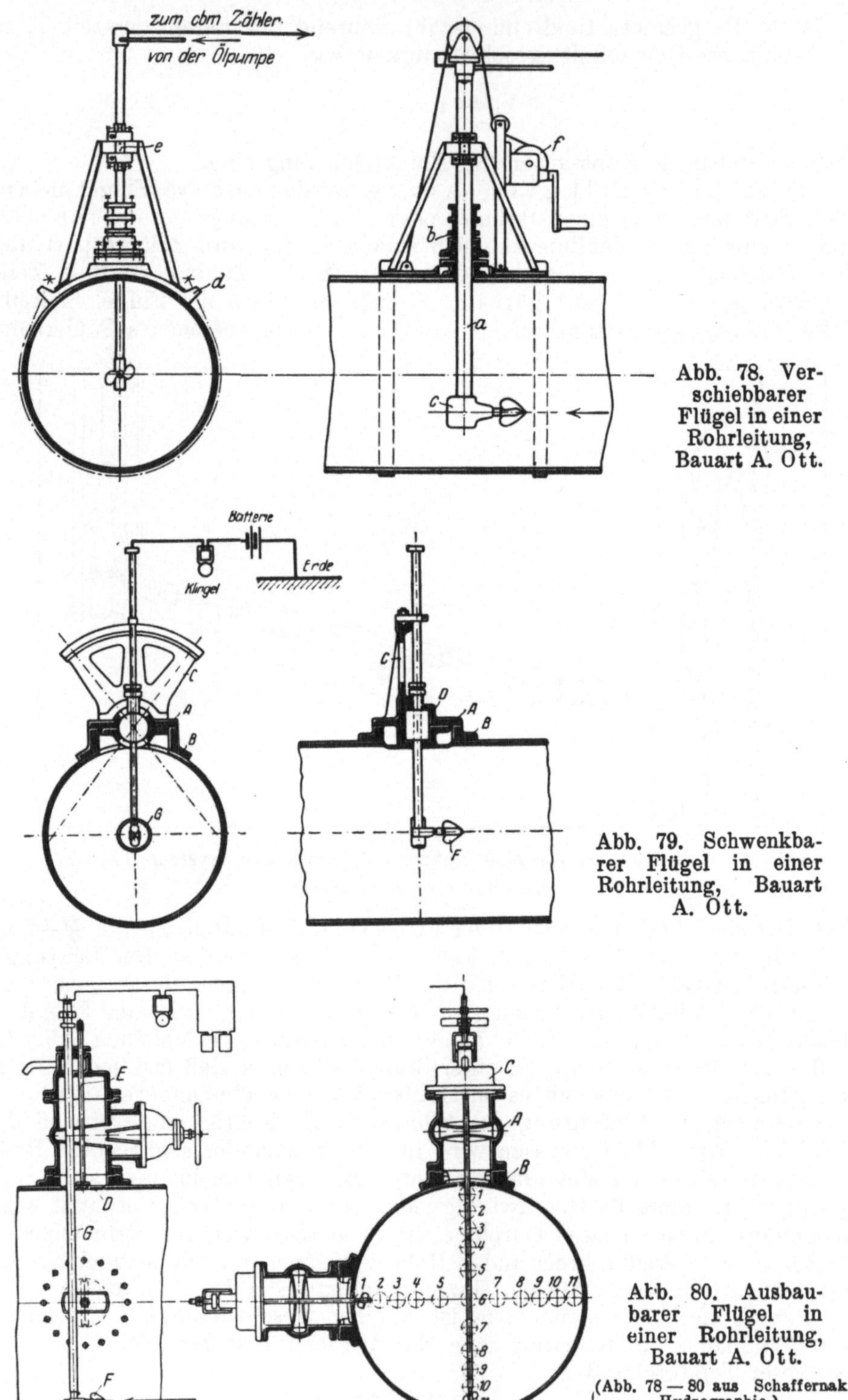

Abb. 78. Verschiebbarer Flügel in einer Rohrleitung, Bauart A. Ott.

Abb. 79. Schwenkbarer Flügel in einer Rohrleitung, Bauart A. Ott.

Abb. 80. Ausbaubarer Flügel in einer Rohrleitung, Bauart A. Ott.

(Abb. 78 — 80 aus Schaffernak, Hydrographie.)

und der gesamte Durchfluß das Integral aller Teildurchflüsse

$$q = 2\pi \int_0^R v\, r\, dr;$$

dies ist am besten zeichnerisch zu ermitteln, indem man die Werte v und r aufträgt und diese Fläche auswertet (Abb. 81).

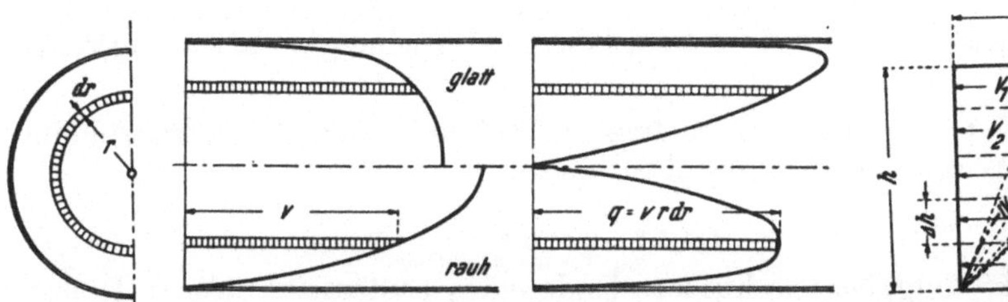

Abb. 81. Geschwindigkeits- und Durchflußverteilung in einer Rohrleitung bei glatter und rauher Wandbeschaffenheit.

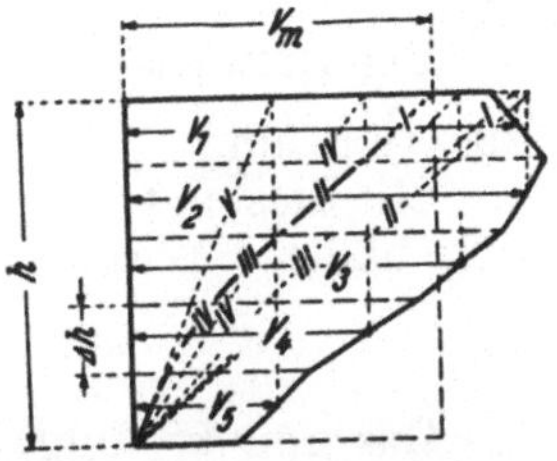

Abb. 82. Geschwindigkeitsprofil in einem Fluß und Ermittlung der mittleren Profilgeschwindigkeit.

n) Auswertung einer punktweisen Geschwindigkeitsmessung.

Die gemessenen Geschwindigkeiten in den einzelnen Meßpunkten senkrecht zur Meßlotrechten aufgetragen, liefern das Geschwindigkeitsprofil (Abb. 82); die mittlere Geschwindigkeit der Meßlotrechten

$$v_m = \frac{1}{h} \cdot \Sigma\,[v \cdot \Delta h]$$

v_m wird durch die eine Seite des dem Geschwindigkeitsprofil flächengleichen Rechteckes zum Ausdruck gebracht, das über derselben Tiefe errichtet wird; diese Seite wird zeichnerisch gefunden, indem man mit der Polweite h die Summenlinie der einzelnen ($v \cdot \Delta h$) Flächen zieht und als Endordinate die mittlere Geschwindigkeit v_m erhält (Summenlinienverfahren Seite 162).

Die Durchflußmenge eines Meßquerschnittes $Q = \Sigma\,(v_m \cdot \Delta F)$ ist wieder entweder rechnerisch oder zeichnerisch (mit Summenlinien) auszuwerten. Die Teilquerschnittsflächen sind gewöhnlich durch die Mittellinie zwischen den Meßlotrechten begrenzt. Schwankt während der Messung der Wasserstand beträchtlich, so ist ein mittlerer Pegelstand p_m zu ermitteln, auf den die gemessenen Geschwindigkeiten auszugleichen sind.

$$p_m = \frac{\Sigma\,[(\pm p) \cdot q]}{\Sigma\, q}$$

$\pm p$ ist der jeweilige Pegelstand und q der zugehörige Durchfluß jener Teilquerschnittsflächen.

Die mittlere Oberflächengeschwindigkeit V_0 des Gesamtquerschnittes

$$V_0 = \frac{\Sigma\,(v_0 \cdot b)}{\Sigma\,(b)}$$

b ist die Breite der zur Meßlotrechten gehörigen Teilfläche, $\Sigma\,(b)$ die gesamte Flußbreite und v_0 die jeweilige Oberflächengeschwindigkeit in der Meßlotrechten.

o) Hydrometrisches Pendel.

Ein Kugelpendel wird dem strömenden Wasser ausgesetzt. Die Kugel wird durch den Strömungsdruck abgetrieben; aus dem Ausschlagswinkel läßt sich auf die Geschwindigkeit schließen.

$$v \cong \frac{1}{k} \sqrt{\operatorname{tg} \alpha}$$

Der Beiwert $\frac{1}{k}$ ist aus einer Oberflächengeschwindigkeitsmessung rasch zu ermitteln.

Mit diesem Gerät ist ziemlich schnell und ohne besonderen Aufwand eine angenäherte Wassermessung durchzuführen.

p) Staurohr.

Das um 90° umgebogene kürzere Ende eines beiderseits offenen Rohres (Abb. 83) wird gegen die Strömung gerichtet; im offenen anderen Rohrstück wird die Geschwindigkeit v in die Druckhöhe $h = \frac{v^2}{2g}$ umgesetzt, um die

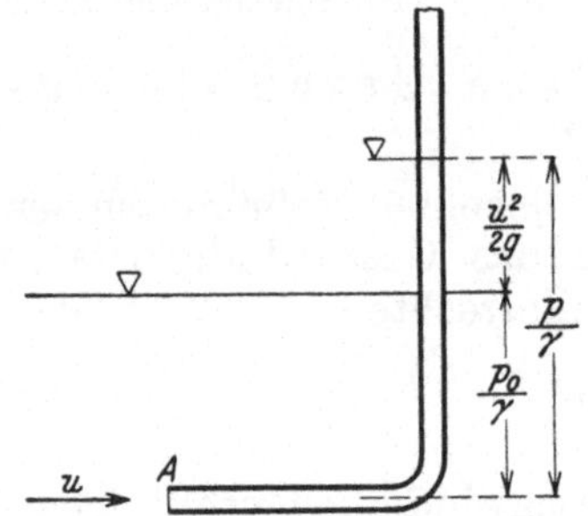

Abb. 83. Pitotsche Röhre.

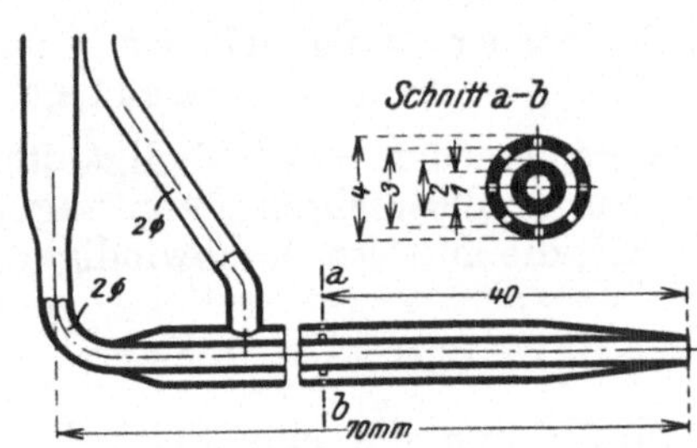

Abb. 84. Darcyrohr.

(Aus Schaffernak, Hydrographie.)

der Spiegel im Rohr höher als der außerhalb steigt. Dieser Aufstau ist bei kleinen Geschwindigkeiten sehr gering und die Ablesung schwierig. Das Gerät heißt nach seinem Erfinder Pitotsche Röhre.

Darcy ergänzte es durch eine zweite stromabwärts gerichtete Röhre, in der eine Absenkung auftritt und erzielt so angenähert den doppelten Ausschlag. Durch Hähne sperrt man die Rohre, kann sie aus dem Wasser heben und bequem ablesen (Abb. 84).

Prandtl hat dieses Gerät zu nebenstehender Form verbessert (Abb. 85).

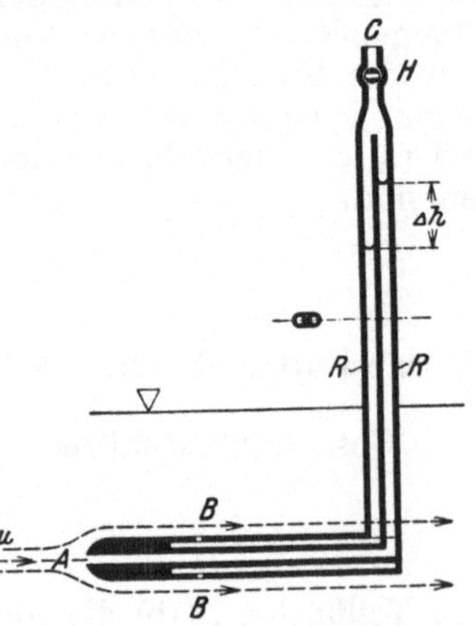

Abb. 85. Prandtls Staurohr.

(Aus Schaffernak, Hydrographie.)

Um die Ablesegenauigkeit zu erhöhen, stellte man die Röhre schräg; man benützte besondere Meßflüssigkeiten von verschiedenem Artgewicht, schaltete auch eine Sperrflüssigkeit dazwischen und erzielt durch einen engeren Querschnitt im Ableserohr einen vergrößerten Ausschlag.

Die Röhre von Frank mit einer Lochreihe an der Vorderseite mittelt die Geschwindigkeitshöhe in der Lotrechten und zeigt daher die mittlere Meßlotrechtengeschwindigkeit an. Mittels einer Überschubmuffe kann man diese Löcher zum Teil verschließen. Ein Manometer mit schwimmender Skala läßt den Wasserspiegelunterschied leichter ablesen.

q) Staudüse und Venturirohr.

In einer Rohrverengung (Abb. 86) muß der Durchfluß beschleunigt strömen; die Geschwindigkeitserhöhung geht auf Kosten eines Druckverlustes $\triangle h$. Nach der Gleichung von Bernoulli ist:

$$\triangle h = p_1 - p_2 = \frac{v_1^2 - v_2^2}{2g}$$

Der Durchfluß ist aber vor und nach der Verengung gleich.

$$Q = v_{m1} \cdot \frac{D_1^2 \pi}{4} = v_{m2} \cdot \frac{D_2^2 \pi}{4}$$

Aus beiden Gleichungen ergibt sich:

$$Q = \frac{1}{\sqrt{1 - \left(\frac{D_2}{D_1}\right)^4}} \cdot \frac{D_2^2 \pi}{4} \sqrt{2g} \cdot \sqrt{\triangle h} = A \sqrt{\triangle h}$$

$\triangle h$ ist der Druckunterschied zwischen Beginn der Verengung und der engsten Stelle.

Zwar gilt diese Gleichung nur für reibungsfreie Bewegung, doch kann dies bei untergeordneten Messungen vernachlässigt werden.

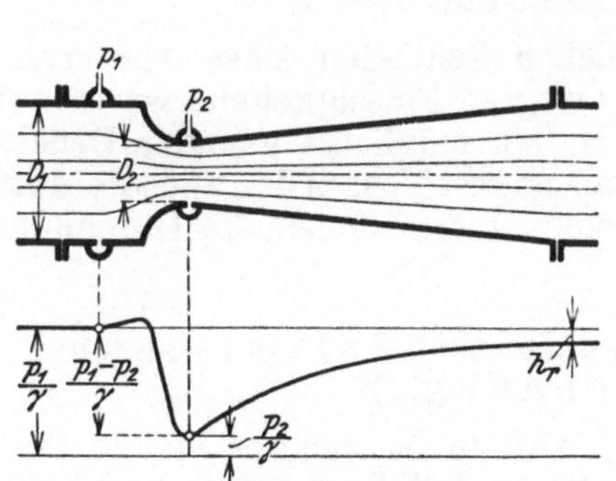

Abb. 86. Venturirohr, samt Angabe der Druckverteilung.

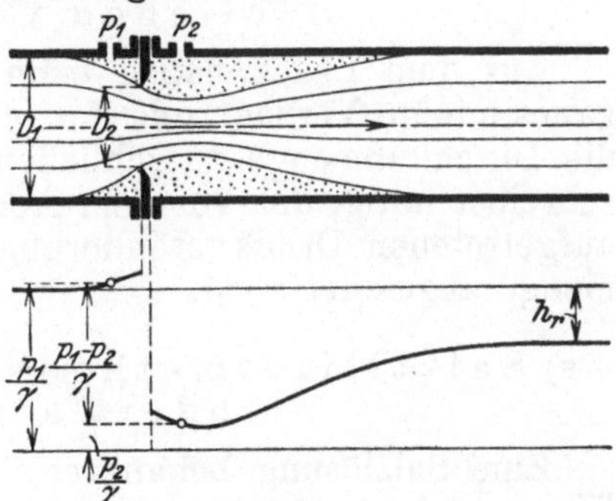

Abb. 87. Stauscheibe, samt Angabe der Druckverteilung.

Venturi hat zuerst 1797 diese Staueinengung als Meßgerät angewandt. Ähnlich wirkt die weit leichter einzubauende Stauscheibe (Abb. 87), verursacht aber einen großen Energieverlust. Auch hier wird der Druck kurz vor und nach der Engstelle gemessen und daraus die Geschwindigkeit berechnet.

In Turbinenleitungen kann an Übergängen zu einem kleineren Durchmesser eine Staudüse nach Abb. 88 eingebaut werden, an der ringsum ein Kranz von Öffnungen für die Druckabnahme ist.

Der Druck wird mit Manometern gemessen; vorteilhaft sind Meßwerke, welche den Druckunterschied anzeigen, wie z. B. die Ringwaage von Hartmann (Abb. 89). Diese besteht aus einem ringförmig gebogenen Meßrohr R, durch eine Scheidewand in zwei Kammern K_1 und K_2 geteilt, die mit Gummischlauchleitungen G_1 und G_2 an die zu messenden Drücke

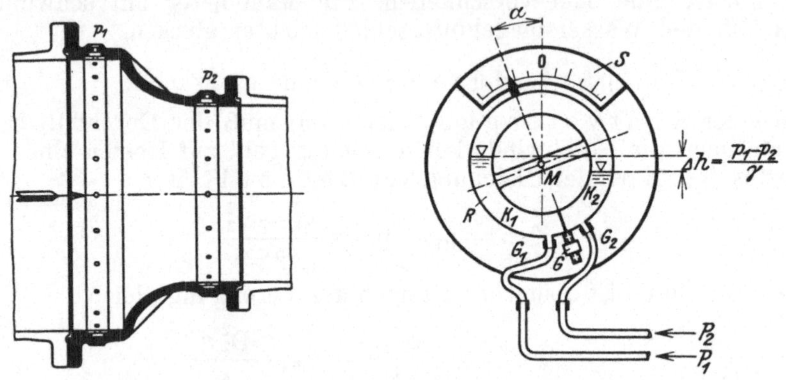

Abb. 88. Staudüse. Abb. 89. Ringwaage von Hartmann.

(Aus Schaffernak, Hydrographie.)

angeschlossen werden. Bei einem Druckunterschied steigt in beiden Ringschenkeln die Flüssigkeit verschieden hoch, wodurch sich die Waage solange um M dreht, bis Gleichgewicht herrscht, sodaß der Skalenausschlag den Druckunterschied anzeigt.

Staudruckmeßgeräte sind ohneweiters fernmeldend einzurichten; sie müssen aber wegen der Druckverluste geeicht werden.

r) Methode Gibson (Drucksteigerung beim Schließen von Rohrleitungen).

Aus dem Druckanstieg beim allmählichen Schließen eines Absperrorganes infolge Verzögerung der im Rohr bewegten Flüssigkeitsmasse ist auf die Durchflußmenge zu schließen. Dazu ist ein möglichst genauer Druckschreiber nötig, der vor dem Absperrorgan angeschlossen ist und die dort aufgetretenen Druckveränderungen verzeichnet, aus denen die Durchflußmenge abgeleitet wird.

s) Salztitriermethode (Messung mit Salzmischung oder Salzverdünnung).[4]

Eine Salzlösung bekannter Sättigung wird in bestimmter Menge dem Wasserlauf zugesetzt; weit genug unterhalb, so daß Bachwasser und Salzlösung gut gemischt sind, werden Wasserproben entnommen, deren Salzgehalt durch Titrieren erkannt wird.

An der Salzzugabestelle ist

Q	c_0	$+$	q	c_1
Durchflußmenge	natürlicher Salzgehalt des Bachwassers		Menge der sekundlich beigegebenen Salzlösung	Sättigungsgrad der Lösung

[4]) O. Kirschmer, Das Salzverdünnungsverfahren für Wassermessungen. Wasserkraft und Wasserwirtschaft. München 1931.

Diese Menge muß gleich der an der Entnahmestelle sein

$(Q + q)$	c_2
Durchflußmenge samt Salzlösung	Sättigungsgrad des Mischwassers

daraus ist:
$$Q = q \cdot \frac{c_1 - c_2}{c_2 - c_0}$$

Aus der sekundlich beigegebenen Salzlösungsmenge q, sowie den Sättigungsgraden c_0, c_1, c_2, läßt sich der Durchfluß berechnen. Gewöhnlich ist c_0 sehr gering und außerdem c_2 gegenüber dem c_1 der konzentrierten Lösung vernachlässigbar, so lautet die vereinfachte Formel:

$$Q = \frac{c_1}{c_2} \cdot q$$

Damit die Salzlösung stets gleichmäßig zufließt, hat das Einspritzgefäß (Abb. 90) ein Belüftungsrohr, das über der Ausflußöffnung stets den gleichen Druck und damit den gleichen Ausfluß erzeugt.

In der Strecke zwischen Zugabe und Entnahme soll möglichste Durchwirbelung zwecks guter Vermischung eintreten, weshalb sich dieses Verfahren besonders an Wildbächen eignet, wo sonst andere Methoden ver-

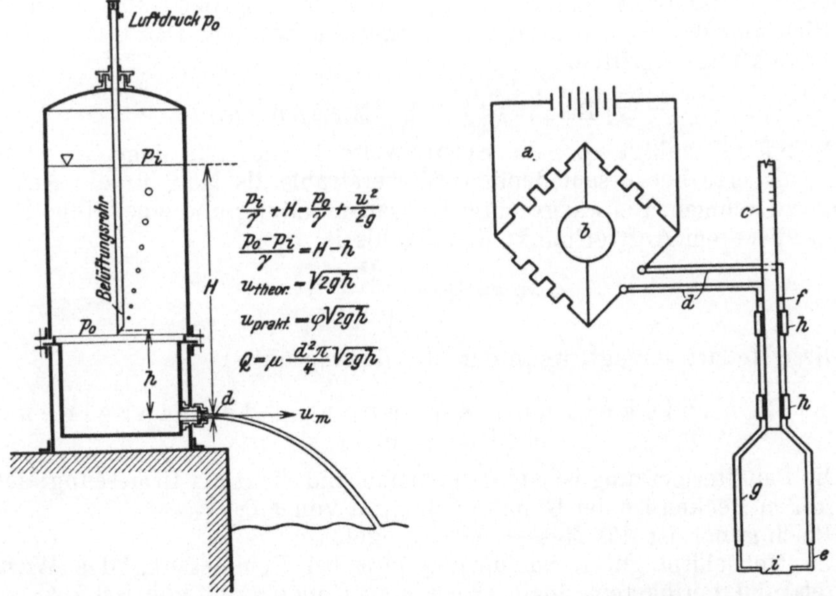

Abb. 90. Einspritzgefäß von Ott. **Abb. 91. Hitzdrahtmessung.**

(Aus Schaffernak, Hydrographie.)

sagen. Die Wasserproben werden in gut gereinigte Flaschen abgefüllt. Man bestimmt die Sättigungsgrade der Proben durch das Titrierverfahren von Mohr. Nach einem Zusatz von Silbernitratlösung als Titer wird weiterhin Kaliumchromat als Indikator eingeträufelt; ist das Silberchlorid (weißlicher Niederschlag) abgesättigt, entsteht sofort ein Farbumschlag durch rotes Silberchromat. Aus den Mengen Titer und Indikator kann der Sättigungsgrad geschlossen werden.

t) Elektrische Leitfähigkeitvergleichsmethode.

Wie bei der vorgenannten Salztitriermethode spritzt man mehrere Minuten lang eine stark konzentrierte Salzlösung ein; weit genug unterhalb im Bach eingehängte Elektroden, wie sie bei der elektrischen Salzschwimmermessung erwähnt wurden, messen die Änderung der Leitfähigkeit des Bachwassers infolge der Salzbeigabe.

Aus Eichversuchen geht der Zusammenhang zwischen Widerstandsänderung und Salzgehalt hervor, wobei der Widerstand auf die Temperatur rückgeführt werden muß.

Ist q die Menge der eingespritzten Salzsohle, V_1 ihr Salzzusatz, W_1 der Widerstand im Wasser an der Beobachtungsstelle, dem aus der Eichtafel ein Salzzusatz v_1 entspricht, so rechnet sich die Durchflußmenge im Bach

$$Q = q \cdot \frac{V_1}{v_1}$$

u) Hitzdrahtmessung.

Das an einem elektrisch geheizten Platindraht vorbeiströmende Wasser kühlt diesen ab; die Temperaturänderung gibt ein Maß der Geschwindigkeit. Das Gerät (Abb. 91) besteht neben der elektrischen Temperaturmeßeinrichtung, aus einer kleinen Gabel g mit einem Platindraht i, der in die strömende Flüssigkeit getaucht wird; durch Drehung der Gabel kann auch die Richtung der Geschwindigkeit festgestellt werden. Das Gerät ist erst in Entwicklung begriffen.

v) Ballistische Messung.

Winkel schlägt vor, die Sprungweite l eines aus dem Grundablaß einer Talsperre hervorschießenden Wasserstrahls als Maß für die Ausflußmenge zu nehmen. Bei waagrechter Rohrausmündung und einer Höhe h derselben über dem Auftreffpunkt des Strahls ist

$$q = 1{\cdot}74 \frac{d^2}{\sqrt{h}} \cdot l$$

Diese Meßart versagt, wenn der Strahl zersprüht.

w) Genauigkeit und Anwendung der einzelnen Meßarten.

Die Behältermessung ist am genauesten und dient als Urmessung; selbst bei großen Becken ist der Genauigkeitsgrad von ± 0,1 %.

Gleich genau ist das Messen mit Kippgefäßen.

Ein Meßschirm guter Ausführung läßt bei Feinmessung des Wasserspiegels und geringstem Spaltverlust eine Genauigkeit von ± 0,2 % zu.

Den gleichen Grad erzielt die Danaide bei sorgfältiger Bauart.

Meßwehre weisen bei bester Form und Handhabung noch immerhin ± 0,5 % Unsicherheit auf.

Ebenso genau soll die ballistische Messung sein.

Die Salzschwimmermessung zeigte bei den Versuchen am Walchensee eine Streuung von + 1,3 % bis — 2,4 % Abweichung von der Urmessung.

Das Salzmischungsverfahren wurde dort mit einer Streuung von 1,3 % und einer Abweichung von + 1,4 bis — 1,2 % festgestellt. Staudüsen und Venturirohre haben Fehler von + 2 %, geeichte Staudruckmeßgeräte lassen bessere Genauigkeit von + 0,5 % erhoffen. Staurohre zeigten eine mittlere Abweichung von ± 0,8 %; ihre Unsicherheit schwankte von + 3,0 bis — 1,4 % gegenüber einer vollständigen Flügelmessung.

Bei der Flügelmessung ist nach ihrem gegenwärtigen Stand eine Streuung von ± 1,3 % und eine Unsicherheit von + 0,9 bis — 1,7 % zu erwarten; bei der Integrationsmessung steigt jedoch die Unsicherheit wesentlich an.

Methode Gibson und das elektrische Leitfähigkeitsverfahren sind etwa der Flügelmessung gleichzustellen.

Schwimmermessungen sind Schätzungen und erheben keinen Anspruch auf Genauigkeit.

Bei geringen Wassermengen dienen Meßbehälter als Einzelmessungen, Kippgefäße und Volumenmesser zur Dauermessung.

Meßwehre sind für mittlere Wassermengen leicht einzurichten und erfreuen sich daher großer Beliebtheit.

In Österreich und Deutschland sind die Flügelmessungen, in englischen Ländern die Salzungsverfahren trotz ihrer größeren Kosten bevorzugt.

Staudruckmeßgeräte finden in letzter Zeit in Hochdruckleitungen Anwendung.

In Wasserversorgungsanlagen ist der Woltmannflügel in großen und der Scheibenmesser in kleineren Leitungen am Platz.

Meßschirm und Staurohr spielen nur in wasserbaulichen Versuchsanstalten eine Rolle.

Eine Schwimmermessung wird schließlich zur schnellen Schätzung der Durchflußverhältnisse gebraucht.

x) Hilfsarbeiten beim Wassermessen.

Die Querschnittaufnahme geschieht durch Abstich der Wassertiefen (Peilen) mittels Peilstange oder mit einem besonderen Peilgerät (Bauart Roer) gewöhnlich entlang eines quer über den Fluß gespannten Seiles mit Maßeinteilung. Sind viele Flußquerschnitte aufzunehmen, also bei einer Sondierung, bedient man sich vorteilhaft eines Profilschreibers, der beim Abrollen auf der Flußsohle Weg und Wasserdruck und damit gleichzeitig das Flußprofil aufzeichnet (Bauart Hayos und Klodner). Ausgangsebene ist ein im Gefälle eines bestimmten Wasserstandes liegender Wasserspiegel.

Das Wasserspiegelgefälle wird nivelliert. Für die Wassermessung selbst ist zwar das Gefälle bedeutungslos, jedoch ist es zur Beurteilung der Fließverhältnisse wichtig. Die fortwährenden kleinen Spiegelschwankungen fließender Gewässer — infolge ständiger Pulsationen — werden ausgeglichen, indem man entweder die Nivellierlatte in ein Beruhigungsgefäß oder auf einen sehr langen Schwimmkörper stellt. Bei kürzerer Entfernung und geringem Höhenunterschied kann man mit der Schlauchwaage arbeiten.

3. Ermittlung der Feststofführung.

a) Schwimmstoffe.

Unter diesen erregt das Eis ein Beobachtungsinteresse. Im stehenden Gewässer wird die Stärke der Eisdecke und die Zeit der Eisbedeckung beobachtet, im fließenden Wasser der Eistrieb in Zehntelanteilen an der davon bedeckten Wasserfläche geschätzt. Auf Gletschern wird manchmal das Wandern der Gletscherzungen am Vorrücken einer Reihe eingesteckter Pfähle gemessen.

b) Schwebestoffe.

Der in Flüssen feinverteilt mitgeführte Schlamm und Sand wird durch die Wirbelströmung schwebend erhalten. Dieser „Schweb" bewirkt Trübung des Wassers; seine Menge wird verschieden erforscht.

Durch verschiedenartige Schöpfgefäße wird die Wasserprobe entnommen. Das Wasser wird verdunstet und der Rückstand gewogen, woraus man den Schwebstoffgehalt in mg/l errechnet. Besser aber ist es, das Wasser durch Filtrierpapiere zu filtern und diese vorher und nachher zu wiegen, weil beim Verdunsten auch die im Wasser gelösten Stoffe ausgeschieden werden, was das Ergebnis fälscht. In der Donau wurde beispielsweise das Verhältnis dieser Stoffe mit 2 : 1 festgestellt.

Das einfache Schöpfgefäß von Gluschkoff (Abb. 92) ermöglicht gleichzeitig Geschwindigkeitsmessungen.

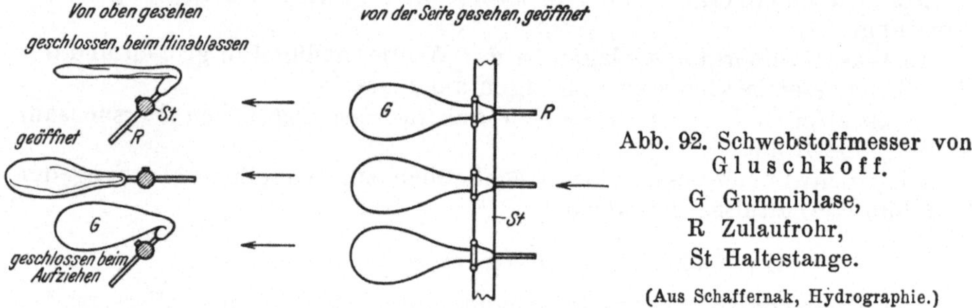

Abb. 92. Schwebstoffmesser von Gluschkoff.
G Gummiblase,
R Zulaufrohr,
St Haltestange.
(Aus Schaffernak, Hydrographie.)

Der Trübungsmesser von Kalinin bestimmt auf photoelektrischem Weg die Trübung und damit die Schwebstofführung.

Schwebmessungen geschehen ähnlich den Flügelmessungen im punktweisen Abtasten des Flußquerschnittes oder nur an typischen Stellen. Da zwischen Schwebstofführung und Durchfluß keine geregelte Abhängigkeit abzuleiten ist, sind Schwebmessungen häufiger durchzuführen, um das richtige Bild zu bekommen.

Indirekt können die Sinkstoffmengen aus ihrer Anlandung ermessen werden.

c) Geschiebe.

Das an der Sohle mitgeschleppte Geschiebe wird bezüglich Menge, Zusammensetzung, Gewicht und Form beobachtet.

Die Geschiebemenge mißt man direkt mit dem Geschiebefänger, einem Fangkorb (Abb. 93), der an der Flußsohle das dahertreibende Geschiebe auffängt. Da das Meßgerät eine Störung der Strömung und damit des Geschiebetriebes hervorruft, muß es geeicht werden. Es hat sich auch gezeigt, daß die bereits eingefangene Geschiebemenge, aber auch der durch den Korb bedingte Stau den richtigen Geschiebeeinzug hindert.

Man hat versucht, durch an der Flußsohle eingebaute Abhorchgeräte auf die Intensität des Geschiebetriebes zu schließen.

Ferner wurden im Flußbett Fangschlitze ausgehoben, die der Fluß wieder mit Geschiebe füllt.

Indirekt wurde die Geschiebemenge durch Abmessung von Anlandungen ermittelt; jedoch sind dabei Geschiebe und Sinkstoffe schwierig zu trennen.

Das Bild der Geschiebezusammensetzung zeigt die Mischungslinie (Abb. 94) beim Absieben des Geschiebes. Mittels eines genormten Siebsatzes wird für die einzelnen Korngrößen der Siebdurchlaß in

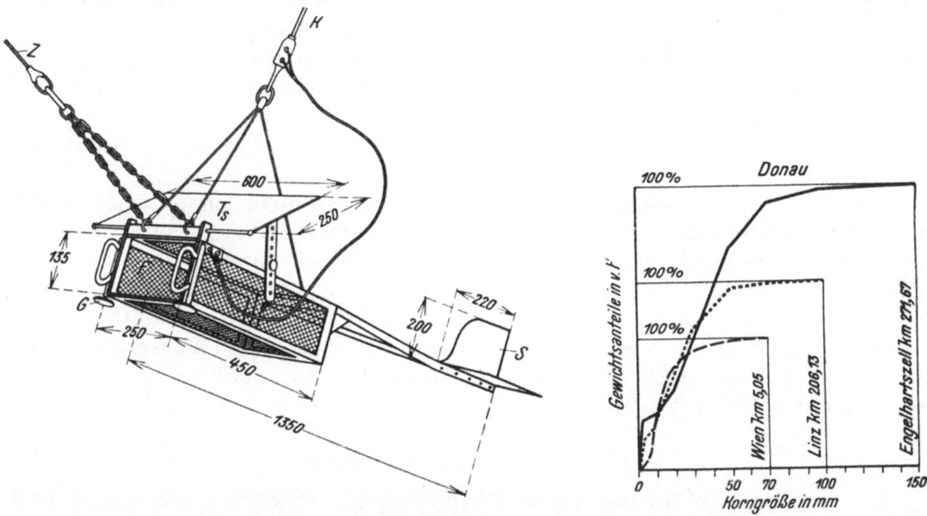

Abb. 93. Geschiebefänger von Ehrenberger. F Fangkorb, T_s Tiefensteuer, S Seitensteuer, G Grundtaster, Z und K Haltekabel. (Aus Schaffernak, Hydrographie.)

Abb. 94. Mischungslinie des Donaugeschiebes, dargestellt nach F. Schaffernak.

Hundertteilen ermittelt und in einem Diagramm der Mischungslinie aufgetragen. Aus ihrer Form erkennt man, ob das Geschiebe gröberes oder feineres Korn besitzt.

Schließlich wird Geschiebe noch bezüglich seines Gewichtes, seiner Form und seiner geologischen Herkunft betrachtet.

4. Verhalten des Wassers in chemischer und physikalischer Hinsicht.

Beim oberirdischen Wasser treten derartige Untersuchungen, die wohl bei Verwendung des Wassers zum Genuß eine ausschlaggebende Rolle spielen, in den Hintergrund; darum werden sie erst beim Grundwasser besprochen.

Die Temperaturbeobachtung ist an fließenden Gewässern von untergeordneter Bedeutung; sie wird manchmal zugleich mit der Pegelablesung ausgeführt. Rasch fließende Gewässer sind im allgemeinen so gut durchmischt, daß mit einer täglichen Messung an einer einzigen Stelle die Wärmeverhältnisse genügend beurteilt werden.

In stehenden Gewässern weisen verschiedene Tiefen sehr unterschiedliche Wärmegrade auf, sie werden mit Schöpfthermometer, Kippthermometer oder auch Wärmelot ermittelt.

Physikalische und insbesonders geologische Beobachtungen überschreiten den Rahmen des Wasserbaues und gehören zumeist ins Gebiet des Geologen.

III. Beobachtung und Messung des Grundwassers.

1. Feststellen von Grundwasservorkommen.

a) Grundwasserspiegel.

Einwandfrei wird ein Grundwasserspiegel nur durch Bohren und Schürfen festgestellt. Geophysikalische Untersuchungsarten gewinnen gerade in neuerer Zeit durch Verfeinern der Einrichtung Bedeutung; sie arbeiten mit Leitfähigkeitsmessung, Potentialbeobachtung und Aussenden von Kurzwellen, die an feuchten Schichten zurückgestrahlt werden. Auf dieser Grundlage beruht wahrscheinlich auch die viel angezweifelte Wünschelrute, bei der das Nervensystem eines hiefür empfänglichen Menschen als Meßwerk dient.

Der Grundwasserspiegel wird in gelochten Standrohren mittels Grundwasserlotvorrichtungen verschiedenster Art gemessen. Am einfachsten ist das Eintauchen ins Grundwasser eines am Meßband abgesenkten, kreidebeschmierten, dünnen Eisenstabes; dieses Eintauchen kann auch durch elektrische oder akustische Zeichen gemeldet werden (Brunnenpfeife).

Wird der Wasserstand im Brunnen infolge vorheriger Wasserentnahme zeitweise stark gesenkt, darf, um Fehlmessungen zu vermeiden, einige Zeit zuvor nicht geschöpft werden.

b) Grundwassermenge.

Um die Wasserführung eines Grundwasserstromes zu erkennen, sind zwei Wege gangbar:

α) Die Durchflußmenge eines Grundwasserstromes ist das Produkt aus wirklicher Grundwasserfließgeschwindigkeit mal Fläche der durchflossenen Bodenporen. Diese Grundwasserfließgeschwindigkeit kann durch ein der Salzungsmethode ähnliches Verfahren gemessen werden. In Richtung des vermutlichen Grundwasserfließens werden hintereinander drei gelochte Rohre A, I und II abgeteuft.

In A wird eine Salzlösung versickert, in I und II wird mit Elektroden die Leitfähigkeit des Grundwassers beobachtet, die beim Durchgang der Salzwolke sich vergrößert.

Leider versagt dieses Verfahren oft, weil der Durchtritt nicht genau abgegrenzt ist und manchmal auch die Salzlösung im Boden verschwindet. Statt einer Salzlösung wird auch eine Färbung mit Eosin, Fuchsin und ähnlichen zur Beobachtung des Zusammenhanges unterirdischer Wasserläufe benützt.

Noch schwieriger sind die Porenverhältnisse zu erfassen. Hat man eine völlig ungestörte Bodenprobe des Grundwasserträgers vom Rauminhalt V, gießt man soviel Wasser v dazu, als jene aufzusaugen vermag; dann ist der Raum an Bodenporen $\alpha = \frac{v}{V}$ und die tatsächliche Durchflußfläche gleich der Grundwasserquerschnittfläche mal α.

Erschwerend ist bei Sandböden die ungestörte Entnahme, bei bindigen Böden die in den Poren verbleibende Luft, weshalb die Ergebnisse ungenau sind.

β) Der Durchfluß ist aber auch gleich dem Produkt aus Filtergeschwindigkeit mal in Betracht kommender Querschnittsfläche im Grundwasser. Die Filtergeschwindigkeit v_f ist nach Darcy: $v_f = k \cdot J$, worin k die Durchlässigkeitskonstante und J das Grundwassergefälle ist.

Die Durchlässigkeitskonstante k kann nach dem Verfahren von Thiem ermittelt werden; es wird von drei in einer Richtung liegenden Bohrlöchern aus dem ersten q l/s Wasser bis zum Eintritt eines Beharrungszustandes gepumpt; in den anderen Bohrlöchern 1 und 2 wird der Grundwasserspiegel beobachtet. Es ist dann die Durchlässigkeit in dieser Richtung bei freiem Grundwasserspiegel:

$$k = \frac{q}{\pi} \cdot \frac{l_n \frac{a_2}{a_1}}{(h_2 + h_1)(s_2 - s_1)}$$

q ist die abgesaugte Wassermenge, a_1 und a_2 die Entfernung vom Brunnen, s_1 und s_2 sind Absenkungen und h_1 und h_2 die Grundwassertiefen über der undurchlässigen Schicht.

Bei gespanntem Spiegel ist

$$k = \frac{q}{2\pi} \cdot \frac{l_n \frac{a_2}{a_1}}{b(s_2 - s_1)}$$

worin b die Mächtigkeit der Grundwasserschicht ist.

Voraussetzung dieses Verfahrens ist die Gültigkeit des Darcyschen Gesetzes, gleichmäßige Durchlässigkeit und Parallelsein vom Grundwasserspiegel und undurchlässiger Schicht.

Auch im Versuchsraum kann die Durchlässigkeit einer Bodenprobe untersucht werden (Abb. 95). Ein mit dieser Probe gefülltes Rohr vom Quer-

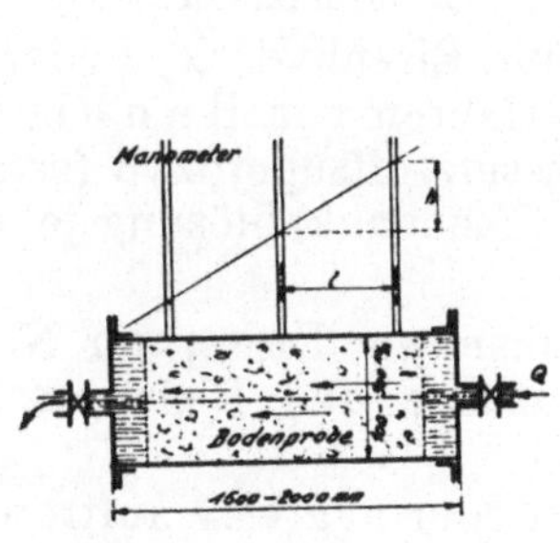

Abb. 95. Durchsickerungsbeobachtung.

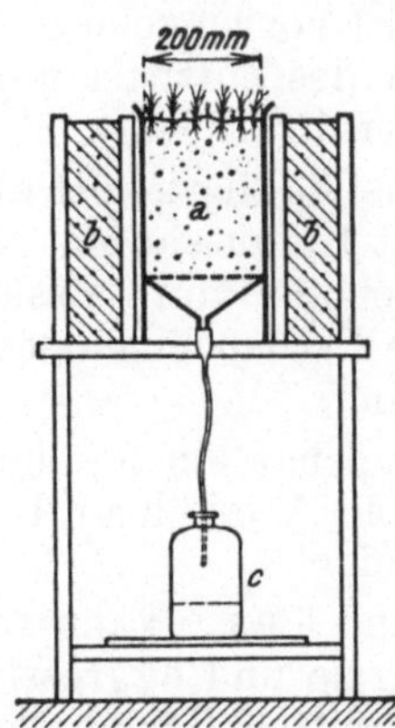

Abb. 96. Versickerungsmesser von Wollny.
(Aus Schaffernak, Hydrographie.)

schnitt f und der Länge l wird durchsickert; an seitlich angebrachten Glasröhrchen stellt man den Druckverlust h fest, die Durchflußmenge q wird in einem Meßgefäß aufgefangen. Es ist dann

$$k = \frac{q \cdot l}{f \cdot h}$$

Je nachdem diese Bodenprobe trocken, naß, fest oder locker ist, ist die Durchlässigkeitskonstante verschieden.

2. Messung der Versickerung.

Der Versickerungsmesser von Wollny (Abb. 96) ist ein Zylinder aus Zinkblech mit durchlöchertem Boden, in den die Materialprobe, deren Durchsickerung geprüft werden soll, gefüllt wird; das Gefäß wird dann mit Wasser vollgegossen und beobachtet, in welcher Zeit das Wasser durch die Probe in das darunter befindliche Sammelgefäß absinkt. Um von der Witterung unbeeinflußt zu bleiben, stehen rings um das Sickergefäß Kästen mit Probematerial.

Fauser steckt ein Rohr von 200 mm Durchmesser 200 mm tief in den Boden, das noch ebensoweit herausragt. Es wird dann mit Wasser gefüllt und die Versickerungszeit beobachtet.

Versickerungsmesser heißen Lysimeter. Bei diesen Messungen ist auf die Einwirkung von Bewachsung, Temperatur, Bodengestalt, Bodenfarbe und Grundwasserstand zu achten.

3. Untersuchung von Grundwassereigenschaften.

a) Härte nennt man die Beimengung von wasserlöslichen Erdalkalien (Ca und Mg), die beim Verdunsten einen Rückstand ergeben. Man mißt die Härte nach Graden, wobei 1 deutscher Härtegrad 10 mg CaO oder 7 mg MgO in 1 l Wasser entspricht; es verhält sich 1 deutscher : 1 französischen : 1 englischen Härtegrad = 1 : 1.79 : 1.25. Die Härte wird durch Titrieren mit Clark'scher Seifenlösung nachgewiesen.

b) Chlor ist vorwiegend gebunden an Chloride ($NaCl$, $NaCl_2$, $MgCl_2$), meist als Folge des Zutrittes von Meerwasser; erkannt wird es durch Titrieren mit Silbernitratlösung, ähnlich wie beim Salzmischverfahren.

c) Eisen ist häufig gelöst als Eisenoxydul, Eisenhydroxyd oder in Verbindung mit Humussäuren. Nach dem Verfahren von Heublein wird es durch Beigabe von Salzsäure und Wasserstoffsuperoxyd festgestellt; es tritt rote Farbanzeige nach Zugabe von Rhodankalilösung je nach Eisengehalt ein.

d) Mangan hat ein ähnliches Vorkommen wie Eisen; der Nachweis erfolgt nach Vollhard mit Salpetersäure und Bleisuperoxyd durch Farbanzeige.

e) Kohlensäure kann frei, gebunden oder aggresiv auftreten; wichtig ist nur freie und aggressive Kohlensäure. Pettenkofer weist Kohlensäure mittels Beigabe von Rosalsäure durch saure Reaktion und Gelbfärben nach.

f) Ammoniak, Salpetersäure und Schwefelwasserstoff sind am Geruch wahrzunehmen.

g) Bakterien werden gefunden, wenn man den Wassertropfen auf Nährgelatine aufbringt und die nach einiger Zeit entstandenen Keimkulturen unter dem Mikroskop zählt, wobei kein Unterschied der Keimarten gemacht wird. Ein Vorhandensein des leicht erkennbaren bacterium coli deutet auf Verunreinigung des Wassers durch tierische Ausscheidungen hin.

h) Biologische Verunreinigungen sind aus dem Rückstand beim Abseihen des Wassers durch ein Planktonnetz zu erforschen.

i) Die elektrische Leitfähigkeit hängt von den dem Wasser beigemengten Salzen ab und wird durch elektrische Widerstandsmessung untersucht.

k) Radioaktivität ist auf das Vorkommen von Radiumemanation im Wasser zurückzuführen. Fast jedes Grundwasser ist in geringem Maß radioaktiv. Nachgewiesen wird sie durch ein Elektroskop.

IV. Über Laboratoriumsversuche.[5]

Der wasserbauliche Kleinversuch gewann an Wert, seit man die Übersetzungsverhältnisse in die Naturgröße richtig erkannte. Während man früher den Versuch an dem maßstäblich verkleinerten Modell bedenkenlos vornahm, sucht man jetzt den Molekulareigenschaften des Wassers gerecht zu werden. Kohäsion, Adhäsion, Kapillarwirkung, Oberflächenspannung und Zähigkeit verändern sich nicht gemäß dem Maßstab der geometrischen Ähnlichkeit. Nichtbeachten dieser Modellregeln zeitigte häufig falsche Schlüsse, was den früheren Flußbaulaboratorien bei den Praktikern manchmal Mißachtung eintrug.

Der neuzeitliche Wasserbauversuch berücksichtigt die Maßstäbe auf Grund von Ähnlichkeitsgesetzen. Allgemein bestehen folgende Bedingungen für vollkommene physikalische Ähnlichkeit:

1. Geometrische Ähnlichkeit . . . . $l_2 = l_1 . \alpha$
2. Zeitliche Ähnlichkeit . . . . $T_2 = T_1 . \tau$
3. Kräfteähnlichkeit . . . . $K_2 = K_1 . \varkappa$
4. Wärmeähnlichkeit . . . . $t_2 = t_1 . \vartheta$
5. Elektrische Ähnlichkeit . . . . $E_2 = E_1 . \varepsilon$

Im Wasserbau spielen Wärme und Elektrizität keine Rolle. Für Kräfteähnlichkeit sind hauptsächlich folgende drei Ähnlichkeitsgesetze:

1. Das Reynoldsche Gesetz, das Trägheitskräfte und Zähigkeit berücksichtigt,
2. Das Froudesche Gesetz, das Trägheitskraft und Schwerkraft beinhaltet und
3. Das Webersche Gesetz, das Trägheit und Oberflächenspannung einbezieht.

Jeweils sind also nur zwei Wirkungen größenmäßig richtig aus dem Versuch abzuleiten; man wird daher fallweise jenes Gesetz herausgreifen, das den Hauptwirkungen gerecht wird. Es ist dies z. B. bei Rohrreibung das Reynoldsche, bei Wellenwiderständen (Schiffsmodellen) das Froudesche Gesetz und bei Ausflüssen aus engen Öffnungen (Tropfenbildung) die Webersche Regel.

Der Wert des Modellversuches im Wasserbau liegt darin, daß er über Einfluß von Flußeinbauten, Formen, die den Widerstand herabsetzen, ferner Einlauf-, Wehrüberfall- und Querschnittsausbildung, Energievernichtungsanlagen und dergleichen, sowie über Strömungsverhältnisse Aufschluß bringt.

[5]) Nemenyi, Wasserbauliche Strömungslehre, J. A. Barth, Leipzig 1933.

Vergleicht man Luft- und Wasserströmungen, so muß die Luft vierzehnmal so schnell strömen als das Wasser, um denselben Reibungsverlust zu haben, weil die Zähigkeit der Luft ein Vierzehntel der des Wassers beträgt.

Weil wasserbauliche Versuche fachtechnischer Erfahrung und entsprechender Gerätschaft bedürfen, ist es im Sinn erfolgreicher Erkenntnisse gelegen, damit stets die wasserbaulichen Versuchsanstalten zu betreuen. Solche sind in Österreich: die Versuchsanstalt für Wasserbau, Wien 9, die Hydrotechnischen Institute an den Technischen Hochschulen in Wien und Graz.

Den aerodynamischen Versuchsanstalten waren in letzter Zeit großartige Erfolge vergönnt, die viel zur Erkenntnis des Fliegens beitrugen; manche Versuche wurden statt in Luft durch Wasser ausgeführt, weil sie in diesem Medium weit langsamer und damit bequemer beobachtbar abliefen.

Dritter Abschnitt

Wasserbauliche Vorkenntnisse.

I. Wetterkunde (Meteorologie[1]).

Aus dieser Sparte hat sich ein eigenes Wissensgebiet entwickelt, das durch die Bedürfnisse des Flugverkehrs kräftig gefördert wird; dieses Buch beschränkt sich daher auf allgemeine Grundlagen der Wetterkunde, soweit sie seinen Wissenskreis berühren.

1. Temperatur.

Die Temperatur bringt den Wärmezustand eines Körpers meßbar zum Ausdruck. Wärme wird der Erdoberfläche hauptsächlich durch Sonnenstrahlung, in weit geringerem Maße auch aus dem Erdinnern zugeführt.

Jährlich vermöchte die Sonnenwärme am Äquator einen mächtigen Eispanzer von 66 m, die aus dem feuerflüssigen Erdkern zuströmende Wärmemenge aber nur eine 7 mm starke Eisschicht zu schmelzen; überhaupt nichts bedeutet hingegen die Strahlung von Mond und Sternenhimmel, die etwa 1/1000° C Temperaturerhöhung bedingt.

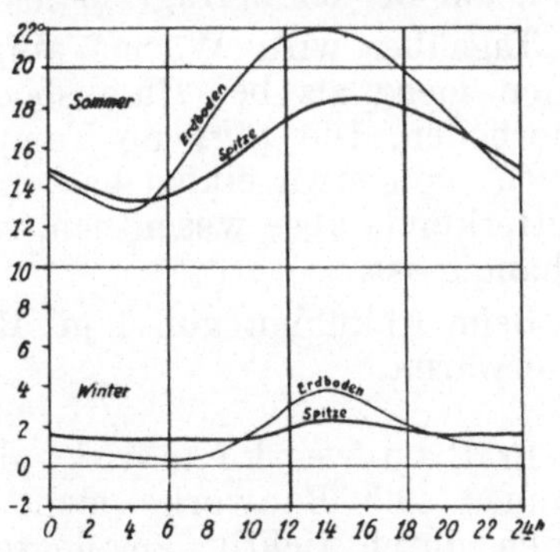

Abb. 97. Täglicher Temperaturgang am Eiffelturm.

Die Lufttemperatur weist tägliche und jahreszeitliche Schwankungen auf, welche zeitlich hinter denen des Sonnenstandes etwas zurückbleiben (Abb. 97). Orte gleicher Temperatur liegen auf einer Isotherme (Temperaturgleiche); kennzeichnend ist die Temperaturgleiche des Jahresmittels. Die Wärmewirkung der Sonnenbestrahlung auf den festen Erdboden und mit ihr seine jährliche Temperaturschwankung ist nur bis in verhältnismäßig geringe Tiefe zu spüren — in unseren Breiten etwa bis 15 oder 20 m Tiefe, darunter bleibt die Bodentemperatur konstant; sie beträgt in dieser Schicht etwas über der mittleren Jahrestemperatur und nimmt mit zunehmender Tiefe auf je 100 m um etwa 3° C zu (Geothermische Tiefenstufe).

[1]) Chromow, Einführung in die synopt. Wetteranalyse, Springer, Wien 1940. Hann, Klimatologie, Stuttgart 1897.

Die Erdwärme macht sich bei Tunnelarbeiten bemerkbar; sie ist von der Überlagerung abhängig und war im

Simplontunnel bei 2800 m Überlagerung + 56° C,
Gotthardtunnel bei 1700 m Überlagerung + 31° C,
Arlbergtunnel bei 2000 m Überlagerung + 19° C.

Die Bergarbeiterkrankheit beginnt bei Temperaturen über 29° C; Arbeiter sind erst bei geringerer Temperatur als + 25° voll leistungsfähig. Stollentemperaturen lassen nach dem Aufschluß langsam je nach Luftzufuhr nach, bis allmählich ein stationärer Zustand eintritt. Wassereinbrüche können aus einer plötzlichen Änderung der Gesteinstemperatur vorausgesehen werden.

Für Gründung von Bauwerken ist die Tiefenwirkung des Frostes wichtig. In nacktem Boden reicht sie tiefer als in bedecktem; Rasen und Schnee sind ein Wärmeschutz des Bodens.

Beobachtete Frostwirkungen:

Tiflis	bis 0,40 m Tiefe bei einer tiefsten Bodentemperatur von — 14° C
Brüssel	bis 0,70 m Tiefe bei einer tiefsten Bodentemperatur von — 20° C
Wien	bis 0,80 m Tiefe bei schneefrei gehaltenem Boden
Königsberg	bis 1,25 m Tiefe
Leningrad	bis 1,6 m Tiefe
Sibirien	bis 3,5 m Tiefe

In Mitteleuropa liegt die frostfreie Tiefe im Durchschnitt unter 1 m; am besten befragt man darüber den Totengräber.

Tagsüber wird Wärme aufgenommen, nachts abgegeben; vom Steinboden mehr als bei Humusboden und von diesem wieder mehr als bei Moorboden. Die tägliche Temperaturschwankung in der dünnen Bodenschicht von etwa einem halben Meter ist technisch bedeutungslos, für die Wetterkunde aber wesentlich, weil beispielsweise Bodennebelbildung davon abhängig ist.

Beim Abkühlen von 1 m^3 Boden um 1° werden über 1000 m^3 Luft um 1° erwärmt.

In Bauwerken wirkt die Temperatur ähnlich wie im Felsboden. Können sich Bauwerke nicht entsprechend ausdehnen, entstehen Risse, denen durch richtig angelegte Dehnfugen vorgebeugt werden muß. In großen Talsperren, deren Erwärmung auch durch die Abbindewärme der riesigen Betonblöcke anfangs gesteigert wird, wären solche Risse sehr gefährlich, weshalb man der Dehnfugenbildung besonderes Augenmerk schenkt. Die Temperatur schwankt an der Wasserseite geringer als an der Luftseite, an hellen Mauerflächen weniger als an dunklen.

Das Wasser hat eine große spezifische Wärme, seine Erwärmung bedarf etwa der 3600 fachen Wärmezufuhr von Luft und auch mehr als Erdboden; die Strahlung aber dringt ins Wasser tiefer als in den festen Erdboden.

In Seen schichtet die Erwärmung das Wasser nach der Temperatur; in den Alpenseen ist in etwa 5 bis 10 m Tiefe eine Schicht, in der die

Temperatur sprunghaft zurückgeht und bis zu der der tägliche Temperaturwechsel fühlbar ist; unter 30 bis 40 m ist dann die Temperatur ständig gleich, etwa + 4°.

Während der Sommermonate werden im Wasser bedeutende Wärmemengen aufgespeichert, pro 1 m² im Bodensee 250.000 kcal, im Golf von Neapel 420.000 kcal, hingegen im Sandboden nicht einmal $^1/_{10}$ davon. Die Abgabe im Wasser gespeicherter Wärmemengen vermag das Klima auszugleichen, wie das warme Meeresströmungen besorgen. (Golfstrom für England und Norwegen, Kuro Schio für Japan). Die höhere Wärme des Wassers ruft auch im Herbst Nebel über Seen und Flüssen hervor.

In *fließenden Gewässern* ist die tägliche Temperaturschwankung geringer und der jährliche Temperaturgang folgt im allgemeinen dem Sonnenstand, die Temperatur der Flüsse ist im Sommer etwas niedriger, im Winter höher als die der Luft.

Grundwasser hat ständig gleichbleibende Temperatur, angenähert die des Jahresmittels der Lufttemperatur.

Bei *Quellen* kann die Temperaturmessung die Herkunft des Wassers aufklären; starke jährliche Temperaturunterschiede verraten versickertes Oberflächenwasser, das erst kurz im Boden weilt. Im Gebirge sind Quellen im Winter wärmer als im Sommer, weil kalte Spaltzuflüsse zufrieren und das Wasser mehr aus dem Berginnern kommt. Ist die Quelltemperatur viel höher als das Jahresmittel, aber gleichbleibend, so kommt das Wasser aus großen Tiefen.

2. Luftfeuchtigkeit.

Die Luftfeuchte wird von dem durch Verdunstung entstehenden Wasserdampf erzeugt, der sich mit der Luft vermengt; am meisten verdunstet am Meer, daher ist an der Küste die feuchteste Luft.

Der *Wasserdampfgehalt der Luft* ist durch die Temperatur bedingt; warme Luft kann feuchter sein.

Gekennzeichnet wird der Grad der Luftfeuchte durch:

a) Die Dampfspannung des in der Luft enthaltenen Wasserdampfes oder

b) das Wasserdampfgewicht, das in 1 m³ oder 1 kg Luft enthalten ist.

In 1 m³ Luft können unter normalem Luftdruck

bei — 25°	0,71 g Wasserdampf
bei 0°	4,85 g Wasserdampf
bei + 20°	17,33 g Wasserdampf
bei + 30°	30,66 g Wasserdampf enthalten sein.

Wasserdampf ist leichter als Luft, daher ist feuchte Luft leichter als trockene.

Bei 0° wiegt 1 m³ trockene Luft 1,293 kg und 1 m³ feuchte Luft 1,290 kg.

Dieser Unterschied wird bei Wärmezunahme größer. In großen Höhen herrscht niedrige Temperatur, damit sinkt der mögliche Feuchtigkeitsgehalt; $^9/_{10}$ der gesamten Luftfeuchte ist in der Luftschicht bis 5000 m, deshalb können schon mäßig hohe Gebirgszüge Wetterscheiden bilden.

Da zu jedem Dampfgehalt eine bestimmte tiefste Temperatur gehört, verdichtet sich beim Unterschreiten dieser Grenztemperatur (*Taupunkt*) der überschüssige Teil des Wasserdampfes zum Niederschlag.

Vollkommen trockene Luft hat 0 %, der Taupunkt 100 % relative Feuchte, worunter der verhältnismäßige Anteil zwischen tatsächlich vorhandenem und bei dieser Temperatur möglichen Wasserdampfgehalt verstanden ist.

Der Gang der Luftfeuchte ist im allgemeinen umgekehrt dem Temperaturverlauf.

3. Luftdruck.

Die Lufthülle der Erde lastet mit einem Druck von 10.333 kg auf jedem m^2 der Meeresoberfläche; dieser Druck nimmt mit der Höhe über dem Meere zuerst rascher, dann langsamer ab, sodaß er am höchsten Berg (Mt. Everest, 8840 m) nur mehr $^1/_3$ desjenigen am Meeresspiegel beträgt.

Diesen Umstand benützt die barometrische Höhenmessung, die aus den Barometerständen am Ausgangsort und Bestimmungsort den Höhenunterschied je nach Genauigkeit der Instrumente angenähert auf einige Meter genau angibt; bei präzisen Ermittlungen ist der Einfluß der Temperatur, der Erdschwere und der Instrumententeilung zu berücksichtigen.

Die Dicke der Lufthülle der Erde wird auf 300 km geschätzt; es herrscht in:

100 km	Höhe	ein	Luftdruck	von	0,001 mm	Quecksilbersäule
50 km	„	„	„	„	0,1 mm	„
40 km	„	„	„	„	1 mm	„
30 km	„	„	„	„	9 mm	„
20 km	„	„	„	„	51 mm	„
10 km	„	„	„	„	217 mm	„
0 km	„	„	„	„	760 mm	„

Die Luft an der Erdoberfläche besteht aus 78,04 % Stickstoff, 20,99 % Sauerstoff, 0,94 % Argon, 0,03 % Kohlensäure und ganz geringen Mengen an Ozon, Ammoniak, Wasserstoff und Wasserdampf; mit Ausnahme des Wasserdampfes sind alle diese Gase permanent, d. h. sie bleiben stets gasförmig. Wasserdampf dagegen kann flüssig und fest werden, wodurch die Niederschläge entstehen. In größeren Höhen ist die Luft etwas anders zusammengesetzt, es nehmen die leichteren Gase überhand; in den obersten Schichten ist dann nur mehr Wasserstoff.

In der Luft schwebt Staub; es sind in 1 m^3 Luft in kleinen Städten bei Regen 30.000 und bei trockenem Wetter 130.000 Stäubchen, in Großstädten über ½ Million, in Zimmerluft bis 5 Millionen, dagegen sind in reiner Bergluft nur 400 Stäubchen gezählt worden.

Mit Abnahme des Luftdruckes sinkt auch die Siedetemperatur, sodaß mit zunehmender Seehöhe das Wasser schon bei tieferen Temperaturen siedet.

Seehöhe:	0 m	570 m	1150 m	1740 m	2340 m	3150 m	4800 m
Siedepunkt:	100°	98°	96°	94°	92°	90°	84° C

Verbindet man die Orte mit zur selben Zeit gleichem Luftdruck, ergeben sich die Isobaren (Luftdruckgleichen), die eine Grundlage für die Wettervoraussage darstellen. Der Luftdruck ist über den Kontinenten im Winter höher und im Sommer niedriger, über den Meeren ist der Barometerstand gleichmäßiger. Hohe mittlere Jahrestemperaturen fallen mit Gebieten niedrigen Luftdruckes zusammen und umgekehrt.

4. Niederschläge.

Steigt feuchtigkeitsgeschwängerte Luft in große Höhen, deren Lufttemperatur unter ihrem Taupunkt liegt, so tritt Wasserdampfverdichtung ein. Luft steigt auf, wenn sie sich erwärmt oder mit Wasserdampf anreichert oder auch durch Gebirge abgelenkt wird. Wassergehalt in Dampfform ist zwar unsichtbar, verringert jedoch die Durchsichtigkeit. Es bilden sich in größeren Höhen die Wolken, am Boden der Nebel; unbedingt nötig sind hiezu sogenannte Kondensationskerne, an denen sich Wasserdampf zuerst ansetzen kann — dies sind die in der Luft schwebenden Staubteilchen, Kohlenrauch, Gasmoleküle und ionisierte Luftteilchen. Kohlenheizung fördert also Nebelbildung (Londoner Nebel).

Je nach Temperatur entstehen nun kleine Wassertröpfchen oder Eiskristalle, die von der Luftströmung schwebend erhalten werden, wozu eine Geschwindigkeit von wenigen cm/s ausreicht; erst wenn jene durch weitere Verdichtung wachsen, fällt der Niederschlag.

Wolken bis 600 m Mächtigkeit liefern selten Niederschläge. Je dicker die Wolken, umso größer und kälter sind die Tropfen, bei Wolken von 2000 bis 3000 m Mächtigkeit ist dann Hagel möglich.

Nach den Wolkenformen und der Höhe, in der sie ziehen, heißt man sie:

Cirrus oder Federwölkchen (dünne durchsichtige Streifen)	in 7	bis 11	km Höhe
Cirrostratus (Schleierwolken)	„ 6	„ 9	„ „
Cirrocumulus oder Schäfchenwolken	„ 5	„ 7	„ „
Cumulus oder Haufenwolken (weiße Wolkenkugel, nur bei hoher Temperatur)	„ 1,4	„ 1,8	„ „
Stratus oder Cumulostratus (gewöhnliche dunkle Wolken unbestimmter Umrißform	„ 0,1	„ 1	„ „

Die Geschwindigkeit des Wolkenzuges ist bei Cirrus im Mittel 25 m/s, im Maximum 100 m/s und bei Cumulus im Mittel 10 m/s, im Maximum 30 m/s.

Das Ausmaß der Wolkenbedeckung wird geschätzt, indem völlig bedeckter Himmel mit 10 und ganz heiterer Himmel mit 0 bewertet wird.

Die Zahl der trüben Tage ohne Sonne ist örtlich sehr verschieden: Leningrad hat 111, Hamburg 109, Magdeburg 78, Pola 38 und Kimberley nur 5 sonnenlose Tage im Jahr.

Der an Pflanzen kondensierte Wasserdampf heißt Tau, unter 0° Reif. In der Luft bilden sich bei einer Temperatur unter 0° Schneekristalle. Bei ruhiger Luft kann jedoch die Luftfeuchte unterkühlt werden, das gibt dann Glatteis am Boden. Regentropfen haben bis 7 mm Durchmesser. Steigt feuchte Luft sehr rasch in große Höhen, so kann es zur Hagelbildung kommen; Hagelschloßen erreichen bis 15 cm Durchmesser, sie zerschlagen dann nicht nur Felder und Fenster, sondern auch Dächer.

Je gebirgiger das Land, umso unregelmäßiger ist die *örtliche Niederschlagsverteilung*; an Bergketten ist die der hauptsächlichen Wetterzugrichtung abgekehrte Seite die Regenschattenseite und hat oft bedeutend weniger Regen als die dem regenbringenden Wind zugewandte Gebirgsfront, während es für Schneefälle umgekehrt sein kann. Bewachsung beeinflußt den Niederschlag; Waldgegenden sind 20 bis 30% niederschlagsreicher. Mit zunehmender Höhenlage wächst auch die Niederschlagsmenge. *Studnicka* berechnet für Böhmen 69 mm Regenzunahme auf je 100 m Höhenanstieg des Geländes. Es sollen daher im Gebirge die Niederschlagsbeobachtungsstellen dichter liegen.

Beobachtet wird die **Niederschlagshöhe** eines Jahres, der einzelnen Monate, einzelner Tage und auch einzelner Regenfälle. Die mittlere jährliche Niederschlagshöhe ist in Deutschland rund 600 mm, die größten Niederschlagshöhen sind in den Alpen etwa 2200 mm im Jahre. Die niederschlagsreichste Beobachtungsstation ist Cherrapunje im Himalayagebirge mit fast 12000 mm im Jahre.

Man kennt aus einer längeren Beobachtungsreihe (mindest 25 Jahre) schon für die meisten Orte in Mitteleuropa das ungefähre Jahresmittel der Niederschlagshöhe. Die einzelnen Jahresmengen weichen nun davon ab; ist der Niederschlag größer, so gilt es als nasses Jahr, ist er kleiner, als trockenes Jahr. Diese Unterschiede vom Mittel betragen in unseren Gegenden gewöhnlich nicht allzuviel, etwa 20 bis 30% des Jahresmittels.

Größte beobachtete Tagesregenhöhen in Wien 220 mm, Altaussee 242 mm, Stiftingtal bei Graz 670 mm, Cherrapunje 1036 mm, auf den Philippinen 1178 mm. In Deutschland rechnet man mit einem Tagesmaximum von 100 mm, das ergibt 11,6 l je Sekunde am Hektar.

Die Stundenmaxima waren in Wien 18 mm, in München 40 mm und andernorts sogar 75 mm; im allgemeinen rechnet man mit 50 mm Niederschlag in der Stunde, das ist 139 l/s und Hektar.

An einzelnen ganz besonders heftigen Regengüssen fielen in

Ostpyrenäen	313 „ „	90 „	= 3,5	„ „	580 $\frac{l}{s\,.\,ha}$
Stiftingtal bei Graz	670 „ „	180 „	= 3,7	„ „	620 „
Curtea (Rumänien)	205 mm in	20 min	= 10,3 mm/min	oder	1170 „

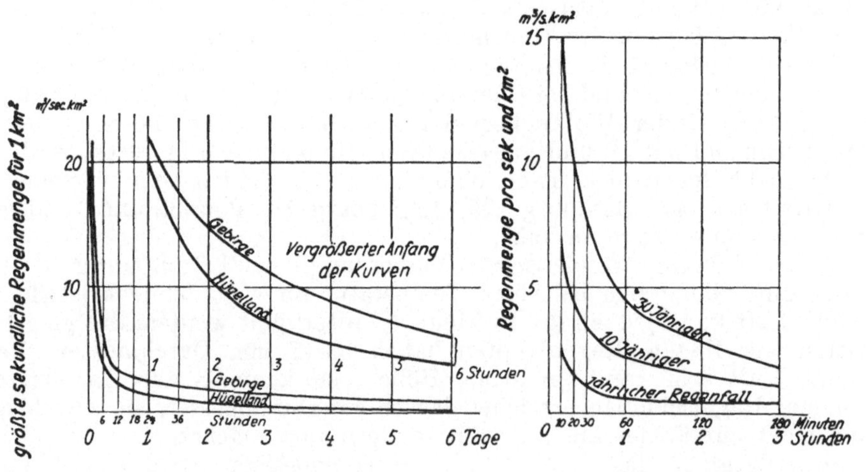

Abb. 98. Regentafeln von Specht und Salcher.

Die **Niederschlagsspende** ist

$$\frac{\text{Gesamtniederschlagsmenge}}{\text{Gebiet} \times \text{Zeiteinheit}}$$

Man rechnet sie gewöhnlich in Liter pro Sekunde und Hektar.

Kurzdauernde, heftige Regen (Sturzregen, Platzregen, Wolkenbrüche) haben eine größere Regendichte (Regenintensität) als langdauernde Landregen; Platzregen haben umso geringere Ausdehnung, je heftiger sie sind. Im allgemeinen sind derartige Regengüsse in den Tropen weit häufiger als in unseren Breiten. Für die Bemessung städtischer Abwassernetze spielt ihre Kenntnis eine Rolle.

Die Kurven der Regendichte weisen für kurze Regendauer unheimlich hohe Regenspenden auf, wie es Specht in seiner Regentafel (Abb. 98) zum Ausdruck bringt. Stärkere Regengüsse sind nicht alljährlich zu erwarten; es ist wahrscheinlich, daß während längerer Zeitläufte intensivere Regen eintreten — man spricht daher von einer jährlichen, dreißigjährigen usw. Regenlinie und meint damit größte Regengüsse, die einmal

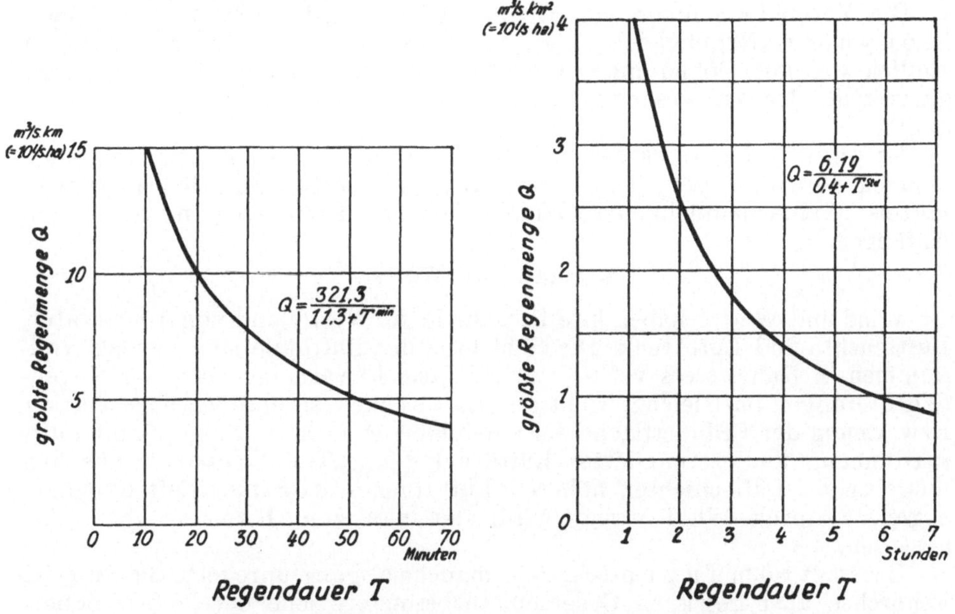

Abb. 99. Regentafeln von Bodenseher für Wien.

innerhalb eines Jahres, bzw. 30 Jahren usw. wahrscheinlich vorkommen. Natürlich sind die Regenlinien örtlich sehr verschieden.

Den Zusammenhang von Regendauer und Regendichte zeigt eine hyperbolische Kurve, die von Bodenseher für Wien entwickelt ist (Abb. 99); etwas anders lautet die von Felber:

$$\text{Log } q \text{ (l/s . ha)} = 3{,}610 - 0{,}951 \text{ T}^{(\text{min})},$$

die als dreißigjährige Regenlinie in Mitteldeutschland gelten soll.

Für die Landwirtschaft ist die zeitliche Regenverteilung maßgebender als die Regendichte; während in Mitteleuropa und allgemein in der gemäßigten Zone die Regenhäufigkeit und damit die Regenverteilung über das ganze Jahr ziemlich gleichmäßig ist und dadurch günstige landwirtschaftliche Bedingungen liefert, gibt es im Mittelmeer (Alexandria) und manchen subtropischen Gebieten von Mai bis September fast keinen Regen. In den Tropen unterscheidet man die Regenzeit mit unwahrscheinlich starken Niederschlägen und die niederschlagslose Periode der Trockenheit.

Tabelle 2 zeigt für einige Orte verschiedener Klimate den monatlichen Niederschlagsanteil in Prozenten der Jahreshöhe.

Tabelle 2

Monat	I	II	III	IV	V	VI	VII	VIII	IX	X	XI	XII	Jahressumme in mm
Wien	5,9	5,3	7,5	8,0	11,6	11,2	11,4	10,9	7,2	7,5	6,7	6,7	623
Berlin	6,7	6,4	7,6	6,2	8,4	11,2	13,5	9,8	7,2	7,9	7,4	8,1	581
Mailand	6,2	5,8	6,7	8,6	10,2	8,2	7.0	8,0	8,8	11,9	10,8	7,5	1007
Tokio	3,7	4,8	7,4	8,6	10,2	11,1	9,4	7,7	13,6	12,3	7,0	4,0	1491
Alexandria	27,1	14,8	9,1	1,4	0,5	0	0	0	1,4	2,8	19,1	24,0	210

Die Verbindungslinien von Orten gleicher Niederschlagshöhen heißen Isohyeten (Regengleichen). In den Regenkarten wird durch Isohyeten ähnlich wie mit Höhenschichtlinien einer Landkarte eine Art Regenberg dargestellt, der das gesamte Niederschlagsvolumen dieses Zeitabschnittes angibt.

Es wäre in der Wasserwirtschaft manchmal erwünscht, Niederschlagsmengen vorauszusagen; doch steckt diese auf bestimmten Beobachtungen mittels Wahrscheinlichkeitsrechnung fußende Ermittlung noch in den Anfängen.

5. Wind und Wetter.

Wind und Wetter haben ihre Ursache in der Verteilung von Temperatur, Luftfeuchte und Luftdruck. Die Schichten der Lufthülle sind niemals vollkommen in Ruhe, stets verübt verschiedene Erwärmung einzelner Gegenden Störungen im Gleichgewicht des Luftdruckes, so daß an Orten starker Erwärmung der Erdoberfläche ein aufsteigender Luftstrom und damit Luftverdünnung und verminderter Luftdruck (das „Tief") entsteht; aus den umgebenden Luftschichten höheren Luftdruckes wird nun Luft hineingesogen, wodurch Wind erregt wird, der nun zum barometrischen Tief abströmt.

Luftströmungen scheinen manchmal ganz unregelmäßig zu sein, gehorchen aber gewissen Gesetzen, insbesondere jene der heißen Zonen, die einen jahreszeitlichen Verlauf haben, die Passatwinde. Manche Winde tragen besondere Namen.

In den nördlichen Alpen ist der Föhn, ein Fallwind, der vom Gebirgskamm in die Täler herabstürzt, sich dabei stark erwärmt, den Schnee heftig schmilzt, Lawinen löst und durch seine Trockenheit das Nervensystem mancher Menschen beunruhigend erregt. Die Luft bei Föhnstimmung ist auffallend durchsichtig und die Wälder erscheinen blauschwarz gefärbt.

An der Adria weht die Bora, die als kalter Nordsturm von den Hochflächen des Karst herabstreicht; eine heiße Windgattung ist dort der Schirokko. Heiße Wüstenstürme der nordafrikanischen Länder sind der Samum und der Chamsin Ägyptens.

Da der Wind durch die Erddrehung abgelenkt, seitlich in das „Tief" einströmt, erzeugt er die um das Sturmzentrum drehenden Zyklone, die in gefährlichster Art als Taifune der ostasiatischen Meere bekannt sind. Wirbelstürme rufen ungemeine Verheerungen hervor und vernichten oft alles, was in den Bannkreis des langsam fortschreitenden Wirbelzentrums kommt; im Innern Nordamerikas heißen sie Tornado. Wehen sie über

Wasserflächen, so wird ein Wasserwirbel in die Wolke hochgesaugt und das interessante Schauspiel einer Wasserhose geboten.

Schwache Winde haben etwa 4 m/s, mäßige bis 7 m/s Geschwindigkeit, starke Winde schon 17 m/s, Stürme bis 28 m/s und schließlich Orkane bis zu 40 m/s.

Durch den Niedergang der Segelschiffahrt hat der Wind eine unmittelbare Bedeutung zum Teil zwar verloren, spielt aber indirekt als Wetterbringer eine Rolle.

Das Wetter ist das Ergebnis aller durch Wind und seine Ursachen in Verbindung mit Luftfeuchte, bzw. Niederschlägen hervorgerufenen Zustände der Atmosphäre.

In Deutschland ist die Seewarte in Hamburg als Zentrale des Wetterdienstes eingerichtet; in Österreich ist es die Zentralanstalt für Meteorologie und Geodynamik in Wien. Sie nehmen die Meldungen über Temperatur, Luftdruck, Luftfeuchte und Winde aus aller Welt entgegen und verarbeiten sie täglich zur Wetterkarte, die auch eine Voraussage des Wetters für die nächsten Tage bringt. Die Wettervoraussicht für Mitteleuropa wurde gewöhnlich aus den Witterungsverhältnissen an drei Stationen (Azoren, Island und Leningrad) geschlossen. Die Kenntnis der Wetterkarte ist nicht nur für Schiffahrt und Flugdienst nötig, sondern hat für Landwirtschaft und auch für den Bau Interesse. Wenn die Voraussage nicht immer ganz zutrifft, sind häufig örtliche Einflüsse schuld, die besonders im Gebirge wesentlichen Anteil haben.

Im Kriege hatte die Luftwaffe den Wetterdienst übernommen und die sonst übliche Verbreitung durch Funk war eingestellt.

6. Klima.

Klima umfaßt den Begriff des Wetters während eines langen Zeitraumes an einem bestimmten Ort. Das Landklima zeichnet sich durch Extreme aus, das Seeklima ist ausgeglichener. Geographische Breite, örtliche Lage zu den Gebirgszügen und großen Gewässern, Bereich ständiger Winde und schließlich die Höhenlage über dem Meer sind ausschlaggebende Klimafaktoren. Das Klima eines Ortes ist im allgemeinen beständig, wenn auch jährliche Unterschiede des Wetters vorhanden sind.

Wie weit das Klima von außerhalb der Erde stattfindenden Erscheinungen abhängt, ist noch nicht geklärt. Sonnenflecken haben möglicherweise Einfluß und vielleicht auch die Schwankungen der Erdachse.

Eine allgemein anerkannte Erklärung für den gegenwärtigen Rückgang der Alpengletscher wurde noch nicht gefunden; jedenfalls würde ein Sinken der mittleren Jahrestemperatur um nur 4° eine neue Eiszeit zur Folge haben.

Klimaschwankungen vollziehen sich aber langsam und dauern Jahrtausende; in kleinem Ausmaß jedoch kann das örtliche Klima durch Menschenhände verändert werden, sei es durch Abholzung großer Wälder (Verkarstung Dalmatiens und Versteppung Deutschlands) oder Trockenlegung weiter Wasserflächen oder allein schon durch die Anlage von Großstädten und künstlichen Staubecken.

7. Verdunstung.

Die Verdunstung ist umso größer, je höher die Temperatur, je niedriger der Luftdruck, je geringer die relative Feuchte und je lebhafter die Luftbewegung ist; sie ist verschieden, ob sie am freien Wasserspiegel oder aus feuchtem Boden stattfindet, ob die verdunstende Fläche sonnenbeschienen ist oder im Schatten liegt und ob der Wind vorher schon ausgedehnte Verdunstungsflächen bestrichen hat. Windstille läßt die Verdunstung stark zurückgehen. Wesentlich ist die Bewachsung, obwohl selbst dieselbe Pflanzengattung jahreszeitlich unterschiedlich verdunstet. Bodenart, Bodenform — an welligem Gelände verdunsten 20% mehr — und selbst Bodenfarbe — dunkle Böden sind um 30% verdunstungsfähiger als helle — beeinflussen die Verdunstungsmenge. Ganz hervorragenden Anteil hat die Tiefenlage des Grundwasserspiegels; bei knapp unter dem Gelände liegendem Grundwasser ist die Verdunstung um ein Drittel höher als von freiem Wasserspiegel. Bodenbedeckung durch altes Laub mindert die Verdunstung.

Die Verdunstungsmessung an Seen gibt in Deutschland etwa 800 bis 900 mm Jahres-Verdunstungshöhe; hiebei spielt die Aufstellung des Verdunstungsmessers mit, am Wasser schwimmend wurden 500 mm und in der Luft 1000 mm gemessen. Als Tagesmaximum wurden 11 mm erreicht.

Die Landverdunstung ist natürlich geringer, weil sie bei Wassermangel aufhört. Im Gebiet der Weser, Elbe, Saale wurde sie mit 370 mm im Jahre festgestellt; einen ähnlichen Wert ermittelt Wallèn in Mittelschweden mit 360 mm. Auffallend ist die Unveränderlichkeit der Landverdunstung in verschiedenen Klimaten; sie ist auch gleichbleibend bei Schwankungen der jährlichen Witterung.

Van Kooten dagegen macht die mittlere Verdunstungshöhe V_m von der mittleren Jahrestemperatur T abhängig:

$$V_m = 44\,T + 123$$

Engler gibt den Einfluß der Bodenbewachsung durch folgende Zahlen aus Schweizer Talböden bekannt:

	im Wald	im Freiland
Verdunstung durch die Pflanzendecke	15 %	10 %
Wasserverbrauch der Pflanzen	20 %	6 %
Bodenverdunstung	5 %	24 %
insgesamt	40 %	40 %

Hellrigl hat Verdunstungshöhen während der Wachstumszeit beobachtet: im Nadelwald 320 mm, in Wiesen 130 mm und auf Weiden 65 mm.

Ebermayer findet am Main im Freiland 409 mm, in Waldboden mit Streu 159 und ohne Streu 63 mm Verdunstungshöhe von April bis September.

Die Verdunstungskraft wurde für Deutschland mit 640 mm im Jahre — hievon 480 mm im Sommer — gemessen; sie ist in Europa

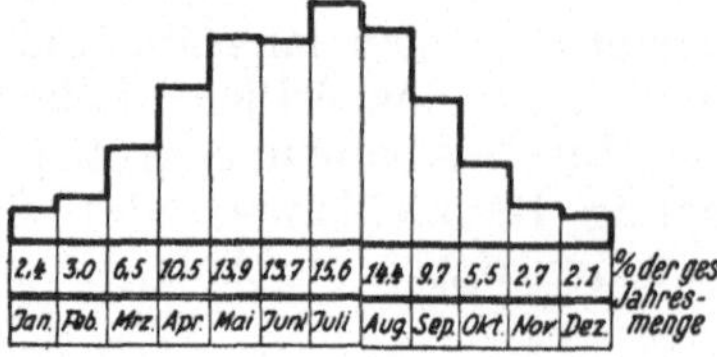

Abb. 100. Gang der Verdunstung während eines Jahres. (Beobachtung in Kremsmünster, O.-Ö.)

überall kleiner als die Niederschlagshöhe. Ist die Verdunstung größer als der Niederschlag, wird das Land zur Wüste. Die tatsächliche Verdunstung kann für Mitteleuropa mit rund 400 mm angesetzt werden, an Seeflächen kann sie, wie schon erwähnt, größer sein (Abb. 100).

II. Gewässerkunde (Hydrographie[2])

1. Gewässerverteilung auf der Erde. Flußkunde.[3])

5/7 der Erdoberfläche sind Meere und nur 2/7 sind Land; die größte bisher mit Echolot gelotete Meerestiefe ist im Puerto-Rico-Graben mit 13.500 m, die mittlere Tiefe der Ozeane ist 3.800 m. Dagegen hat der höchste Berg (Mt. Everest) 8.840 m und die mittlere Erhebung der Kontinente etwas über 800 m.

Auch innerhalb des Festlandes bedecken die Binnenseen noch ausgedehnte Wasserflächen. Sieht man vom Kaspischen Meer mit 438.000 km² (Größe Deutschlands nach dem Frieden von Versailles ohne Ostpreußen) ab, so sind die größten Seen der einzelnen Erdteile:

Oberer See (Nordamerika)	81.000 km²
Viktoriasee (Afrika)	68.000 „
Aralsee (Asien)	62.000 „
Ladogasee (Europa)	18.200 „
Titicacasee (Südamerika)	6.900 „

In weitem Abstande folgen die Seen Mitteleuropas:

Plattensee	591 km²
Genfersee	582 „
Bodensee	539 „
Müritzsee (größter deutscher See)	115 „
Chiemsee (Bayern)	80 „
Attersee (Oberösterreich)	47 „
Traunsee (Salzkammergut)	25 „
Wörthersee (Kärnten)	22 „

Die größten Flüsse der Erde, nach dem Einzugsgebiet geordnet, sind folgende:

	Länge (km)	Einzugsgebiet (km²)
Amazonas (Südamerika)	5.500	7,050.000
Kongo (Afrika)	4.600	3,700.000
Mississippi (Nordamerika)	6.970	3,275.000
Ob (Asien)	5.300	2,950.000
Nil (Afrika)	5.920	2,800.000
Erst an zehnter Stelle ist		
Wolga (Europa)	3.570	1,400.000
und noch viel später in der Reihe		
Donau	2.850	817.000

Gegenüber diesen Riesenströmen der Erde sind die Flüsse Mitteleuropas verhältnismäßig klein:

	Länge (km)	Einzugsgebiet (km²)
Rhein	1.320	224.000
Elbe	1.165	148.000
Oder	907	118.000
Main	524	27.400
Inn	510	25.700
Weser	480	45.000

---

[2]) Schaffernak, Hydrographie, Wien 1935

[3]) Gravelius. Flußkunde, Berlin 1914

Im Fluß sammelt sich ober- und unterirdisches Wasser, um im geschlossenen Gerinne der Geländesenkung nach abzufließen.

Flußlandschaften weisen hauptsächlich drei charakteristische Formen auf: Tafelland mit eingeschnittenen Flüssen, ohne daß sich die Nachbartäler berühren und somit keine klare Wasserscheide formen, Mittelgebirge mit abgerundeten Höhenrücken und Hochgebirge mit scharftrennenden Bergrücken zwischen den Flüssen.

Die Täler entstehen zufolge morphogeologischen Einwirkens (Faltung, Beugung und Verwerfung) oder mechanisch-chemischer Zersetzung (Verwitterung, Auswaschen, Zertrümmern und Auflösen des Gesteins durch Wasser, Wärme und chemische Einflüsse). Das Wasser nagt aus (Erosion) oder lagert ab (Akkumulation); Grundriß, Längsschnitt und Querschnitt des Tales stehen in Zusammenhang.

Das Einzugsgebiet der Flüsse wird durch Wasserscheiden abgegrenzt, die meist auf den Bergkämmen (orographische Wasserscheiden) liegen. Der unterirdische Abfluß verläuft aber manchmal ganz anders (hydrologische Wasserscheide), eine Erscheinung, die aus dem Karst und anderen Kalkgebirgen mit ausgedehnten Höhlen bekannt ist. Derartige Wasserscheiden sind schwer festzustellen; durch Wasserfärben hat man oft Merkwürdigkeiten unterirdischer Wasserläufe entdeckt; beispielsweise versickert die Quelldonau zu Niederwasserzeiten bei Immendingen, tritt als Rudolfszeller Aache wieder zu Tage und fließt zum Rhein.

Einzugsgebietsgrößen werden durch die Hydrographischen Landesanstalten in Flächenverzeichnissen zusammengestellt.

Flußdichte ist die Gesamtlänge des Flußnetzes geteilt durch Einzugsgebiet; sie ist im niederschlagreichen, dichtbewachsenen und undurchlässigen Bergland gewöhnlich am größten.

Die Länge der Flüsse wird im Stromstrich von der Mündung ausgehend gemessen; Rhein und Elbe sind dagegen flußabwärts kilometriert. An schiffbaren und flößbaren Flüssen ist die Kilometrierung am linken Ufer durch weithin sichtbare Tafeln angezeigt. Manchmal stimmt sie aber nicht mit den tatsächlichen Flußkilometern überein, weil die Flußlänge durch die Regulierung verändert wurde; auch wird statt des veränderlichen Stromstriches besser die Flußmitte (Flußachse) als Kilometerband angenommen. Da natürlich eine solche Längenmessung auf der Landkarte geschieht, stellen die Kilometerzeichen am Ufer keine genauen Entfernungen vor.

2. Abfluß.

Niederschläge gelangen, soweit sie nicht verdunsten oder sonstwie zurückgehalten werden, zum Abfluß; in kleinen Gebieten kann noch ein Teil des Niederschlags durch Versickerung verloren gehen, während im größeren Gebiet die Versickerung nur eine Verzögerung des Abflusses bedeutet.

Es fließt umso mehr ab, je dichter die Niederschläge, je schütterer der Pflanzenwuchs, je steiler die Hänge und je undurchlässiger der Boden ist.

Geologische und klimatische Lage geben dem Fluß den Abflußcharakter: Wüstenflüsse (Wadi) sind die meiste Zeit trocken, Wildbäche nur zeitweise, haben aber dann vorübergehend hohe Abflüsse. Karstflüsse fließen unterirdisch weiter. In Steppenflüssen nimmt die Wasserführung talwärts durch Verdunsten ab. Sickerflüsse verlieren Wasser im durchlässigen Boden ins Grundwasser und hören manchmal ganz auf. Nur Dauerflüsse führen ständig Wasser, bei talwärts zunehmender, wenn auch zeitlich wechselnder Menge. Das Verhältnis von niedrigster zu höchster Abflußmenge wächst von der Mündung zur Quelle und ist im Gebirge größer als im Flachland; beispielsweise beträgt es in der Donau bei Ulm 1 : 60, bei Wien 1 : 16 und an der Mündung 1 : 8.

Der jährliche Gang des Abflusses ist im Flachland hauptsächlich durch den Niederschlag, im Hochgebirge durch die Temperatur und im Mittelgebirge sowohl durch Niederschlag als auch Temperatur bestimmt.

Im Hochgebirge und teilweise auch im Mittelgebirge vollführt der als Schnee fallende Niederschlag eine zeitliche Verschiebung seines Abflusses bis zur Schneeschmelze. Gletscherbäche und zur Zeit der Schneeschmelze auch kleine Flüsse zeigen eine starke tägliche Abflußschwankung; bei Gletscherabflüssen prägt sich sogar die augenblickliche Sonnenbestrahlung am Abflußgang deutlich kennbar aus.

Der Jahresabfluß jedes Gebietes hat charakteristische Ganglinien, die sich jedoch manchmal entlang dem Flußlauf zufolge verschiedener Klimate der durchflossenen Einzugsgebiete ändern; der Rhein ist im Oberlauf (oberhalb des Bodensees) ein ausgesprochener Hochgebirgsfluß mit Sommerhochwässern, im Unterlauf (unterhalb Köln) ein Flachlandfluß mit Winterhochwässern.

Der Durchfluß durch einen See gleicht die Ganglinie aus und zwar umsomehr, je größer die Seeoberfläche; eine einen größeren See durcheilende Hochwasserwelle verläßt diesen bedeutend gemildert (Abb. 101). Der sogenannte Seerückhalt (Seeretention) speichert die Zuflüsse, bis der Seespiegel so hoch gestiegen ist, daß am Seeauslauf der vermehrte Abfluß möglich ist. Rückhalt leisten auch die Überflutungsbecken bei Hochwässern.

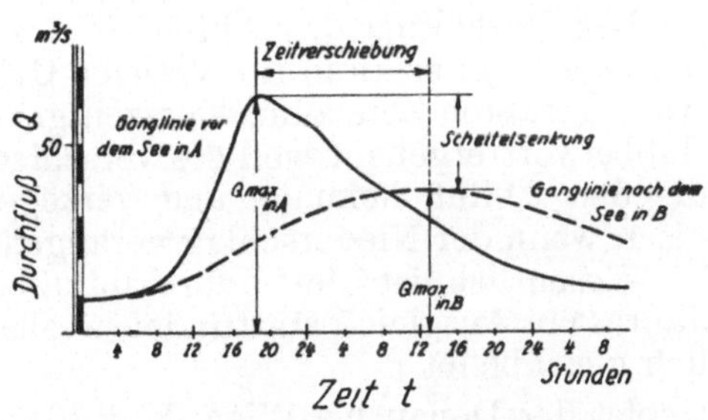

Abb. 101. Veränderung der Ganglinie beim Durchfluß durch einen See.

Eine unsichtbare Speicherung vollzieht sich im Grundwasser von Gebieten mit durchlässigem Untergrund, also in den Schwemmländern der Flüsse; dies wirkt ebenfalls ausgleichend auf den Abfluß, hauptsächlich dadurch, daß Grundwasser in Trockenzeiten zum Abfluß beisteuert.

Den größten zeitlichen Rückhalt des Abflusses bereitet aber die winterliche Schneedecke; in ganz anderem Zeitmaß vollbringen auch die Gletscher eine Änderung des Abflusses.

Nicht unbedeutend ist das Rückhaltevermögen der Bewachsung, aber jahreszeitlich stark verschieden. Nach Hoppe können Weideflächen 6 bis 10 % des Niederschlages zurückhalten, Wald das dreifache davon, jedoch nur zur Zeit des Hauptwachstums.

Der Abfluß eines Gebietes wird angegeben:

a) Durch die Gesamtabflußmenge eines bestimmten Zeitraumes, beispielsweise eines Jahres: M_J (m³). Da diese Menge gewöhnlich Millionen m³ beträgt, wird meist als Einheit 1 Mio $m^3 = 1\ hm^3$ angesetzt.

b) Als spezifischer Abfluß oder **A b f l u ß s p e n d e** in $m^3/s.km^2$ oder l/s.ha; diese ist Gesamtabflußmenge M (m^3) geteilt durch Einzugsgebiet F (km^2) und den betrachteten Zeitraum T (sec) — gewöhnlich ein Jahr[4])

$$q = \frac{M_A{}^{m^3}}{T^{sec} . F^{km^2}}$$

c) Durch die **A b f l u ß h ö h e** A in mm, das ist die Höhe einer Wasserschicht, mit der die Abflußmenge das ganze Gebiet bedecken würde, ein Gegenstück zur Niederschlagshöhe N und Verdunstungshöhe V.

Den **W a s s e r h a u s h a l t** eines Gebietes beschreibt folgende Bilanz:

N	= A	+ V	+ (R	— B)
Niederschlag	Abfluß	Verdunstung	Rückhalt (Schnee, Versickerung, Seespeicherung)	Aufbrauch der Rückhalte

$$A = N - V + (R - B) = N - \alpha N = N(1 - \alpha)$$

Wenn man $V + R - B = \alpha N$ setzt und $1 - \alpha = \mu$ (Abflußbeiwert), ist

$$A = \mu N \text{ oder } \mu = \frac{A}{N}$$

Das Verhältnis des Abflusses A zum Niederschlag N heißt A b f l u ß - b e i w e r t μ; er kann für dasselbe Gebiet verschieden sein, je nach dem ins Auge gefaßten Zeitraum. Kurzzeitige Abflüsse können einen kleineren Abflußbeiwert ergeben, weil die verschiedenen Rückhalte sich voll auswirken, die den Abfluß hemmen und verzögern; er wird sogar manchmal größer als 1, wenn der Niederschlag vorangehender Zeiten nunmehr abfließt.

Wesentlich ist der Jahresabflußbeiwert μ_J, weil im Zeitraum eines Jahres ein Ausgleich stattfindet, weshalb dieser Beiwert für ein Gebiet ziemlich gleichbleibt.

Gebiet der Donau bis Wien, $F = 101\,707\ km^2$

Jahr	1897	1898	1899	1900	1901	1902	1903	1904	1905	1906	1907
μ_J	0,63	0,58	0,55	0,56	0,45	0,50	0,52	0,54	0,56	0,57	0,65

K e l l e r stellt für Deutschland die Formel auf:

$$\mu_J = \begin{matrix}(\text{Max. } 1{,}000)\\ 0.942\\ (\text{Min. } 0.884)\end{matrix} - \frac{(\text{Max. } 350)\ 405\ (\text{Min. } 460)}{N^{(mm)}}$$

die aber für die Alpengebiete zu kleine Werte ergibt.

Gletscherabflüsse weisen auch oft einen Jahresabflußbeiwert größer als 1 auf, weil der augenblickliche Gletscherschwund beisteuert, sodaß Abflußbeiwerte bis 1,3 sich errechnen.

Entlang eines Flußlaufes nimmt der Abflußbeiwert vom Quellgebiet bis zur Mündung oft erheblich ab. Für das gesamte Gebiet großer Ströme werden folgende Abflußbeiwerte angegeben:

Rhein, Oder, Weichsel, Memel	$\frac{1}{2,9}$
Donau, Wolga, Seine, Rhône, Dnjepr	$\frac{1}{3,1}$

[4]) Das Jahr hat 31,5 Mio sec.

Amazonas, Kongo	$\frac{1}{4{,}5}$
Mississippi, Ganges	$\frac{1}{6{,}9}$
Hoangho, Jangtsekiang, Nil	$\frac{1}{8{,}0}$

Angenähert kann man also für Ströme Mitteleuropas den Abflußbeiwert an ihrer Mündung ins Meer mit $^1/_3$ annehmen.

Von anderen Abflußbeiwerten erweckt jener bei Hochwasser μ_{HW} das Interesse; er ist höher als der Jahresabflußbeiwert.

Das Abflußverhältnis ändert sich zeitweise in hohem Maß, weil die Niederschlagsmenge sehr schwankt und die Verdunstung doch ziemlich gleich bleibt. Im regenarmen Norddeutschland ist $\mu_J = 0{,}25$ bis 0,30, in den Voralpen 0,60, im regenreichen Linthgebiet (Schweiz) 0,80. Nach Bürger ist für Waldgebiet 0,57, für Freiland 0,63; nach Hartmann wäre im Isargebiet $\mu_J = 0{,}57$, bei Hochwasser aber μ_{HW} bis 0,70.

3. Versickerung.

Die Versickerung hängt von Dichte und Verteilung der Niederschläge, sowie Beschaffenheit und Bedeckung des Bodens ab.

Es versickert umso mehr, je grobkörniger die Bodenstruktur, je durchlässiger der Boden, je flacher das Gelände, je verteilter und weniger dicht die Niederschläge und je schütterer der Pflanzenwuchs ist; mit der Niederschlagshöhe nimmt auch die Versickerung zu.

Sie wird durch die Höhe der versickerten Wasserschicht V_s dargestellt. Der Versickerungsanteil am Niederschlag ist sehr schwierig zu schätzen; er ist aber im allgemeinen weniger wichtig, weil er nur bei kleinen Gebieten als Abflußverlust zu buchen ist, denn bei größeren Gebieten kommt das Sickerwasser als Quellschüttung noch innerhalb des Gebietes wieder zum Vorschein.

Bedeutung erlangt die Versickerung in Staubecken und Kanälen; sie wurde am Rhein-Hernekanal mit 30 bis 34 mm/Tag, Dortmund-Emskanal mit 20 bis 29 mm/Tag und Neckarkanal mit 28 mm/Tag gemessen.

4. Durchfluß (Fließe).

Seit altersher wird in bestimmten Flußquerschnitten der Durchfluß beobachtet und dort in erster Linie die Höhe des Wasserstandes verzeichnet.

Wasserstand und Durchfluß (Fließe) eines Flußprofils stehen in funktionellem Zusammenhang, der aber nur bei unveränderlichem Querschnitt stets gleich bleibt. Man wird daher als Beobachtungsstellen möglichst stabile Flußstrecken ohne Einbauten wählen, wozu sich am ehesten Felssohle eignet, wo der Flußgrund durch Geschiebetrieb wenig Änderungen erleidet. Bei verschiedenen Pegelständen h mißt man die Durchflußmengen Q und trägt sie mit der Wasserstandsleiter als Ordinate und den Durchflußmengen als Abszisse auf. Diese Kurve heißt Konsumtionskurve oder Pegelschlüssel Q(w) (Abb. 102) und schafft die Beziehung zwischen Durchfluß und Wasserstand.

Beliebt ist es, die Pegelschlüsselkurve in die Form einer algebraischen Gleichung, meist einer Parabel zu kleiden, entweder als allgemeine quadratische Art

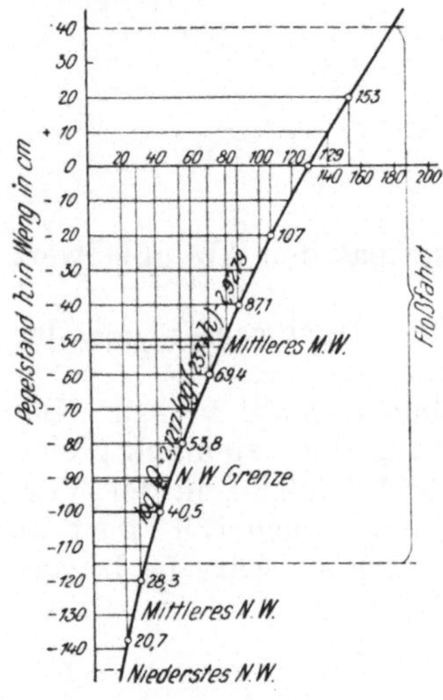

Abb. 102. Pegelschlüssel der Enns bei Weng.
(Aus Schoklitsch, Wasserbau I)

$$Q = a + bh + ch^2$$

oder für nicht quadratische Parabeln

$$Q = a\,(h + c)^n$$

Im letzten Fall ist bei parabelförmigem Flußquerschnitt $n = 2$ und bei rechteckigem $n = 1.5$; zwischen beiden liegen die natürlichen Flußprofile.

z. B. Rhein bei Köln $Q = 104{,}11\,(h + 2)^{1{,}882}$
Rhein bei Linz $Q = 54{,}26\,(h + 2{,}53)^{2{,}066}$
Tiber bei Rom $Q = 45{,}43\,(h - 3{,}66)^{1{,}5}$

Wenn der Flußquerschnitt an dieser Stelle (Pegelprofil) keine Regelform aufweist, sondern sich absatzweise und sprunghaft ändert, ist es notwendig, mehrere Gleichungen der Pegelkurve aufzustellen, deren Geltungsbereich dann begrenzt ist.

Für gewisse bemerkenswerte Wasserstände und Durchflüsse sind folgende Bezeichnungen gebräuchlich:

W_{min} oder NNW (Q_{min}[5]) bzw. NNQ) niedrigster jemals beobachteter Wasserstand (die ihm entsprechende Wassermenge);

W_{100} oder NW (Q_{100} bzw. NQ) niedrigster Wasserstand (hiezu gehörige Wassermenge) eines bestimmten Zeitraumes (z. B. Jahr);

MNW (MNQ) Mittel der niedrigsten Wasserstände (hiezugehörige Wassermenge);

W_m oder MW (MQ) Mittlerer Wasserstand (hiezu gehöriger Durchfluß), Mittelwasser;

W_o oder HW (Q_o bzw. HQ) Hochwasserstand in einem bestimmten Zeitraum (diesem entsprechende Wassermenge);

W_{max} oder HHW (Q_{max} bzw. HHQ) höchster je beobachteter Wasserstand (höchster beobachteter Durchfluß).

Hiezu muß der Zeitraum angegeben werden, z. B. So MNW (bzw. $Q_{100\,So}$) 1901/40, bedeutet das Mittel aller Sommerniederwässer von 1901 bis 1940. Nicht verwechselt darf mit dem Mittelwasser MQ die mittlere Wassermenge Qm werden, welche den mittleren Durchfluß bezeichnet und die Summe aller Durchflüsse geteilt durch die Zeitdauer dieser Durchflüsse ist; zu Qm gehört gewöhnlich ein anderer Wasserstand als MW.

W_{50}[5]) bzw. GW ist der gewöhnliche Wasserstand, der ebenso viele Tage im Jahr über- als unterschritten wird, dagegen ist $\underline{50}$ W der 50 Tage im Jahr überschrittene und $\overline{50}$ W der 50 Tage im Jahr unterschrittene Wasserstand.

Ausgangspunkt für die Bezifferung des Pegels ist der Pegelnullpunkt; er wird nach verschiedenen Gesichtspunkten gewählt:

In Österreich war es der alljährliche Niedrigwasserstand, in Preußen zwei Fuß unter dem niedrigsten Wasserstand; da aber Eintiefungen vor-

[5]) Gemäß ÖNORM M 8601: z. B. W_{100} ist der 100% (stets) vorhandene Wasserstand.

kommen, ist es praktischer, diesen Nullpunkt tief unter Flußsohle anzunehmen, um nur (+) Wasserstände abzulesen. Beispielsweise hatten Eintiefungen des Flußbettes am Traunpegel in Wels zur Folge, daß dort der Wasserstand — 100 schon Hochwasser anzeigte. Die Höhenlage des Pegelnullpunktes wird ins Landesnivellement einbezogen.

Je nach Auss'attung des Pegels als Schreibpegel oder nach der Zahl der täglichen Ablesungen werden die Pegelorte klassifiziert; wichtige Pegelorte haben unbedingt selbstschreibende Wasserstandsmesser, womöglich mit Fernmeldung, gewöhnliche Pegel werden täglich einmal zur bestimmten Stunde abgelesen.

An einem Fluß sollen Pegelstellen so verteilt liegen, daß man ein Bild über den Fluß und seine Zubringer gewinnen kann; sie wären also knapp vor der Einmündung von Nebenflüssen (aber außerhalb eines möglichen Rückstaues) einzulegen; häufig sind sie wegen leichter Zugänglichkeit nahe an Brücken, obwohl Brückenprofile mit Pfeilern für Messung ungünstig sind.

Die Pegel eines Flusses werden zueinander bezogen, indem einem bestimmten Beharrungswasserstand in A jedesmal ein und derselbe Wasser-

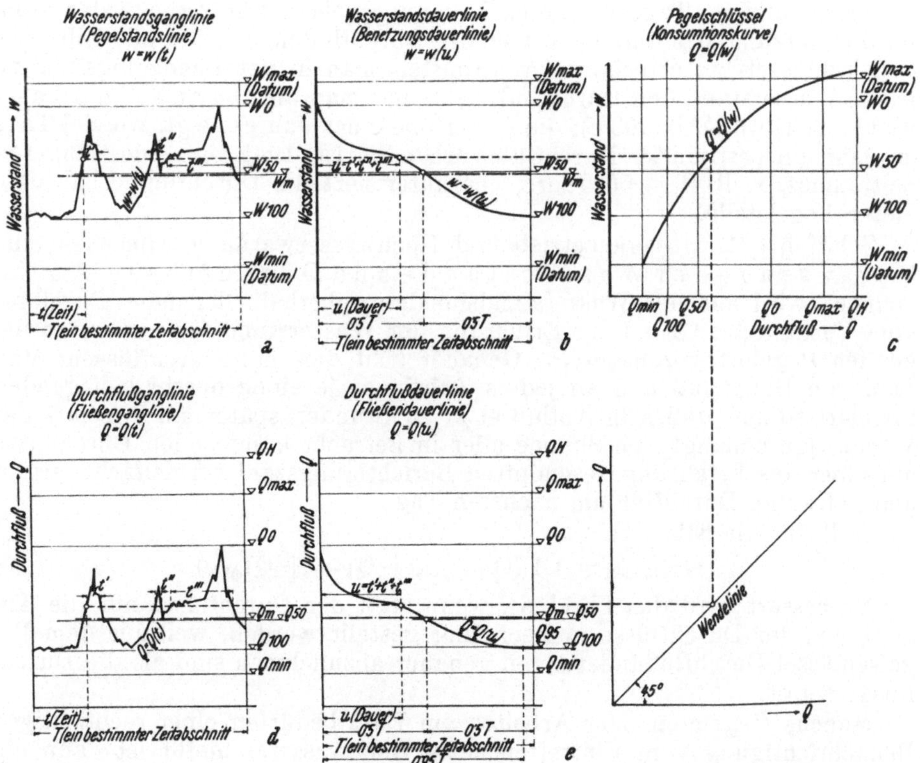

Abb. 103 a—e. Ganglinie und Dauerlinie des Wasserstandes und der Durchflüsse samt Pegelschlüssel.

stand in B entspricht. Solche Pegelbeziehungen oder Pegelrelationen dienen dazu, beim Ausfallen des einen Pegels, aus dem anderen die Wasserstände abzuleiten oder auch vorauszusagen.

Die fortgesetzte Aufzeichnung der Wasserstände, beispielsweise durch einen Schreibpegel, gibt die W a s s e r s t a n d s g a n g l i n i e w(t) [6]) (Abb. 103 a) während eines Zeitraumes; sie wird gewöhnlich für Jahresdauer aufgezeichnet, indem man die mittleren Tageswasserstände an der Zeitachse aneinanderreiht. Aus der Ganglinie geht die H ä u f i g k e i t s l i n i e w(z) [6]) hervor, wenn man fragt: Wieviel Tage im Jahr wird eine bestimmte Pegelmarke benetzt? Zum Berechnen werden die Ablesungen gewöhnlich in Stufen von je 10 cm zusammengefaßt, wobei z. B. die Stufe

von — 10 bis — 1 als — 5 cm
von 0 bis + 9 als + 5 cm
von 10 bis + 19 als + 15 cm

u. s. w. angesetzt werden. Durch Summierung der Häufigkeitslinie erhält man die B e n e t z u n g s k u r v e oder W a s s e r s t a n d s d a u e r l i n i e w(u) (Abb. 103 b), die anzeigt, wieviel Tage (im Jahr) jeder Wasserstand andauert oder besser gesagt, wie lange die genannte Pegelmarke vom Wasser benetzt wird.

Die Kenntnis der Wasserstände ist für die Flußschiffahrt von Bedeutung; es werden daher täglich die Wasserstände wichtiger Pegelorte im Rundfunk und in Tageszeitungen bekanntgegeben. Für Zwecke der Wasserkraftnutzung benötigt man aber die Durchflußmenge, die mit Hilfe des Pegelschlüssels zu errechnen ist. Ermittelt man in der Benetzungslinie zu jedem Wasserstand den Durchfluß, bekommt man die D u r c h f l u ß d a u e r l i n i e Q(u) (Abb. 103 e); die Dauerlinie eines Jahres zeigt, wieviel Tage im Jahr ein bestimmter Durchfluß vorhanden ist. Diejenige eines längeren Zeitraumes, z. B. T = 50 Jahre, charakterisiert die Durchflußverhältnisse dieser Pegelstelle.

Schiffahrt, Kraftwerksbetrieb und Hochwasserwarnung wünschen eine V o r a u s s a g e d e r W a s s e r s t ä n d e u n d D u r c h f l ü s s e. Am einfachsten wird aus der Wasserstandsmeldung oberhalb liegender Pegelorte vom Vortage auf Grund der Erfahrung der Wasserstand für den unten liegenden Pegelort vorausgesagt. Genauer geht dies mit Durchflüssen: Man sucht am Hauptfluß und an jedem Zubringer je einen oberhalb liegenden Pegelort so aus, daß sein Abfluß etwa 24 Stunden später am Pegelort der Voraussage einlangt; die Summe aller in Betracht kommenden Durchflüsse mit einer aus Erfahrung geschöpften Berichtigungszahl vervielfacht, ergibt den gefragten Durchfluß am nächsten Tag.

Z. B. für die Elbe:

$$Q_{\text{Tetschen}} = 1{,}1\,(Q_{\text{Brandeis}} + Q_{\text{Prag}} + Q_{\text{Laun}})$$

Verbessert wird das Ergebnis, wenn statt der Durchflüsse nur die Änderungen der Durchflüsse in Rechnung gestellt werden, weil aus dem Pegelschlüssel Durchflußänderungen genauer abzunehmen sind als die Durchflüsse selbst.

Manche Gegenden oder Arbeiten am Fluß bedürfen einer rechtzeitigen Benachrichtigung vom Eintreffen eines Hochwassers; hiefür ist dann ein H o c h w a s s e r w a r n d i e n s t einzurichten.

Auch aus Niederschlagshöhen eines vorangehenden Zeitraumes versucht man den Durchfluß vorauszurechnen und aus Erfahrung und Wahrscheinlichkeit Beziehungsgleichungen hiefür zu schaffen.

---

[6]) Bezeichnung lt. ÖNORM M 8601.

5. Hochwasser.

Vermehrte Zuflüsse schwellen zeitweise die Gewässer zu hohen Wasserständen an, sodaß schadenbringende Überschwemmungen auftreten, weshalb man dann von Katastrophenhochwässern spricht.

Die Ganglinie eines Hochwassers gleicht einer Welle mit einem steileren Anstieg und langsameren Absinken. Durcheilt diese Hochwasser-

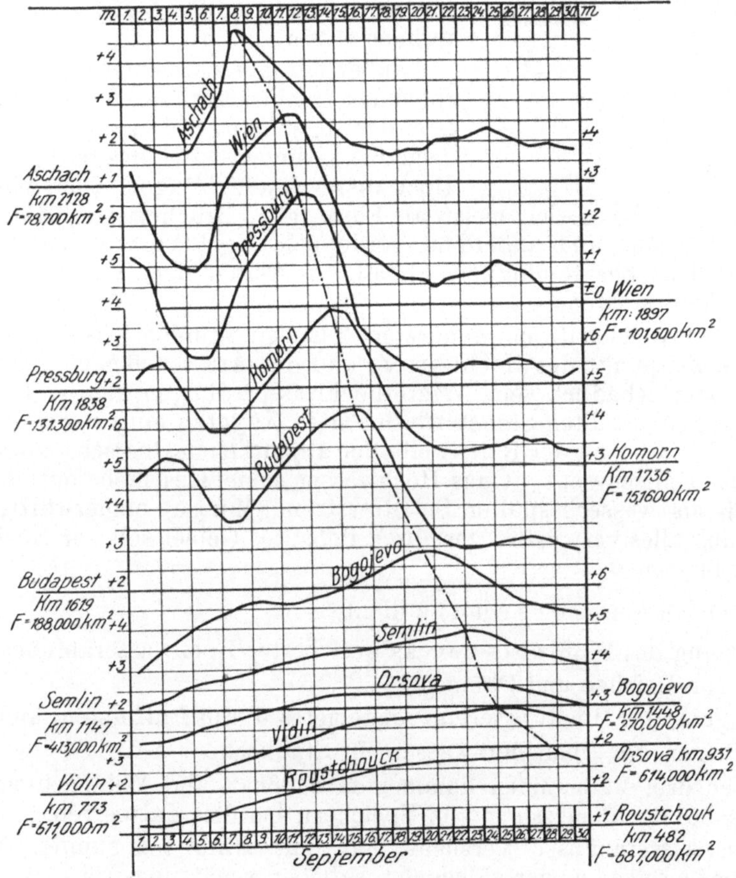

Abb. 104. Hochwasserwelle der Donau im Jahre 1897.
(Aus Schoklitsch, Wasserbau I)

welle ein größeres Seebecken oder ein Überschwemmungsgebiet, verflacht sie sich; eine Scheitelsenkung (Verminderung des Größtabflusses) und eine Verzögerung für den Zeitpunkt des Scheiteldurchflusses sind die Folge des schon besprochenen Seerückhaltes (Abb. 101).

Auch beim Fortschreiten der Welle längs des Flußlaufes verflacht sich der Scheitel (Abb. 104).

Im Längenschnitt des Flußlaufes äußert sich das Hochwasser als sehr flach gekrümmte Welle, oft mehrere hundert km lang, die beim Anschwellen ein größeres Spiegelgefälle als das Normalgefälle J_0 aufweist und damit einen größeren Durchfluß erzeugt als er bei diesem Wasserstand normal sein würde, während das Abflauen sich gegenteilig auswirkt (Abb. 105).

Hochwässer entstehen hauptsächlich durch reichliche Regengüsse. In kleinen Flüssen und Bächen vollbringen Wolkenbrüche ein größtes Hochwasser, in großen Flüssen und Strömen vermögen dies langdauernde Landregen. Alljährlich fließen in den Alpenflüssen im Frühjahr die Schneeschmelzhochwässer, die am heftigsten sind, wenn sie bei noch gefrorenem Boden eintreten. Die mitteleuropäischen Flachlandflüsse haben meist Winterhochwässer.

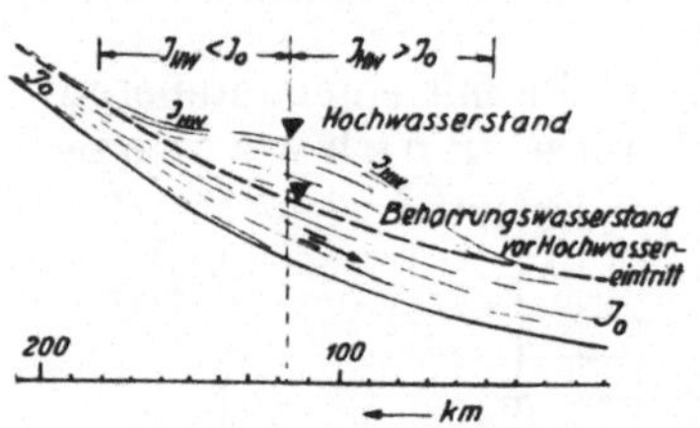

Abb. 105. Hochwasserwelle im Flußlängenschnitt.

Außer den auf vermehrten Durchfluß beruhenden Hochwässern können Eisschoppungen, der sogenannte E i s s t o ß, bei verhältnismäßig geringem Durchfluß ganz gefährliche Hochwasserstände bringen. Das winterliche Eistreiben verklaust sich meist an Flußengen, Brücken etc., das Wasser wird rückgestaut und außerdem verdoppelt die Eisdecke den benetzten Umfang bei großer Rauhigkeit, sodaß zur Abfuhr der Wassermenge eine größere Tiefe notwendig ist.

Den landwirtschaftlich genutzten Flächen können Überflutungen je nach dem Zeitpunkt des Hochwassers und der Art der abgelagerten Stoffe nützlich oder schädlich sein. Winterhochwässer düngen häufig den Boden durch die feinverteilten Sinkstoffe. Im alten Ägypten hing sogar die Wohlfahrt des Landes von der Reichweite der alljährlichen Überschwemmung ab. In Wildbächen schleppt oft das Hochwasser soviel Geschiebe mit, daß sich der Bach als wasserbespülter Schotterstrom (M u r e) einherwälzt, dessen Ablagerung alles verwüstet (vermurt). Bebautes Gebiet soll vor Hochwasser bewahrt bleiben.

Als H o c h w a s s e r s c h u t z dient:

1. Regelung des Flußbettes zwecks gesicherter Hochwasserabfuhr;
2. Bau von Deichen und Dämmen;
3. Festigung des Hochwassereinzugsgebietes durch Aufforsten, und
4. Auffangen des Überschußwassers in Staubecken.

Die ersten drei Maßnahmen kommen in Flußbau und Wildbachverbauung zur Sprache, die Bemessung von Speichern bei den Talsperren.

Höchstwasserabflüsse versucht man mit Hilfe sogenannter H o c h - w a s s e r f o r m e l n verschiedener Urheber schätzungsweise zu errechnen; aus der Menge derselben seien zwei erwähnt:

P. K r e s n i k:

$$Q_{max}^{(m^3/s)\,7)} = a \frac{32}{0{,}5 + \sqrt{F}} \cdot F$$

F km² Einzugsgebiet

a Beiwert, gewöhnlich = 1

für langgestrecktes Flußgebiet = 0,6

in Sonderfällen 6,0

[7]) Nach ÖNORM M 8601 ist das nach Überlegungen vorberechnete Höchstwasser mit Q_H bezeichnet.

F. van Kooten:

$$Q_{max}^{(m^3/s)} = \alpha . \beta . q . F$$

$$\alpha \text{ (Abflußbeiwert)} = 1 - \frac{4{,}1}{q . \beta + 7}$$

$$\beta \text{ (Reduktionskoeffizient für Platzregen)} = \frac{24}{25 + \sqrt[3]{F^2}} + 0{,}03$$

$$\text{(für Landregen)} = \frac{37}{50 + \sqrt{F}} + 0{,}27$$

$$q \text{ (Regenspende)} = \frac{10}{36} . \frac{R'}{24} . \frac{n\sqrt[n]{\frac{T}{t_m}} - n + 1}{n\sqrt[n]{\frac{T}{24}} - n + 1}$$

für Platzregen ist n = 3

für Landregen ist n = 10

R' größter Regenfall in mm innerhalb 24 Stunden, für Deutschland 200 mm.
t_m Abflußdauer:

für kleine Flüsse $t_m = \frac{2{,}35\ L}{\sqrt[5]{Q^2}}$, für große Flüsse $t_m \frac{1{,}96\ L}{\sqrt[4]{Q}}$

L Flußlänge in km, $Q = Q_{max}$.

T größte Regendauer in h (meist 72 bis 96 Stunden)

Die Formel von Kresnik ist wegen der Kürze beliebt, jedoch ist die Wahl von α weitgehend willkürlich. Je genauer die Hochwasserberechnung die Ursachen und Umstände des Abflusses erfaßt, umso zutreffender ist das Ergebnis.

6. Geschiebe und Sinkstoffe.

Geschiebe sind die an der Flußsohle teils gleitend, teils kollernd und springend mitgeschleppten, plattenförmigen und abgerundeten Steine, die bei geringeren Wassergeschwindigkeiten als etwa 1 m/s liegen bleiben.

Sinkstoffe oder Schweb sind im fließenden Wasser feinverteilter Sand, der bei einer Geschwindigkeitverminderung unter 0,4 m/s zu Boden sinkt.

Die Geschiebebewegung vollzieht sich in dünnen Schichten am Boden; die treibende Kraft ist die Schleppkraft

$$S^{kg/m^2} = 1000\ J\ h \ldots\ldots$$

worin J das Gefälle als Dezimalbruch und h die Flußtiefe in m ist.

Der Geschiebetrieb nimmt mit der Tiefe zu; bei geringen Wassertiefen findet kein Geschiebetrieb mehr statt. Dieser Grenztiefe der Geschiebebewegung entspricht eine Grenzschleppkraft S_0, bei der das Geschiebe in Bewegung gerät.

Grenzschleppkraft S_0

für gewöhnlichen Sand, Dmr	0,5	bis	1 mm	$S_0 = 0{,}30$ kg/m²
„ „ „ „			2 „	„ $= 0{,}40$ kg/m²
runder Kies „	5	„	15 „	„ $= 1{,}25$ kg/m²
grobes Gerölle „	40	„	50 „	„ $= 4{,}8$ kg/m²
plattiges Geschiebe „	{ 10 40	„ „	20 „ dick 60 „ lang	„ $= 5{,}6$ kg/m²

Ruht der **Geschiebetrieb**, bildet sich eine fischschuppenartige Sohlauspflasterung. Die Fließgeschwindigkeit, bei der sich Geschiebe zu bewegen beginnt, ist kleiner als jene, bei der es liegen bleibt.

Durch die stetige Reibung aneinander und an der Sohle wird das Geschiebe immer mehr abgerieben und verkleinert, sodaß dieser **Geschiebeabrieb** die Steingröße ständig vermindert; finden sich im Oberlauf noch größere Steine, so werden im Unterlauf der Ströme nur noch feinste Sande mitgeführt. In jedem Flußabschnitt ist daher eine bestimmte Geschiebegröße charakteristisch.

Das Geschiebe wird an Schotter- und Sandbänken abgelagert und durch Querströmungen nach Korngrößen sortiert.

Der Geschiebetrieb fördert jährlich in geschiebeführenden Flüssen viele tausend Tonnen Schotter und Sand flußabwärts. Werden in einem Fluß Wehre eingebaut oder mündet der Fluß in einen Stausee, bleibt infolge der Geschwindigkeitsverminderung Geschiebe liegen und verlandet den Stauraum. Die beförderte Geschiebemenge — die **Geschiebefracht** — berechnet **Schaffernak** aus der Sohlgeschwindigkeit, da seiner Ansicht nach von dieser der Geschiebetrieb abhängt, **Kreuter** hingegen aus der Schleppkraft; **Schoklitsch** wieder nimmt als Grundlage die Abflußmengendauerlinie, von der aber nur jene Zeit für den Geschiebetrieb wirk-

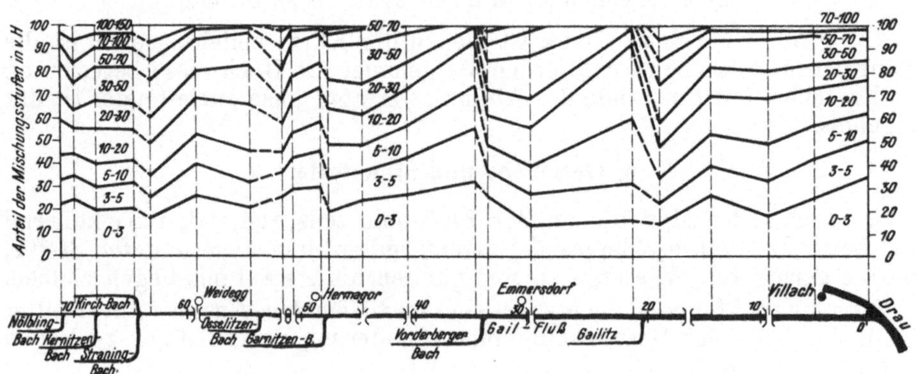

Abb. 106. Geschiebeband der Gail. (Aus Schaffernak, Hydrographie.)

sam ist, während der der Wasserstand die Grenztiefe überschreitet. Auf diese Art wurde beispielsweise für die Donau bei Wien eine jährliche Geschiebefracht mit 800.000 bis 1½ Mio Tonnen berechnet.

Verbindet man die Kornmischungszahlen einzelner Flußquerschnitte entlang eines Flusses zu der von **Schaffernak** als **Geschiebeband** benannten Darstellung, läßt dies das Geschieberegime des Flusses erkennen (Abb. 106).

Die größten Durchflüsse dauern kurz, bewegen reichlich Geschiebe, bringen aber infolge der kurzen Dauer gewöhnlich doch nur geringe Umbildung des Flußbettes zuwege; geringere Durchflüsse dauern zwar lange, haben aber weniger Geschiebetrieb; jener Durchfluß, der die ausgiebigste Änderung im Flußbett hervorruft, heißt der bettbildende Durchfluß und der zugehörige Wasserstand bettbildender Wasserstand.

Jeder Eingriff in einem geschiebeführenden Fluß wirkt auf Wasserführung und Fließverhältnisse, sowie auf den Geschiebehaushalt und damit die Sohlenlage ändernd ein, was bei Regelungen sehr zu beachten ist.

Anders arbeitet in den Flüssen der Sinkstofftrieb; wir erkennen ihn an der Trübung des Wassers. Der Sinkstoffgehalt ist aber selbst bei gleichen Wasserständen sehr verschieden. Die Sinkstoffe werden durch die Wirbelströmung im Wasser in Schwebe erhalten, daher auch die Bezeichnung Schweb.

Die Sinkstoff- oder Schwebfracht beträgt in den Alpenflüssen etwa $^2/_5$ der Geschiebefracht, was aus Ablagerungen hervorgeht. Damit sich in Kanälen kein Schlamm ablagert, muß die Geschwindigkeit des Wassers mindestens 0,6 m/s sein.

Bei Gebirgsflüssen hat gewöhnlich das Geschiebe den Hauptanteil der Feststofführung, in Flachlandflüssen dagegen die Schwebführung. Die Donau bei Linz ($F = 79.510$ km^2) führte 1940 7,1 Mio t Sinkstoffe bei einer Wasserfracht von 62.700 Mio m^3.

Die Sinkstoffe vollbringen an der Einmündung ins Meer jene ausgedehnten Delta-Anlandungen. Die Donau fördert jährlich 228 Mio m^3 Wasser mit 8,2 Mio t Schutt ins Schwarze Meer.

Geschiebe und Schweb können einen Stauraum oft in kürzester Zeit auffüllen (Saalachsee bei Reichenhall, hauptsächlich durch Geschiebe, Stauraum Saporoschje am Dnjepr durch Sinkstoffe). Um dieser Verlandung möglichst Einhalt zu tun, werden die Einbruchstellen des Geschiebes in die Wildbäche — die sogenannten Geschiebeherde — verbaut und aufgeforstet, ferner in diese Bäche Geschiebesperren eingebaut, die nur den Rückhalt des Geschiebes bezwecken; schließlich werden manchmal auch die Schotter- und Sinkstoffmengen durch die Stauhaltung mittels der Grundablässe durchzuschleusen versucht, was aber selten ganz gelingt.

Dieser Geschiebe- und Schwebstofftransport, der eine Folge der Erosion der Flüsse ist, bedeutet einen fortwährenden Abtrag des Gebirges; er beträgt in den Alpen 0,03 bis 0,2 mm im Jahr.

7. Flußlauf.

Der Flußlauf zerfällt in drei Abschnitte: Ober-, Mittel- und Unterlauf, die ihre besonderen Charaktermerkmale aufweisen und von Dichtern mit den Lebensaltern des Menschen verglichen werden.

Wenn die Flüsse ihr Bett im eigenen Schwemmland gegraben haben, was häufig der Fall ist, läßt die Ausbildung des Flußlängen- und Querschnittes Gesetzmäßigkeiten erkennen. Nach diesen nimmt das Gefälle eines Flusses von der Quelle bis zur Mündung ab, das Geschiebe wird auf seinem Weg kleiner. Gefälle und Geschiebegröße sind verhältnisgleich, wonach sich das ideale Flußlängenprofil als logarithmische Kurve ergibt (Abb. 107). Dieser Verlauf wird aber durch Einmündung von Nebenflüssen, ferner beim Durchbruch durch Felsstrecken und durch Sohlauspflasterung manchmal gestört.

Der Flußquerschnitt in gerader Strecke ist normalerweise eine Parabel oder trapezähnlich; man findet auch bei verhältnismäßig großen Hochwasser führenden Gewässern (Wildbächen) Flußquerschnitte, die für Hochwasserabfuhr ein stark verbreitertes Gerinne besitzen; oft aber sind diese Profile künstlich durch Regulierungsbauten geschaffen worden.

In Flußkrümmungen bekommt der Querschnitt Dreiecksform; auch erzeugt die Fliehkraft ein Quergefälle, sodaß am bogenäußeren Ufer der Wasserspiegel oft merkbar höher steht; dieses Quergefälle ruft spiral-

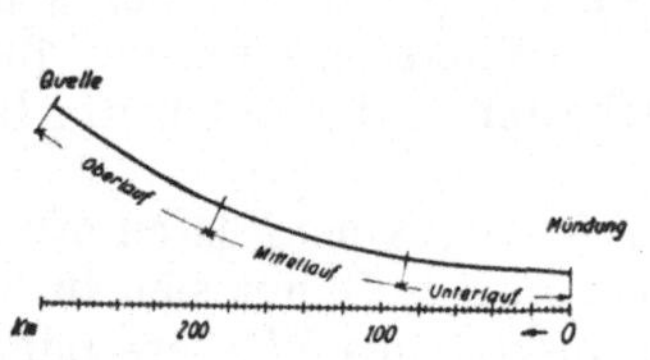

Abb. 107. Idealer Längsschnitt eines Flusses.

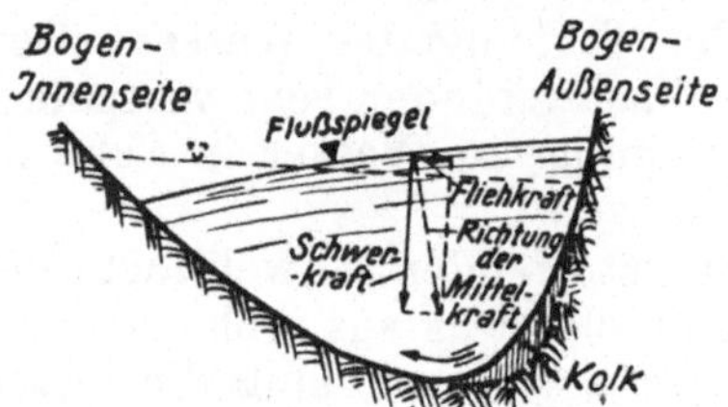

Abb. 108. Flußquerschnitt in der Krümmung.

förmige Querströmungen hervor, die an der Bogenaußenseite auskolken und kleineres Geschiebe (Sand) an die Bogeninnenseite treiben (Abb. 108).

Aus bisher noch ungeklärten Ursachen neigen alle Flüsse zum Schlängeln, umsomehr bei geringerer Wasserführung und kleinerem Gefälle. Bei besonders ausgeprägter Art heißt man eine solche Flußschlängelung Mäander (Abb. 109), nach dem altgriechischen Namen eines derartigen Flusses Kleinasiens. Bei Hochwasser strebt der Flußlauf nach Geradstreckung, wobei er dann solche Mäanderwindungen häufig durchbricht.

Als Stromstrich oder Talweg bezeichnet man die Aneinanderreihung der tiefsten Stellen und zugleich den Weg der stärksten Strömung (Abb. 110 a).

Je stärker die Krümmung, d. h. je kleiner der Krümmungshalbmesser, umso mehr legt sich der Stromstrich an das bogenäußere Ufer. Beim Über-

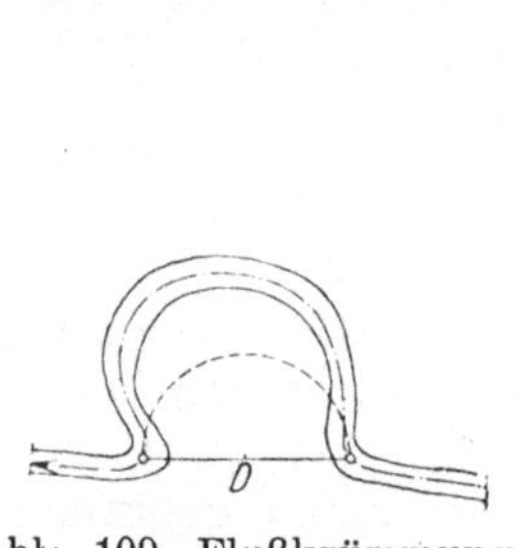

Abb. 109. Flußkrümmung (Mäanderbildung).
(Aus Schoklitsch, Wasserbau I)

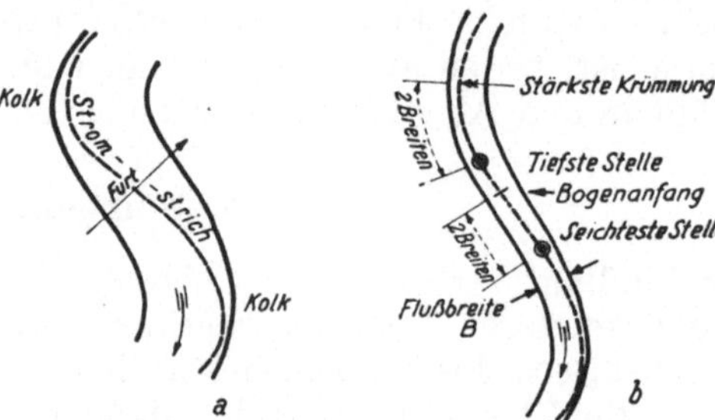

Abb. 110. Lage von Stromstrich und Furt (Fargue'sche Gesetze).

gang von einem Bogen zum Gegenbogen ist der Fluß seichter und bildet dort eine Furt. Je unvermittelter und kürzer der Übergang, umso seichter die Furt.

F a r g u e (Abb. 110 b) stellt aus Beobachtungen an der Garonne folgende Gesetzmäßigkeiten der Flußschlängelung fest: Die tiefste Stelle liegt zwei Flußbreiten flußab der Stelle der stärksten Krümmung, die kleinste Tiefe ist zwei Flußbreiten flußab des Bogenanfangs. Je kleiner der Krümmungshalbmesser, desto größere Tiefe hat der Stromstrich.

Wird ein Fluß durch einen D u r c h s t i c h gekürzt, so erfolgt oberhalb des Durchstiches eine Eintiefung der Flußsohle, unterhalb eine Aufhöhung derselben bis zur nächsten Sohlfixierung bzw. Einmündung. Unterhalb des Durchstiches vergrößert sich das Gefälle (Abb. 111).

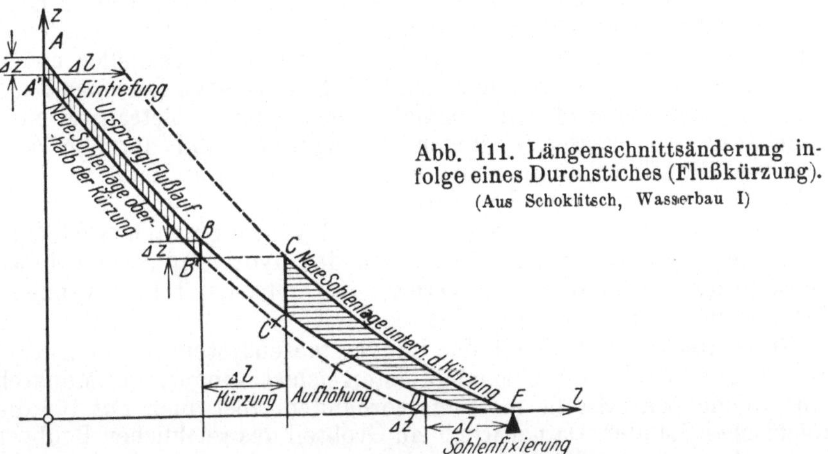

Abb. 111. Längenschnittsänderung infolge eines Durchstiches (Flußkürzung). (Aus Schoklitsch, Wasserbau I)

Die Sohle ist auch bei unverändertem und unverbautem Flußlauf nicht ständig, sie wandert gleichsam, ebenso wie die Sandbänke und Kolke, langsam talwärts.

An der Flußeinmündung in einen See oder ins Meer wird durch die Anlandungen der Flußlauf fortwährend verlängert; dieser Längenzuwachs beträgt jährlich am Po 70 m, am Mississippi 80 m und an der Donau 10 m. Damit hebt sich die Flußsohle stromauf; so ist der Flußspiegel des Po schon höher als das umliegende Gelände, das durch hohe Leitdämme vor Überflutung bewahrt wird, ähnlich wie die chinesischen Riesenströme. Ein Dammbruch hat dann natürlich verheerende Folgen.

Wegen solcher S o h l h e b u n g e n oberhalb von Stauräumen ist dort die Wirkung auf Oberlieger zu bedenken.

Solange Stauhaltungen an Flüssen das Geschiebe rückhalten, holt sich der Fluß aus dem Bett unterhalb derselben das Geschiebe und tieft sich dadurch dort ein, bis sich schließlich hier wieder ein Gleichgewichtszustand ergibt, da mit dem abnehmenden Gefälle die Geschiebeabfuhr geringer wird.

Der F l u ß ist in der L a n d s c h a f t das Sinnbild des lebenspendenden Verbindungsbandes. Der Flußanrainer lernt die Vorteile, aber auch die Tücken des Flusses kennen; nicht umsonst verehren Naturvölker den Fluß als Gott.

Menschenhände haben schon frühzeitig am Ausgestalten des Flußlaufes gearbeitet, sehr oft mit grobem Ungeschick, indem sie durch einen plumpen Eingriff an einer Stelle das ausgeglichene Flußregime störten und dadurch schwer gutzumachende Schäden entlang des ganzen Laufes hervorriefen.

Der alte Flußbauingenieur erkennt die Eigenheiten seines Flußlaufes, denen beim Flußbau nachgegeben werden muß, wenn sich nicht später Unverstand böse rächen soll. Eintiefen hat die Flußufer veröden lassen, weil mit dem sinkenden Flußspiegel auch der damit zusammenhängende Grundwasserstand niederging. In neuerer Zeit sind manche Schäden sogenannter „Flußbändigungen" von früher zutage getreten; ein landschaftsverbundener Flußbau soll aus diesen Mißerfolgen lernen und sie künftig zu vermeiden suchen.

8. Organisation des hydrographischen Dienstes.

In allen Kulturstaaten arbeitet der hydrographische Dienst nach ziemlich ähnlichen Grundsätzen. Von Zentralanstalten werden die einzelnen Gebietsanstalten beauftragt, die das an den Pegelstellen und Wassermeßorten von hiezu häufig nebenamtlich beauftragten Personen aufgezeichnete Beobachtungsmaterial sammeln. Durch die Gebietsanstalten werden dann fallweise Wassermessungen durchgeführt und darnach die Pegelschlüssel, Pegelbeziehungen und Dauerlinien erstellt. Hand in Hand damit geht die Niederschlagsbeobachtung.

Die wichtigsten Ergebnisse werden in hydrographischen Jahrbüchern veröffentlicht. Der Beginn des hydrographischen Jahres wird meist in die Niederwasserzeit verlegt: in Deutschland 1. November und in Österreich seinerzeit 1. Dezember.

In Deutschland hat durch das Bundesstaatensystem eine zentrale Reichsanstalt gefehlt; für die ehemalige österreichisch-ungarische Monarchie war eine solche Zentralstelle in Wien vorhanden, aber auch nur für die österreichischen Länder. Da natürlich ein Großteil des reichlichen Beobachtungsmateriales nicht in den Jahresbüchern aufscheint, müssen Erkundigungen an den Landesanstalten gepflogen werden, in deren Bereich die Beobachtungsstellen liegen. 1941 wurde dieser Dienst in Deutschland durch Einführung des Generalinspektorates für Wasser und Energie in Berlin zentralisiert und hiebei Pegel- und Niederschlagsbeobachtungsdienst getrennt. In Österreich kehrt man jetzt wahrscheinlich im Großen und Ganzen zur früheren Einteilung der Behörden zurück; man muß daher in hydrographischen Dingen bei den Landesbauämtern anfragen.

Zur Beurteilung und Durchschnittsbildung genügt gemeiniglich eine lückenlose Beobachtungsreihe von zwei bis drei Jahrzehnten (meist 25 Jahre), falls die Unterlagen der Beobachtung keine Veränderung in dieser Zeit erlitten haben (z. B. Pegelprofiländerung). Zwecks Entlastung des hydrographischen Dienstes werden späterhin nur die wichtigsten Pegelorte weiter beobachtet, dafür aber neue Pegelstellen errichtet; ähnlich verfährt man im Regenmeßdienst, wodurch das Beobachtungsnetz ständig vervollständigt und die allgemeine Übersicht verbessert wird.

Von den Zentralanstalten werden jeweils noch andere einschlägige Beobachtungen an den Gewässern über Geschiebe und Sinkstofführung, Anlandung in Seen und Stauräumen, Gletscherbeobachtung, Lawinengänge u. a. unternommen.

Viel Material sammeln auch die Wasserkraftwerke, die meistens ihren Bereich zwecks Kontrolle ständig beobachten, in größeren Städten auch die Stadtbauämter, die bezüglich ihres Abwassernetzes an der Niederschlagsbeobachtung interessiert sind. Schneebeobachtungen machen auch Wintersportbetriebe, doch häufig unverläßlich, da sie begreiflicherweise Irrtümern unterliegen.

III. Grundwasserkunde (Hydrologie[8]).

1. Begriff, Entstehung und Arten des Grundwassers.

Grundwasser ist das im Erdboden befindliche, tropfbar flüssige, frei bewegliche, also nicht kapillar gebundene Wasser, das einen zusammenhängenden Spiegel bildet, dessen Oberfläche allerdings durch das im Kapillarsaum hochgesaugte Wasser verwischt ist; dazu gehört nicht die in den Poren der Gesteine vorkommende Bergfeuchte, noch die in den feinen Bodenporen durch Kapillarwirkung festgehaltene Bodenfeuchte.

Das Grundwasser entsteht wohl hauptsächlich durch Versickerung von Niederschlägen und oberirdischem Wasser.

Es kann sich aber auch bilden, wenn wasserdampfgesättigte Luft durch die Hohlräume des Untergrundes streicht und sich dort verdichtet, also als eine Art unterirdischer Tau. Beide Arten heißt man vadoses Grundwasser. Wasser, das aus dem Erdinnern als Begleiterscheinung von Vulkanausbrüchen ins Grundwasser dringt, heißt juveniles Grundwasser.

Als Grundwasserleiter oder Grundwasserraum dienen wasserdurchlässige Schichten, die über undurchlässigen Grundwasserträgern lagern. Durchlässig erweisen sich Sand, Kies und Schotter, Sandstein, verschiedene Kalke, Konglomerate und Phyllite; als undurchlässig sind Lehm, Mergel, Ton, Letten und klüftungsfreie Massengesteine zu werten.

Stiny unterscheidet folgende Wasserwegigkeitsverhältnisse:

1. Ohne meßbare Wasserbahnen	Wasserstauer	z. B. schwerer Ton, Kaolin etc.
2. a) Sehr wenig durchlässig	durchschwitzbar	Lehm, Grundmoräne
b) Wenig durchlässig	durchseihbar	Löß, Feinsand, Mo
c) Durchlässig	durchrieselbar	Grobsand, Schotter, Stirnmoräne
d) Stark durchlässig	durchströmbar	Blockfelder, Höhlengänge
3. Mehrbahnige Grundwasserleiter	z. B. Lehm mit Kiesadern, Kalk mit örtlichen Wasserritzen, Nagelfluh mit Schläuchen, Lavamassen mit Lücken.	

Stehendes Grundwasser ist in Grundwasserbecken oder Grundwasserseen; meist aber strömt es in sehr langsamer Bewegung, wenige Zentimeter im Tag, als Grundwasserstrom. Da ein Grundwasserbecken gewöhnlich nur seine eigene Fläche als Nährgebiet hat, ist es nicht so lieferfähig als ein Grundwasserstrom, der aus einem weiteren Gebiet Zufluß erhält; darauf ist bei größeren Brunnenanlagen Bedacht zu nehmen.

Grundwasser tritt in Quellen zutage (Abb. 112).

---

[8]) Prinz, Hydrologie, Berlin 1923 u. 1934. — Keilhack Lehrbuch des Grundwassers und Quellenkunde, Berlin 1935. — Stiny, Quellen, Julius Springer, Wien, 1933.

Abweichend von herkömmlichen Bezeichnungen teilt Stiny die Quellarten ein:

1. Auslaufquellen, die entweder an Grenzflächen (Schichtquellen) oder Bodenkerben (Spaltquellen) freifließend austreten,
2. Überlaufquellen,
3. Steig- oder Wallerquellen, die aus weiten Wasserbahnen oder verteiltem Grundwasser unter Druck aufsteigen und
4. besondere Quellen, zu denen aussetzende Quellen, Heilquellen und Untertagquellen zählen.

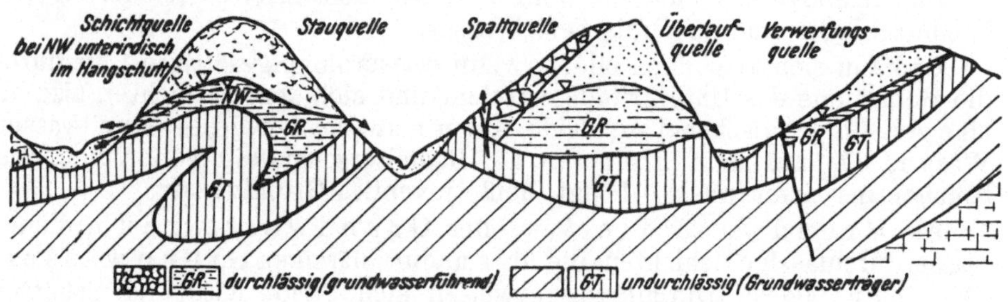

Abb. 112. Quellenarten.

Die Quellergiebigkeit (Quellschüttung) hängt gewöhnlich mit den Niederschlägen zusammen, ist jedoch zeitlich verschoben. Es wechselt daher das Verhältnis kleinster zu größter Ergiebigkeit von 1 : 1,5 bis 1 : 40 und mehr; je gleichmäßiger der Abfluß, umso besser die Quelle. Die Ernährung der Quellen wird durch geringe Regendichte, aber lange Regendauer, kühle und windstille Witterung gefördert. Höher gelegene Quellen versiegen zuerst.

Ein Grundwasserstrom endet meist in einem oberirdischen Gewässer. In seiner Nähe wird der Grundwasserstand vom Wasserstand des Flusses oft erheblich beeinflußt, jedoch mit zeitlicher Verzögerung (Abb. 113), weil die

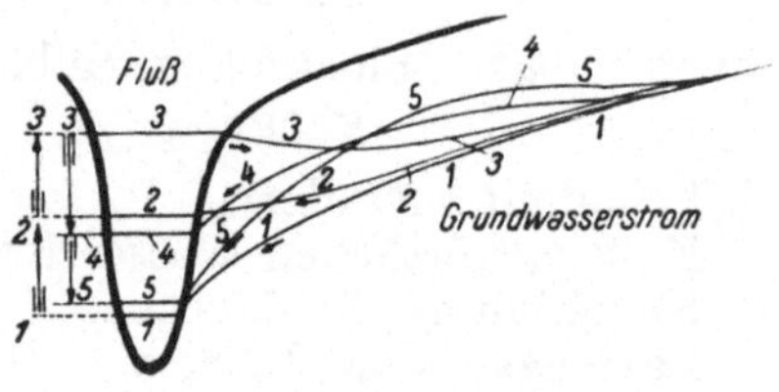

Abb. 113. Ansteigen und Fallen des Grundwasserspiegels als Folge wechselnder Wasserstände im Fluß.

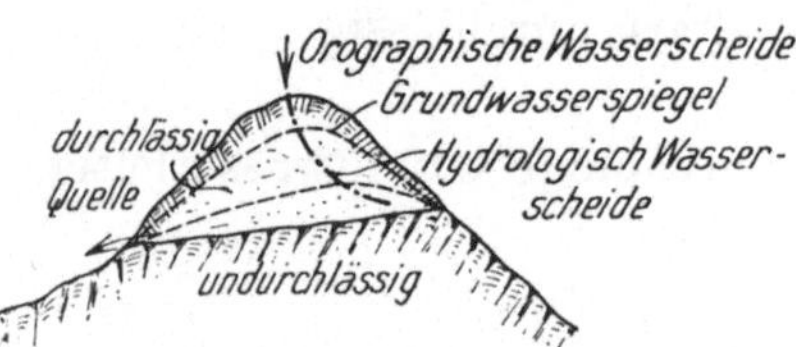

Abb. 114. Ober- und unterirdische Wasserscheide.
(Aus Schoklitsch, Wasserbau I)

Wasserspiegeländerung im Fluß zumeist rascher als im Grundwasser vor sich geht. Es kommt daher vor, daß im Grundwasser die Hochwasserwelle erst auftritt, wenn sie im Fluß längst vorbei ist.

Auch Grundwasserströme haben regelmäßige Spiegelschwankungen und eine Ganglinie, ähnlich den Oberflächengewässern, die aber ausgeglichener verläuft.

Das Grundwasser hat häufig andere tatsächliche Wasserscheiden als die Geländeoberfläche vorspiegelt (Abb. 114).

Der Grundwasserstrom ist je nach Beschaffenheit der Bodenschichten und des Einzugsgebietes verschieden tief; er kann mit freiem oder gespanntem Spiegel abfließen. Frei wird ein Grundwasserspiegel genannt, wenn die durchlässige Schicht mächtig genug ist, den Spiegel in sich aufzunehmen; ein gespannter Spiegel liegt dann vor, wenn der Grundwasserraum wieder von einer undurchlässigen Schicht überlagert ist und das Grundwasser die durchlässige Schicht voll ausfüllt, sodaß sich ein freier

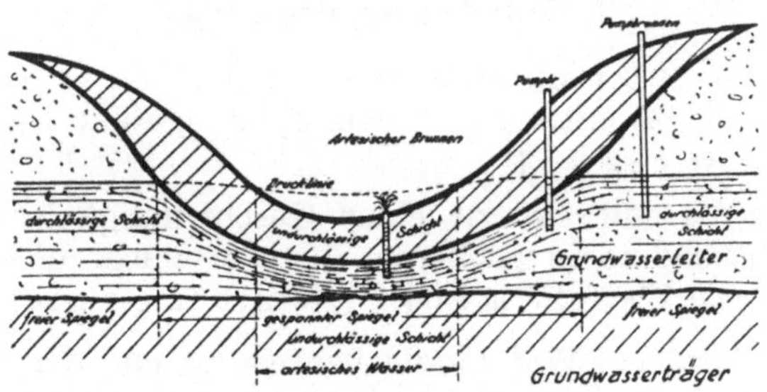

Abb. 115. Grundwasserarten.

Spiegel nicht entwickeln kann und das Grundwasser unter Druck steht. Steigt die Drucklinie über Gelände, so quillt das Wasser beim Durchschlagen der Deckschicht empor. (Artesisches Wasser.) Derartige Brunnen sind beliebt, weil sie das Pumpen ersparen (Abb. 115).

Liegen mehrere Grundwasserräume übereinander, die durch undurchlässige Schichten getrennt sind, spricht man von Grundwasserstockwerken.

2. Aufsuchen des Grundwassers.

Grundwasser findet sich in den durchlässigen Schichten der Flußtäler mit alluvialen Anlandungen und flachem Gelände (Urstromtäler). Die geologische Eigenart der unmittelbaren Umgebung zeigt Grundwasservorkommen an.

Gewisse nässeliebende Pflanzen machen auf Grundwasser in sehr geringer Tiefe aufmerksam, auch Baumarten lassen diesbezügliche Rückschlüsse zu. Eisfreie Stellen in stehenden Gewässern weisen auf Quellen hin. In alter Zeit und auch heute noch werden Wünschelrutengänger herbeigeholt, doch ist es allein ratsam, sich der Grundwassererkundung einwandfreier physikalischer Methoden durch anerkannte Fachleute zu bedienen; genauen Aufschluß über Grundwasser geben nur Bohrungen, die man zweckmäßig in Gruppen zu je drei Bohrlöchern abteuft. Aus den in Bohrlöchern und Brunnen erhobenen Grundwasserständen läßt sich ein Grundwasserschichtenplan ermitteln, indem man die Orte gleichen Grundwasserstandes verbindet (Hydroipsen oder Grundwassergleichen). Rücken diese Linien einander näher (bei größerem Grundwasserspiegelgefälle), bedeutet dies höheren Widerstand im Boden oder verengten Durchflußquerschnitt.

Undurchlässige Einlagerungen im Grundwasserleiter rufen unterirdische Stau- und Senkungserscheinungen hervor.

Grundwasser aus größeren Tiefen ist klar und hat eine ziemlich gleichbleibende Temperatur, annähernd die der mittleren Lufttemperatur dieses

Ortes, sofern es nicht durch heiße Quellen aus dem Erdinnern gespeist wird. Temperaturschwankungen im Grundwasser treten gegenüber jenen der Luft gemäßigt und verzögert auf, sodaß z. B. in 10 m Tiefe die niedrigste Temperatur im Juli und die höchste im Jänner herrscht.

Unreines Oberflächenwasser wird schon nach kurzem Bodendurchgang geklärt; es wird umso reiner, je feinporiger der Boden ist. Grundwasser großer Tiefen ist bakterienfrei, in der Tiefenlage der Pflanzenwurzeln jedoch birgt es eine üppige Kleintierwelt.

3. Grundwasserströmung.

Im Grundwasser gelten die Gesetze der Fadenströmung, bei der die Geschwindigkeit verhältnisgleich dem Spiegelgefälle ist.

Nach Darcy ist $v = k \cdot J$ (1)

Dieses Gesetz ist nur bis zu einer Geschwindigkeit von annähernd 3 mm/s richtig; besonders in gröberen Schotterschichten erreicht die Geschwindigkeit höhere Werte; Smreker bringt eine verbesserte Regel $v^m = \frac{2\,g}{\lambda} \cdot J$, in der λ ein Widerstandsbeiwert ist und der Exponent m für feinen Sand gleich 1, für groben Kies mit 2 einzusetzen ist.

Trotz Abweichung wird aber fast immer das Darcysche Gesetz wegen seiner Einfachheit angewandt, weil auch die Ergebnisse genügend genau übereinstimmen.

Der Durchlässigkeitsbeiwert k hat die Dimension der Geschwindigkeit (m/s); er hängt von der Bodenbeschaffenheit und in geringem Maß auch von der Temperatur ab. Die Durchlässigkeit wird umso größer, je gröber das Korn des Bodens; da die Korngröße im Bodengemisch stark wechselt, konstruiert man als Rechnungsbehelf den sogenannten „wirksamen" Korndurchmesser d_w, der das Gemisch derart scheidet, daß alle kleineren Körner ein Zehntel des Gesamtvolumens ausfüllen.

Es wurde versucht, den Durchlässigkeitsbeiwert aus dem wirksamen Korndurchmesser d_w zu errechnen, während d_w aus der Mischungslinie hervorgeht. Zuverlässiger sind gemessene Durchlässigkeiten.

Tab. 3. Durchlässigkeit von Bodenarten.

Bodengattung	Korn-Durchmesser [mm]	Durchlässigkeit k [m/s]	Reichweite des Absenkungstrichters [m]
Dünensand	—	0,0002	10 bis 20
Flußsand	0,1 bis 0,3 mm	0,0025	100 bis 200
humoser Kalksand	—	0,0060	200 bis 500
Filtersand	0,1 bis 0,8 mm	0,0088	—
Grobdurchlässig	—	0,0250	800 bis 1000
Feiner Kies	2 bis 4 mm	0,0300	1000
Mittelkies	4 bis 7 mm	0,0351	—

Als Grundwassergeschwindigkeit wurde gemessen: im Dünensand 0,01 m/Tag, bei Mannheim 1,2 m/Tag und im Rheintal 3 bis 8 m/Tag, Welser Heide 11,3 m/Tag.

Von der tatsächlichen Wassergeschwindigkeit v im Grundwasser unterscheidet sich die Filtergeschwindigkeit v_F,

$$v_F = \frac{Q}{F} \tag{2}$$

welche ein Maß der Ergiebigkeit darstellt; sie ist gleich der Wassergeschwindigkeit v mal dem Porenverhältnis (0,25 bis 0,50), welches das Verhältnis des wirklich wasserdurchflossenen Querschnitts zum gesamten kennzeichnet. Umgekehrt läßt sich aus der Kenntnis beider Geschwindigkeiten auf die Porösität des Bodens schließen.

4. Grundwasserentnahme aus Brunnen.

(Stehende Fassung.)

a) Waagrechter freier Grundwasserspiegel (Abb. 116).

Ist das Gesetz von Darcy richtig und reicht der Brunnen bis auf die undurchlässige Schicht hinab, so strömt bei Annahme eines waagrechten Grundwasserspiegels durch einen senkrechten Kreiszylinder vom Halbmesser x, dessen Mitte im Brunnen liegt, die Wassermenge

$$Q = y \cdot 2 x \pi \cdot v_x$$

worin $v_x = k \cdot J_x$

und J_x das Gefälle im Punkt (x, y) ist;

da $J_x = \frac{dy}{dx}$ (die Tangente an die Absenkungskurve in diesem Punkt),

so ist $$Q = y \cdot 2 x \pi \cdot k \cdot \frac{dy}{dx}$$

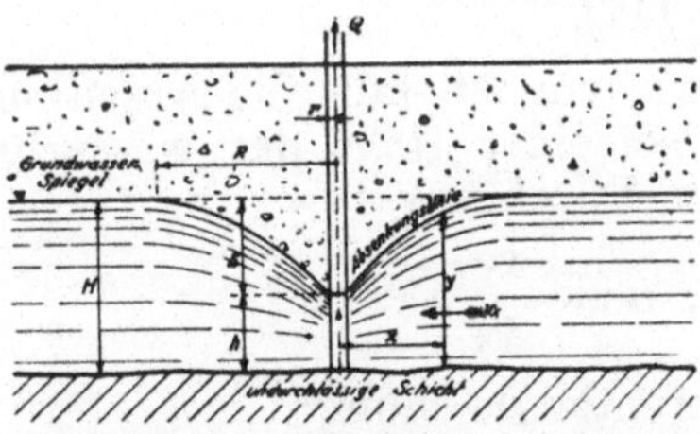

Abb. 116. Grundwassersenkung bei freiem Spiegel, wenn der Brunnen bis auf die undurchlässige Schicht hinabreicht. r Brunnenhalbmesser.

Abb. 117. Grundwassersenkung bei gespanntem Spiegel, wenn der Brunnen bis auf die undurchlässige Schicht hinabreicht.

Nach Trennung der Veränderlichen ist die Differentialgleichung

$$\frac{dx}{x} = \frac{2 k \pi}{Q} \cdot y \cdot dy$$

sie hat die Lösung $$l_n\, x = \frac{k \pi}{Q} \cdot y^2 + C \tag{3}$$

Die Konstante C ergibt sich aus den Randbedingungen;

für $x = r$ ist $y = h$

$$l_n\, r = \frac{k \pi}{Q} \cdot h^2 + C$$

daraus $C = l_n\, r - \frac{k \pi}{Q} h^2$

In (3) eingesetzt entsteht die Gleichung der **Absenkkurve.**

$$l_n\left(\frac{x}{r}\right) = \frac{k\pi}{Q}(y^2 - h^2) \tag{4}$$

Die Reichweite der Absenkung ist R und die Tiefe des Grundwassers H; will man die tiefste Absenkung s bei der Entnahme Q erhalten, setzt man in Gl. (4) für $x = R$ und $y = H$;

$$s = H - h = H - \sqrt{H^2 - \frac{Q}{k\pi} \cdot l_n\left(\frac{R}{r}\right)} \tag{5}$$

oder anstatt des natürlichen den Briggschen Logarithmus

$$s = H - \sqrt{H^2 - \frac{Q}{k\pi} \cdot 2{,}3026 \log\left(\frac{R}{r}\right)} \tag{5 a}$$

Wünscht man die Absenkkurve punktweise zu erhalten, denkt man sich in Gl. (5) verschiedene Entfernungen als Brunnenhalbmesser r und erhält die zugehörigen Absenkungen s.

Zur Berechnung der Entnahme wird Gl. (5) umgestellt.

$$Q = k\pi \frac{(H^2 - h^2)}{2{,}303 \log\left(\frac{R}{r}\right)} \tag{6}$$

b) Waagrechter gespannter Grundwasserspiegel (Abb. 117).

Unter gleichen Voraussetzungen wie vor ist, falls die Absenkung nicht unter die Spannschicht hinabreicht, bei einer Höhe der wasserführenden Schicht gleich b, die Gleichung für den Durchfluß

$$Q = b \cdot 2x\pi \cdot k \frac{dy}{dx} \tag{7}$$

die Variablen getrennt, gibt die Differentialgleichung:

$$dy = \frac{Q}{2\pi \cdot k \cdot b} \cdot \frac{dx}{x}$$

und aufgelöst $y = \frac{Q}{2\pi k \cdot b} \cdot l_n\left(\frac{x}{r}\right) + C$

mit der Grenzbedingung wie früher: $x = r$, $y = h$

$$h = 0 + C$$

weiter die Gleichung $Q = \frac{2\pi \cdot k \cdot b(y - h)}{l_n\left(\frac{x}{r}\right)}$ (8)

und schließlich für die Reichweite R und Briggsche Logarithmen

$$Q = \frac{2\pi \cdot k \cdot b(H - h)}{2{,}303 \log\left(\frac{R}{r}\right)} \tag{9}$$

Die Betrachtung von Gleichung (6) und (9) zeigt, daß die Ergiebigkeit mit der Absenkungstiefe bei freiem Spiegel nach einem Parabelgesetz, bei gespanntem Spiegel linear zunimmt.

Der Wert $\frac{Q}{s}$ ist die spezifische Ergiebigkeit.

c) Geneigter Grundwasserspiegel (Abb. 118).

Bisher war waagrechter Grundwasserspiegel vorausgesetzt; genügend genau gelten die Gleichungen auch in einem Grundwasserstrom mit schwach

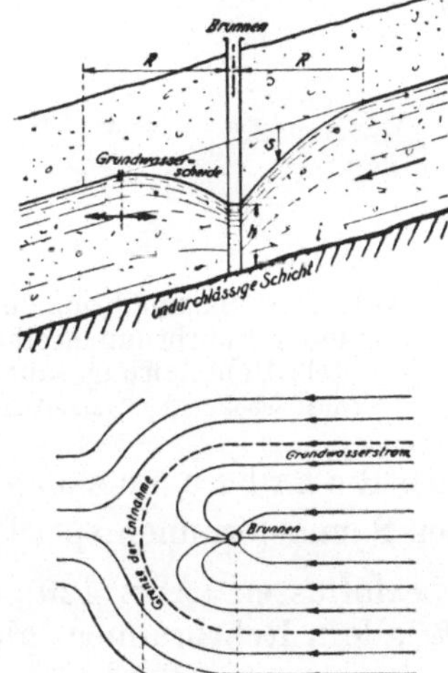

Abb. 118. Entnahme aus einem Grundwasserstrom.

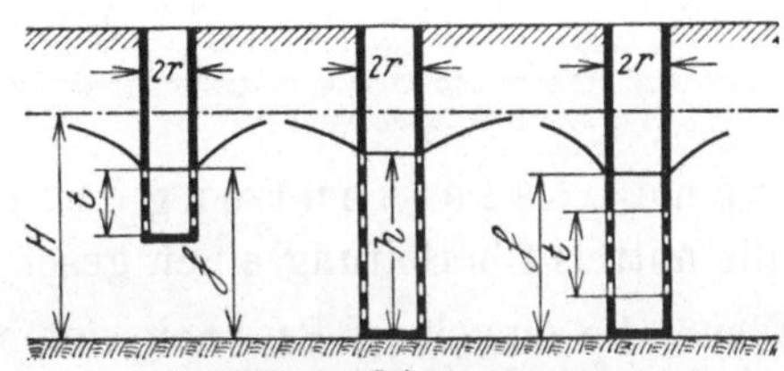

Abb. 119. Brunnen erreicht nicht die undurchlässige Schicht.
(Aus Schoklitsch, Wasserbau I.)

geneigtem Spiegel. Man trägt die gemäß Gleichung (5) berechneten Senkungen s von dem geneigten Grundwasserspiegel ab und erhält die Absenkungskurve, die stromab einen Scheitel aufweist, der die Reichweite R_1 dieser Grundwassersenkung kennzeichnet.

Angenähert ist

$$R_1 = \frac{Q}{2\,h\,\pi\,k\,i} \qquad (10)$$

Ein Gewässer oder ein anderer Brunnen muß außerhalb dieses Bereichs R_1 liegen, damit keine Beeinflussung besteht.

d) Nicht bis zur undurchlässigen Schicht abgeteufte Brunnen (Abb. 119).

Die vereinfachende Annahme, daß die Brunnen bis zur undurchlässigen Schicht hinabreichen, wird meist nicht erfüllt. In größerer Entfernung vom Brunnen ist dies belanglos, doch in der Nähe wird der Spiegel zusätzlich abgesenkt.

Forchheimer gibt nach Versuchen für solche Brunnen an:

a) bei geschlossener Sohle des Brunnens

$$\frac{H^2 - \mathfrak{h}^2}{H^2 - h^2} = \sqrt{\frac{\mathfrak{h}}{t}} \cdot \sqrt[4]{\frac{\mathfrak{h}}{2\,\mathfrak{h} - t}} \qquad (11)$$

b) bei offener Sohle

$$\frac{H^2 - \mathfrak{h}^2}{H^2 - h^2} = \sqrt{\frac{\mathfrak{h}}{t + \frac{r}{2}}} \cdot \sqrt[4]{\frac{\mathfrak{h}}{2\mathfrak{h} - t}} \qquad (11\,a)$$

Bezeichnungen sind in der Abb. 119 erklärt.

Für die gewöhnlichen Rechnungen reichen aber die früheren Formeln völlig aus, so daß auf solche Sonderheiten nicht Rücksicht genommen wird.

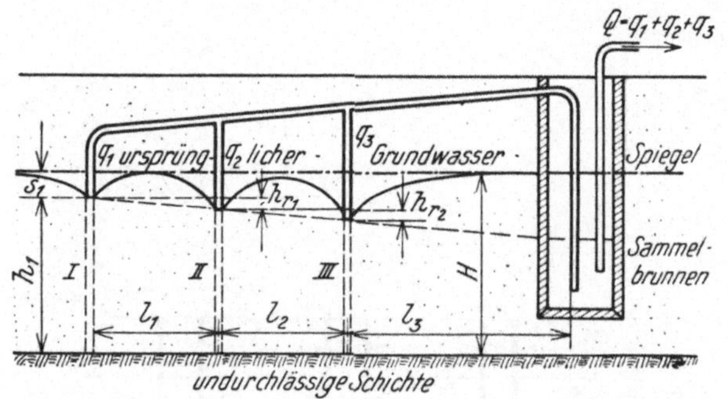

Abb. 120. Sammelbrunnen, der aus einer Rohrbrunnenreihe mittels Heberleitung saugt. (Aus Schoklitsch, Wasserbau I)

e) Grundwassersenkung durch eine Rohrbrunnenreihe, die mittels Überleitung einen geschlossenen Sammelbrunnen speist.

Wenn die einzelnen Brunnen sich nicht beeinflussen (Abb. 120), wird für eine erste Rechnung angenommen, daß alle n Rohrbrunnen gleiche Menge $q = \frac{Q}{n}$ liefern;

dann ist für Brunnen I: $q_1 = \frac{Q}{n}$ und nach Gleichung (5)

$$s_1 = H - \sqrt{H^2 - \frac{q_1}{k\pi} \, l_n \frac{R}{r}}$$

worin R die Reichweite ist.

In der Saugleitung sei eine Geschwindigkeit v etwa 0,8 bis 1,0 m/s; damit ist ihr Rohrdurchmesser $D_1 = \sqrt{\frac{4\,q_1}{\pi\,v}}$, der einen Druckverlust auf der Strecke des Brunnens II von h_{r1} erzeugt. (Nach irgend einer Gleichung für Rohre zu rechnen.)

Im Brunnen II muß nun $s_2 = s_1 + h_{r1}$ sein, da sonst Entnahme und Weiterleitung nicht möglich wäre; entsprechend ist q_2 aus Gleichung (6) und der Durchmesser der weiteren Heberleitung $D_2 = \sqrt{\frac{4}{\pi} \cdot \frac{q_1 + q_2}{v}}$

Im Brunnen III ist damit $s_3 = s_1 + h_{r1} + h_{r2}$ usf., woraus sich die Spiegellage im Sammelbrunnen ergibt. Die Entnahmen werden wegen der tieferen Absenkung gegen den Sammelbrunnen zu größer, weshalb die Rechnung mit verbesserter Annahme wiederholt werden muß.

Beeinflussen sich aber die Brunnen gegenseitig, ist an einer Stelle P die Wassertiefe allgemein nach $y^2 = H^2 - \sum_1^n \frac{q}{k\pi} \ln \frac{X_n}{x_n}$ zu rechnen. Dies gilt für jeden einzelnen Brunnen.

Für Brunnen I: $h_1^2 = H^2 - \frac{1}{k\pi}\left[q_1 \ln \frac{X_1}{r_1} + q_2 \ln \frac{X_2}{l_1} + q_3 \ln \frac{X_3}{l_1 + l_2}\right]$

Es ist Reichweite $X_1 = X_2 = X_3$ zu setzen.
Daraus ist s_1 zu rechnen.

Für Brunnen II: $s_2 = s_1 + h_{r1}$ wie oben,

$$h_2^2 = H^2$$

und anderseits

$$h_2 = H - s_2 = H - (s_1 + h_{r1})$$

daraus ist q_2 zu rechnen.

Für Brunnen III: $s_3 = s_2 + h_{12} = s_1 + h_{r1} + h_{r2}$

$h_3 = H - s_3$ und anderseits

$$h_3^2 = H_3 - \frac{1}{k\pi}\left[q_1 \ln \frac{X}{l_1 + l_2} + q_2 \ln \frac{X}{l_1} + q_3 \ln \frac{X}{r_3}\right]$$

daraus q_3.

Im Sammelbrunnen ist $s = s_1 + h_{r1} + h_{r2} + h_{r3} = s_1 + \Sigma h_r$

Nun soll $q_1 + q_2 + q_3 = Q$ sein, was noch nicht stimmt, weshalb die Rechnung verbessert werden muß.

5. Grundwasserentnahme durch Sammelleitung.

(Liegende Fassung.)

a) Waagrechter Grundwasserspiegel (Abb. 121).

Erfolgt die Entnahme nicht an einem Punkt (Brunnen), sondern längs einer Linie (Sickerleitung oder ein Fluß), berechnet man den Abfluß für einen Streifen von ein Meter Länge.

Der Durchfluß Q im Querschnitt z an der Stelle x ist

$$Q = 1 \, . \, z \, . \, k J \tag{12}$$

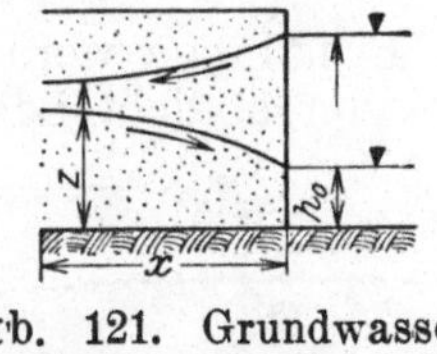

Da $J = \frac{dz}{dx}$ ist, lautet die Differentialgleichung:

$$Q\,dx = k \, . \, z \, . \, dz$$

Abb. 121. Grundwasserentnahme durch eine Sickerleitung. (Aus Schoklitsch, Wasserbau I)

Die mit der Randbedingung ($x=0$, $z=ho$) aufgelöst, die Gleichung des Grundwasserspiegels ergibt:

$$z^2 = \frac{2Q}{k} \, . \, x + h_0 \tag{13}$$

Es ist die Gleichung einer Parabel.

Je nachdem h_0 größer oder kleiner als H ist, entsteht eine Rückstau- oder Absenkungskurve.

Die Entnahmewassermenge Q erhält man durch Einsetzen der zweiten Randbedingung: $(x = R, z = H)$

$$Q = \frac{k}{2R}(H^2 - h^2) \tag{14}$$

b) Geneigter Grundwasserspiegel.

Liegt die undurchlässige Schicht im Gefälle i, so ist die Grundwassergeschwindigkeit nach Darcy

$$v = k\left(i + \frac{dz}{dx}\right) \tag{15}$$

woraus sich die Differentialgleichung

$$i\,dx = \frac{H - z}{z} \cdot dz$$

ableitet, mit den bekannten Randbedingungen aufgelöst

$$x = \frac{H}{i} l_n \left[\frac{H - h_0}{H - z}\right] - \frac{z - h_0}{i} \tag{16}$$

Je nachdem $h_0 \gtrless H$ ist, liefert die Spiegelgleichung eine Rückstau- oder Senkungskurve; die Formel enthält die Entnahmewassermenge Q nicht, die allein durch die Höhenlage des unbeeinflußten Grundwasserspiegels H bestimmt ist.

$$Q = H \cdot k \cdot i$$

Sickerschlitze wirken meist beidseitig, sodaß sie — waagrechter Grundwasserspiegel vorausgesetzt — die doppelte Menge abführen. Aus der Ergiebigkeit von 1 m Sammelleitung, ist die Länge für eine bestimmte Wassermenge Q zu berechnen.

Liegt die Sickerleitung nicht auf der undurchlässigen Sohle, sind obige Formeln nicht streng richtig, da auch von unten Gundwasser zuströmt und die Ergiebigkeit vergrößert.

Im allgemeinen aber genügt diese Berechnung. Da die Geschwindigkeit in der Nähe der Sickerleitung sehr groß wird, so werden dort Steinpackungen mit Filtern geschichtet, um das Ausschwemmen des Untergrundes hintanzuhalten.

6. Sickerung durch Dämme.

Erddämme werden vom Wasser durchsickert (Abb. 122), selbst wenn sie von abdichtenden Schichten bedeckt sind oder einen Dichtungskern

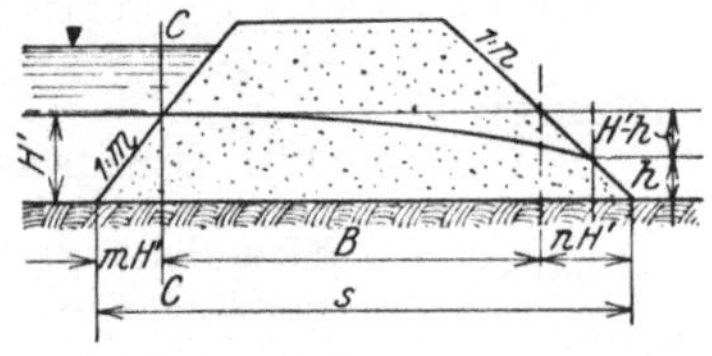

Abb. 122. Sickerlinie in einem homogen geschütteten Damm.
(Aus Schoklitsch, Wasserbau I)

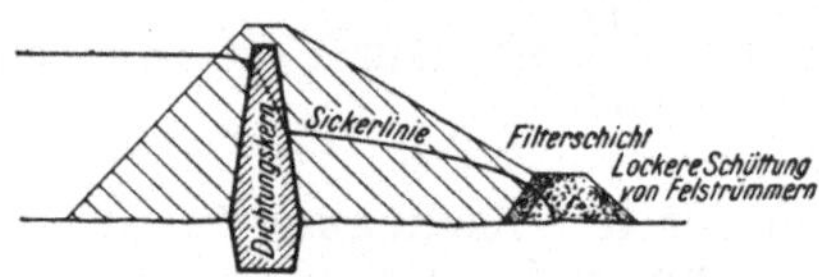

Abb. 123. Einfluß eines Dichtungskernes und einer Lockerschicht auf die Sickerlinie.

haben. Die Sickerlinie fällt umso steiler ab, je dichter das durchsickerte Material ist (Abb. 123). Der Bestand des Dammes ist gefährdet, wenn die Sickerung an der luftseitigen Böschung austritt; man sucht diesem Umstand durch entsprechend flache Neigung dieser Böschung oder durch zweckmäßige Verteilung des Schüttgutes im Damm abzuhelfen. Das Gefälle der Sickerlinie im Punkt (x, y) ist $J = -\frac{dy}{dx}$ (17)

Die Geschwindigkeit im Querschnitt y ist $v = k \cdot \left(-\frac{dy}{dx}\right)$, die durch die Breiteneinheit strömende Menge somit

$$Q = 1 \cdot y \cdot k \cdot \left(-\frac{dy}{dx}\right) \tag{18}$$

daraus die Differentialgleichung $Q \cdot dx = -k \cdot y \cdot dy$ und die Lösung

$$x = -\frac{k}{2Q} \cdot y^2 + C$$

Mit der Randbedingung (x = 0, y = H) ist die Gleichung der Sickerlinie:

$$x = +\frac{k}{2Q} \cdot (H^2 - y^2) \tag{19}$$

bzw.

$$y = \sqrt{H^2 - \frac{2Q}{k} \cdot x} \tag{19a}$$

An der Austrittstelle ist $x = B + n(H - h)$ und $y = h$, in Gleichung (19) eingesetzt und nach Q aufgelöst, ergibt sich

$$Q = \frac{k}{2} \cdot \frac{H^2 - h^2}{B + n(H - h)} \tag{20}$$

Den Größtwert für h, damit die größte Sickerung, rechnet man gemäß $\frac{dQ}{dh} = 0$, wenn $\frac{d^2Q}{dh^2}$ negativ wird.

Dieser Bedingung entspricht

$$h = H + \frac{B}{n} - \sqrt{\left(H + \frac{B}{n}\right)^2 - H^2}$$

Die Austrittshöhe enthält keinen Durchlässigkeitsbeiwert, daher ist h für alle Dammaterialien gleich.

Ein Wasseraustritt an der Dammböschung darf nicht stattfinden; es muß also h = 0 sein, damit ist für

$$\frac{B}{n} = -H$$

Eine zu starke Sickerströmung spült das feine Korn des Bodenaufbaues allmählich aus und bringt damit die Fundamente zum Einsturz (Grundbruch); solche Vorgänge sind gefährlich, weil sie sich unsichtbar vorbereiten und die Katastrophe plötzlich geschieht. Auf das Auftreten von Sickerquellen ist daher besonderes Augenmerk zu richten; klares Sickerwasser erscheint unbedenklich, sobald sich aber die Sickerquelle trübt, deutet dies auf Ausschwemmen kleinster Bodenteilchen und Grundbruchsgefahr.

Bei Dämmen kann man Sickerungen bekämpfen (Abb. 124), indem man den Damm mit Sandsäcken beschwert, weil damit das Dammaterial verdichtet wird und die Sickerlinie stärker absinkt, oder indem man das Sickerwasser in einem kleinen Becken auffängt, um durch den gegenwirkenden Wasserdruck den Sickerstrom zu hemmen. Verfaulende Wurzeln öffnen oft der Sickerströmung neue Wege und können so Dämme in Gefahr bringen, anderseits aber verfestigen Baumwurzeln das Erdreich. Die Meinungen über Bepflanzen von Dämmen gehen daher auseinander; da Holz unter Wasser nicht fault, sind in ständig nassem Boden Wurzeln ungefährlich, nicht aber bei Dämmen, deren Durchsickerung schwankt.

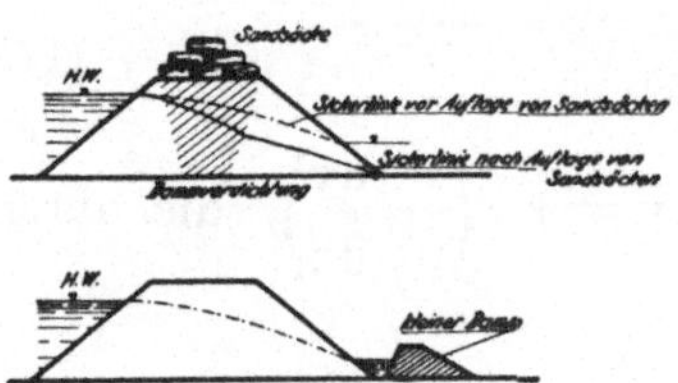

Abb. 124. Bekämpfen von Dammsickerungen.

7. Grundwasseranreicherung.

Um Grundwasser künstlich zu erzeugen, falls bei großem Wasserbedarf das im Boden vorhandene natürliche Grundwasser nicht mehr ausreicht, wird in Sickerleitungen oder durch Überstauung Wasser aus offenen Gerinnen zum Versickern gebracht; die durchsickerte Schicht muß so mächtig und so entsprechend durchlässig sein, daß das versenkte Wasser die Eigenschaften des Grundwassers annimmt, indem es lange genug durch diese Schichten rieselt.

Die bakteriologische Übereinstimmung mit richtigem Grundwasser kann nach dem Durchströmen einer Schicht von 20 m in wenigstens 45 Tagen erzielt werden, für die Temperaturgleichheit sind 75 m in 140 Tagen notwendig und die Geruch- und Geschmacksangleichung bedarf einer Strecke von 100 m und einer Dauer von 190 Tagen.

Bezüglich der Beschaffenheit des Untergrundes, der zur Grundwasseranreicherung herangezogen werden soll, ist Vorsicht geboten, weil das Wasser im Boden manche Stoffe auflöst, die überraschend die Wasserbeschaffenheit verändern. So kam es zur Breslauer Grundwasserkatastrophe, wo im Boden durch die veränderte Grundwasserentnahme Eisensalze gelöst wurden, welche das Wasser unbrauchbar machten.

8. Versuchsbrunnenbetrieb.

Soll nach Abschluß der hydrologischen Untersuchungen ein größeres Brunnenfeld eröffnet werden, so möge unbedingt die Ergiebigkeit noch durch einen Pumpversuch im Großen nachgewiesen werden. Um den Versuchsbrunnen sind hauptsächlich in der Richtung des Grundwasserstromes in Abständen von 2, 5, 8, 12, 20, 50, 100 u. s. w. Metern Bohrlöcher abzuteufen, in denen vor Beginn des Pumpens der Grundwasserspiegel genau eingemessen wird. Es wird dann dauernd die gleiche Wassermenge aus dem Versuchsbrunnen gefördert und hiebei täglich der Grundwasserstand erhoben und zeichnerisch aufgetragen.

Tritt nach einer gewissen Betriebsdauer ein Beharrungszustand im Grundwasser ein, so vermag der Grundwasserstrom die verlangte Wassermenge zu liefern. Die Entnahmegrenze einer Grundwasserfassung ist jene Grundwasserstromlinie, die weder dem Brunnen zufließt noch unterhalb abfließt; sie ist nicht dasselbe wie die Reichweite, die bedeutend weiter geht. Die Wasserentnahme aus den Versuchsbrunnen stimmt mit der Ergiebigkeit des Grundwasserstromes auf die Entnahmebreite überein.

IV. Eis-, Schnee- und Lawinenkunde.[9])

1. Begriff von Eis und Schnee. Arten und Entstehung.

Erstarrt Wasser, bildet sich im Wasser Eis, in der Luft Schnee oder Hagel und am Boden Reif, Firn oder Gletschereis; obwohl all dies dieselbe Zustandsform des Wassers ist, schaut sie doch sehr verschieden aus.

Das „Wassereis" dehnt sich bei Erstarrung um etwa $^1/_{10}$ seines Volumens aus und bewirkt damit jene Frostzerstörung an Gesteinen und Bauwerken, die in alten Zeiten und manchmal heute noch zum Sprengen benutzt wird, denn die dabei wirkenden Molekularkräfte sind sehr groß, aber nicht brisant.

Die wichtigste Lufteisbildung ist der Schnee; er kristallisiert aus dem Wasserdampf der Luft zu mannigfachsten Gestalten, hauptsächlich aber in sechseckiger Grundform (hexagonales System), zu Strahlsternen, Pyramiden, Blättchen und Prismen. Bentley veröffentlicht in einem Atlas die Bilder vieler hundert Schneekristalle. Beim Zerbrechen knirschen die bei Temperaturen unter — 8 Grad härter gewordenen Schneekristalle.

Je kälter der Schnee, desto trockener und lockerer ist er (Pulverschnee); je feinkörniger und je feiner verteilt die Luft im Schnee ist, umso weißer schaut er aus. Harsch wirkt dunkler — etwa graublau, ein angewehtes Schneeschild sieht kreidig weiß aus.

Hagel entsteht in großen Höhen, wenn sich ein Schneekristallkorn mit Eis umhüllt; wird sein Niederfallen durch Aufwind abgebremst, können die Hagelkörner zu großen Schloßen anwachsen. Der durch Versicherung gezahlte Hagelschaden in Deutschland betrug manchmal 10 Mio Mark im Jahr.

Kleine Eiskügelchen, die, weil stark luftdurchsetzt, leicht und weiß sind, heißen Graupeln und bilden sich aus Nebeltröpfchen.

Rauhreif ist eine körnige Eisbildung aus Nebel, die vom Wind angeweht wird und daher gegen den Wind wächst. Die Rauhreifgestalt zeigt damit die während seiner Entstehung vornehmliche Windrichtung an.

Verdichtet sich Wasserdampf bei Kälte an sehr glatten Körpern (Glas), so wachsen die schönen Formen der Eisblumen.

Im Gegensatz zu diesem Oberflächenreif ist der Tiefenreif, gewöhnlich Schwimmschnee genannt, der zuunterst am Boden durch seine lockere und bewegliche Lagerung eine gefährliche Ursache von Lawinen ist.

Durch Schmelzen und Wiedergefrieren wird der Schnee am Erdboden zum Firn umgewandelt, der körnig und luftärmer als der frischgefallene Schnee ist. Unter Druck darüber liegender Schneemassen wird daraus das Gletschereis, das als zähflüssiges Gemenge in langsamer, laminarer Bewegung (deutlich an Mittelmoränenstreifen erkennbar) zu Tal gleitet.

Die mittlere Neuschneehöhe in unseren schneereichsten Gegenden ist selten über 3 m, deren Gesamthöhe aber durch Zusammensacken wesentlich

[9]) Paulcke, Prakt. Schnee- und Lawinenkunde. Julius Springer, Berlin, 1938.

erniedrigt wird. Höhere Schneelagen sind Anwehungen durch den Wind, die aber auch örtlich nie über 10 bis 12 m betragen dürften.

2. Eis im stehenden und fließenden Wasser.

Seichte Seen gefrieren eher als tiefe; bewegte Oberflächen verzögern das Gefrieren, ebenso verhältnismäßig starke Durchflüsse. Die Eisdecke ist höchstens 1 Meter stark und am Ufer dicker als in Seemitte. Durch Daraufschneien kann allerdings eine bedeutend mächtigere Eisbedeckung eines Sees zustande kommen, die dann einzelne Schichten gemäß den Witterungseinflüssen aufweist. Am Weißsee (2220 m ü. d. M.) wurde im März 1942 eine gesamte Eisdecke von 1,6 m gemessen, von der allerdings nur die unterste Schicht von etwa 0,4 m als Wassereisbildung zu werten war. Die Eisdecke einiger österreichischer Alpenseen beträgt: Achensee 0,50 m, Wörthersee 0,27 m und Attersee 0,10 m.

Liegt die Eisdecke überall am Wasser auf, so ist sie schon bei einer Dicke von 3 bis 4 cm für Menschen und bei 8 bis 10 cm für Fuhrwerke tragfähig.

Der Eisschub, den eine geschlossene Eisdecke auf die senkrechten Uferborde ausübt, kann mit 1000 kg/m je 1 cm Eisdicke angesetzt werden, jedenfalls aber nicht mehr als die Druckfestigkeit des Eises (20 kg/cm²). Dieser Eisschub vermag manche Uferbauten wegzuscheren; es ist daher günstig, die Ufer zu böschen.

In fließenden Gewässern sind zwei Arten Eis: Grundeis und Oberflächeneis (als Treibeis oder Randeis). Grundeis bildet sich an der Sohle, oft bis 2 m Mächtigkeit, wobei Sand und Steine anfrieren; durch Strömung und Auftrieb gehoben, wird es zu Treibeis und Eisschollen, die aber auch aus Oberflächeneis entstanden sein können und dann durchsichtiger sind.

Treibeisbildung (Tost, Eisbrut) setzt ein, wenn die mittlere Lufttemperatur tagelang unter 0 Grad sinkt. Stockt durch irgend eine Engstelle im Fluß das Eistreiben, kommt es zum Eisstoß, der flußauf vorbaut, wobei sich die Schollen über- und untereinander schieben.

In der Nähe von Wien ist der Donaudurchbruch bei Theben solch ein Engpaß, an dem in jedem strengen Winter der Eisstoß beginnt und etwa 15 km im Tag donauaufwärts (manchmal bis Krems) vordringt.

Da Eisstöße durch ihr Entstehen, aber auch beim plötzlichen Abgehen gefährliche Überschwemmungen erzeugen, beugt man durch Flußregulierung vor oder verhindert ihr übermäßiges Anwachsen durch Sprengen, nicht immer mit Erfolg.

Flüsse, die große Seebecken durchfließen, sind unterhalb meist eisfrei; langsam strömende Flüsse und Kanäle haben im Winter eine geschlossene Eisdecke.

3. Schneearten.

	Gewicht je m³ in kg
Wildschnee oder Schneestaub (feinster Pulverschnee)	20 bis 50
Frisch gefallener Lockerschnee (Pulverschnee und Neuschnee)	60 bis 80
Gesetzter Schnee	200 bis 300
Trockener Firnschnee	500 bis 600
Nasser Firnschnee	bis 800
Gletschereis	über 900

Staubschnee oder Wildschnee fällt bei großer Kälte (— 10 Grad bis — 30 Grad), er ist überaus leicht und locker; der kleinste Anstoß genügt, die Wildschneemassen (Staublawinen) zum Davonstieben zu bringen.

Trockener Neuschnee, Pulverschnee ballt sich nicht und haftet auch nicht an den Unterlagen, er liefert die ideale Schifähre, es staubt, wenn der Schiläufer ihn durchfurcht. Wird er feucht, bei Temperaturen um 0 Grad, so „pappt" er, bildet Schneerollen, bei Lawinen größere Schneeknollen, auf glatter Unterlage gleitet er leicht als Feuchtschneelawine (Neuschneelawine) ab.

Aus diesen Schneearten werden die Oberflächenlawinen (Oberlawinen). Der liegenbleibende Schnee setzt sich, mit ihm geschehen verschiedene Umwandlungen.

4. Veränderung des Schnees am Boden.

In den Pausen zwischen Schneefällen wird die Schneelage am Boden von der Oberfläche aus verfestigt, aber auch im Innern der Schichten gelockert. Die vereiste glatte Oberfläche wird für Neuschneelagen zur Gleitfläche; jedoch auch die Lockerzonen in der Tiefe geben Anlaß zum Rutschen; diese Schichtung bewirkt Lawinen.

Zum Beurteilen der Lawinengefahr ist es nötig, die Veränderungen des Schnees am Boden zu kennen; sie erfolgen durch:

a) Schmelzen—Wiedergefrieren—Vereisen,

b) Windwirkung,

c) Verdunstung und Reifbildung und

d) Druck.

a) Verfirnung und Vereisung.

Fällt Schnee bei höherer Temperatur, bilden sich Wassertröpfchen und die Schneesterne vergehen, schon gefallener Schnee wird bei höherer Temperatur zu Feuchtschnee oder „Pappschnee"; dieser Schnee bildet Walzen, ballt sich und gibt zur Feuchtschneelawine Anlaß. Gefriert er wieder, verfirnt er sich, da die Wassertröpfchen zu Eiskörnchen werden, dauert jedoch dieser Vorgang nur kurz, entsteht eine Oberflächenkruste, der von den Schiläufern gefürchtete Bruchharsch. Anhaltende Verfirnung geht dann immer mehr in die Tiefe und die Firnkörner werden größer, zwischen denen reichlich Luftporen bleiben; dieser Schnee ist wieder „führig". („Führig" wird der Schnee, wenn er locker gelagert ist, also in erster Linie Pulverschnee, dann auch richtig aufgefirnter Altschnee, ferner Rauhreif auf Harsch.) Bei starker Sonnenbestrahlung entsteht am verfirnten Schnee eine dünne Eiskruste, die als „Firnspiegel" hell leuchtet; solche Stellen werden, sobald sie in den Schatten kommen, besonders bruchharschig.

Das Wasser sinkt im Schnee nicht immer bis auf den Boden, sondern wird von zwischenliegenden Harschschichten aufgefangen, solche Wasserhorizonte dienen Feuchtschneelawinen als Gleitbahnen. Die Wasserbewegung in den tieferen Schichten hält auch noch einige Zeit nach Sonnenuntergang an, sodaß die Lawinengefahr auch noch im Schatten besteht.

b) Veränderung durch Wind.

Warmer und trockener Wind (Föhn) bedingt sehr kräftige Schneeverdunstung (Schneefresserwind), kalter Wind vereist dann die aufgeweichten Schneemassen zu windgepreßtem Harsch, der sehr dicht ist und gut zusammenhält.

c) Reifbildung im Schnee.

Bei Aufklarung des Wetters erhält die Schneedecke oft als Oberflächenreif einen stark glitzernden, groben Kristallschnee. Wichtiger aber ist die bisher wenig beachtete Reifbildung im Innern der Schneeschichten, besonders über dem gewachsenen Boden, ein Vorgang, der der Beobachtung entzogen ist; dabei entstehen große Luftporen, sodaß diese Tiefenreifbildung äußerst locker gelagert ist und daher „Schwimmschnee" genannt wird, der viele Lahngänge verursacht. Schwimmschnee entsteht bei länger dauerndem, besonders kaltem Wetter (— 30 Grad) in Nord- und Osthängen; man erkennt sein Vorhandensein durch dumpf dröhnende Geräusche beim Darübergehen, infolge des Einsturzes kleiner Höhlungen.

Märchenhafte Gebilde (Prismen, Rosetten, Becher und ähnliches) entdeckt man häufig im Winter in Felsspalten und Höhlen; ähnliche Formen, aber im Kleinen, hat der Schwimmschnee.

d) Veränderung durch Druck.

Durch auflastende Schneemassen wird die Luft aus den Zwischenräumen ausgepreßt und die Firnkörner berühren sich inniger; aus dem Firnschnee wird Firneis und schließlich durch weiteres Größerwerden der Körner das Gletschereis.

5. Umlagerung des Schnees.

Der Wind treibt Trockenschnee von der Windseite (Luv) weg und lagert ihn im Windschatten (Lee) an. Dadurch wird von der Luvseite der Trockenschnee abgeblasen, Feuchtschnee dagegen wird zum „Schneebrett" zusammengepreßt. Der vom Wind verwehte Triebschnee bildet an den Bergkämmen die Wächten und lagert sich am leeseitigen Hang als Gegenböschungsanwehung oder „Schneeschild" an.

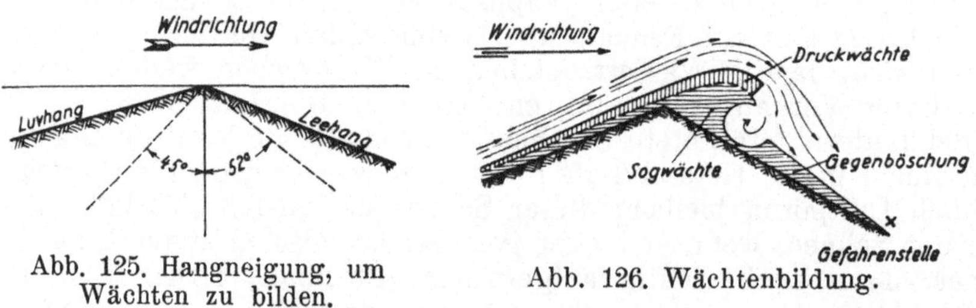

Abb. 125. Hangneigung, um Wächten zu bilden.

Abb. 126. Wächtenbildung.

Auf die Anordnung der Wächte hat die Bergform wesentlichen Einfluß. Der Luvhang muß flacher sein als 45 Grad (Abb. 125), damit er das richtige Nährgebiet für den Triebschnee abgibt, die Leeseite darf höchstens 52 Grad geneigt sein, weil sich bei steilerem Hang keine Wächte ansetzen kann.

Nach Welzenbach beginnt die Wächtenbildung (Abb. 126) durch die Sogwalze des Windes, in deren totem Raum sich der Triebschnee ablagert und wieder zusammengefriert; darauf schichtet sich dann weiter der windgepreßte Triebschnee zur Druckwächte bis zu vielen Metern Mächtigkeit. Eine Wächte von untenher zu durchschlagen (Durchtunneln) ist immer ein gefährliches Experiment, weil die Wächte dabei einstürzen kann.

Unterhalb der Wächte am Leehang setzt sich eine Packschneelage an, von Paulcke Gegenböschung genannt. Durch fortschreitende Auflagerung wird der Hang steiler, bis höchstens 55 Grad. Gegenböschungen sind lawinengefährlich, weil sie meist keilförmig auslaufen und keinen Halt am Hang haben. Wird durch eine Schispur solche Packschneelage angeschnitten, rutscht sie als Schneeschild, fälschlich oft Schneebrett geheißen, in mächtigen Schollen ab. Daher ist immer Vorsicht bei einer Hangquerung unter einer Wächte und am leeseitigen Berghang geraten!

Im Gegensatz zum Schneeschild ist das Schneebrett an der Luvseite festgewehter Schnee, wenn der Berghang dort nicht zu flach ist. Die Oberfläche solcher Schneebretter ist „gemasert". Unter Schneebrettern entsteht oft Schwimmschnee (Sondieren!), sodaß beim Abschneiden durch die Schispur das Schneebrett losgeht.

Je lockerer der Schnee, umso leichter wird er durch den Wind entführt. Hiebei kommen alle Verfestigungen des Schnees (Fußstapfen, Schispuren, Preßschnee etc.) zum Vorschein, sodaß Schneekolke (Winderosion) bemerkbar werden; Schneedünen oder Schuppenschnee bilden eine beim Schifahren recht lästige Erscheinung, da der Schuppenschnee windwärts gewöhnlich unterhöhlt ist; dies tritt gern auf breiten, dem Wind ausgesetzten Jochen auf.

6. Lawinen.

a) Einteilung der Lawinen.

Nach der Schneebeschaffenheit, die den Lahngang in erster Linie bedingt, teilt Paulcke die Lawinen ein:

A. Trockenschneelawinen,
B. Naßschneelawinen,
C. Eislawinen.

Die vom Volksmund geprägten Ausdrücke Staublawine, Grundlawine und Mischlawine sagen nichts, denn eine Schneestaubwolke kann sich ebenso durch eine richtige Staublawine aus feinstem, trockenem Pulverschnee als auch beim Eisabsturz entwickeln; bis auf den bloßen Boden können alle Lawinenarten den Schnee abräumen und der Ausdruck Mischlawine vermittelt keine Vorstellung. Nichts sagt auch der Name Schichtlawine, da fast jede Lawine schichtverbunden ist.

b) Ursache und Art der Lawinenbewegung.

Ob eine Lahn abgeht, hängt vom Haftvermögen der Schneeschichten ab; sie ist bedingt:

α) **Durch die Oberfläche der Unterlage.** Je glatter diese, umso leichter löst sich natürlich die Lawine. Glatte Felsplatten, vom Gletscherschliff geglättete Rundhöcker, Grashänge und Harschschichten begünstigen den Lahngang; Gebüsch und Latschen halten nur solange zurück, als sie nicht vom Schnee niedergedrückt und eingedeckt sind, hernach ist ein Latschengebiet wie ein Hang ohne Bewachsung zu beurteilen. Schütterer Wald bietet auch keinen Lawinenschutz; erst dichter Hochwald mit reichlichem Unterholz hält die Lawine ab, daher sind solche Wälder an Lawinenhängen zu schonen („Bannwald"). Auch grobes Blockwerk verhindert Lawinen, solange noch das Vorhandensein einzelner Blöcke unter der Schneedecke erkennbar ist.

Die Schneeumlagerung erreicht nämlich ein Ausgleichen aller Hangunebenheiten (Hangausgleich) und damit Glätten der Oberflächen, sodaß im Spätwinter die Lawinengefahr größer wird.

β) **Durch Hang- und Talform.** Die Lawinen werden von weiten, gleichmäßigen Hangflächen und durch Ansammlung des Schnees in Rinnen gefördert, dagegen durch Geländestufung und stützende Widerlager gehindert. Das Einfallen der geologischen Schichten hat wesentlichen Anteil, da talfallende Schichten nach Abb. 127 a einen sehr gefährlichen Lawinenhang darstellen, während die steilere Talflanke mit Schichtenfolge gegen den Hang nach Abb. 127 b meist lawinensicher ist.

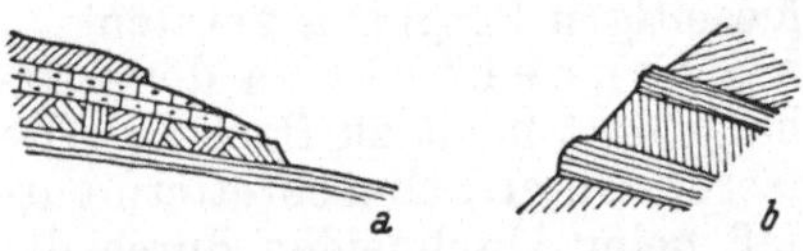

Abb. 127. Einfluß geologischer Schichten auf den Lawinengang.

V-förmige Talschluchten sind besonders gefährliche Lawinenfallen, weil meist durch den Absturz auf der einen Seite die Lawine am Gegenhang ausgelöst wird, dagegen sind weite Talwannen ungefährlicher. In steilen Rinnensystemen gerät mit dem Losgehen einer Lawine gewöhnlich das ganze Rinnensystem in Bewegung.

γ) **Durch Neigung der Hänge.** Erst Hänge unter 22 Grad Neigung gelten als lawinensicher, doch sind auch schon auf flacherem Gelände Lahnen abgegangen.

δ) **Durch die Art der Lagerung.** Schneebrett und Schneeschild rutschen bei geringem Anstoß ab.

ε) **Durch die Schneebeschaffenheit.** Lockerschnee gleitet infolge geringster Störungen, hauptsächlich, wenn er trocken ist, auch feucht, wenn er sich etwas gesetzt und Zusammenhalt hat. Packschnee auf der Leeseite (Schneeschild) und Preßschnee auf der Luvseite (Schneebrett) ist äußerst lawinös, ebenso Schwimmschnee bei größerer Mächtigkeit über gewachsenem Boden oder Harschschichten. Diese Schneearten bringen Lawinen an kalten Tagen, wogegen Firnschnee bei warmem Wetter (Föhn) als Naßschneelawine bis auf den Grund ableiten kann.

Die Schneebewegung kann ganz langsam sein („Kriechen“), wobei die oberen Schichten vorauseilen, sie kann aber auch große Geschwindigkeit in den Lawinen erreichen. Beim Lahngang entstehen Luftstürme, Wirbel schneerfüllter Luft (Staublawine) und reine Schneebewegung. Die Luftbewegung hat zur Folge, daß in dem luftverdünnten Raum hinter der Lawine die umgebende Luft oft verheerend einstürzt.

Reine Schneebewegung am Boden ist bei verfestigtem Trockenschnee (Schneebrett, Schneeschild) nicht steiler Sturzbahnen und Naßschnee möglich. Tiefere Lagen bewegen sich infolge der Reibung langsamer, daher überschieben sich die obersten Schollen und gelangen beim Anstau der Lawinen an die Stirn des Staukegels.

Die häufigsten Lockerschneelawinen sind die Schneeschilde an den Leehängen, deren Packschneelage am unteren Rand zu unterschneiden gefährlich ist, weil damit die Stützung entzogen wird. Schneebretter täuschen oft eine falsche Festigkeit durch den oberflächlichen Harsch vor; der Schiläufer schlägt zwecks besseren Haltes scharf seine Spur ein und löst so das Schneebrett aus. Schwimmschneelawinen drohen öfter als man glaubt, hauptsächlich nach Kältezeiten an Nord- und Osthängen; sie gehen nicht wie Schneebretter durch Kerbwirkung ab, noch durch Unterschneiden wie Schneeschilde, sondern durch Überlastung, sie breiten sich weit aus und reichen meist bis auf den Grund. Schwimmschneelawinengefahr ist nicht aus der Oberfläche zu erkennen, sondern nur durch Sondieren, wenn unter der härteren Oberfläche die Sonde plötzlich widerstandslos bis auf den Grund durch den Schwimmschnee einsinkt, denn das Dröhnen beim Zusammenbruch der Schicht ist gewöhnlich ein zu spätes Zeichen.

Die meisten kennen unter „Lawinen" nur die Naßschneelawinen, die sich besonders bei Föhnwetter lösen. Das Schmelzwasser wirkt als Schmierschicht, so daß diese Lawinen ohne äußere Störung allein durch Überlastung in Bewegung kommen. Je nach der Steilheit der Sturzbahn sind sie verhältnismäßig langsam und strömen nach Art einer Mure, wobei große Knollen rollen. Schifahrer werden in den brodelnden Strom mitgerissen und am Staukegel erstickt und gequetscht.

Manche dieser Lawinen ziehen alljährlich ihre vorgegebene Bahn und tragen danach ihren Namen. Berüchtigt ist in Steiermark die Lawine vom Tamischbachturm, die zur Enns abstürzt und dabei den Fluß staut; da sie die Bahnstrecke im Gesäuse gefährdet, wird die Lawinenstrecke an den Tagen, da man das Abgehen erwartet, ständig überwacht. Bekannt sind die Lawinengänge am Arlberg, die man aber verbaut und damit die Eisenbahnstrecke zum Teil lawinensicher gemacht hat.

Die Länge der Lawinenbahnen ist oft 2 bis 3 km, ihre Breite bis ½ km; die Masse kleiner Lawinen beträgt 20 bis 2000 m^3, bei mittleren bis 20.000 m^3, bei großen bis 200.000 und ganz selten bis 2 Mio m^3. Am Ende, dem Lawinenkegel, schoppen sich die Schneemassen bis zu 40 m Mächtigkeit.

Von Lawinenstürzen versperrte Verkehrswege müssen durch mühsame harte Grabarbeit freigemacht werden, weil gewöhnlich von den Lawinen Steine und Bäume mitgerissen werden und der Lawinenkegel fest zusammenbackt, so daß Schneeräummaschinen nicht durchdringen.

Man versucht auch, Lawinen durch Beschießen mit Artillerie und Minenwerfer zu einem genehmen Zeitpunkt zum Abgehen zu veranlassen; im ersten Weltkriege hat man so Zugangswege bedroht.

c) Lawinengefahr.

Schnee gleitet umso leichter, je glatter und je steiler die Unterlage (Harsch, Grashang, glatter Fels) und an Sonnenhängen häufiger als im Schatten; er gleitet umso leichter, je lockerer der Schnee (Staubschnee, Neuschnee), je durchfeuchteter er ist (bei Föhnwetter) und je mächtiger die Schwimmschneeunterlage. Schneeschilde gehen besonders nach Schneesturmwetter leicht ab. Schneelagen rutschen umso eher, je tiefer sie an den kritischen Stellen durchschnitten werden.

Schnee gleitet weniger leicht, wenn seine Unterlage nicht einheitlich glatt, sondern blockbestreut, terrassiert, wenn er stark durchfroren und gut mit der Unterlage verzapft ist. Luvseiten sind lawinensicherer als Leeseiten.

Lawinengefährliche Hänge soll man womöglich nicht queren, und besonders nicht in den kritischen Zonen, sondern möglichst hoch, und dabei Buckel, Rücken und Grate aufsuchen. Man scheue sich nicht, die Schi abzuschnallen und in der Fallinie zu stapfen. Es ist einzeln, in mindest 100 m Abständen, zu gehen und erst an den sicheren Punkten wieder zu sammeln. Lawinenschnüre sind vorher anzulegen. Kann man Lawinen durch Lostreten unter Seilsicherung oder Abbruch eines Wächtenstückes zum Absturz bringen, so ist die freigelegte Lawinenbahn gefahrlos.

Schneesondierung mit der Lawinensonde soll nie vernachlässigt werden; aus den hiebei gewonnenen Schneeprofilen läßt sich meist auf die Lawinengefahr schließen. In Locker- und Schwimmschnee sinkt die Sonde durch ihr Eigengewicht ein, zum Durchdringen von Harschschichten ist ein Anlüften und leichter Stoß nötig. Eis erkennt man am helleren Ton und beim Durchfahren von Firn ist ein kratzendes oder schleifendes Geräusch hörbar.

7. Schneeverwehungs- und Lawinenschutz.[10])

a) Schneeverwehungsschutz.

Schneeverwehungen werden verursacht, wenn der Wind durch Geländeknickpunkte oder Hindernisse gehemmt und abgelenkt wird, hiebei an Geschwindigkeit und Schleppkraft einbüßt, so daß sich Schnee im windstillen Raum ablagert. Schon die Planung muß derartige Möglichkeiten beachten. Tiefe Einschnitte sollen in schneereichen und windigen Gegenden überhaupt vermieden werden; sie sind sonst möglichst flach zu böschen. Maßnahmen gegen Verwehen sind sowohl Festhalten des Triebschnees als

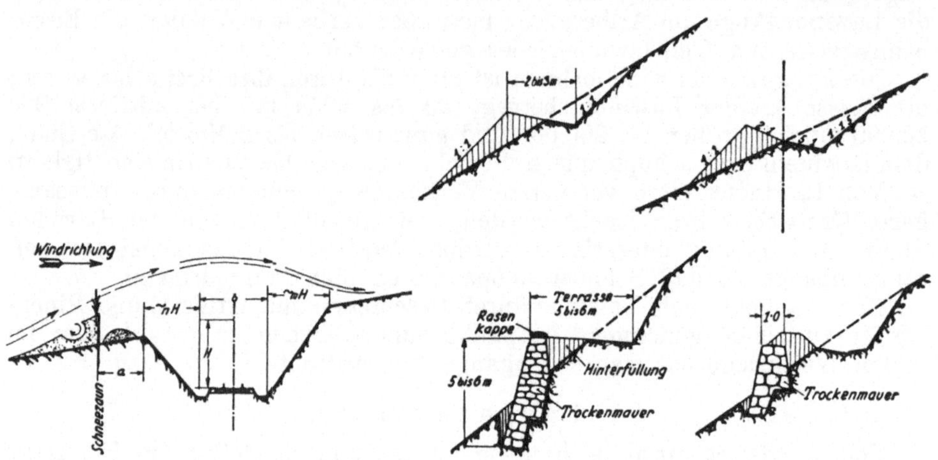

Abb. 128. Anlage von Schneezäunen an Einschnitten.

Abb. 129. Lawinenverbauung durch Hangterrassierung.

auch Bauwerke, durch die der Triebschnee abgelenkt oder die Luftströmung unter Querschnittsverminderung so gegen das Objekt geführt wird, daß dieses freigeblasen wird. Hiezu dienen Bewachsung des Triebschnee-Einzugsgebietes (Aufforstung, lebende Hecken etc.), Schneezäune, Schutzwände, schließlich Überbauten und Verlegung in Tunnel.

Die Schutzbauten sind dauernde oder jeden Herbst neuzuerrichtende Bauarten. Letzte sind Barrierezäune mit senkrecht aufgenagelten Fichtenzweigen (billig und wirksam), Latten- und Bretterzäune, dauernde sind Mauern und Heckenzäune.

Bei der Errichtung ist Höhe, Entfernung vom Objekt und Stellung gegen die Windrichtung zu bedenken (Abb. 128).

Betreffs Höhe h und die Entfernung a können nur Versuche Aufschluß geben, daher wird man zuerst nur provisorische Bauten aufrichten und damit die günstigste Stellung erproben.

Ein Verlegen des durch Schneeverwehung bedrohten Objektes unter die Erde ist zwar sehr kostspielig, kann sich aber lohnen.

---

[10]) Strele, Lawinen und Lawinenverbauung, Deutsche Wasserwirtschaft 1943, Heft 10.

b) Lawinenschutz.

1. Durch Bekämpfen der Ursachen der Lawinenbildung. Im Nährgebiet der Lawine werden Bauten zum Festhalten des Triebschnees, ähnlich wie bei Schneeverwehungen, auf der Windseite des zu schützenden Bauwerkes

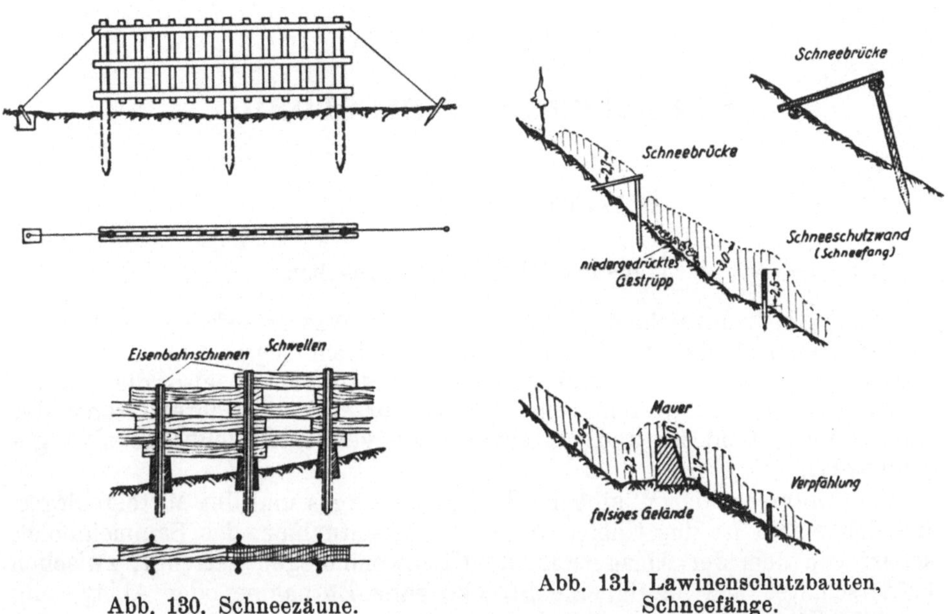

Abb. 130. Schneezäune.

Abb. 131. Lawinenschutzbauten, Schneefänge.

errichtet; dies muß aber systematisch geschehen, wird aber noch zu wenig beachtet.

2. Durch Festhalten der Schneemassen im Absturzgebiet. Erfolgreich, wenn auch mühsam und langdauernd, ist *Bepflanzung* und *Aufforsten*. Schützende Wälder werden als „Bannwald“ erklärt und dürfen nicht abgeholzt werden. Rascher gelangt man zum Ziele mittels *Verbauen der Lawinengänge* (Abb. 129). Durch Terrassierung werden Widerlager geschaffen; Zäune und Trockenmauerwerk dienen als Schneefänge (Abb. 130 u. 131). Leitwerke, Lawinenwälle und Lawinenmauern lenken die Lawinen ab. Zum Zerteilen der Lawinen erhalten Lawinenschutzbauten „Spaltecken“, Leitungsmasten bekommen keilförmigen Querschnitt oder keilförmige Betonschutzpfeiler. Schließlich werden über der Straße Lawinengalerien errichtet, auf denen die Lawine über die Straße hinwegfegt (Flexenstraße, Arlbergbahn). Diese Bauten müssen stark genug sein und sind daher sehr teuer, aber der beste Schutz.

Vierter Abschnitt

Praktischer Wasserbau

I. Wildbachverbauung. [1])

1. Kennzeichen des Wildbaches.

Wang [2]) kennzeichnet die Wildbäche als Wasserläufe, die in kurzen, steilen Rinnen fließen, rasch anschwellen, in ihrem Oberlauf Geschiebe entnehmen und es im Unterlauf ablagern; wesentlich ist also die Abfuhr großer Wasser- und Geschiebemengen in kurzer Zeit, während sonst der Bach unbedeutend ist und oft sogar ganz versiegt. Gießbäche sind geschiebefrei.

Man unterscheidet Wildbäche des Hochgebirges und des Mittelgebirges. Bei den ersten ist das Gebiet der Geschiebeentnahme, das Sammelgebiet, scharf von dem der Ablagerung, dem Schwemmkegel, getrennt; zwischen beide schaltet sich häufig eine Strecke ohne Entnahme oder Ablagerung ein, die Klamm oder der Tobel genannt. Manchmal schließt sich an den Schwemmkegel talseits noch ein flacherer Tallauf ohne besondere Geschiebeführung.

Im oberen Abschnitt, dem Sammelgebiet, stürzen die Wasser durch meist sehr steile Runsen dem Hauptbach zu, wühlen die Sohle auf und bringen die Lehnen zum Abbruch — es ist die Zone des Abtrages. Dann verengt sich der Bach zur Felsschlucht, der Klammstrecke. Aus ihr tritt er sich ausbreitend in die flache Talebene, lagert sein Geschiebe in einem Schuttkegel ab, über dem die Wassertiefe auf einen sehr niedrigen Stand sinkt, während sich das Geschiebe infolge verringerter Schleppkraft anfangs schon bei größerem, dann aber bei einem flacheren Gefälle als dem Ausgleichsgefälle absetzt; das Ausgleichsgefälle ermöglicht gerade noch die Geschiebefortbewegung, ohne das Bachbett anzugreifen.

2. Wildbachschäden.

Nicht so sehr die Hochwässer, als vielmehr die dadurch bewirkte Geschiebebewegung verheeren das Wildbachgebiet; Schäden entstehen infolge der Wühlarbeit des Wassers und durch Überdeckung von Kulturböden mit Schotter.

---

[1]) Strele, Grundriß der Wildbach- und Lawinenverbauung. Zweite, vermehrte Auflage. Springer-Verlag, Wien, 1950. — Das forstliche Bauwesen, Band V: Härtel-Winter, Wildbach- und Lawinenverbauung, Gerold's Sohn, Wien, 1934.

[2]) F. Wang, Grundriß der Wildbachverbauung, Leipzig, 1901.

Die Geschiebeführung ist eine Folge der Gesteinsverwitterung durch mechanische als auch teilweise chemische Einflüsse. Besonders leicht verwittern weiche, blättrige Schiefergesteine, Kalk und Mergel. Witterschutt schützt darunterliegende Schichten; es entstehen Schutthalden, auf denen kein Pflanzenwuchs mehr bestehen kann; sie bilden das Nährgebiet für den Geschiebeeinzug der Wildbäche. Rutschungen und Bergstürze werden gewöhnlich durch überreichen Wasserandrang veranlaßt; als Vorzeichen hiefür treten Klüfte und Spalten in der Ablösezone auf, die sich fortschreitend erweitern, sowie Steinschläge und Aufwulstungen am Fuß des Abrißgebietes, dann Trübung und Versiegen von Quellen, ferner ist Krachen und Knirschen im Berginnern zu beobachten.

Die unterwühlende Tätigkeit des Baches zeigt sich in verschiedenartigen Anbrüchen des Geländes: Feilenanbrüche infolge Tiefenschurfs (Erosion) erzeugen langgestreckte Rinnen mit Dreiecksquerschnitt, Keil- und Uferanbrüche durch den Seitenschurf des Wassers (Korrosion) bereiten trapezförmige verwilderte Flußbette; Dammanbrüche entstehen beim Durchbruch stauender Riegel. Die flacheren Blattanbrüche und die tieferen Muschelanbrüche sind die Folge von Rutschungen, die in Kohäsionsverminderung durch Wassereindringen und Lehnenunterwaschung begründet sein können. Weiter kann Sickerwasser im Untergrund eine Schmierschicht bewirken, auf der dann eine mächtige Erdscholle abgleitet; nicht selten ist der Anlaß zur Rutschung das Schwächen der Pflanzendecke durch Schlägerung des Waldes.

Größten Schaden richtet das Niedergehen einer Mure an, das ist ein breiartiger Strom aus Wasser, Erde, Schotter und Steinen, oft auch mit Bäumen vermischt, der sich manchmal mit über 5 m/s Geschwindigkeit zu Tal wälzt und alles in seinem Bannkreis vernichtet. Beim Ausbreiten der Mure im Talboden nimmt ihre Kraft rasch ab, das Wasser läuft davon, am Murkopf und auch seitlich entstehen Dämme, die nachfolgende Muren leiten: es werden hiebei ganz unvorstellbare Schuttmassen in Bewegung gesetzt.

Einmal begonnene Wildbachschäden schreiten rasch von Jahr zu Jahr fort. Ein Beispiel ist der Schesatobel in Vorarlberg, der um 1800 noch ein harmloses Wasser 1907 allein bei einem Murgang 200.000 m^3 zum Absturz gebracht hat; die Ursache war Abholzung des Waldes. Ähnliche Verheerungen bereitete der Klausenkofelbach in Kärnten, der 1526 noch Wald und Wiesen durchfloß; nach der Abholzung entstand ein Bruchkessel über 30 ha groß, in dem jährlich oft über 100 Muren losbrachen, die die Möll zum 50 ha großen Gößnitzsee aufstauten.

3. Wesen der Wildbachverbauung.

Um die Kraft des Wildbaches zu bändigen, wäre sowohl Abflußmenge als auch Geschiebebildung zu vermindern. Die Hochwassermenge kann wohl schwerlich in maßgebendem Umfang verringert werden; sie kann nur zurückgehalten und ungefährlich abgeführt werden. Es müssen sich daher die Maßnahmen auf Verhindern des Tiefen- und Seitenschurfs beschränken sowie auf Festigen der Anbrüche und Rutschungen, Bessern der Verhältnisse im Einzugsgebiet, schließlich auf Ableiten des Geschiebes am Schuttkegel und Unterlauf, sowie Befestigen und Reinhalten der Gerinne. Übergroße Hochwässer können in natürlichen Seen oder künstlich angelegten Staubecken aufgefangen werden.

Maßnahmen gegen Tiefenschurf sind Gefällsverringerung durch Abtreppen des Laufes mit Sperren, Querbalken und ähnlichem oder Tiefenverminderung durch Sohlausbreitung; Auspflastern und Schalenbauten machen die Sohle widerstandsfähiger; vorteilhaft ist es, die meist trockenen Runsen durch Bebuschung, Flechtzäune und Begrünung gegen Wasserangriff zu schützen.

Der Seitenschurf wird durch Leitwerke und Uferdeckungen, manchmal auch durch Buhnen bekämpft.

Schwierig ist die unterwühlende Tätigkeit des Wassers im Rutschgelände zu bannen; hier muß man die Lehnen entwässern und den Lehnenfuß sichern; Quellen sind zu fassen und abzuleiten.

Bruchhänge können durch technische oder kulturelle Bodenbindungsarbeiten gefestigt werden; zu den ersten zählen Flechtzäune, Terrassierungen, Rasenplaggen, Hangstützwerke und ähnliches, die andere Art ist das Bepflanzen gefährdeter Hänge.

Geschiebe wird hinter Geschiebestausperren zurückgehalten werden, die aber verlanden und daher nur beschränkte Wirkungsdauer haben, jedoch später allmählich erhöht werden können.

Am Schuttkegel folgen anfänglichen Behelfsbauten, welche das Gerinne sichern, erst später die endgültigen Leitwerks- oder Schalenbauten. Man muß Ablagerungsplätze für Geschiebe vorsehen, falls man dieses nicht an den Vorfluter abgeben kann.

Festigung der Hänge und Gerinne steuert auch gleichzeitig dem Gang der Muren, die sonst an Geschiebestausperren oder in naturgegebenen und künstlich geschaffenen Ablagerungsplätzen liegen bleiben.

Vor Verwitterungserscheinungen bewahrt dauernd am besten Aufforsten und Anpflanzen. Eine fürsorgliche Forstwirtschaft trachtet Bodenverwundung zu vermeiden.

Überraschenden Bergstürzen steht man wehrlos gegenüber, falls ihre Anzeichen zu spät bemerkbar werden. Bei rechtzeitigem Erkennen kann aber die Katastrophe manchmal verhindert oder doch gemildert werden. Gegen Steinschlag und Lawinen schützt ein gesunder Wald, ein „Bannwald", oder Lawinenverbauungen in Gestalt von Mauern, Zäunen, Geländestufen, Schneefängen und dergleichen.

Grundsatz jeder Wildbachverbauung muß sein, sie systematisch, rechtzeitig und in genügender Weise auszuführen, da ungenügende Bauten oft mehr schaden als nützen können. Der Grundgedanke ist, den Abtrag zu unterbinden und die unvermeidliche Geschiebeerzeugung in möglichst unschädliche Bahnen zu lenken. Ist es nicht möglich, das ganze Wildbachgebiet zu verbauen, so muß je nach Schutzbedürftigkeit eine sorgfältige Auswahl der Objekte geschehen, weil diese einen starken Eingriff in das Bachregime darstellen und unerwartete Folgen auslösen könnten.

Es ist die Wahl des Bausystems zu entscheiden, ob Staffelung aus kleineren Werken oder einzelne größere Querbauten, dann die Art der Geschiebebewältigung, ob der Schuttkegel weiterhin Ablagerungsplatz sein soll oder eigene Kiessammler gebaut werden oder das Geschiebe dem Vorfluter überantwortet werden soll. Entsprechend Höhenlage des Gebietes ist die Bodenbindungsart zu wählen.

Die Bauführung hängt von den zur Verfügung stehenden Mitteln ab. Soll die Geschiebeführung rasch gedrosselt werden, wird man mit Sperren beginnen; kann man dagegen freizügig vorgehen, dann soll das Übel an der Wurzel — also im Sammelgebiet — erfaßt werden. Die untersten Werke sind zuerst auszuführen, weil sie stützend wirken. Beim abgetreppten Sperrenbau hängt die Reichweite von Sperrenhöhe und Bachgefälle ab; höhere Werke erfordern meist mehr Kubatur und größere Erhaltungskosten als mehrere kleine, die dieselbe Hebung der Sohle erzielen; auch ist eine Zerstörung höherer Bauten gefährlicher.

Vorteilhaft werden zunächst Werke erster Ordnung errichtet (Abb. 132), auf denen nach ihrer Verlandung Werke zweiter Ordnung, meist auch in leichterer Bauweise aufgesetzt werden.

Zuvor gilt es die Kraft des Wassers zu brechen, dann hat die Bodenbindung erst Zweck.

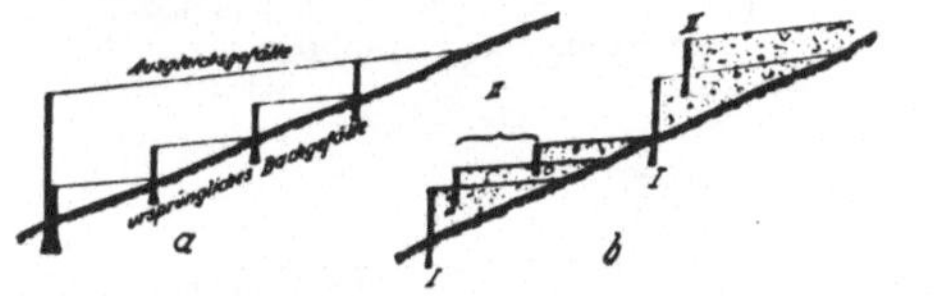

Abb. 132. Abtreppen durch Sperren. a) Vergleich hoher und niedriger Sperren b) Zeitlicher Bauvorgang.

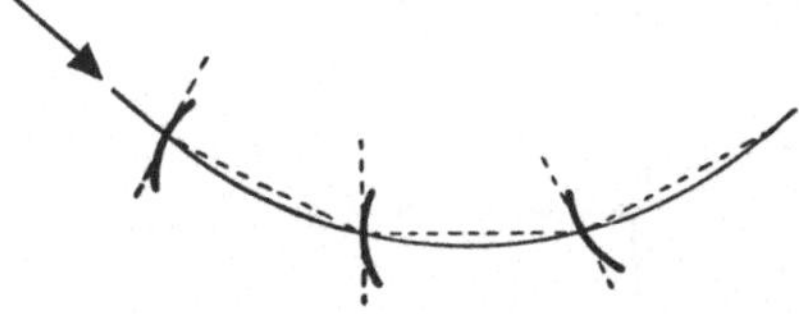

Abb. 133. Stellung der Sperrenachse zur Gerinneachse. (Aus Strele, Wildbachverbauung.)

Als Baumaterial ist das an Ort und Stelle gefundene zu verwerten, wegen der Dauerhaftigkeit hauptsächlich Stein; aus dem Bachbett ist er mit Vorsicht zu gewinnen, damit die natürliche Sohlauspflasterung nicht zerrissen wird, was der Erosion Vorschub leisten würde. Beton nützt sich leicht ab; Holzbauten sind rasch ausgeführt, geben elastisch nach, doch sind sie vergänglich und schwierig auszubessern, daher empfiehlt sich Holz nur für kleine Werke, die nach Erstarken der Pflanzendecke entbehrlich sind.

4. Bauliche Vorkehrungen.

a) Querbauten.

Sie sollen das Geschiebe zurückhalten und die Stoßkraft des Wassers brechen; zugleich heben sie die Gerinnesohle, vereinigen das Gefälle auf wenige Stufen, regeln den Lauf und schützen das Ufer. Ihre Stellung zur Bachachse im Bogen soll das Wasser vom bogenäußeren Ufer nach innen weglenken (Abb. 133).

α) **Steinsperren.** Höhere Querbauten (Talsperren) sind meist Schwergewichtsmauern, häufig mit gekrümmtem Grundriß. Ihr Querschnitt ist trapezförmig (Abb. 134). Sie werden als Stützmauern berechnet; der Erddruck des Verlandungsschuttes ist geringer als der Wasserdruck. Die luftseitige Neigung sei nicht zu flach, weil sonst das abstürzende Wasser und Geschiebe aufschlägt; man ordnet daher Wassernasen an und weist dem Wasser den Weg durch Abflußeinschnitte, die schmäler sind als das Bachgerinne; am besten hält ein Kreissegment das Wasser zusammen (Abb. 135).

Den Wasserablauf durch die Mauer vollführen Dohlen und Schlitze von 20 bis 40 cm Weite und 30 bis 60 cm Höhe, die gegen Verlegen mit Steinen hinterschlichtet sind; größere Öffnungen von 1,0 bis 1,5 m auf 2 bis 3 m Weite sind durch Rechen vor Verstopfung bewahrt.

Gegen Unterwaschen der Fundamente schützt ein gepflastertes Tosbecken mit einer kleinen Gegensperre. Als Kolkabwehr benützt man auch

Faschinenlagen und Steinpackungen. Die Krone der Betonsperren ist mit Steinplatten oder Holzbedielung besonders abgedeckt.

Die Sperre soll auf Fels gegründet und gut in die Ufer eingebunden sein.

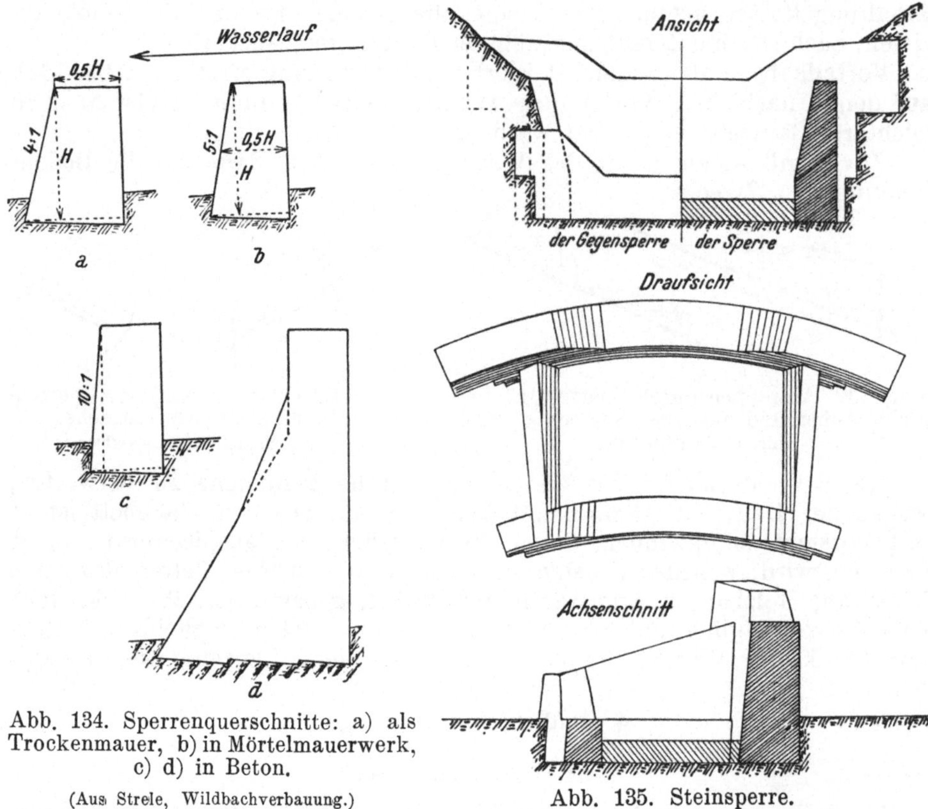

Abb. 134. Sperrenquerschnitte: a) als Trockenmauer, b) in Mörtelmauerwerk, c) d) in Beton.

(Aus Strele, Wildbachverbauung.)

Abb. 135. Steinsperre.

β) **Holzsperren.** Holz ist gewöhnlich leicht greifbar und bequem bearbeitbar, es eignet sich daher für rasche Ausführung und wegen seiner Nachgiebigkeit besonders bei Lehnendruck. Der Grundriß von Holzsperren verläuft meist gerade. Es sind mannigfache Bauweisen üblich.

Bei Steinkastensperren (Abb. 136) werden Rundhölzer längs und quer der Bachachse zu Kasten geschlichtet, die mit groben Steinen gefüllt werden; die Kronen sind gewöhnlich gepflastert. An Stelle der Längshölzer mit dem Wipfel bachaufwärts eingelegte Rauhbäume schaffen eine gute Verankerung in der Anlandung.

Prügelsperren (Abb. 137) haben sich im Rutschgebiet gut bewährt; sie dienen mitunter als vorbereitende Bauart, um Rutschlehnen zu beruhigen.

γ) **Grundschwellen** sind künstliche Gefällsstufen, um die Sohle zu festigen; sie sollen auch als Sohlsicherung ein etwaiges Aufreißen des Sohlpflasters begrenzen.

Die bis 1 m hohen Faschinenwerke (Abb. 138) werden mit Weidenstecklingen besetzt; für größere Bachgefälle sind sie aber zu schwach und gleich den Flechtwerken (Abb. 139) nur eine Behelfsbauweise.

Auch Holzgrundschwellen (Abb. 140) und Pfahltraversen (Abb. 141) haben keine lange Lebensdauer.

Drahtschotterkörbe zerreißen bald, weil die Drähte rasch durchgescheuert werden; sie sind daher nur als Füllung zu verwenden.

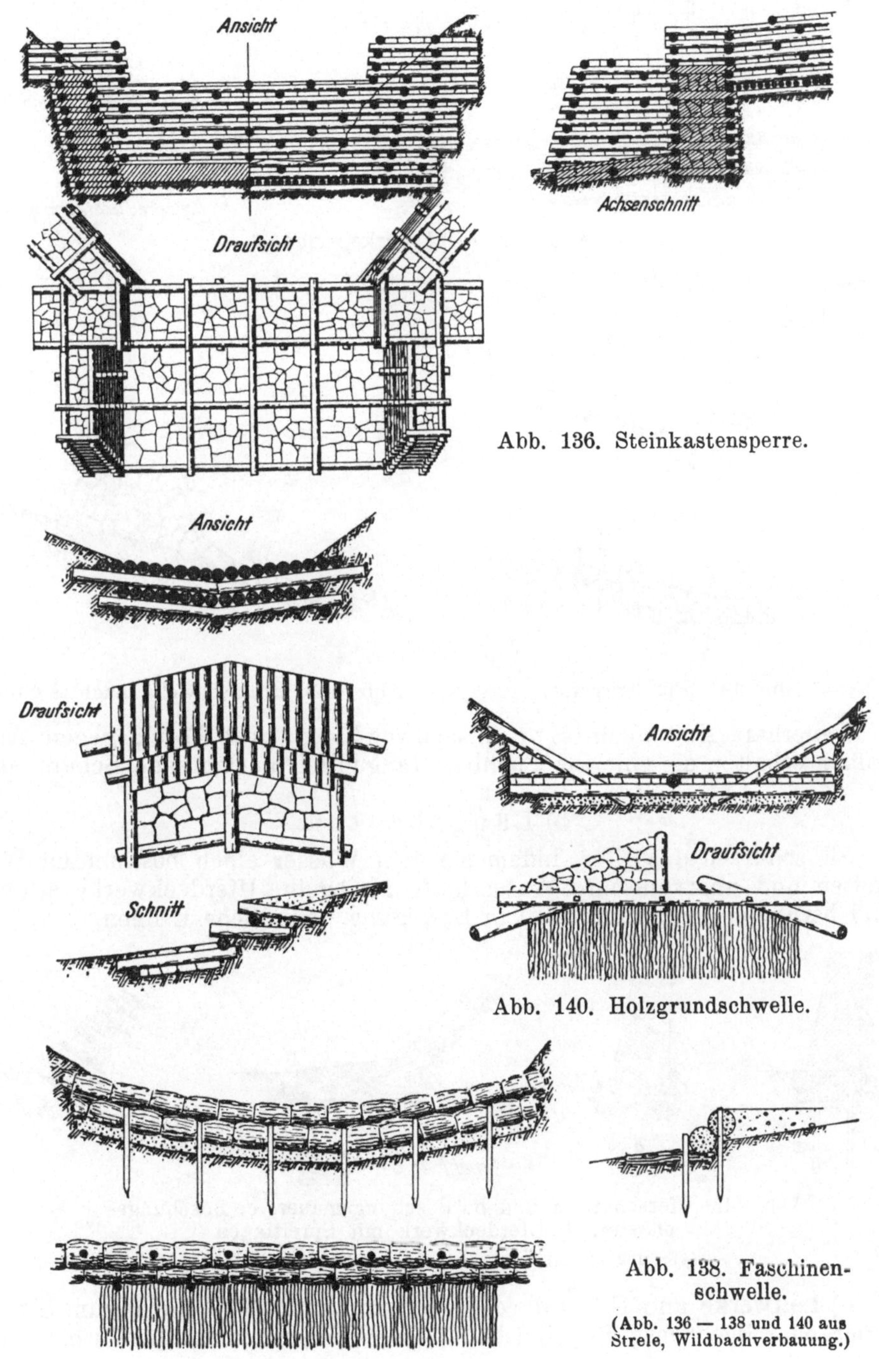

Abb. 136. Steinkastensperre.

Abb. 140. Holzgrundschwelle.

Abb. 138. Faschinenschwelle.

(Abb. 136 — 138 und 140 aus Strele, Wildbachverbauung.)

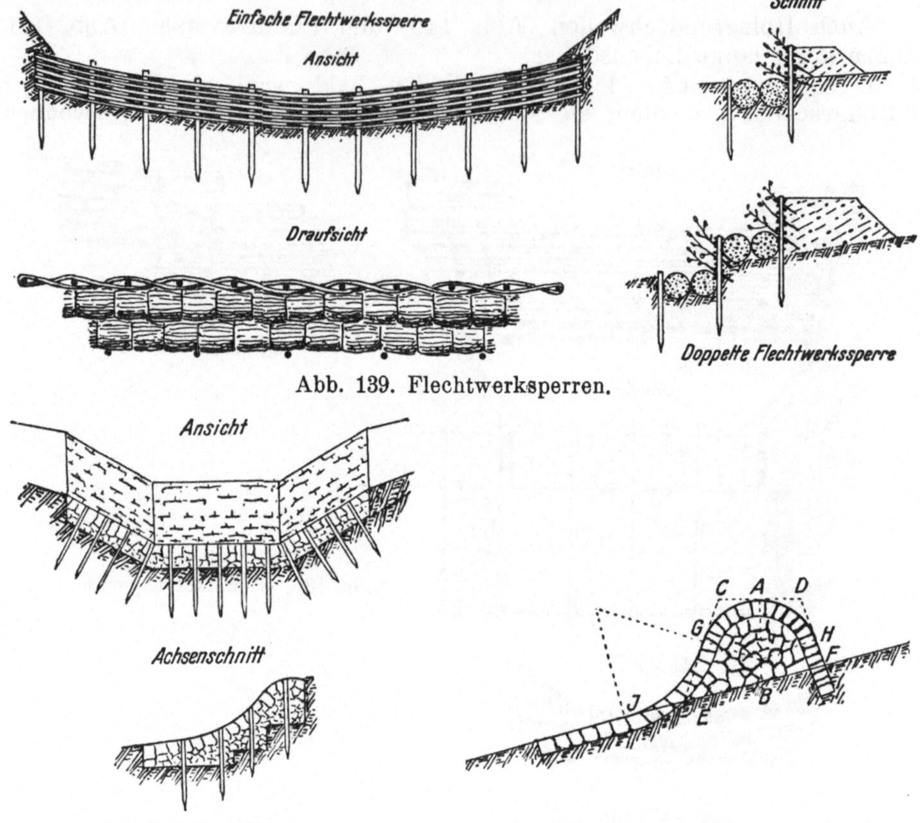

Abb. 139. Flechtwerksperren.

Abb. 141. Pfahltraverse. Abb. 142. Steinschwelle nach Aebi.

Dauerhaft sind allein Steinschwellen (Abb. 142); gegen Auskolken erhalten sie eine ins Bachbett tangentiell auslaufende Schußtenne.

b) Längsbauten.

Sie schützen das Ufer, indem sie dem Wasser einen bestimmten Weg weisen und unerwünschte Wasserläufe abriegeln; Uferdeckwerke stützen und beruhigen auch manchmal in Bewegung befindliche Lehnen.

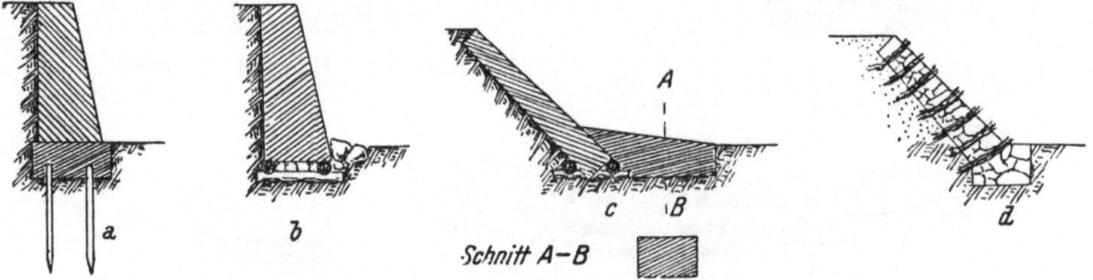

Abb. 143. Uferschutz. a und b: Böschungsmauer, c: Böschungspflaster, d: Uferdeckwerk mit Spreitlagen.

(Abb. 139 und 141 — 143 aus Strele, Wildbachverbauung.)

a) **Leitwerke** und Uferdeckwerke sind gleichlaufend zum Stromstrich oder Bachachse. Sie sind hochwasserfrei oder auch überflutbar; jene sind für steile Wildbäche die Regel, weil bei überflutbaren leicht seitlich Kolkrinnen entstehen. Als Kolkschutz eignen sich bewegliche schwere Bauwerke, die nachsinken können, wie Steinkästen, Steinwürfe, Faschinen und Drahtschotterbehälter. Leitwerke sollen nur mäßig gekrümmt sein. Sie

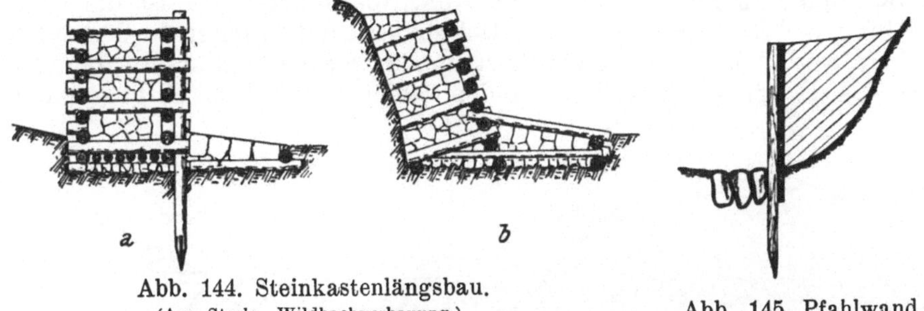

Abb. 144. Steinkastenlängsbau.
(Aus Strele, Wildbachverbauung.)

Abb. 145. Pfahlwand.

müssen einem Lehnendruck standhalten. Durchlassende Bauten (Wolfsche Gehänge) sind nur Provisorien.

Ständige Längsbauten sind Ufermauern aus Trocken- oder Mörtelmauerwerk (Abb. 143 a, b), Pflasterungen verschiedenster Art (Abb. 143 c, d), Steinkasten (Abb. 144), Pfahlwände (Abb. 145), Ufersicherungen durch Faschinen oder auch in Drahtschotterbauweise (Abb. 146), schließlich einfache Steinberollungen und Steinschlichtungen.

Als „lebende Bautype“ bezeichnet man die Graßbauten (Abb. 147), das sind Steinschlichtungen mit Zwischenlagen von Astwerk und ausschlagfähigen Weiden- und Erlenruten, die sich bewurzeln und anwachsen sollen.

Abb. 146. Drahtschotterbauwerk.
(Aus Strele, Wildbachverbauung.)

An flachen Gerinnen genügt ein Rasenbelag (Abb. 148) zur Uferdeckung.

Als Verlandebauten bewähren sich die sogenannten Wolfschen Gehänge (Abb. 149), die als Pfahlreihen etwas vor dem zu verlandenden Ufer geschlagen werden und schwebende Faschinen angehängt erhalten, hinter denen sich die Strömung beruhigt und damit Anlandung stattfindet.

β) **Buhnen oder Sporne** sind eigentlich unvollständige Querbauten, welche den Wasserlauf nur an bestimmten Stellen begrenzen und lenken, wobei die Verbindungslinie der Buhnenköpfe die beabsichtigte Uferlinie darstellt; nach ihrem Zwecke heißen sie Schutzbuhnen, wenn sie ein gefährdetes

Ufer decken, Treibbuhnen, um durch Flußbetteinengung Inseln und Sandbänke abzutreiben, Fangbuhnen als Verlandebauten, Schöpfbuhnen zur Stromableitung und Sperrbuhnen, um Flußarme abzuschließen.

Gerade Buhnen (Abb. 150) stauen auf, das Geschiebe lagert sich oberhalb ab, am Buhnenkopf entsteht ein Kolk; die Wurzel, das ist die Ufereinbindung, soll hochwasserfrei sein. Deklinante Buhnen leiten die Strömung vom Ufer weg, solange sie nicht überronnen werden; inklinante dagegen wirken als Fangbuhnen und verlanden leichter, ihr Winkel gegen den

Abb. 147. Graßbauten.

(Aus Strele, Wildbachverbauung.)

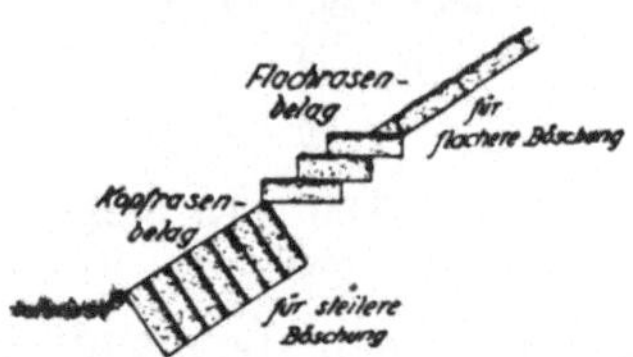

Abb. 148. Rasenplaggen.

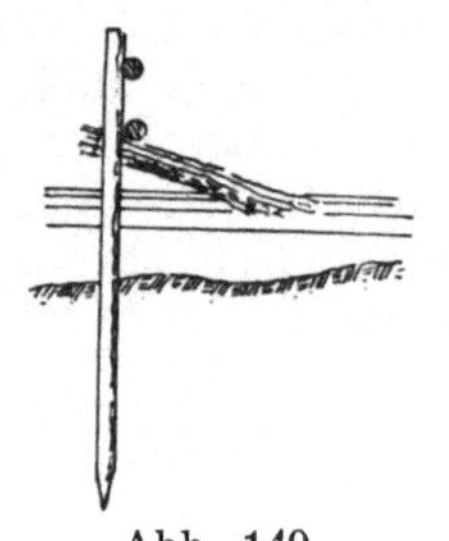

Abb. 149.
Wolfsche Gehänge.

Stromstrich muß kleiner als 120° sein. Die überronnenen Buhnen heißt man Tauch- oder Grundbuhnen (Abb. 151). Die Reiterbuhne (Abb. 152) lenkt das Wasser von einem angegriffenen Ufer schraubenartig ab.

In Wildbächen sind nur kurze Buhnen gebräuchlich. Ausgeführt werden sie als einfache Pfahlwände, Faschinenlagen und auch Flechtwerke. Größere Buhnen baut man als Steinkasten und manchmal auch in Mauerwerk; da sie aber hauptsächlich behelfsmäßig das spätere Leitwerk vorbereiten, ist Holz sehr gut anzuwenden.

c) Geschlossene Gerinnebauweise.

Um tunlichst glatte und rasche Wasser- und Geschiebeabfuhr bei flachem Gefälle und innerhalb von Ortschaften zu erzielen, aber auch, um einem Eintiefen vorzubeugen, wird das Wildbachgerinne geschlossen verbaut. Es kommt darin meist zu schießender Wasserbewegung, doch soll die Wassergeschwindigkeit 8 m/s nicht überschreiten. Zwecks Schleppkraftvermehrung müssen die Gerinne eng und tief sein; der Halbkreisquerschnitt erweist sich wegen des lotrechten Ufers baulich ungünstig, so daß man das Gerinne besser nach einem Kreisabschnitt oder Trapez formt (Abb. 153).

Die Sohle hat Trocken- oder Mörtelpflaster aus besonders harten Steinen. Holzbedielung ist nur bei Steinmangel und Behelfsbauten angängig. Das Sohlpflaster enthält in 20 bis 30 m Abstand stärkere Querrippen, häufig als Querschwellen mit anschließendem Sturzbett ausgebildet, um die Wassergeschwindigkeit zu ermäßigen. Das Schalenpflaster wird stark abgenützt; im Silltunnel war ¾ m starkes Bruchsteinpflaster in einem halben Jahr so stark abgeschliffen, daß es durchriß.

Das Schalengerinne muß gut eingebettet im Gelände liegen.

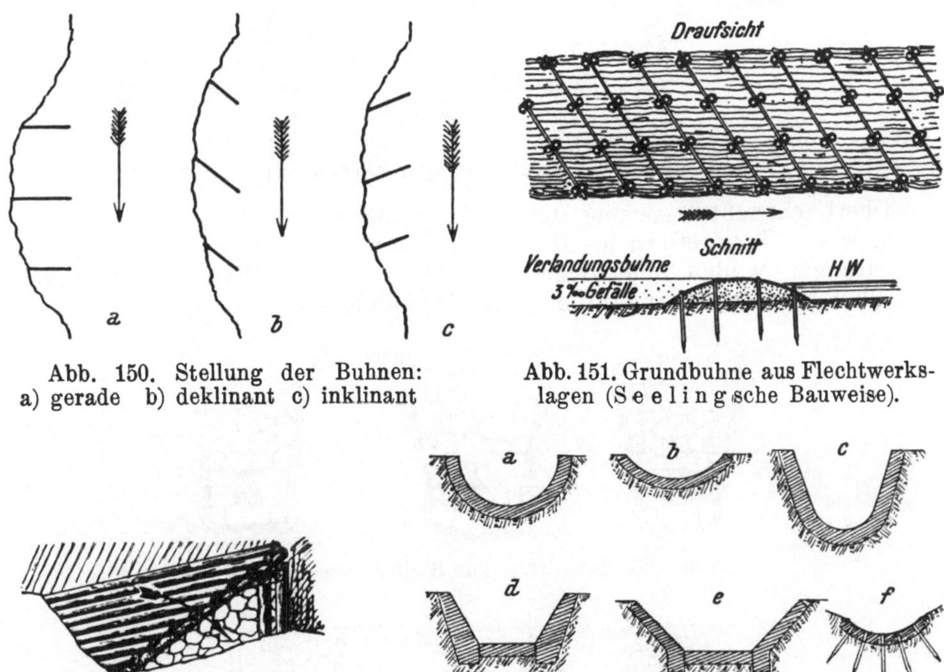

Abb. 150. Stellung der Buhnen: a) gerade b) deklinant c) inklinant

Abb. 151. Grundbuhne aus Flechtwerkslagen (Seelingsche Bauweise).

Abb. 152. Reiterbuhne.

Abb. 153. Schalenquerschnitte.

(Abb. 150, 151 und 153 aus Strele, Wildbachverbauung.)

d) Geschiebeablagerungsplätze.

Mitgeführtes Geschiebe wird am geeignetsten im Bruchpunkt des Gefälles abgelagert, also am Fuß des Schwemmkegels. Der Einlauf zu einem Geschiebeablagerungsplatz (Abb. 154) erfolgt am besten über Sperren oder Schwellen, die bei zunehmender Verlandung untertauchen. Die Auslaufschwelle muß stets über das Gelände emporragen und erhält Einfangflügel. Im Verlandebecken brechen Querbauten mit Lücken (Murbrecher) die Stoßkraft des Wassers. Den Ablagerungsplatz umgrenzen Dämme, die später zur Erreichung neuen Verlanderaumes erhöht werden können, sie sind beckenseitig gewöhnlich gepflastert.

e) Entwässerungen.

Allzugroße Durchnässung des Bodens begünstigt Rutschungen; diesem Übelstand hilft ein Einbau von Entwässerungsleitungen ab, deren Wirkung durch die Bodenbeschaffenheit bedingt ist.

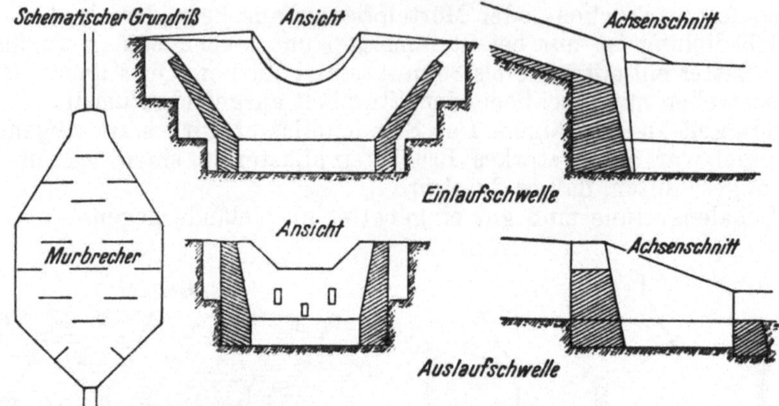

Abb. 154. Geschiebeablagerungsbauwerk.

Oberflächenentwässerung durch Hanggräben soll ein zu starkes Eindringen von Tagwässern ins Rutschgelände verhindern; unterirdische Sikkerleitungen wollen dem Boden das überschüssige Wasser mittels verschieden gestalteter Saugdräne (Abb. 155) entziehen.

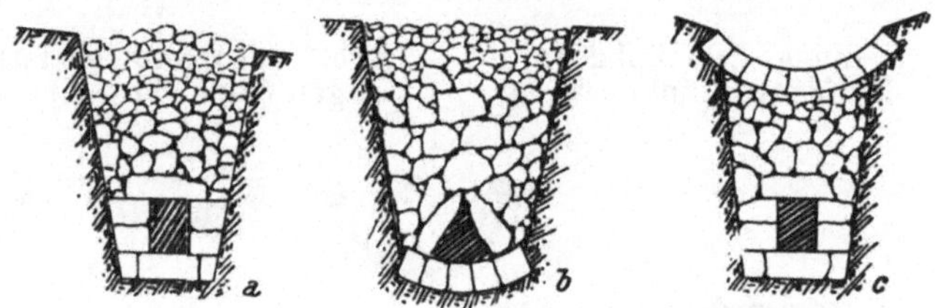

Abb. 155. Saugdräne aus Steinen geschlichtet.

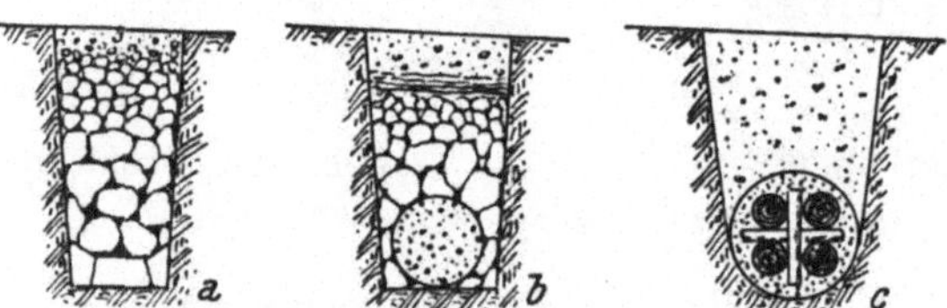

Abb. 156. Einfache Sickerdräne.

(Abb. 154 — 156 aus Strele, Wildbachverbauung.)

Einfache Sickerdräne werden als Gräben mit Faschinen-, Astwerk- oder Steinfüllung (Abb. 156) gestaltet; Tonröhrendräns sind empfindlicher gegen kleine Rutschungen und werden daher hier selten angewendet.

Tiefe Schlitze sind im kalten Winter leichter zu bauen.

Sickerstollen werden im festen Boden so vorgetrieben, daß sie mit ihrem First die durchnäßte Gleitfläche durchstoßen; dort wird auch die Stollenzimmerung unterbrochen, die aber sonst erhalten bleibt. Der Stollen wird mit Steinen ausgepackt und in ihm eine schliefbare Sickerdohle eingebaut. Der Stollenverlauf richtet sich nach dem Gelände.

Durch Austrocknung werden rutschgefährdete Lehnen wieder fest; bei Hochmooren kann es hingegen ungünstige Ergebnisse zeitigen, weil ausgetrocknete Moore Wasser überhaupt nicht mehr eindringen lassen.

f) Bodenbindung.

Damit soll ein im Abbruch befindliches Gelände gefestigt und vor Abschwemmung geschützt werden. Die Bodenbindungsarbeiten sind technischer und kultureller Natur. Die Erfahrung hat gelehrt, daß übersteile Hänge auch durch weitgehende Bodenbindungsarbeiten nicht dauernd fest werden können, sondern einen Böschungsausgleich benötigen. Hinter kleinen Verbauungen wird der Witterschutt gesammelt und dann begrünt. Künstliche Abböschungen vermögen aber manchmal Hänge in Bewegung zu bringen. Eingebettete große Steine sollen belassen werden.

Ist der Hang schon flacher als die natürliche Böschung, sind technische Maßnahmen entbehrlich und die Arbeit ist beendet, nachdem sich eine geschlossene Pflanzendecke infolge Berasung oder Aufforstung gebildet hat.

Niedrige Flechtzäune (¼ m hoch) (Abb. 157) mit ausschlagfähigem Material setzt man in parallelen Reihen oder besser in schiefer, kreuzweiser Anordnung nach rautenförmigen Figuren von 2 bis 3 m Feldweite. Die Pfähle haben etwa ein Meter Abstand und stehen weder lotrecht noch rechtwinklig zur Böschung, sondern zwischen beiden Richtungen (Abb. 158); ihre Länge ist 1 bis 1½ m, ihr Durchmesser 8 bis 10 cm.

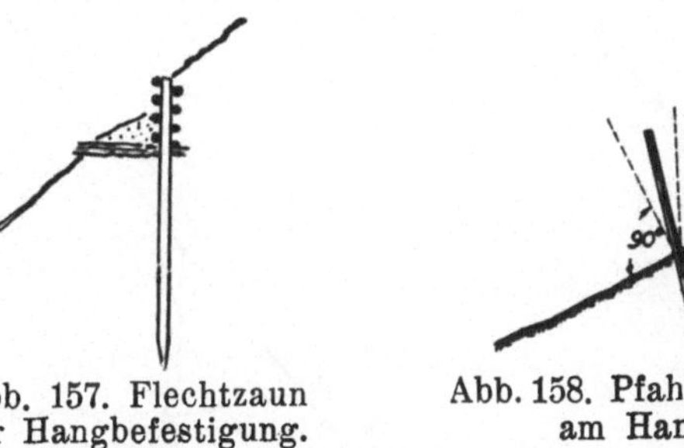

Abb. 157. Flechtzaun zur Hangbefestigung. (Aus Strele, Wildbachverbauung.)

Abb. 158. Pfahlstellung am Hang.

Weiters wird der Boden durch Aufforsten mit tiefwurzelnden Bäumen gebunden; verhältnismäßig rasch hat man Erfolg mit Erlen, Weiden, Pappeln und Akazien (Robinien).

5. Kulturelle und wirtschaftliche Maßnahmen.

Diese vervollständigen erst die Wildbachverbauung und sollen durch Begrünen der für den Pflanzenwuchs tauglichen Ödflächen hauptsächlich die Abflußverhältnisse verbessern und Abschwemmung und Abbrüche hintanhalten; die wirtschaftliche Nutzung tritt dem gegenüber in den Hintergrund.

a) Berasung.

Wenn die vorausgegangenen Bodenbindungsarbeiten technischer Natur die Bruchflächen vor weiterem Abrutschen gesichert haben, ist eine möglichst rasche Begrünung zur Beruhigung des Bodens erwünscht. Die Wachstumbedingungen sind anfangs ungünstig, da kein Humus, sondern nur unaufgeschlossenes Erdreich vorhanden ist. Rasenbelag ist kostspielig, daher wird meist nur besämt. Wesentlich ist die Kenntnis der Pflanzenfolge. Anfangs können nur genügsame Pflanzen gedeihen, auf tonigen Böden Huflattich, Hafer, Pestwurz, auf schottrigen Kalkfarn und Alpenleinkraut.

Vorhandene Kräuter wird man schonend behandeln. Allmählich geht man zum Anbau von Gräsern, Raygras, Rispengras etc. und schließlich zu Futterpflanzen (Kleesorten) über. Auf Grund von Versuchen sind gewisse Pflanzenmischungen vorteilhaft; solche wurden von Stiny [3]) zusammengestellt.

b) Bebuschung.

Bebuschung geschieht durch Pflanzen von Stecklingen, die meist schon mit den Flechtzäunen und wurzelfähigen Spreitlagen eingebracht werden.

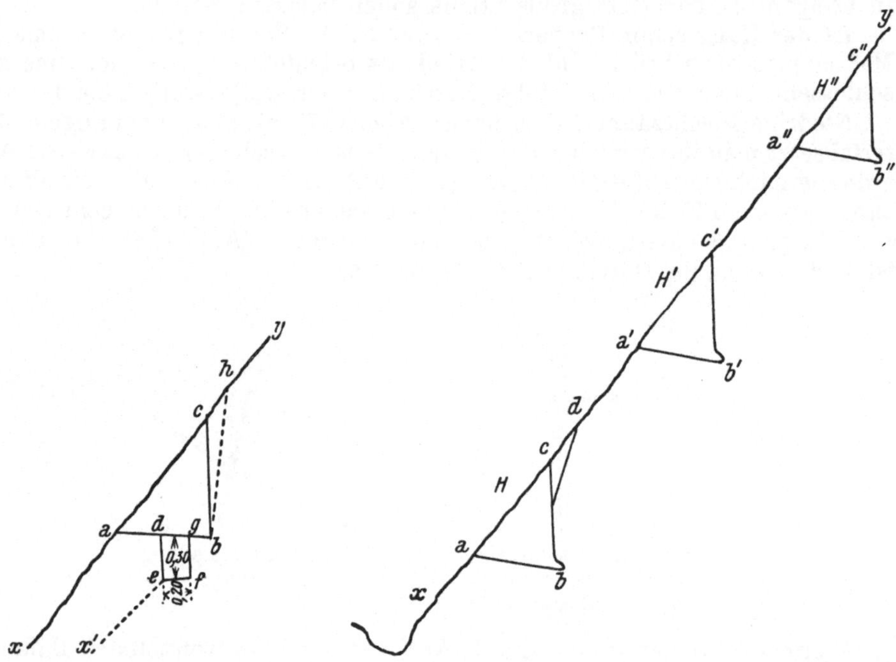

Abb. 159. Cordonpflanzung. Abb. 160. Conturierpflanzung.
(Aus Strele, Wildbachverbauung.)

Als raschwüchsige Sträucher sind Weidenarten bevorzugt. In wärmeren Gegenden eignen sich die Akazien und im Gebirge die Alpenrosen; diese verlangen zwar viel Humus, gedeihen aber in großen Höhen, festigen und decken den Boden gut. Zwergwacholder steigt noch höher hinauf. Auch die Bergkiefer fristet noch oberhalb der Baumgrenze ihr Dasein und wirkt bodenbindend.

Stecklinge sind 20 bis 30 cm lange Abschnitte der Zweige von ausschlagfähigen Pflanzen, die gewöhnlich im Frühjahr in Entfernungen von 60 bis 80 cm in den Boden gesteckt werden; trotzdem viele eingehen, ist dies eine billige Begrünungsart.

Cordonpflanzung (Abb. 159): An steileren Hängen wird ein Bankett a b c abgegraben; ist der Boden nicht kulturfähig, wird noch eine Pflanzfurche d e f g ausgehoben; schließlich werden die Pflanzungen mit dem Material von c b h eingeschüttet. Flechtzäune sind zum Stützen der steileren Hänge nötig.

---

[3]) Stiny, Über Berasung und Bebuschung von Ödland, Graz, 1908.

Conturier (Abb. 160) schlägt vereinfachend vor, das untere Bankett immer mit dem Abraum des oberen aufzufüllen; es wird also Bankett a b c ausgehoben, die Pflanzung vorerst mit dem Abraum aus d gedeckt. Endlich läßt man das Material aus dem darüber auszugrabenden Bankett herabrollen und schüttet damit das untere zu, sodaß sich am Hangprofil nichts geändert hat.

c) Aufforstung.

Ihr gebührt die größte Bedeutung für die Wildbachverbauung, weil sie ausgiebigen Halt bietet, jedoch vermag sie übersteile Lehnen auch nicht dauernd zu binden.

Die ausgewählten Holzarten sollen leicht Fuß fassen, den Boden gut binden und rasch wachsen. Tiefwurzler sind daher bevorzugt, im Rutschgelände niedrige und breitkronige Bäume, höhere Bäume sind auch dem Windwurf mehr preisgegeben; Laubhölzer sind daher den Nadelbäumen vorzuziehen. Zuerst pflanzt man Schutzhölzer, wie Blumenesche, Traubeneiche, Birke, Bergahorn, Ulme und Hainbuche. Die Fichte hat flache Wurzeln, die Tanne ist in der Jugend schutzbedürftig und die Lärche braucht gut durchlüfteten Boden.

Die Pflanzlinge sollen aus Baumschulen gleicher Lebensbedingungen wie der Standort stammen; sie werden in Pflanzlöcher gesetzt.

Die Aufforstung bedarf langer Zeit, bis sie zur Geltung gelangt.

d) Waldwirtschaft.

Der Wald ist im Gebirge für Bodenbestand und Wasserabfluß unbestreitbar wichtig; es ist daher eine geordnete Waldwirtschaft weitaus richtiger als unvernünftige Abholzungen in langwieriger Aufforstung wieder gutzumachen. Für die Holzwirtschaft wäre ein gleichaltriger, gleichartiger, geschlossener Waldbestand erwünscht, doch ist dieser durch Insekten, Wind und Lawinen mehr gefährdet als ein Plenterwald, das ist ein ungleichaltriger Mischwald.

Die allzu reichliche Entnahme von Nadelholzstreu und Schneitelstreu (Entastung) schädigt und führt zur Verödung, dagegen ist Gewinnung von Laubstreu angeblich unschädlich.

Waldweide ist in mäßigen Grenzen erträglich, im Jungwald aber unzulässig. In der Kampfzone des Waldes sollte aber keine Waldweide sein.

Die Latschenölgewinnung hat mancherorts zu Schlägerungen verleitet, die dann meist auf Kalkschutthalden zur Verödung Anlaß gaben. Planmäßige Harznutzung hat keinen Einfluß auf den Waldbestand.

Um das Waldgedeihen zu sichern, sind Kahlrodungen verboten, Kahlflächen wieder aufzuforsten und gelichtete Bestände zu verjüngen.

Triftbetrieb wäre an Wildbächen am besten einzustellen, jedenfalls sind Vorkehrungen zu treffen, daß die Ufer nicht angegriffen werden.

e) Alm- und Landwirtschaft.

Bei Ackerbaugrundstücken ist ein Abschwemmen der Kulturerde möglich, während Wiese und Weide eine geschlossene, wenn auch nicht tief reichende Pflanzendecke aufweisen und damit ein beträchtliches Wasserrückhaltvermögen bieten. Übermäßiges Bewässern von Wiesen kann Rutschungen hervorrufen; eine teilweise Bestockung der Wiesen wirkt sich günstig aus.

Zu starkes Abweiden und zu früher Almauftrieb schaden. Viehwege werden auf regendurchweichten Lehmboden zu Furchen, in denen sich Wasser ansammelt.

f) Pflege und Erhaltung der Verbauung.

Mangelhafte Bauten schaden oft mehr als gar keine, daher müssen kleine Schäden nach jedem Hochwasser sofort behoben werden. Die Instandhaltung umfaßt die Bauerhaltung, Pflege der Rinnsale und Begrünung, sowie die Sorge für entsprechende Bewirtschaftung.

Kolke werden durch Rauhbäume, Faschinen oder Steinwurf unschädlich gemacht; Lehnendruck soll rechtzeitig bekämpft werden. Morsche Holzsperren können eisenbetonverkleidet oder vor sie Steinsperren gelegt werden.

Hochwasserschäden werden am ehesten vermieden, wenn die Gerinne für den Hochwasserdurchfluß reingehalten sind und die Wälder geschont werden. Hiezu sind flußpolizeiliche Maßnahmen und Forstbeaufsichtigung von Nöten.

Die Wildbachverbauung kann in Österreich auf langjährige Erfahrung zurückblicken; es wurden in der früheren österreichisch-ungarischen Monarchie in den 30 Jahren vor dem Weltkrieg über 50.000 Steinsperren mit 2 Mio m^3 Inhalt, über 60.000 Holzwerke, 1000 km Längsbauten, 300 km Schalenbauten, 700 km Bachkorrektionen gebaut und über 6.000 ha aufgeforstet. Nach dem Weltkrieg bis 1933 entstanden in dem kleineren Österreich allein immerhin noch 10.000 Querwerke mit 600.000 m^3 Inhalt und über 500 ha Aufforstungen; diese Arbeiten wurden oft in großen Höhen, selbst über 2.000 m geleistet.

II. Flußbau.

1. Aufgaben des Flußbaues.

Der Mensch als Flußanrainer zwingt den Wasserlauf zwecks besserer Nutzung in ein geregeltes, ihm genehmes Bett und richtet sein Hauptaugenmerk darauf, den Fluß oder Strom aus seiner unsicheren Verfassung und ständigen Wandelbarkeit in einen Zustand der Beharrung überzuführen.

Die Landwirtschaft verlangt vorwiegend einen gesicherten Besitzstand und das Vermeiden von Hochwasserschäden; ein vom Fluß beeinflußter Grundwasserstand soll sich in die für das Gedeihen der Pflanzen günstigste Höhe einstellen. Wohnstätten sind vor dem Überfluten zu bewahren.

Die Schiffahrt benötigt ein dem Schiffsverkehr angepaßtes, möglichst regelmäßiges und unveränderliches Bett mit gemäßigter Geschwindigkeit, bei dem die Ufer vor den Angriffen des Schiffsbetriebes zu schützen sind; dagegen ist die Floßfahrt gegen Unregelmäßigkeiten im Flußbett weniger empfindlich.

Wasserkraftnutzung wird stets eine Flußregelung beschränkten Umfangs nach sich ziehen, um den Bestand ihrer Bauten zu gewährleisten.

Die Flußregelung kann auch gesundheitlich auf die Ufergegenden einwirken, z. B. durch Entsumpfung.

In geringem Maß kann man auch Landgewinn erzielen. Die Fischerei hingegen wünscht den Naturzustand zu erhalten.

Nach dem vordringlichsten Bedürfnis dieser vielseitigen Aufgabe wird sich die Regelung des Wasserlaufes gestalten; es muß auch der Eigenart des betreffenden Flusses nachgegangen werden, weil sich Übergriffe dagegen fast immer rächen. Im Allgemeinen soll daher jedem Eingriff in ein ausgeglichenes Flußregime erst gründliche Kenntnisnahme der Eigenheiten des Flußlaufes, sowie gute Überlegung der möglichen Folgen vorangehen.

Es gibt eine Anzahl mißlungener „Flußbändigungen", deren Schaden und Kosten bedeutend höher waren als der erwartete, womöglich gar nicht eingetretene Nutzen. Bei einer Regelung ist der Fluß als eine Einheit aufzufassen, insbesonders ist bei einer Teilregelung der Einfluß auf Unter- und Oberlieger gründlichst zu studieren, denn in geordneten Staaten muß jedes einseitige Interesse, ohne höheres Ziel abgelehnt werden, was ganz besonders von den auf oft ungeahnt weite Strecken wirkenden Flußregelungen gilt.

Nicht zuletzt ist der Fluß als wichtiger Landschaftsgestalter zu beachten und die damit zusammenhängende Pflanzenwelt zu bedenken.

Gewöhnlich wird man mit den billigsten Mitteln auszukommen suchen, weswegen der Fluß an seiner Regelung hervorragend selbst mitarbeiten soll. Daher benötigt der Flußbau Zeit und allmählich tastendes Vorgehen; rohe Vergewaltigung des Flußlaufes ist teuer und mißlingt häufig, es wird sich oft nur um einleitende und wegweisende Bauten, vielfach noch dazu behelfsmäßiger Natur handeln, bevor abschließend die Dauerbauten eingesetzt werden.

2. Eigenschaften der Flüsse.

Schon im Abschnitt Gewässerkunde sind die Eigentümlichkeiten des Flußlaufes allgemein behandelt.

Als Folge der geschlängelten Linienführung wird durch die Fliehkraft das bogenäußere Ufer stärker angenagt, während sich am bogeninneren Anlandung vollzieht, wodurch sich der Fluß noch mehr krümmt.

Die meisten Flüsse führen Geschiebe und Sinkstoffe mit, die sie je nach der Wasserführung und Geschwindigkeit ablagern, weiterführen oder auch frisch aufnehmen, um sie schließlich in stehenden Gewässern oder im Meer endgültig abzusetzen.

Ist das Gebiet der Strommündung ins Meer Senkungen unterworfen, bildet sich eine Trichtermündung, z. B. an der Atlantikküste Europas, sind aber Hebungen des Gebietes zu verzeichnen oder ist die Auflandung durch den Strom höher als die Senkungen, verzweigt sich der Fluß oft weitausgreifend zur Deltamündung.

Liegen Sandbänke an den Flußufern die meiste Zeit trocken, scheinen sie flußab zu wandern, weil am oberen Rand Geschiebe abgespült, unterhalb aber angelandet wird; dagegen schreiten die Riffeln an der Flußsohle flußaufwärts, indem sie flußauf durch Anspülung zuwachsen, flußab aber abgeschwemmt werden, sodaß sich das Flußbett ständig ändert.

Im Naturzustand liebt es der Fluß bei flachem Gefälle, sich in zahlreiche Arme zu spalten, bei Hochwasser neue Richtungen einzuschlagen und sein altes Bett aufzugeben. Die Altarme werden nicht mehr durchströmt und dienen als Fischbrutstätten, sodaß ihr Abschneiden und Zuschluß bei einer Flußregelung fast immer ein Absterben des Fischlebens zur Folge hat.

Entlang des Flußlaufes ändert sich auch Flußbreite und Flußtiefe; im allgemeinen aber läßt sich eine bevorzugte Breite feststellen, die man als Normalbreite anspricht und der Regelung zugrundelegt.

In geraden Strecken ist der Flußquerschnitt eine sehr flache Parabel, falls die Beschaffenheit der Flußsohle ihre Ausbildung nicht hindert; der Stromstrich liegt dann in der Mitte. In Krümmungen aber wird das Flußprofil zum Dreieck mit sehr steiler Flanke im Außenbogen; dort vertieft sich auch der Fluß und der Stromstrich rückt nach außen.

Die Eigenart eines Flusses ist eine Folge seiner Feststofführung, sowie seines Untergrundes und ändert sich mit dem Gefälle und der Wasserführung. Es verhalten sich beispielsweise gleich große kalkschotterführende Flüsse des Alpenvorlandes anders als die Mur, die aus den Zentralalpen kommt; denn diese dichtet ihr Bett durch die mitgeführten Sinkstoffe ab, sodaß der Grundwasserstrom ihres Schwemmlandes unabhängig vom Flußlauf dahinfließt, im Gegensatz zu den Voralpenflüssen.

Siedek weist schließlich nach, daß Flußlängenschnitt und Flußquerschnitt bei frei möglicher Ausbildung in einem ursächlichen Zusammenhang stehen und hat darnach seine Geschwindigkeitsformeln natürlicher Flüsse abgeleitet.

3. Regelung der Flüsse.

a) Allgemeine Gesichtspunkte.

Vor allem muß jeder vorkommende Durchfluß ungehindert abfließen können. Jeder offensichtliche Zwang auf das Flußregime ist abzulehnen; Flußspaltungen sollen jedoch tunlichst beseitigt werden. Die Geschiebebewegung ist in ihrem vorhandenen Umfang aufrechtzuerhalten. Die natürliche Flußlandschaft ist möglichst zu wahren und auf Pflanzen- und Tierwelt Rücksicht zu nehmen.[4])

b) Linienführung der Flußverbesserung.

Bei Flußverwilderungen zeigt der Fluß ein wirres Durcheinander regelloser Verzweigungen, die Hauptströmung liegt bald in dem einen, bald in dem anderen Flußarm. Gemäß den Zielen der Regelung und landschaftsgestaltenden Grundlagen wählt man mehr gefühlsmäßig für den geregelten Fluß jene ziemlich gestreckte Linie aus — eine übermäßige Begradung ist aber abzulehnen — die sich möglichst an vorhandene Gerinne anschmiegt und eine verbesserte Führung in Aneinanderreihen von Bogen und Gegenbogen mit kurzen Zwischengeraden vorstellen soll. Der Krümmungshalbmesser sei möglichst größer als die fünffache Flußbreite. Zwischengerade, länger als zwei bis drei Flußbreiten, sind besser durch flache Bögen zu ersetzen. Übergangskurven sind im Flußbau wohl mehr eine theoretische Angelegenheit; jedoch wird man beim Übergang von der Geraden zu einem Kreisbogen kleinen Halbmessers einen flacheren Bogen vorschalten; im allgemeinen sind aber wechselnde Halbmesser in einem Bogen nicht vorteilhaft. Erfahrene Flußbauer zeichnen im Lageplan die erste Trasse freihändig und legen dann die Kreise und Geraden ein, die zur Absteckung in der Natur nötig sind.

Stets im Auge zu behalten ist der Zweck der Regulierung; der Schiffahrt sind übermäßige Krümmungen hinderlich, geringe aber von Vorteil, weil

[4]) Erlaß des ehemaligen Reichsverkehrsministerium vom 29. 4. 1940 über Landschaftsgestaltung. — Richtlinien über Wahrung der Fischerei, 1935.

damit eine kleine Gefällsveringerung gegenüber einer Geraden und eine Tiefenvermehrung zu erwarten ist. Eine Streckung erhöht jedoch das Gefälle.

Soll sich der Fluß eintiefen, ist der Lauf tunlichst gerade zu führen, um Gefälle und Schleppkraft zu vergrößern. Derartige Begradung ist auch für die unschädliche Abfuhr des Hochwassers und Eistriebes günstig; infolge der Flußkürzung laufen aber die Hochwasserabflüsse schneller zusammen als vorher, wodurch die Hochwasserwelle sich erhöht.

Wenn auch schnurgerade, geebnete Gerinne den hydraulischen Ansprüchen vielleicht am besten genügen würden, sind sie aus Gründen des Landschaftsbildes zu verwerfen. In Österreich ist leider manches liebliche Bergtal durch solch schnöde Regulierung verunstaltet (Gosau, Tragöß u. a.).

c) Querschnittsgestaltung.

Jedem Flußabschnitt wird ein bestimmtes Normalprofil zugrunde gelegt, welches den Anforderungen dieser Strecke am besten genügt. Dieser Regelquerschnitt muß also nicht nur die Wassermenge aufnehmen, er muß auch imstande sein, das mitgebrachte Geschiebe weiter zu fördern; für die Schiffahrt muß er bei jedem Wasserstand ausreichende Wassertiefe gewähren.

Als Vorlage des Normalquerschnittes dient aus dem vorhandenen Flußlauf eine Stelle, wo der Fluß ohne Flußspaltung schon vor der Regelung diesen Anforderungen entsprach; er kann auch berechnet werden.

Je nach Regulierungszweck ist als Regelquerschnitt ein Niederwasser-, Mittelwasser- oder Hochwasserprofil auszumitteln.

Der Flußschlauch ist eine Aufeinanderfolge von Kolkprofilen in den Krümmungen und Furtprofilen in den Übergängen. Steigt das Wasser, wird das Gefälle in den Kolkstrecken größer, in den Übergängen aber geringer; steigendes Wasser hebt also die Furt, fallendes vertieft sie solange, bis die Schleppkraft erlahmt.

Bei Niederwasser sind also die Furtquerschnitte maßgebend; steigendes Wasser soll dort nicht heben, fallendes dagegen einfurchen. Die Regulierung soll daher auf die Niederwasserquerschnitte stark und auf den Hochwasserquerschnitt wenig einwirken und im allgemeinen den Bestand der Furt sichern. Die Querschnittsform einer guten Furt ist senkrecht zum Stromstrich eine symmetrische Schale, angenähert eine quadratische Parabel mit der Achse im Stromstrich. Die Niederwasserregelung kann im Interesse der Schiffahrt liegen, sonst wird gewöhnlich eine Mittelwasserregulierung des Flußlaufes angestrebt; diese hat aber nur Zweck, wenn gleichzeitg auch die Hochwasserabfuhr bedacht wird.

Die Mittelwasserbreite kann unter Zugrundelegung des Parabelquerschnittes aus dem mittleren Abfluß Q_m und dem mittleren Ausgleichsgefälle J berechnet werden.

$$b = \frac{Q_m}{c\sqrt{h^3 \cdot J}}$$

h (die mittlere Tiefe) $= {}^2/_3\, h\ max$ (größte Tiefe im Parabelscheitel); c der Rauhigkeitsbeiwert nach den einschlägigen Ermittlungen.

In den Krümmungen wird diese Breite erweitert, um ein vermindertes Kolken zu erzielen; technisch wird die Erweiterung so durchgeführt, daß man den Halbmesser des bogeninneren Ufers größer nimmt und die Übergänge durch Einfügen von Korbbögen erreicht (Abb. 161).

Die Schiffbarkeit erfordert eine Mindesttiefe. Bei den auf Mittelwasser geregelten Flüssen beobachtet man die bestehend bleibenden Furtprofile bei Kleinstwasser, weil sie bei Niederwasser das größte Gefälle J_{max} aufweisen; die mittlere Tiefe bei Niederwasser ist dann

$$h = \sqrt[3]{\left(\frac{Q_{NNW}}{c \cdot b \cdot \sqrt{J_{max}}}\right)^2}$$

Für Hochwasserdurchfluß sind zusammengesetzte Profile vorteilhaft, indem ein mittleres Gerinne Niederwasser- und Mittelwasser aufnimmt und das Hochwasser die meist beiderseitigen Vorlandstreifen überschwemmt, die gewöhnlich von Hochwasserdämmen eingerahmt sind.

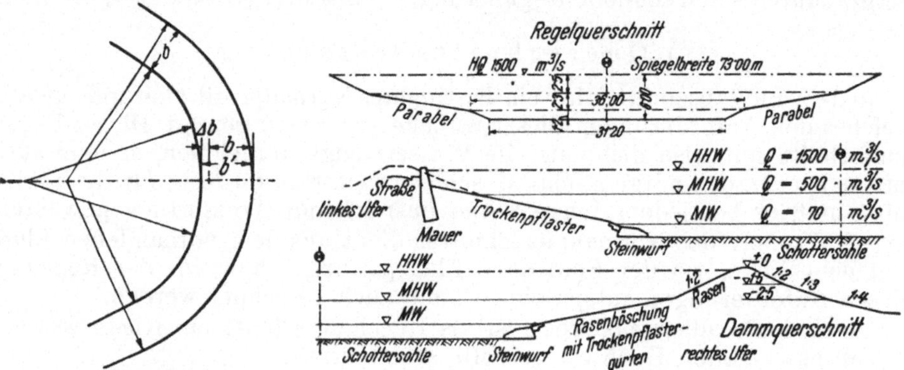

Abb. 161. Flußgestaltung im Bogen: Korbbogen zwecks Verbreiterung.

Abb. 162. Zusammengesetzter Flußquerschnitt.

Nº	Querschnittzerteilung	Anzahl d. Teilquerschnitte	berechneter Durchfluß Q m³/s	Verhältnis d. Ergebnisse
1		1	1425	1·00
2		3	1498	1·05
3		3	1553	1·07
4		5	1567	1·10
5		9	1577	1·11
6		3	1758	1·25

Abb. 163. Zerlegung eines zusammengesetzten Flußquerschnittes.

Um den Durchfluß eines zusammengesetzten Querschnittes zu berechnen, ist es üblich, denselben so in Teilflächen aufzulösen, daß deren Flächenermittlung bequem möglich ist. In nebenstehender Abbildung ist ein derartiges Profil auf verschiedene Art zerlegt dargestellt. Obwohl in allen sechs Berechnungen durchwegs der gleiche Rauhigkeitsbeiwert angesetzt ist, unterscheiden sich die Ergebnisse dieser Durchflußermittlungen bis zu 25% je nach der Art der Querschnittszerteilung.

Dem Flußquerschnitt von Abb. 162 wird eine Parabelschale zugrunde gelegt. Weil aber eine solche für Kleinwasser ein zu seichtes und breites Rinnsal ergäbe, wird in der Mitte eine Furche eingeschnitten. Die geringen Durchfluß liefernden flachen Seitenäste der Parabel werden mit einer steileren Böschung (1 : 2) abgetrennt, um auch die Spiegelbreite zu verringern.

Profile, deren benetzter Umfang aber verschiedenen Rauhigkeitsklassen angehört, sind zur Berechnung so in Teilflächen zu zerlegen, daß selbe jeweils nur eine einheitliche Wandrauhigkeit aufweisen. In jeder einzelnen Teilfläche rechnet man den Durchfluß; ihr Summe ergibt den Gesamtdurchfluß.

Diese gern geübte Rechenart ist nicht streng richtig, da die Durchflußformeln von einem Gesamtquerschnitt hergeleitet sind, weshalb auch je nach Flächenzerlegung voneinander abweichende Ergebnisse herauskommen.

Natürlich werden sich die errechneten Verhältnisse kaum genau einstellen, weil infolge des wechselnden Arbeitsvermögens des Flusses die Geschiebeführung diese fortwährend ändert; bei Niederwasser können sich die Verhältnisse oft ungünstiger gestalten.

d) Längenschnittausbildung.

Solange die Flußlänge gleich bleibt, ändert sich im ausgeglichenen Flußlauf der Längsschnitt nicht. Weil aber gewöhnlich bei der Regelung der Fluß auch gekürzt wird, wird das Gefälle größer; vorerst tieft sich der Fluß oberhalb der gekürzten Strecke ein und landet unterhalb auf; in die Strecke unterhalb des Durchstichs gelangt gröberes Geschiebe, daher wird sich dort künftig ein stärkeres Gefälle ergeben; ansonst bildet sich (Abb. 111) der Flußlängenschnitt so aus, als wäre die Kürzung gerade oberhalb der nächst unteren Sohlfestlage oder Flußeinmündung geschehen. Eine Änderung an dieser Stelle erstreckt sich auf die ganze Flußlänge.

Ein Deltavorbau verlängert den Fluß; da aber die Sohlenlage durch den Seespiegel begrenzt ist, muß sich das ganze Flußlängenprofil heben.

Wird ein Stauwerk eingebaut, so verlandet der Stauraum allmählich; das Geschiebe lagert sich zuerst dort ab, wo die infolge des geringeren Gefälles verminderte Schleppkraft das Geschiebe nicht mehr weiter fördern kann, also bei Beginn des Stausees. Die Anlandung schreitet talwärts mit steilem Kopf, bergwärts mit flachem Rücken fort.

Flußeinengungen erregen wegen der vergrößerten Tiefe eine vermehrte Schleppkraft und vertiefen die Sohle; dies geht besonders rasch, wenn ein oberhalb liegendes Stauwerk den Geschiebenachschub abfängt.

Wird die Wassermenge im Hauptfluß durch Ausleitung von Kanälen wesentlich vermindert, wird sich in der Entnahmestrecke die Sohle heben, weil die geringere Wasserfracht das Geschiebe nicht mehr wegschaffen kann. Unterhalb hingegen wird der Fluß wegen Geschiebezufuhrmangel die Sohle angreifen und sich eintiefen. Plötzliche Geschwindigkeitsänderungen infolge Querschnittswechsels sind schädlich; daher sind Buhnenfelder möglichst bald auszufüllen. Übermäßige Kolke sind auszugleichen und die Sohle ist dort zu festigen. Gefährlich sind Unterspülungen an Buhnenköpfen, weil sie auch die Schiffahrt stören. Oft sind Baggerarbeiten zur Erhaltung der Tiefe nicht zu vermeiden, selbst wenn die Bauten gut angelegt sind.

4. Mittel zum Erreichen des Regellaufes.

a) Leitwerke.

Leitwerke (Parallelwerke) sind Längsbauten ungefähr gleichlaufend zum Stromstrich; sie können massive Dammbauten sein oder auch durchlässige Einbauten leichterer Art, welche dem Wasser den Durchtritt gestatten. Leitwerke schaffen sofort eine durchgehende Uferbegrenzung und sind daher am Platz, wenn die Uferlinie bereits festliegt. Ihre Krone kann hochwasserfrei sein, meist aber legt man sie niedriger, um höhere Wasserstände überströmen zu lassen in der Erwartung, daß zwischen Leitwerk und altem Ufer sich Sinkstoffe ablagern; nach vollzogener Anlandung wird dann das Leitwerk erhöht (Abb. 164).

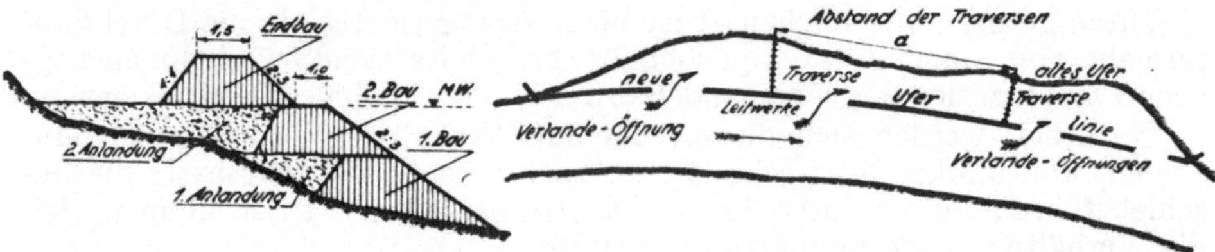

Abb. 164. Allmählicher Aufbau eines Leitwerkes.

Abb. 165. Lage von Leitwerken, Traversen und Verlandeöffnungen.

Die Leitwerke werden durch Querbauten, sogenannte Traversen, mit dem Ufer verbunden, die auch die Verlandung beschleunigen sollen; deshalb bleiben in der Längsrichtung der Leitwerke Verlandeöffnungen frei, durch die das Sinkstoffe und Geschiebe bringende Wasser hinter das Parallelwerk eindringen kann, um in diesem ruhigen Binnenwasser Verlandestoffe abzusetzen (Abb. 165).

Der Traversenabstand ist etwa 2 bis 4fache Flußnormalbreite in einbiegendem Ufer, im ausbiegenden und geraden aber größer; Verlandeöffnungen liegen knapp unterhalb der Traverse. Sobald die Verlandung genug fortgeschritten ist, werden diese Öffnungen geschlossen und das Leitwerk läuft einheitlich durch.

Längsbauten (Leitwerke) sind als Steinwürfe, in besserer Art mit Abpflastern, ferner als Faschinenbauten oder Packwerke ausgeführt; als einleitende Längsbauten sind Pfahlreihen oder der Wolf'sche Gehängebau beliebt.

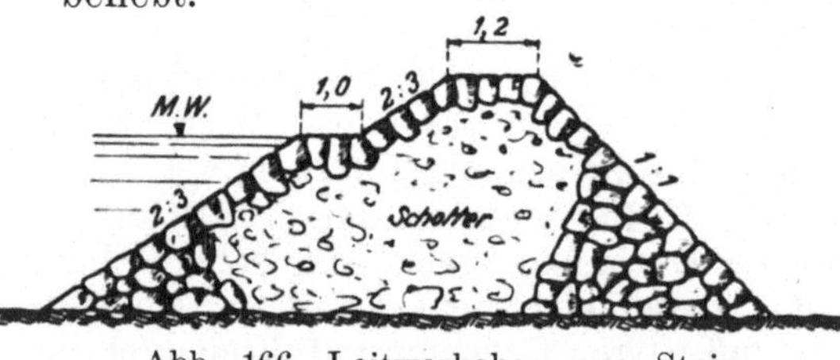

Abb. 166. Leitwerksbau aus Stein und Schotter.

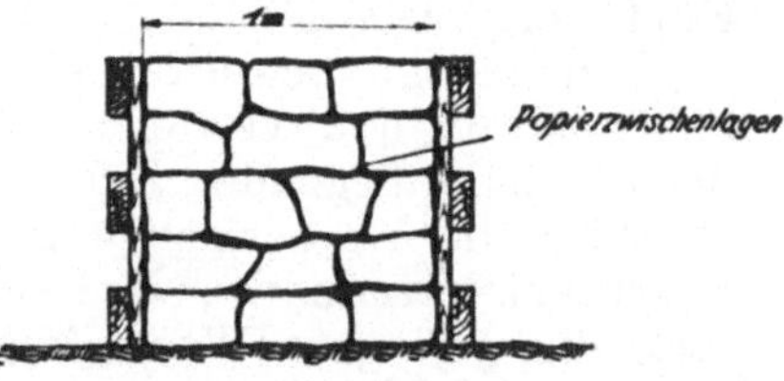

Abb. 167. Erzeugung von Kunststeinen im Flußbau.

Bei den Steinwürfen werden große Steine in das gewünschte Dammprofil geschüttet; ihre Böschung ist wasserseitig 2 : 3, landseitig etwas steiler. Die Kronenbreite richtet sich nach der Höhe und Wichtigkeit des Leitwerkes und soll nicht unter 1 m sein; in Mittelwasserhöhe ist gewöhnlich eine 1 m breite Berme. Hinter den Steinschüttungen kann bei Steinmangel der Damm mit Schotter und Kies ausgefüllt werden (Abb. 166).

Beim Fehlen natürlicher großer Steine werden Betonsteine erzeugt. In viereckigem Kasten, 1 m im Geviert, wird der Beton eingestampft; um aber kleinere Steine zu erhalten, legt man dicke Papierlagen dazwischen, sodaß Kunststeine entstehen, die an einer Seite ebenflächig, sonst aber beliebig geformt und daher flußbaulich gut brauchbar sind (Abb. 167).

Eines der wichtigsten flußbaulichen Hilfsmittel ist die Faschine oder Senkwurst. Sie wird auf der sogenannten Faschinenbank abgebunden

(Abb. 168); über Reisiglagen aus Weidenruten und ähnlichen wird Schotter eingefüllt, dies zusammengerollt, sodaß der Schotter vom Reisig umhüllt wird; die Wurst wird dann mit Draht oder biegsamen Zweigen zusammengeschnürt. Von der Faschinenbank, die längs des Ufers aufgerichtet wird, wälzt man die Faschinenwurst unmittelbar ins Wasser, wo sie dank des schweren Schottenkernes absinkt. Der Durchmesser einer solchen Faschine ist 60 bis 100 cm; sie wird endlos oder in Stücken verschiedener Länge erzeugt. Stets unter Wasser bleibende Faschinen haben lange Lebensdauer, während über Wasser das Holz rasch verfault. Faschinen ohne Steineinlagen heißen Wippen oder „Würste“.

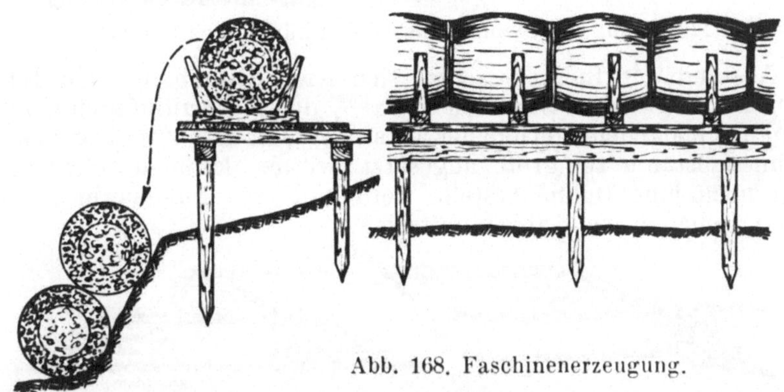

Abb. 168. Faschinenerzeugung.

Zum Bau von Leitwerken werden Faschinenwalzen der Länge nach neben- und übereinander abgesenkt; Senkwürste bilden oft den Fuß von Steinwurfleitwerken.

Packwerke sind Faschinenlagen, die durch Wippen niedergepflockt werden und mit Schotter gefüllt sind. Sie können schwimmend an Ort und Stelle gebracht und durch Beschwerung mit Steinen versenkt werden (Abb. 169).

Abb. 169. Packwerksbau eines hohen Leitwerkes.

b) Querwerke.

Buhnen sind Einbauten quer zum Stromstrich; ihre Aufstellung im Strom wurde bereits bei der Wildbachverbauung geschildert. Sie haben im Flußbau, besonders in großen Strömen, mehr Bedeutung als an Wildbächen. Inklinante Buhnen sind bevorzugt, weil das Wasser beim Überströmen gegen Flußmitte abgelenkt wird; ihr Winkel zum Stromstrich ist in geraden Strecken 70 bis 75 Grad, an einbiegenden Ufern etwa 80 Grad und an ausbiegenden 80 bis 90 Grad.

Die Buhnenwurzel ist gut ins Ufer einzubinden, damit sie vom Wasser nicht umgangen wird; der Buhnenkopf ist entsprechend stark auszubilden, um den Angriffen der Strömung standzuhalten, er hat deswegen auch eine flachere Böschung (Abb. 170 und Abb. 171).

Die Verbindungslinie der Buhnenköpfe gibt die vorgesehene neue Uferlinie an; gegenüber einem Leitwerksbau ist es angenehm, daß ein Irrtum in der Normalbreite wesentlich leichter zu verbessern ist.

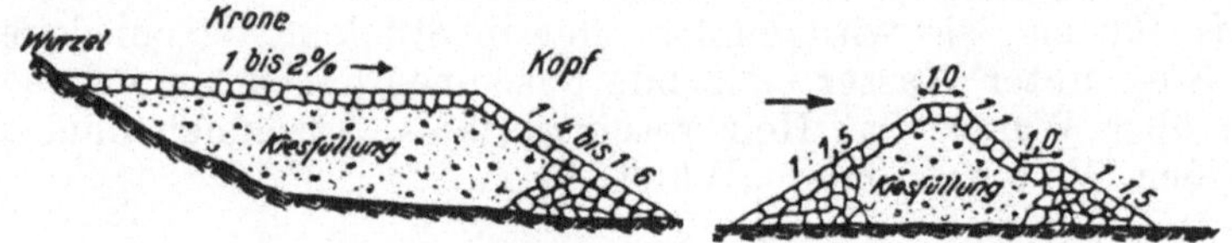

Abb. 170. Buhne aus Steinen und Kies in Längs- und Querschnitt.

Der Abstand der Buhnen richtet sich nach Strombreite und Buhnenlänge; er ist in geraden Strecken etwa $^5/_7$ der Normalflußbreite. Buhnen stehen an eingebogenen Ufern näher als an geraden und ausgebogenen. Falls der Buhnenabstand zu groß angesetzt wurde, kann unschwierig dazwischen noch eine Buhne erstellt werden. Kurze Buhnen in zu weiter Entfernung schaden mehr als sie nützen.

Abb. 171. Buhne aus Faschinen in Längs- und Querschnitt.

Sind an beiden Ufern Buhnen, so sind sie in geraden Strecken gegenständig, im Bogen aber außen enger zu stellen, sodaß sie in Krümmungen nicht gegenüber stehen.

Die Felder zwischen den Buhnen sollen verlanden; dies scheint bei inklinanten günstiger möglich, doch gefährden diese den Schiffsverkehr, weil Schiffe gern auf derartige Buhnenköpfe aufstoßen, während sie an deklinanten abgleiten.

Buhnen werden auch angewandt, wenn man sich über die Normalbreite noch nicht klar ist; stellt sich diese richtig heraus und sind die Zwischenwässer verlandet, so verbindet man die Buhnenköpfe durch Leitwerke und erreicht damit ein geschlossenes Flußprofil.

Bleiben zwischen den Leitwerken noch weite Öffnungen, spricht man von Hakenbuhnen, welche gut verlanden.

Buhnen sind entweder hochwasserfrei, dann ist ihre Krone waagrecht; sie können aber auch bei höheren Wasserständen untertauchen, dann wird die Wurzel möglichst hochwasserfrei angelegt und die Krone erhält ein Gefälle zum Kopfende von 1 bis 3% und noch steiler; solche Tauchbuhnen sind vorteilhaft an der flußabwärtigen Seite mit einer Berme auszustatten, welche die Gewalt des überstürzenden Wassers bricht.

Querwerke sind ähnlich wie Parallelwerke aus Steinen geschüttet, häufig aus Ersparnis mit einem Schotterkern.

Meist werden Buhnen mittels Faschinen gebaut, die von einer Spreitlage zum besseren Zusammenhalt überdeckt sind.

Beim Packwerksbau von Buhnen wird am Ufer für die Wurzel ein Einschnitt bis auf den Wasserspiegel ausgehoben, aus dem die Faschinenlagen hervorgehen und radial ausstrahlen; sie überdecken sich dabei zu zwei

Drittel. Die einzelnen Lagen werden mit Randwürsten und Pfählen niedergehalten (Abb. 172).

Manchmal werden große zusammenhängende Sinkstücke hauptsächlich für die Buhnenköpfe als Ganzes versenkt.

Einer allzustarken Eintiefung sollen quer durch das Flußbett laufende Grundschwellen und Sohlabstürze Einhalt gebieten, die bei besserer Ausführung schon den Charakter eines Wehrbaues tragen.

Je nach der Höhe der Überströmung und des Absturzes äußert sich der hydraulische Vorgang verschieden. Bei großer Wassertiefe gegenüber Absturzhöhe bleibt ein strömender Durchfluß und es erscheint eine Spiegelsenke über der Grundschwelle; ist aber die Wassertiefe verhältnismäßig gering, geht der Wasserstrahl in schießende Bewegung über, taucht unter eine Deckwalze und kolkt unterhalb, so daß in diesem Fall das Sturzbett gut zu sichern ist.

c) Uferdeckwerke.

Ufer bedürfen häufig eines Schutzes und einer Befestigung. Solche Uferschutzbauten haben einen stets unter Wasser bleibenden Grundkörper, der je nach Sohlbeständigkeit starr oder anschmiegend nachgiebig ist, wie es die meist in Umlagerung begriffenen Flüsse erfordern. Auf ihn stützt sich die Böschungssicherung, die je nach Lage zum NW-Spiegel und Böschungsneigung entsprechend Wasserangriff und Schleppkraft verschieden stark ausgebildet ist.

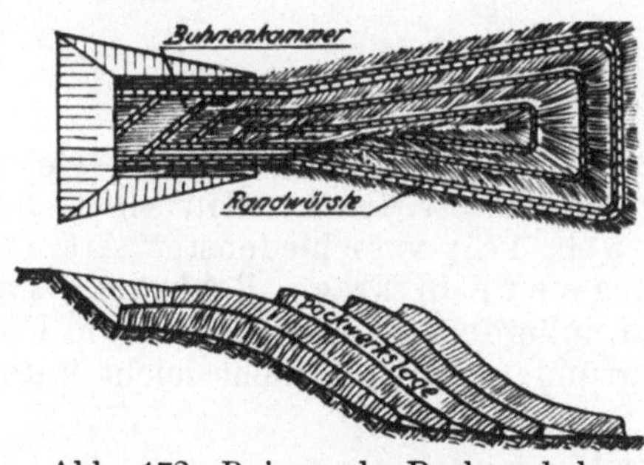

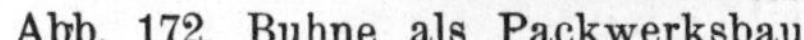

Abb. 172. Buhne als Packwerksbau.

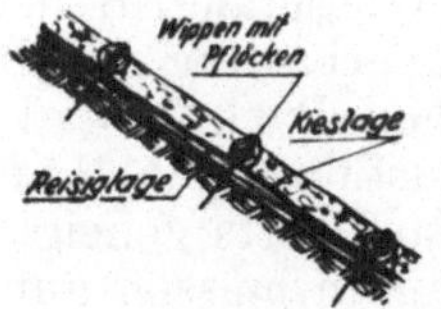

Abb. 173. Berauhwehrung.

Die leichteste Uferdeckung ist die Berasung; sie wird vor allem bei Hochwasservorländern und bei langsam strömenden Gewässern an flachen Ufern angewandt. Wie schon bei der Wildbachverbauung erwähnt, werden Rasenziegel als Kopf- und Flachrasen verlegt, zur besseren Sicherung niedergepracht und manchmal durch Pflöcke festgenagelt.

Bepflanzung mit niedrigen Strauchwerk bezweckt dasselbe und wird zum Schutz der Hochwasserdämme gern geübt.

Faschinen als Uferdeckung bei stärkerer Strömung auf Böschungen aufgelegt, bieten Schutz, solange sie ständig unter Wasser sind; ober Wasser ist es besser, das Ufer zu pflastern oder mit Steinen zu berollen.

Bei einer Berauhwehrung werden die Ufer 10 bis 20 cm hoch mit Zweigen und Buschwerk bedeckt, die durch Wippen niedergehalten werden und mit Kies und Steinen beschwert sind (Abb. 173).

Gegen starkem Wasserangriff werden ganze Bäume samt Laubwerk mit dem Wipfel flußab an die Uferborde geworfen und mit dem Zopfende am Ufer verankert, wodurch rasch gefährliche Uferanrisse abgewehrt werden können. Solche Rauhbäume dienen auch als Kolkabwehr, wenn sie mit einem schweren Stein als Ankerklotz in Kolke versenkt, dort Anlandung erreichen sollen.

Auch Steinwürfe sichern bedrohte Ufer. Erwartet man Uferangriffe an einer Stelle, bis zu der aber das Ufer selbst noch nicht abgetragen ist, legt man in die künftige Uferlinie eine Steindeponie (Steinschlaue) (Abb. 174); wird dann das Ufer bis unter die Steinschlaue angenagt, rollen die Steine herab und sichern die gefährdete Böschung.

Besser schützt das Ufer eine Steinberollung und schließlich vollkommenes Abpflastern der Böschungen. Das Böschungspflaster ist entweder aus großen unregelmäßigen Steinen oder bei bester Ausführung aus behauenen Quadern, eine Bauweise, die nur im Bereich einer Stadt üblich ist. Große, dünne Beton- oder Stahlbetonplatten haben sich nicht bewährt, da sie vom Wasserdruck aufgetrieben werden. Pflasterungen in Betonformsteinen, die oft auf Drähten aufgefädelt werden, wurden bei Kanälen ausgeführt.

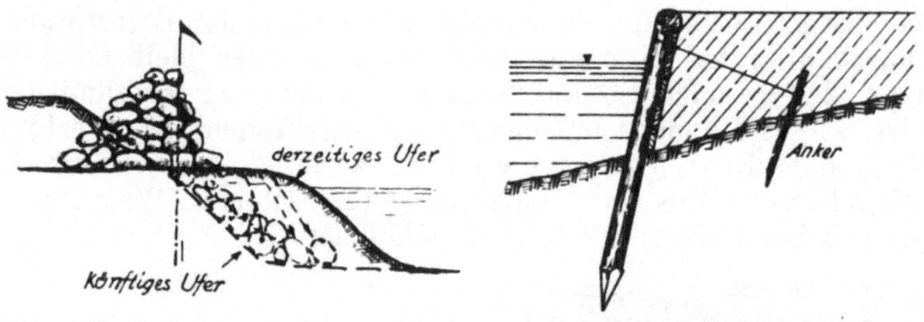

Abb. 174. Steindeponie (Steinschlaue). Abb. 175. Bohlwand.

Bei stärkstem Wasserangriff sind Steinkästen einzusetzen, wie sie von der Wildbachverbauung her bekannt sind. Wünscht man senkrechte Uferwände, kommen Bohlwerke (Abb. 175) verschiedenster Art und bei städtischen Ausführungen Ufermauern in Frage. Bohlwände sind schwach (1 : 0.1) landwärts geneigt und außerdem manchmal noch am Ufer verankert. Ufermauern müssen gut gegründet sein, um nicht leicht unterwaschen zu werden.

d) Durchstiche.

Durchstiche schneiden mit einer neu gegrabenen Rinne eine oder mehrere Flußkrümmungen ab. Zwar wird eine für die Schiffahrt hinderliche Biegung gestreckt, aber auch durch die Flußlaufkürzung das Gefälle vermehrt; infolge der daraus entstehenden Sohleeintiefung wird der Wasserspiegel gesenkt und damit Entsumpfung des Talgeländes erzielt, schließlich wird durch die Geradstreckung auch die Hochwasser- und Eisabfuhr verbessert.

Man läßt den Fluß selbst die Hauptarbeit am Durchstich leisten und hebt nur einen Leitgraben (Künette) von etwa $^1/_3$ bis $^1/_{10}$ der Normalflußbreite aus; man sichert aber sogleich die künftigen Ufer durch den Bau der Uferdeckwerke in den vorbereiteten Randgräben. Die Leitgräben sind in geraden Strecken in der Mitte, im Bogen aber mehr auf der bogeninneren Seite zu ziehen (Abb. 176).

Man beginnt von unten her mit dem Durchstich, beim Durchbruch räumt der Fluß sein Bett bis zum vorbereiteten Ufer selbst aus.

Durchstiche größeren Ausmaßes bleiben immer ein gewaltsamer Eingriff und gehören daher gut vorbedacht. Bekannte derartige große Arbeiten sind der Donaudurchstich bei Wien, die Rheindurchstiche oberhalb des Bodensees und die verschiedenen Weichseldurchstiche. Im oberen Ennstal in der Steiermark wurde dieser Fluß durch eine Reihe von Durchstichen gestreckt, er tiefte sich ein, die Geschiebeabfuhr wurde verbessert und das flache Tal entsumpft.

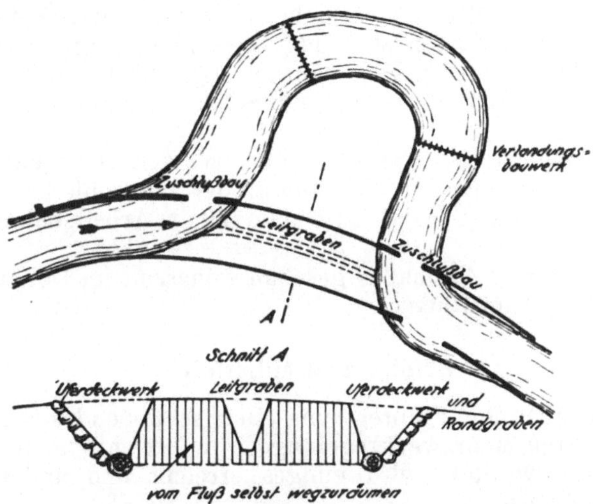

Abb. 176. Durchstich einer Flußkrümmung.

e) Zuschluß- und Verlandebauten.

Zuschlußbauten sind Sperrdämme, welche einen nicht mehr gebrauchten Flußarm abbauen; sie sind Leitwerke oder Sporne, die vorerst grundsätzlich nur auf Niederwasserhöhe geführt werden, um höhere Wasserstände zwecks Sinkstoffabsetzung in den toten Arm überströmen zu lassen.

Um hinter Parallelwerken oder in alten Flußarmen raschere Verlandung zu erzielen und das durchströmende Wasser zum Ablagern seiner Sinkstoffe zu veranlassen, werden dort Querbauten in Gestalt niederer Flechtzäune als Schlickfänge errichtet, welche die Strömung hemmen; sie werden mit Weidenstecklingen bepflanzt und bilden so den Anfang späteren Buschwerks, das Material für die Faschinen liefert.

Zu den Verlandungsbauten zählen auch Lücken in den Längsbauten, die sogenannten Verlandeöffnungen; sie erhalten 10 bis 15 m Weite. Gewöhnlich läuft das Leitwerk bis auf die NW-Höhe lückenlos durch, sodaß erst höhere Wasserstände übertreten können.

f) Hochwasserdämme.

Hochwasserdämme oder Deiche begrenzen das der Hochwasserüberflutung preisgegebene Ufergebiet. Sie haben trapezförmigen Querschnitt. Trägt die Dammkrone einen Fahrweg, so ist sie mindest 4 m breit, sonst genügen 2 m Breite; die Krone soll mindest 50 cm über RHW (Regulierungshochwasser) liegen. Die Böschungen sind 1 : 1.5, 1 : 2 und flacher; sie sind wasserseitig mit Rasenziegel abzudecken, landseitig nur zu humusieren und besämen. Manchmal erhalten die Dämme eine Lehmkerndichtung.

Die mitteleuropäischen Flachlandflüsse führen Winterhochwasser, sodaß der düngenden Wirkung halber sogar Überfluten erwünscht ist, weswegen dort die Dämme nur so hoch gebaut werden, daß sie die niedrigeren, aber schädlichen Sommerhochwässer abwehren.

g) Flußräumungen.

Sind im Flußbett Hindernisse zu beseitigen, schreitet man zur Flußräumung. Kann der Fluß das Geschiebe nicht mehr weiter fördern, wird gebaggert; in großen Strömen sind dazu besondere Baggerschiffe, welche mit Eimerkettenbaggern den Kies vom Flußgrund heraufholen und auf Transportschiffe verladen. Feinsand und Schlamm kann mit Saugbaggern geschöpft werden.

Fels und große Steine werden unter Wasser zersprengt oder mit schweren Meißeln zerstoßen. Zu Arbeiten an der Flußsohle benützt man die Taucherglocke, die vom Spezialschiff oder einer Arbeitsbühne aus abgesenkt wird.

Felsräumung großen Ausmaßes geschah seinerzeit im Donaudurchbruch am Eisernen Tor und im Rhein.

5. Erfolge und Mißerfolge.

Es ist schwer, über eine Flußregelung ein abschließendes Urteil zu fällen, denn bei den meisten Mehrzweckregelungen, die oft entgegengesetzte Maßnahmen verlangen würden, wird einiges erreicht und anderes dagegen nicht oder nur teilweise.

Berühmt umstritten ist heute noch die Donauregulierung bei Wien, deren Durchstich 1869 bis 1875 ausgeführt wurde; sie hat aber sicherlich den Zweck erreicht, eine Millionenstadt vor Hochwasser zu bewahren. Ebenso sind auch die Regelungen des Rheins für den Schiffsverkehr zumeist von Erfolg begleitet. Erwähnt wurde schon die Schiffbarmachung des Eisernen Tores der Donau, die viel Mühe machte und schon zur Römerzeit versucht wurde.

Weniger glücklich waren manche Flußstreckungen, welche zwar die erstrebte Eintiefung erzielten, aber oft in einem Maß, daß infolge des mitabgesunkenen Grundwassers die anschließenden Flußauen und Gründe verödeten und außerdem die Uferdeckwerke unterwaschen wurden und verfielen; schließlich wurde das abgespülte Geschiebe weiter unten wieder abgelagert und verursachte dort Mißstände.

Der Abbau der Altarme hat früheren Fischreichtum der Gewässer verschwinden lassen.

Durch Eintiefen des Flusses und damit zusammenhängende Grundwassersenkung wurden Schwellenroste und Pfahlgründungen alter Gebäude vom Wasser entblößt und verfaulten, sodaß Gebäudeschäden entstanden. Aus demselben Grund wurden Brückenpfeilergründungen gefährdet. Gegen allzugroße Eintiefungen werden dann Grundschwellen gebaut; ein Durchriß einer solchen Staustufe bei Hochwasser kann aber diese notleidende Gründung oft augenblicks in schwerste Bedrängnis bringen.

Unüberlegte Flußverbesserungen der einen Stelle haben also oft Mängel an anderer Stelle gebracht.

6. Planung und Bau.

Die Erfahrung lehrt, daß Flußregelungsplanung nicht allein einen kurzen Flußabschnitt, sondern die Einflüsse auf weite Strecken und auch die der Nebenflüsse sowohl oberhalb als auch unterhalb ins Auge zu fassen hat; ebenso wie die räumliche Erstreckung muß auch die zeitliche Ausdehnung beachtet werden.

Es ist daher geboten, vor Inangriffnahme jeder Einzelregelung eine Generalplanung des Gesamtflusses wenigstens in den allgemeinen Gesichtspunkten festzulegen; hiebei soll eine gewisse Elastizität in der Ausführung walten.

Zu Planunterlagen genügen Pläne im Katastermaß, für Übersicht auch kleinere (1 : 25.000); sie sollen enthalten: die kilometrierte Flußrinne mit Seitenarmen, Ein- und Ausleitungen, den ursprünglichen und geregelten Lauf samt Uferschutzbauten mit Baujahrzahlen, Deiche, Stromstrich, Pegelstellen, Brücken, Wehre und sonstige Einbauten, Überschwemmungsgebiet und Uferanbruch, sowie die geplante Regelung mit den Bautypen.

Der Längenschnitt hat die Fließrichtung von links nach rechts und ist je nach Gefälle 25 bis 100fach höhenverzerrt. Das linke Ufer ist voll ausgezogen, das rechte gestrichelt (die alte Vorschrift des österreichischen hydrographischen Zentralbüros verlangt rechts voll und links gestrichelt); es sind gewöhnlich die Wasserspiegellinie für HHW und NNW, sowie die Kronenlinien der Bauten eingetragen.

Der zugehörige Bericht bestimmt die Reihenfolge der Arbeiten und bringt Regelpläne der Bautypen.

Schon lange vorher haben die Erhebungen am Flusse einzusetzen, Beobachtungen über Wasserstand und Wasserführung, Aufnahmen des Flußgrundes und seiner Veränderungen, sowie die Ufer und Anrainerverhältnisse.

Beim Bau ist noch viel Handarbeit zu leisten, besonders spezielle Flußbauarbeiten, wie Faschinenbinden und ähnliches. Flußbau erfordert manche Geduld, aber auch rasche Entschlüsse, da plötzliche Hochwässer häufig die Arbeiten stören. Der bauführende Ingenieur muß die Verhältnisse schnell erkennen und sich gut einfühlen können.

Es ist gewöhnlich nicht mit einer einmaligen Regelung abgetan; selbst eine gelungene Regulierung bedarf mancher Nacharbeit, ständiger Unterhaltung und Ausbesserung.

Deshalb werden die Flüsse in den einzelnen Ländern jeweils von besonderen Abteilungen und Ämtern betreut, denen neben Planung, Bau und Instandhaltung an diesem Fluß auch die verschiedenen Beobachtungen obliegen.

III. Landwirtschaftlicher Wasserbau. (Meliorationen.[5])

1. Arten der Meliorationen und Begriff des Bodens.

Dieses Arbeitsgebiet des Kulturingenieurs wird häufig Meliorationen[6]) genannt, weil es auf Verbesserung und Ertragssteigerung des landwirtschaftlich genutzten Bodens hinzielt; der Zweck wird nur dann voll erreicht, wenn größte Sparsamkeit bei einfachsten Mitteln obwaltet. Die Meliorationen umfassen:

---

[5]) Schröder, Landwirtschaftl. Wasserbau, Handbibl. f. Bauing. Julius Springer, Berlin, 1937.

[6]) melior (lat.) besser.

A. Entwässerung des Bodens. — B. Bewässerung des Bodens. — C. Urbarmachung des Bodens.

Die Urbarmachung fällt außerhalb des Rahmens des Wasserbaues und wird hier nicht behandelt.

In der Kulturtechnik ist Boden[7]) derjenige Teil der Verwitterungsschichte der festen Erdrinde, welcher höhere Pflanzen hervorbringen kann; man trennt dabei Bodenkrume und Unterboden. Bodenkrume ist die oberste, lockere, humose Bodenschicht, das Keimbett der Samen und Hauptzone der Wurzelung und der für das Wachstum wichtigen Kleintierwelt. Der Unterboden ist dichter und dient als Nährstoff- und Wasserspeicher der Pflanzen; auf ihn wirken nicht die gewöhnlichen Mittel der Bodenbearbeitung, sondern die Maßnahmen des landwirtschaftlichen Wasserbaues.

Die Bodenuntersuchung beinhaltet Vorarbeiten, Sondieren und Prüfung des Bodens. Zu den Vorarbeiten gehört die Erhebung des gegenwärtigen Zustandes, somit Anfertigung von Lageplänen, in denen Grenzen, Gewässer, Bauten, hauptsächlich die wasserbaulicher Natur, Besitzverhältnisse und Felderzustand, ferner Höhen- und Gefällsverhältnisse, Sumpfgebiete, Quellen und Probelöcher eingetragen sind. Zwecks Sondierung wird ein Netz von 1,5 bis 2,0 m tiefen Probelöchern angelegt — in leichtem Boden durch Bohrung mit dem Erdbohrer — aus welcher Art und Dicke der einzelnen Bodenschichten, sowie der Grundwasserstand festgestellt wird. Hiebei entnimmt man dem Untergrund Bodenproben, die bezüglich Zusammensetzung, Lagerung, Wasser- und Luftfassungsvermögen, Durchlässigkeit, Bodenporen, Kalk-, Eisen- und Humusgehalt untersucht werden.

Geprüft wird der Boden hinsichtlich seiner physikalischen, chemischen und biologischen Eigenschaften; zu den ersten zählen: Gewicht, Kornzusammensetzung, Gefüge, Porenverhältnis, Wasserdurchlässigkeit, Verhalten im Wasser und Wärmeleitung. Die chemische Untersuchung bezieht sich hauptsächlich auf Pflanzennährstoffe und Bodensäure, die biologische auf Vorhandensein, Menge und Art der Bodenbakterien.

Die Bodenschätzung gliedert die Kulturböden nach ihrem Entstehen in diluviale (eiszeitlich), alluviale (Schwemmland), Löß (Anwehung) und Verwitterungsböden.

Tab. 4. Allgemeine Einteilung der Böden.

Bodenart	Gewichtsanteil in % der Korngrößen		Bodengattung
	< 0.02 mm	< 0.002 mm	
Sand	< 10	< 4	leichte
lehmiger Sand	10 25	4 9	leichte
sandiger Lehm	25 40	9 15	mittlere
Lehm	40 50	15 20	mittlere
schwerer Lehm	50 60	20 25	mittlere
gewöhnlicher Ton	60 75	25 36	schwere
schwerer Ton	75 100	36 100	schwere

2. Das Wasser im Boden.

Die Niederschläge nehmen aus der Luft Kohlensäure auf, die das einsickernde Wasser befähigt, Pflanzennährstoffe im Boden zu lösen und sie

[7]) Blanck, Handbuch der Bodenlehre, Julius Springer, Berlin, 1930.

den Pflanzenwurzeln zuzuführen. Das Wasser durchtränkt die Poren und versinkt, bis es sich über der undurchlässigen Schicht sammelt. Der Grundwasserspiegel ist bedeutungsvoll für den Pflanzenwuchs; sinkt er je nach Saugkraft des Bodens und der Wurzeltiefe der Pflanzen tiefer als 1,5 bis 4,0 m, leiden die Pflanzen häufig unter Trockenheit; steigt er aber wieder zu hoch, ist es ebenfalls schädlich. Der Grundwasserstand darf bei mineralischen Böden nicht dauernd höher unter der Oberfläche als 0,5 m in Wiesen und 0,9 m im Ackerland sein; vorübergehendes Steigen auf 0,2 m in Wiesen und 0,5 m in Äckern ist unschädlich. Die kapillare Steighöhe des Wassers ist in schweren Böden bis 1,5 m, in sandigem Lehm 0,3 m und in feinem Sand bis 0,5 m.

Der landwirtschaftliche Wasserbau hat daher das Regeln der Wasserführung im Unterboden auf eine dem Wachstum nutzbringende Lage zum Ziel.

A. Entwässerung des Bodens.

1. Bodennässe.

Nasser Boden ist wegen starker Verdunstung zu kalt. Das Wärmefassungsvermögen des Wassers ist fünfmal so groß als das des Bodens; nasser Boden ist daher während der warmen Jahreszeit kälter, zeigt allerdings auch geringere Temperaturschwankung. Ein gedränter Boden ist um etwa 5 ° wärmer als ein ungedränter. Schwerer Boden wird infolge Nässe hart und bildet große Schollen. Feuchter Boden wird mangelhaft durchlüftet, weil das Wasser die Luft nicht eindringen läßt; Bodenbakterien und nicht grüner Teil der Pflanzen benötigen aber auch Luftsauerstoff. Im nassen Boden vermehrt sich auch das Ungeziefer stärker (Gelsen, Asseln etc.).

Abgesehen von offensichtlicher Versumpfung, wenn der Grundwasserstand in Pfützen und Tümpeln zutage tritt und beim Betreten sich in den zurückbleibenden Fußspuren zeigt, weist auch eine auffällig häufige Nebelbildung und bestimmte Unkräuter auf allzu nassen Boden. Nässeliebende Pflanzen sind auf Äckern Schachtelhalme, auf Wiesen Binsen, Seggen, Schilf, Sumpfdotterblume, Wiesenschaumkraut, saure Gräser und gewisse Moose. Die Kulturpflanzen haben dann einen Stich ins Grüngelbliche, die Bodenfärbung ist dunkler und Wiesen haben außerhalb der Wachstumszeit einen rostbraunen Schimmer; der Schnee bleibt länger liegen und der Boden trocknet im Frühjahr lange nicht aus, das Getreide reift verspätet.

Kulturwidrige Bodennässe kann sowohl vom Grund- als auch Tagwasser verursacht sein.

Das Grundwasser gibt Anlaß zur Vernässung, sofern sich sein Spiegel zu seicht unter dem Gelände einstellt, was entweder in ungenügender Vorflut oder Herantreten der undurchlässigen Schicht an die Oberfläche liegen kann.

Mangelhafte Vorflut wird verursacht durch

a) Verkrautung, d. h. zu üppigen Pflanzenwuchs im Vorfluter,
b) zu stark gewundenen Lauf desselben und damit verbundener Gefällsverminderung,
c) natürliche Abflußhindernisse im Bett des Vorfluters, z. B. Ufereinbrüche, seitliche Schuttkegel und Sohlaufhöhung nach Überschwemmungen,

d) künstliche Fließhindernisse in Gestalt von zu engen und zu hoch liegenden Durchlässen, Brücken und Stauanlagen,
e) Verschlammen infolge Sinkstoffablagerung und
f) Eindeichung zeitweise überschwemmter Gebiete zum Zweck von Kulturlandgewinn.

Die zu hohe Lage der undurchlässigen Schicht hat das Auftreten von Schichtwasser und Quellen zur Folge.

Das Tagwasser vernäßt den Boden in zu wenig geneigtem oder muldenförmigem Gelände, vor allem bei schwerem, dichtgelagertem Boden, der das Wasser vermöge seiner höheren Wasserkapazität nicht nur in großen Mengen, sondern auch sehr zäh zurückhält und nach kräftiger Durchnässung lange Zeit nicht austrocknet.

In einer Grundwasserspiegelsenkung zufolge Entwässerung ist umso mehr Gefälle nötig, je feiner das Korn des Bodens; desto steiler ist auch

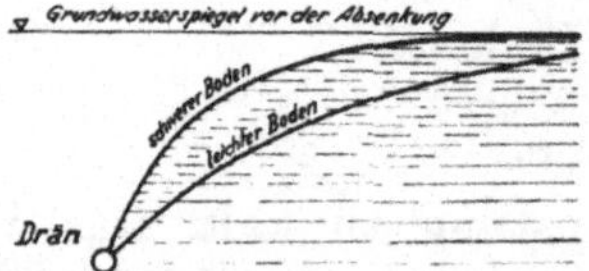

Abb. 177. Absenkungslinien im leichten und schweren Boden.

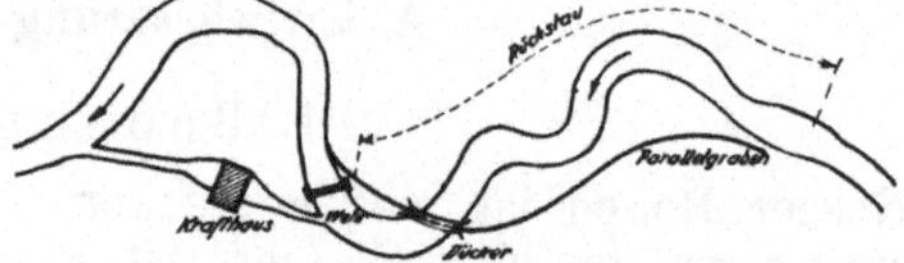

Abb. 178. Rückstauwirkung durch Abfanggräben beseitigt.

der Anstieg der Senkungslinie und geringer die Reichweite (Abb. 177). Das Bodengefüge wird beim Wasserentzug verändert; der in der Nässe aufgequollene Ton bekommt durch Austrocknen Risse, das Einzelkorngefüge wird zu krümelähnlichem Gefüge. Der Frost lockert weiter den Untergrund. Der entwässerte und gelockerte Boden wird besser durchlüftet und erwärmt, wird früher frostfrei, die Pflanzen wurzeln tiefer und sind dadurch auch eher vor Dürre bewahrt. Der gelockerte Boden ist leichter zu bearbeiten; auch ein Krankheitsschutz wird erreicht, weil Krankheitserreger feuchten Boden lieben.

2. Mittel zur Bekämpfung allzugroßer Bodennässe.[8])

Erstes Erfordernis ist ein wirksamer Vorfluter; sein gewöhnlicher Spiegel soll stets so liegen, daß sich der Grundwasserspiegel in die für das Wachstum günstigste Tiefe einstellt. Auch Hochwässer sind unschädlich abzuführen; dabei macht Acker- oder Wiesenland einen Unterschied, denn Äcker können auch außerhalb der Wachstumszeit durch Abschwemmung der oberen Bodenschichten geschädigt werden, während die Überschwemmung von Wiesen der düngenden Wirkung wegen zeitweise erwünscht sein kann; daher muß im Ackerland der Vorfluter auch im Winter Hochwasser aufnehmen, während man sich bei Wiesen mit der Abfuhr gewöhnlicher Sommerhochwässer begnügen kann. Die Hochwasserprofile sind flach geböscht (1 : 2 bis 1 : 3) und im Bedarfsfalle auch als Doppelprofile auszuführen. An flach geböschten Ufern kann das Gras genutzt werden.

Dem Eindringen von Geschiebe in den Vorfluter aus geröllführenden Seitenbächen beugt der Einbau von Geschiebefängen vor. (Siehe diese bei Wildbachverbauung.) Ein Verkrauten wird bei geordneter Instandhaltung in alljährlichen Nachschauen hintangehalten.

[8]) DIN 1957 und 1958, Technische Vorschriften für Kulturbauarbeiten.

Zu enge Durchlässe müssen erweitert werden. Schädlichem Rückstau von Wehren hilft man durch parallel dem Hauptfluter laufende Abfanggräben ab, die in das Unterwasser des Wehres ausmünden; immerhin kann dies noch billiger sein als die Stauanlage zu entfernen und die Nutzungsberechtigten abzufinden (Abb. 178). Ähnlich wird auch der Vernässung infolge zu hoher Lage des Vorfluters über Talsohle mittels Binnenkanälen von geringerem Gefälle entlang dem Hauptfluß begegnet. Ein Beispiel hiefür bieten die beiderseits des Rheins zwischen Buchs und Bodensee angelegten Kanäle, die versumpfte Niederungen als Kulturland rückgewonnen haben.

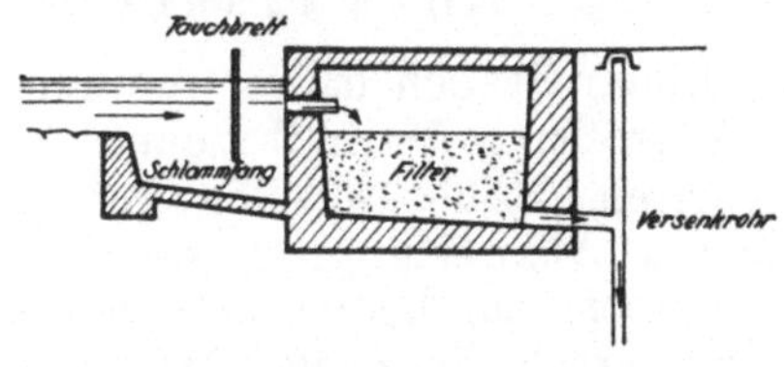

Abb. 179. Wasserversenkungsanlage.

W a s s e r v e r s e n k u n g in tieferes Grundwasser kann manchmal in sogenannten „Schluckern" erfolgen, jedoch nur für kleine Wassermengen (Holländische Dränung); solche Versenkrohre sind 5000 bis 6000 für 1 ha nötig (Abb. 179).

Bei G r u n d w a s s e r m u l d e n kann ein unterirdischer Durchstich, möglicherweise auch Stollenbau zum Erfolg führen.

Fehlt die natürliche V o r f l u t, schafft man eine k ü n s t l i c h e durch mechanische Hebung des Wassers. Wegen Kostenersparnis wird in solchen Fällen Fremdwasser durch Randgräben vorher abgefangen, umgeleitet und gesondert mit natürlichem Gefälle dem Vorfluter zugeführt. Durch geschickte Anlage von Auslässen läßt sich bei niedrigen Wasserständen im Vorfluter oft eine natürliche anstelle der künstlichen Entwässerung einschalten; solche Auslässe erhalten Rückstauklappen.

W a s s e r h e b u n g, wie sie in den Poldern an der Meeresküste notwendig ist, wird durch ein Schöpfwerk [9]) bewerkstelligt, dem das Wasser oft in sehr schwach geneigten Binnengräben (bis 0,05 ‰) zufließt. Als Fördermaschinen dienen in erster Linie Zentrifugal- und Kreiselpumpen, seltener Kolbenpumpen, weil diese schmutzwasserempfindlich sind, dann Wurfräder, Wasserschnecken (für geringe Höhen) und Hydropulsoren, die zumeist mit Elektromotoren und seltener mit Explosionsmotoren und Dampfmaschinen angetrieben werden. Die Schöpfarbeit erstreckt sich auf das Leerpumpen im Frühjahr und die laufende Pumparbeit; sie beträgt Fördermenge mal Hubhöhe. Die Fördermenge beinhaltet das Schneeschmelzwasser, die Niederschläge und das Qualmwasser, die Hubhöhe wechselt mit den Wasserständen.

Eine Art künstlicher Entwässerung versucht man auch mittels s t a r k e r V e r d u n s t u n g d u r c h P f l a n z e n zu erreichen; am besten eignen sich hiezu Sonnenblume und Eukalyptusbäume, die in südlichen Ländern zwecks Entsumpfung und Klimaverbesserung angepflanzt werden und dort zur Fieberbekämpfung gute Dienste leisten sollen.

Um neues Kulturland zu gewinnen, schreitet man zu S e e a b s e n k u n g e n, häufig auch bis zur völligen S e e - E n t l e e r u n g; die Erwartungen werden aber oft nicht erfüllt, da Seeböden langjähriger Pflege bedürfen, um Kulturböden zu werden. Ferner stellt sich meist der Vorfluter unterhalb des ehemaligen Sees später zu gering heraus, weil die Abfluß-

[9]) DIN 1184, Schöpfwerke. Grundsätze für Berechnung der Zulaufmengen, Anlage und Ausrüstung der Schöpfwerke.

mengen aus dem Seegebiet durch Grundwasser vermehrt werden, das infolge der Entlastung vom ehemaligen Wasseraufdruck herausdrängt; bei Hochwasser hat der See früher als Rückhaltebecken gewaltet, nunmehr aber wird dem Vorfluter unterhalb wahrscheinlich eine größere Hochwassermenge überantwortet. Die Seebeseitigung bringt auch örtliche Klimaänderungen durch geringere Verdunstung und Nebelbildung mit sich.

3. Entwässerung durch offene Gräben.

Offene Gräben haben vor den unterirdischen Dränsträngen den Vorteil eines größeren Durchflußquerschnitts, geringeren Gefälleverbrauchs, einer rascheren Abfuhr des Tagwassers, der jederzeitigen Zugänglichkeit und leichten Ausweitung; diesen Vorzügen stehen aber erhebliche Nachteile gegenüber; sie bedingen einen großen Verlust an Ertragfläche (15 bis 25 %), erschweren die Bewirtschaftung des Grundes und machen zahlreiche Übergänge notwendig, sie erfordern einen stetigen Aufwand für Instandhaltung, geben Brutstätten für Ungeziefer ab und versagen schließlich ganz bei Frost.

Wegen dieser Nachteile und der besseren Bodendurchlüftung durch Dränung zieht man unterirdische Dränstränge vor und verwendet offene Gräben nur, wenn zeitweise große Wassermengen abzuführen sind und für Dräne das Gefälle zu gering oder der Boden zu weich ist, sodaß ein Versacken zu befürchten wäre.

Offene Gräben werden stets in die tiefste Linie der zu entwässernden Grundstücke gelegt, die Grabensohle soll nicht unter 0,4 m breit und die Böschung flacher als 1 : 1,5 sein. Die Berechnung des Querschnittes erfolgt nach den Regeln der Hydraulik.

Sie werden mit den gewöhnlichen Grabwerkzeugen des Erdbaues stets in der Richtung vom tiefer gelegenen Ende an hergestellt, damit zudringendes Wasser ungehindert abfließen kann. Der Aushub dient zum Auffüllen tief liegenden Geländes oder wird in dünnen Schichten gleichmäßig verteilt. Führen die Gräben selten Wasser, genügt es, den beiderseitigen Böschungsfuß mit etwa 0,3 m breiten Rasenstreifen zu befestigen und die weitere Böschung zu besämen. Bei zunehmendem Sohlgefälle muß je nach

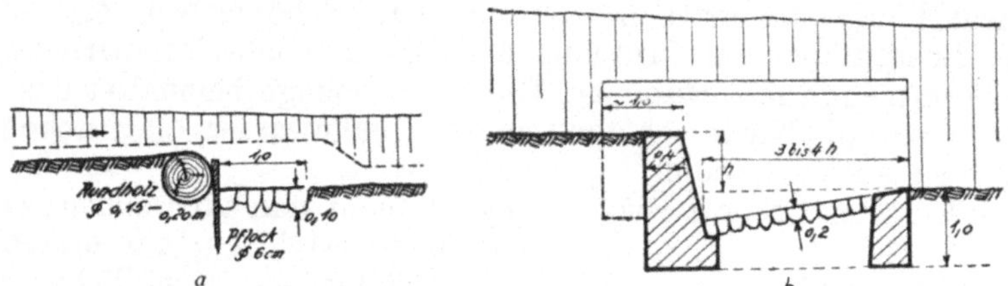

Abb. 180. Absturzbauten. a) einfache Sohlschwelle, b) Absturzboden.

der Bodenart die Geschwindigkeit begrenzt werden: für Schlamm ist 0,1 m/s, Lehm 0,2 m/s, Feinsand 0,4 m/s, Grobsand 0,8 m/s, Kies 1,2 m/s und grobe Steine 1,7 m/s höchstzulässig, sonst ist die Grabensohle zu schützen. Bis 6‰ Gefälle genügt es, Rasen anzusetzen, darüber hinaus ist Pflasterung geboten; durchgängig pflastern ist teuer, daher wird das Gefälle in einzelnen Stufen zusammengefaßt. Diese Abstürze sind einfachst durch quer eingelegte Rundhölzer oder in besonderen Absturzböden ausgeführt, wobei die angrenzenden Ufer zu schützen sind (Abb. 180).

4. Entwässerung durch unterirdischen Wasserabzug (Dräne).[10])

a) Arten und Wirkung der Dräne. Unterirdische Wasserzüge heißen Dränstränge; sie werden entweder durch Aussparen von Hohlräumen oder durch Abzugsleitungen aus Holz, Torf, Steinen oder hauptsächlich Röhren gebildet (Abb. 155 und 156). Der Rohrdrän[11]) ist vermöge der Zuverlässigkeit, glatten Führung des Wassers und unbegrenzter Haltbarkeit die vollkommenste Ausführungsart; die Röhren sind zumeist aus gebranntem Ton. Sie werden in Durchmessern von 40 bis 200 mm gewöhnlich 333 mm lang, die großer Lichtweiten auch 500 mm lang erzeugt. Ursprünglich behalf man sich mit halbrunden Dachziegeln, seit Erfindung der Rohrstrangpresse ist man fast ausschließlich zu geschlossenen Kreisrohren aus gebranntem Lehm oder Ton übergegangen, deren Stirnflächen gerade abschneiden. Die wellenförmig abgeschnittene Stirnfläche soll die Rohre gegeneinander unverschieblich machen, doch stimmen die Wellen oft nicht überein.

Das Wasser tritt nicht durch die Wandung, sondern durch die Dränstoßfugen in den Strang ein; die stumpfen Stöße bieten, selbst wenn sie so eng als praktisch möglich hergestellt werden, noch immer genug weite Fugen zum zwanglosen Eintritt des Wassers.

Die Vereinigung der Dränstränge eines Sammlers bis zur Ausmündung in den Vorfluter heißt eine Dränabteilung (Abb. 181); sie besteht

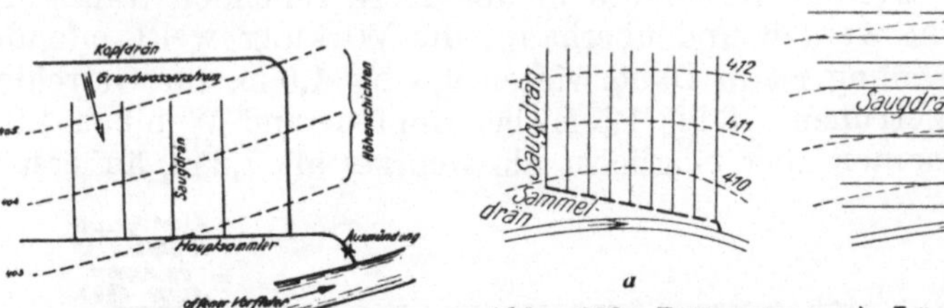

Abb. 181. Dränabteilung.

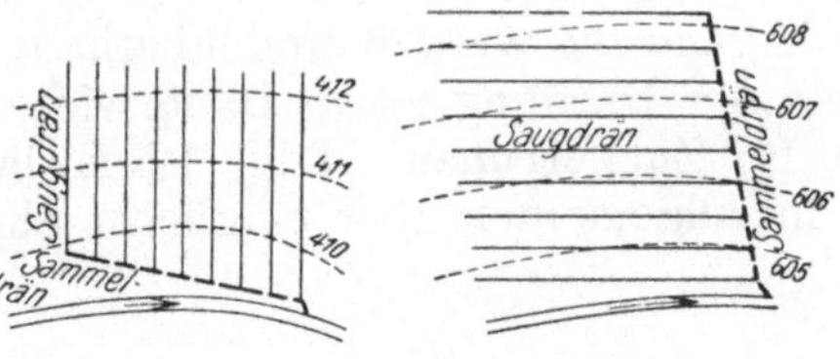

Abb. 182. Dränarten. a) Längsdränung, b) Querdränung.
(Aus Schoklitsch, Wasserbau II.)

aus den in der Regel parallel verlaufenden Saugern, die in die Sammler einmünden, bis schließlich ein Hauptsammler das Wasser an den Vorfluter abgibt. Einen starken Grundwasserstrom fängt man mit einem Kopfdrän schon vor dem Entwässerungsfeld ab.

Liegen die Sauger in der Richtung des größten Geländegefälles, spricht man von Längsdränung (Abb. 182 a), wenn quer dazu von Querdränung (Abb. 182 b); dieser gebührt der Vorzug.

Der Drän erzeugt durch Absaugen des Grundwassers im Boden eine gegen sich gerichtete Absenkung, deren Scheitel in ebenem Gelände mitten zwischen beiden Strängen liegt und bei zunehmender Hangneigung sich sehr dem oberen Strang nähert (Abb. 183). Je schwerer der Boden, desto steiler fällt die Absenkungskurve und desto stärker ist ihre Wölbung. Um

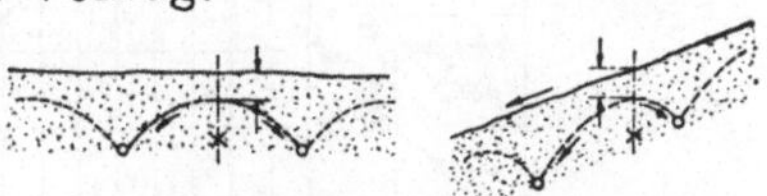

Abb. 183. Dränung in ebenem und geneigtem Gelände.

[10]) Anweisung für Planung, Ausführung und Unterhaltung von Dränanlagen. Herausgegeben vom R. Min. f. Ernährung und Landwirtschaft, Berlin 1941.
[11]) DIN 1180.

dieselbe Wirkung zu erreichen, müssen in schwerem Boden die Saugstränge enger als in leichtem Boden liegen. Je tiefer die Dränlage, umso weiter auseinander können die Dräne angeordnet werden. In leichter Bodenart äußert sich der Einfluß der Tiefenlage der Dräne stärker. Die Schnelligkeit des Entwässerungsverlaufs ist bei gleicher Dränentfernung verhältnisgleich der Durchlässigkeit der entwässerten Bodenart und nimmt sowohl mit Verringerung der Strangentfernung als auch Vergrößerung der Strangtiefe zu. Dräne wirken auf den Boden besser ein als offene Gräben. Um den Boden eindringlicher zu durchlüften, wurde schon mehrmals der Versuch gemacht, die Saugstränge am oberen Ende zu verbinden und die so zusammenhängenden Röhrensysteme an der höchsten Stelle durch senkrechte Rohrstutzen zu belüften.

b) Dränberechnung. Das G e f ä l l e d e r D r ä n e soll so bemessen sein, daß sich Sinkstoffe nicht ablagern, was eine Wassergeschwindigkeit größer als 0,2 m/s erfordert; bei einem Dränddurchmesser von 4 cm bedeutet dies 2,5 ‰ Gefälle. Die Bauausführung muß umso sorgfältiger sein, je geringer das Gefälle ist. Als Mindestgefälle ist 1,5 ‰ anzusehen.

Die T i e f e n l a g e d e r D r ä n s t r ä n g e richtet sich nach den zum Anbau kommenden Pflanzen und nach Boden- und Klimaverhältnissen. Die Dränung darf weder durch Feldbearbeitung noch durch Frost gefährdet sein und soll auch nicht von den Wurzeln der Pflanzen erreicht werden; tiefere Dränlage empfiehlt sich, weil die Salpeterstickstoffe weniger leicht ausgeschwemmt werden, ferner die in der Tiefe ruhenden Nährstoffe zugänglich gemacht werden und überhaupt die Wirkung weitgreifender ist.

Tiefe der Dränung ist in Dauerwiesen 0,6 bis 1,0 m, für Getreideäcker 1,25 m, für Zuckerrüben 1,4 bis 1,5 m, bei Hopfen- und Weinbau 1,8 m bis 2,0 m; im allgemeinen aber möglichst nie weniger als 1,2 m, äußerst 0,7 m.

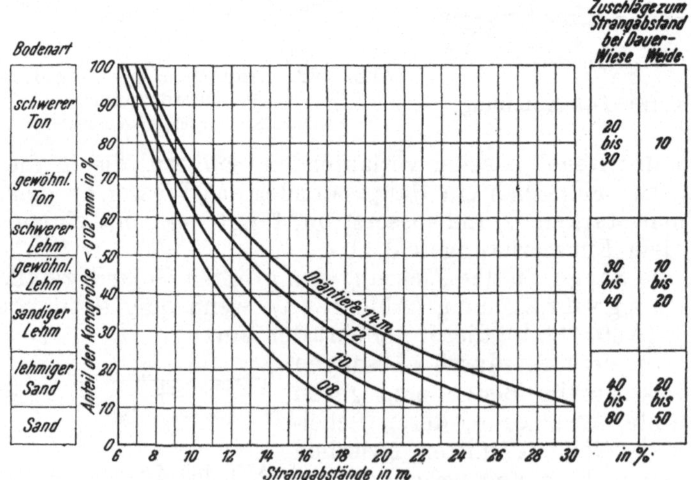

Abb. 184. Tafel der Dränentfernungen.

Mangel an Vorflut kann unter Umständen zur Verringerung der Tiefen zwingen, sodaß dem Saugdrän das erforderliche Gefälle nur durch sogenanntes „künstliches Gefälle" gegeben werden kann, indem sich der Drän am oberen Ende mehr und mehr der Bodenoberfläche nähert; hiebei muß aber eine Mindesttiefe von 0,9 m bleiben.

Die **Dränstrangentfernung** soll rechtzeitige und möglichst gleichmäßige Abfuhr des Überschußwassers, genügende Auflockerung, Durchfeuchtung und Durchlüftung gewährleisten und schließlich die Kosten erträglich gestalten. Bei reichlichen Niederschlägen, in Überschwemmungsgebieten und auch an Nordhängen ist eine engere Lage berechtigt.

Nach dem heutigen Stand der kulturtechnischen Forschung gilt als Maßstab für die Entfernung das Ergebnis der Bodenanalyse mit ihrem Gehalt an feinsten abschlämmbaren Teilchen (Korngröße kleiner als 0,01 mm); ein wissenschaftlich begründetes Gesetz ist dies aber nicht. In beigegebenen Tafeln aus der Dränanweisung sind Kurven für die häufigsten Tiefen von 0,8 bis 1,4 m aufgetragen, in denen die zugehörigen Hundertsätze der feinsten abschlämmbaren Teile (Korngröße unter 0,02 mm) als Ordinaten und die Entfernung als Abszissen vorliegen (Abb. 184).

Eine andere Tafel von Kopecky (Tab. 5) gibt auf ähnlicher Grundlage die Verhältnisse von Dränentfernung zu Dräntiefe an.

Tabelle 5.

Bodenart	Abschlämmbar %	Verhältnis von Entfernung: Tiefe
schwerer Ton, Letten	70	7
Feinsandiger Ton	70 bis 55	7,5
Sandig-lehmiger Ton	55 „ 40	7,5 bis 9
Fester Lehm	40 „ 30	9 „ 10,5
Sandiger Lehm	30 „ 20	10,5 „ 12
Lehmiger Sand	20 „ 10	12 „ 14
Schwachlehmiger Sand	10	14 „ 15

Es wäre verfehlt, nach diesen Tafeln die Dränentfernung gedankenlos festzulegen, da auch der Einfluß anderer Korngrößen, sowie der Gehalt des Bodens an Kalk, Eisen und Humus, das Geländegefälle, Klima und Wirtschaftsweise zu berücksichtigen sind.

Der Gehalt an kohlensaurem Kalk macht den Boden durchlässig, es kann daher der Dränabstand größer sein:

Bei einem Kalkgehalt von 15 % können die Dräne um 0,5 bis 1,0 m weiter entfernt sein, bei 30 % um 1,0 bis 3,0 m, bei 50 % um 2,0 bis 3,0 m; der kleinere Wert ist für schwere, der größere für leichte Böden.

Eisengehalt verlangt geringere Entfernung; Humus kann mit Rücksicht auf die Humuskolloide bei Sandboden zur Verringerung, bei Tonboden zur Vergrößerung des Abstandes Anlaß geben.

Geländeneigung kann die Dränentfernung in sandig-lehmigem Boden um 3 bis 4 m, in Lehm um 2 m, in Ton um 1 m größer erlauben.

Die Wirtschaftsweise hat insofern Einfluß, als intensive Bewirtschaftung höhere Anlagekosten zubilligt und damit engere Dränung ermöglicht, jedoch soll man sich bei Wiesen vor allzustarker Entwässerung hüten.

Längsdränung muß um 10 bis 20 % enger als Querdränung angelegt werden.

Die **Dränrohrdurchmesser** sind durch die zugrundegelegte Abflußmenge, somit vom Grad der Durchlässigkeit und der Verdunstung, ferner von der Neigung des Geländes bestimmt.

Erfahrungsgemäß fließt die größte Wassermenge im Drän zur Schneeschmelzzeit, weil da manchmal innerhalb von 14 Tagen alle vom Dezember bis März gefallenen Niederschläge abzuführen sind, soweit sie nicht oberflächlich abfließen oder verdunsten.

Diese Menge q ist sehr verschieden, von 0,3 bis 2,0 l/s ha, im Mittel 0,65 l/s ha.

Tab. 6. *Größte Abflußmenge q in* l/s ha *zur Dränbemessung*

Bodenart	Jahresniederschlag.		
	< 600	600—900	> 900
sehr schwer	0,3	0,4	0,5
mittelschwer	0,4	0,5	0,6
leicht	0,5	0,6	0,7

Der gesamte Abfluß ist Q l/s = q . F . — F ha Einzugsgebiet des Drän.

Die Dräne dürfen höchstens vollaufen, aber nicht unter Druck kommen; zur Querschnittsermittlung benützt die Dränanweisung die Kutterformel:

$$Q = \frac{3927\, d^3}{0.6 + \sqrt{d}} \cdot \sqrt{h}$$

in der h das Gefälle in Prozent darstellt, die Rohrlichtweite d kann man bequem aus einer Zahlentafel der Dränanweisung entnehmen.

Da die Mindestgeschwindigkeit v = 0,16 m/s nicht unterschritten werden darf, ist für d: 4 5 8 10 13 16 cm
die Rauhigkeit c: 25 27 32 35 37 40
und das zugehörige J min: 4,1 2,8 1,2 0,8 0,6 0,4 ‰
Der kleinste zulässige Durchmesser ist 4 cm (in der Schweiz 6 cm).

Die *Länge* von Saugdränen soll nicht über 200 m, die der Sammler aber nicht über 1000 m sein.

5. Planung und Ausführung.

Vorher sind zur bodenkundlichen Untersuchung über Entwässerungsbedürftigkeit und Grundwasserstand eine Anzahl Probelöcher zu graben, die daraus entnommenen Bodenproben zu prüfen; ferner ist über rechtliche Verhältnisse Klarheit zu schaffen.

Im Lageplan werden die Höhenschichten und Wasserscheiden eingetragen.

Ausmündungen in den Vorfluter sind wegen Verstopfungsgefahr schwache Punkte, die vor Uferabbruch und Anlandung gesichert sein sollen; die Einmündung muß immer flußab gerichtet sein.

Sammler sind so anzulegen, daß aus Gründen der Reinhaltung die Geschwindigkeit in Fließrichtung zunimmt. Da größere Wassergeschwindigkeiten als 1 m/s wegen Ausspülung zu vermeiden sind, werden bei zu großem Gefälle Absturzschächte eingeschaltet, die man einfachst aus senkrecht gestellten Zementrohren baut. Kleinere Gefälle als 2 ‰ sollten mit Rücksicht auf die Ausführungsschwierigkeiten vermieden werden.

In *Saugsträngen* könnten meist kleinere Durchmesser genügen, doch ist wegen Verstopfungsgefahr der kleinstzulässige Rohrdurchmesser 4 cm. Dränstränge sollen nicht in Furchenrichtung verlaufen, sondern stets schräg, um auch das in den Furchen gesammelte Tagwasser möglichst einzufangen.

Sauger sollen Wege oder offene Gerinne wegen Beschädigungsgefahr nicht kreuzen, sondern entlang geführt und die Kreuzung durch Muffenrohre in Zement oder Steingut ausgeführt werden. Aus ähnlichen Gründen sollen Dräne von Bäumen und Hecken einigermaßen (etwa 15 m) entfernt liegen.

Die Einmündung in den Sammeldrän sei nicht allzu spitzwinkelig.

Quellen im Drängebiet werden gesondert gefaßt und fortgeleitet.

Die möglichst knapp ausgehobenen Dränrohrgräben dürfen wegen Einsturzgefahr nur ganz kurz offen bleiben. Bei 1,25 m Tiefe genügt eine obere Breite derselben im Tonboden von 0,3 m, im Lehm von 0,4 m und im Sand von 0,5 m, während die Sohle gleich dem Rohrdurchmesser ist; zum Schluß wird der Graben mit dem sogenannten Schwanenhals abgeglichen.

Maschinell können die Gräben durch den Drängrabenbagger der Weserhütte oder den Drängrabenfräser von Liezewski ausgehoben werden.

Der Dränrohrpflug von Janert vermag in geringer Tiefe (bis zu 70 cm) Betonrohre kleinen Durchmessers (bis zu 4 cm) mit porösen Wänden gleichzeitig zu erzeugen und zu verlegen. Arbeitsgeschwindigkeit ist 4 m/min. Der Anschluß und das Rohrende muß mit der Hand gemacht werden.

Bei der Maulwurfsdränung nach Vormfelde werden die Sauger mit dem Maulwurfspflug als Hohlgänge gezogen, die aber dann in gewöhnliche Rohrsammeldrän einmünden. Sie ist nur in entsprechend standfesten Böden möglich und entbehrt der auflockernden Wirkung des Grabens, im Gegenteil wird in unmittelbarer Nähe des Dräns der Boden zusammengepreßt. Wegen der Unmöglichkeit die Tiefensteuerung fehlerfrei zu führen, ist das genaue Einhalten des Gefälles schwierig. Über ihre Lebensdauer besteht noch keine Erfahrung. Beide Verfahren sind wegen Gefahr des Zusammendrückens der Kanäle noch nicht einwandfrei und erst in Entwicklung begriffen.

Das Verlegen der schon während der Grabarbeit am Rand bereitgelegten Rohre erfolgt in Richtung des Gefälles, in engen Gräben mit besonderen Legehaken, wobei die Rohre zwecks guten Anschlusses aneinandergestoßen werden.

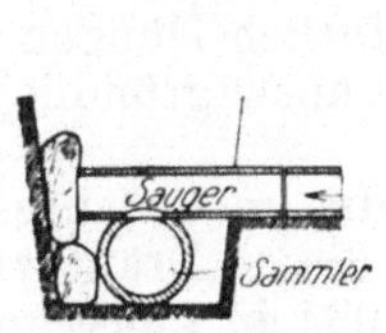

Abb. 185. Einmünden in den Sammeldrän durch einfaches Lochschlagen.

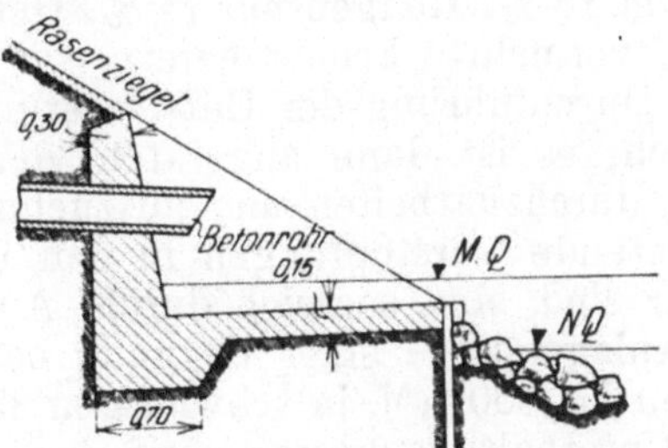

Abb. 186. Ausmünden in den Vorfluter.

(Aus Schoklitsch, Wasserbau II.)

Sämtliche Rohre sind vorher auf ihre Güte zu prüfen und solche mit Sprüngen — am nicht hellen Klang erkennbar — auszuscheiden.

Besonderes Augenmerk gebührt der Einmündung der Sauger in den Sammler, die womöglich von oben her erfolgen soll; deshalb werden die Sammler um etwa eine Rohrweite tiefer gelegt (Abb. 185). Bei einfacher Ausführung werden Öffnungen in die Rohre geschlagen, besser ist aber das Einlegen eines Formstückes (Hakenrohr). Wenn bei Mangel an Gefälle eine seitliche Einmündung nötig wird, ist ein Astrohr als Anschlußstück nicht zu umgehen.

Bietet eine zu weiche Grabensohle dem Rohr keine sichere Unterlage, ist sie durch Einbringen von Kies zu festigen und die Rohre sind auf Bretter oder Latten zu verlegen.

Beim Verfüllen der Gräben muß die fruchtbare Erde zu oberst kommen. Die Rohre sind zuerst vorsichtig mit einer 0,2 m hohen Schicht zu überdecken und dann erst die Gräben zuzuschütten!

Die Ausläufe in den Vorfluter (Abb. 186) sind möglichst hoch über den häufigsten Wasserspiegel anzulegen und so sorgsam herzustellen, daß eine Verschiebung der Ausläufe nicht möglich und eine mutwillige Beschädigung oder ein Hineinkriechen von Tieren hintangehalten erscheint.

Kommt die Ausmündung unter Hochwasser, so ist bei schlammführendem Wasser eine Rückstauklappe unentbehrlich.

Im Anschluß an die Ausmündung sind die Böschungen soweit als nötig zu sichern.

Die Dränarbeiten sind gut zu überwachen, damit Tiefe und Gefälle eingehalten werden, Rohre und Fugen in Ordnung sind und das Zufüllen mit der nötigen Aufmerksamkeit geschieht.

6. Erfolg, Pflege und Kosten der Dränung.

Bei leichtem Boden ist ein Erfolg schon bald, bei schwerem erst nach längerer Zeit zu spüren. Die Bodenwärme steigt infolge der Durchlüftung um 2 bis 5°, das entwässerte Gelände trocknet im Frühjahr rascher aus, so daß es 8 bis 14 Tage eher bestellt werden kann. Der Regen kann besser eindringen, weil der Boden aufgelockert wird; dieser verbesserte Boden nimmt auch mehr Feuchtigkeit auf, die Nährstoffe in größerer Tiefe werden aufgelöst, damit wird der Ertrag wesentlich gesteigert, was gerade in gegenwärtiger Zeit von Bedeutung ist, da sie zu inständigster Ausnützung der heimischen Scholle zwingt. Es wurde beobachtet, daß Weizen um 88 %, Roggen um 74 %, Gerste um 27 %, Hafer und Kartoffel um 73 % vermehrte Frucht liefern.

Nach Durchführung der Entwässerung ist natürlich Düngen auch nicht entbehrlich; es ist dann angeraten, den Boden noch gründlich mit dem Tiefpflug durchzuarbeiten und auszuebnen.

Auftretende Verstopfungen in den Dränen, die an den nassen Stellen erkennbar sind, sind sogleich durch Aufgraben dieser Dräne zu beheben.

Die Anlagekosten einer Dränung betrugen 1934 in günstigen Verhältnissen 250 bis 500 RM, in schwierigen 350 bis 850 RM für 1 ha.

Die Unterhaltungskosten sind bei Dränen aber wesentlich geringer (jährlich 2 bis 6 RM/ha) als bei offenen Gräben.

Wirtschaftlichkeitsberechnungen zeigen, daß hie und da die Anlagekosten einer Entwässerung in 4 bis 5 Jahren getilgt sein können.

B. Bewässerung des Bodens.

1. Aufgaben der Bewässerung.

Wasser ist nicht nur Nährstoff, sondern auch Lösungs- und Transportmittel; es fällt ihm also Anfeuchten in regenarmer Zeit zu, dann Düngen mit Nährstoffen teils in Lösung, teils auch fester Beimengung und schließlich noch eine Art Bodenreinigung durch Auswaschen schädlicher Stoffe, wie Humussäure, Kochsalz und ähnliches. Die Zuleitung warmen Wassers zwecks Erhöhens der Bodentemperatur ermöglicht in manchen Gegenden sogar Winterwachstum (Oberitalien); es bedingt aber die Verdunstung wiederum eine Wärmebindung, so daß damit in Mitteleuropa ein nennenswerter Wärmegewinn nicht zu erwarten ist.

2. Wasserbeschaffenheit und Wasserbeschaffung.

Verwendbar ist jedes Wasser, das frei von schädlichen Stoffen ist; als solche gelten Kochsalz, Soda, Schwefel- und Salzsäure, Eisenverbindungen, Kupfersulfat, arsenige und Karbolsäure, etwaige freie Säuren und Rhodanammonium. Für die Düngung günstige Stoffe enthalten gewöhnlich die fäkalreichen städtischen Abwässer, auch manche Industriewässer, wie die von Brauereien, Zuckerfabriken und Schlachthäusern. Im gut brauchbaren Wasser leben Fische und Frösche, es gedeihen darin Brunnenkresse, Laichkraut, süße Gräser, Wasserfaden und Wasserlinsen, das schlechte saure und sauerstoffarme Wasser zeigt sich im häufigen Auftreten von Binsen, Riedgräsern, Wasserschierling und ähnlichen.

Womöglich wird man zur Bewässerung Tagwässer und in ihrer Ermangelung erst Grundwasser aus Dränen oder Brunnen heranziehen.

Reicht der Zufluß nicht jederzeit, speichert man Hochwasser in Stauwerken für Trockenzeit auf. Derartige Stauanlagen dienen oft noch anderen Zwecken; so wurde die riesige Talsperre am Kolorado (Boulderdam) hauptsächlich zur Bewässerung der kalifornischen Landschaft geschaffen, erzeugt aber auch im angebauten Kraftwerk die hiezu nötige elektrische Energie.

Zur Wasserentnahme ist ein Wehrstau angenehm; ist aber eine Stauanlage nicht zweckdienlich oder liegt überhaupt der Spiegel für eine

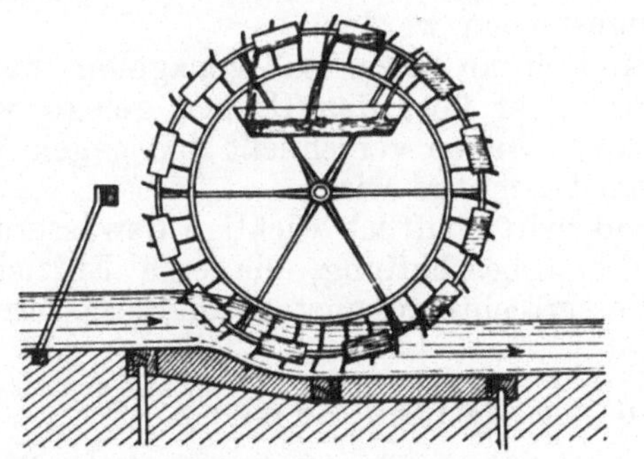

Abb. 187. Schöpfrad.

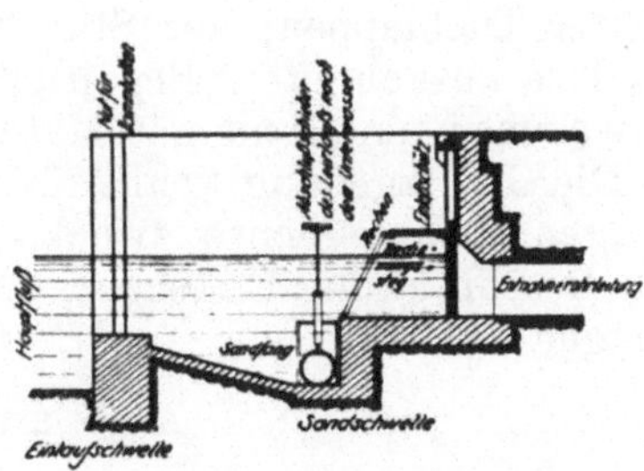

Abb. 188. Einlauf und Entnahmebauwerk.

Wasserentnahme mit natürlichem Gefälle zu niedrig, benötigt man eine mechanische Hebung durch Schöpfräder, Wasserschnecken, Becherwerke oder Pumpen.

Als Schöpfräder waren seinerzeit unterschlächtige Wasserräder beliebt, bei denen seitlich am Radkranz angebrachte Eimer das Wasser aus dem Fluß schöpfen und es oben seitwärts in einen Vorfluter ausgießen; damit werden Hubhöhen von 6 m erreicht (Abb. 187). Wasserschnecken und Becherwerke sind nicht mehr gebräuchlich.

Für größere Hubhöhen kommen meist nur Kreiselpumpen in Frage, die von elektrischen oder Verbrennungsmotoren, mit Dampfkraft oder oft durch Wind angetrieben werden. Die Betriebskraft muß neben der tatsächlichen Förderhöhe noch den Druckverlust in den Zu- und Verteilleitungen, sowie bei Verspritzen noch diese Druckhöhe entsprechend der gewünschten Spritzweite leisten.

An den Stauanlagen ist gegebenenfalls ein Sandfang einzubauen; den Einlauf decken Rechen und Einlaufschütze (Abb. 188).

Die Einlaßschleusen mögen zwecks längerer Lebensdauer in Beton ausgeführt werden. Bei kleineren, öfter vorkommenden derartigen Bauten

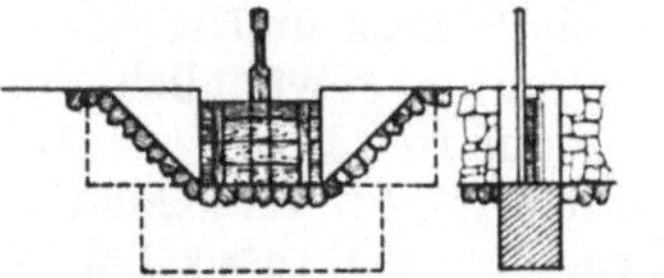

Abb. 189. Hölzernes Einlaßschütz an Bewässerungsgräben.

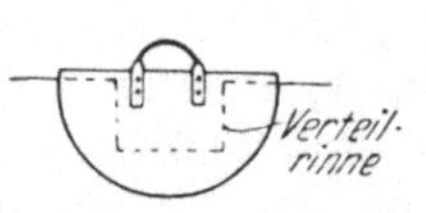

Abb. 190. Eisernes Steckschütz.

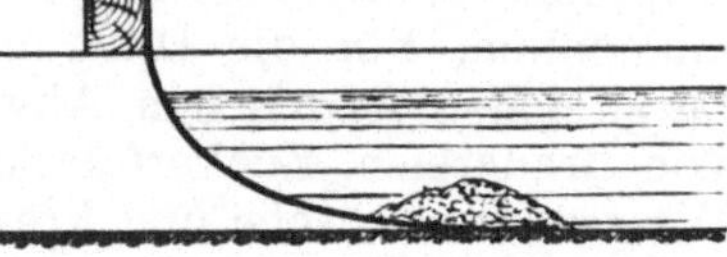

Abb. 191. Segeltuchsperre.

(Aus Schoklitsch, Wasserbau II.)

empfehlen sich einheitliche Formstücke aus Beton; die Schützentafeln aber sind aus Holz (Abb. 189). Es ist ratsam, die Schützen versperrbar einzurichten, um eine unbefugte Handhabung zu unterbinden. Schleusenköpfe sind gegen Unterspülen zu sichern; bei größeren Druckhöhen ist als Kolkschutz eine Pflasterung oder eine Art Tosbecken in Gestalt eines senkrecht eingebauten Betonrohres vorzusehen.

Verteilgräben werden ohne festes Stauschütz einfachst durch Stechschütz oder Segeltuchsperre eingestaut.

Stechschützen (Abb. 190) sind an den Kanten zugeschärfte, stärkere Blechtafeln, etwa 10 cm breiter als der abgesperrte Querschnitt, die in das weiche Erdreich des Grabens eingestochen werden.

Segeltuchsperren (Abb. 191) sind ein an einen Stab genagelter, wasserdichter Tuchlappen; der Stab wird quer über den Graben gelegt, wobei das lose ausgebreitete Segeltuch den Graben verschließt und gegen Wegschwemmen am Rand mit Material beschwert wird.

Die Gesetzgebung kennt für volkswirtschaftlich wichtige Bewässerungsanlagen Zwangsrechte zwecks Wasserbeschaffung, die eine Entziehung und Beschränkung bestehender Wasserrechte zugunsten von Bewässerungsanlagen erlauben.

3. Zu-, Ab- und Verteilleitungen.

a) **Offene Gräben:** Hauptzufluter müssen das gesamte Bewässerungsgebiet beherrschen. In durchlässigem Boden sind Sohle und Böschungen zu dichten, am einfachsten durch Einleitung von schlickreichem Wasser; sicherer ist ein 5 cm dicker Lettenschlag mit Rasenziegelabdeckung gegen Austrocknen. Das Gefälle soll nur eine solche Geschwindigkeit erzeugen, die weder Ablagerungen zuläßt, noch die Wandungen angreift, ansonst wäre die betreffende Strecke zu befestigen.

Verteilgräben bringen den Zufluß an die höchsten Stellen der einzelnen Abteilungen; die Borde mögen daher die Wässerungsfläche um etwa 0,1 m überragen. Bei Wassermangel ist in durchlässigem Boden eine dichte Herstellung in halben Betonrohren oder ähnlich erwünscht.

Einzelne Rieselrinnen besorgen die Wasserausteilung; ihr Querschnitt ist gewöhnlich 10/10 bis 25/25 und läßt das Wasser über seine Ränder übertreten; es wird daher die Überfallkante erst nach dem Volllaufen abgeglichen, so daß sie damit das richtige Gefälle (etwa 1 ‰) bekommt.

Zum Austrocknen des bewässerten Geländes sind im schweren Boden an den Tiefpunkten Entwässerungsgräben einzuziehen.

Offene Gräben sollen tunlichst an den Grundstücksgrenzen liegen, damit sie die Grundstücksbearbeitung nicht stören; ist dies nicht möglich, so haben Dohlen oder Furten die Übergänge zu erleichtern.

b) **Geschlossene Leitungen und Druckrohrleitungen.** Geschlossene Leitungen kommen nur in Frage, wenn unbeteiligte Grundstücke gequert werden; nicht begehbare Kanäle haben behufs Besichtigung an den Richtungsbruchpunkten und bei geraden Strecken in 50 bis 80 m Abstand Einstiegschächte.

Zur Wasserhebung, aber auch zur Wasserverteilung werden am besten gußeiserne Druckrohrleitungen gebraucht. Allzu enge Rohre steigern unnötig die Betriebskosten.

4. Bewässerungsarten.

a) **Grabeneinstau.** Das Fließen in den offenen Gräben wird durch zeitweises Einsetzen der Stauvorrichtungen unterbrochen; die bewässernde Wirkung wird noch erhöht, wenn von den Hauptgräben Beetgräben in 15 bis 20 m Abstand abzweigen. Diese Anordnung ist nur an schwach geneigten Flächen möglich. Die seitliche Ausbreitung des Stauwassers ist natürlich beschränkt, so daß der Erfolg sich nur auf Hebung des Grundwasserspiegels beziehen kann. Der Grabeneinstau wird bei Moorkultur verwendet.

b) **Furchenbewässerung.** Von den Verteilgräben ausgehend werden gleichlaufende, etwa 8 cm tiefe Furchen mit dem Pflug gezogen, in denen das eingeleitete Wasser zum Versickern, aber nicht zum Überlaufen gebracht wird; es sollen alle Furchen gleichviel Wasser erhalten. Das Gefälle der Furchen beträgt 3 bis 5 ‰ und steigt bis 20 ‰. Die Furchen können länger sein, wenn der Boden weniger durchlässig und das Gefälle stärker ist, jedoch nicht über 200 m. Natürlich versickert am Anfang der Furchen mehr als am Ende und neben den Furchen mehr als dazwischen, so daß die Wasserverteilung ziemlich ungleich ist.

Die seitliche Wirkung reicht 0,3 bis 0,4 m, weshalb die Furchen in 0,6 bis 0,8 m Abstand zu legen sind; selbst bei schwerem Boden ist eine Entfernung über 1,0 m unzulässig.

Die Furchenberieselung ist für reihengebaute Pflanzen (Gemüse u. ä.) und ganz besonders für Abwasserverrieselung städtischer Fäkalwässer geeignet. Es tritt dabei eine Wasserverschwendung und auch ein großer Verlust an Anbaufläche ein. Sie ist aber auf stark geneigtem Gelände noch anzuwenden, während sie für welliges Gelände unbrauchbar ist.

c) **Überstauung.** Das ganze Gebiet wird zeitweise künstlich überschwemmt, was nur bei fast ebenen Flächen (unter 2 ‰) in lockerem und warmem Boden möglich ist.

Die einzelnen Staubezirke im Ausmaß bis zu 10 ha sind von Dämmen eingedeicht, an deren talseitigem Fuß der Verteilgraben, bergseitig aber ein Auffanggraben liegt. Wegen Überschlagens der Wellen sind die Dammkronen mindest 0,3 m höher als der Wasserstand in diesem Bezirke; die Dämme haben eine Kronenbreite von etwa 1,0 m und zwei- bis dreifüßige Böschung mit Rasenabdeckung.

Einzelne Inseln dürfen nicht bleiben und sind daher abzutragen; in den Durchstoßpunkten der Zuleitungsgräben durch die Dämme sind die Stauschleusen (Abb. 192).

Das Füllen der Staubezirke fängt gewöhnlich beim untersten an und geht grabenaufwärts weiter, in derselben Reihenfolge wird auch entleert.

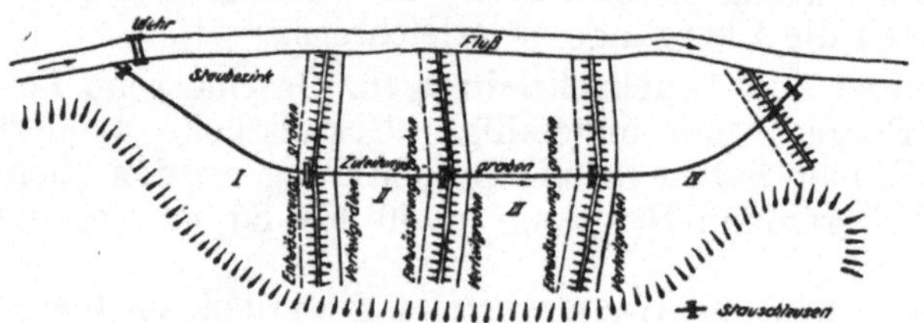

Abb. 192. Überstauung.

Nachteilig ist der langdauernde Luftabschluß, der bei Wiesen ein rauheres Futter erzeugt.

Durch die Überstauung mit schlickreichen Hochwässern wird das Gelände aufgehöht, wodurch ertraglose Schotterflächen mit einer Kulturschicht überzogen werden können.

d) **Stauberieselung.** Diese vermeidet den Übelstand der Überstauung, da das in steter Bewegung befindliche Wasser frischen Sauerstoff mitbringt; im übrigen sind die Staubezirke ähnlich eingerichtet, nur daß die Trenndämme durch Einlegen von Überfällen, Schleusen und Sielen durchbrochen werden und damit dauernd Wasser über die ganze Fläche fließt. Die Überfälle stürzen etwa 5 cm hoch über, ihre Anlage ist zweckmäßig an den Höchstpunkten des Geländes und die Böschung ist dort zu verflachen.

Die Wassertiefe sei nie unter 0,1 m, aber auch nicht über 0,5 m.

Leitdämme sollen das Wasser gleichmäßig verteilen und tote Ecken in den Stauhaltungen ausschließen. Die Staueinrichtung möge auch gestatten, jeder Staufläche frisches Wasser zuzuleiten. Die Stauberieselung nützt düngende Hochwässer günstig aus, aber nur während der Wachstumsruhe; eine Ausnahme macht der Reis, der als Sumpfpflanze während der ganzen Wachtstumszeit überstaut wird.

e) **Überrieselung.** Bei ihr strömt das Wasser in dünner Schicht über den Boden dahin; es ist daher bei stärker durchlässigem Boden größeres Gefälle nötig, weshalb Berieselung hauptsächlich nur für Wiesen in Frage kommt.

Ein gleichmäßiges Gelände mit einem natürlichen Gefälle über 2 % ist ohne weiters für diese Bewässerungsart geeignet, man spricht dann vom „natürlichen Wiesenbau"; ist aber das Gelände erst entsprechend vorzurichten, gelangt man zum sogenannten „Kunstwiesenbau". In beiden Fällen kann es im Hang- oder Rückenbau (Abb. 193 u. Abb. 194) geschehen. Im natürlichen Wiesenbau herrscht erklärlicherweise der Hangbau vor, dagegen gebührt beim Kunstwiesenbau dem Rückenbau der Vorzug.

Beim Hangbau speist der Zuleiter den oberen Rand des Rieselfeldes; in Abständen von 40 bis 50 m sind Verteilrinnen und quer dazu, den Höhenlinien entlang, die Rieselrinnen in 5 bis 25 m Abstand; ihre Entfernung richtet sich nach Durchlässigkeit, Wassermenge und Geländegefälle. Die Hangtafel ist umso breiter, je undurchlässiger der Boden und je größer Gefälle und Wassermenge.

Gegen Versumpfung werden in schwer durchlassendem Boden Entwässerungsrinnen angeordnet, die etwa ½ m bergwärts der nächstfolgenden Rieselrinnen liegen.

Beim R ü c k e n b a u werden die Rücken zwischen 6 und 30 m Breite gewählt, umso breiter, je größer das Quergefälle und je weniger durch-

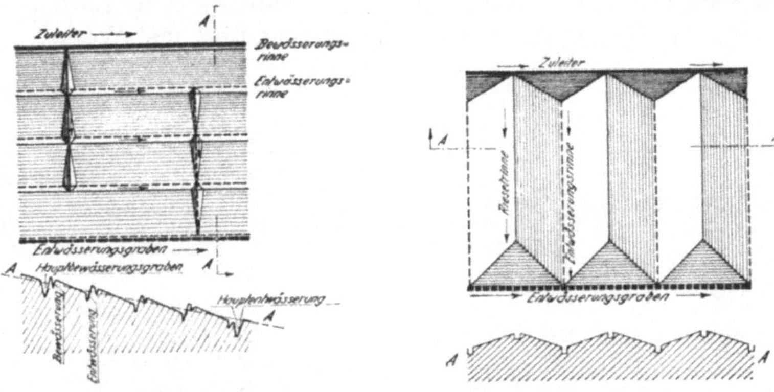

Abb. 193. Hangbau. Abb. 194. Rückenbau.

lassend die Bodenart ist; ihre Länge ist vom Gefälle abhängig und schwankt zwischen 12 und 25 m, das Quergefälle ist in leichtem Boden etwa 60 ‰, in schwerem 40 ‰. Während die Rieselrinnen annähernd waagrecht liegen, sind die Entwässerungsrinnen 5 bis 10 ‰ geneigt.

f) **Spritzbewässerung (künstliche Beregnung).** Diese Art ist vorteilhaft und gewinnt ständig an Beliebtheit, weil sie ohne Umbau des Geländes und meist ohne Änderung an den Kulturflächen angelegt werden kann; das Wasser kann von Hand oder maschinell verspritzt werden.

Die Zuleitungen sind Stamm- und Feldleitungen. Die ersten bestehen aus eisernen Flanschrohren in frostfreier Tiefe, die mit Hydranten ausgestattet werden, an die jeweilig die Feldleitungen angeschlossen werden, die oberirdisch und leicht verlegbar sind.

Bei der H a n d s p r i t z u n g wird an das jeweilige Ende der Feldleitung ein Spritzschlauch gekuppelt, mit dem man bei Strahlweiten von 30 m einen beiderseits der Feldleitung liegenden Streifen von 60 m besprengt. Bei der M a s c h i n e n s p r i t z u n g sind auf die Druckrohre Streudüsen oder Drehsprenger aufgesetzt, die in letzter Zeit weitgehend vervollkommt wurden.

g) **Unterirdische Bewässerung:** In die Sammelstränge einer Dränung werden Stauventile eingebaut, mit denen das Wasser in dem Drän je nach Bedürfnis der Pflanzen zu beliebiger Höhe angestaut wird. Wenn aber eine Dränung den Zweck der Bodenverbesserung hat, ist diese Art unbrauchbar, weil im Frühjahr die Dräne offen sein müssen und sich dann später nicht mehr genug Wasser ansammelt. Zum Ersatz leitet man von oben Wasser in die Dräne. Dränbewässerung ist am Platz, wenn die undurchlässige Schicht in geringer Tiefe liegt.

Ein anderes Verfahren erhöht die Wirkung, indem die Bewässerung selbst oberirdisch geschieht, aber gleichzeitig das in den Boden einsickernde Wasser in den Dränen angestaut wird.

Die Dränstränge können auch mit dem Janertschen Rohrpflug gestaltet werden.

5. Wasserbedarf und Ausübung der Bewässerung.

Der Wasserbedarf ist vom Klima, Boden und Bewässerungsart sowie Wasserbedürfnis der Pflanzen abhängig. Wärme und Niederschlagsarmut der Landschaft, Durchlässigkeit des Bodens und Eindringlichkeit der Bewässerung steigert den Wasserbedarf. Anfeuchtende Bewässerung braucht weniger als die düngende; Bodenreinigung benötigt viel Wasser.

Tab. 7. Wasserbedürfnis der Pflanzen nach Woltmann.
(Deutsche Verhältnisse).

Kulturart	In den Monaten (mm)							Zusammen jährlich (mm)
	Okt. — März	April	Mai	Juni	Juli	Aug.	Sept.	
Gerste	240	30	60	50	60	30	50	520
Kartoffel und Rüben	280	40	50	50	80	65	35	600
Wintergetreide	280	40	70	60	70	40	40	600
Hafer	280	40	70	70	80	40	50	630
Wiesen	300	60	75	60	75	60	40	670
Weiden	320	60	70	70	90	90	70	770

Sandboden etwas mehr, Tonboden weniger.

Der Vergleich mit den Niederschlagshöhen zeigt ungefähr den zu ergänzenden Wasserbedarf für die Bewässerung.

Grundsatz ist nach ausgiebiger Bewässerung auch rasche und gute Entwässerung.

Wiesen werden im Herbst zwecks Düngung, im Frühjahr zur Erwärmung und im Sommer als Anfeuchtung bewässert. Die Frühjahrsbewässerung ist vorsichtig auszuführen, damit sich der Boden nicht erkältet, daher nur dann, wenn die Luft bedeutend kälter als das Wasser ist, also in klaren Nächten gegen Spätfröste.

Bei den Äckern beschränkt man sich im Sommer auf die anfeuchtende Bewässerung in den leichten Sandböden des Ostens; sie geschieht im Spritzverfahren. Die düngende Bewässerung mit Spüljauche auf städtischen Rieselfeldern erfolgt gewöhnlich mittels Furchenberieselung, meist ist aber dabei der Hauptzweck die Abwasserbeseitigung.

6. Erfolg und Kosten einer Bewässerung.

Es lassen sich keine allgemein gültigen Zahlen angeben; für Wiesenbewässerung war in günstigen Fällen eine drei- und mehrfache Ertragssteigerung nachzuweisen. Bei Äckern brachte der Rieselbetrieb mit städtischen Abwässern beste Erfolge im Gemüsebau. Die Bewässerung zeigte beispielsweise für Hafer in einem Trockenjahr einen um die Hälfte höheren Ertrag als in einem nassen Jahr, ebenso stieg bei Kartoffeln im Dürrejahr 1911 der Ertrag um 148% und der Stärkegehalt um 179% gegenüber einem trockenen Jahr.

Die Kosten sind beeinflußt vom Gelände, Größe der Anlage, Materialpreis und Arbeitslohn und schwanken daher in weiten Grenzen.

Anlagekosten je ha (Preise 1914 nach Fauser).

Überstauung	von 50	bis	300	RM
Stauberieselung	„ 150	„	500	„
Natürlicher Hang- und Rückenbau	„ 150	„	600	„
Kunstwiesenbau	„ 300	„	1200	„
Bespritzung	„ 100	„	500	„
Staudränung und oberirdische Bewässerung	„ 300	„	800	„

Die jährlichen Unterhaltungs- und Betriebskosten.

Überstauung und Stauberieselung	6	bis	10	RM/ha
Berieselung	15	„	40	„ „
Bespritzung	15	„	30	„ „

Die hohe Rentabilität der Wiesenbewässerung steht zweifellos fest, die Ertragsteigerung beträgt im Hang- und Rückenbau im Hügelland bis 50%, im Gebirge bis 100%; aber auch die Ackerbewässerung ist ertragreich, insbesondere bei Rieselbetrieb mit Spüljauche für Gemüsebau.

IV. Stauwerke.

Allgemeines.

Stauwerke nennt man Wehre, wenn bei verhältnismäßig kleinem Aufstau gegenüber dem damit rückgehaltenen Durchfluß hauptsächlich ein Heben des Wasserspiegels zur Wasserentnahme oder Fließtiefenvergrößerung oder ein Zusammenfassen des Gefälles zur Geschwindigkeitsminderung oder Wasserkraftnutzung bezweckt wird; sie heißen Talsperren, falls größere Stauhöhen bei verhältnismäßig kleinerem aufgestauten Durchfluß in erster Linie der Wasserspeicherung dienen. Eine scharfe Grenze zwischen Wehren und Talsperren gibt es nicht.

Da beim Bruch einer Talsperre die losgelassenen Wassermassen die Unterlieger sehr gefährden können, bestehen besondere Talsperren-Vorschriften, in denen auch ihr Begriff festgelegt ist. So bestimmte die österreichische Staubeckenverordnung als Mindestmaße einer Talsperre eine Höhe von 4 m und einen Staurauminhalt von 30.000 m^3, die deutsche Talsperrenordnung 5 m Höhe und 100.000 m^3 Stau-Inhalt und die preußische Anleitung zum Bau von Talsperren 10 m Höhe und 500.000 m^3 Beckeninhalt.

Der Stauwerkseinbau stört das bisherige Flußregime weitgehendst, besonders Feststoffführung und Grundwasserverhältnisse, was vorher gut zu bedenken ist.

Stauraumbemessung.

Bei den als Wasserspeicher dienenden Stauwerken gilt ein Hauptaugenmerk dem Stauraum.

Das Verhältnis von Staurauminhalt J zum Produkt aus überstauter Fläche F mal größter Stauhöhe H nennt man die Güteziffer des Stauraumes η:

$$\eta = \frac{J}{F \cdot H}$$

sie kennzeichnet die Beckenform und schwankt zwischen 0.15 bei engen, steilen V-Tälern und 0.85 bei Seeaufstau.

Einige Beispiele von Güteziffern:

Eddertalsperre	(Flußtal im Flachland)	$\eta = 0.40$
Tauernmoossperre	(Gebirgskessel)	$= 0.57$
Walchensee	(Seeaufstau)	$= 0.81$

Eine andere Bewertung geschieht durch Vergleich des Staubeckeninhaltes mit der Talsperrenkubatur; je größer die Zahl ausfällt, umso günstiger ist die Talsperre. Unerreicht vorteilhaft ist der Boulderdamm mit dem 14.000 fachen Wasserinhalt, während eine der günstigsten mitteleuropäischen Sperren am Tauernmoos nur 785 mal soviel Wasser zurückhält, als der Mauerinhalt beträgt.

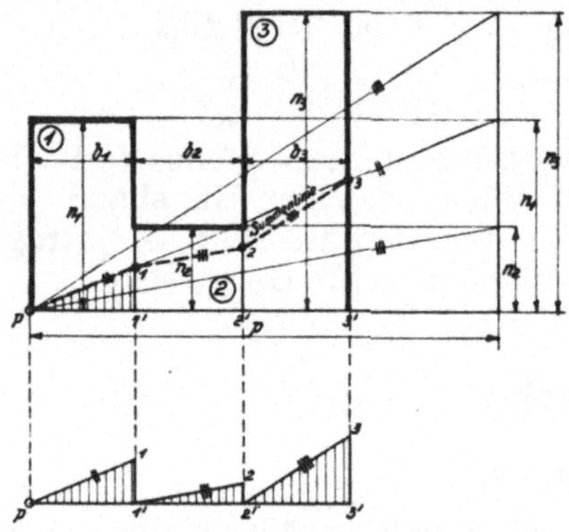

Abb. 195. Summenlinienverfahren.

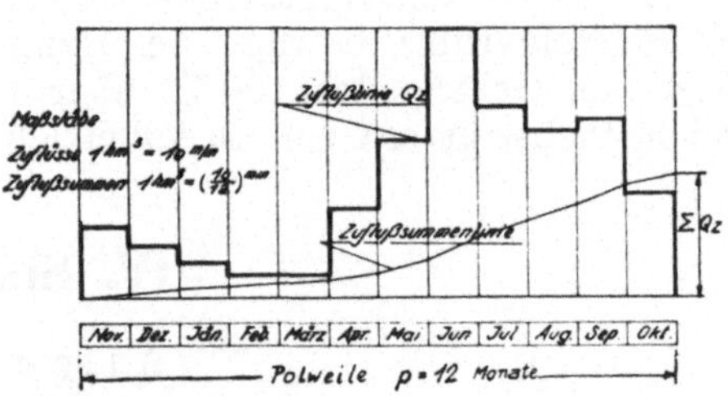

Abb. 196. Ganglinie der monatlichen Zuflußmengen und Zuflußsummenlinie.

Das Staubecken kann dem Hochwasserschutz, Sammeln und Verteilen von Nutzwasser für Wasserversorgung von Ortschaften und Bewässerung, als Ausgleichsweiher der Wasserführung im Flusse oder als Kraftwasserspeicher dienen; häufig sind mehrere Absichten vereint, dann liegt zuoberst das Kraftwasser und darunter das Trinkwasser, während zuunterst ein ungenützter Wasserrest als sogenannter „toter Raum" verbleibt, welcher bei Geschiebe- und Sinkstofführung der Verlandung anheimfällt.

Soll bei einem Weiher ein vollkommener Ausgleich der Wasserführung erzielt werden, ist der Stauraum für den größten Unterschied zwischen Gesamtzufluß und Gesamtabfluß während des bestimmten Zeitraumes zu bemessen. Die Zuflußsumme ergibt sich aus den natürlichen Zuflüssen, die Abflußsumme aus den Bedingungen über den Aufbrauch des Speicherwassers.

Am Ende eines Speicherzeitraumes, wenn der Speicher entleert ist, muß jedenfalls die Abflußsumme gleich der Zuflußsumme sein.

In anschaulicher Art wird die Speicherwirtschaft durch die Summenlinien dargestellt.

Bemerkung: Das Summenlinienverfahren (Abb. 195). Man zählt Rechtecke zusammen, die auf gemeinsamer Grundlinie aufsitzen; der Polstrahl von P zu der die Rechteckshöhe darstellenden Ordinate n_1 im Abstand der Polweite p kennzeichnet das Ansteigen der Summenlinie im Bereich des betrachteten Rechteckes. Damit ist die Linie P 1 die Summenlinie des ersten Rechteckes und die Ordinate 1 1' am Ende der Breite b_1 gibt ein Maß der Fläche dieses Rechteckes ($F = n_1 . b_1$) im Summenlinienmaßstab μ_Σ gemessen. Ähnlich findet man die Summenlinie der folgenden Rechtecke. Reiht man die Teilsummenlinien durch Parallelverschiebung aneinander, entsteht ein ansteigender Linienzug, der die Summe der einzelnen Rechtecksflächen darstellt.

Der Maßstab der Summenlinie ist aus dem Verhältnis $P1' : p = 1\,1' : n_1$ zu rechnen, worin $1\,1' = b_1 . n_1$ im Summenlinienmaßstab μ_Σ und n_1 im Ordinatenmaßstab μ_n einzusetzen ist; da $P1' = b_1$ ist, ergibt sich demnach $b_1 : p = b_1 . n_1 . \mu_\Sigma : n_1 . \mu_n$ und daraus der Summenlinienmaßstab $\mu_\Sigma = \frac{\mu_n}{p}$.

Im Beispiel (Abb. 196) ist ein Speicherzeitraum von einem Jahr (12 Monate) angenommen; die monatlichen Zuflüsse Qz hm^3 sind gegeben. Man zeichnet die Summenlinie mit der Polweite $p = 12$ Monate und erhält einen

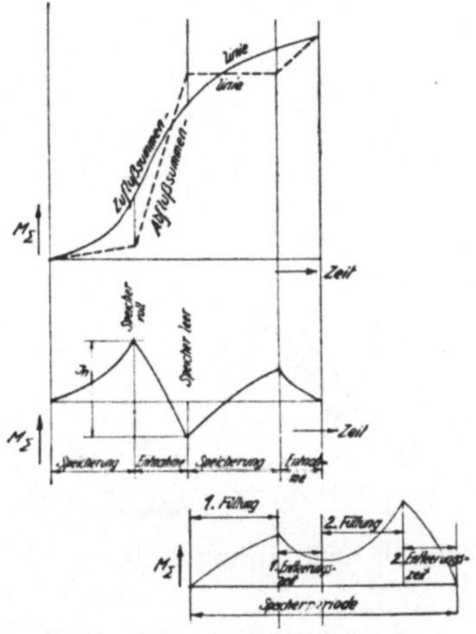

Abb. 197. Speicherwirtschaft.

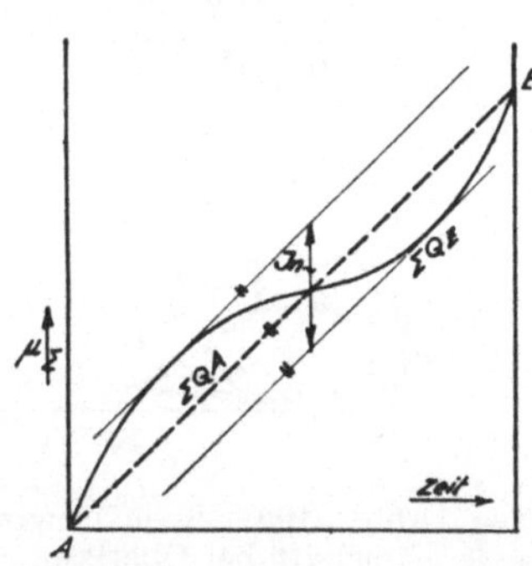

Abb. 198. Speicherwirtschaft bei gleichmäßig verteiltem Abfluß.

ansteigenden Linienzug, dessen jeweilige Ordinate die Summe aller Zuflüsse bis zu diesem Zeitpunkt anzeigt und im Summenlinienmaßstab μ_Σ abzulesen ist. Dieser Maßstab ist durch die Polweite p und den Ordinatenmaßstab der Zuflüsse μ_{qz} gegeben.

$$\mu_\Sigma\,[hm^3] = \frac{\mu_{qz}\ [hm^3]}{12}$$

Theoretisch ist jede Abflußsummenlinie möglich, die Anfangs- und Endpunkt mit der Zuflußsummenlinie gemeinsam hat und deren größter Ordinatenabstand über die Zuflußsummenlinie nicht höher hinaufsteigt als der größte unter sie hinabreicht (Abb. 197).

Reduziert man die Zuflußsummenlinie auf die Abflußsummenlinie, indem man diese als Abszissenachse nimmt — man bildet dadurch ($\Sigma Q_Z - \Sigma Q_A$), erhält man damit die Ganglinie des Speichers; ihr Anstieg bedeutet Speicherung, ein Abstieg Entleerung. Die größte Ordinate gibt den für diese Speicherwirtschaft notwendigen Speicherinhalt.

Es ist klar, daß man nicht mit Entnahmen anfangen kann, daher ist der Anfang des Speicherzeitraumes an den tiefsten Punkt der Speicherganglinie zu verlegen, wann also der Speicher leer ist und sich zu füllen beginnt.

Die Speicherwirtschaft ist durch den vorhandenen Speicherinhalt J und durch die Art der Abflußlinie vorgeschrieben. Manchmal wünscht man einen über den ganzen Speicherzeitraum gleichmäßig verteilten Abfluß; dabei bildet die Abflußsummenlinie eine Gerade (Abb. 198), die Anfang und Ende der Zuflußsummenlinie (ΣQz) verbindet. Der lotrechte Abstand zwischen den äußersten zur Abflußsummenlinie (ΣQ_A) parallelen Tangenten an die Zuflußsummenlinie gibt den hiezu notwendigen Speicherinhalt J.

Um Irrtum auszuschließen, ist in anderen Fällen immer die oben erwähnte Deduktion auf die als Abszissenachse gedachte Abflußsummenlinie zu empfehlen.

Reicht aber der vorhandene Speicherraum J für diese Wasserwirtschaft nicht aus, tritt ein Überlauf aus dem Becken ein und für die Speicherung geht die überfallende Wassermenge (ΣQü) verloren, die von der Zuflußsummenlinie in Abzug zu bringen ist; daher liegt die Linie für die weitere

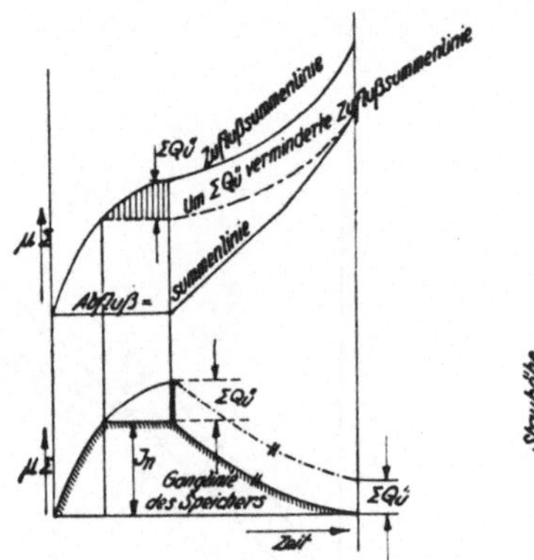

Abb. 199. Speicherwirtschaft bei Überlauf.

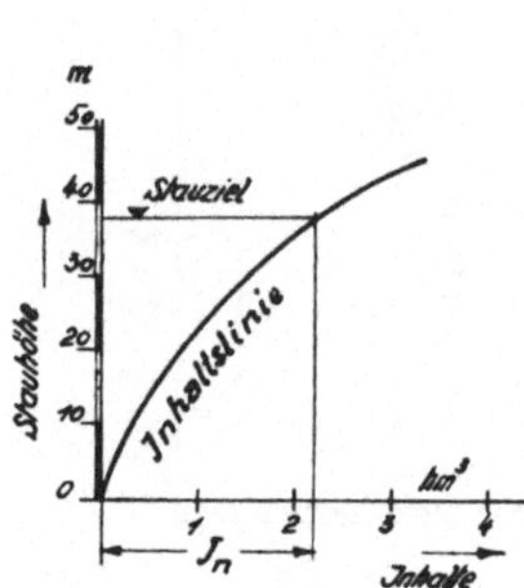

Abb. 200. Inhaltslinie.

Speicherwirtschaft um den Betrag ΣQü gleichlaufend unterhalb der früheren. Um diesen Betrag ist die Abflußsumme schließlich kleiner als der Gesamtzufluß ($\Sigma Q_A = \Sigma Q_Z - \Sigma Q_Ü$) (Abb. 199).

Man ermittelt die I n h a l t s l i n i e des Staubeckens, indem man den Inhalt der einzelnen Höhenschichten berechnet (Abb. 200). Ist gemäß Speicherwirtschaft der Speicherraum J_n notwendig, erkennt man aus der Inhaltslinie das zugehörige Stauziel. Ist umgekehrt nur eine bestimmte Stauhöhe zulässig, so ist der daraus abgeleitete Speicherinhalt für die Speicherwirtschaft maßgeblich.

Im richtigen Abwägen legt man endlich das Stauziel und damit die Höhe des Stauwerks fest.

A. Wehre. [12])

Wehranlagen bestehen als feste und bewegliche, sowie Heberwehre.

Während an festen Wehren das Stauziel vom jeweiligen Durchfluß abhängt, läßt es sich bei beweglichen willkürlich regeln. Heberwehre vermögen den Stau ziemlich genau einzuhalten.

Die Wehrachse ist die Richtung der Überfallkante, die Wehrbreite der Abstand in Wehrachse zwischen beiden Ufern und die Wehrlänge die Ausdehnung in Flußrichtung. In der Regel ist die Wehrachse gerade und senkrecht zur Flußrichtung; reicht aber die Wehrbreite zur Überleitung der Wassermenge nicht mehr aus, so verlängert man sie durch Schrägstellen, Knicken, Bogenform oder auch mehrmaliges Brechen der Wehrachse

[12]) K e l e n, Wehre und Sohlabstürze, Wien, 1925.

(Abb. 201). Bei größerem Hochwasser genügt diese verlängerte Wehrachse häufig auch nicht mehr, sodaß man zu eigenen Streichwehren und beweglichen Stauvorrichtungen Zuflucht nimmt.

Die Wehrwangen binden das Wehr ins Ufer ein, sie müssen flußab und flußauf besonders geschützt sein, damit das Wehr nicht umgangen werden kann; Uferdeckwerke sollen sich noch auf eine Länge von mindest zwei Flußbreiten anschließen und gleichzeitig mit dem Wehrbau soll der Fluß insbesondere flußab geregelt werden.

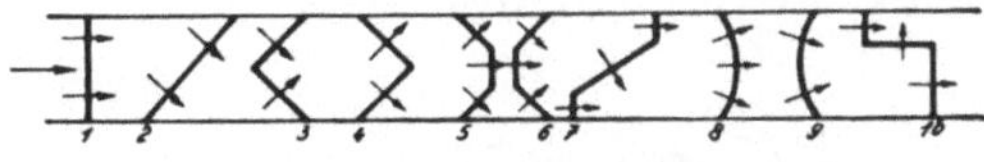

Abb. 201. Stellung der Wehrachse zur Flußrichtung.

Da der Wasserstrahl senkrecht zur Wehrkante überfällt, greift er in Verfolgung seiner Fließrichtung möglicherweise die Ufer an. Die aus dem Wehrgefälle freiwerdende Leistung gräbt unterhalb am Wehrfuß einen Kolk (Abb. 202), der die Wehrgründung durch Unterhöhlen von der Unterwasserseite her mit Einsturz bedroht; dagegen ist das Wehr mittels Schutzbauten und Energievernichter zu sichern und genügend tief zu gründen.

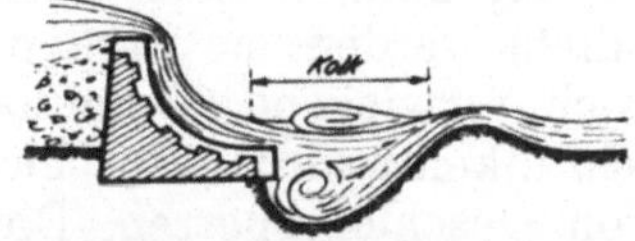

Abb. 202. Ältere Wehrform mit gefährlichem Kolk (Dracwehr).

Abb. 203. Schußwehr als Überfall- und als Grundwehr.

1. Feste Wehre.

Feste Wehre sind Staukörper ohne abnehmbare oder bewegliche Teile; das Stauziel kann nicht genau eingehalten werden, weil der Oberwasserspiegel vom Durchfluß abhängt. Mangels eines Grundablasses halten feste Wehre auch das Geschiebe zurück und verlanden. Je nachdem die Wehrkrone ober oder unter dem Spiegel des Unterwassers liegt, spricht man von Überfall- oder Grundwehr. Letztes heißt auch Sohlschwelle (Abb. 203).

Löst sich der Überfallstrahl an der Wehrkrone vom Wehrkörper ab und stürzt als Wasserfall herab, nennt man diese Wehrform ein Sturzwehr

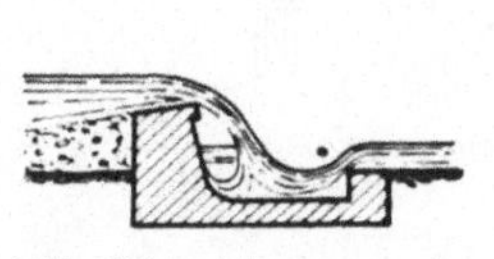

Abb. 204. Absturzwehr.

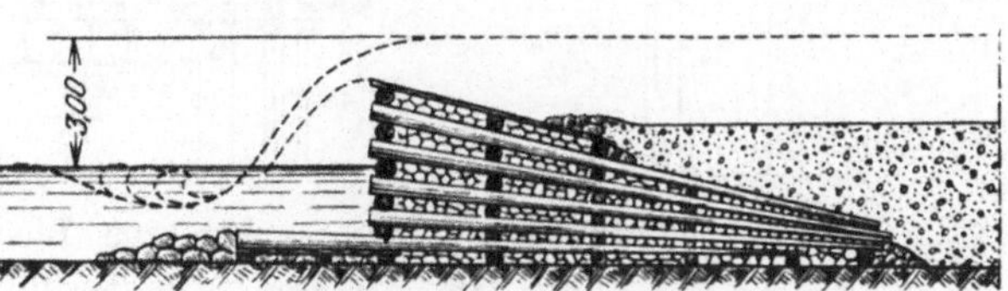

Abb. 207. Steinkastenwehr. (Aus Schoklitsch, Wasserbau II.)

(Abb. 204); liegt dagegen der Strahl ständig am Staukörper auf, wobei er infolge der steilen Neigung des Wehrrückens in schießende Bewegung gerät, heißt es Schußwehr.

Feste Wehre sind in Holz-, Stein- bzw. Beton- oder auch Stahlbauweise, für Dauerbauten aber kommt allein Stein oder Beton in Frage.

a) Hölzerne Wehre. In einfachster Art werden als Sohlschwellen eine oder mehrere Sinkwalzen (Faschinen, wie sie im Flußbau verwendet werden) neben oder auch übereinander geworfen und durch Pfähle gestützt, womit ein geringer Aufstau des Baches erzielt wird. Die Faschinen werden heute oft durch Drahtgitterkörbe ersetzt (Abb. 205).

In etwas veränderter Form für Felssohle geeignet, wird aus Faschinen und Spreitlagen ein Stauwehr (Abb. 206) gebaut. Durch Stapelschlichtung von Rundhölzern, Ausfüllen und Beschweren mit Steinen entsteht das Steinkastenwehr (Abb. 207).

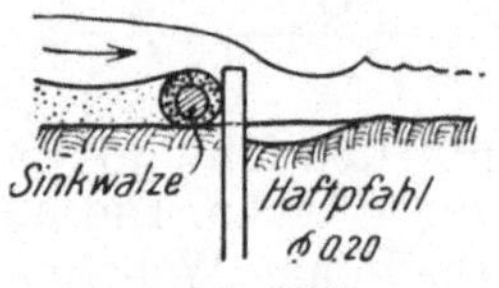

Abb. 205. Einfache Sohlschwelle.

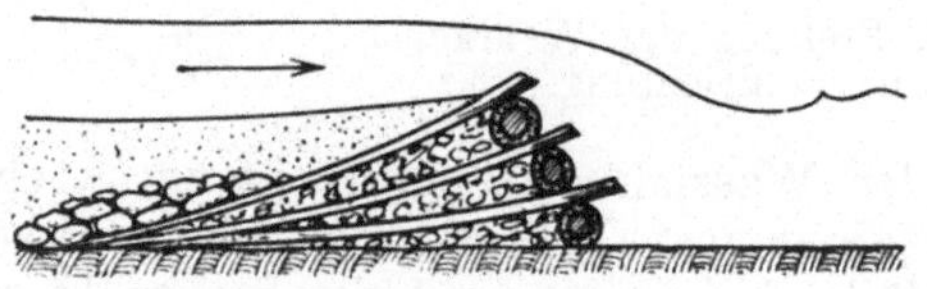

Abb. 206. Buschwehr aus Faschinen und Spreitlagen.

(Aus Schoklitsch, Wasserbau II.)

Derartige Wehrbauten sind wasserdurchlassend, können aber infolge Verschlammens im Lauf der Zeit einigermaßen dicht werden; sie werden in der Wildbachverbauung angewendet, wenn es sich vorwiegend darum handelt, starkes Gefälle auf einzelne Stufen zu beschränken und das Geschiebe zu sammeln — in diesem Fall spricht man von Geschiebesperren. Diese Bauweise wird dort auch durch die reichlich an Ort und Stelle vorhandenen Baustoffe Holz und Stein begünstigt.

Soll jedoch ein Wehr dicht sein, weil der Zweck eine Wasserfassung ist, bewerkstelligt es als einfachste Form ein Spundwandwehr (Abb. 208), falls sich eine hölzerne Spundwand in den Boden treiben läßt; diese Stauwand muß, sollen Sickerungen möglichst vermieden werden, bis an die undurchlässige Schicht reichen. Gegen Unterspülen sichert unterwasserseitig eine Berollung mit großen Steinen oder ein Bohlenbelag.

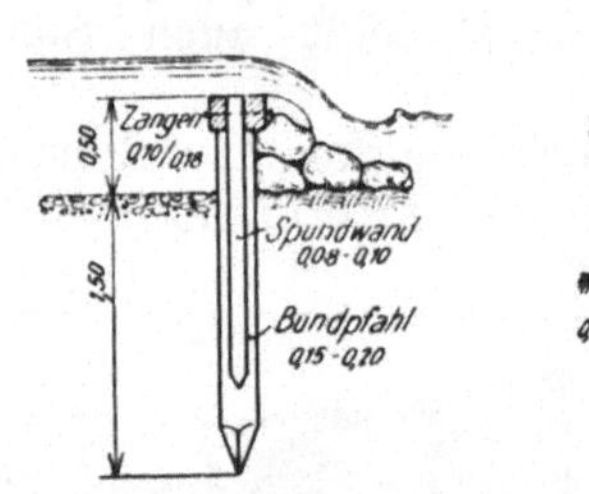

Abb. 208. Spundwandwehr.

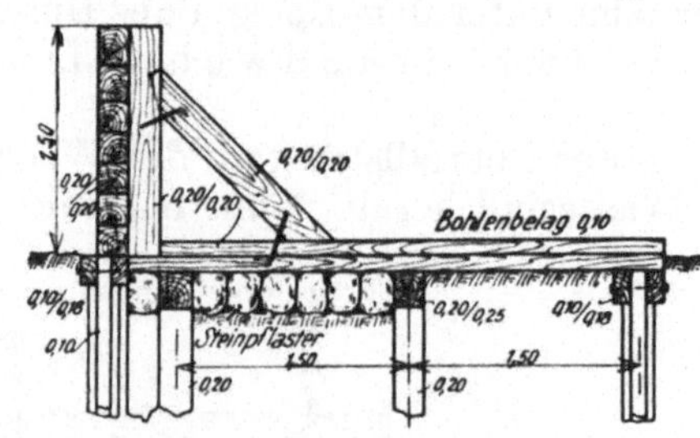

Abb. 209. Blockwandwehr.

(Aus Schoklitsch, Wasserbau II.)

Für einfache Wehre von Bauernmühlen an kleinen Bächen dient oft ein Blockwandwehr (Abb. 209); damit ist natürlich nur ein geringer Aufstau (etwa 1.5 m) zu erzielen, auch fallen sie leicht der Zerstörung durch Hochwasser anheim.

Eine größere und verbesserte Form eines Wehres ländlicher Bauweise zeigt Abb. 210; der Schußboden ist manchmal zwecks Energievernichtung stufenförmig. Diese Bauart erlaubt Stauhöhen bis 5 m und mehr.

Holzwehre haben beschränkte Lebensdauer; sie sind also behelfsmäßig und nur dort auszuführen, wo der Baustoff Holz vorherrschend ist.

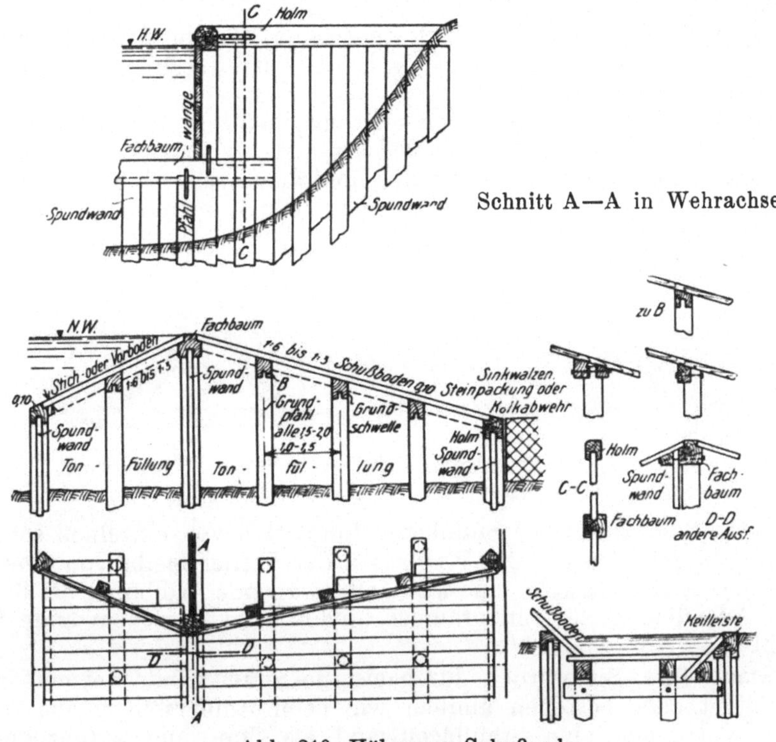

Abb. 210. Hölzernes Schußwehr.
(Aus Schoklitsch, Wasserbau II.)

b) Stein- und Betonwehre. Aus den verschiedenen Wehrformen mit massiven Staukörper hat sich als geeignetste jene erwiesen, deren Wehrkörper einem dem Wasserdruck entsprechenden Dreieckquerschnitt besitzt und an den sich unvermittelt ein Energievernichter in Gestalt eines Tosbeckens anschließt (Abb. 211).

Der Wehrkörper soll so gestaltet sein, daß die Resultierende aller angreifenden Kräfte im Kern bleibt und das Wehr in der Bodenfuge nicht

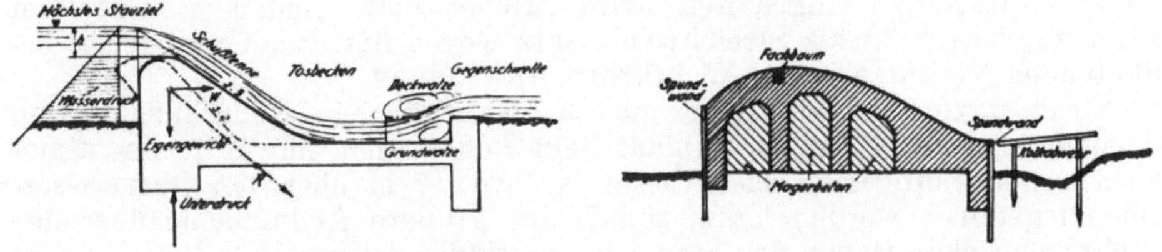

Abb. 211. Wehrform eines Schußwehres mit Tosbecken (Sparbauweise strichliert).

Abb. 212. Wehrform „Eselsrücken“.

weggeschoben wird; nicht vernachlässigbar ist der Auftrieb (Unterdruck) unter dem Wehr infolge Durchsickerung, über den bei Berechnung der Talsperren noch zu sprechen sein wird. Gewöhnlich wird das Wehr kräftiger ausgeführt als es die statische Berechnung verlangt.

Die Wehrkrone ist mit einem Halbmesser von mindest etwa $^1/_3$ bis $^1/_2$ der Überfallshöhe h ausgerundet, um eine hydraulische Bestform zu erzielen.

Bei dem Eselsrücken (Abb. 212) genannten Wehrprofil wird manchmal die Schußtenne mit rauhen Platten belegt, um durch erhöhte Reibung Energie zu verzehren.

Neuerdings treten Wehrformen mit ausgehöhltem Wehrkörper in den Vordergrund, weil damit Material gespart und der Baustoff besser ausgenützt wird, hauptsächlich aber, um die Hohlräume zum Einbau eines Kraftwerkes zu benützen. Hiezu eignet sich die von Ambursen (Abb. 213)

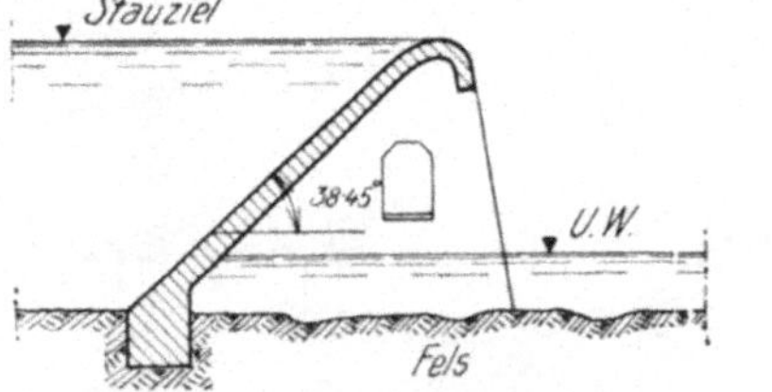

Abb. 213. Ambursenwehr.
(Aus Schoklitsch, Wasserbau II.)

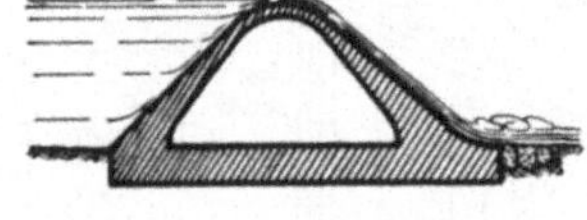

Abb. 214. Hohlkörperwehr.

ausgeführte Bauart, bei der Stahlbetonstauplatten von einzelnen schmalen Pfeilern getragen werden. Bei Weglassen der Pfeiler bleibt von einem geschlossenen Ambursenwehr eine sich selbsttragende Wölbung, bei der nun die der Ausnützung des Innenraumes hinderlichen Zwischenwände fehlen (Abb. 214).

c) Stahlwehre. Sie werden durch eiserne Spundwände verschiedenster Art gebildet oder bestehen ähnlich wie beim Ambursentyp aus Gerüstpfeilern, vor denen eine Stahlblechwand als Stauwand aufgezogen ist. Wegen der Rostgefahr hat sich der Stahl für Dauerausführungen nicht bewährt. Die Stahlspundwände haben ihre größte Bedeutung beim Wehrbau als Behelfsstauwerke während des Baues erlangt. In diese Gruppe wären auch die im Grundbau erwähnten Kasten- und Zellenfangdämme einzureihen.

2. Heberwehre.

Am unangenehmsten empfindet man bei festen Wehren, daß das Stauziel nicht eingehalten wird. Man erreicht durch Einlegen von Hebern über die feste Wehrkrone einen Fortschritt, weil damit das Stauziel ziemlich genau selbsttätig eingehalten wird. Heberwehre finden weniger im Fluß, sondern mehr als Streichwehrersatz wegen der damit möglichen bedeutenden Verkürzung der Wehrkrone Anwendung.

Grundsätzlich ist ein Heber nichts anders als ein Rohrkanal, dessen Ausmündung tiefer als der Einlauf liegt und in dem mit Hilfe des atmosphärischen Luftdrucks das Wasser bis etwa 7 m über den Oberwasserspiegel gehoben werden kann, sodaß eine größere Abflußfläche über der Wehrkrone ohne Heben des Stauzieles verfügbar ist.

Wesentlich ist hiebei Luftabschluß der Rohrleitung, ein selbsttätiges Anspringen, wenn das Stauziel überschritten wurde und auch ein Abreißen des Durchflusses, wenn wieder bis dahin abgesenkt ist.

Der Heberkanal ist zumeist aus Stahlbeton, wobei die Decke für die volle Last des äußeren Luftdrucks (10 t/m^2) berechnet wird. Der Heberquerschnitt ist gewöhnlich rechteckig (Abb. 215). Beim Ansteigen des

Oberwassers über das Stauziel reißt das über die Heberkrone in dünnen Strahlen fließende Wasser aus dem noch lufterfüllten Heberschlauch Luft mit, bis darin allmählich eine Luftverdünnung entsteht, die ein Steigen des Wassers unter der Heberhaube bewirkt, womit wieder der Überfall stärker wird. Schließlich springt schlagartig der Heber an, indem das hereinschießende Wasser die letzte Luft entführt. Damit kommt ein Abfluß zustande, der dem Auslaufquerschnitt F_A multipliziert mit jener Geschwindigkeit entspricht, die sich aus dem Höhenunterschied H zwischen Ober- und Unterwasser, vermindert um die Widerstandshöhen h_v infolge Reibung und anderer Rohrleitungsverluste ergibt.

$$Q = F_A \sqrt{2g\,(H - h_v)}$$

Während der oberwasserseitige Luftabschluß durch die Lage der Heberschnauze unter dem Wasserspiegel gesichert ist, kann am unteren Ende entweder die Auslaufschnauze ins Unterwasser tauchen oder eine an einer Nase im Heberschlauch abschnellende Wasserwand (nach Heyn) den Heber gegen Luft abschließen. Das Fließen hört auf, wenn wieder Luft eindringt. Sobald der Höhenunterschied größer als die barometrische Druckhöhe wird, muß der kontinuierliche Fluß im Heberschlauch durch ein der wachsenden Geschwindigkeit entsprechendes Verengen der Auslaufschnauze zusammengehalten werden. Den Wasseranstieg bis zum Anspringen des Hebers heißt man die Toleranz (etwa 5 bis 10 cm).

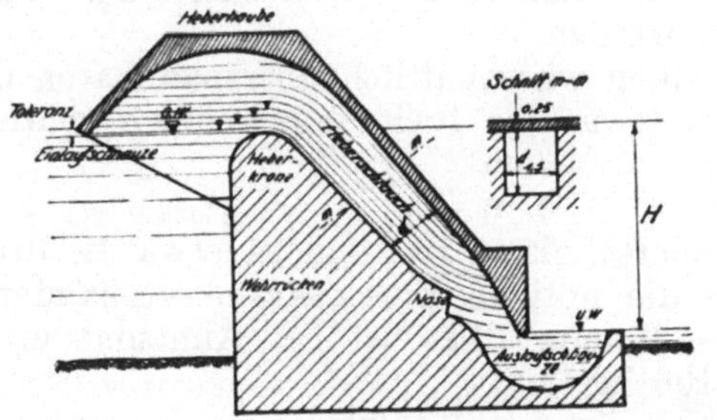

Abb. 215. Heberwehr.

Abb. 216. Gregottiheber

Unwirksam wird der Heber infolge Vereisen, dem man durch Tieferführen der Heberschnauze begegnet; damit aber dann das Oberwasser nicht allzu tief abgesaugt wird, regelt ein Belüftungsrohr, das auf das Stauziel eingestellt ist, das Abreißen. Auch dachte man daran, den Heber elektrisch zu heizen. Wegen Eiserschwernis sind Heber bisher mehr in südlichen Ländern im Gebrauch.

Der von Gregotti konstruierte Heber kann auch Schlamm und Sinkstoffe abführen (Abb. 216).

3. Bewegliche Wehre.

Um Stauregelung, Hochwasserabfuhr, Ablassen von Eis und teilweise Abkehr von Verlandungsstoffen herbeizuführen, müssen entsprechende Wehrausschnitte zum gegebenen Zeitpunkt freigegeben werden; von ihren Verschlußeinrichtungen wird hohe Betriebssicherheit bei möglichst geringem Kraftaufwand verlangt.

Während bei Stauhaltung allein die Wasserdichtheit des Verschlusses meist keine Rolle spielt, wünscht man bei Wassernutzung keine Wasserverluste und daher den Wehrverschluß möglichst dicht. Eis- und Geschiebeabfuhr verlangen entsprechende Einrichtungen. Die Verschlüsse können entweder von Hand oder mit Maschine oder etwaigen Einsetzkranen, aber auch selbsttätig durch Wasserdruck betätigt werden.

Der über- und unterströmende Wasserstrahl bringt weitgespannte, bewegliche Verschlüsse in bedrohliche Schwingungen; es soll daher der gleichmäßig hinwegstreichende Strahl durch Ansätze am Staukörper unregelmäßig zerteilt werden.

a) Dammbalken. Der einfachste Wehrverschluß ist, vor die Öffnung Balken aus Holz oder bei größeren Lichtweiten Stahlträger oder Stahlkonstruktionen zu legen, welche in lotrechten Nuten der Seitenwände von oben her eingeschoben werden (Abb. 217). Die Fugen zwischen den einzelnen Balken werden durch Einstreuen erdiger Stoffe ins Oberwasser abgedämmt, sodaß eine wasserdichte Wand entsteht. Der Einsatz der Dammbalken ist zeitraubend, auch wenn eigene Versetzkrane vorhanden sind. Daher ist dieser Verschluß nur behelfsmäßig geeignet und wird hauptsächlich als Notverschluß vor anderen beweglichen Verschlüssen angewendet, wenn diese im Falle einer Instandsetzung trocken gelegt werden sollen. Man soll daher bei beweglichen Wehren nie auf diese Nuten in genügender Entfernung vor dem Hauptverschluß vergessen, obwohl durch sie die hydraulischen Verhältnisse um etwa 5 % verschlechtert werden.

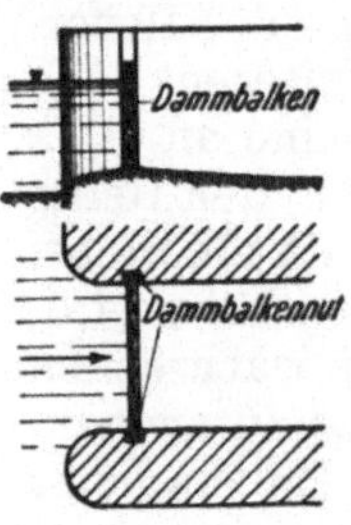

Abb. 217. Dammbalkenverschluß.

Die mit hölzernen Dammbalken wirtschaftlich überspannbaren Öffnungen können bei 2 m Tiefe bis etwa 7 m breit angenommen werden,
„ 3 m „ „ „ 6 m „ „ „
„ 4 m „ „ „ 5 m „ „ „

Bei Stahlprofilen oder Kastenquerschnitten in Stahl ist etwa die dreifache Öffnungsweite möglich, wenn die nötigen Einsatzkrane vorhanden sind.

Die Mindestdicke hölzerner Dammbalken ist bei Annahme einer zulässigen Beanspruchung von 100 kg/cm²

$$d^{(cm)} = 2.7\, L^{(m)} \sqrt{H^{(m)}}$$

b) Nadelwehre. Die Stauwand bilden Mann an Mann gestellte Stäbe (sogenannte Wehrnadeln), meist aus Holz, seltener Stahlrohre, die sich an der Sohle gegen einen Anschlag und ober Wasser gegen einen waagrechten Balken oder Rohr, die Nadellehne stützen (Abb. 218). Die Nadellehne wird von quer zum Fluß umlegbaren Stahlgerüsten, den Wehrböcken, getragen, über die ein Bedienungssteg, gleichzeitig die Verbindung und seitliche Stütze der Wehrböcke, führt. Die Wehrböcke drehen sich um Gelenke an der Sohle; sie werden vom Ufer aus durch Windenzug umgelegt und aufgerichtet.

Bei herannahendem Hochwasser werden die Nadeln etwas angehoben, wodurch sie die untere Stütze verlieren und aufschwimmen, sodaß sie leicht herausgehoben und ans Ufer getragen werden können. Da dies von Hand aus geschieht, dürfen sie nicht zu schwer sein, woraus sich die Anwendung dieser Wehrform mit einem größten Aufstau von etwa 3 m begrenzt. Nach Beseitigen der Nadellehne werden nun die die Wehrböcke verbindenden Stahlblechstege ausgehängt; sie sind durch eine Kette mit dem nächsten Wehrbock verbunden. Wird durch die am Ufer stehende Winde ein Wehrbock aufgerichtet oder umgelegt, so zieht er den nächsten nach, wobei die Bockgerüste um ihre Sohlgelenke gedreht werden. Die am Boden niedergelegte Stahlkonstruktion erzeugt natürlich eine Stufe und damit einen kleinen Stau, der die Schiffahrt behindert. Außerdem schließen die Nadeln nicht dicht, sodaß sich diese Wehrtype nur für niedere Stauhaltung bei großen Flußbreiten eignet und in neuerer Zeit immer weniger Anwendung findet.

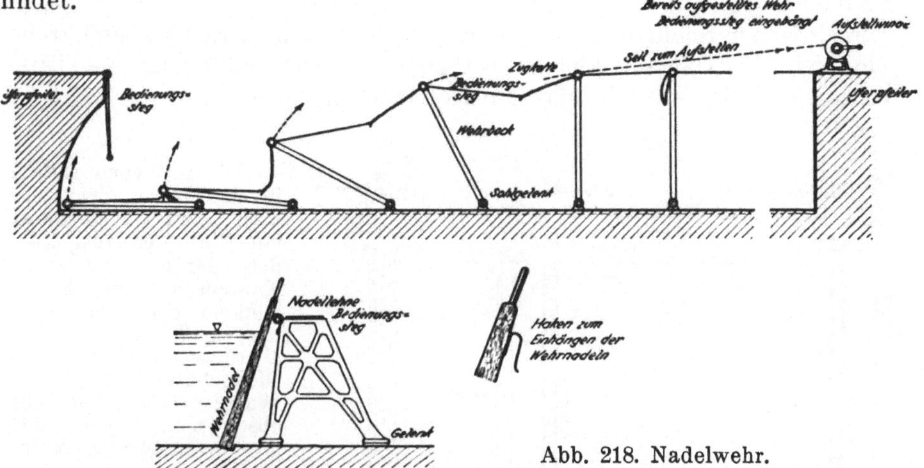

Abb. 218. Nadelwehr.

c) Schützenwehre. Schützenwehre entstehen, wenn die Dammbalken zu einer Tafel verbunden werden, welche mit einer Hubvorrichtung aus dem Wasser gezogen werden kann. Einfache Wehre dieser Art haben Schützen — auch Fallen genannt — aus Holz oder holzgefütterte Stahlrahmen oder Stahlprofilträger. Damit die einzelnen Schützentafeln nicht zu schwer werden und eine bessere Stauregelung nebst Eisablassen möglich ist, werden

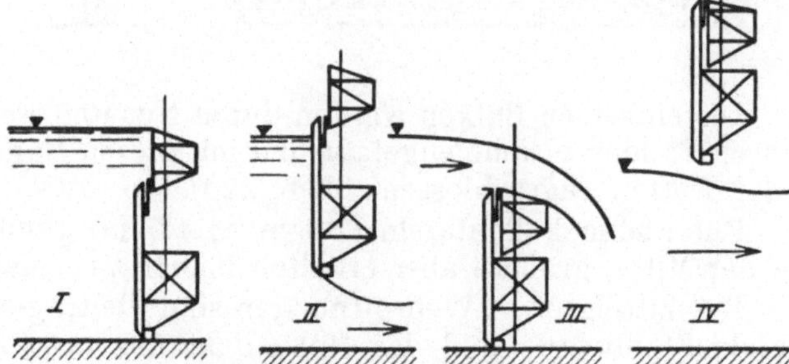

Abb. 219. Zweiteiliges Schützenwehr (Stahlkonstruktion) in verschiedenen Stellungen: I Geschlossen (Vollstau) — II Angehoben (Grundablaß) — III Oberschütz gesenkt (Überfall) — IV Offen (Hochwasserdurchfluß)

(Aus Schoklitsch, Wasserbau II.)

sie zwei- und auch mehrteilig ausgeführt (Abb. 219), sodaß eine obere Schützentafel, welche zwecks Eisablaß und Feinregelung auch abgesenkt werden kann, und eine untere, entsprechend stärkere als Grundschütze vorhanden ist. Die Schützen gleiten in lotrechten Nuten der Wehrwangen bzw. Wehrpfeiler; damit die Schützentafeln leichter rutschen und auch die Ausnehmungen gefestigt sind, füttert man die Nuten manchmal mit U-Eisen oder gibt irgend einen Kantenschutz.

Wenn bei größerer Ausführung hiebei die Reibung infolge der hohen Drucke zu groß würde, wird die Tafel auf Rollen gelagert (Rollschütz). Diese Rollen können auch von der Tafel gelöst und in besonderem Rollenwagen geführt werden, der dann einerseits am Pfeiler und andererseits auf der Schützentafel abrollt, somit nur den halben Weg des Schützenhubes zurücklegt. Diese Ausführung heißt Stoneyschütz.

Würde bei kleinen Wehranlagen die Öffnung zwischen den Wehrpfeilern zu weit, unterteilt man sie durch dazwischen aufgestellte Stützen, sogenannte G r i e s s ä u l e n, die manchmal so eingerichtet sind, daß sie abgenommen oder umgelegt werden können, in welchem Fall man von L o s - s t ä n d e r n spricht.

Die einfachen Schützentafeln aus Holz — gewöhnlich Eiche oder Lärche — sind wie die Dammbalken zu berechnen. Naturgemäß muß die Tafel unten stärker sein, weshalb man die Holzstärken abstuft.

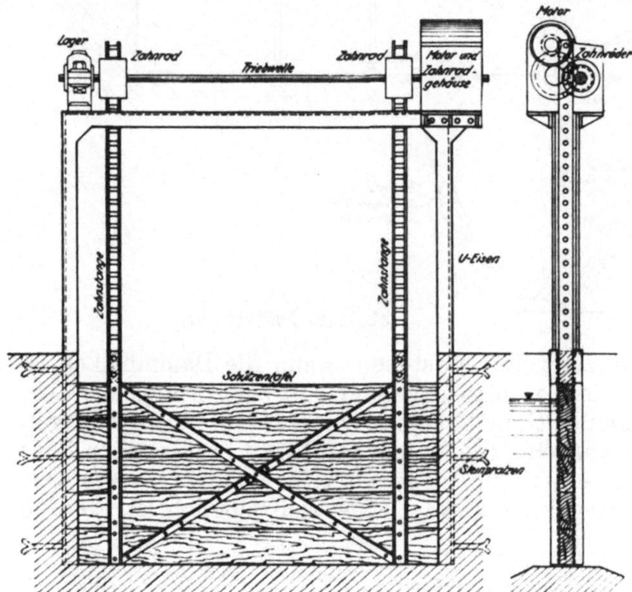

Die seitlichen Nuten, in denen die Schützentafel gleitet, sind meist mit U-Profilen ausgekleidet oder erhalten einen Kantenschutz aus Stahlwinkeln. Besondere Dichtungsmaßnahmen sind überflüssig, weil hölzerne Gleitschützen durch den Wasserdruck allein gut abschließen; sonst hilft Einstreuen erdiger Materialien.

An der Sohle soll unter dem Schütz keine Ausnehmung, sondern eher eine Erhöhung sein, weil in der Nut verklemmte Steine etc. den dichten Schluß stören.

Abb. 220. Einfaches Holzschütz.

Die einzelnen Balken werden durch Nut und Feder gedichtet, verdübelt, durch Bänder zusammengefaßt und mit diesen Bändern an die Zahnstangen oder Ketten angeschlossen. (Abb. 220).

Für kleine Fallentafeln (1.5 m $\times$ 1.5 m) genügt eine Hubvorrichtung in der Mitte, größere aber erhalten immer zwei nahe den seitlichen Nuten.

Bei mittelgroßen Wehröffnungen sind die tragenden Teile der Schützentafeln Stahlträger und das Holz dient nur als Futter und Stauwand; da man bei einer Tafel möglichst gleiche Trägerprofile nimmt, der Wasserdruck und damit die Beanspruchung aber nach unten zu wächst, so wird man die Träger unten enger setzen (Abb. 221); gewöhnlich sind I-Profile, als Abschluß unten ein U-Eisen. Um aber ein sattes Anliegen an der Sohle zu gewährleisten, wird oft an das Schütz unten eine Holzleiste angefügt.

Die Tafel hebt man mittels Zahnstangen, Ketten und bei kleinen Schützen auch mit Drahtseilen; Ketten und Drahtseile werden auf Walzen aufgespult, welche mit Triebstöcken gedreht werden. Bessere Ausführung und größere Wehrbreiten, sowie das Hinabstoßen der Verschlußtafel bedingen Zahnstangen, die von Zahnrädern und Triebschnecken bewegt werden; der Antrieb geschieht von Hand oder mit Elektromotoren. Eine durchlaufende Triebwelle überträgt auf beide Zahnstangen eine gleichmäßige Bewegung, damit die Tafel nicht aneckt.

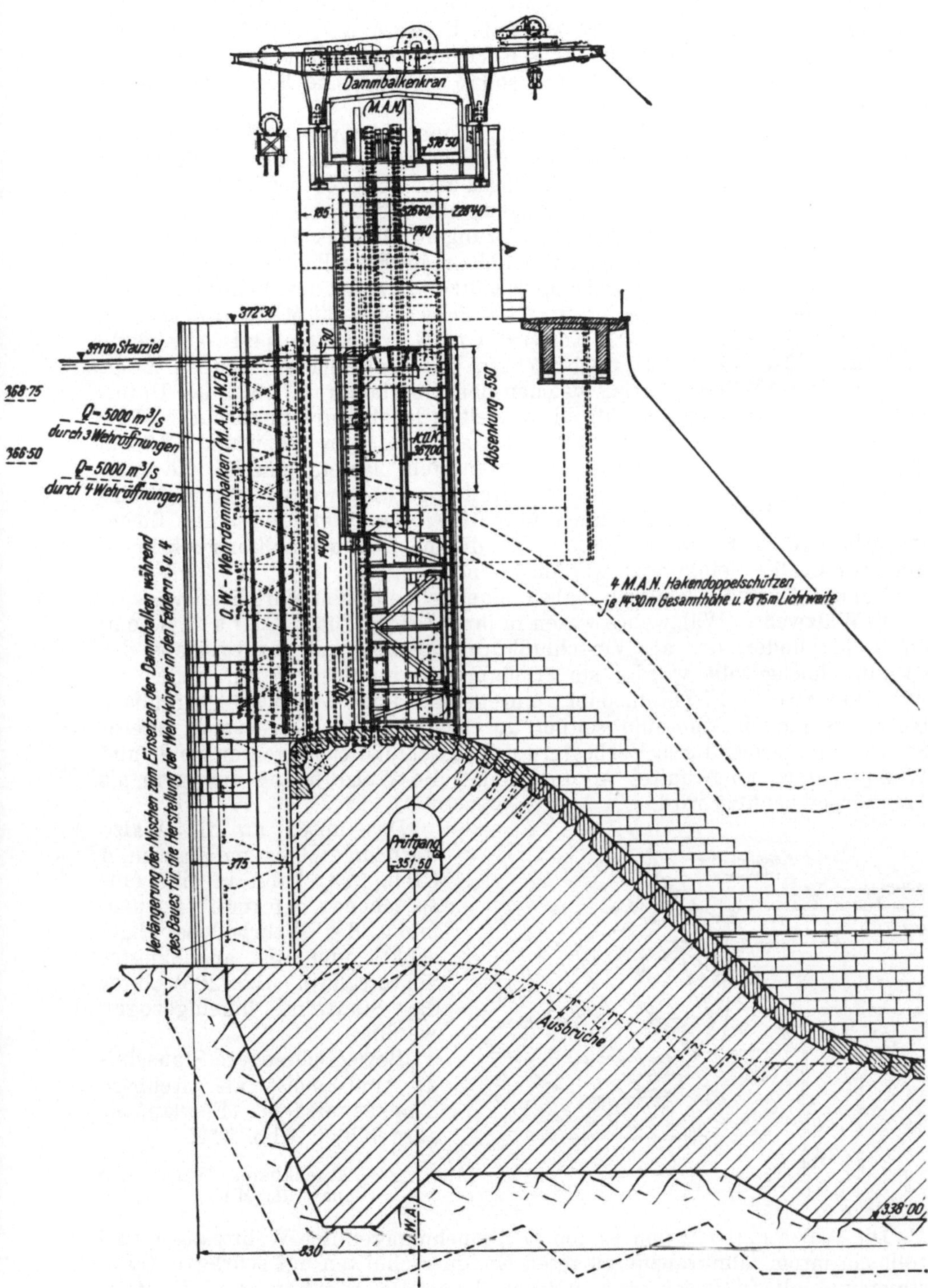

Abb. 222. Doppelschütz (MAN-Hakenschütz) des Draukraftwerkes Schwabeck.

Sehr große Schützentafeln sind ausgesprochene Brückentragwerke, mit denen man Wehrausschnitte bis zu 30 m Breite und 8 m Höhe zu decken vermag, ihre Belastung stellt der seitlich als Dreiecklast quer zur Lichtweite auftretende Wasserdruck dar, sodaß die statische Berechnung nicht einfach ist.

Man hebt die oft mehrere hundert Tonnen schweren Schützentafeln mit mächtigen Laschengliederketten (Gallsche Ketten), die an elektrisch oder hydraulisch mit Drucköl betriebenen Windwerken hängen; notbehelfs werden sie nach vielfacher Übersetzung durch Menschenkraft betrieben.

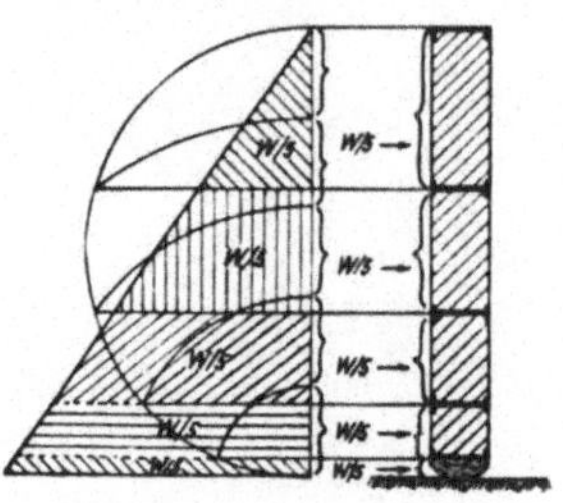

Abb. 221. Aufteilen des Wasserdruckes auf die einzelnen Träger einer Schützentafel aus Stahlprofilen mit Holzfutter.

Einen Einblick in Einzelheiten solch gewaltiger Doppelschützen gewährt der Wehrquerschnitt des Kraftwerkes Schwabeck mit MAN-Hakenschütz nach Entwurf von Grzywienski (Abb. 222). Das Oberschütz hat einen hakenförmigen Kragarm, welcher den Überfallstrahl über das Unterschütz hinwegleitet. Infolge des ungeheuren Wasserdruckes, der auf den 14 m hohen und 18,75 m weiten Schützentafeln lastet, müssen die Verschlüsse auf Rollen geführt werden. Oberhalb der Schützen fährt über das Wehr auf einer Blechträgerbrücke ein Kran, mit dessen Hilfe die mächtigen Stahlkonstruktionen der Dammbalken eingesetzt werden können.

Manche Turbinenschützen haben eine Schnellschlußeinrichtung.

d) Wälzwehre. Wälzwehre waren in ihrer Urform (nach Carstanjen) ein Hohlzylinder, der als Verschlußkörper diente und zur Freigabe der Öffnung hochgerollt wurde; sie ermöglichten in dieser Form weder ein Absenken zwecks Eisabfuhr oder Feinregelung, noch waren sie hydraulisch besonders günstig. Sie sind seither durch Anbringen oberer und unterer Stauschilde, ferner durch Verbessern der Anschlußdichtungen an Sohle und Wand vielfach umgestaltet worden, sodaß die Walze häufig nur mehr als Tragkörper benützt wird.

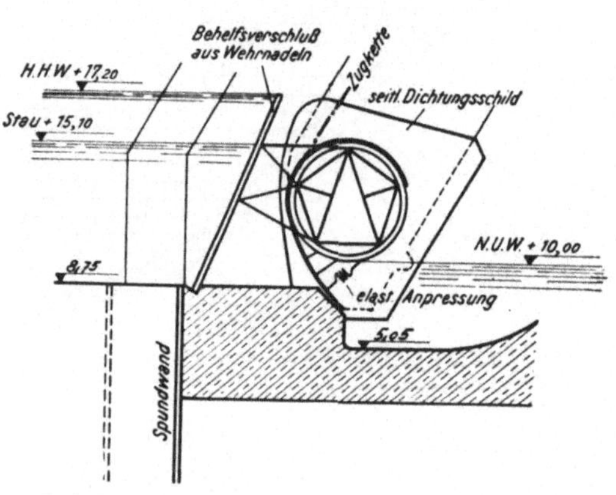

Abb. 223. Absenkbares Walzenwehr (Bauart der MAN).

Das unten an die Walze starr angeschlossene Stauschild (Abb. 223) kann in eine entsprechend geformte Ausnehmung des Wehrbodens abgesenkt oder als angehängtes Sektorschütz (Abb. 225) hinter die Stauwand hineingezogen werden.

Bewegliche obere Stauschilde sind meist als drehbare Klappenaufsätze (Eisklappen) ausgebildet (Abb. 224).

Die Walze ragt mit den Enden in Ausnehmungen der Wehrwangen und rollt mit ihrem zahnkranzumgürteten Endquerschnitten auf schrägen Zahnstangen ab, die in diesen großen Nuten liegen. Der Staukörper wird mittels gewaltiger Gliederketten gehoben.

Schwierigkeiten bereiten der wasserdichte Anschluß an Seiten und Sohle und insbesonders in den Ecken. Derartige Sohlabdichtungen sind im Grundsatz Gummiwülste am Walzenboden oder den Stauschilden, die durch Eigengewicht, Wasserdruck oder Schraubenspindeln an die Wehrsohle

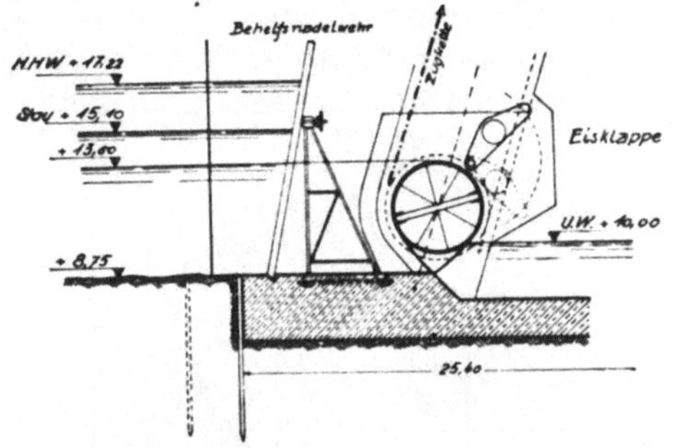

Abb. 224. Walze mit Eisklappe (Bauart der Union).

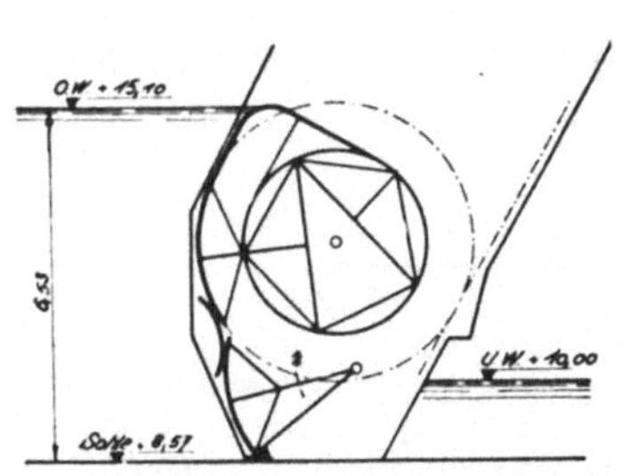

Abb. 225. Walze mit einziehbarem, unterem Stauschild.

angepreßt werden; seitlich sind Dichtungsschilde, die die Ausnehmungen überdecken und am Wehrpfeiler elastisch anliegend schleifen, wobei die Dichtung von Holzbeilagen, die im Wasser anschwellen, ausgeübt wird.

Ungünstig werden die zur Führung der Walze notwendigen, sehr weiten Nischen in Pfeilern und Wehrwangen empfunden, weil durch sie der Pfeilerquerschnitt geschwächt und infolge seitlicher Wirbelbildung der Durchfluß gehemmt wird.

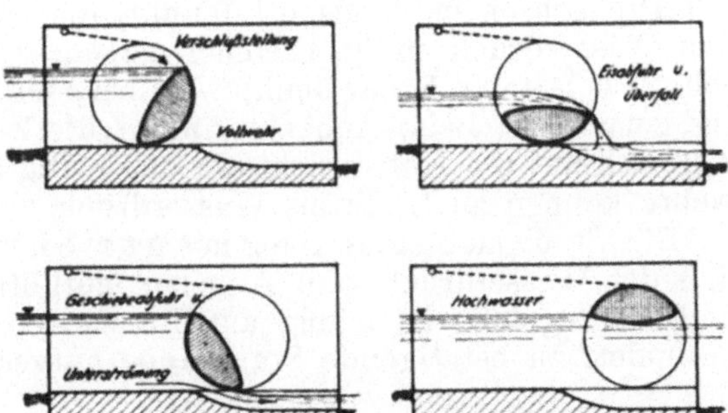

Abb. 226. Vom Wasserdruck betätigtes Wälzwehr.

Einen Vorschlag des Verfassers für ein sich selbstöffnendes Wälzwehr zeigt die Abbildung 226. Der Verschlußkörper ist ein Segment, von Radscheiben an den Enden getragen, die durch den Wasserdruck annähernd waagrecht in Flußrichtung fortrollen. Hiebei durchläuft der Verschluß der

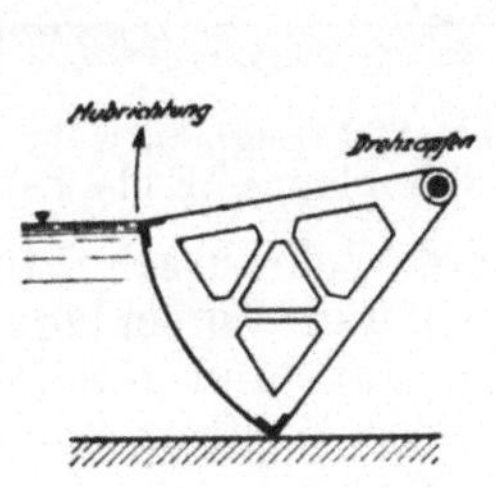

Abb. 227. Hobbares Sektorwehr.

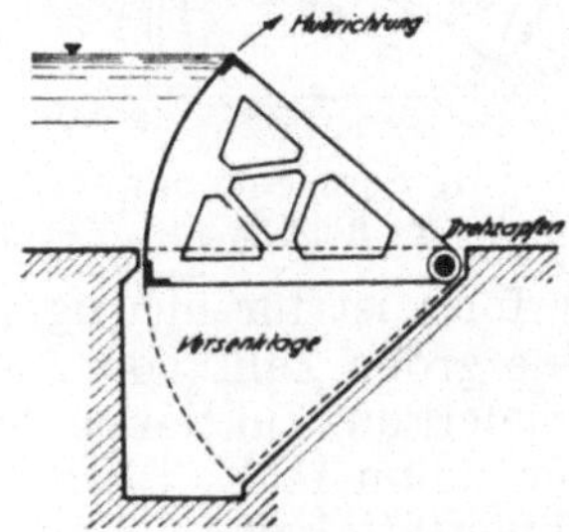

Abb. 228. Versenkbares Sektorwehr.

Reihe nach die Stellungen für Überfall und Eisabfuhr, Unterströmung und Grundablaß, schließlich vollkommenes Öffnen für Hochwasserdurchlaß. Der Wehrpfeiler ist ohne Nuten.

Die statische Berechnung der ausgesteiften Walzen bedarf guter Fachkenntnisse. Günstig sind Wälzwehre für breite, aber verhältnismäßig niedere Wehrausschnitte. Bisher sind Öffnungen bis 50 m Weite und 6 m Höhe damit verschlossen worden; ihre Anwendung nimmt stetig zu.

e) Sektorwehre und Segmentwehre. Ein Sektor oder Segment, also Kreisaus- oder -abschnitt, stellt hiebei den Verschlußkörper dar. Es wurden hebbare und versenkbare Formen entwickelt (Abb. 227, 228, 229, 230).

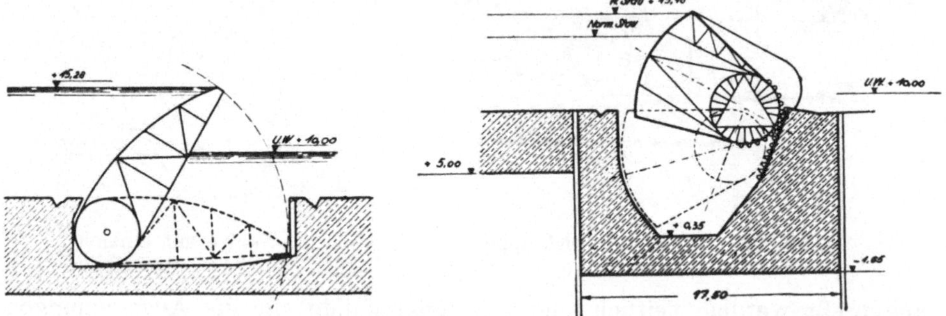

Abb. 229. Sektorwehr (MAN). Abb. 230. Sektorversenkwalze mit Zwischenrollbahn.

S e k t o r w e h r e — seltener Trommelwehre genannt — stützen sich auf Drehachsen im Kreismittelpunkt, die somit den gesamten resultierenden Wasserdruck zu übernehmen haben; die Konstruktion dieser äußerst schwer belasteten Drehgelenke wird bei größeren Ausführungen nur schwierig gemeistert. Beim Anheben ändert die Zugkraft ständig ihre Richtung, was sich auf die Hubeinrichtung ungünstig auswirkt. Versenkbare Sektorwehre können auch mittels Wasserdruck bewegt werden.

Die Stauwand eines S e g m e n t w e h r e s kann so geformt werden, daß der Wasserdruck zum Anheben mithilft. (Abb. 231). Behufs Eisablaß und Feinregelung ist häufig auf die schweren Hubsegmente eine kleinere, gesondert zu betätigende Stauklappe aufgesetzt. (Abb. 232).

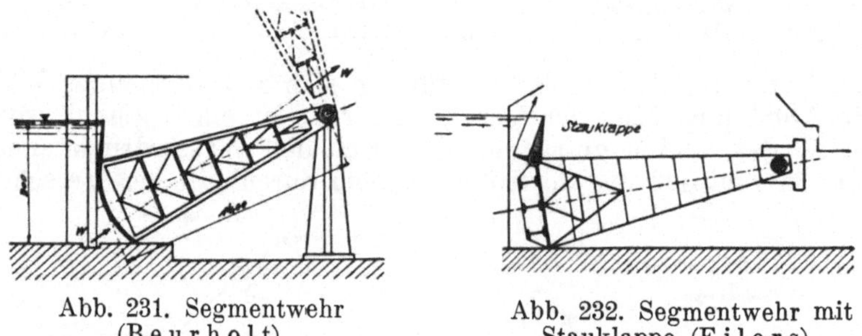

Abb. 231. Segmentwehr (B e u r h o l t). Abb. 232. Segmentwehr mit Stauklappe (E i l e r s).

Diese Wehrform ist für niedrige, aber weite Wehrausschnitte geeignet. Es gibt eine große Zahl von Ausführungen und Vorschlägen, da jede Firma ihre Sonderkonstruktionen baut, deren Vor- und Nachteile zu erörtern hier der Raum fehlt. Überhaupt hat diese Wehrart und die Wälzwehre die Erfindertätigkeit sehr angeregt.

f) Stauklappen und Dachwehre. Behelfsmäßig kann ein Wehrstau durch Aufsetzen eines Staubrettes erzielt werden, das sich mit einer Strebe gegen die Sohle abstützt (Abb. 233); diese Strebe ist an einer Stelle eingekerbt, damit sie bei unzulässigen Überstau bricht, wodurch das Staubrett um die unteren Scharniere umfällt und das Hochwasser durchfließen kann; die Spreizen können auch vom Ufer aus umgelegt werden. Als Dauereinrichtung ist aber solch ein Wehraufsatz unzulänglich; er kann auch nur etwa 1 m hoch sein.

Ganz besonders eignen sich die Stauklappen zu selbsttätigen Anlagen; [13]) hiebei werden hauptsächlich Ober- und Untergewichtsklappen, sowie hydraulisch betätigte Klappen unterschieden.

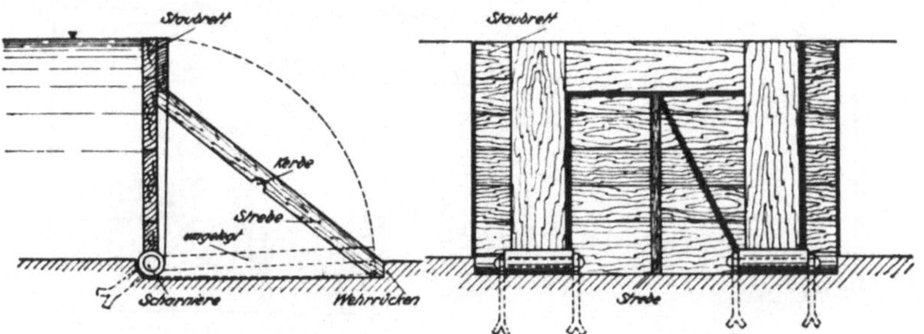

Abb. 233. Einfache, hölzerne Stauklappe mit Spreize.

Bei der O b e r g e w i c h t s k l a p p e (Abb. 234) wird das Staubrett in seiner Stellung durch ein Gegengewicht an einem Hebelarm oder einer Rolle oberhalb der Klappe gehalten, während am Gegenende die Stauklappe mittels einer Zugstange hängt. Um den Drehpunkt dieses Hebels oder Rollenrades dreht einerseits der die Stauklappe niederdrückende Wasserdruck und entgegen das Gegengewicht, deren Drehmomente sich Gleichgewicht halten. Bei steigendem Wasser und damit steigendem Wasserdruck wird die Klappe niedergedrückt; wenn beim Absinken des Wasserstandes dieses Gleichgewicht wieder eingestellt ist, richtet sich die Klappe selbsttätig wieder auf. Durch geschickte Führung dieses Gewichtes oder durch ein Rollgewicht auf bestimmter Bahn kann ein stets gleichbleibendes Gegenmoment erzielt und damit das Stauziel genau eingehalten werden.

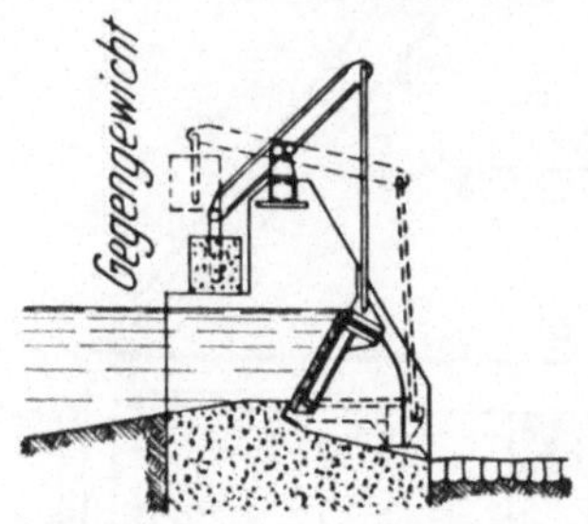

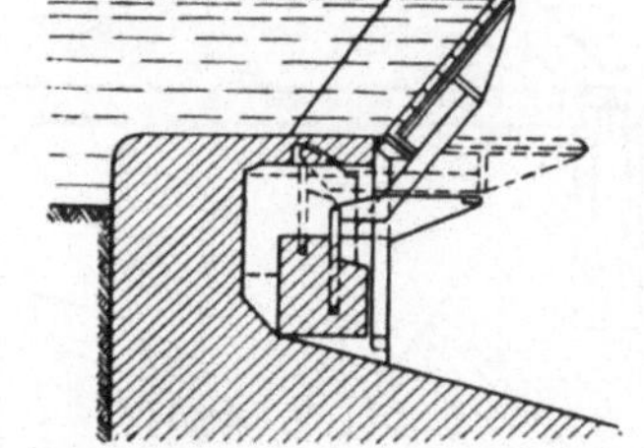

Abb. 234. Obergewichtsklappe. Abb. 235. Untergewichtsklappe.

(Aus Schoklitsch, Wasserbau II.)

Die U n t e r g e w i c h t s k l a p p e (Abb. 235) trägt ihr Gegengewicht an der zum Gegenhebel unter Wasser verlängerten Klappe in einer Höhlung des Wehrbodens und läßt in ähnlicher Weise eine selbsttätige Staueinstellung zu.

Ferner werden Klappen mit hydraulischem Druck durch eine in den festen Wehrkörper eingebaute Art hydraulischer Presse (Abb. 236) be-

[13]) G r z y w i e n s k i, Automatische Wehrkonstruktionen, Bauingenieur, 1928

trieben. Dabei stützt sich die Klappe mittels eines Gestänges auf den Kolben des wassergefüllten Druckzylinders, der mit dem Oberwasser durch die Leitung L in Verbindung steht. Durch entsprechende Bemessung der Kolbenfläche kann ein Druck erzeugt werden, der dem das richtige Stau-

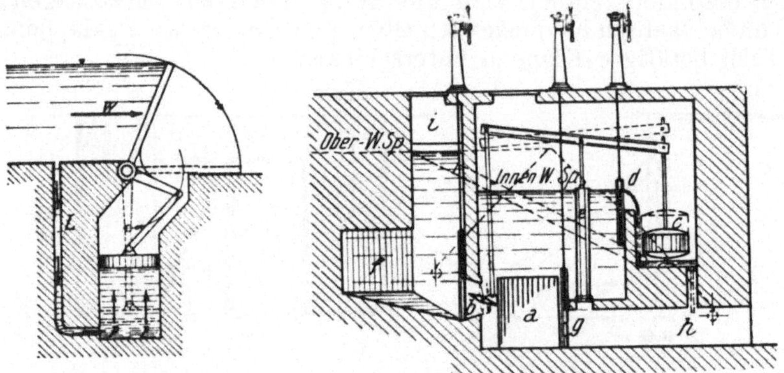

Abb. 236. Hydraulisch betriebene Stauklappe.

Abb. 238. Hydraulische Dachwehrregelung im Pfeiler.

ziel bedingenden Wasserdruck Gleichgewicht hält. Durch Druckänderung kann die Klappe beliebig eingestellt werden.

Wegen der jederzeit zugänglichen und übersichtlichen Bauart ist die Obergewichtsklappe im Betrieb am sichersten, nur verlangt sie hohe Wehraufbauten; deshalb werden häufig die anderen Arten vorgezogen.

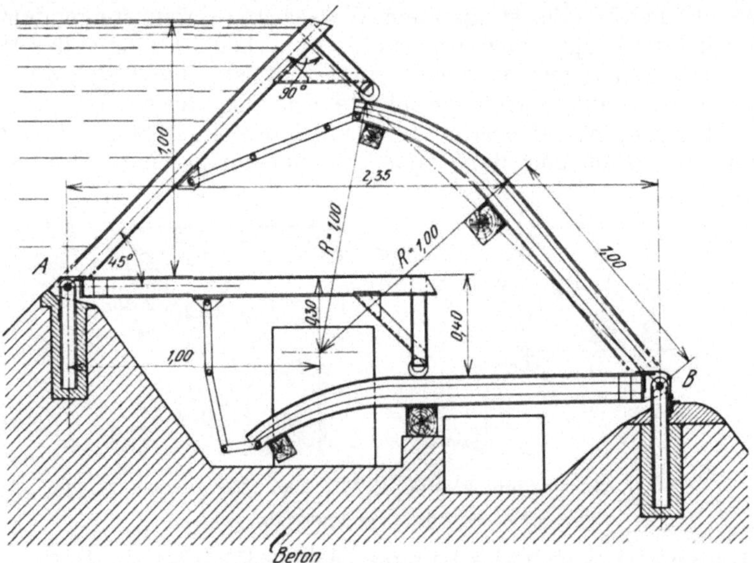

Abb. 237. Dachwehr in aufgerichteter und niedergelegter Stellung.
(Abb. 237, 238 aus Schoklitsch, Wasserbau II.)

Auch bei dieser Wehrart herrscht eine Mannigfaltigkeit zufolge kleiner Änderungen und Verbesserungen der maschinellen Einrichtung, sodaß hier nur die grundsätzliche Anordnung gezeigt wurde.

Werden zwei Klappen gegeneinander gestützt, kommt man zur Dachwehrkonstruktion (Abb. 237). Leitet man durch einen Kanal in den

Hohlraum unter den Klappen Wasser ein, so kann man den damit erreichten Wasserdruck von innen auf die Klappen zu ihrer Aufrechterhaltung ausnützen.

Sehr sinnreich wird durch die Druckregelung beim Dachwehr von Huber und Lutz das Gleichgewicht von innerem und äußerem Wasserdruck hergestellt und damit der Stau selbsttätig geregelt. Diese Regulieranordnung ist in dem Wehrpfeiler eingebaut. (Abb. 238).

Die Öffnung a verbindet den Raum unter der Klappe mit dem Regulierpfeilerinnenraum, sodaß in beiden gleicher Wasserstand herrscht. Dieser Innenwasserspiegel ist durch das einstellbare Überfallschütz d und den Ventilstutzen e festgelegt und bestimmt die Stellung des Dachwehres. Steigt das Oberwasser, fällt Wasser bei d in den Schwimmerschacht über und hebt den Schwimmer c, soweit es nicht durch die Bodenöffnung h abfließen kann. Der aufsteigende Schwimmer drückt die Klappe b zu und hemmt damit den Zufluß zum Regulierpfeiler; in ihm sinkt daher der Wasserspiegel und damit das Dachwehr solange, bis der infolge mangelnden Zuflusses fallende Schwimmer die Klappe wieder öffnet. Dies gewährt ein selbsttätiges Einhalten des Stauzieles.

Genügt jedoch dieses Senken des Wasserspiegels im Pfeiler nicht mehr, lüftet der rascher steigende Schwimmer den Ventilstutzen; das Wasser rinnt aus dem Wehrinnern aus und das Dachwehr geht nieder. Dies wird auch durch Ziehen der Schütze g erreicht.

Der umgekehrte Vorgang stellt das Dachwehr wieder auf.

In sinkstofführenden Gewässern kann jedoch leicht der Raum unter den Klappen verschlammen, womit ihre Bewegbarkeit gehemmt und das Niederlegen unmöglich wird, was zu Unzukömmlichkeiten geführt und diese Wehrart manchmal in Verruf gebracht hat.

4. Einbauten an Wehren.

a) Grundablaß. Mit Hilfe des Grundablasses wird eine Entleerung der Wehrhaltung bis zur Sohle bezweckt; weil auch der in der Nähe abge-

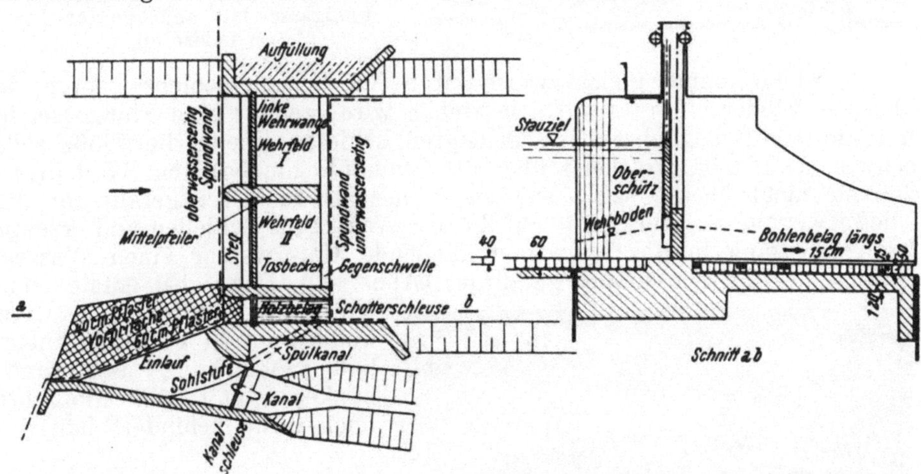

Abb. 239. Grundriß einer Wehranlage mit Schnitt durch die Schotterschleuse.

lagerte Schlamm, Sand und Schotter mitgerissen wird, ist auch die Benennung Schotterschleuse üblich. Zu diesem Behufe liegt der Grundablaß nahe der Wasserentnahme, um sie nach Möglichkeit vom Verlanden freizuhalten, was zwar durch alleiniges Spülen am Grundablaß ohne andere Beihilfe selten gelingt (Abb. 239).

Der Grundablaß reicht tiefer als die anderen Wehröffnungen und wird, um mit wenig Wasser spülen zu können, meist schmäler ausgeführt. Für den Zweck des Schotterspülens wird er kräftig gepflastert und oft noch mit Holzbedielung versehen; außerdem wird oberwasserseitig ein ebenfalls gepflasterter Vorboden geschaffen, um Zuzug und Abfuhr des Schotters zu fördern.

Die Schotterschleuse wird zumeist mit Schützen, häufig Doppelschützen, seltener mit Sektor- oder Segmentverschluß abgeschlossen.

In schotterführenden Flüssen soll nie auf einen Grundablaß vergessen werden, wenn auch seine Reichweite bezüglich Schotterabfuhr nicht allzu groß ist.

b) Eisklappen. An treibeisführenden Gerinnen soll die Stauhaltung so eingerichtet sein, daß sie das Eis ohne besondere Wasserverluste über die Wehrkrone abzuführen vermag; hiezu ist eine sehr breite, womöglich über die ganze Flußbreite reichende, höchstens 50 cm hohe Freigabe des obersten Wehrabflußes notwendig, was durch niedrige Stauklappen erreicht wird; sie befriedigen aber bezüglich Eisabfuhr nicht allemal.

In Abb. 224 wurde schon eine Eisklappe gezeigt, die einem beweglichen Wehrverschluß oben aufgesetzt für sich allein beweglich ist. Gleichzeitig kann damit das Stauziel durch Überfall genau geregelt werden.

c) Schiffsdurchlaß und Floßgasse. Auf schiffbaren Flüssen wird der Verkehr aufrechterhalten, indem die Wehrstufe mittels einer Kammerschleuse oder eines Schiffshebewerkes überwunden wird; von diesen wird im Abschnitt über Verkehrswasserbau berichtet.

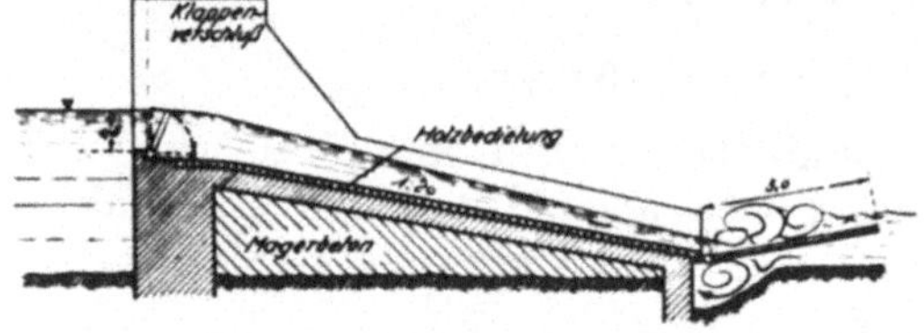

Abb. 240. Längsschnitt durch eine Floßgasse mit angehängter Floßfedertafel.

Die Flöße können gleicherweise durch eine Kammerschleuse fahren; da aber die Flößerei nur talwärts betrieben wird, genügt eine Floßgasse, in der auf einer möglichst flach geneigten schiefen Ebene die Flöße teils schwimmend, teils rutschend über die Staustufe hinabgleiten. Weil diese, soll sie nicht überaus lang werden, steiler als das Grenzgefälle für die Fließbewegung ausfällt, gerät auf ihr das Wasser ins Schießen und erzeugt beim Übergang in das langsamer fließende Unterwasser einen Wassersprung, der die Durchfahrt gefährdet (Abb. 240). Der dabei entstehende Kolk erregt Strömungswalzen und als ihre Folge häufig unterhalb Sohlhebung und Sandbänke, womit die Floßfahrt noch mehr behindert ist.

Abb. 241. Floßgasseneinbau nach Basicka.
(Aus Schoklitsch, Wasserbau II.)

In die Floßgasse eingebaute Hindernisse sollen die Rauhigkeit vergrößern, um die Wassergeschwindigkeit zu mildern. Unter anderen versucht

B a s i c k a dies durch Reihen zickzackförmig verlaufender kleiner Querschwellen (Abb. 241).

Anderseits wieder macht man die Floßgasse glatt und kleidet sie mit längsliegenden Holzdielen aus, damit das Floß anstandslos durchgleitet. Ferner ist man bestrebt, den Übergang ins Unterwasser mittels Floßfedern auszugleichen; Floßfedern sind beweglich am Auslauf der Floßgasse angehängte Rundhölzer, die in geringem Abstand nebeneinander in Flußrichtung im Wasser schwimmmen und so den Wassersprung abdecken.

Durch offene Floßgassen verliert man ständig Wasser; dies hintanzuhalten, wird die Einfahrt durch ein Schütz oder einen anderen Verschluß zugemacht und nur zur jeweiligen Durchfahrt geöffnet. Die Zufahrt ist durch Leitwände gesichert.

Die Floßgasse liegt abseits der Wasserentnahme entweder in Flußmitte oder am anderen Ufer. Ihre Breite richtet sich nach den an diesem Fluß üblichen Ausmaßen der Flöße; in den Alpenflüssen ist die Floßbreite 4 bis 10 m, die Gasse muß aber mindest 1 bis 1½ m breiter sein, sodaß sie auf 5 bis 12 m anzusetzen ist.

Die Wassertiefe der Einfahrt wird durch Steilheit, Länge und Ausführung der Floßgasse bestimmt; die Floßrinne muß an ihrem Ende noch so wasserreich sein, daß das Floß sicher durchgeschwemmt wird, denn infolge der beschleunigten Bewegung verrinnt das Wasser gerinneabwärts. Die Floßtauchtiefe ist 0,4 bis 0,7 m, dementsprechend sollte die Mindesttiefe 0,45 m sein.

Schließlich soll die Geschwindigkeit 4 m/s nicht überschreiten; damit ergibt sich die schiefe Länge der Floßgasse. Durch die schon erwähnten Einbauschikanen verkürzt man sie wesentlich, nimmt zwar manche Unzulänglichkeit in Kauf, weil leider manche Floßgasse bei gewissen Wasserständen wegen der Widerwelle lebensgefährlich und unfahrbar wird.

Eine Berechnung ist nur sehr angenähert möglich, weil sowohl das Gesetz bei schießender Bewegung als auch die Rauhigkeit der Einbauten nicht genau erfaßt werden kann.

Eine geringere Neigung als 1 : 20 sollte jedenfalls vermieden werden; auch vom Einbau von Schikanen ist man abgekommen, weil sie sich doch nicht immer bewährt haben.

An Flüssen, in deren Tal eine Bahnlinie führt, trachtet man Floßfahrtinteressen abzulösen und sich den Bau einer Floßgasse zu ersparen.

d) Fischpässe. Lachse und Aale haben die Gewohnheit, im Fluß bergauf zu wandern, um im Oberlauf der Gebirgsflüsse zu laichen. Da es sich um wertvolle Fische handelt, wünscht man ihren Fortbestand und muß daher ihrem Bestreben nachgeben. Die Lachse schnellen sich über kleinere Stufen und Wasserfälle empor, höhere Wehre vermögen sie nicht ohne besondere Fischwege flußaufwärts zu übersteigen. Für richtige Anlage solcher Fischpässe muß man die Natur der betreffenden Fischgattung gut kennen, weil sie sonst ihren Zweck verfehlen.

Fischwege sind im Wesen eine Aneinanderreihung von kleinen Tümpeln, die ständig von frischem Wasser durchflossen sein müssen; wichtig ist auch eine Lockströmung, die den Fisch auf diesen Weg hinweist. Damit sind ständige Wasserverluste verbunden, weswegen man bei Wasserknappheit außerhalb der Wanderzeiten der Fische solche Fischpässe verschließt.

Die einfachste Bauart ist, auf flachen Wehrrücken hintereinander wasserdurchflossene Mulden auszunehmen, die den Fischen als Ansatzpunkte für ihre Sprünge dienen (Abb. 242).

Eine technisch verbesserte Form ist nach Abb. 243 ein Einbau des Fischweges in einen Wehrpfeiler; von Belang ist dabei, daß der Fischweg hell ist, weil sonst die Fische zurückscheuen. Der Höhenunterschied der einzelnen Zellen sei womöglich kleiner als ¼ m, obwohl bedeutend höhere Sprünge der Lachse beobachtet wurden. Aale können nicht springen, haben dagegen eine bemerkenswerte Gewandtheit, gegen rasch fließendes Wasser aufwärts zu schwimmen, man wird daher bei Aalleitern die Zellen zusammenhängend ausbilden. Eine voll befriedigende Lösung für Fischwege ist noch ausständig; manche mit großem Aufwand erbaute Fischtreppe hat ihren Zweck nicht erfüllt. Lage und besondere Gestalt eines Fischpasses zeigt Abb. 383.

Abb. 242. Fischweg in Gestalt einer Tümpelreihe.

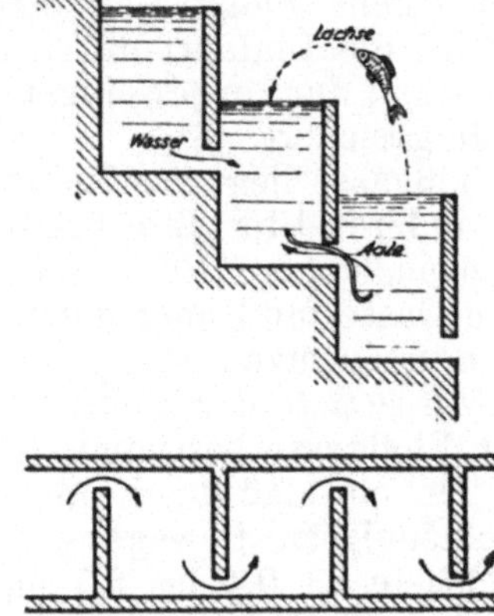

Abb. 243. Fischpaß, Schnitt und Grundriß.

An Kammerschleusen hat man gesehen, daß sich die Fische mitschleusen ließen; man hat daher besondere Fischlifts in Gestalt kleiner Kammerschleusen errichtet und scheinbar Erfolg gehabt.

e) Energievernichtung und Kolkabwehr. Wie schon früher bemerkt wurde, muß die im Wehrabsturz freiwerdende Leistung umgewandelt werden, soll sie nicht am Wehrkörper oder unterhalb Schaden stiften, indem der Kolk im Flußbett die Gründung des Wehres unterwasserseitig unterhöhlt. Bei einer bestimmten Tiefe und Länge erreicht dann die Auskolkung einen Gleichgewichtszustand und wirkt als natürliches Tosbecken energievernichtend.

Kolke dehnen sich aber oft allzusehr aus, sodaß man bestrebt ist, die Energievernichtung in einem gemauerten Tosbecken beschränkten Umfangs zu erledigen.

S c h o k l i t s c h prägt eine ideale Wehrform gemäß Abb. 244;

Länge des Tosbeckens $l_t = 2\,h + \frac{h_w}{8}$

Höhe der Gegenschwelle $S = 0{,}6\sqrt{Q\,\frac{\sqrt{h_w}}{g}}$

Höhe der Sprungschwelle $S_1 = \frac{1}{3}\,S$

So gestaltete Tosbecken wirken nur bei einer ganz bestimmten Wassermenge energievernichtend; bei größerem Durchfluß als diese wird die Deckwalze weggeblasen, womit sich die Energievernichtung stark verringert; kleinere Durchflüsse können keine Deckwalze bilden, sodaß gerade diese geringen Mengen unterhalb auskolken. Es ist also trotzdem die Flußsohle unterhalb zu sichern und zumindest die Gefahr der Unterspülung des Wehrfußes zu bannen.

Häufig wird an niederen Sturzwehren das Tosbecken (Fallkessel) achtmal so lang als die Höhe des Wehrsprunges und etwas breiter als die Wehrbreite ausgebildet.

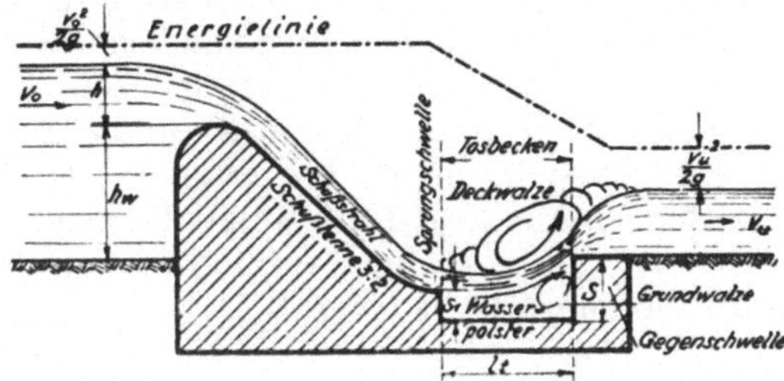

Abb. 244. Ideale Wehrform mit Sprungschwelle und Tosbecken nach Schoklitsch.

Hinter Wehrausschnitten, die tiefer als die frühere Flußsohle reichen, treten keine Kolke auf (Abb. 245).

Trifft ein Überfallstrahl unmittelbar die ungeschützte Sohle, kolkt er ganz beträchtlich; liegt mangels einer Belüftung der Strahl am Wehrkörper an, vergrößert sich die Kolkgefahr unmittelbar am Wehrkörper (Abb. 246).

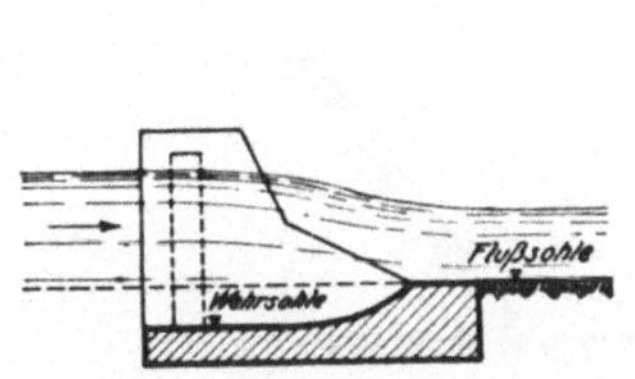

Abb. 245. Schützenwehr mit vertiefter Sohle.

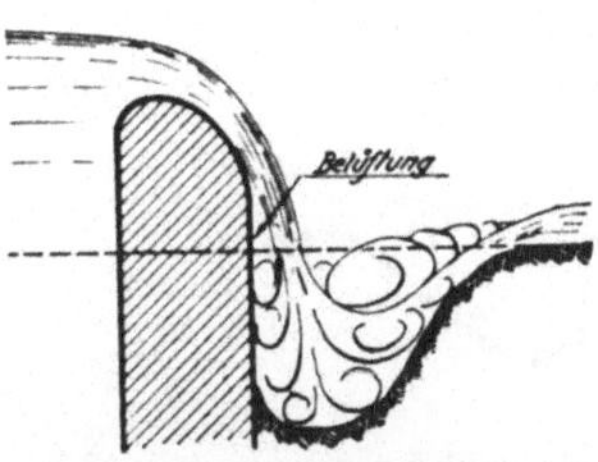

Abb. 246. Tiefer Kolk bei einem Absturzwehr.

Zum Bekämpfen des Kolkes schlägt König den Einbau einer Wand oder Mauer quer durch das Flußbett in einigem Abstand flußab der Wehrschwelle vor, was sich aber nicht bewährt hat (Abb. 247). Eine Blockschüttung zur Ausfüllung des Kolks hat nur Erfolg, wenn sie eine lückenlose Matratze bildet. Da nachträgliche Sicherungen der Wehrschwelle gegen Un-

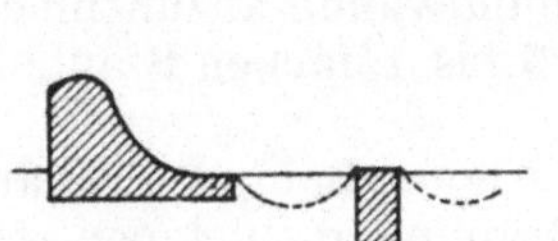

Abb. 247. Querwand im Unterwasser als Kolkabwehr.

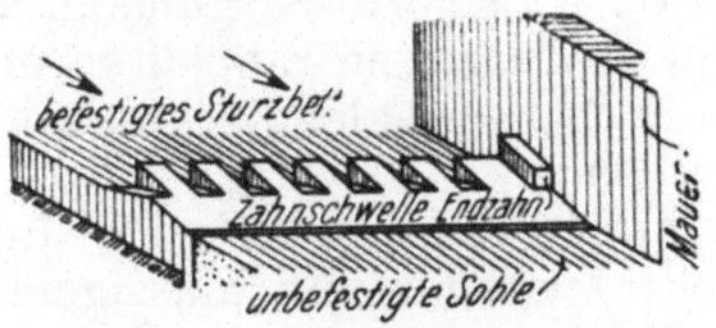

Abb. 248. Rehbocksche Zahnschwelle.
(Aus Schoklitsch, Wasserbau II.)

terspülungen teuer und wenig erfolgversprechend sind, ist anzuraten, den Schwellensporn von vornherein tief genug zu führen; Sparen an dieser Stelle ist verfehlt.

Neben der im Tosbecken angewandten Walzenbildung greift man zwecks Energievernichtung auch zu anderen Mitteln wie Reibung, Pressung, Totfallen, Strahlumlenkung, Rückströmung und Wirbelerzeugung, meist sind sogar mehrere dieser Grundsätze vereint. Bei großen Höhen und nicht allzugroßen Wassermengen wendet man Kaskadenabstürze oder Schußrinnen an.

In Flüssen ohne Geschiebe bewährt sich die Rehbocksche Zahnschwelle, die am Ende des Wehrbodens aufgesetzt wird und den Strahl nach oben lenkt und auch zerteilt; sie wird aber in geschiebeführenden Flüssen rasch abgeschliffen, sofern sie nicht aus besonders widerstandsfähigem Baustoff ist (Abb. 248). Reindl stellt in den Schußstrahl etwas schrägstehende alte Eisenbahnschienen in mehreren Reihen gegeneinander versetzt.

Kreuter benützt in seiner „Wasserbremse" die Rückströmung zur Energievernichtung, allerdings nur bei geringen Wassermengen (Abb. 249).

Pfletschinger überbaut den Kolk mit einer Art nahezu waagrechten Rechen aus kräftigen Holzbalken und hat damit Auflandung schon bestehender Kolke erzielt. Ähnlich wirken auch die bei der Floßgasse erwähnten Floßfedern (Abb. 250).

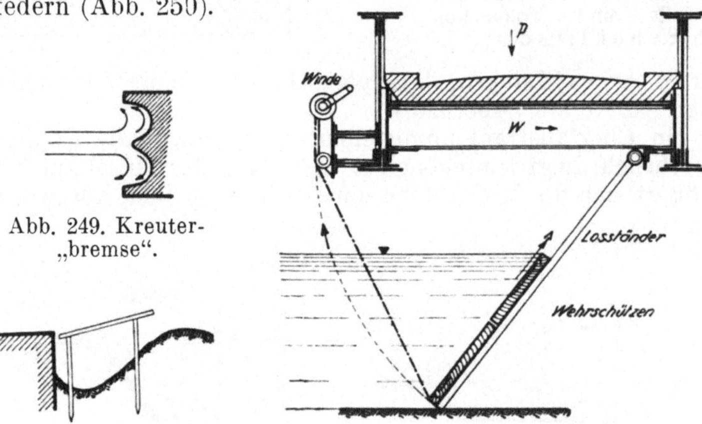

Abb. 249. Kreuter-„bremse".

Abb. 250. Pfletschingers Kolkrechen.

Abb. 251. Wehrbrücke mit hochziehbarer Stauwand.

Ein Kolk läßt sich auch am Felsboden nicht verhindern, sodaß also das hauptsächlichste Bemühen dahin gehen muß, daß der Kolk das Bauwerk nicht in Gefahr bringt.

f) Wehrdurchsickerung. In durchlässigem Baugrund entwickelt sich unter dem Wehr eine Sickerströmung; sie zu berechnen, gibt Hoffmann Anhaltspunkte.[14]) Es wäre zu günstig, als Sickerweglänge die gesamte Abwicklung der spornartigen Einbauten und Spundwände anzunehmen; praktisch kann die Sickerweglänge etwa mit der 5 bis 15fachen Stauhöhe angenommen werden.

Ob man die Gründungssohle bei durchlässigem Baugrund dränen soll, ist eine Streitfrage; bei undurchlässigem ist Dränung abzulehnen, weil durch sie nur der Sickerweg verkürzt wird, dann die feineren Bodenbestandteile ausgeschwemmt werden und Quellenbildung angeregt wird. Es scheint besser, keine Dräne einzubauen und stets mit vollem Auftrieb zu rechnen.

Bei undurchlässigem Boden besteht keine Grundbruchgefahr; in durchlässigem ist sie beim erstmaligen Einstau am größten; als Schutz dagegen ist der Sickerweg mittels tiefen Sporn und Spundwänden zu verlängern. Mit zunehmender Tiefenlage der undurchlässigen Schicht nimmt auch die Sicherheit gegen Grundbruch zu.

g) Wehrüberbauten und äußere Gestaltung. Bewegliche Wehre benötigen einen Bedienungssteg, auch an festen Wehren ist eine Brücke empfehlenswert, weil im Wehrkörper schon das Grundwerk für die Brückenpfeiler vorhanden ist.

---

[14]) Hoffmann in Wasserwirtschaft, Wien 1934.

Brücken über Wehröffnungen können zugleich als Stützpunkte eines Wehres dienen, dessen Wehrböcke oder Losständer (Abb. 251) hochgezogen werden; solche Überbauten werden dann sehr schwer, weil dem Wasserdruck größere Kraft als einem schwerem Lastenzug innewohnt. Auch gewöhnliche Bedienungsstege sollten mit Rücksicht auf Montagebedürfnisse nicht zu schwach bemessen werden.

Wehre bilden einen so bedeutsamen Faktor im Landschaftsbild, daß man ihre äußere Gestalt immerhin beachten soll, zumal bei den hohen Kosten eines Wehrbaues solche für Schönheit der Ausführung nicht mehr sehr ins

Abb. 252. Schützenwehr in Pernegg (Steiermark). a) Tauchwand, b) Einlaufschütze.
(Aus Schoklitsch, Wasserbau II.)

Gewicht fallen. Viele neuzeitliche Wehre verunstalten die Gegend. Es soll im Bauwerk die „Wehr" gegen das Wasser zum Ausdruck kommen, die in die Landschaft gut eingepaßt ist, wobei in Anbetracht der Wucht großer Wehrbauten überflüssiger Zierat abzulehnen ist (Abb. 252).

5. Wehrpfeiler.

Die Wehrpfeiler unterteilen das Wehrfeld und tragen zumeist auch die bewegliche Wehrkonstruktion samt den zugehörigen Überbauten. Weil sie Durchflußraum wegnehmen, sollen sie möglichst schmal und stromlinienförmig sein, ohne aber an der nötigen Widerstandsfähigkeit gegen äußere Kräfte und andere Einflüsse zu verlieren; ganz besonders muß ihre Gründung gesichert sein.

Stützen sich die Wehrverschlüsse am Pfeiler ab, sind folgende Belastungsfälle für die Pfeilerberechnung zu berücksichtigen:

a) Beide anliegende Wehröffnungen geschlossen,
b) eine geöffnet und die andere geschlossen,
c) beide offen, aber höhere Wasserstände und schließlich eventuell
d) das Versagen des Wehrverschlußantriebes.

Manchmal können Zwischenstationen beim Öffnen stärkere Belastung bedeuten. Im allgemeinen liefert Fall a) die Grundlage für größte Kantenpressung und Abscheren, Fall b) die für Verdrehen.

Als angreifende Kräfte kommen außer Wasserdruck, Eigengewicht und Erddruck noch der Auftrieb in Frage, der wasserseitig gewöhnlich gleich dem vollen oder bis auf 1/3 abgeminderten Wasserdruck und geradlinig zur Luftseite abfallend angenommen wird (Abb. 253). Neben dem statischen Wasserdruck sind auch dynamische Kräfte des überfallenden Wasserstroms zu verzeichnen.

Bei Ermittlung der Bodenpressung kann die anliegende Wehrschwelle beiderseits mit einem Streifen als mittragend gerechnet werden, der einer Druckverteilung unter 45° entspricht, falls dies baulich gerechtfertigt ist; selbstverständlich soll in der Bodenfuge keine Zugspannung auftreten.

Im Übrigen ist die statische Berechnung meist unschwierig. Es ist genügend Sicherheit gegen Kippen und Gleiten nachzuweisen.

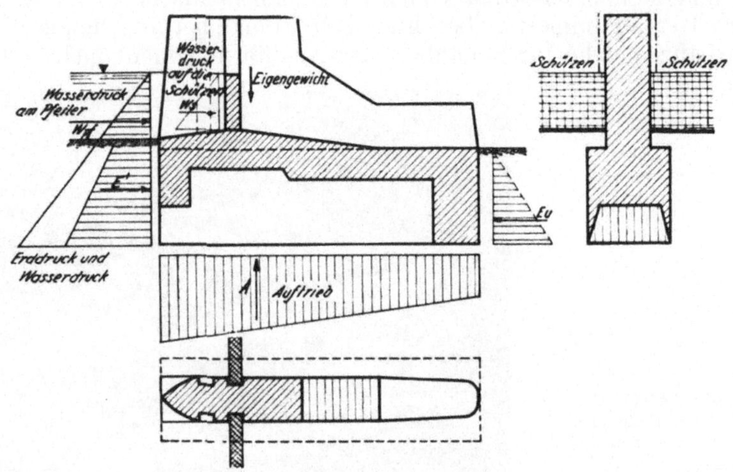

Abb. 253. Wehrpfeiler. Längsschnitt mit Einzeichnung der angreifenden Kräfte, Grundriß und Querschnitt.

Ein Vorziehen des Wehrpfeilers vor die oberwasserseitige Schwellenkante bietet keine Vorteile, hingegen ist ein Verlängern des Wehrpfeilers ins Unterwasser günstig.

Es ist angeraten, Betonpfeiler mindest so hoch mit wetterbeständigem Hartgestein zu verkleiden als die Wassergischt spritzt.

Gegründet werden sie entweder in offener Baugrube oder neuerdings häufig mit Druckluftsenkkästen; der fertiggestellte Pfeiler schafft bereits die Seitenwand der offenen Baugrube des Wehrfeldes.

6. Wehrbau und Betrieb.

a) Vorarbeiten und Planung. Der Untergrund ist vorher gründlich und genau, nicht nur am Ufer, sondern auch im Flußbett zu erforschen; hiefür sind Tiefbohrungen von einer Behelfsbrücke oder vom Schiff aus anzustellen. Einwandfrei soll der Verlauf einer Felssohle, sowie Art und Durchlässigkeit der Schichten festgestellt sein. Gerade am Fluß kann die Bodenerkundung zu Fehlschlüssen gelangen, weil die morphogenetische Flußtätigkeit die Schichten oft stark wechseln ließ.

Daneben ist Größe und Wahrscheinlichkeit allfälliger Hochwässer, sowie Geschiebeführung und Eisverhältnisse zu erheben, weil sich darnach die baulichen Maßnahmen richten.

Nach dem Zweck des Wehres, ob nur Aufstau oder auch Entnahme, nach Stauhöhe, Hochwasser- und Geschiebeabfuhr, sowie dem Ergebnis der Aufschlußarbeit, richtet sich die Wehrart. Bewegliche Wehre müssen auf festgelagerten Bodenschichten gründen. Durchlässiger Untergrund verlangt Unterbinden allzustarker Sickerung. Auch der Einbindung in die Ufer ist größte Sorgfalt zu widmen, damit das Wehr vom Hochwasser nicht umgangen wird. Welcher Wehrart endlich der Vorzug gebührt, lehrt ein Kostenvergleich, der aber nicht nur Baukosten, sondern auch Instandhaltungs- und Betriebskosten erfassen muß.

Hat man darüber Klarheit, kommt der verantwortungsvolle Entscheid über die Gründungsart; hiebei ist maßgebend, ob in die Flußsohle eine abdichtende Spundwand geschlagen werden kann, ob bei Felsgrund Betonfangdämme und ob überhaupt eine offene Baugrube möglich ist, oder ob man schließlich zur Senkkastengründung Zuflucht nehmen muß. Man wird sogar häufig in den einzelnen Wehrabschnitten verschiedene Gründungsarten wählen. Wie schon erwähnt, ist es manchmal günstig, die Wehrpfeiler auf Senkkasten zu gründen und vorher abzuteufen, weil damit die am meisten gefährdete Seite der Baugrubenumschließung erstellt wird.

Wohl zu erwägen ist auch die Lenkung des Abflusses während der Bauzeit. Flüsse können zur Gänze umgeleitet und kleine Bäche manchmal in einem Gerinne über die Baugrube hinweg geführt werden; meist aber muß immer ein Teil des Flußbettes aus dem Wehrquerschnitt dem Durchfluß freigegeben werden, in dem sich dann der eingeengte Fluß besonders tief eingräbt; darauf ist schon bei der Baugrubenumschließung Bedacht zu nehmen.

Schließlich wird man ein wohlüberlegtes Bauprogramm zusammenstellen, das den zu erwartenden Widerwärtigkeiten während des Baues infolge Hochwasser und Gründungsschwierigkeiten einigermaßen Rechnung trägt und das dann möglichst einzuhalten ist.

b) Bauarbeiten. Man wird natürlich die Hauptbauarbeiten in die Niederwasserzeit legen; manchmal wird man anläßlich eines Hochwassers die Wehrbaustelle gänzlich räumen und unter Wasser setzen müssen, wenn die Fangdämme einer offenen Baugrube dem erhöhten Wasserdruck nicht gewachsen sind. Die Pumpen müssen daher auch zum Leerpumpen der Baugrube und nicht nur für den ständigen Wasserandrang aus dem Boden und der häufig nicht völlig dicht schließenden Umspundung ausreichen.

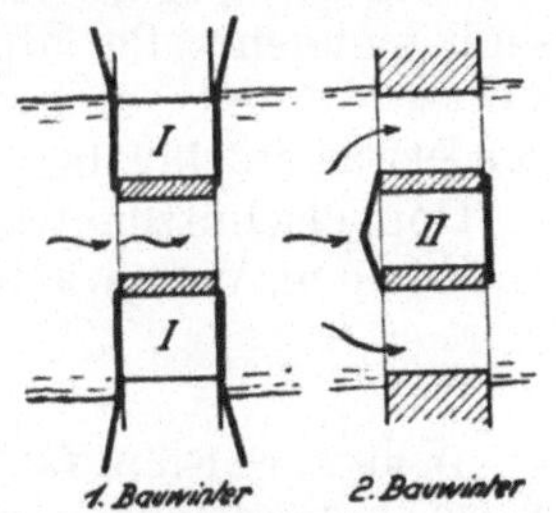

Abb. 254. Bauvorgang an einem Wehr.

Da in den Alpen die Niederwasserzeit im Winter ist, ist mit Arbeiten bei Frost zu rechnen. Muß in größeren Flüssen nun ständig ein breiter Teilquerschnitt des Flußbettes für den Abfluß frei sein, erstreckt sich die Bauzeit auf zwei oder mehr Bauwinter.

Beispielsweise kann bei einem Wehr über drei Wehrfelder folgend vorgegangen werden (Abb. 254): Mit Senkkasten werden zuerst die beiden mittleren Wehrpfeiler im Fluß zur Zeit mäßiger Wasserstände niedergebracht. In der ersten Niederwasserperiode werden die Wehrfelder an beiden Ufern in offener Baugrube durch Fangdämme, die an die fertigen Pfeiler anbinden, abgeschlossen und fertiggestellt, indessen der Durchfluß durch das künftige mittlere Wehrfeld strömt. Während der kommenden Hochwasserzeit wird dann der Abfluß in allen drei Wehrfeldern freigegeben und einstweilen Überbauten und Wehrverschlüsse in den fertiggestellten äußeren Wehrfeldern montiert. Im zweiten Niederwasserzeitraum wird nun das mittlere Wehrfeld wieder in offener Baugrube ausgeführt, während der Fluß die beiden äußeren Wehrfelder zur Verfügung hat. Zuletzt werden auch im Mittelfeld Wehrverschluß und Überbauten eingesetzt. Dies ist ein häufig geübter Vorgang, der nach der Zahl der Wehrfelder, nach anderen im Fluß zu erstellenden Bauten und der vorhandenen Baustelleneinrichtung abwandelbar ist.

Gleichzeitig mit dem Wehrbau werden ober- und unterhalb die Ufer gesichert, was ebenfalls Niederwasserzeiten erfordert.

Es ist erklärlich, daß Einrichtung und Leitung einer Wehrbaustelle zu den schwierigsten technischen Arbeiten gehört und hervorragender Kenntnisse bedarf.

c) Betrieb. Das fertige Stauwerk wird nach einem vorsichtigen, allmählichen Probestau in Betrieb genommen, um etwaige Baugebrechen rechtzeitig im Entstehen zu erkennen.

Der eigentliche Wehrbetrieb ist dann auf Einhaltung des Stauzieles, Abfuhr der Hochwässer und bei geschiebeführenden Flüssen auf Hintanhalten einer Stauraumverlandung gerichtet. Insbesonders letztes verursacht Kopfzerbrechen, weil durch Spülen des Stauraums mit Überschußwasser während eines Hochwassers solche unliebsame Anlandungen kaum weggebracht werden. Es hat sich erwiesen, daß zum wirksamen Wegspülen eine vollständige Absenkung des Staues notwendig ist, was bei Stauwerken mit Wasserentnahme für Wasserkraftwerke zur Betriebseinschränkung zwingt. Zeitweises, kurzes, aber kräftiges Spülen bei abgesenktem Stau brachte Erfolg. Ein rasches Absenken ist aber wieder eine Gefahr für die Uferböschungen, weshalb diese entsprechend befestigt sein müssen; Spülen wirkt nur auf ganz kurze Strecken, Baggern hinwieder ist teuer.

Mit der Zeit wird der Stauraum gegen Sickerung einigermaßen dicht.

Die Regelung eines Wehres von mehreren Wehrfeldern nur in einer Öffnung ist wegen der vergrößerten Kolkgefahr denkbarst ungünstig; es sind vielmehr die abzuführenden Wassermengen möglichst gleichmäßig auf die Gesamtzahl der Öffnungen zu verteilen, wobei die mittleren Öffnungen etwas stärker belastet sein können.

Doppelschützen werden vorteilhaft gleichzeitig über- und unterströmt.

Für den Wehrwärter sind Bedienungsvorschriften auszuarbeiten.

7. Wehrzerstörung.

Wehre werden fast immer durch Unterspülen von unten, möglicherweise mit gleichzeitigem Grundbruch zerstört. Meist sind große Hochwässer der Anlaß, obwohl oft die Ursachen schon lange früher verborgen im Auswaschen des Untergrundes lagen. Es würde den Rahmen des Buches überschreiten, die vielen vorgekommenen Wehrzerstörungen zu erörtern, von denen nicht wenige auf Konstruktionsfehler und Bausünden zu buchen sind. Jedenfalls ist einem allzutiefen Kolk und verdächtigen Sickerungen rechtzeitig Einhalt zu gebieten.

B. Talsperren.[15])

Talsperren werden als Mauern oder Dämme gebaut. Mauern bedürfen unbedingt einer Gründung auf tragfähigem Fels, während bei Dämmen der dichte Anschluß an die undurchlässige Schicht genügt. Die weitere Entscheidung über die Sperrenbauart liegt im Beschaffen der Baustoffe und der damit in Verbindung stehenden Kostenfrage.

[15]) Tölke, Talsperren (Wasserkraftanlagen II. Teil), Handbibl. f. Bauing. 1938. Ziegler, Talsperrenbau.

Für Planung und Ausführung sind die in den einzelnen Ländern geltenden Vorschriften über Talsperren zu beachten, von denen einige schon anfangs dieses Abschnittes erwähnt wurden; sie sind derzeit fast alle in Umarbeitung begriffen. Hauptsächlich beziehen sich diese Anordnungen auf die von der Behörde geübte Aufsicht und Überwachung solch wichtiger Bauwerke, auf die dafür geforderten Unterlagen und Entwurfspläne.

1. Staumauern.

Staumauern werden gebaut als:

a) Schwergewichtsmauern,

b) Bogengewichtsmauern,

c) Bogenstaumauern,

d) Pfeilerstaumauern und

e) Aufgelöste Staumauern (Sparbauweisen).

Die Bogengewichtsmauer stellt einen Übergangstyp von Schwergewicht- zur Bogenmauer dar und die aufgelösten Mauerarten sind Sparbauweisen der Schwergewichtsmauern.

Welche Art fallweise am besten ist, bedarf gründlicher Überlegung und Kostenvergleiche. Bogenmauern sind in engen Schluchten mit U-förmigem Talquerschnitt günstig; an starken Witterungseinflüssen ausgesetzten Baustellen wird die dünnwandige Bauart als nicht geeignet betrachtet, obwohl in Norwegen mit solchen Mauern unter Anwendung geringfügiger Frostschutzmaßnahmen gute Erfahrungen gemacht wurden. Gruner behauptete, daß gerade in kalten Gegenden elastische Betonstaumauern den Gewichtsmauern vorzuziehen sind.

a) Schwergewichtsmauern. Dem Wasserdruck, der die Mauer sowohl wegzuschieben, als auch zu kippen versucht, widersteht die Schwergewichtsmauer durch ihr Eigengewicht. Es dürfen wasserseitig keine Zugspannungen auftreten, weil sonst Fugen klaffen, in die Druckwasser eindringt; außerdem soll die Mauer sparsam bemessen sein. Daraus entwickelt sich der Dreiecksquerschnitt der Mauer.

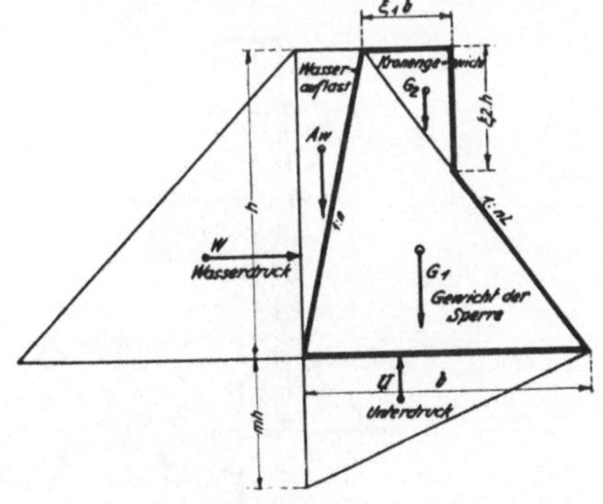

Abb. 255. Querschnitt einer Staumauer mit Einzeichnung der angreifenden Kräfte.

Die statische Untersuchung bezieht sich auf einen 1 m breiten Mauerstreifen. Angreifende Kräfte (Abb. 255) sind:

1. Eigengewicht G der Mauer, Konsolen etc.; dazu muß das spezifische Gewicht des fertigen Mauerwerks bekannt sein; es ist durch Probewürfel aus dem vorgesehenen Gestein das Einheitsgewicht γ_M vorher festzustellen. Dieses schwankt je nach Gesteinsart von 2,1 bis 2,5 tm^{-3} und darüber; für die Vorberechnung nimmt man im Mittel $\gamma_M = 2{,}3\ tm^{-3}$.
2. Wasserdruck $W = \gamma \frac{h^2}{2}$, worin bei h die höchstmögliche Spiegellage, also gewöhnlich die Staumaueroberkante einzusetzen ist.
3. Auftrieb oder Sohlenwasserdruck U; über ihn bestehen verschiedene Annahmen:

α) Die Größe des Auftriebes ist am wasserseitigen Fuß gleich dem vollen Wasserdruck $\gamma \cdot h$ und nimmt geradlinig bis zur Luftseite auf Null ab.

β) Der Sohlenwasserdruck wird auf $m \gamma h$ abgemindert, worin $m < 1$, etwa 0,3 eingesetzt wird, die Druckverteilung ist wie vor.

γ) Der Auftrieb ist auf die ganze Breite der Bodenfuge gleich groß und zwar γh, was zu übertrieben ist, da niemals die ganze Bodenfläche unter vollem Unterdruck stehen kann.

δ) Die Annahme wie vor, nur wird der Auftrieb auf $m \gamma h$ abgemindert.

4. Eisschub E_s wird in Österreich und Deutschland nicht berücksichtigt, in der Schweiz aber mit 70 t/m in Stauzielhöhe in Rechnung gestellt.
5. Möglicherweise Erddruck E.

Für die Bemessung der Mauer gelten folgende Näherungsformeln bei Berücksichtigung eines Auftriebes nach Fall β):

Die Breite des Grunddreiecks $b_0 = \dfrac{h}{\sqrt{\gamma_M - m}}$

Auf diesem Grunddreieck steht ein dreieckiger Kronenaufsatz für den Übergangsweg; damit an der Wasserseite keine Zugspannung auftritt, erhält diese einen Anzug, wobei

$$x = b \cdot \frac{\xi_1 \xi_2 (1 - 2 \xi_1)}{1 + 2 \xi_1 \xi_2}$$

Die Stauwand ist bei deutschen Talsperren meist 1 : 0,02, bei österreichischen und italienischen 1 : 0,05 geneigt, bei lotrechter Stauwand tritt bei leeren Becken luftseitig eine Zugspannung auf, die aber bedeutungslos ist.

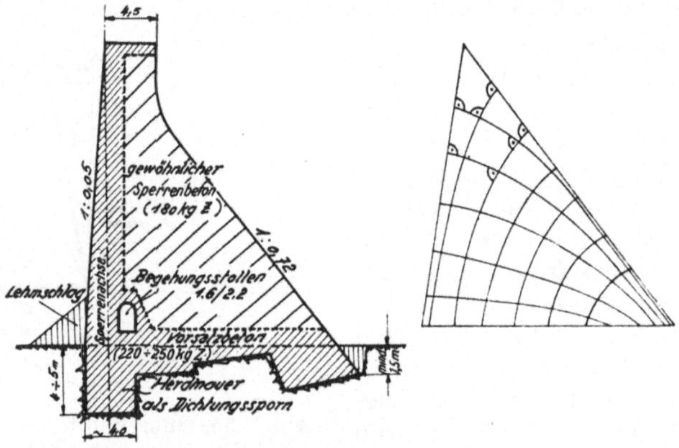

Abb. 256. Querschnitt einer Staumauer und Verlauf der Hauptspannungstrajektorien bei vollem Becken.

Die Neigung der Stauwand ist 1 : n, worin

$$n = \frac{\xi_1 \xi_2 (1 - \xi_1 - \xi_2)}{\gamma_M/\gamma' - \xi_1 \xi_2 (3 - \xi_1)}$$

und die Mauerbreite an der Sohle

$$b = \frac{h}{\sqrt{\gamma_M (1 - n) + \gamma' \xi_1 \xi_2 (2 - 3 n - \xi_1 + \xi_1 n - \xi_2) + n (2 - n) - m}}$$

Es ist γ_M das spezifische Gewicht des Mauerwerks,

γ' das spezifische Gewicht des Kronenmauerwerks, wenn dieses in aufgelöster Bauart ist, ist $\gamma' = \frac{3}{4} \gamma_M$.

Die luftseitige Neigung der Mauer ändert sich mit der Höhe; bemißt man in einem Talquerschnitt die Mauer für ihre jeweilige Höhe, entstehen windschiefe Mauerflächen, die aber nicht stören. Gewöhnlich aber wird die Neigung des maximalen Mauerquerschnitts durchgängig beibehalten, was eine Überbemessung in Hangstrecken bedeutet.

Die Nachprüfung erfolgt am besten durch Zeichnung der Stützlinie für volles und leeres Becken; beide Stützlinien müssen innerhalb des Kernes bleiben.

Aus der Kraftzerlegung wird die senkrechte Teilkraft V jeder Fuge ermittelt; damit errechnet man die Spannungen (Abb. 257).

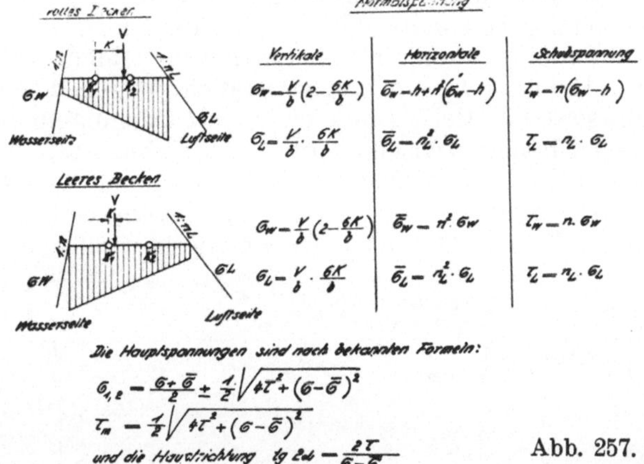

Abb. 257.

Die zulässige Beanspruchung richtet sich bei Bruchsteinmauerwerk nach der Mörtelfestigkeit, bei Betonmauern nach der Würfelfestigkeit des Betons und dem Sicherheitsgrad, der etwa 4 bis 6 sein soll. Bei niedrigen Mauern wird aber die zulässige Druckspannung kaum erreicht, sodaß besonders im Kern eine sehr schlechte Materialausnutzung ist.

Die größtmögliche Mauerhöhe h_{max} ist für eine zulässige Druckspannung von 500 t/m² für Beton und ein spezifisches Gewicht $\gamma_M = 2{,}5$ t/m³:

$$h_{max} = \frac{\sigma_{zul}}{\gamma_m} = \frac{500}{2{,}5} = 200 \text{ m.}$$

Nun hat aber der Boulderdamm (Abb. 258) eine Höhe von 233 m; er ist die derzeit höchste Staumauer. Es wurde bei ihm von der gewöhnlichen Dreiecksform abgewichen und die Umrißlinie zum Erreichen besserer Spannungsausnützung gekrümmt, indem besonders die bei leeren Becken stärker beanspruchte Wasserseite verbreitert wurde, wogegen an der Luftseite eingespart werden konnte.

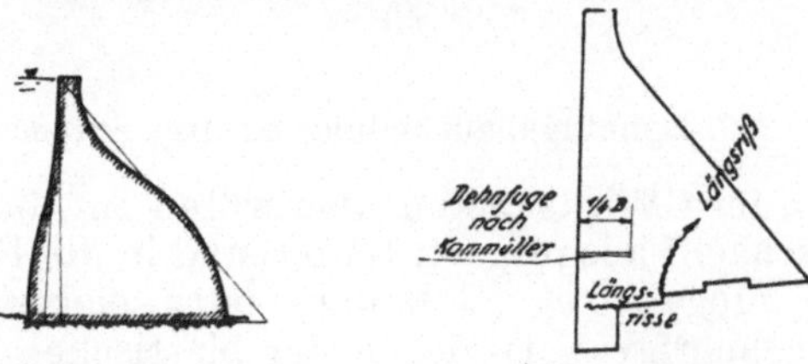

Abb. 258. Querschnitt des Boulderdammes.

Abb. 259. Längsrisse infolge Schwindens.

Mehr als durch Überschreiten der zulässigen Druckspannung werden große Massivmauern durch die Schwindspannungen infolge der Abbindewärme des Betons gefährdet, zumal die dadurch entstandenen Risse im Mauerinnern der Sicht entzogen sind. Die Schwindrisse beginnen an der Sohle und setzen sich nach oben fort, zugleich kann aber auch der wasserseitige Sporn abreißen. Man sucht das Schwinden daher durch geeignete Kühlmaßnahmen beim Bau zu verringern. Kammüller verlangt eine diesen Rissen entsprechende Dehnfuge, die er als Horizontalfuge mit plastischen Einlagen an der Wasserseite gemäß Abb. 259 vorschlägt.

Die Mauerachse ist bei den derzeitigen Ausführungen meist gerade. Da die Mauer den Bewegungen durch Temperatur als auch Schwinden in der Längsrichtung nachgeben muß, wird sie in einzelne Baublöcke von 15 bis 30 m Länge unterteilt, deren Einteilung sich manchmal nach der Geländegestalt richtet. Dehnfugen, zugleich auch Arbeitsfugen, bedürfen gewisser Aufmerksamkeit. Bei all den vielen Ausführungen und Vorschlägen werden im wesentlichen zwischen die 1 bis 5 mm abstehenden, oft auch aneinander betonierten Stoßflächen der Baublöcke Dichtungsstäbe aus plastischen Stoffen und beiderseitig tief eingelassene bewegliche Dichtungsbleche eingelegt, die ein Durchsickern an dieser Stelle verhindern sollen.

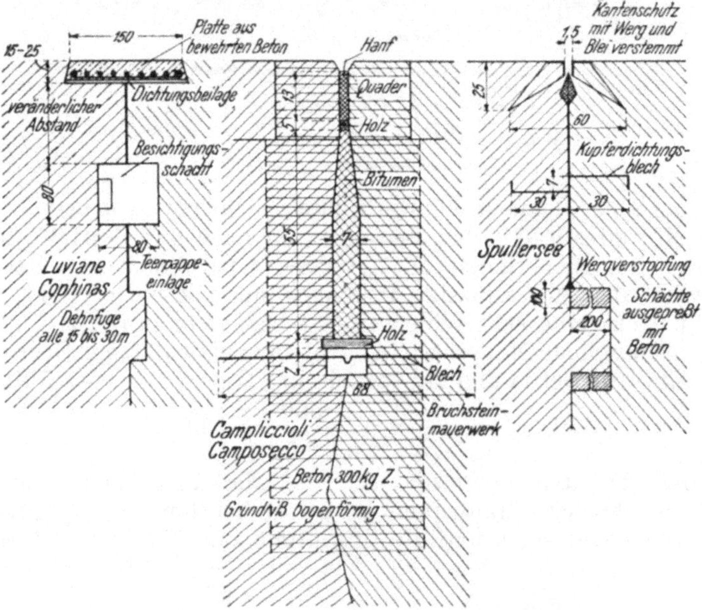

Abb. 260. Dehnfugenausbildung an drei Staumauern.

Um auch späterhin ihre Wirksamkeit überprüfen zu können, wird daneben ein Besichtigungsschacht ausgespart; ferner sind in die Dichtungsstäbe Aufheizvorrichtungen eingebettet (Heizrohre oder elektrische Widerstandsdrähte), die ein nachheriges Erweichen der plastischen Masse ermöglichen sollen. Häufig werden die Dehnfugen zwecks besserer Verbindung der Mauerblöcke verzahnt (Abb. 260).

Zum Überwachen ist in der Mauer ein Begehungsstollen mit dem Mindestmaße 1,6/2,0 m, der gleichzeitig das Sammeln und Ableiten von Sickerwasser übernimmt.

Zwecks Temperaturbeobachtung werden in der Sperre elektrische Thermometer für Fernbeobachtung eingemauert.

Talsperrenbeton muß vor allem dicht sein; dies erfordert größere Zementbeigabe, daher beschränkt man aus Sparmaßnahmen diesen besseren Beton auf bestimmte Schichten. Wasserseitig ist eine bessere Mischung als Vorsatzbeton in der Stärke von 2 bis 4 m, sowie an der Sohle als Ausgleichsschicht. Im gewöhnlichen Staumauerbeton genügt 120 bis 180 kg Zement je m^3 Fertigbeton, für Dichtungsschichten ist 250 bis 300 kg Zement erforderlich. Neuerdings unterläßt man solche besondere Schichten und mischt durchgehend gleich, aber dafür schenkt man der Aufbereitung größeres Augenmerk, indem man die richtige Wahl der Zuschlagsstoffe und ihre geeignete Zusammensetzung in Versuchsanstalten vorher erprobt und beim Betonieren genau die ermittelten Mischungsverhältnisse und Beigaben, sowie eine gute Bauausführung einhält.

Nicht nur in stark frostgefährdeten Gebieten, sondern überall ist eine Verkleidung der Mauern, sowohl luft- als auch wasserseitig zweckmäßig; sie geschieht mit wetterfestem Hartgestein in 50 bis 80 cm dicken Schichten und dient zugleich als Schalung. Die Wasserseite erhält einen Schutz- und Dichtungsanstrich aus Asphaltprodukten und Fluaten verschiedenster Art (Siderosthen-Lubrose, Inertol etc.) und darüber eine 20 bis 30 cm starke Schutzabdeckung. Manche Anstriche haben sich nicht bewährt und blättern bald ab, besonders im Bereich der Spiegelschwankung durch Eisansatz.

b) Bogengewichtsmauern. Die Achsen vieler Schwergewichtsmauern sind bogenförmig mit 150 bis 500 m Halbmesser zwischen beide Talhänge gespannt, indem sie sich mit der Bogenaußenseite gegen den Stau stemmen. Im Falle einer späteren Verstärkung oder Erhöhung bedeutet eine vorhandene Krümmung einige Hilfe. Zugleich ermöglicht sie Bewegungen infolge Temperatur und Schwinden, sodaß man auf Dehnfugen verzichten könnte; trotzdem sind diese aber zumeist angeordnet.

Fast alle älteren Mauern sind gekrümmte Bogengewichtsmauern. Neuerlich wird diese Bauart wieder gegenüber der geraden Schwergewichtsmauer bevorzugt, weil damit die Sicherheit verbessert wird.

Nunmehr sind auch Grundlagen zur Berechnung von Bogengewichtsmauern geschaffen und die Güte des Massenbetons verbessert worden, sodaß ihre Dicke gegenüber einer geraden Mauer verringert werden kann und die Sicherheit trotzdem erhöht wird; damit ist eine ziemliche Baustoffersparnis möglich. Zur Berechnung derartiger Mauern gibt Tölke Anhaltspunkte.[16]) Für eine 80 m hohe Mauer berechnet er die Querschnittsverminderung gegenüber der geraden Mauer bei $R = 250$ m mit 8% und bei $R = 150$ m mit 18%.

c) Bogenstaumauern. Bogenstaumauern übertragen den Wasserdruck vorwiegend durch die Gewölbewirkung, damit wird der Querschnitt schlank und höchstens halb so stark als die entsprechende Gewichtsstaumauer, sodaß die Stützmauerwirkung in den Hintergrund tritt.

Der Wasserdruck wird also hauptsächlich dem Gewölbe, zum geringeren Teil der Stützmauerwirkung des lotrecht eingespannten Gewölbestreifens derart zugeteilt, daß ein beiden gemeinsames Element unter dieser Last gleiche Durchbiegung erleidet.

[16]) Tölke, Bauingenieur 1937, S. 11—20.

Wesentlichen Einfluß auf die Form der Bogenmauern hat der Talquerschnitt; S u t h e r l a n d wählt dafür vier Formziffern β (Abb. 261).

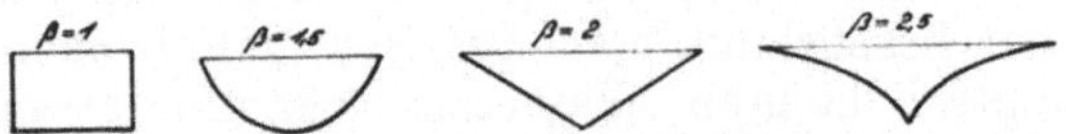

Abb. 261. Formziffer β gemäß Talquerschnitt.

Da man tunlichst gleiche Gewölbewinkel δ anstrebt (Abb. 262), ergeben sich mit wachsendem β immer größere Ansprüche an die Formgebung. Für $\beta < 1{,}5$ wählt man die Gewölbe nach Kreiszylindern, bei $\beta > 1{,}5$ wählt man den Gleichwinkelgrundsatz nach J ö r g e n s e n, wobei als wirtschaftlichster Gewölbewinkel $\delta = 133^\circ$ gilt; es nimmt dann die Krümmung nach unten hin zu, was zwar die Ausführung erschwert, aber statisch vorteilhaft ist (Abb. 263).

Die Bogenmauern werden unheimlich dünn und haben ganz geringen Mauerinhalt (Abb. 264); allerdings verlagert sich die Mauermasse in Tal-

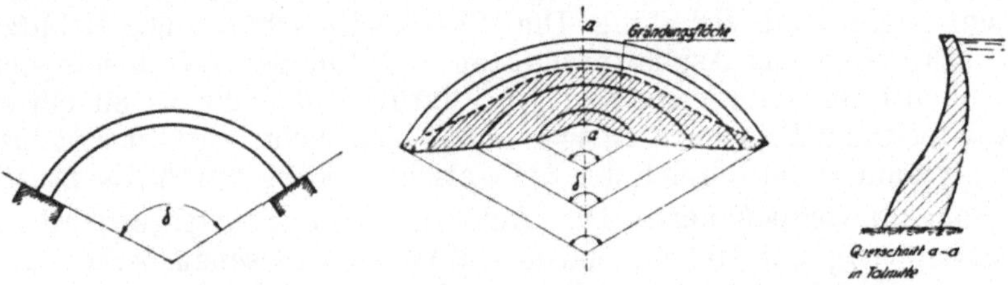

Abb. 262. Gewölbewinkel δ.

Abb. 263. Gleichwinkelbogenmauer nach J ö r g e n s e n.

mitte oft soweit talwärts, daß Zugspannungen an der Wasserseite auftreten, die durch Unterschneiden auf der Wasserseite oder Verstärken an der Luftseite bewältigt werden.

Am Stephensen Creek hat man zu Untersuchungszwecken eine 18 m hohe Bogenmauer errichtet; mangels Schwindfugen riß die Mauer an den

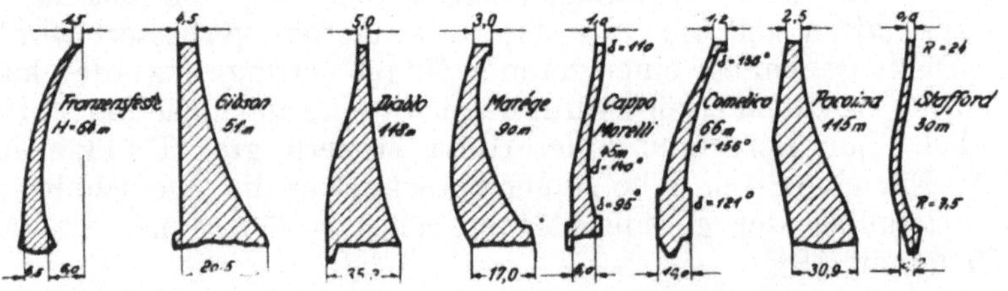

Abb. 264. Vergleich der Querschnitte verschiedener Bogenstaumauern.

Hängen ab; infolgedessen legt man Schwindfugen ein, die bei tiefster Temperatur später ausgepreßt werden.

Um die Mauer dünn zu halten, muß der Gewölbewinkel möglichst groß sein, sodaß dann der Bogenschub in die Tallängsrichtung fällt; er findet jedoch dort wenig Auflager.

Bogenmauern sind umso sicherer, je dünner und elastischer sie gestaltet werden können; allerdings sind diese zarten Gebilde sehr empfindlich gegen Luftangriffe.

d) Pfeilerstaumauern. Pfeilermauern bestehen aus einer Reihe von dreieckförmigen, schwachen Pfeilerwänden in Abständen von 5 bis 20 m, die die Stauwand aus ebenen Platten oder Gewölben tragen; häufig heißen sie auch aufgelöste Staumauern.

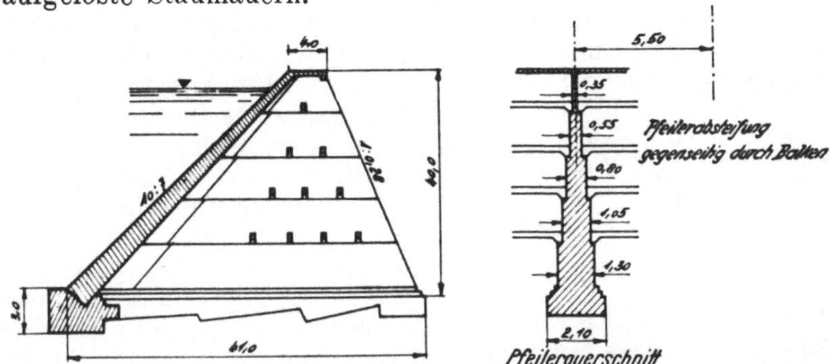

Abb. 265. Pfeilerstaumauer mit Stahlbetonplattenstauwand (A m b u r s e n mauer).

Kostenersparnisse lassen sich damit meist nicht erzielen, dagegen Materialersparung; zwischen den Pfeilern kann kein Auftrieb entstehen und außerdem ist diese Bauart in allen Teilen zugänglich und dadurch besser überwachbar als die ungeschlachten Schwergewichtsmauern.

Die Stauwand wird schräg aufgelegt, um durch Wasserauflast das mangelnde Reibungsgewicht gegen Wegschieben zu erreichen (Abb. 265). Die Pfeiler sind wasserseitig etwa 1 : 1, luftseitig hingegen bedeutend steiler (etwa 3 : 1) geneigt; Pfeilerabständen und wirtschaftlicher Gestaltung schenkt man größte Beachtung. Nicht nur im Längsschnitt, sondern auch im Querschnitt haben die Pfeiler Dreiecksform, da ihre Lasten nach unten rasch zunehmen; weil sie verhältnismäßig dünn sind, bedürfen sie einer seitlichen Knickaussteifung durch Strebebalken oder -bogen zwischen den Pfeilerwänden. Um die Pfeiler knicksteif und beulsicher zu machen, hat man sie auch in zwei dünne Wände nebeneinander aufgespalten oder mit lotrechten Rippen ausgestattet (Abb. 266).

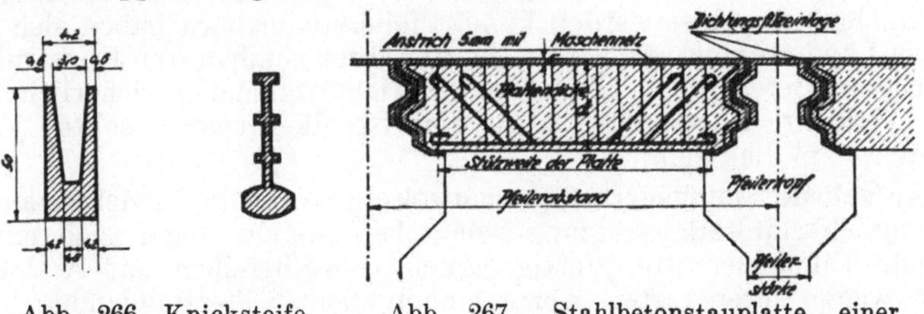

Abb. 266. Knicksteife Sparpfeilergrundrisse.

Abb. 267. Stahlbetonstauplatte einer A m b u r s e n mauer.

A m b u r s e n hat 1903 die Eisenbetonstauwand eingeführt; seitdem wurden über 400 derartige Sperren gebaut. Die bewehrte Platte ist ein freiaufliegender Träger zwischen ausgesparten Falzen der Pfeilerköpfe; die Auflagerfuge wird mit beigelegten Asphaltfilzplatten gedichtet. Weil die Plattendicke mit dem Quadrat der Auflagerentfernung und dem Quadrate der Tiefe wächst, ist die A m b u r s e n - Bauweise praktisch mit einer Höhe von 40 m begrenzt. Die Pfeilerentfernung ist etwa 4 bis 6 m, die Plattenmindeststärke etwa 30 cm (Abb. 267).

Statt der Platten können bewehrte oder unbewehrte, eingespannte Gewölbe die Stauwand darstellen, weswegen diese Bauweise Gewölbereihenmauer oder auch Reihengewölbe heißt. Die Belastung der Gewölbe ist wegen der Schräglage ungünstig, da der Wassserdruck durch die tiefere Lage der Kämpfer gegenüber dem Scheitel verschieden ist und außerdem noch mit dem Wasserstand schwankt. Der Gewölbewinkel ist angenähert 180°. Die Gewölbe rechnet man in 1 m Streifen für Wasserdruck, Eigengewicht, Schwinden des Betons und Temperatureinfluß, bei dem noch zu beachten ist, daß Luft- und Wasserseite verschiedene Erwärmung hat. Formeln hiefür wurden von Kelen[17]) zusammengetragen.

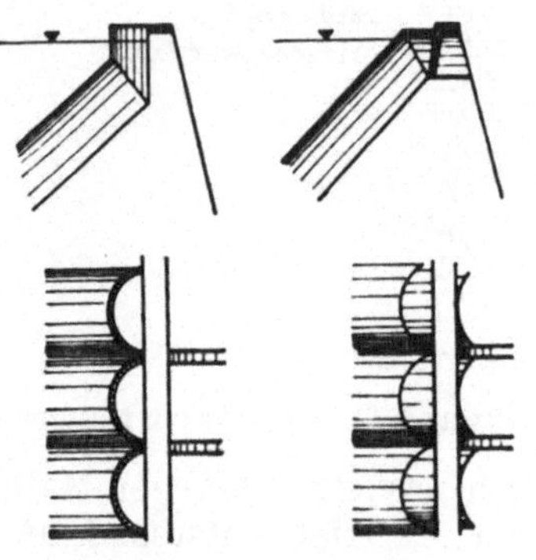

Abb. 268. Gewölbereihenmauer. Verschiedene Kronengestaltung.

Um an der Krone einen waagrechten Abschluß zu haben, wird dort ein lotrechtes Gewölbe aufgesetzt oder mit einer Gewölbebrücke abgeschlossen, deren Gewölbezwickel eine niedrige, senkrechte Stauwand ausfüllt (Abb. 268).

Der Pfeilerabstand ist zwischen 9 und 20 m, Gewölbestärken von 40 bis 170 cm, mittlere Pfeilerstärke etwa $^1/_{10}$ der Pfeilerentfernung. Es wurden bis 87 m hohe Gewölbereihenmauern gebaut (Barlettdam in USA.). Anstelle von Gewölben können Kuppeln sein, was bedeutend größere Pfeilerentfernung erlaubt. Eine der schönsten Ausführungen dieser Art ist die Cooligdemauer (86 m hoch) mit einem Pfeilerabstand von 55 m, welche aus drei nebeneinanderliegenden Kuppeln besteht.

Wird die Stauwand aus der Schrägen aufgerichtet, verlängert dies die Pfeilerbasis wesentlich, weshalb diese Ausführungen unwirtschaftlich werden; der Fortschritt liegt also in der Schrägstellung der Stauwand.

Alle Pfeilerstaumauern bedürfen einer gediegenen Gründungsfläche. Wasserdichtheit und Wetterbeständigkeit der dünnen Gewölbe war lange Zeit eine Frage, die durch Betonaufbereitung und Frostschutzverkleidung zur Zufriedenheit gelöst werden kann. Pfeilerstaumauern haben sich auch in kalten Ländern bewährt; sie sind wegen ihrer gegliederten Konstruktion und sicheren Berechnung der reinen Gewichtsstaumauer sicherlich überlegen, sodaß ihre Anwendung lobenswert ist; die Gewölbe sollten jedoch mindestens 1 m dick sein.

e) Aufgelöste Staumauern (Sparbauweisen). Weil die Gewichtsstaumauern bezüglich Materialausnützung wenig befriedigen, Bogen sich nur für bestimmte Talquerschnitte günstig eignen, Gewölbereihen und Ambursenmauern wegen ihrer zarten Abmessungen nicht widerstandsfähig gegen Witterungseinfluß gelten, beschäftigte man sich mit Übergangsformen zwischen Gewichtsmauern und Pfeilermauerausführungen, um den zufriedenstellenden Mauertyp zu finden; die wasserseitige Abschlußwand soll mit Rücksicht auf Frost stärker und wegen leichter Herstellung möglichst lotrecht sein, für die Kippsicherheit wird aber dann Gewicht benötigt.

Figari läßt in der Mauer Hohlräume frei, wodurch zwar Baustoff erspart, aber die Basis um der Standsicherheit willen verlängert werden muß, weshalb die Ersparnis wieder verringert wird.

---

[17]) Kelen, Aufgelöste Staumauern, Berlin 1928.

Gutzwiller (Abb. 269 a) schlägt ein bienenwabenförmiges Zellentragsystem vor, dessen Zellen mit billigen Füllstoffen zur Gewichtsvermehrung beschwert werden. Diese Art erfordert viel Schalung, teuren Beton und ist außerdem rechnerisch nicht erfaßbar, daher auch bisher nicht zur Ausführung gelangt.

Kammüller (Abb. 269 b) wählt die Zellen größer und rechteckig, die sich keilförmig nach unten verengen, wodurch die Füllung gut aufsitzt. Zugleich ist damit eine Dränung der Sohle erzielt. Durch Einlegen eines Keils an der Wasserseite soll der Mauer die nötige Beweglichkeit gegeben sein.

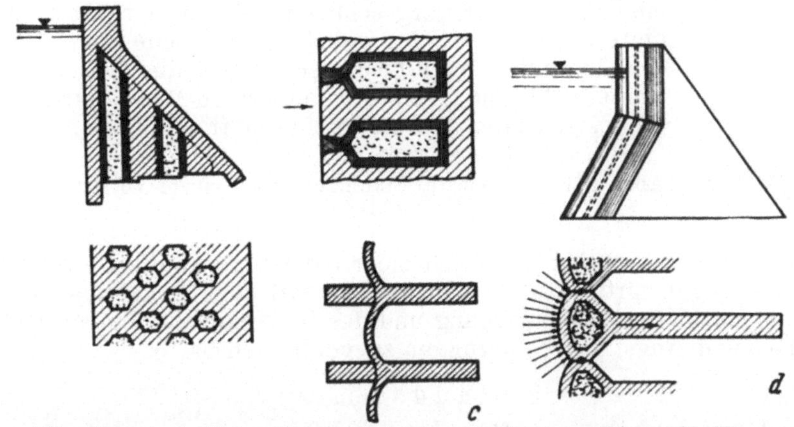

Abb. 269. Aufgelöste Staumauertypen. a) Gutzwiller, b) Kammüller, c) Tölke und Probst, d) Pfeilerkopfmauer nach Noetzli.

Probst und Tölke (Abb. 269 c) schalten zwischen die Pfeiler fast lotrechtete Gewölbe ein, ziehen aber den Pfeiler wasserseitig stärker vor, um so ein Gegengewicht zu schaffen. Zugrisse sind in diesem Fall nicht gefährlich, weil der Gegengewichtspfeiler im Wasser steht.

Noetzli hat eine Pfeilerkopfmauer (Abb. 269 d) konstruiert, bei der die Stauwand durch Pfeilerverdickungen gebildet wird, die noch zwecks Materialersparnis innen mit Magerbeton ausgefüllt sein können. Diese Form scheint gegenwärtig den Vorrang zu haben und ist auch schon in Amerika ausgeführt. Infolge des Rundkopfes wird der Wasserdruck mittig auf die Pfeiler geleitet.

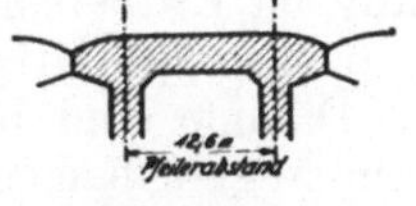

Abb. 270. Dixencestaumauer.

Bei der Dixencestaumauer (Abb. 270) hat man diese Rundköpfe über zwei Pfeiler als Doppelrundkopfmauer mit 12,6 m Pfeilerabstand hingezogen. Die statische Berechnung solcher Mauern bietet Schwierigkeiten, weil für sie die lineare Spannungsverteilung nicht mehr zutrifft.

Baticle hat im Genie Civil 1941 eine neue Form entwickelt (Abb. 271), für die sich die Grundgleichungen der Elastizitätstheorie nach geringen Vereinfachungen lösen lassen. Wasserseitig ist eine ebene, luftseitig eine konoidale Fläche, die als Erzeugende eine Gerade hat, die einerseits längs der Kronenlinie, andererseits längs einer in der Basisebene liegenden Leitlinie gleitet; eine schräge Ebene durch die Krone schneidet somit immer ein Rechteck heraus, dessen Breite von der Neigung der Ebene abhängt. Gegenüber Gewichtsmauern hat diese Mauer etwa 30% Gewichtsersparnis bei gleicher Sicherheit, dagegen sind höhere Kosten an Schalung, deren Verlegen aber durch die konoidale Form erleichtert wird. Trotz einer äußeren Ähnlichkeit mit einer Gewölbereihensperre ist sie grundsätzlich davon verschieden, weil sie wie eine Gewichtsstaumauer arbeitet. Gegen Schwinden und Temperatur ist sie weniger empfindlich, weil jeder Block für sich steht; auch läßt sie sich leicht dem Gelände anpassen.

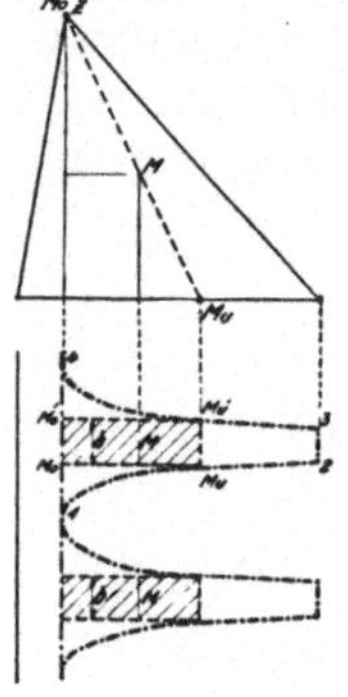

Abb. 271. Aufgelöste Staumauer nach einem Vorschlag von Baticle.

Für ein utopisches Wasserkraftprojekt an der Straße von Gibraltar, welches dort den Atlantik gegen das Mittelmeer stauen will, weil dieses infolge stärkerer Verdunstung bei geringerem Zufluß etwa 200 m absinken würde, wurde eine Sperrmauer vorgeschlagen, die aus vier Stauwänden hintereinander besteht, wobei jede folgende um ein Viertel der Gesamtstauhöhe niedriger ist und die Zwischenräume wassererfüllt sind, sodaß jede einzelne Mauer nur ein Viertel des gesamten Wasserdruckes zu tragen hätte.

Sparbauweisen werden mehr und mehr bevorzugt, da die Gewichtsstaumauer als gegenwärtig hauptsächlichste Bauart ihre Beliebtheit vielfach der Bequemlichkeit der Berechnung und des Gedankens scheinbar größerer Sicherheit und Angst vor Neuerungen zu verdanken hatte.

2. Staudämme.[18])

Staudämme werden ausgeführt:

1. ohne besondere Dichtungsschicht einheitlich aus körnigen und bindigen Böden;
2. mit Dichtungsschichten und Stützteilen.

Dämme sind am Platze, wenn die Tragfähigkeit der undurchlässigen Schicht gering oder diese erst in großer Tiefe vorzufinden ist und wenn Dammaterial in erforderlicher Menge und Beschaffenheit nahe der Baustelle vorhanden ist. In Mitteleuropa ist man eher dem Staumauernbau zugeneigt, obwohl Dämme oft wirtschaftlicher und billiger sind. Die Mauer hat den Vorzug, sofern sich gesunder Fels in geringerer Tiefe vorfindet, ferner in engen Talquerschnitten, wo sich der Damm beim Setzen verspannen könnte und bei Abfuhr großer Hochwässer. Dämme haben den Vorrang im Erdbebengebiet und bei Zufuhrschwierigkeiten; sie lassen sich unschwierig später erhöhen.

Dämme sind bis 100 m Höhe gebaut worden. Sie werden nach Erfahrungsregeln bemessen, eine Berechnung ist des Baustoffs wegen wenig aussichtsreich.

An Dammbaustoffen unterscheiden wir solche für stützende Teile, arm an bindigen Bestandteilen und daher weniger nachgiebig (Kies, Felstrümmer) und solche für dichtende Teile, bindige Böden durch Sand abgemagert (Lehm, Ton, Schlamm und Schluffsand). Bei Erddämmen und ganz besonders gespülten ist die Kornzusammensetzung des Dammaterials ständig zu überwachen; diese Untersuchung bezieht sich auch auf Feuchtigkeitsgrad, Porenvolumen, Porenziffer und Wasserdurchlässigkeit.

Als Grundsatz für die Konstruktion des Dammquerschnittes gilt, die Sickerlinie luftseitig nicht austreten zu lassen; sie verläuft bei gleichem

[18]) Walch, Staudämme, Springer, Wien 1933.

Sickerwasserzufluß in durchlässigem Material flacher. Die Durchlässigkeit soll von der Wasserseite zur Luftseite hin zunehmen, aber nur allmählich, weil sonst das feinere Material ausgeschwemmt wird.

Die Kronenbreite ist etwa $^1/_5$ der Dammhöhe, aber mindestens 3 m; damit keine Wellen überschlagen, muß das Freibord reichlich, mindestens 1,5 m sein, bei großen Staubecken weit mehr, oft 5 bis 6 m (Abb. 272).

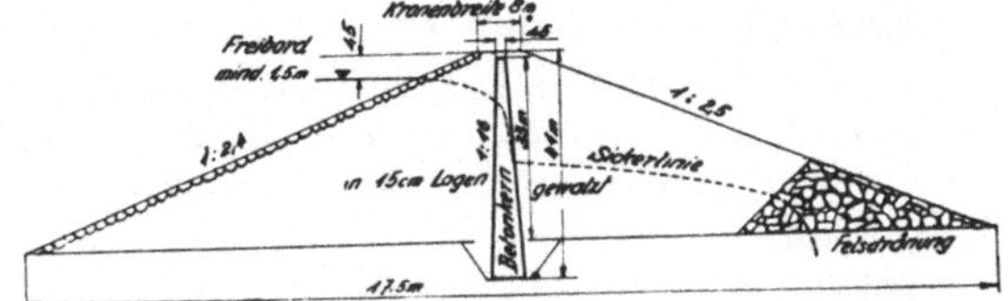

Abb. 272. Erddamm mit Betonkern und Felsschüttung am landseitigen Fuß (Titiensdam).

Die Böschungsneigung ist wasserseitig 1 : 2 bis 1 : 3 und flacher bei gespülten Dämmen; luftseitig ist sie durch die Sickerlinie, bei abgedichteten durch den Böschungswinkel des Schüttgutes bedingt. Höhere Dämme haben luftseitig Bermen, welche den Regenwasserablauf abfangen und in eigenen Leitungen abführen. Böschungsschutz ist wasserseitig ein Pflaster, welches zwecks Dränung auf Schotterschichten verlegt ist. Die Luftseite erhält Mutterbodenauflage und wird besämt oder mit Buschwerk bepflanzt. Tiefwurzelnde Bäume sind am Damm zu vermeiden.

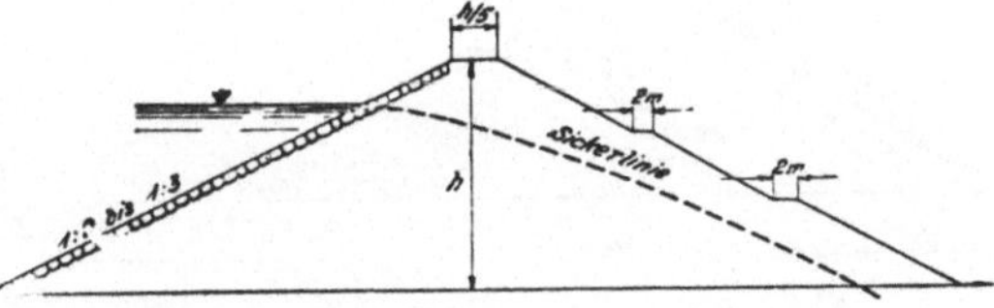

Abb. 273. Querschnitt eines Erddammes aus gleichmäßigem Schüttgut.

a) Einheitlich geschüttete Dämme. Wenn der Untergrund ebenso dicht ist als das Dammaterial, führt man diese einfachste Art aus. Das Schüttgut muß neben der Dichtheit auch eine genügende Standfestigkeit haben, eine Bedingung, die fast von keiner Bodenart erfüllt wird, denn durchlässiges kommt nicht in Frage und gut fettes neigt zu Rutschungen; am besten ist Lehm mit 50 bis 60% Sandgehalt. Pflaster oder Kiesschüttung schützt den Damm vor Wasserangriff und Austrocknung (Abb. 273).

Diese Dammbauweise ist infolge der Mängel des Dammaterials nur für kleine Dämme geeignet.

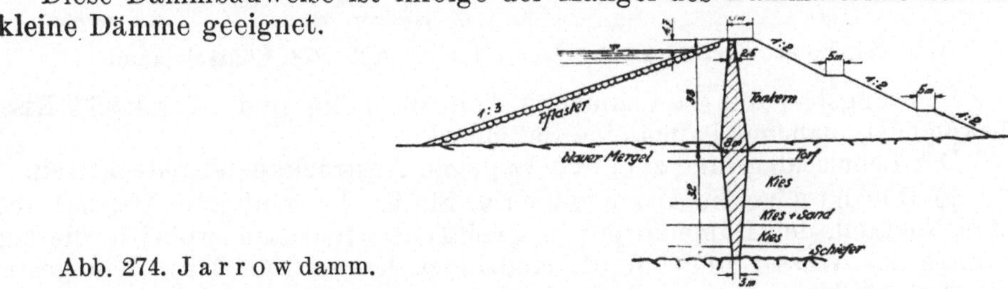

Abb. 274. J a r r o w damm.

b) Dämme mit Dichtungsschichten.

α) A b d i c h t u n g des U n t e r g r u n d e s. Damit der Bestand des Damms gesichert ist, muß auch der Untergrund dicht sein. Ist in praktisch erreichbarer Tiefe Fels oder eine dichte Schicht, so wird bis zu dieser ein Dichtungssporn als Schlitz (Abb. 274), eine Spundwand oder auch eine Dichtungsschürze aus Einpressungen abgeteuft.

Der Dichtungsschlitz soll möglichst eng sein; führt er in große Tiefen, bereitet sein Aushub Schwierigkeiten, sodaß man schließlich noch zur Luftdruckgründung greifen muß, im Valleydam bis 64 m tief.

Mit Stahlspundwänden kann man bis 20 m tief gelangen, jedoch muß der Stahl eine Rostschutzbeigabe (Kupfer) erhalten.

Am leichtesten erscheint in diesem Fall die Einpressung, sie ist aber nicht absolut zuverlässig.

Erscheint der dichte Untergrund überhaupt unerreichbar, so verzichtet man entweder gänzlich auf die Dichtung oder zieht einen Dichtungsteppich genügend weit vor den Damm. Häufig wird noch möglichst tief ein Sporn oder eine Spundwand abgeteuft, was aber die Sickerlinie nur unwesentlich beeinflußt.

Dieser wasserdichte Anschluß an den Untergrund und damit auch die Verhütung des Umgehens der Flanken hat große Bedeutung, weil die Hälfte aller Dammeinstürze in solchen Mängeln begründet waren.

β) Dichtung an der Wasserseite. Sie wird in Mitteleuropa bevorzugt, weil der Sickerweg eine größtmögliche Länge, die Standsicherheit des Dammes günstig und die Auswahl des Dammaterials nicht so sorgfältig zu handhaben ist, sodaß auch Sand und Schotter darin verwendet werden kann (Abb. 275, 276, 277).

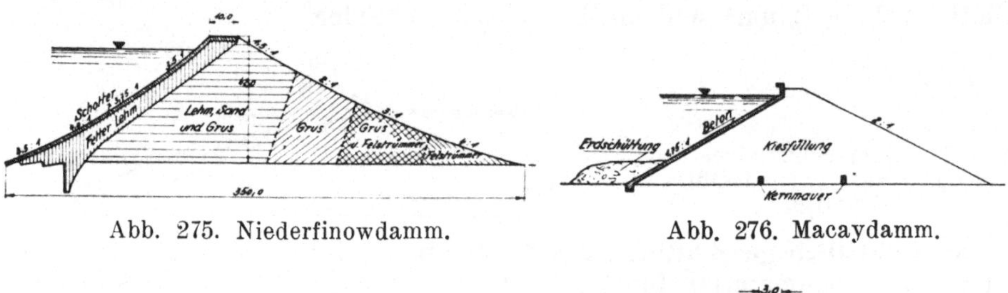

Abb. 275. Niederfinowdamm. Abb. 276. Macaydamm.

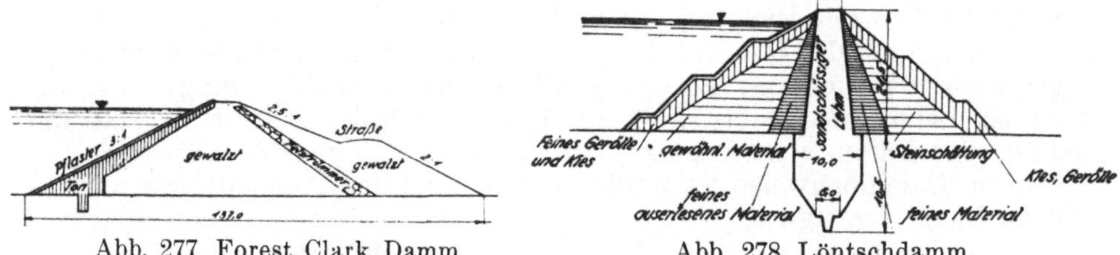

Abb. 277. Forest Clark Damm Abb. 278. Löntschdamm.

Dichtungsbaustoff ist Lehm und Ton, die billig sind, aber leicht Risse bekommen, manchmal auch eine Betondecke.

Der Lehmschlag muß zum Schutz gegen Austrocknen abgedeckt sein.

γ) Dichtung im Dammkern. Sie ist die häufigste Art, hat aber den Nachteil, den Dammkörper in zwei Teile zu spalten, wobei in die eine Hälfte das Wasser ungehindert eindringen kann (Abb. 272); dem gegenüber steht der Vorteil, daß die Dammsetzung nur wenig Einfluß auf die Dichtungsschichte hat. Der Übergang zur Untergrunddichtung ist einfach. Der meist ausgeführte Betonkern ist vor Wühltieren sicher.

Zu solchen Dämmen ist fast jedes Dammaterial brauchbar, das dichtere ist natürlich wasserseitig zu schütten, während die Luftseite möglichst durchlässig, aber standfest sein soll. Als Kerndichtung dienen gestampfter oder gespülter Lehm (Abb. 278), hauptsächlich aber Beton oder Stahlbeton

(Abb. 279), selten Wellblechplatten oder Stahlspundwände. Der Beton wird durch dichtende Zusätze (Traß etc.) wasserundurchlässig gemacht, manchmal noch besonders mit Asphaltanstrichen abgedeckt. Da die dünne Kernmauer keine waagrechten Kräfte aufnehmen kann, ist ein Stützkörper beiderseits notwendig. Gegen Schwinden sind senkrechte Bewegungsfu-

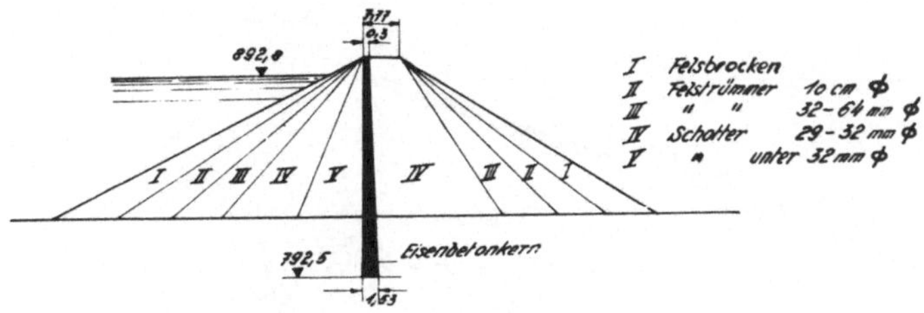

Abb. 279. Tietondamm.

gen mit Kupferblechdichtung, ähnlich wie bei den Staumauern, einzuschalten, oft sind auch waagrechte Fugen angeordnet.

In Amerika hat sich die Bauweise des Dammkernes mittels Spülung in besonderem Maß durchgesetzt (G e s p ü l t e D ä m m e). Die Baueinrichtung hiefür ist einfach und der Bau billig, sodaß man wegen dieser Ersparnis größere Dammquerschnitte in Kauf nehmen kann (Abb. 280). Wichtig ist dabei die Auswahl des Materials; der gespülte Boden wird nämlich nach

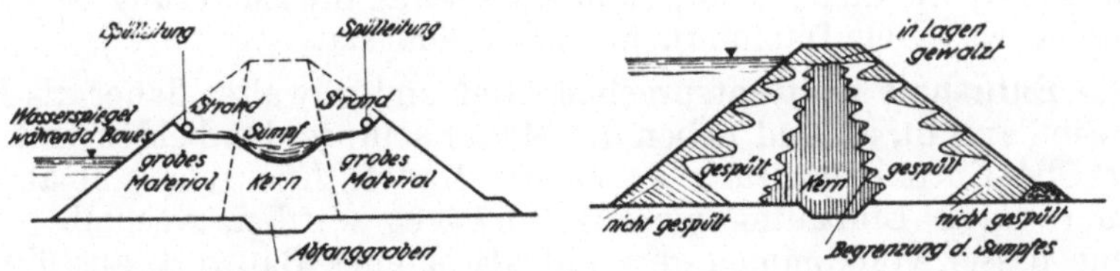

Abb. 280. Gespülter Erddamm im Bau und nach Fertigstellung.

der Korngröße zerlegt, es lagert sich das grobe Korn nahe der außen liegenden Spülleitung als Stützkörper, das feine Korn im Kern ab, was günstig ist. Dagegen bedeutet es eine Gefahr, daß Material mit hohem Wassergehalt zur Ablagerung gelangt, welches auf die unteren Schichten

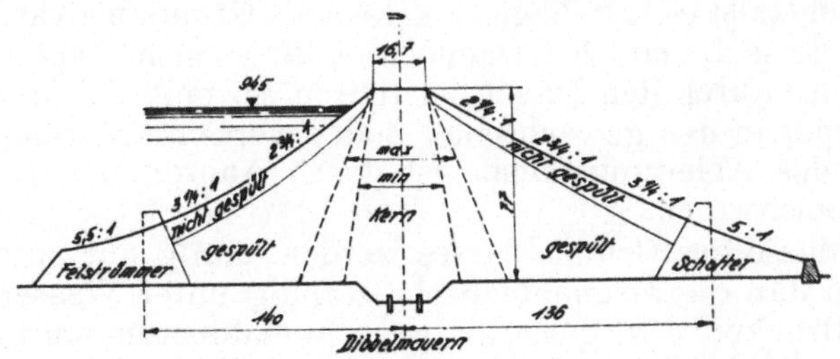

Abb. 281. Cobble Mountain Damm.

drückt, denen das Wasser ausgepreßt wird. Die Abgabe des Wassers erfolgt aber nur langsam, sodaß das Porenwasser gespannt ist, was den Dammbestand gefährdet. Im groben Korn des Stützkörpers ist die Gefahr geringer, daher soll der Kern möglichst schmal, etwa $^1/_4$ bis $^1/_5$ der Dammbreite sein; wegen der Dammdichtung darf aber der Kern doch nicht zu schmal werden; daher gibt es eine Grenze des größten und kleinsten Kernquerschnittes (Abb. 281). Wird aber der Stützkörper zu fein, besteht die Gefahr einer Rutschung, wie sie beim Alexanderdamm auf Hawai eintrat.

Der plastische Kern ist einem starren vorzuziehen. Der Anschluß des Kerns an die Gründungssohle muß sorgfältig geschehen (Abb. 282).

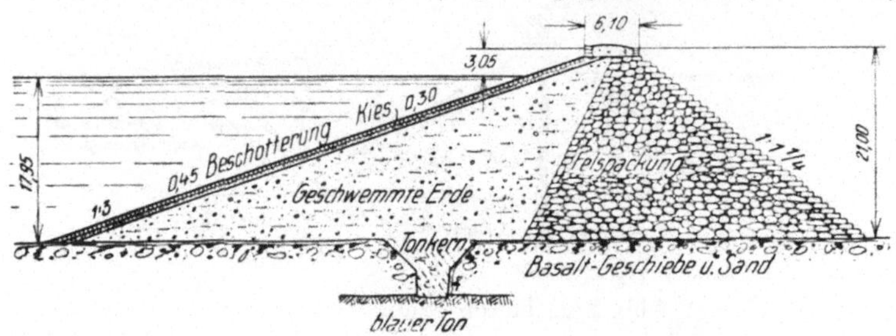

Abb. 282. Zunidamm.
(Aus Schoklitsch, Wasserbau II.)

3. Einrichtungen zum Betrieb des Staubeckens.

Talsperren haben Bauwerke zur Wasserentnahme, Grundentleerung und Abfuhr von Überschußwasser; diese können neben oder im Stauwerk liegen.

Bei Dämmen ist es streng zu vermeiden, Bauten durch den Dammkörper zu legen, weil trotz aller Vorsorgen ihnen entlang die Sickerung begünstigte Wege findet, was viele Dammbrüche verschuldet hat.

a) Die **Entnahme** liegt entsprechend tief und obwaltet daher als Druckeinlauf. Sie kann in, an und neben der Mauer sein; in den beiden ersten Fällen führt die Entnahmeleitung durch die Mauer. Allzusehr soll aber eine Staumauer durch Einbauten nicht geschwächt werden, weshalb man die Entnahme besser vollkommen getrennt als eigenes Bauwerk ausführt, was bei Staudämmen unbedingt vorzuziehen ist.

Da die Entnahme meistens Kraftwasser betrifft, geschieht die Beschreibung der Entnahmebauwerke im Abschnitt Wasserkraftbau.

b) Die **Grundentleerung** muß natürlich an der tiefsten Stelle des Beckens liegen; weil dort meist die Sperre steht, wird der Grundablaß gern in den Sperrenkörper verlegt. Wird aber zu Trockenlegung der Baustelle ein Umleitstollen gebohrt, ist es naheliegend, diesen als Grundablaß auszugestalten; bevorzugt ist diese Bauart bei Dämmen. Läßt es sich nicht umgehen, die Grundentleerung durch den Damm zu führen, so muß sie unbedingt unter den Dammkörper in den gewachsenen Boden versenkt werden; eine Sickerung entlang des Ableitungskanals ist durch Anordnen von Halsbändern möglichst zu erschweren.

Die Verschlüsse des Grundablasses werden häufig nur an der Luftseite angeordnet, so daß das Grundablaßrohr ständig unter Wasserdruck steht; bei größeren Drücken wird diese Leitung ein stahlbetonummanteltes Stahlblechrohr sein. Die Absperreinrichtungen sind Schieber verschiedenster Art, Keilschieber, Ringschieber, Kugelschieber, Flach- oder Sektorschützen, manchmal auch Drosselklappen.

Die Einmündung in die Ablaufleitung wird gut ausgerundet und mit Grobrechen und Dammbalkennuten ausgestattet.

Der Grundablaß muß entweder auf kolksicherem Boden ausmünden oder entsprechende Vorkehrungen zur Energievernichtung erhalten.

Die Bemessung eines Grundablasses richtet sich entweder nach der Zeit, innerhalb der man den Stauraum entleeren will oder nach dem abzuführenden Anteil des Hochwassers.

Beim Ermitteln der Entleerungszeit ist zu bedenken, daß der Durchfluß durch den Grundablaß mit fallendem Stauspiegel und damit sinkender Druckhöhe anfangs rasch, dann langsamer abnimmt.

Man geht folgend vor: Für verschiedene Druckhöhen h wird nach Gl. (69 a) auf Seite 29 der Durchfluß durch den Grundablaß berechnet;

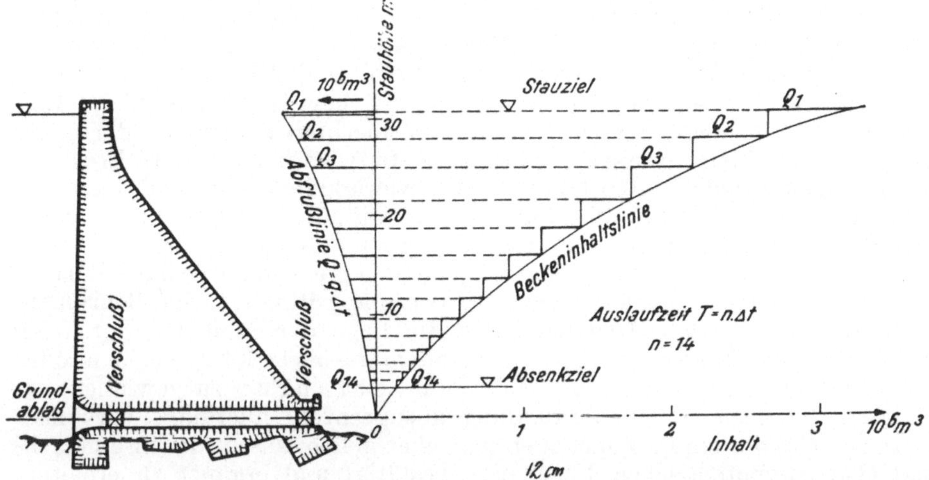

Abb. 283. Entleerung eines Stauweihers durch den Grundablaß.

damit zeichnet man die Abflußlinie, indem zur betrachteten Höhe der zugehörige Abfluß aufgetragen wird. Für die einzelnen, beliebig gewählten Zeitabschnitte $\triangle t$ ist dann der Abfluß $Q_A = q_a \,.\, \triangle t$. Von der Inhaltslinie trägt man die den bestimmten Höhen zugehörigen Q_A ab — ausgehend vom vorgesehenen Stauziel und erhält eine Stufenlinie mit den Punkten J_n auf der Inhaltslinie, worin $J_n = J_{n-1} - q_a \,.\, \triangle t$ ist, bis man die verlangte Absenkung bzw. völlige Entleerung erreicht hat. Die Anzahl dieser Stufen zeigt die Zahl n der Zeitabschnitte $\triangle t$ und damit die Entleerungszeit $T = n \,.\, \triangle t$ an (Abb. 283).

c) Die **Hochwasserentlastung** ist gewöhnlich für mindestens $^2/_3$ der Katastrophenhochwassermenge ohne Berücksichtigung eines Seerückhaltes zu bemessen. Bis zur Hälfte kann die Hochwassermenge auch dem Grundablaß zur Abfuhr zugewiesen werden, für den Rest ist aber ein jederzeit betriebsfähiger Überlauf einzurichten. Diese Anforderung gilt verschärft für Dämme; bei ihnen darf außerdem das Überlaufwasser nie über den Dammkörper rinnen, sondern der Überlauf muß soweit seitwärts im gewachsenen Boden liegen, daß keine Dammbeschädigung zu befürchten ist.

Sicherste Gewähr bietet ein Übereich, doch werden die Überfallkronen bei größereren Mengen und niedrig zulässigem Überstau sehr lang, sodaß man die Überfallänge durch mehrmaliges Knicken der Überfallkrone vergrößert, falls man nicht Heberüberläufe oder selbsttätige Klappen bevorzugt.

Bei Staumauern kann der Überlauf auf der Mauer liegen; das überströmende Wasser schießt in dünnen Strahlen über den Mauerrücken hinab und seine Energie wird am Mauerfuß in einem Tosbecken oder anderen Energievernichtern aufgezehrt. Jedenfalls ist der Mauerfuß sorgsam vor dem Wasserangriff zu bewahren.

4. Talsperrenbau.

a) Vorarbeiten bei Staumauern. Am Wesentlichsten ist sorgfältige Erkundung des Untergrundes und damit die Wahl der Sperrenstelle. Hier wird oft durch ungenügende vorherige Aufschließung gesündigt, was dann in einigen Fällen sogar zum Aufgeben eines angefangenen Sperrenbaues zwang oder die fertige Sperre erwies sich als verfehlt, weil das Stauwerk infolge Wasserdurchlässigkeit des Staubeckens nicht gefüllt werden konnte.

Es muß also das ganze Staubecken bodenkundlich untersucht werden. Wie wichtig die Kenntnis des Baugrundes ist, beweist, daß 80% der Einsturzkatastrophen von Staumauern durch schlechten Baugrund oder ungenügende Gründung verursacht wurden. Tiefe, wieder verlandete Erosionsrinnen bereiten nicht selten Gründungsschwierigkeiten und damit unerwartete Mehrkosten; Klüfte und Gänge wasserempfindlicher Mineralien können den Bestand eines Staubeckens fraglich werden lassen.

Nachdem man sich zuerst einen allgemeinen *geologischen Überblick* geschaffen hat, ist es geraten, vor Inangriffnahme der Bohrungen und Sondierungen eine Übersicht über die Lage der Schichten durch die in letzter Zeit immer beliebter werdenden *geoelektrischen* oder *geophysikalischen Aufschlußverfahren* zu gewinnen, um darnach die genaue Bodenerkundung abzugrenzen; allerdings wird man diesen Verfahren einige Bohrungen nebenher gehen lassen, um ihre manchmal etwas hypothetischen Ergebnisse bestätigt und ergänzt zu erhalten.

Eine sichere Grundlage aber vermögen erst die *Bohrungen* oder noch besser *Sondierstollen* und -Schächte zu liefern. Bei den Kernbohrungen wird man die gewonnenen Bohrkerne aufbewahren und ordnen.

Um Klüftung und Durchlässigkeit des Untergrundes festzustellen, wird man in die Bohrlöcher *Wassereinpressungen* vornehmen; es erweist sich besser, nicht das ganze Bohrloch auf einmal abzupressen, sondern in einzelnen Stufen von 5 m, um damit auch die Tiefenlage der wasseraufnehmenden Schichten kennen zu lernen, worüber genaue Aufzeichnungen zu führen sind.

Zum Besichtigen der Bohrlöcher wurden Fernrohrgeräte konstruiert, mit denen man ins Bohrloch hineinschauen und die Wände besehen kann.

Eingehender, aber bedeutend teurer ist die Durchörterung mit Stollen und Schächten.

Je systematischer solche Tiefenerforschung angelegt wird, umso genauer wird das Bild des Untergrundes und desto weniger sind Überraschungen zu erwarten.

Je höher die Sperre, umso eindringlicher muß die Bodenerkundung sein. Die Kosten derselben betragen vielleicht 5% der gesamten Baukosten; darin zu sparen, wäre wenig einsichtsvoll.

Die verantwortungsvolle *Gründung* einer Talsperre kann nicht sorgsam genug behandelt werden.

Die letzte Schicht über der Gründungssohle von 1 bis 2 m soll ohne Sprengen abgetragen werden. Die Aufstandsfläche muß unregelmäßig rauh und gut verzahnt sein; sie ist vor dem Betonieren mit Stahlbürsten zu reinigen und mit Druckwasser abzuspülen, Auf ihr soll zuerst eine etwa 10 cm dicke Schicht Beton sehr fetter Mischung aufgestrichen werden.

Da bei höheren Sperren an die Dichtheit des Untergrundes große Anforderungen gestellt werden, wird unter der Sperre eine Dichtungsschürze durch Einpressen von Zement oder anderen Dichtungsstoffen eingebracht, wozu die aus der Bodenuntersuchung vorhandenen Löcher gleich mitverwendet werden.

Man preßt am besten in zwei Stufen ab. Eine Niederdruckeinpressung unter 5 bis 7 atü Druck mittels Druckwindkessel bei Bohrlochtiefen von 2 bis 8 m dichtet hauptsächlich die Gründungsfuge. Die Löcher sind über die ganze Aufstandsfläche schachbrettförmig verteilt, ihr Abstand richtet sich nach Klüfte und Gesteinsart. Vor dem Einpressen wird eine Betonschicht von 3 bis 4 m als Bodenbeschwerung aufgebracht.

Die Hochdruckeinpressung geschieht mit 100 atü und mehr durch besondere Pumpen; der Auspreßdruck ist etwa der eineinhalbfache höchste Staudruck. Sie ist wasserseitig meist in zwei Reihen von etwa 4 m Abstand und bis 2 m Bohrlochentfernung. Die Tiefe der Bohrlöcher ist 20 bis 50 m und mehr. Auch hier ist das stufenweise Abpressen vorzuziehen, wobei immer ein Loch ausgepreßt wird, bevor das Nachbarloch gebohrt wird.

Eingepreßt wird Zementmilch 1 : 1 bis 1 : 5, ferner mit Sand vermengtes und verdünntes Bitumen (Shellperm) oder Kieselsäurelösung (Joostenverfahren).

Sind Spalten mit tonigen Stoffen ausgefüllt, versagen Zementeinpressungen; solche Spalten werden daher vorerst mittels eines Druckluftwassergemisches ausgewaschen.

Diese Einpreßverfahren haben in letzter Zeit große Fortschritte gemacht, sodaß es kaum mehr eine Mauer geben wird, bei der nicht Einpressungen vorkommen; ja, man hat auch Mauerwerk auf diese Art durch Anbohren und Auspressen abgedichtet. Diese Dichtungen verbrauchen häufig eine sehr große Zementmenge, je nach Klüftigkeit des Gesteins und Auspreßdruck.

Man wird sich auch von ihrem Erfolg durch nachheriges Bohren und Abpressen überzeugen.

b) Vorarbeiten bei Dämmen. Auch Dämme bedürfen vorheriger Bodenerkundung, wenn auch nicht in dem Maße wie sie bei Staumauern notwendig ist. Hauptsächlich wird man die Durchlässigkeit des Untergrundes überprüfen und die Lage der undurchlässigen Schicht aufsuchen. Hat der Damm einen Dichtungskern, so muß dieser bis zur undurchlässigen Schicht verlängert werden, was neuerdings oft durch eine Einpreßschürze bewerkstelligt wird.

Großen Einfluß hat das Beschaffen des Damm-Materials, das man möglichst aus dem Stauraumgebiet, aber nicht zu nahe der Dammbaustelle gewinnen soll.

c) Betonaufbereitung. Der Massenbeton der Staumauer benötigt vorzugsweise Zemente mit niedriger Abbindewärme; daneben spielt Wasserdichtheit, langsame Abbindezeit und Widerstandsfähigkeit eine Rolle, weniger Wert wird auf die Festigkeit gelegt. Es sind kalkarme Zemente (Hochofen- und Traßzemente, sowie Portlandpuzzolane und Silikatzemente) bevorzugt.

Der moderne Talsperrenbau schenkt dem Mischungsverhältnis der Zuschlagsstoffe größte Aufmerksamkeit, sodaß an allen größeren Baustellen Baulaboratorien gute Dienste leisten.

Grobes Korn (Dmr. 100 bis 150 mm) soll, soweit es die Herstellung zuläßt, beigemengt werden; damit kann sowohl Zement als auch an Aufbereitungskosten gespart werden. Nach dem gröbsten Korn richtet sich der Sandanteil, der erforderliche Feinteilgehalt, Wasseranspruch und Zementverbrauch, kurzum die Mörtelbeigabe. (Mörtel ist Zement + Feinteile + Sand bis 5 mm). Zu den Feinteilen zählt Steinmehl, Kalk, Traß und Feinsand kleiner als 0,5 mm.

Die Betonkörnungfläche gibt ein Maß für die Wasserdichtheit. Günstigste Betonzusammensetzung läßt sich aus ihr berechnen.

Die Zuschlagstoffe müssen frei von schädlichen Beimengungen sein, wie Gips, Anhydrit und Humusstoffe; das Waschen hat schon vor dem Steinbrecher zu geschehen, damit der wertvolle Feinsand nicht ausgeschwemmt wird. Fluß- und Moränenschotter ist besser als gebrochener Kies.

Das Raumgewicht ist vom Feuchtigkeitsgehalt und Sandanteil abhängig; es hat bei einem Feuchtigkeitsgehalt von 2 bis 4% einen Mindestwert, während es beim Sandanteil von etwa 45% einen Höchstwert erreicht. Erst bei 13% Wasserzugabe — also nahezu Sättigung — wird es wieder gleich schwer dem Trockengewicht.

Je sandreicher das Gemenge, umso mehr Einfluß hat der Feuchtigkeitsgehalt. Allzuviel Sandbeimengung mindert die Betongüte, bei Grobkorn ist die Feuchtigkeit geringer.

Gebrochenes Zuschlagsgut ist leichter zu überwachen als das natürliche, doch braucht man bei diesem nicht so streng vorzugehen; es genügt die Absiebung in vier Korngruppen:

0/5, 5/25, 25/70 und 70/150.

Die abgesiebten Gruppen werden ständig bezüglich ihrer Körnungsfläche überprüft und die fehlenden Anteile durch die entsprechenden Zusätze ergänzt.

Die Wasserzugabe kann aus der Leistungsmessung des Kraftbedarfs der Mischmaschinen abgeleitet werden, wie es beim Boulderdam geschehen ist. Vom klaglosen Walten der Aufbereitungsanlage ist das Gedeihen des Baues wesentlich beeinflußt, sie gut einzurichten, eine Hauptaufgabe der Vorarbeiten. Die einzelnen Zuschlagsstoffe sollten durchwegs selbsttätig in zuverlässiger Weise beigegeben werden, sodaß nur Beaufsichtigen obliegt, wodurch auch viel Arbeitskraft erspart wird. Dazu ist in erster Linie nötig, daß alle Zuschlagsstoffe in Silos lagern, in die sie durch das Transportgerät unmittelbar eingelagert sind und aus denen sie selbsttätig abgefüllt werden können. Durch automatische Waagen werden die Stoffe beigemessen und gelangen auf Transportbändern in die Mischmaschine. Die hergestellte Betonart wird durch eine automatische Fernmeldevorrichtung, womöglich bis an die Einbaustelle, kundgetan.

Der Beton wird in vier Steifegraden verarbeitet:

I. Erdfeuchter Stampfbeton,
II. plastischer Stampfbeton,
III. plastischer Gußbeton und
IV. flüssiger Gußbeton.

Bei Staumauern wird Beton II. und III. Art verwendet. Beton I gibt zu ausgeprägte Arbeitsfugen, Beton IV schwindet zu stark und ist undicht. Am geeignetsten ist Beton II, doch ist dieser Steifegrad vom Wetter stark beeinflußt; zum Einbringen sind Transportbänder günstig, gestampft wird mit Preßluftstampfer. Beton III ist leicht hergestellt und auch wasserdicht genug; er liefert noch genügende Festigkeit und füllt die Schalung ohne Beihilfe langsam aus, sodaß Nesterbildung nicht eintritt. Er kann in Rinnen, Transportbändern und durch Pumpen gefördert werden und muß immer breiartig träg fließen, weil er sich bei rascherer Fließart entmischt.

d) Bauarbeiten an einer Staumauer. Der Vorgang der Bauarbeiten und die damit in Einklang gebrachte Baustelleneinrichtung muß vorher gut durchdacht werden. Die Arbeiten gliedern sich in Ableiten des Talwassers, Beschaffen der Baustoffe, Zugänglichmachen der Baustellen, Baulager, Unterbringen der Arbeitskräfte und eigentliche Einrichtung der Baustelle. (Abb. 284).

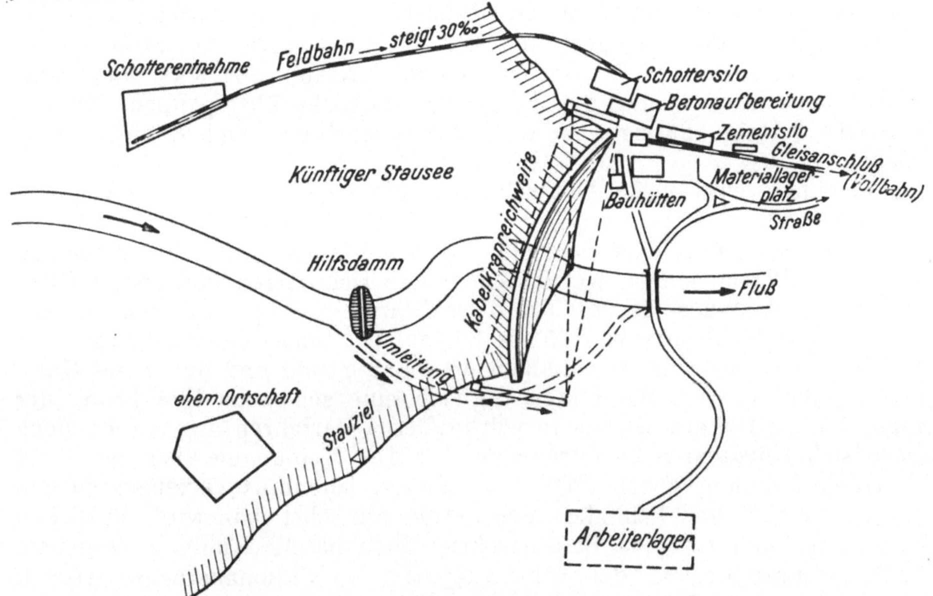

Abb. 284. Baustelleneinrichtung für eine Staumauer.

Vorerst ist die Baustelle durch Zugangswege aufzuschließen; es hat sich jedesmal gerächt, wenn dabei kleinlich vorgegangen wurde; auf je breiterer Grundlage die Zugänglichkeit gemacht wird, umso gewisser ist der Bauerfolg. Seilbahnen genügen nur für kleine Baustellen, zumindest aber muß nebenbei ein gebrauchsfähiger Fahrweg sein, was im Gebirge gewöhnlich genügen muß; womöglich soll man bei größeren Mauern Schleppgleisanschluß haben.

Um den Fluß abzuleiten, wird er durch ein Hilfswehr oder einen Hilfsdamm vor der Baustelle abgefangen. Kleine Bäche werden mit einem Holzgerinne über die Baugrube und später durch den Grundablaß geführt. Bei größerer Wasserführung sind Umlaufstollen nötig. Zugleich mit dem Baufortschritt der Mauer kann schon gestaut werden, auch braucht man sich bei Staumauern nicht sosehr vor dem Überfluten durch ein unvorhergesehenes Hochwasser ängstigen, was bei einem Damm die Vernichtung bedeuten würde.

Die Bodenaufschlüsse zeigen auch Gewinnungsstellen der Zuschlagsstoffe, die ausreichende Förderverbindung zur Aufbereitungsanlage haben müssen. In ebenem Gelände eignen sich am besten Lokomotivbahnen, bei großen Höhenunterschieden sind Seilbahnen und Schrägaufzüge nötig.

Zement und witterungsbeeinflußte Stoffe müssen in Schuppen und Silos untergebracht sein, aus denen sie bequem entnommen werden können.

Als beste und billigste Bauenergie erweist sich gewöhnlich elektrischer Strom, der manchmal in einem eigenen Bauhilfskraftwerk erzeugt wird.

Werkstätten, Gerätemagazine, Schuppen für Preßluftmaschinen und ähnliches sind in der Nähe der Baustelle aufzustellen; dagegen soll das Arbeiterlager in einiger Entfernung liegen.

Die Einrichtung der Baustelle bedarf etlicher Erfahrung. Zur Betonaufbereitungsanlage als dem Herz des ganzen Baubetriebes sollen günstigste Förderwege aller Zuschlagsstoffe führen, von ihr aus soll die Baustelle leicht zu beschicken sein. Unnötige Hubarbeit ist auszuschalten.

Je nach der Betonart gestalten sich die Transportmittel; Stampfbeton wird durch Förderbänder oder verschiedene Krane, Derricks oder heutzutage meist Kabelkrane, die die ganze Baugrube überspannen, auf der Baustelle verteilt, flüssiger Beton durch Gießrinnen und Betonpumpenanlagen.

Vorteilhaft wird meist Gleitschalung angewendet, welche gewöhnlich aus Stahlblech ist.

Der Massenbeton einer Gewichtsstaumauer entwickelt beim Abbinden eine große Wärmemenge, welche schädliche Dehnungen und später Risse im Innern der Mauer erzeugt. Um diese Wärme niedrig zu halten, werden in der Mauer Kühlrohre von 25 bis 30 mm Durchmesser im Abstand von etwa 1 m eingelegt, die miteinander verbunden sind und durch die Kühlwasser geleitet wird. Sie bilden zugleich eine schwache Bewehrung der Mauer. In der Hohenwartesperre wurde dieses Verfahren angewandt, doch haben sich trotzdem Schwindrisse gezeigt. Die Meinungen über den Wert derartiger Kühlung gehen noch auseinander, jedenfalls verteuern sie um mindestens 10% und behindern das Betonieren, aber man wird bei dicken Staumauern und raschem Baufortschritt doch häufig Kühlung brauchen.

Die Punkte der an der Sohle abgesteckten Staumauerachse werden durch aufgesetzte Gasrohre mit hochgeführt.

Um das statische Verhalten der Sperre zu beobachten, werden Vermarkungspunkte an den Talhängen eingemessen und Spannungsmesser eingemauert. Um die Wärmewirkung in der Mauer sowohl beim Bau als auch später zu erkennen, werden Fernmeldethermometer einbetoniert.

e) Dammbauarbeiten. Das Material zu geschütteten Dämmen wird gewöhnlich mit Hilfe von Eimerketten- oder Löffelbaggern gewonnen. Zum Transport haben sich Züge mit Lokomotivbetrieb in Mitteleuropa am leistungsfähigsten erwiesen; zum Verlegen der Geleise sind Gleisrückmaschinen gebräuchlich. In Amerika zeigten Traktoren und breiträdrige Lastwagen mit kippbaren Anhängern gute Ergebnisse. Der höherliegende Dammteil bereitet Erschwerungen, die man mit Förderbändern überwindet, doch können diese nicht direkt durch den Bagger beladen werden. In Rußland wird noch mit Pferdefuhrwerk gearbeitet; das ist günstig, da dünne Schichten aufgetragen werden, die durch die Pferdehufe gut durchknetet werden. Kabelkrane sind im Dammbau nicht genug leistungsfähig.

Mutterboden und weichflüssige Schichten (Schlamm, Feinsand u. dgl.) sind vorher abzuräumen.

Ein Dammkern ist hinderlich, weil Durchfahrten offen bleiben müssen. Auch Gerüste stören den Schüttbetrieb.

Planierpflüge ebnen ein; Walzen und Stampfen verfestigt die Schichten. Walzen wirkt nicht tief, daher soll die Schicht höchstens ¼ m hoch sein; Stampfen ist besser, weil keine glatte Oberfläche entsteht.

Das Dammaterial gespülter Dämme wird mit Wasser gelöst; sogenannte „giants" schleudern aus Strahlrohren Druckwasser von etwa 10 atü mit einer Geschwindigkeit von 30 bis 60 m/s gegen den Fuß des Gewinnungshanges, wodurch das Erdreich abgespült wird und in Rohrleitungen oder Gerinnen mit einem Gefälle von 2 bis 10% zur Dammbaustelle geleitet wird; dort läuft es längs der beiden Dammseiten aus den Gerinnen aus. Das grobe Material bleibt schon in der Nähe liegen, das Feine wird mitgerissen und setzt sich im „Sumpf" ab, aus dem dann das reine Wasser wegrinnt und auch verdunstet (Abb. 280). Die Geräte sind sehr einfach.

Zum Lösen ist weniger Wasser nötig als zum Fördern; der Wasserbedarf ist das 6- bis 50-fache des festen Dammaterials. Die Gerinne verursachen durch die ständigen Ausbesserungen große Kosten. Im Sumpf, der gleich der Kernbreite ist, muß die Wassergeschwindigkeit so klein werden, daß sich auch feinste Bestandteile absetzen.

Schwieriger als bei Mauern ist bei Dämmen während der Bauzeit der Talfluß abzuleiten, weil ein Überfluten des Dammes auf keinen Fall geschehen darf. Kleine Bäche kann man mit einem Gerinne umleiten, am sichersten ist ein Umlaufstollen. Häufig wird der spätere Grundablaßstollen in einer für das Hochwasser ausreichenden Größe gebaut und durch ihn der Fluß abgeführt; da im künftigen Betrieb weit geringerer Durchfluß verlangt ist, baut man dann in den Grundablaßstollen eine Rohrleitung ein. Das vorher wohlüberlegte Bauprogramm ist unter allen Umständen einzuhalten.

Die Baustelleneinrichtung ist verhältnismäßig einfach, besonders wenn der Dammbau mit Fuhrwerk geschieht.

Da sich der Damm setzt, muß er dementsprechend überhöht werden. Das Setzmaß ist schwer vorauszusagen; es soll nicht mehr als 2% sein, sonst ist Vorsicht wegen Rutschgefahr am Platz.

Die sachgemäße Ausführung wird durch Druckmessung im Boden überwacht (Meßdoseneinbau oder Fallenlassen einer Kugel aus bestimmter Höhe.)

Dämme dürfen nur in sehr langsamen Anstau von täglich höchstens 20 cm in Betrieb genommen werden; bei etwaigen Schäden ist sogleich langsam wieder abzusenken, um den Schaden nicht zu vergrößern.

Schwimmer in Rohrsonden, die im Damm eingesenkt sind, zeigen die jeweilige Sickerlinie. Sollte die Durchnässung zu hoch ansteigen, ist eine Dränung einzulegen.

5. Erhöhung von Talsperren.[19])

Zu sparsam angelegte Speicherbecken oder ihre frühzeitige Verlandung verlangen manchmal eine nachträgliche Vergrößerung, die durch Erhöhen der Talsperre geschehen kann. Dies ist oft sehr wirtschaftlich, weil damit ein verhältnismäßig großer und wertvoller Stauraum gewonnen wird.

Leicht kann ein Damm erhöht werden. Auch an Schwergewichtsmauern kann durch Umhüllung mit einem höheren Damm, in dem die alte Mauer

[19]) Schiffmann, Staumauer-Erhöhung, Wasserkraft und Wasserwirtschaft, München 1941.

als Kerndichtung wirkt, ein weiterer Aufstau möglich sein. Alle anderen Bauweisen für Erhöhungen haben Schwächen und Nachteile.

Zu geringer Stauzielhebung bis etwa 4 m kann ein Kronenaufbau verhelfen, der aber ein Vielfaches der Stauvermehrung Δ h betragen muß und günstig etwas wasserseitig ausladet.

Statisch einwandfrei ist auch eine wasserseitige Verstärkung, jedoch muß hiezu das Staubecken lange Zeit außer Betrieb bleiben, was gewöhnlich nicht zulässig ist.

Der größere Wasserdruck sucht die Mauer zu kippen; dagegen können luftseitig Pfeilerrippen vorgelegt werden, die den von einer Eisenbetonplatte oder Reihengewölbe aufgenommenen zusätzlichen Wasserdruck abfangen und unabhängig von der alten Mauer in den Boden ableiten; im Grunde genommen ist damit nichts anderes als eine aufgelöste Bauweise erzielt.

Mehr Materialaufwand erfordert eine durchgehende luftseitige Mauervorlage, die aber nicht vollkommen einwandfrei gelten kann, weil das Zusammenwirken des alten und neuen Mauerwerks mit Vorsicht behandelt werden muß; denn in der Zwischenfuge, die erst nach dem völligen Absitzen des neuen Mauerteils geschlossen werden darf, was einige Jahre dauert, treten Scherspannungen auf, die durch besondere Stahldübel überbrückt werden sollen.

Bei zwei französischen Sperren wurde der Wasserdruck der Stauerhöhung mittels senkrechter Zuganker durch die Mauer hindurch in den Boden verankert, was sich bewährt haben soll.

6. Zerstörung von Talsperren.

Es können hier nicht die einzelnen Einsturzkatastrophen erzählt, sondern nur ihre Ursachen kurz erwähnt werden.

Bei Dämmen hat in der Hälfte aller Fälle ein Versagen der Dichtung den Bruch veranlaßt. Am Ravindam und Julesburgdam (beide in USA) bestand keine Verbindung zwischen Fels und Dammdichtung, sodaß sie infolge Durchsickerung bei noch nicht voller Füllhöhe zerstört wurden. Der Lafayettedamm in Kalifornien brach, weil er auf nicht tragfähigem Boden errichtet wurde, wobei er sich um 7.2 m bei einer Höhe von 42 m setzte. Der gespülte Alexanderdamm auf Hawai rutschte schon vor Fertigstellung zusammen — von den 340.000 m^3 rutschten 190.000 m^3 ab, weil das Dammaterial zu fein war und das Wasser nicht abgab; ferner war der Stützkörper im Verhältnis zum Kern zu schwach.

Auch Schwergewichtsmauern sind eingestürzt; das bekannteste Unglück geschah am St. Francisdam in USA, bei dem sich schlechte Gründung herausstellte. Einzelne riesige Mauerblöcke der 60 m hohen Mauer hat die Wucht des Wasserstromdurchbruchs mehrere hundert Meter talwärts geschleppt; eine Flutwelle, die aus dem 50 Mio m^3 fassenden Stausee losbrach, durchbrauste 20 m hoch das Tal und vernichtete alles in ihrem Bereich.

Die Reihengewölbemauer am Gleno in Italien zerbarst ebenfalls wegen ungenügender Gründung und kostete 500 Talbewohnern das Leben.

Bei mehr als ¾ aller Mauereinstürze war die vernachlässigte und unzureichende Gründung schuld, bei 15% war die Hochwasserentlastung ungenügend und nur 5% wiesen Mängel am Sperrenbauwerk auf. Eine kleine algerische Mauer brach zweimal nacheinander und beidemale war sie zu schwach — weil nicht als Dreiecksprofil bemessen.

Mitteleuropa ist bisher von Talsperrenkatastrophen (abgesehen von solchen infolge Bombenwürfen) verschont geblieben, was zu Gunsten der scharfen Bauüberwachung spricht.

Vor mehreren Jahren brach allerdings ein Damm in der deutschen Grenzmark; das Wasser sickerte entlang dem Grundablaßbauwerk durch, das den Damm in zwei Teile zerschnitt, trotzdem dort der Sickerweg durch Vorsprünge verlängert war. Damit ist wiederum bewiesen, daß Dämme einheitlich durchlaufen sollen.

V. Verkehrswasserbau.[20])

1. Allgemeines.

a) Arten der Wasserwege und des Verkehrs am Wasser.

Als Binnenverkehrswasserwege dienen natürliche Flüsse, Ströme und Seen oder künstlich geschaffene Gerinne, die Schiffahrtskanäle; ihre Gesamtheit stellt das Binnenwasserstraßennetz dar.

Der Verkehr zu Wasser ist für Massengüter ausgesprochen vorteilhaft, weil das Verhältnis von Nutzlast zur toten Last sehr günstig ist; die Fracht ist billiger als die der Bahn, weil Betrieb, Instandhaltung der Fahrzeuge und Unterhaltung der Wasserwege verhältnismäßig wenig kostet. Die Binnenschiffahrt verlangt nur viel Zeit und kann im Winter ganz lahmgelegt werden.

Können natürliche Wasserläufe mit Schiffen tal- und bergwärts befahren werden, zählen sie zu den schiffbaren Wasserwegen, können aber Flöße nur talwärts gleiten, nennt man sie flößbar.

Flößbarkeit ist schon vorhanden, wenn der Wasserlauf auch nur zeitweise genug Wasser führt und keine allzu schwierigen Hindernisse birgt. Der Holztransport ist noch einfacher, wenn man die Rundholzstämme einzeln treiben läßt, man heißt dies Triften. Zum Triften genügen kleine Bäche oder schmale Gerinne aus Holz (Triftrinnen), in denen das Rundholz mit geringem Wasserfluß fortgeschwemmt wird. Reicht aber die Wassermenge zum Triften nicht hin, wird hinter Sperren, sogenannten Triftklausen, Wasser gespeichert und dann mit einem Schwall abgelassen, der das Holz und auch leichte Flöße weiterschwemmt. Diese Art Holzbringung ist in den Alpen uralt und trotz der damit verbundenen Gefahren heute noch gebräuchlich.

Um die Flößbarkeit aufrecht zu erhalten, müssen in die Wehre Floßgassen eingebaut werden, von denen bei den Stauwerken bereits die Rede war. In letzter Zeit aber wurden Floßrechte vielfach abgelöst und die Flößerei verfiel in manchen Gebirgsflüssen, weil sich die Förderung mit der Bahn durch tarifarisches Gebaren oft preiswerter ergab; geflößtes Holz wird aber infolge seiner Auslaugung im Wasser als besser angesehen. Aus getrifteten Stämmen werden zuerst kleine Flöße gebunden, die dann in den großen Strömen zu Riesenflößen vereinigt und so bis zu den Seehäfen gebracht werden. Weil in dem vom Floß eingenommenen Wasserraum die innere Wasserreibung entfällt, gleitet das Floß rascher als das umgebende Wasser fließt, wodurch es steuerbar wird.

[20]) Engelhard, Kanal- und Schleusenbau, Handbibl. f. Bauing 1921. Franzius, Verkehrswasserbau, Berlin 1927.

Schiffbar werden die Flüsse meist erst ziemlich weit unterhalb der Flößbarkeit. Während die Flößerei aus dem raschen Lauf des Gewässers Vorteil zieht, wünscht die Schiffahrt eine Geschwindigkeit weniger als 2 m/s, da sonst die Bergfahrt unwirtschaftlich viel Kraft erfordert.

Die Schiffe fahren mit eigener Kraft durch Schrauben oder Schaufelräder getrieben. Raddampfer sind breiter und haben weniger Tiefgang, Schraubenschiffe wühlen die Sohle auf. Ein Zugschiff (Schlepper) kann gewöhnlich mehrere Schleppkähne im Schleppzug fördern. Die Fahrgeschwindigkeit ist bei Talfahrt natürlich größer als bei Bergfahrt; Personendampfer legen bergwärts 15 km/Std., talwärts 25 km/Std., Frachtschiffe etwa 12 km/Std. und Schleppzüge etwa 5 km/Std. in beiden Richtungen zurück. Der Rücklauf infolge der Strömung (Slip) kann bei wachsender Wassergeschwindigkeit schließlich die Bergfahrt ganz zum Stillstand bringen.

Läßt man die Schiffe vom Ufer aus ziehen (Treideln), sind am Ufer, womöglich beiderseits, geeignete Wege (Leinpfad) in mindest 2 m Breite anzulegen. Als Zugkraft werden Menschen, Pferde oder Lokomotiven verwendet; Treideln ist häufig bei Schleusendurchfahrten in Gebrauch. Eine Sondertriebart, die aber mehr der Vergangenheit angehört und sich nie richtig eingeführt hat, ist die Seilschiffahrt; an der Gerinnesohle oder am Ufer liegen Seile oder Ketten, an denen sich das Schiff fortzieht. Segelschiffahrt ist auf den Binnenwasserstraßen Mitteleuropas ohne Bedeutung, auf den Seen nur als Sport gebräuchlich. Kleine Kähne können durch Stoßen mit langen Stangen (Staken) geschoben werden.

b) Schiffsausmaße.

Tab. 8. Gebräuchliche Kahnabmessungen.

Bezeichnung	Tragfähigkeit (t)	Abmessungen (m)			Verwendung
		Länge	Breite	Tiefgang	
Rheinkahn	1800	85	11.0	2.6	Unterer Rhein bis Duisburg
	1300	78	9.5	2.5	Rhein (bis Bodensee) Rhein-Hernekanal, Main, Neckar
Donaukahn	1200	72	10.0	2.3	Donau
Elbe-Oderkahn (Plauer Maßkahn)	750	67	8.2	2.0	Oder, Elbe, Weser, Mittellandkanal (hauptsächlichste Bauart)
Saalemaßkahn	450	51	6.2	2.0	für alle deutschen Wasserstraßen
Großer Finowkanalkahn	300	41	5.1	2.0	Märkische und Mecklenburger Nebenwasserstraßen
Regelschiff	1000	80	10.5	1.6	für Flüsse
			9.0	2.0	für Kanäle
Künftig in Aussicht genommenes Schiff	1500	85	9.6	2.5	Dortmund-Emskanal nach der Erweiterung

Auf den Wasserstraßen sind für den Entwurf der Kanäle und Schleusen die Ausmaße der größten dort verkehrenden Schiffe maßgebend, umgekehrt wirkt sich die Größe des Gewässers und der Bauwerke auf die zulässigen Maße der Schiffe aus.

Die Binnenschiffe sind gewöhnlich vorn und rückwärts stumpf oder abgerundet mit flachem Boden, weil dies gegenüber einem scharfen Vordersteven weniger Schiffswiderstand bietet, wogegen solche besser steuerbar sind. Die erste Form hat auch einen höheren Völligkeitsgrad, dies ist das Verhältnis der Wasserverdrängung zum Produkt aus Länge mal Breite mal Tiefgang. (Für Flußschiffe zwischen 0.75 und 0.95)

c) Mitteleuropas Binnenwasserstraßen.

Alle Ströme der norddeutschen Tiefebene sind fast in ihrem ganzen Bereich schiffbar; soweit sie es nicht schon von Natur aus waren, wurden sie durch Flußregelung, Stauhaltungen oder Niederwasseranreicherung für den Schiffsverkehr ausgebaut. Quer zu ihrem mit hauptsächlich von SO nach NW gerichteten Lauf zieht sich vom Rhein bis zur Weichsel eine Wasserstraßenverbindung, dessen letzter Teil, der Mittellandkanal, von der Weser bis zur Elbe erst 1938 vollendet wurde.

Der Kaiser-Wilhelm-Kanal ist für die Seeschiffahrt gebaut und verbindet Nord- und Ostsee.

Von größter Bedeutung sind die Wasserwege zur Donau. Der Rhein-Main-Donaukanal ist eine uralte Idee, die der Verwirklichung entgegenreift; schon Karl der Große begann dort mit einem Kanalbau, der aber erst 1846 mit den nur für kleine Kähne geeigneten Karl-Ludwig-Kanal zustande kam. Auch ein Donau-Oderkanal ist geplant. Beide Wasserstraßen haben hohe Wasserscheiden durch eine Schleusentreppe zu überwinden; zum Speisen der Scheitelhaltungen wird Wasser weither bezogen.

Eine alte Planung bestünde auch, die Donau mit der Adria zu verbinden, doch bereitet der Übergang über das Gebirge Schwierigkeiten, sodaß die Wirtschaftlichkeit derartiger Projekte sehr fraglich ist.

Der Rhein ist durch den Rhein-Rhonekanal ans Mittelmeer und den Rhein-Marnekanal an die Seine angeschlossen.

Ein Stichkanal von der Oder führt zum schlesischen Industriegebiet.

2. Natürliche Wasserstraßen (Flußkanalisierung).

a) Flußbauliche Maßnahmen. Ein schiffbarer Fluß muß bei niederstem Wasserstand die nötige Tiefe aufweisen, also etwa 0.3 m mehr als der größte Tiefgang der auf ihm verkehrenden Kahngattung; die verlangte Fahrwassertiefe muß auf eine Sohlenbreite vorhanden sein, die der doppelten Breite der Fahrzeuge, vermehrt um 9 bis 12 m, sowie einer Verbreiterung in der Krümmung entspricht, um auch an jeder Stelle eine Begegnung zu gestatten. Der Halbmesser in Krümmungen soll für kleine Schiffe nicht unter 300 m, für größere (über 700 t) nicht unter 600 m sein.

Die Wassergeschwindigkeit muß soweit gemindert werden, daß der Schiffsverkehr wirtschaftlich möglich ist. Die hiezu notwendigen Flußbauarbeiten sind bereits im Abschnitt Flußbau besprochen worden.

Für einen Treidelverkehr sind durchgehende Uferwege herzurichten, wozu meist die Mittelwasserberme oder Dammkrone ausgebaut wird.

Das Fahrwasser soll an gefährdeten Stellen durch Verkehrszeichen gekennzeichnet sein. (Rote Zeichen am linken und schwarze am rechten Ufer).

b) Stauregelung. Reichen flußbauliche Durchführungen nicht mehr hin, um den Schiffsverkehr jederzeit zu ermöglichen, legt man Staustufen, sogenannte Haltungen ein, die die nötige Wassertiefe gewähren und die Fließgeschwindigkeit herabsetzen, allerdings auch Vorkehrungen (Schiffsschleusen) zum Überwinden dieser künstlich geschaffenen Hindernisse benötigen. Großen Vorteil gewährt die Stauhaltung, wenn damit schwierige Flußstellen eingestaut werden. (Donaukachlet b. Passau.) Bei Niederwasser haben Haltungen fast waagrechten Spiegel, während sie bei Hochwasser häufig beseitigt werden, damit dann das Wasser seinen früheren Ablauf nimmt.

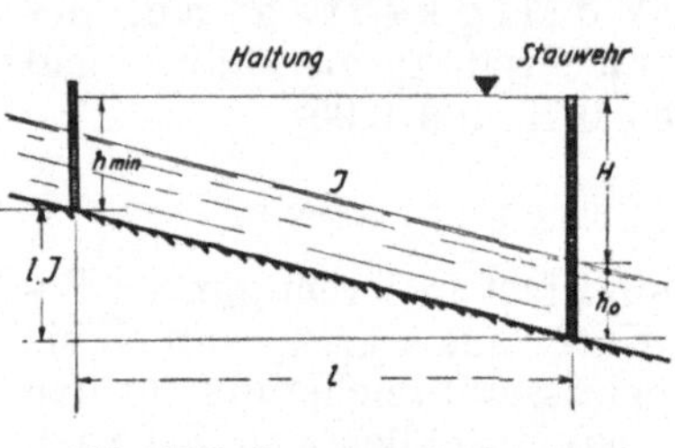

Abb. 285. Längenschnitt einer Haltung.

Die angestrebte Mindesttiefe h_{min} muß am oberen Ende der Haltung vorhanden sein, wo sie an das Unterwasser der nächst oberen Haltung stoßen kann.

Haben die Stauwehre l (km) Abstand (Abb. 285), beträgt im ungestauten Fluß das Gefälle J ($^0/_{00}$) und die Tiefe h_0 (m), wird ferner eine Mindesttiefe h_{min} (m) angestrebt, muß der Aufstau H (m) sein:

$$H = l\,J + h_{min} - h_0$$

Die Stauhöhe ist aber durch die Uferborde begrenzt; sie soll den Grundwasserstand berücksichtigen und daher 0.5 bis 1.0 m unter dem Ufergelände sein. Es ist beim gegebenen zulässigen Aufstau H_{zul} die mögliche

Stauweite $$l = \frac{H_{zul} + h_0 - h_{min}}{J}$$

Wenn der Wasserstand steigt, würde auch bei eingehaltenem Stauziel am Wehr infolge des vermehrten Durchflusses der Spiegel am oberen Ende der Haltung sich heben, deswegen sind entsprechend Wehröffnungen freizugeben; sinkt aber dort der Wasserspiegel, so ist der Wehrdurchfluß einzuschränken, wodurch aber in der unteren Haltung zeitweise Wassermangel eintreten kann. Daher bedarf die Stauhaltung stets aufmerksamer Wartung.

Bei Hochwasser und im Winter wird das Wehr geöffnet; auch Mittelwasser darf in manchen Haltungen nicht mehr gestaut werden, dann muß die von der Schiffahrt verlangte Wassertiefe durch eine Mittelwasserregulierung erzielt werden.

Die Staustufe besteht aus Wehr und Schiffsschleuse. Häufig wird die Gefällsstufe als Wasserkraft verwertet. Nebenanlagen sind Fischpaß, möglicherweise Floßgasse, kleinere Kahnschleuse oder Aufzug für kleine Wasserfahrzeuge, sowie etwaige gegen Grundwasseranstieg erforderliche Entwässerungsgräben.

Ist an einem Ufer eine Wasserkraftanlage (Abb. 286) vorhanden, ist die Schiffsschleuse ans andere Ufer zu legen; bei Flußwindungen (Abb. 287) liegt sie günstig in der Durchstichstrecke und in Flußkrümmungen richtiger am ausbiegenden Ufer, weil sie dort weniger leicht versandet. Die Schleuse mit den beiden Vorhäfen ist möglichst in einer Geraden zu führen, die in den Stromstrich mündet. In langen Durchstichen rückt die Schleuse bis auf Vorhafenlänge an die stromabliegende Ausmündung, um Grabenaushub zu sparen.

Es sind durchwegs bewegliche Wehre mit Eisablässen anzuordnen, nur kleine ältere Anlagen haben feste Wehre. Bei zeitweise aufgehobenem Wehraufstau sollen die Wehrverschlüsse den Querschnitt vollständig freigeben. Wo Wasserverluste keine Rolle spielten, wurden umlegbare Nadelwehre angewandt; nur bedeutet die durch die umgelegten Wehrböcke an der

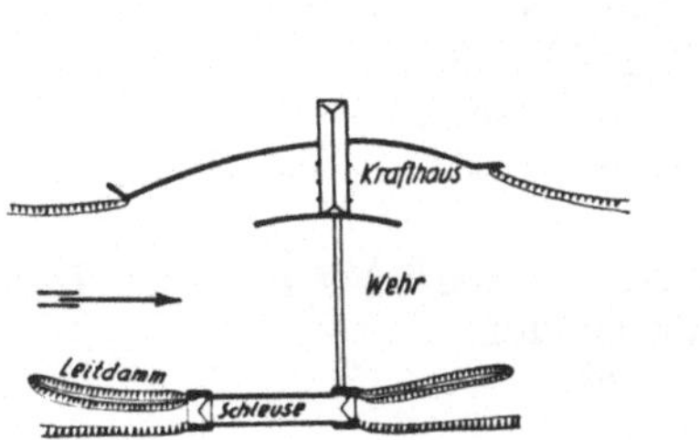

Abb. 286. Schleuse und Wasserkraftanlage.

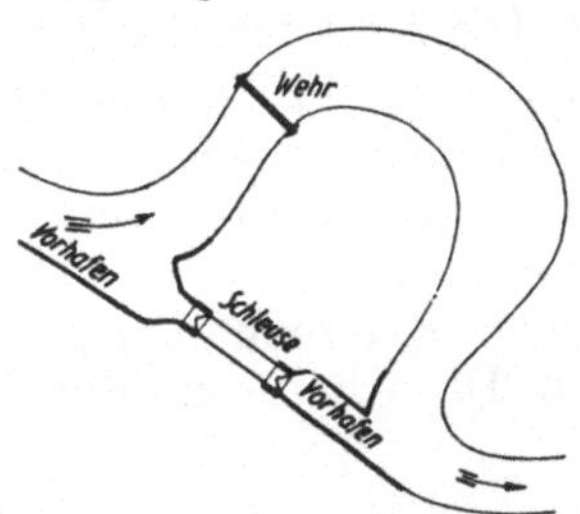

Abb. 287. Schleuse im Durchstich.

Flußsohle entstandene Stufe ein Schiffahrtshindernis. Vorteilhafter sind an Brückenüberbauten hochziehbare Losständerwehre und ähnliche Wehrtypen. Die bei anderen Wehrformen eingerichteten Schiffsdurchlässe sind nicht immer ungefährlich, weil selten die Durchfahrt wirklich staufrei ist. Neuzeitliche Stauanlagen bevorzugen aber Walzen, Sektoren, Segmente oder Klappen als Wehrverschlüsse.

Zur Schleuse führen lange Leitdämme, die zugleich einen Vorhafen der Schleuse bilden; bei träge fließenden Strömen können Leitdämme entfallen.

c) Niederwasseranreicherung. In größeren Talsperren werden Hochwässer gespeichert, um bei Wassermangel durch Wasserzuschuß den Wasserspiegel der Flüsse zu heben. Diese Talsperren sind zugleich auch Hochwasserschutz und oft wird das Zuschußwasser in einer Wasserkraftanlage abgearbeitet.

Derartige Anlagen sind an der Saale am Bleiloch und bei Hohenwarthe, ebenso die Waldecker Eddertalsperre.

3. Künstliche Wasserstraßen (Schiffahrtskanäle).

a) Allgemeines und Linienführung. Schiffahrtskanäle haben stets waagrechten Spiegel; Höhenunterschiede sind in einzelnen Stufen zusammengefaßt, die durch Schleusen, Schiffshebewerke oder Schiffsaufzüge überwunden werden; die Kanalstrecke dazwischen heißt Haltung. Die einzelnen Schleusengefälle sollen am selben Kanal möglichst gleich groß sein. Ein Verbindungskanal zweier Stromsysteme muß die Wasserscheide übersteigen; damit erhält der Kanal einen Aufstieg, eine Scheitelhaltung und einen Abstieg. Die Scheitelhaltung soll möglichst lang sein, weil aus ihr die tieferen Haltungen gespeist werden. Stichkanäle sind Abzweige vom Hauptkanal in Nebentäler.

Der Wasserstand im Kanal darf wenig schwanken; der angespannte Wasserstand liegt höchstens 0.5 m über dem Regelwasserstand. Die Kanalsohle soll wegen Entleerung ein Gefälle haben. Unterbindet ein Kanaleinschnitt den Grundwasserstrom und leitet ihn dadurch ab, so möge der Kanalspiegel nie tiefer als 0.5 m unter dem des Grundwassers verlaufen. Bacheinleitungen können wohl ein schwaches Gefälle und Strömen aufkommen lassen; Überschußwasser wird aber an den Stufen durch Leerschüsse und Überläufe seitlich entlastet.

Wichtig ist die Möglichkeit, den Kanal aus Beileitungen füllen und speisen zu können.

Die Kanaltrasse folgt tunlichst den Talsenken und mündet tangentiell in einen Fluß. Kanaleinschnitt ist ohne Rücksicht auf Massenausgleich bevorzugt. Die Zahl der Kanalstufen soll möglichst gering sein.

Krümmungen sind durch Schiffsgröße, Kanalbreite und Krümmungswinkel bestimmt; gewöhnlich gilt als kleinster Krümmungshalbmesser $5\frac{1}{2}$ Schiffslängen, bei kleinen Schiffen ist 600 m, bei großen (über 700 t) 1000 m erwünscht.

An kleinen Krümmungen ist der Kanal möglichst nach der Innenseite zu verbreitern. Die Überbreite der Sohle ist dort

$$\Delta b = \frac{l^2}{4R+b}$$

worin l die Schiffslänge, b die Schiffsbreite und R der Krümmungshalbmesser ist.

Zwischen Gegenbögen ist eine Zwischengerade von mehr als 2 Schiffslängen einzuhalten.

Vor den Schleusen ist zum Anlegen der Schiffe eine Ausweitung nötig, manchmal auch als Wendeplatz der Schiffe (Vorhafen).

Umwege von 4 km können noch günstig sein, wenn sich damit eine Schleuse vermeiden läßt, denn die Schleusung dauert eine Stunde.

b) Kanalquerschnitt. Der Regelquerschnitt richtet sich nach den Schiffsausmaßen und dem Verkehr. Die Wasserquerschnittsfläche soll sich

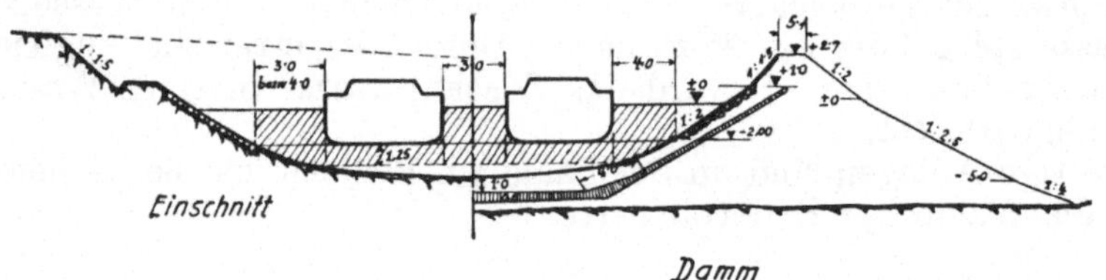

Abb. 288. Regelquerschnitte am Mittellandkanal.

zum Schiffsquerschnitt bei größtem Tiefgang mindest wie 1 : 4.5 verhalten, weil sonst die Schiffe zuviel Zugkraft verbrauchen.

Das Kanalwasserraumprofil wird so gefunden, daß bei größtem Tiefgang in der Ebene des Schiffsbodens noch beiderseits ein Spielraum von 3.0 m, bzw. bei Damm und losem Boden uferseitig 4.0 m bleibt, wobei der Schiffsboden 1.25 m über Kanalsohle sein soll.

Früher wählte man die Querschnitte trapezförmig; durch die Schiffsschraubenbewegung wurde loser Sohlboden von der Mitte nach der Seite abgetrieben, sodaß sich ein Muldenprofil ergab; aus diesem ist der moderne Regelschnitt, wie ihn der Mittellandkanal (Abb. 288) zeigt, abgeleitet.

Die Böschungsneigung soll an der Sohle flach ansetzen (1 : 5), dann steiler werden, im Bereich der Wellen etwa 1 : 3 sein; schließlich kann der Damm oder Einschnitt oberhalb 1 : 1.5 geböscht sein.

Die Luftseite der Dämme ist steiler und soll nach unten zu sich verflachen, wobei in den Knickpunkten der Neigung Bermen von 2 m Breite günstig sind. Am Dammfuß ist ein 2 m breiter Graben.

Damit das Ufer durch Wellen nicht angegriffen wird, sind etwa 1 m über bis 2 m unter Wasserspiegel die Kanalwände durch Pflaster oder Steinschüttung befestigt, während sonst als Böschungsschutz eine Schotterlage als ausreichend empfunden wird. Man kann auch Rasenziegel auflegen, die unter Wasser verrotten und einen Nährboden für Schilfpflanzen abgeben. Steilböschungen erhalten Trockenpflaster auf Schotterunterlage bis zu einer Böschungsneigung 1 : 1, bei noch steilerer sind Stützmauern oder Stahlspundwände nötig.

Im Damm muß der Kanal durch eine mindest 60 cm dicke Lehmschicht abgedichtet sein, die von einer 1 m dicken Schutzschicht aus Steinboden bedeckt ist. Damit mögliche Risse infolge Setzung an den Übergängen der Tonschale wieder abgedichtet werden, wird dort eine auflösungsfähige Tonbrockenschicht aufgelegt. Tondichtungen sollen nicht durchstoßen werden, sodaß keine Haltepfähle dort sein dürfen und diese durch Poller am Kanalufer ersetzt werden.

c) K a n a l b a u w e r k e. Der Kanal kreuzt einen größeren Wasserlauf als B r ü c k e n k a n a l (Abb. 289); während im allgemeinen Kanäle zweispurig sind, ist ein Brückenkanal fast immer einspurig als rechteckiger

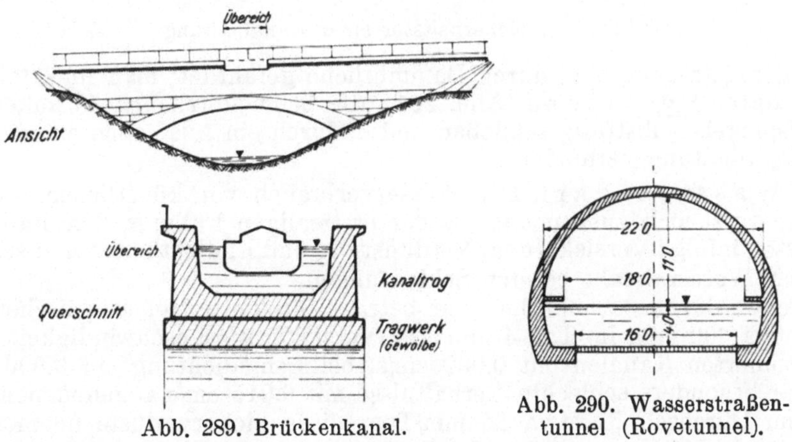

Abb. 289. Brückenkanal.

Abb. 290. Wasserstraßentunnel (Rovetunnel).

Trog ausgebildet. Erklärlicherweise sind solche Brücken infolge der hohen Belastungen sehr kräftige Ausführungen. Wenn der Trog als Tragkonstruktion nicht ausreicht, wird meist das Gewölbe als tragender Teil herangezogen.

Der größte Brückenkanal ist gegenwärtig bei Magdeburg über die Elbe.

Kanäle werden auch in Tunnels geführt; entsprechend den Kanalausmaßen sind natürlich solche T u n n e l b a u t e n (Abb. 290) bedeutend weiträumiger als die von Eisenbahnen. Ein Kanaltunnel von 11 km Länge ist in Südfrankreich im Zug des Kanal du Midi, der das Mittelländische Meer mit dem Atlantischen Ozean verbindet.

Kleine Wasserläufe können bei genügender Bauhöhe, mindest 1.6 m unter Kanalsohle, als gewöhnliche Durchlässe mit freiem Spiegel unter dem Kanal durchgeleitet werden, sonst unterdückern sie ihn in einem oder mehreren Druckrohren. Kleine D ü c k e r sind gußeiserne Rohre von 60 bis

90 cm Durchmesser; für große wählt man gemauerte Kanäle, die nach Art der Abwasserkanäle Maul- oder gedrückte Querschnitte aufweisen. Meist überwiegt der Außendruck; ist aber ein innerer Überdruck zu befürchten, sind Druckrohre aus Stahl einzulegen. Manche Dücker können durch Abkehr von Wasser aus dem Kanal gespült werden (Dücker siehe Kanalisation).

Bäche sind in besonderen Bacheinlaßbauwerken einzuleiten, welche Vorkehrungen haben, daß nur reines Wasser ohne Schaden und Störung für den Kanal zufließen kann.

An Auslaßbauten zur Kanalentleerung können die einzelnen Kanalhaltungen abgelassen werden. Überschußwasser kann über Streichwehrüberfälle (Übereiche) aus dem Kanal in einen Vorfluter entlastet werden; bei Brückenkanälen bietet sich bequem dazu Gelegenheit, wenn die Seitenborde des Kanaltroges nur bis auf Höhe des Kanalspiegels reichen.

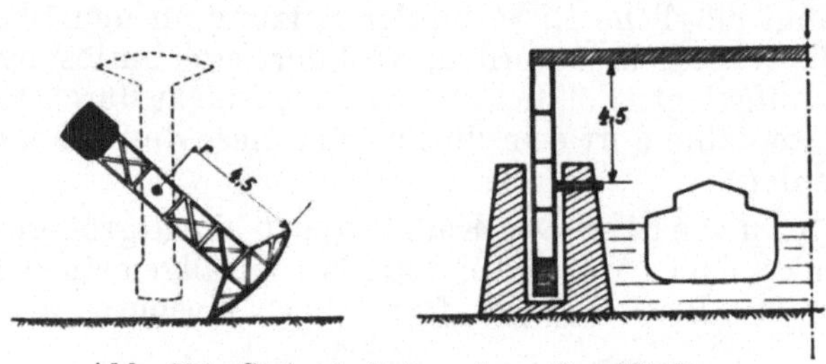

Abb. 291. Sicherheitstor einer Kanalhaltung.

Auftragstrecken sind durch Dammbrüche gefährdet; man unterteilt sie daher durch Sperrtore (Abb. 291), die beim plötzlichen Absinken des Kanalspiegels selbsttätig schließen und dadurch ein Ausfließen einer längeren Kanalhaltung verhindern.

d) Wasserbedarf. Der Wasserverbrauch von künstlichen Wasserstraßen setzt sich zusammen: aus der erstmaligen Füllung, den ständigen Verlusten infolge Versickerung, Verdunstung und Undichtheiten und schließlich der Wasserabgabe bei den Schleusungen.

Die Verdunstungshöhe im Jahr beträgt für die mitteleuropäischen Kanäle etwa 300 mm, im Tag 4 mm. Die Versickerungsgeschwindigkeit kann in betonierten Kanälen mit 0.002 cm/s, bei Lehmdichtung mit 0.006 cm/s und für besonders schlechte Verhältnisse mit 0.015 cm/s angenommen werden, im Durchschnitt etwa 25 mm/Tag; diese Sickerverluste nehmen mit der Zeit ab. Die Undichtheiten der Schleusentore und Umläufe machen etwa 4 l/s für 1 m Schleusengefälle aus.

Schleusungen zu Berg verbrauchen mehr Wasser als die zu Tal, weil bei jeder Bergfahrt die obere Haltung den Schleusenkammerinhalt + Wasserverdrängung der geschleusten Schiffe verliert, während die Talfahrt nur den Schleuseninhalt weniger Wasserverdrängung der Schiffe verlangt; aus der Anzahl der Schleusungen ergibt sich der Wasserbedarf.

Die Wasserwirtschaft in den Zwischenhaltungen hat daher das Gefälle der einzelnen Schleusen zu beachten, da eine größere Hubhöhe der oberen Haltung in den unteren mit kleinerem Schleusengefälle Wasserüberschuß erzeugt, der entlastet werden muß, im andern Fall aber die Haltung nachgespeist werden muß.

Der Wasserbedarf wird am bequemsten durch einen Zubringerkanal mit natürlichem Gefälle aus einem nahen Fluß gedeckt; erst wenn dies nicht möglich ist, muß gepumpt werden. Für den Rhein-Main-Donaukanal soll das Wasser aus dem mittleren Lech über eine lange Strecke bezogen werden. Für den Ems-Weserkanal wird das Wasser aus der Weser gepumpt, da aber diese bei Niederwasser selbst Wassermangel leidet, ist die große Talsperre im Eddertal mit 200 hm^3 Stauraum errichtet worden, denn der Wasserverbrauch in diesem Kanal erreicht bis zu 7 m^3/s. Manchmal kann bei tief eingeschnittenen Kanälen der Grundwasserstrom zur Speisung benutzt werden.

4. Überwindung der Wasserspiegelstufen.

a) Kammerschleusen.

Eine Kammerschleuse (Abb. 292) ist ein längliches, rechteckiges Becken entsprechend der Größe der geförderten Schiffe, das gegen Ober- und Unterwasser abgeschlossen werden kann; in ihm erfolgt der Ausgleich der verschieden hohen Kanalspiegel und damit der Höhentransport der Schiffe.

Das Zugangsbauwerk vom Oberwasser heißt das Oberhaupt, der Ausgang zum Unterwasser das Unterhaupt; in ihnen sind die Verschlußeinrichtungen, meist Stemmtore, die von abschließbaren Umlaufkanälen zum Ausgleich des Wasserstandes umgangen werden. Manchmal vollführen denselben Schützen in den Schleusentoren. Hinter dem Verschluß des Oberhauptes liegt der durch den Höhenunterschied zwischen Ober- und Unterwasser bedingte Schleusensprung.

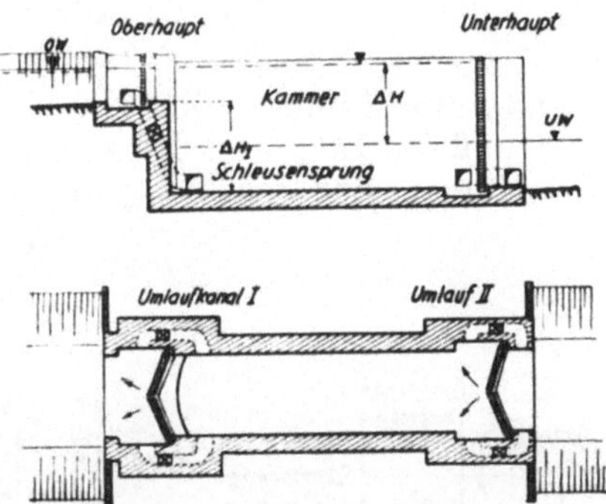

Abb. 292. Kammerschleuse.

Der nutzbare Kammergrundriß soll mindest 0.2 m breiter und 3 m länger als die äußersten Schiffsmaße sein; ein Regelmaß für neue Kammerschleusen ist 12 m × 100 m, Schleppzugschleusen sind aber gewöhnlich länger. Die größte mitteleuropäische Binnenschleuse ist am Kachletwerk bei Passau und hat je zwei Schleusen von 24 m×230 m. Noch größer sind natürlich Seeschleusen, die ansonst ganz ähnlich sind; die größte der Welt ist die Gatunschleuse am Panamakanal mit 36 m × 330 m.

Einfache Kammerschleusen nehmen nur ein Schiff, Schleppzugschleusen einen ganzen Schleppzug auf.

Eine Doppelschleuse sind zwei nebeneinander liegende einfache Kammerschleusen.

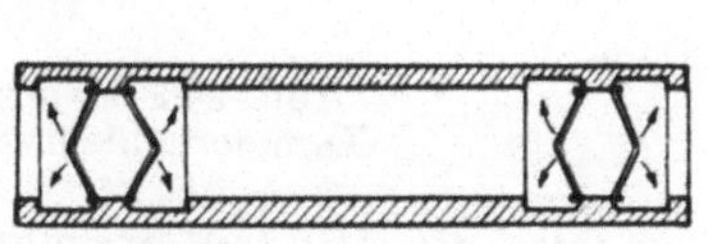
Abb. 293. Doppelkehrige Schleuse.

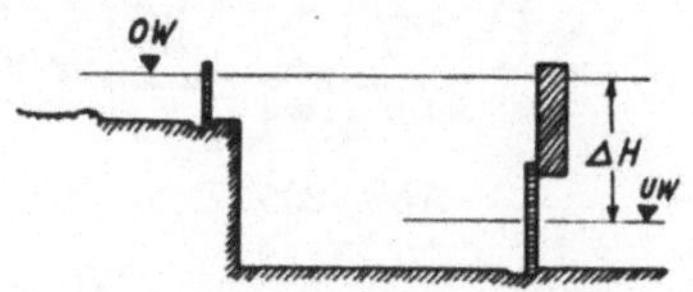

Abb. 294. Schachtschleuse.

Doppelkehrig heißen Schleusen, wenn sie bei wechselndem Wasserstand sowohl nach außen als auch nach innen aufgehende Tore besitzen (Abb. 293). Im Gezeitengebiet ist oft nur das dem Meer zugekehrte Außenhaupt doppelkehrig ausgebildet, um den Verkehr der Schiffe auch bei wechselndem Gezeitenstand zu gestatten.

Ist ein großer Höhenunterschied zu überwinden, so können mehrere Schleusen hintereinander liegen, sodaß das Untertor der oberen gleichzeitig das Obertor der unteren Schleuse ist; man spricht dann von einer Schleusentreppe.

Ist das Schleusengefälle so hoch, daß das Unterhaupt überbaut werden kann — also mindest 10 m, so daß das Schiff darunter durchfährt, nennt man dies eine Schachtschleuse (Abb. 294).

Eine Schleusung über eine höhere Stufe verbraucht bei großen Kammern viel Wasser; ist nun die Wassereinspeisung in den Kanal dürftig, werden, um Wasser zu sparen, seitliche Becken (Sparbecken) angeordnet, in denen das Wasser aus der Schleuse abläuft, um für einen tieferliegenden Teil einer späteren Kammerfüllung verwendet zu werden. Bei einer S p a r - s c h l e u s e (Abb. 295) beträgt die Ersparnis bei n Becken

$$E = \frac{n}{n+2} \cdot h \cdot F$$

wenn h die Kammerhöhe und F die Kammerspiegelfläche ist. Man sieht daraus, daß die Ersparnis bei zwei Sparbecken der halbe Kammerinhalt ist und ihr Nutzen nur sehr langsam mit der Zahl der Sparbecken steigt, daher sind mehr als vier Becken kaum ratsam, da die Kosten zu hoch werden. Für Sparschleusen sind Umläufe entlang der ganzen Kammer günstig.

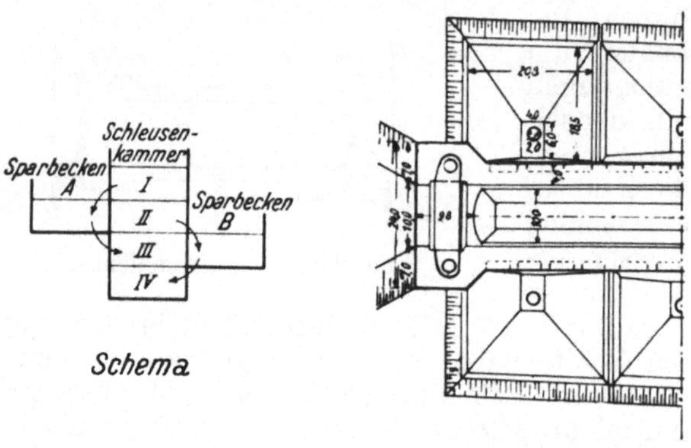

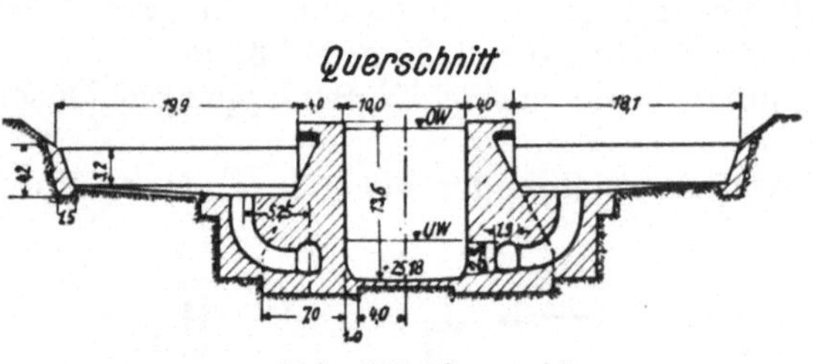

Abb. 295. Sparschleuse.

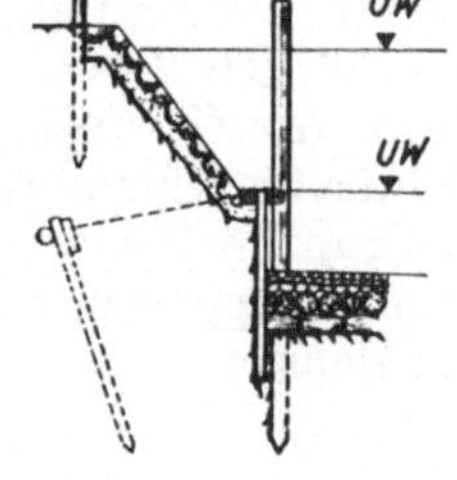

Abb. 296. Geböschte Kammerschleusenwand.

Die größte Sparschleuse Mitteleuropas ist die Hindenburgschleuse im Mittellandkanal mit fünf Sparbecken; die Schleusenkammer ist 12 ×225 m, die Kanalstufe beträgt 15 m.

Zwillingsschleusen sind zwei nebeneinander liegende Schleusen, deren Kammern sich gegenseitig als Sparschleusen aushelfen.

Die Krone der Kammerschleusen liegt bei Kanalschleusen etwa 0,5 m über höchstem Oberwasser; damit das Schiff beim Einfahren das Wasser aus der Kammer leichter verdrängen kann, wird die Schwelle wenigstens 1,0 m unter die Kanalsohle gesenkt.

Die Schleusenstemmtore stützen sich am Boden gegen eine Mauerkante, den Drempel, der etwa 0,3 bis 0,5 m hoch ist, wovon 0,1 bis 0,2 m als Toranschlag dient. Die geöffneten Tore finden in Nischen der Seitenmauer Platz, welche um etwa 0,2 m weiter als die Tordicke sind.

Während Schleusenhäupter immer lotrechte Mauern haben, können Kammerwände auch geböscht sein; nur verschlingt dann der obere Kammerraum viel Wasser und verlängert damit die Füllzeit, daher ist dies nur bei kleinen Schleusen und genug Wasser angängig. Gewöhnlich sind die Schleusenwände aus Beton, neuerdings manchmal Stahlspundwände, unbedeutende Schleusen haben auch Holzwände.

Ist der Schleusenboden aus undurchlässigem Mauerwerk, bedrängt ihn der volle Auftrieb des Grundwassers; die entsprechend kräftige Ausführung verwendet gern umgekehrte Gewölbe. Wenn der Grundwasserandrang nicht zu viel ist, genügt statt eines undurchlässigen Schleusenbodens eine verhältnismäßig dünne durchlöcherte Betonschicht oder auch ein Bruchsteintrockenpflaster mit offenen Fugen auf Faschinenunterlagen über einer Filterschicht, welche verhindern soll, daß der Boden durch das aufsteigende Grundwasser ausgeschwemmt wird. Diese Art wird häufig bei untergeordneten Schleusen mit zum Teil geböschten Kammerwänden (Abb. 296) angewandt; zur Führung der Schiffe ist in solchen Schleusenkammern eine Pfahlreihe gerammt.

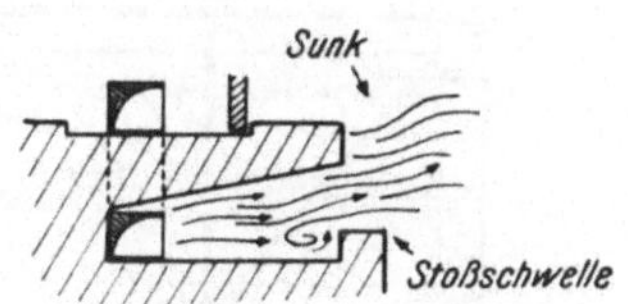

Abb. 297. Umlauf unter dem Drempel mit Toskammer.

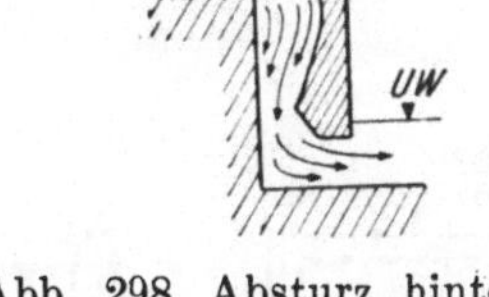

Abb. 298. Absturz hinter einer Schutzwand bei Hubtoren.

Die Umleitungskanäle der Schleuse laufen meist vom Oberhaupt bis zum Unterhaupt durch und haben Stichkanäle zum Boden der Schleusenkammer, sowie Abschlußvorrichtungen am Ober- und Unterhaupt. Diese langen Umläufe bezwecken ein gleichmäßiges Ausspiegeln und damit eine ruhigere Schiffslage.

Die Umläufe brauchen aber nur die Schleusentore zu umgehen; diejenigen des Oberhauptes läßt man in Toskammern ausmünden, die sich im Unterbau befinden und am Auslauf eine Stoßschwelle besitzen (Abb. 297), welche dem dort beim Füllen auftretenden Sunk entgegenwirkt, der die Schiffe lästigerweise gegen das Obertor treibt. Bei Hubtoren ist eine Anordnung nach Abb. 298 möglich.

Die Umleitungskanäle bedürfen sorgfältiger Ausführung mit glatten Wänden ohne scharfe Krümmungen, Ein- oder Ausmündung soll erweitert sein. Die Einmündung liegt in der Toskammernische, der Auslauf am Unterhaupt in der Vorschleuse. Der Auslauf muß gut gepflastert sein, damit die scharfe Strömung den Boden nicht aufreißt.

Die Umlaufkanäle werden durch Roll-, Segment-, Dreh- und Zylinderschützen oder Klappen abgeschlossen (Abb. 299). Rollschützen sind Schützenverschlüsse mit senkrechter oder waagrechter Rollbahn, welche sich zur besseren Abdichtung mit seitlich aufgeschraubten Keilleisten gegen entsprechende Rahmenleisten abstemmen. Drehschützen haben eine lotrechte, ausmittige Drehachse, so daß sie beim Abschluß durch den einseitigen Wasserdruck angepreßt werden. Das Klappschütz ist ähnlich wie ein Drehschütz, aber mit waagrechter Drehachse; mehrere solcher Drehklappen aneinander gekoppelt, geben einen jalousieartigen Verschluß, der billig ist, aber eine Profilerweiterung wegen der einen Teil der Öffnungslichte verdeckenden Klappen erfordert. Zylinderschützen kommen nur für waag-

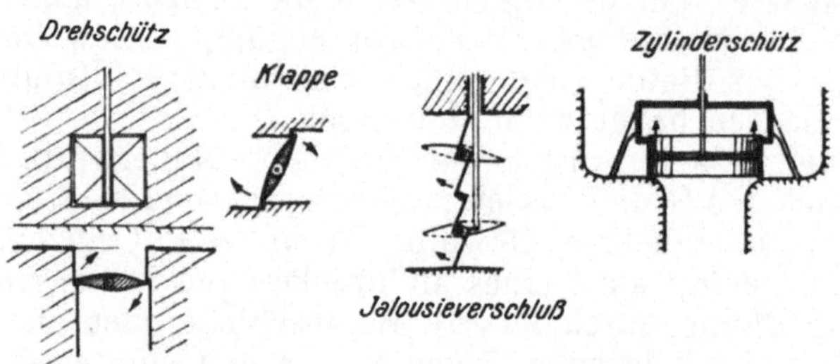

Abb. 299. Verschlüsse für Umläufe.

rechte Bodenöffnungen in Frage; sie erleiden durch den Wasserdruck keinen Bewegungswiderstand. Hauptsächlich findet man sie an französischen Kanälen.

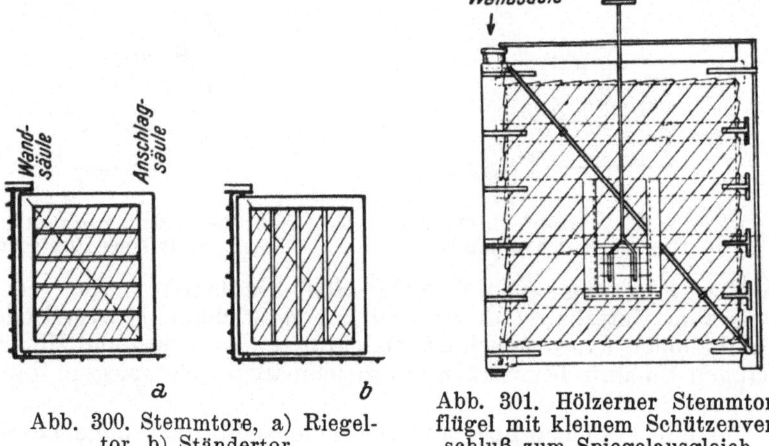

Abb. 300. Stemmtore, a) Riegeltor, b) Ständertor.

Abb. 301. Hölzerner Stemmtorflügel mit kleinem Schützenverschluß zum Spiegelausgleich.

Die Schleusenkammern sind am Ober- und Unterhaupt durch T o r e verschlossen, gewöhnlich Stemmtore, seltener Klappen-, Schiebe- oder Hubtore.

Das Stemmtor besteht aus zwei sich schräg gegeneinander stemmenden Flügeln, die sich unten am Drempel anlehnen; das Grundrißdreieck des Drempels hat $^1/_6$ der Öffnungsweite als Höhe.

Kleine Stemmtore sind aus Holz (Abb. 300 und 301). Die Torumrahmung wird von der Wendesäule, den oberen und unteren Rahmenriegeln und der Anschlagsäule gebildet; sie sind entweder durch waagrechte Riegel oder senkrechte Säulen ausgesteift. Die Torhaut besteht aus 5—8 cm starken verfalzten Bohlen parallel zur Druckstrebe; damit sich das Holz ausdehnen kann, bleibt in den äußersten Falzfugen ein Zwischenraum, der durch einen Wergzopf gedichtet wird. Manchmal sind noch Zugstreben eingesetzt. Das

Tor hängt frei an der Wendesäule, welche vom ausmittigen Spurzapfen und einem Halszapfen geführt wird. Die Ausmittigkeit des Spurzapfens bewirkt ein reibungsloses Drehen und das Anpressen erst beim Schluß.

Stahltore (Abb. 302) sind meist in Riegelbauweise mit flacher Blechhaut oder Buckelplatten; die Riegel stützen sich bei geschlossenem Tor durch besondere Stützwinkel auf die Mauer, um den Wasserdruck unmittelbar zu übertragen und dadurch den Rahmen zu entlasten; die Riegel-

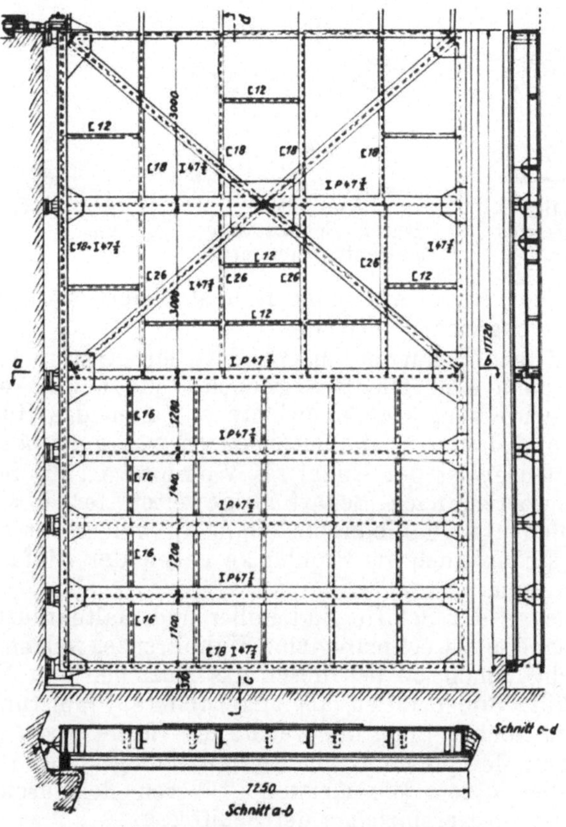

Abb. 302. Stählernes Stemmtor.

teilung ist so, daß auf jeden Querriegel dieselbe Wasserlast entfällt. Die Anschläge sind holzgefüttert. Sehr große Tore sind oft doppelwandig und stehen wegen des Hohlraumes unter Auftrieb.

Da der letzte Teil der Schleusenfüllung sehr langsam vor sich geht, sind in den Toren Schützenöffnungen zum beschleunigten Endausgleich der Wasserspiegel, wodurch das Tor bei nur wenigen Zentimeter Wasserstandsunterschied schon geöffnet werden kann.

Bei Schachtschleusen hat das Stemmtor auch einen oberen Anschlag und heißt dann Anschlagtor.

Die Stemmtore werden durch Schubstangen, Drehbäume oder Zahnstangen bewegt. Mit Hand betätigte Schubstangen sind nur für kleine Tore; schwere Tore benötigen als Trieb eine Winde oder ein Spill mit stehender Welle. Der Drehbaum (Abb. 303) ist auf dem Halszapfen aufgelagert und kann mithelfen, den Durchhang des Tores durch ein am freien Dreharm aufsitzendes Gegengewicht aufzuheben. Schwere Tore dreht man mittels einer Zahnstange, die meist in einem Querschlitz auf Rollen läuft und durch einen Motor angetrieben wird; dabei macht die Stange am Ritzel neben der fortschreitenden eine Drehbewegung, für die Platz im Querschlitz ausgespart sein muß (Abb. 304).

Klapptore (Abb. 305) kommen nur am Oberhaupt für niedrige, aber breite Öffnungen vor; ihre Bewegung ist durch ein Gegengewicht erleichtert, das

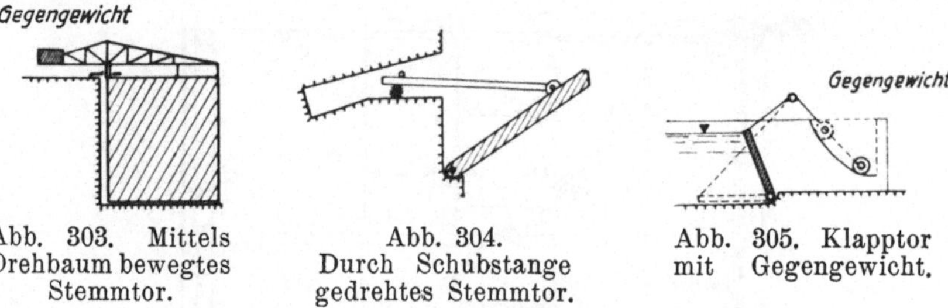

Abb. 303. Mittels Drehbaum bewegtes Stemmtor.

Abb. 304. Durch Schubstange gedrehtes Stemmtor.

Abb. 305. Klapptor mit Gegengewicht.

oft in Gestalt einer Kugel auf einer Rollbahn dergestalt läuft, daß in jeder Torlage Gleichgewicht herrscht.

Hubtore sind wie Schützen ausgebildet; ihr Antrieb erfordert einen hohen Aufbau, doch sind alle beweglichen Teile über Wasser und das Schleusenhaupt wird kurz. Gegengewichte entlasten das Hubtor. Schiebetore sind teuer und daher für Binnenschleusen wenig gebräuchlich.

Vor den Schleusen ist der Kanal als V o r h a f e n für Schiffe, die auf die Durchfahrt warten, nach Bedarf ausgeweitet; ferner sind dort Leitwerke aus Pfählen und Pfahlbündeln (Dalben), welche oft einen Laufsteg tragen. Dalben stehen auch als Prellböcke neben der Einfahrt, die Fahrtrichtung einzuweisen.

Zum Festmachen der Schiffe sind Poller und Haltekreuze — häufig in Nischen — vorhanden. Zweckmäßig sind Haltekreuze, welche mit dem Wasserspiegel mitschwimmen, da bei diesen das Anziehen und Nachlassen der Haltetaue entfällt. Poller ragen als abgerundete Pfahlstummel am Ufer etwas über ½ m hoch heraus, um welche die Haltetrossen des Kahns geschlungen werden; sie müssen einen sicheren Halt gewähren und deswegen fest im Uferboden sitzen. Die meisten größeren Schleusen haben Spills mit Motorantrieb zum Hereinziehen der Schiffe.

Das Besteigen der Schleusenkammer ermöglichen Steigleitern in Ausnehmungen der senkrechten Wände; Reibehölzer an den Wänden schützen sowohl Mauerwerk als auch Schiffe.

Als Notbehelfsabschluß sind an den Häuptern Dammbalkennuten oder die Ansätze zum Aufstellen eines Nadelverschlusses.

b) S c h i f f s h e b e w e r k.

Ist der Schleusensprung hoch, wird der Wasserverbrauch groß; man baut dann Schiffshebewerke mit senkrechtem Hub oder schrägen Bahnen.

Nachdem das Schiff in einen Trog eingefahren ist, wird dieser geschlossen und mitsamt seinem Wasserinhalt gehoben.

Im Schiffshebewerk La Louvière (Belgien) ruht der Schiffstrog auf einem einzigen Stempel, der hydraulisch hochgedrückt wird. Die Schiffslast ist 360 t, das Gesamtgewicht 1050 t, die Hubhöhe 15,4 m und der hydraulische Druck unter dem Stempel 34 atü (Abb. 306).

Beim Schiffshebewerk Henrickenburg (Abb. 307) wird der Trog von fünf Schwimmern getragen, die in 35 m tiefe Schächte tauchen; der Trog wird allein vom Auftrieb dieser Schwimmer gehoben, während die seitlichen Spindeln ihn nur führen. Seit über 40 Jahren ist das Werk störungslos in Betrieb.

Die größte derartige Anlage ist seit 1934 das Hebewerk Niederfinow am Hohenzollernkanal neben der alten Schleusentreppe. Der Trog wird durch Gegengewichte ausgeglichen; er wird innerhalb von fünf Minuten über 36 m hoch durch den Antrieb von Tragrollen gehoben.

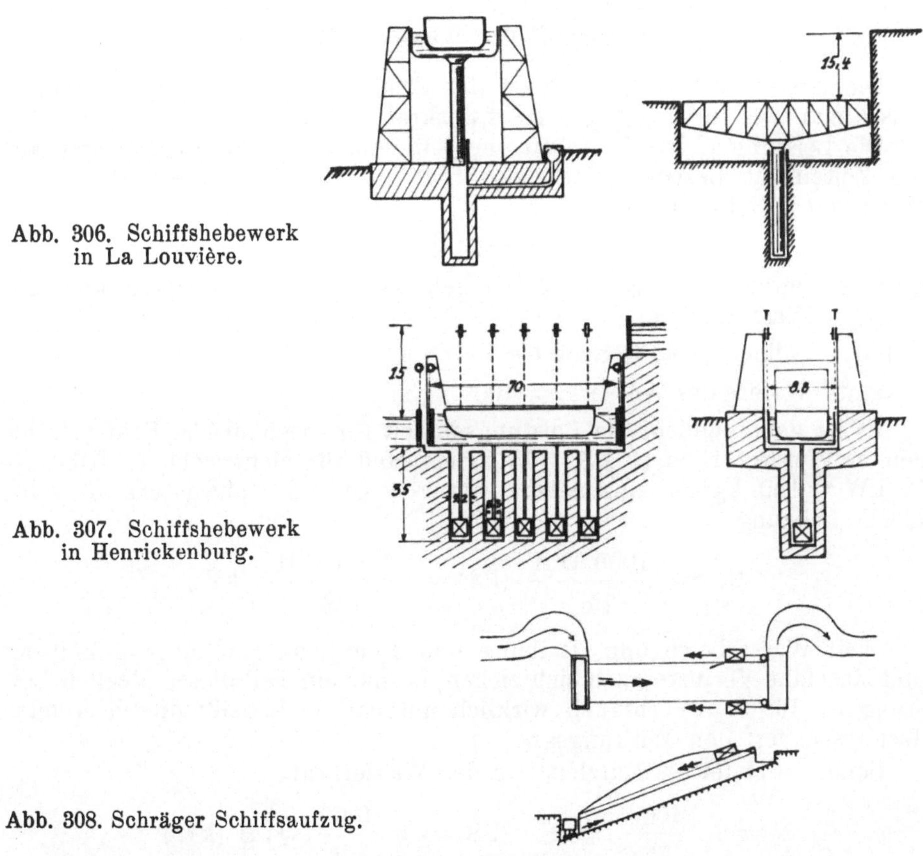

Abb. 306. Schiffshebewerk in La Louvière.

Abb. 307. Schiffshebewerk in Henrickenburg.

Abb. 308. Schräger Schiffsaufzug.

Beim schrägen Hub (Abb. 308) wird das Schiff gewöhnlich in einem Trog, der auf Rollen läuft, eine schiefe Ebene heraufgezogen. Man ist davon abgekommen, die Schiffe aus dem Wasser zu ziehen und trocken zu fördern, weil die Schiffe für einen stets vorhandenen seitlichen Wasserdruck besonders bei voller Ladung gebaut sind. Wenn der Schiffstrog quer zur Kanalachse steht, muß der Kanal vorher umgelenkt werden, damit das Schiff einfahren kann; falls er aber längs liegt, kann das Wasser im langen Schiffstrog während des Hubvorganges in unangenehme Schwingungen geraten.

Diese Art der Schiffshöhenförderung ist alt; sie besteht seit Jahrhunderten in China. Seit 1860 werden am Elbing—Oberländerkanal bis heute allerdings nur kleine Schiffe mittels eines Wagens aus dem Wasser gezogen und trocken gefördert. Anläßlich eines Preisausschreibens für den Elbe—Oderkanal bezüglich solcher Schiffshebewerke wurden die merkwürdigsten Projekte eingereicht.

Schiffshebewerke sind wegen der raschen Förderung über große Höhen trotz höherer Erhaltungskosten vorteilhaft.

VI. Wasserkraftbau.[21]

1. Begriff der Wasserkraft.[22]

Die Arbeit der Wasserkraft ist das Produkt aus Gewicht der Wassermasse mal Weg in Richtung der Schwerkraft.

Die Leistung N ist die Arbeit der Zeiteinheit; da Durchflußmengen auf die Zeiteinheit bezogen sind, also m^3/s, so ist die Leistung der Wasserkraft in mkg/s:

$$N = \gamma . Q . H$$

Q $[m^3/s]$ Durchflußmenge der Zeiteinheit oder neuerdings Fließe, kurz die Wassermenge,

H [m] Fallhöhe, häufig auch Gefälle [23] genannt;

γ $[kg/m^3]$ Wichte des Wassers ($= 1000\ kg/m^3$).

Es ist gebräuchlich, die Leistungseinheit für mechanische Kraftmaschinen in Pferdestärken (1 PS = 75 kgm/s) und für elektrische in Kilowatt (1 kW = 102 kgm/s) anzugeben; darnach ist die Rohwasserkraft oder ideelle Leistung

$$N_r = \frac{1000\ Q\ H}{75}\ (PS) = \frac{1000\ Q\ H}{102}\ (kW)$$

Weil Wasserbewegung, Reibung und Energieumwandlung in Leitung und Maschine Verluste nach sich ziehen, ist nur ein Teil dieser ideellen Leistung N_r für den Verbrauch wirklich nutzbar; man heißt diesen Abminderungsbeiwert den Wirkungsgrad η.

Somit verbleibt als Nutzleistung der Wasserkraft

$$N = \eta \cdot \frac{1000}{75} . Q . H\ (PS) = \eta\ \frac{1000}{102} . Q . H\ (kW)$$

Die Wassermenge Q und die Fallhöhe H stellen die Wasserkraftgrundwerte und der Wirkungsgrad η den von der ganzen Anlage abhängigen Nutzungsbeiwert dar.

Die Arbeitseinheit ist gewöhnlich die Leistung in einer Stunde, also die Pferdekraftstunde (PSh) oder die Kilowattstunde (kWh).

---

[21] Ludin, Wasserkraftanlagen I, Handbibl. f. Bauing. Julius Springer, Berlin 1934.

[22] ÖNORM M 8601 (Ausgabe 30. 9. 36).

[23] Unter Gefälle soll hinfort die Fallhöhe der Längeneinheit verstanden sein, also ein Neigungsverhältnis entweder in ‰ oder als Tangente des Neigungswinkels gegeben.

Da 1 kWh = 367 mt ist, beträgt die Arbeit der Wasserkraft

$$A = \frac{\eta . M . H}{367} \text{ (kWh)}$$

wenn M die gesamte während eines Zeitraumes zum Abarbeiten gelangende Wasserfracht in m^3 darstellt. Daraus entwickelt sich bei einem geschätzten Wirkungsgrad der gesamten Wasserkraftanlage von $\eta \cong 0{,}73$ die gebräuchliche Schätzformel für die Arbeit eines Wasserraumes

$$A \cong \frac{M . H}{500}$$

Ist M in $hm^3 = 10^6\ m^3$ und H in m, so ergibt sich A in Mio kWh.

Der Wirkungsgrad der Wasserkraftanlage setzt sich aus den Teilwirkungsgraden der einzelnen Maschinen zusammen. Neuzeitliche Wasserkraftanlagen arbeiten fast ausschließlich mit Turbinen [24]), deren Wirkungsgrade η_T bei bester Nutzung zwischen 0.85 und 0.90 liegen; sie treiben zumeist, bei großen Leistungen stets, elektrische Stromerzeuger, deren Wirkungsgrad η_G zwischen 0.85 und 0.95 ist. Die Generatorspannung muß meist auf die Fernleitungsspannung durch Umspanner umgewandelt werden, die einen Wirkungsgrad η_U zwischen 0.92 und 0.985 haben. Somit ist der Gesamtwirkungsgrad der maschinellen Anlage

$$\eta_m = \eta_T \cdot \eta_G \cdot \eta_U{}^{25)} \begin{cases} 0{,}85. \quad 0{,}92. \quad 0{,}97 = 0{,}75 \\ 0{,}90. \quad 0{,}96. \quad 0{,}985 = 0{,}85 \end{cases}$$

Damit ist die elektrische Leistung einer Wasserkraft ab Umspanner

$$N = 7.3 \text{ bis } 8.2\ Q\,H \text{ (kW)}$$

Die der Wasserkraft allein an der Turbinenwelle

$$N = 10 \text{ bis } 11.2\ Q\,H \text{ (PS)}.$$

1 PS = 0,736 kW = 75 mkg/s	1 PSh = 270 mt
1 kW = 1,36 PS = 102 mkg/s	1 kWh = 367 mt
1000 kW = 1 MW (1 Megawatt)	1 kW-Jahr = 8760 kWh
1,000.000 kW = 1 GW (1 Gigawatt)	10^6 kWh = 1 Mio kWh = 1 GWh (Gigawattstunde)

2. Wassermenge (Fließe).

Unter Wassermenge bzw. Fließe [26]) Q sind bei Wasserkraftanlagen wechselnde Begriffe verstanden. [27])

Die im Fluß vorhandene Wassermenge Q m^3/s stellt den gesamten jeweils in Erscheinung tretenden Durchfluß vor; ihr entspricht für einen bestimmten Zeitraum die Wasserfracht M m^3.

Von dieser vorhandenen Wassermenge gehen mancherlei Wasserverluste Q^I ab, die teils auf Versickern oder Verdunsten in den Wasserzuleitungen, teils auch auf Wasserabgabe für andere Zwecke (Bewässerung

[24]) Wirkungsgrade der Wasserkraftmaschinen siehe Seite 248 (Abb. 335).

[25]) In der ÖNORM ist statt η_T . . η_1 und statt η_G . . η_2.

[26]) In Angleichung an das englische „flow" und französische „débit".

[27]) Um Klärung und einheitliche Bezeichnung im Wasserkraftbau bemühte sich Grengg im Aufsatz: „Grundbegriffe der Wasserkraftnutzung" in Wasserwirtschaft und Technik, Wien, 1936.

usw.) beruhen. Der Rest bleibt als verfügbare Wassermenge Q_1 bzw. verfügbare Wasserfracht M_1.

Von ihr weicht die einziehbare oder erfaßbare Wassermenge Q_e bzw. einziehbare Wasserfracht M_e manchmal ab, welche jenen Anteil der im Wildbett verfügbaren Wassermenge angibt, der am Kraftwerk verarbeitet werden kann und von Zufluß, Förderfähigkeit der Triebwasserleitung und Schluckfähigkeit der Turbinen bedingt ist.

Dagegen ist die Vollwassermenge Q_v von der jeweiligen hydraulischen Aufnahmsfähigkeit des Kraftwerkes abhängig, welche mit den Fallhöhenverhältnissen veränderlich ist; ihr Bestwert ist dann die Ausbauwassermenge Q_A (Ausbaufließe), für die der wasserbauliche Teil der Anlage bemessen ist.

Der oft vorkommende Ausdruck der Nutzwassermenge Q_n ist nicht eindeutig, weil nicht nur die verfügbare, sondern auch die einziehbare und auch die einer gewissen Nutzleistung bei einer bestimmten Fallhöhe H_n entsprechende Wassermenge darunter verstanden wird.

Allgemein heißt Triebwassermenge oder Betriebsfließe Q_B die tatsächlich jeweils am Kraftwerk verarbeitete Wassermenge.

Verbleibt eine Überschußwassermenge, heißt sie Freiwassermenge, ist ein Wassermangel, so spricht man von einer Fehlwassermenge.

Die Wassermenge des Gewässers (Fließe), dessen Wasserkraft genutzt werden soll, kann entweder aus Durchflußbeobachtungen oder auch angenähert aus Niederschlagsbeobachtungen ermittelt werden.

Gewöhnlich stimmt die geplante Wasserfassungsstelle W mit dem Pegelort des Gewässers P nicht überein; man berechnet die Mengen dann näherungsweise aus dem Verhältnis der Einzugsgebiete

$$Q_W = Q_P \cdot \frac{F_W}{F_P}$$

worin der Zeiger W Wasserfassungsstelle und P Pegelort andeutet.

Aus Pegelschlüssel und Wasserstandsganglinien wird nach den Methoden des Abschnitts Gewässerkunde die Wassermengendauerlinie aufgestellt; hiebei muß man sich überzeugen, ob die Schlüsselkurve während dieser Jahre keine Veränderung erlitten hat, was nötigenfalls durch Pegelbeziehungen überprüft wird.

Aus den einzelnen richtiggestellten Jahresdauerlinien von 10 bis 25 und mehr aufeinanderfolgenden Jahren leitet man durch Mittelbildung die

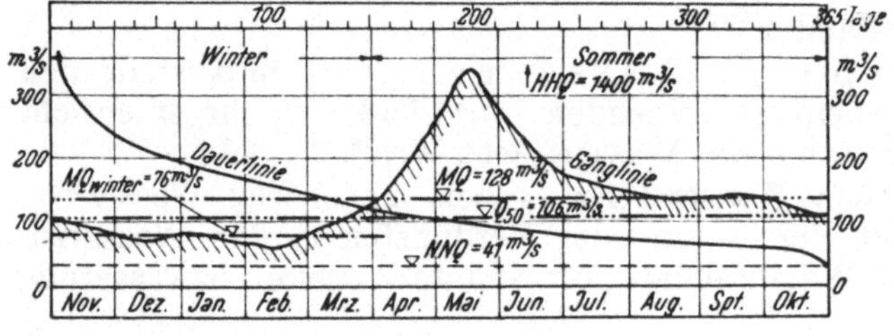

Abb. 309. Wassermengengang- und Dauerlinie, erstellt aus Wasserstandsbeobachtungen mit Hilfe des Pegelschlüssels. (Mur bei Pernegg, 1900—1924).

Dauerlinie eines Regeljahres ab, welche die wasserwirtschaftliche Grundlage bildet (Abb. 309); Grenzwert ist diejenige eines trockenen und eines nassen Jahres.

Von kleinen Gewässern, besonders im Gebirge, stehen Pegelbeobachtungen und Wassermessungen meist nicht in ausreichendem Maße oder überhaupt nicht zur Verfügung. Ein gedankenloser Bezug auf Nachbargebiete kann besonders im Hochgebirge zu Fehlschlüssen verleiten. Etwa vorhandene Niederschlagsbeobachtungen in diesem Gebiete ermöglichen eine rechnungsmäßige Ermittlung der Abflußmengen.

Es werden die monatlichen Niederschlagshöhen der im Einzugsgebiet oder nahe liegenden Regenmeßorte erhoben. Ist das Einzugsgebiet größer oder zeigt es stark wechselnden Charakter, wird es in Teilgebiete zerlegt, die einzeln behandelt und später zum Gesamtergebnis vereint werden. Erachtet man den Einfluß aller Regenmeßstationen auf den Abfluß gleichwertig, kann man einfach das arithmetische Mittel der einzelnen Stationsregenhöhen zum Mittel des ganzen Gebietes erheben. Ist aber diesen Stationen verschiedener Anteil am Gesamtniederschlag zuzumessen, weil ihre Niederschlagshöhen sehr voneinander abweichen, wie es im Gebirge oft der Fall ist, kann man jedem Meßort ein Gewicht beilegen, am besten durch Zuteilung eines bestimmten Gebietsanteils. Am genauesten aber ist es, die Isohyeten zu zeichnen und den Inhalt des damit dargestellten „Regengebirges" auszuwerten, um den Gesamtniederschlag zu erhalten; man findet die mittlere Regenhöhe des Gebietes, indem man die Gesamtniederschlagsmenge durch die Fläche teilt. Die monatlichen Niederschlagshöhen sind anteilig nach einem Schlüssel zu rechnen, der sich aus Beobachtungen herleitet. Auf Grund einer guten Kenntnis der gewässerkundlichen Verhältnisse und Einfühlen in diese kann man die Abflußhöhen festlegen, indem man den Einfluß der Verdunstung an Bewuchs, Land und Seen, sowie gegebenenfalls Versickerung, ferner die zeitliche Verschiebung des Abflusses infolge Schneelage und Schneeschmelze, endlich Zurückhalten in Seebecken, im Grundwasser und durch Gletscher berücksichtigt.

Die V e r s i c k e r u n g bedeutet gewöhnlich keinen dauernden Verlust für den Abfluß, da sie in einem großen Gebiet als Quellschüttung wieder zum Vorschein kommt; sie vollführt daher nur eine zeitliche Verschiebung, die allerdings von wenigen Stunden bis zu mehreren Jahren dauern kann; da die Kenntnis darüber zumeist fehlt, wird oft die Versickerung ganz außeracht gelassen. Ansonst kann man annehmen, daß in den Monaten, da der Boden nicht gefroren und durchlässig ist, sowie genügend Grundwasserraum besitzt, etwa 20 bis 40 Prozent des Niederschlags versickern und ungefähr gleichmäßig über das ganze Jahr verteilt als Quellschüttung zum Abfluß gelangen.

Eine weitere zeitliche Verschiebung von Niederschlag zum Abfluß erzeugt die T e m p e r a t u r, da in den Wintermonaten der Schnee liegen bleibt und im Frühjahr als Schneeschmelze zusammengefaßt abfließt. Über den Anteil des liegenbleibendes Schnees muß der klimatische Charakter des Gebietes Aufschluß geben.

Der Abfluß ergibt sich aus der G l e i c h u n g des W a s s e r h a u s h a l t e s:

$$A = N - (Vd_L + Vd_S) - Vs + Qs - Sn + Sa$$

A Abfluß
N Niederschlag
Vd_L Verdunstung auf Landflächen und durch die Bewachsung
Vd_S „ auf Seeflächen
Vs Versickerung in den Untergrund
Qs „ , die als Quellschüttung wieder abfließt
Sn Niederschlag, der als Schnee liegen bleibt
Sa Schnee, der schmilzt und abfließt.

Die Abflußhöhen werden in Abflußmengen je Zeiteinheit umgerechnet

$$Q\ (m^3/s) = \frac{A\ (m)\ .\ F\ (km^2)\ .\ 10^6}{\text{Sekunden in diesem Zeitraum}}$$

Jänner, März, Mai, Juli, August, Oktober und Dezember hat je 2,68.10^6 sec
April, Juli, September und November hat je . . . . 2,595.10^6 sec
Februar hat . . . . 2,32.10^6 sec
Jahr hat . . . . 31,56.10^6 sec

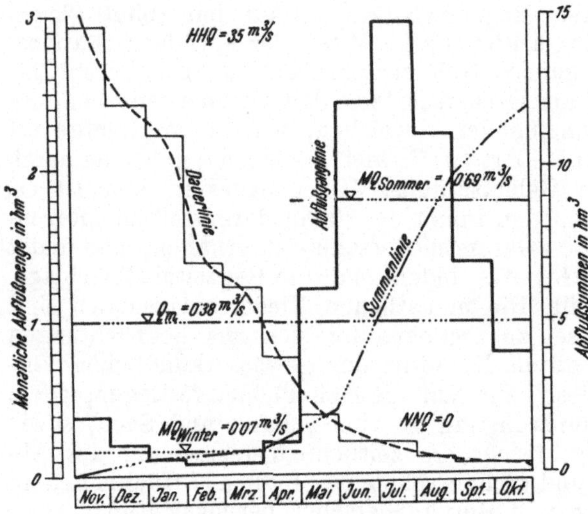

Abb. 310. Wassermengengang- und Dauerlinien nach Monatsabflußmengen zusammengestellt, unter Zugrundelegen von Niederschlagsbeobachtungen (Weißsee in vergletschertem Hochgebirge).

Eine zeichnerische Darstellung dieser Werte (Abb. 310) liefert eine klare Übersicht, sie dient als Grundlage der Wasserwirtschaft und läßt sich auch zur Dauerlinie auswerten.

Manchmal schätzt man den durchschnittlichen Jahresabfluß annähernd nach einer Formel von Iskowski

$$q_m = 0.03171\ .\ c_m\ .\ h_m\ .\ F$$

worin h_m die (mittlere) jährliche Niederschlagshöhe in m, F das Einzugsgebiet in km² und c_m ein Abflußbeiwert ist, der aus Tafeln [28]) entnommen wird.

Von den derart ermittelten wasserwirtschaftlichen Unterlagen ausgehend wird der bedeutungsvolle Entschluß über die Ausbauwassermenge Q_A im Hinblick auf den Energiebedarf nach wirtschaftlichen Gesichtspunkten und vorhandenen Speichermöglichkeiten gefällt. Fragen, die aus Gegenüberstellung von Dargebot und Bedarf entspringen, sind dem folgenden Kapital über Energiewirtschaft vorbehalten.

Speicherung des Wassers in einem Stausee gestattet den Abfluß je nach Speichergröße zurückzuhalten und dann beliebig abzuarbeiten. Darnach sind Wasserkraftwerke grundlegend unterschieden und zu beurteilen:

Werke ohne Speicherung müssen Wassermengen, wie sie zulaufen, verarbeiten, sie sind Laufwerke. Werke, deren Speicher im Verhältnis zum Durchfluß klein ist, können wohl Stunden-, Tages- oder Wochenausgleich zwischen Bedarf und Dargebot erzielen, sie heißen Kleinspeicherwerke oder Laufwerke mit Tages- bzw. Wochenspeicherung. Werke,

[28]) Weyrauch, Hydraulisches Rechnen, Stuttgart 1921.

die aber Zuflußmengen über noch längere Zeitdauer (Monate und Jahre) speichern können, werden Großspeicherwerke oder kurz Speicherwerke genannt.

Nebenstehendes Schaubild der Lastlinie eines Wintertages (Abb. 311) zeigt das beträchtliche Schwanken des Leistungsbedarfes, sodaß die Belastungsspitze oft das Vielfache der mittleren Leistung verlangt. Diese Spitze muß aber durch die Ausbaugröße des Kraftwerkes gedeckt werden, wozu Speicherwerke befähigt sind.

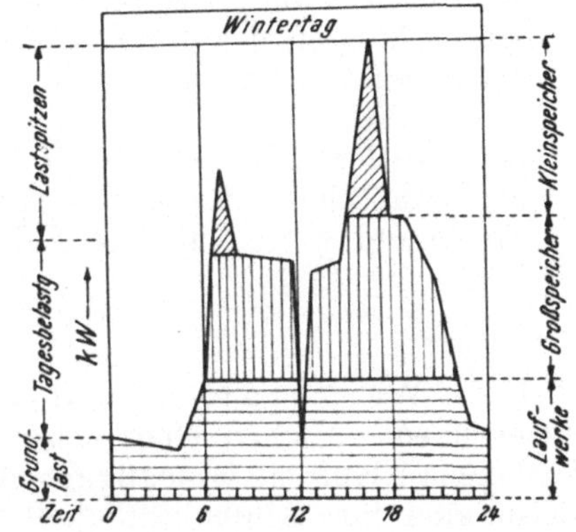

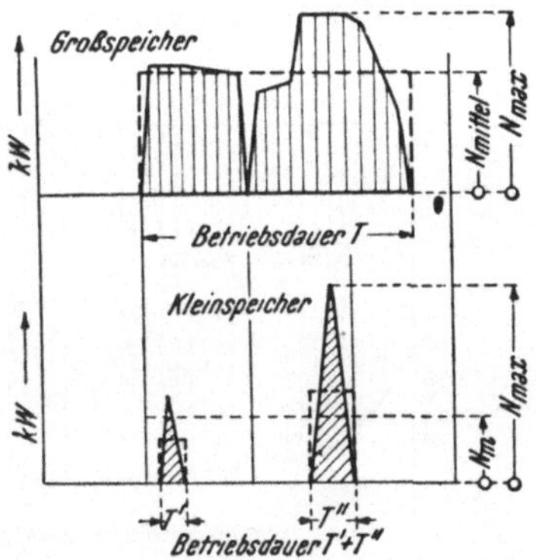

Abb. 311. Belastungsbild eines Wintertages mit Lastverteilung auf verschiedene Werkstypen.

Kraftwerke, die zur Spitzendeckung eingesetzt werden, heißen Spitzenwerke. Auch Laufwerke können kurzfristig Spitzen decken, wenn sie durch Schwellbetrieb ihrem Zulauf fallweise größere Wassermengen entnehmen. Am besten eignen sich hiezu Kleinspeicherwerke.

Manchmal bewertet man einen Speicher darnach, wieviel Stunden er die Vollwassermenge (Höchstleistung) des Kraftwerkes beinhaltet und nennt es Speicherverhältnis oder Speicherkennzeit.

3. Fallhöhe.

Fallhöhe wird durch Aufstau, Umleitung und Laufkürzung gewonnen. Streng genommen ist nicht der geodätische Höhenunterschied H_1, sondern der Unterschied der Energielinien

$$He = H_1 + (k_1 - k_2)$$

wirksam, worin $k_1 - k_2$ der Unterschied der Geschwindigkeitshöhen $\frac{v^2}{2g}$ beim Einlauf und Auslauf ist; dieser ist meist gegenüber dem geodätischen Höhenunterschied zu vernachlässigen, somit ist

$$He \cong H_1$$

Die Rohfallhöhe (Bruttofallhöhe) H_r eines Kraftwerkes ist der Wasserspiegelhöhenunterschied zwischen Anfang und Ende der Entnahmestrecke (siehe Abb. 316 und 317) bei Mittelwasser; der wechselnde Wasserstand verändert Lage und Länge dieser Strecke oft nicht unbeträchtlich.

a) Von der Rohfallhöhe sind Verlusthöhen für Rinngefälle und Energieaufbrauch in den Zuleitungsgerinnen ($\Sigma\ h_v$), ferner für einen möglichen Freihang der Wasserkraftmaschinen (h_f) abzuziehen, somit bleibt als Nutzfallhöhe H

$$H = H_r - \Sigma\ h_v - h_f$$

b) Naturbedingtes und durch Betriebsvorgänge bewirktes Schwanken des Wasserspiegels verändert die Nutzfallhöhe. Hochwasser erzeugt Rückstau im Unterwasser, während meist das Oberwasser nicht steigen darf, sondern oft sogar gesenkt werden muß. Fallhöhenminderung kann ferner durch Stauüberschreitung des Unterliegers oder durch Belastungsschwankungen des eigenen Werkes hervorgerufen werden. Schließlich entstehen wesentliche Fallhöhenänderungen infolge Spiegelschwankung in den Weihern.

Die mittlere Nutzfallhöhe H_m ist der Quotient aus Mittelleistung N_m im Zeitabschnitt T durch $9.81\,\eta\,Q_m$, wobei Q_m die zugehörige mittlere Fließe und η der mittlere Nutzungsgrad der Wasserkraftanlage ist

$$H_m = \frac{N_m}{9.81\,\eta\,Q_m}$$

Unter Werksfallhöhe H_w oder Turbinenfallhöhe H_T versteht man den Unterschied zwischen Oberwasser im Wasserschloß und Unterwasser am Turbinenauslauf; sie ist maßgebend für den Wirkungsgrad der Turbine, weil davon auch ihre Schluckfähigkeit wesentlich abhängt.

Unter Stauwerksfallhöhe versteht man den Unterschied zwischen Stauziel und Wasserspiegel am Ende der ausgenützten Gerinnestrecke.

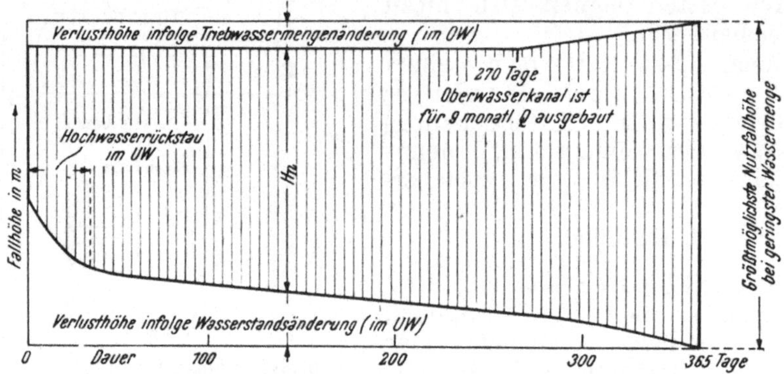

Abb. 312. Nutzfallhöhendauerlinie (Niederdruckwerk mit langem Oberwasserkanal und kurzem Unterwassergraben).

Mit Bezug auf die Fallhöhe werden die Wasserkraftwerke bis 15 m Fallhöhe als Niederdruckwerke, von 15 bis 50 m als Mitteldruckwerke und über 50 m Fallhöhe als Hochdruckwerke bezeichnet.

Im Gebirge ist das Gefälle größer, dafür die Wassermenge meist kleiner, in der Niederung ist es umgekehrt. Günstiger ist gewöhnlich der erste Fall, weil er kleinere bauliche und maschinelle Anlagen verlangt und bequemer ein gutes Speicherverhältnis erlaubt. Während man bei Hochdruckwerken Wasserverluste zu vermeiden sucht, ist an Niederdruckwerken die Fallhöhe wertvoller.

Da die Nutzfallhöhe von Wasserstand und Wassermenge bedingt ist, läßt sich für sie eine Dauerlinie (Abb. 312) ähnlich wie die des Durchflusses aufstellen; die Nutzfallhöhendauerlinie ist zufolge der Abhängigkeit vom Wasserstand eine Wiedergabe der Wasserstandsdauerlinie, hängt aber bei langen Kanälen auch von der jeweiligen Betriebswassermenge ab und muß daher auch ihre Schwankungen widerspiegeln. An Laufwerken ist das Stauziel des Oberwassers möglichst einzuhalten, während das Unterwasser bei Hochwasser ansteigt; es wird die Nutzfallhöhe bei HW bedeutend geringer als bei NW, bei Staukraftwerken kann sie im äußersten Fall ganz verschwinden, weswegen diese Kraftwerke bei Hochwasser versagen.

4. Arbeitsvermögen und Energiewirtschaft.

Die Leistung eines Wasserkraftwerkes kann man von der Seite des Dargebotes, das ist die Wasserseite, oder des Bedarfes, das ist die elektrische Seite bezw. Stromabnahme betrachten.

Die Leistung des Dargebotes ist nach der eingangs erwähnten Formel zu berechnen. Wenn aber Wassermenge und Fallhöhe schwankt, ändert sich auch die Leistung, für die man daher eine L e i s t u n g s d a u e r l i n i e (Abb. 313) aufstellt; sie ist bei voll ausgenützten Laufwerken ein Zerrbild

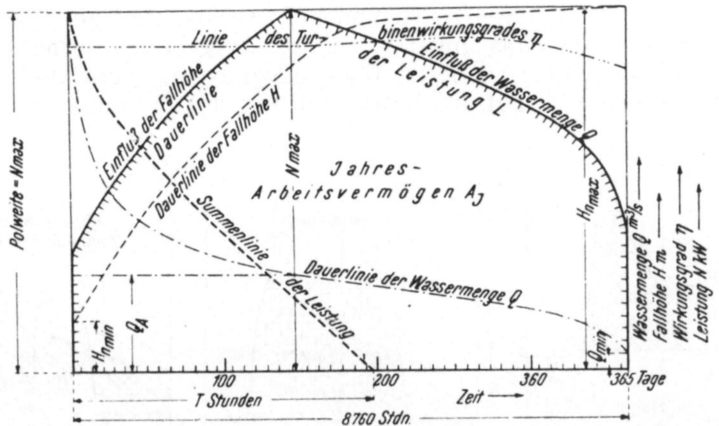

Abb. 313. Leistungsdauerlinie. Arbeitsvermögen eines Staukraftwerkes.

des Zuflusses, solange dieser unter der Ausbauwassermenge bleibt, dann aber wird sie von der Nutzfallhöhe merkbar beeinflußt. Beim Speicherwerk ist die Leistung vom Zufluß unabhängig, eher noch ein Abbild der wechselnden Werksfallhöhen, welche von der Spiegelbewegung des Weihers bedingt sind; sie kann durch Wasserentnahme aus dem Speicher dem Bedarf angeglichen werden, sodaß bei Speicherwerken das Leistungsschaubild von der Bedarfsseite aus betrachtet wird.

Das A r b e i t s v e r m ö g e n eines L a u f w e r k e s in einem Jahr A_J stellt die umrandete Fläche in Bild 313 dar. Die Summenlinie mit der Polweite N_{max} der in waagrechte Streifen zerlegten Fläche des Arbeitsvermögens zählt an der Abszisse (Zeitachse) die Stunden, welche mit der Höchstleistung des Werkes (N_{max}) vervielfacht das gesamte Arbeitsvermögen für diesen Zeitraum, in vorliegendem Beispiel also ein Jahr, somit die Jahresarbeit aufzeigen.

$$A_J \text{ kWh} = N_{max} \cdot T$$

T ist jene Zeitspanne, die das Werk mit der Höchstleistung N_{max} arbeiten müßte, um die Arbeit A_J zu erreichen; es stellt daher das Verhältnis $\frac{T}{8760}$ den W e r k s n u t z u n g s g r a d η_w dar.

Das A r b e i t s v e r m ö g e n eines S p e i c h e r s A_s ist das mit dem mittleren Wirkungsgrad η_m abgeminderte Produkt aus Speicherinhalt V mal Schwerpunktabstand des Speichers H_s über dem Turbinenauslauf; hiezu kommen bei manchen Speicherwerken nicht speicherfähige Durchlaufmengen, die mit verschieden hoher Fallhöhe abgearbeitet werden können.

$$A_s = \eta_m \cdot V \cdot H_s + \Sigma\,(\eta \cdot Q \cdot H)$$

Wieviel Arbeit aus einem Speicher herausgeholt werden kann, wird zum Teil von der Art des Speicherbetriebes mitbestimmt; der Größtwert an Arbeit wird erzielt, wenn bei stets vollem Speicher gearbeitet würde, was aber dem Zweck des Speichers widerspricht. Nicht unwesentlich nimmt daher die Abarbeitungsweise und auch der Wirkungsgrad der Maschine auf die erzielte Jahresarbeit Einfluß.

Manchmal erreichen Speicherwerke einen schlechten Nutzungsgrad, weil sie zur Spitzendeckung gebraucht werden, dann bei hohen Belastungen schlechte Wirkungsgrade erzielen und oft zwecks sofortiger Einsatzbereitschaft leer mitlaufen, was ungenutzten Wasserverbrauch bringt. Im Allgemeinen wird mit einem mittleren Wirkungsgrad η_m gerechnet. Damit ist schon das Augenmerk auf das Betrachten von der Bedarfsseite gelenkt.

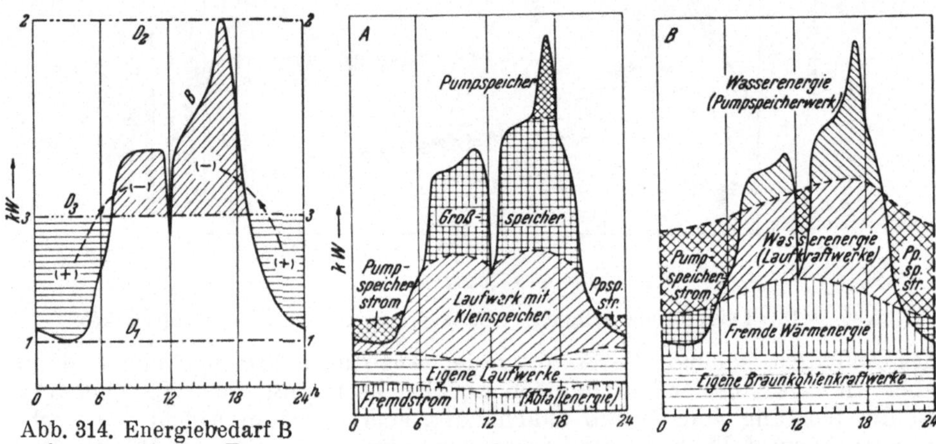

Abb. 314. Energiebedarf B während eines Tages und seine Deckung durch verschiedene Möglichkeiten des Dargebotes D bei Laufwerken.

Abb. 315. Lastverteilung bei Verbundbetrieb verschiedener Werksarten:

A Wasserkraftwerke allein,

B Wasser- und Wärmekraftwerke zusammen.

Ein Vergleich der jeweiligen Bedarfsleistung (B) in jedem Augenblick mit der vom Kraftwerk dargebotenen Leistung (D) zeigt folgende kennzeichnende Fälle. (Abb. 314)

D_1 : Die Werksleistung ist zu gering, es herrscht sowohl Leistungs- als auch Arbeitsmangel.

D_2 : Die Werksleistung reicht aus, aber nun ist ein Überschuß an ungenutzter Arbeit.

D_3 : Die Werksleistung ist wohl zu klein, aber die Arbeit könnte gedeckt werden, falls Speicher vorhanden sind, die es ermöglichen, überschüssige Arbeit (+) in die Zeit des Fehlbedarfs (—) zu verschieben.

Diese drei Betriebsfälle weisen auf die Schwierigkeit, einen Energiehaushalt günstig zu betreiben; außerdem verursacht die veränderliche Wasserführung der Flüsse ein schwankendes Dargebot; dem täglichen Wechsel überlagert sich der jahreszeitliche. Infolgedessen ist man bestrebt, durch einen Verbundbetrieb von Werken verschiedener Art möglichsten Ausgleich zu erreichen. Alle zu einem gemeinsamen Versorgungsnetz zusammengeschlossenen Werke arbeiten auf eine gemeinsame elektrische Verteilstelle („Sammelschiene"), wodurch die Werke am vorteilhaftesten eingesetzt werden können. Nebenstehendes Bild (Abb. 315) der Belastungslinie eines Wintertages zeigt die Deckung des Energiebedarfs durch günstigen Einsatz verschiedener Werkstypen.

Wenn man jede der einzelnen Tageslinien eines längeren Zeitraums (z. B. ein Jahr) aus Kartonpapier ausschneidet und aneinanderreiht, hat man das sogenannte Belastungsgebirge dargestellt.

Das Verhältnis vom mittleren Leistungsbedarf (MLB) zur Volleistung des Werkes (N_v) ist der W e r k s n u t z u n g s g r a d

$$\eta_w = \frac{MLB}{N_v}$$

von der Bedarfsseite gesehen, der schon früher aus dem Arbeitsvermögen abgeleitet wurde.

Das Verhältnis vom mittleren Leistungsbedarf (MLB) zur höchsten verfügbaren Leistung (HLB) heißt die B e l a s t u n g s z i f f e r

$$\eta_b = \frac{MLB}{HLB}$$

Das Verhältnis von Belastungsziffer zum Werknutzungsgrad läßt die noch vorhandenen Reserven erkennen.

Das Aufstellen des Energiehaushaltes fordert eingehende Studien, da gewöhnlich der Energiebedarf nicht allein durch Wasserkraftanlagen und Wasserspeicher, sondern auch durch Wärmekraftanlagen, elektrische und Wärmespeicher gedeckt wird und das fortwährende Anpassen reine Betriebsangelegenheit ist. Es überschreitet den Rahmen dieses Buches, denn damit beschäftigen sich die Energiewirtschaftler. Sie entwerfen die Leistungspläne der einzelnen Kraftwerke und des Verbundbetriebes, die Einsatz und Fahrplan aller Beteiligten im Voraus festlegen. Nach der Wichtigkeit des Energieabnehmers und seiner Anpassungsfähigkeit an das Dargebot zählt er zu denen, die Pflichtstrom (Primakraft), Wahlstrom (Sekundakraft) oder Abfallstrom (Tertiakraft) geliefert erhalten.

Die Deckung fehlender Energiemengen erfolgt durch wasserwirtschaftliche Maßnahmen (Erhöhung der Ausbaugröße, Speicherung u. ähnl.) oder energiewirtschaftliche Verbesserungen (Verbundbetrieb, Verbrauchsdrosselung etc.) oder finanzwirtschaftliches Gebaren (Preisnachlässe bei Abfallstrom, Preissteigerung bei Spitzenstrom).

Die Einführung der Wasserkraft in die allgemeine Energiewirtschaft verlangt vor Allem das Problem der Unständigkeit und der nicht genügenden Voraussicht des Wasserdargebotes zu lösen, somit Maßnahmen betreffs Wasserhaushalt. Ein gesichertes Dargebot wäre möglich durch Einschränken des Ausbaues auf ständiges Wasser, also eigentlich NNW (Q_{100}) was eine sehr schlechte Flußnutzung und Vergeudung volkswirtschaftlichen Gutes bedeutet. Besser ist Speichern des Überschußwassers in Stauseen oder Speichern der Arbeit, indem Wasser mit Hilfe von Überschußenergie in hochliegende Becken gepumpt wird und zu Zeiten des Bedarfes wieder abgearbeitet wird (P u m p s p e i c h e r w e r k); damit kann der Flußnutzungsgrad bedeutend gesteigert werden. Man versucht auch das jeweilige Dargebot auszunützen, indem jederzeit einsatzbereite Industrien vom Wasserüberschuß versorgt werden. Schließlich können Laufkraftwerke und Speicherwerke im Verbundbetrieb einen vollkommenen Ausgleich erzielen.

Wasserkraftwerke sollen einen weniger auf Geldgewinn, sondern mehr auf volkswirtschaftliche Gesichtspunkte gerichteten Ausbau genießen; dies bedingt einen möglichst hohen Ausbaugrad.

Unter Ausbaugrad g versteht man das Verhältnis des Jahresarbeitsvermögens A_J eines Kraftwerkes zum jährlichen Roharbeitsvermögen A_r der genutzten Kraftstufe

$$g = A_J / A_r$$

Während man früher im Hinblick auf finanziellen Erfolg Laufkraftwerke auf eine etwa neun Monate im Jahr vorhandene Wassermenge ausbaute, kann man jetzt im Gedanken, daß jeder ungenutzt vorbeigeronnene Kubikmeter Wasser unwiderbringlich verlorenes Gut ist, einen Ausbau weit höher treiben und wird sich vielleicht mit einer nur 100 Tage im Jahr vorhandenen Wassermenge befreunden. Entschlüsse über Ausbaugröße eines Werkes sind schwerwiegend und gut zu überlegen. Zumindest sollte man, falls die Mittel zu einem größeren Ausbau nicht auslangen oder der Bedarf noch nicht vorhanden ist, sich Möglichkeiten für eine spätere Vergrößerung offen lassen und dementsprechend planen.

Üblicherweise werden Staukraftwerke mit kleinen und mittleren Durchflußmengen auf die 90- bis 120-tägige, solche mit großen Durchflußmengen auf 150 bis 200 tägige Wassermenge ausgebaut, da nur Maschinen und Krafthaus beeinflußt werden; Umleitungskraftwerke sind jedoch vorsichtiger bezüglich Gestehungskosten zu prüfen.

Kleinspeicherwerke erlauben einen kurzperiodischen Ausgleich; bei Tagesspeichern ist der Durchfluß von etwa 6 Stunden, bei Wochenspeichern der von 30 Stunden zu horten, sodaß der Speicherraum 100 bis 365mal, bzw. 20 bis 52mal im Jahr umgesetzt werden kann, was den hohen Wert dieser Anlage begreiflich macht. Kleinspeicher dienen als Schwell- und Ausgleichsbecken.

Großspeicher haben langzeiträumigen Ausgleich (ein Jahr oder mehrere Jahre). Sie besitzen einen Fassungsraum für 20 bis 80% des Jahresabflusses (Überjahresspeicher noch mehr) und dementsprechend einen 1,1- bis 0,5-maligen Umsatz im Jahr (Überjahresspeicher 0,8malig und weniger). Der Speicherraum soll einen vollkommenen Jahresausgleich ermöglichen; dieser ist zwar für ein Regeljahr zutreffend, wird aber im nassen Jahr doch unvollkommen und im trockenen übersteigert erscheinen. Der Wasserhaushalt wird daher nur in wenigen Jahren wirklich ausgeglichen sein. Großspeicher gestatten eine weitgehende zeitliche Energieverschiebung; sie ist bei den Alpenwasserkräften notwendig, weil einem stärksten Abfluß im Sommer und fast Versiegen im Winter ein größter Energiebedarf im Winter gegenübersteht.

Etwas besser können sich den alpinen Abflußverhältnissen Bahnkraftwerke angleichen, welche im Sommer ein gesteigertes Verkehrsbedürfnis befriedigen müssen, wogegen auch dort der einzelne Energiebedarf im Winter infolge Heizung und Beleuchtung stärker ist.

Je ausgeglichener der Netzbedarf, desto geringere Ansprüche sind von Seiten des Bedarfes an Speicher gestellt, sodaß dann nur der Wasserausgleich für die Speichergröße bestimmend ist.

Wievielmal der nutzbare Speicherinhalt V im Jahresabfluß M_J enthalten ist, besagt die Speicherfüllzahl f

$$f = M_J / V$$

Ein Werksspeicher ist unmittelbar mit dem Kraftwerk verbunden, während Fernspeicher an einer günstigen Staustelle oberhalb angelegt werden und das Speicherwasser im Wildbett dem Werk zuleiten; dieses muß also um die notwendige Fließzeit vor dem Bedarf abgelassen werden.

Ludin zeigt im Buch über Wasserkraftanlagen I. Teil [21]) eingehend zeichnerisch die Behandlung des Energie- und Wasserhaushalts.

5. Arten der Wasserkraftanlagen.

Die Bilder 316 und 317 stellen im Grundriß und Längenschnitt schematisch die einzelnen Hauptteile einer Wasserkraftanlage (WKA) mit ihrer Benennung dar.

Die Teile 1 bis 3 gehören zur Wasserfassung, 4 bis 8 bilden die Oberwasserführung samt 10 die Wasserfernleitung: 9 ist das Krafthaus oder die

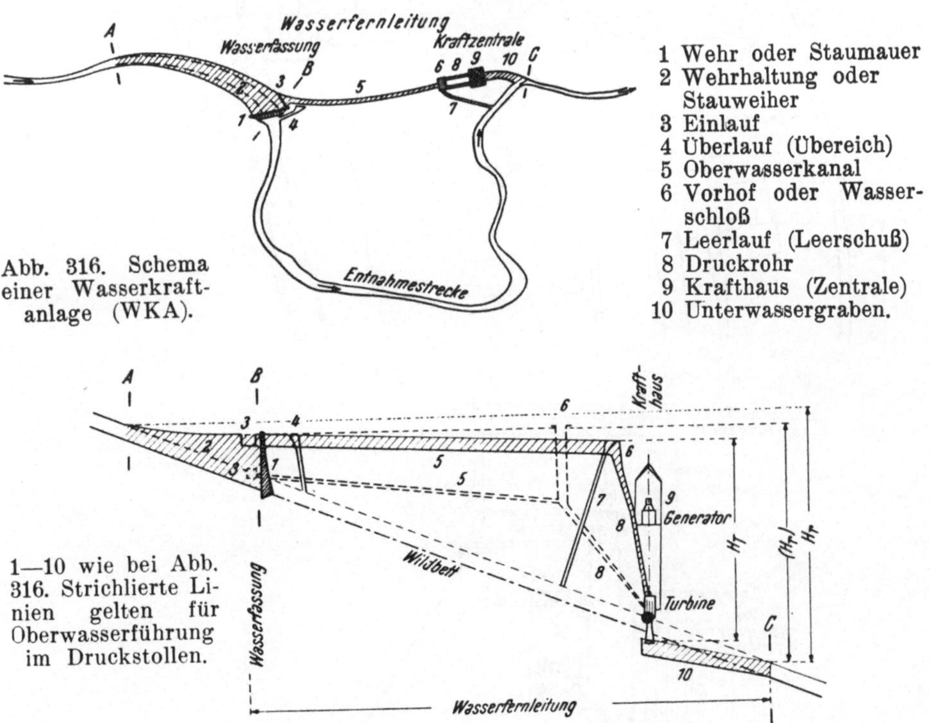

Abb. 316. Schema einer Wasserkraftanlage (WKA).

1 Wehr oder Staumauer
2 Wehrhaltung oder Stauweiher
3 Einlauf
4 Überlauf (Übereich)
5 Oberwasserkanal
6 Vorhof oder Wasserschloß
7 Leerlauf (Leerschuß)
8 Druckrohr
9 Krafthaus (Zentrale)
10 Unterwassergraben.

1—10 wie bei Abb. 316. Strichlierte Linien gelten für Oberwasserführung im Druckstollen.

Abb. 317. Längenschnitt einer WKA.

Zentrale. Bei A ist der Beginn der Einwirkung der Wasserkraftanlage (oberes Stauende), B ist die Wasserentnahmestelle und C die Rückgabestelle.

Das Wildbett zwischen B und C heißt die Entnahmestrecke.

Die Rohfallhöhe H_r ist der Höhenunterschied der Mittelwasserspiegel zwischen A und C, manchmal auch angenähert zwischen B und C, die Werksfallhöhe H_T der zwischen Wasserschloßspiegel und Turbinenausmündung.

Je nach Kraftwerkstype können nun manche Bauteile entfallen.

Beim Staukraftwerk (Abb. 318) schrumpft die Wasserkraftanlage auf Wasserfassung und Krafthaus zusammen; die Abart des Unterwasserkraftwerkes birgt das Krafthaus im Inneren des Stauwerks und beim

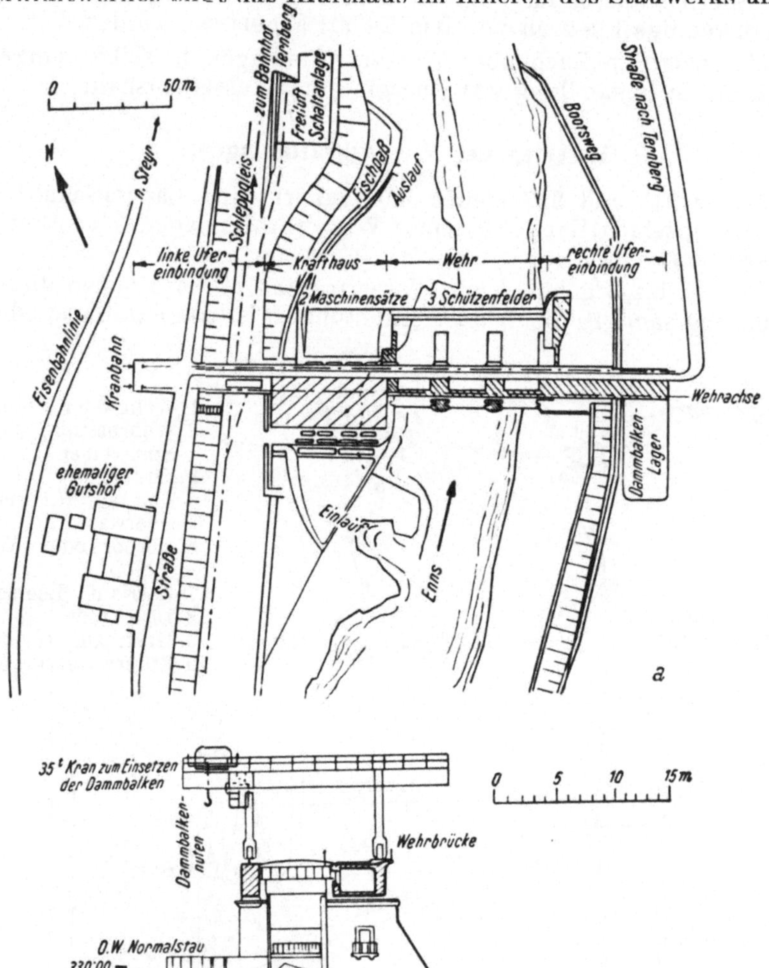

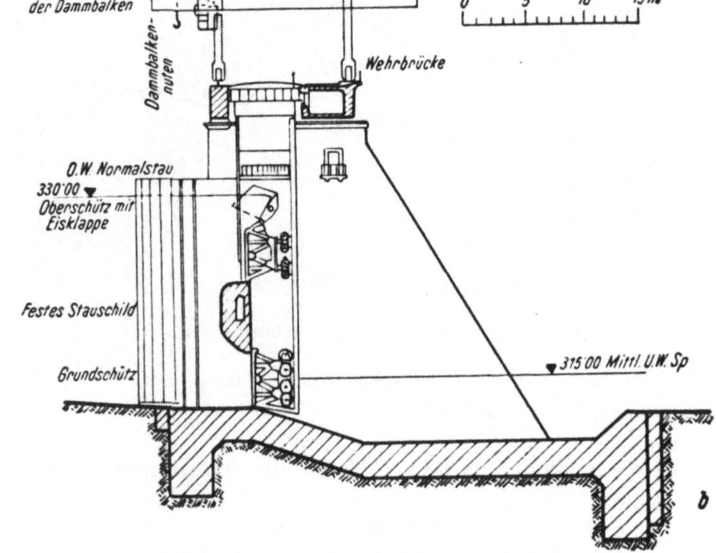

Abb. 318. Staukraftwerk (Ternberg).
a) Lageplan b) Schnitt durch das Wehr.
Schnitt durch das Krafthaus, siehe Abb. 380.

Pfeilerkraftwerk ist die Kraftzentrale sogar innerhalb des Wehrpfeilers untergebracht.

Niederdruckkanalkraftwerke (Abb. 319) haben das Wasserschloß unmittelbar am Krafthaus als eine Ausweitung des Oberwasserkanals, Vorhof genannt.

Bei *Hochdruckwerken* (Abb. 320) ist der Oberwasserkanaleinlauf meist tief unter dem Stauspiegel gelegen, sodaß die Oberwasserführung unter Druck kommt, womit Druckstollen und Druckrohrleitung entsteht. Zwischen Druckstollen und Druckrohr liegt ein Ausgleichwasserschloß, in welchem bei langen Druckstollen der Wasserstand infolge der Belastungsänderungen auf- und absteigt. Der Stollen kann fehlen, wenn die Druckrohrleitung unmittelbar am Stausee abzweigt.

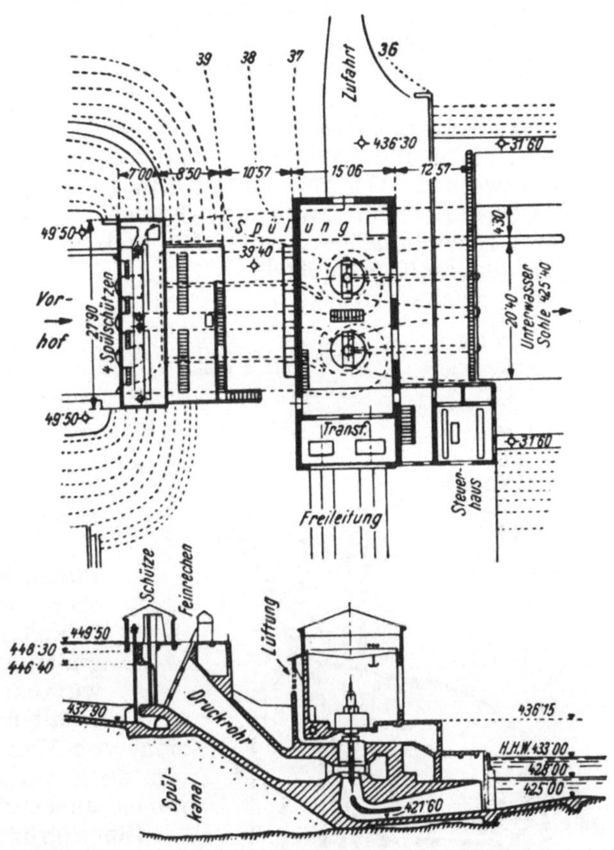

Abb. 319. Mitteldruckkanalkraftwerk (Fronleiten).

Die Wasserfassung der Speicherwerke ist gewöhnlich zu einem Stausee erweitert.

Pumpspeicherwerke (Abb. 321) besitzen Maschinensätze, die einmal als Pumpe das Wasser durch die Druckleitung in den Speicher fördern, wobei die auf gleicher Welle sitzende Turbine leer mitläuft, das andere Mal das Wasser durch dieselbe Druckrohrleitung in der Turbine abarbeiten, während die Pumpe leer mitgeht oder abgeschaltet ist; die elektrische Maschine wirkt einmal als Motor, das andere Mal als Generator.

6. Aufsuchen der Wasserkräfte.

Wasserkraft ist überall, wo Wassermenge und Fallhöhe zusammen sich vorfindet. Aufzusuchen sind daher nur Orte besonders günstigen Vorkommens; es kann nicht im volkswirtschaftlichen Interesse sein, aus einer Flußstrecke nur die besten Wasserkraftgelegenheiten herauszugreifen und damit den Rest so zu verstümmeln, daß seine Ausbauwürdigkeit stark leidet.

In dem von öffentlicher Hand angelegten **Wasserkraftkataster** sind die fließenden Gewässer in einzelne Gefällstufen aufgeteilt, die mit den vorhandenen Abflußmengen zu verfügbaren Leistungen ausgewertet sind; damit ist ein Überblick über das Wasserkraftvorkommen und ein grundlegendes Studium geschaffen worden. Mit dem Fortschreiten der Wasserkrafttechnik, welche nach einer stärkeren Sammlung der Kraftstufen und Speicherung der Energie strebt, wurden solche frühzeitige

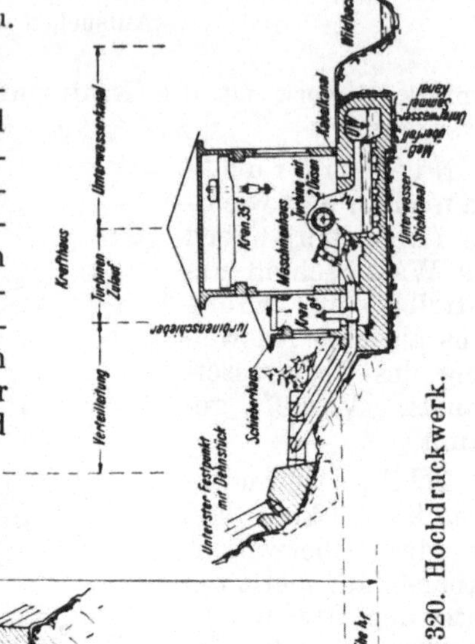

Abb. 320. Hochdruckwerk.

Planungen vielfach durchbrochen, zumal dann noch Gewässer in andere Täler übergeleitet und günstige Stufen stets bevorzugt wurden. Der Staat hat sich zwar eine gesetzliche Genehmigung (Konzession) von Wasserkraftanlagen vorbehalten, doch war auch seine Meinung nicht immer unbeeinflußbar.

Einen großen Aufschwung nahm der Ausbau der Wasserkräfte nach dem ersten Weltkrieg namentlich in den Ländern mit Kohlenmangel, wie Österreich, Italien und Schweiz; die Wasserkräfte nannte man die „weiße Kohle“.

Die Wasserkräfte der ganzen Erde sind auf etwa 325 Mio kW mit 1600 Mia kWh geschätzt, wovon etwa 10% ausgebaut sind; im Deutschland von 1938 waren 11 Mio kW mit 45 Mia kWh vorhanden, davon 3,1 Mio kW mit etwa 14 Mia kWh im Jahr 1936 ausgenützt, dies war etwa $^1/_3$ der gesamten Kraftwirtschaft.

Österreich hat bisher etwa 800 MW mit einer Jahresarbeit von 2900 GWh ausgebaut, wenn man die bei Kriegsende im Bau befindlichen Anlagen als vollendet anrechnet; hievon dienen 130 MW für Erzeugung von 420 GWh Bahnstrom.

Leider sind es zumeist Laufwerke, so auch das geplante Donaukraftwerk Ybbs—Persenbeug mit allein 900 GWh.

Durch Verbesserung der Wasserkraftmaschinen sind geringste Gefälle ausbauwürdig geworden und können große Wassermengen geschluckt werden. Die Maschinensätze werden immer größer, weil es sich wirtschaftlicher herausstellt, was allerdings den Nachteil großen Energieausfalls bei Versagen einer Maschine mit sich bringt.

Die größte Leistung eines einzigen Maschinensatzes von 115.000 PS besitzt ein Kraftwerk in der Mandschurei.

Den Wert einer Wasserkraftanlage bestimmt aber allein die erzeugte Arbeit, die besonders wertvoll ist, wenn sie beliebig einsatzfähig erscheint, also Speicherenergie. Um A b f a l l - e n e r g i e zu verwerten, baut man Pumpspeicherwerke, in denen der sonst ungenutzte Nachtstrom und Überschußarbeit der Laufwerke veredelt wird, indem man Wasser in hochliegende Becken pumpt; etwa 40% der zugeführten Energie gehen hiebei verloren.

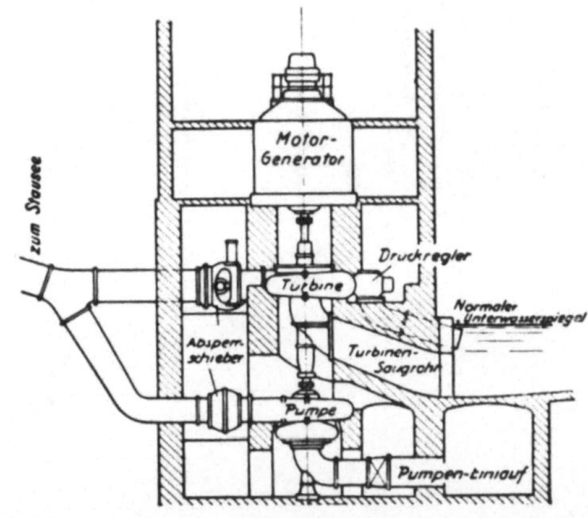

Abb. 321. Pumpspeicherwerk. Anordnung eines Maschinensatzes mit senkrechter Welle.

Eine wenig ausgeführte Sonderbauart ist das G e z e i t e n k r a f t - w e r k, das den Höhenunterschied zwischen Flut und Ebbe als Gefällsstufe nutzt; es ist baulich teuer und natürlich nur im Gebiet großer Gezeitenschwankungen wirtschaftlich.

Fallhöhe gewinnt man durch Aufstau und durch Umleitung in Kanälen, die weniger Gefälle als das Wildbett verbrauchen, wozu außerdem noch manchmal der Wasserweg kürzer wird, seltener durch Absenken des Unterwassers.

Die höchste in einer einzigen Kraftstufe genützte Fallhöhe ist 2030 m in Val d'Aosta (Italien).

Flüsse werden am besten ausgenützt, wenn sich die Staustufen der einzelnen Werke etwas übergreifen (Abb. 322); oft ließ man jedoch dazwischen eine ungenutzte Strecke als sogenanntes „Friedensgefälle" frei.

Die Staustufen der natürlichen Wasserstraßen werden häufig von Kraftwerken mitbenützt, wie dies in vorbildlicher Weise beim Rhein-Main-Donaukanal geplant ist.

Kleinere Bäche leitet man einem gemeinsamen Stauweiher zu; durch Überleitungen werden Gewässer in ein anderes Tal überführt.

Wasserkräfte müssen, abgesehen von unbedeutenden Windkräften hauptsächlich mit Wärmekräften in energiewirtschaftlichen Wettbewerb treten; Wasserkraft ist in der Anlage wohl teurer, im Betrieb aber billiger als Wärmekraft; allerdings ist sie ortsgebunden, daher oft fern vom Verbrauch und braucht also eine lange Übertragungsleitung mit Kosten und Verlusten.

In den widerstreitenden Ansichten über „weiße" und schwarze Kohle muß bei vorausschauender Planung stets beachtet werden, daß Kohle, einmal verbraucht, unwiderbringlich verloren ist, während sich Wasserenergie ständig erneuert, ein Argument, das sich natürlich nicht in Groschen ausdrücken läßt.

Die Verwendung der elektrischen Energie hängt viel vom Strompreis ab; dieser kann bei Wasserkraft umso niedriger sein, je besser sich der Bedarf dem Dargebot anpaßt. Eine Preispolitik wird dahingehen, Spitzenstromverbrauch zu drosseln und Nachtstromverbrauch zu fördern, indem man Spitzenstrom am teuersten und Nachtstrom am billigsten berechnet. Lichtstrom ist teuer, Kraftstrom muß billiger sein, noch wohlfeiler der Strom für Elektroschmelzen und Elektrolysen, am billigsten aber muß Heizstrom sein; es ist derzeit noch nicht möglich, Heizstrom für den Allgemeinverbrauch wirtschaftlich genug zu erzeugen.

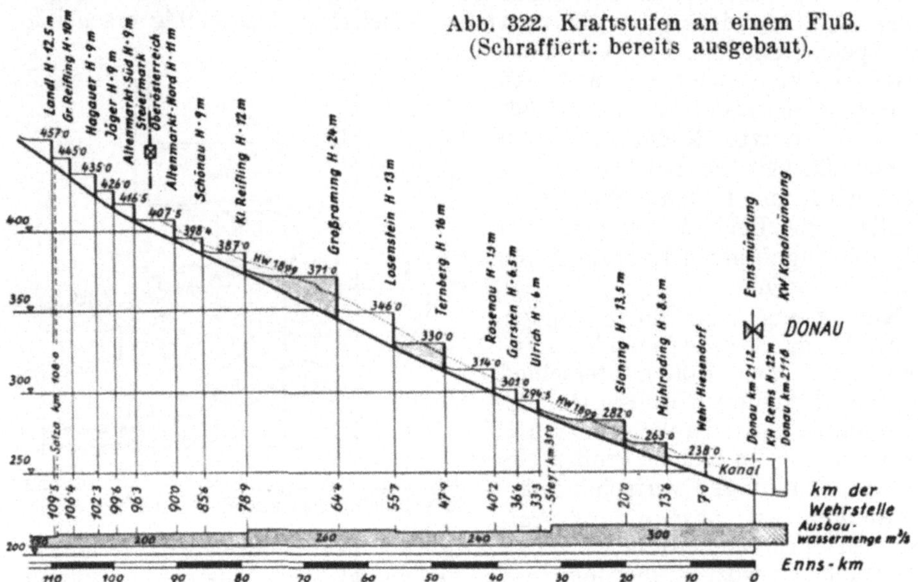

Abb. 322. Kraftstufen an einem Fluß. (Schraffiert: bereits ausgebaut).

Die K o s t e n von W a s s e r k r a f t a n l a g e n gliedern sich in

A Anlagekosten oder Baukosten und

B Jahreskosten oder Betriebskosten.

Zu A zählen: Planung und Bauvorbereitung, Baugenehmigungsverfahren. Grund- und Wasserrechtserwerb, Baustellen erschließen. Bauteile: Stauanlage, Wasserfassung, Wasserfernleitung, Krafthaus samt Nebenanlagen, Maschinen, Schaltanlagen, Fernleitungen, Betriebs- und Wohngebäude, Brücken, Straßen und Gleisanschluß. Bauleitung, Bauzinsen, Bauschäden.

Zu B zählen: Verzinsen und Tilgen des Anlagekapitals, Rücklagen für Erneuerung und Versicherung, Geschäftsunkosten, Gehälter und Löhne, Unterhaltung und Ausbesserung, Betriebs- und Hilfskasse.

Die Kosten je PS sind gewöhnlich umso geringer, je größer die Anlage; im allgemeinen rechnet man sie auf Anlagekosten je kWh im Jahr um. Dieser Betrag darf natürlich bei wertvoller Energie (Speicher- oder Spitzenenergie) höher sein:

Für große Flußkraftwerke	1 kWh	0,07—0,15 RM (1939)
Für kleine Flußkraftwerke	1 kWh	0,10—0,20 RM
Für Hochdruckspeicherwerke	1 kWh	0,20—0,40 RM

7. Wasserkraftmaschinen.

a) Wasserräder.

Wasserräder werden meist als veraltet abgetan, da sie infolge ihrer niedrigen Drehzahl den Antrieb von Stromerzeugern nur über energiever-

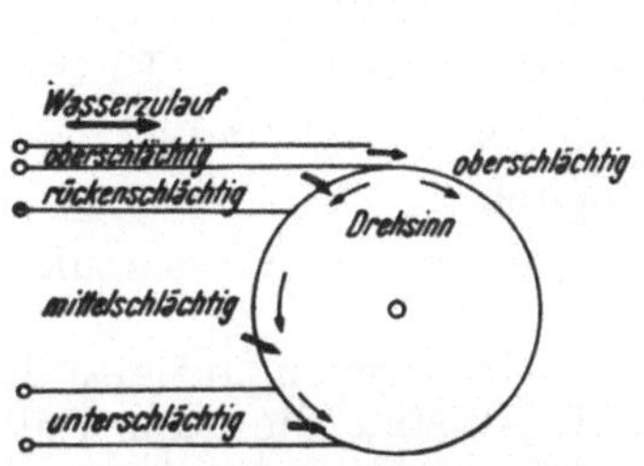

Abb. 323. Beaufschlagen der Wasserräder.

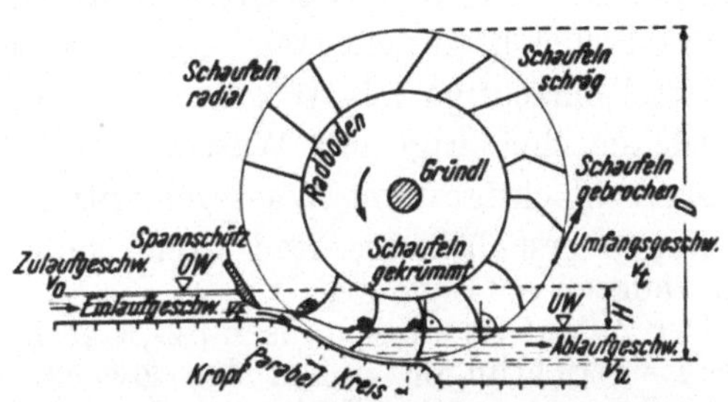

Abb. 324. Unterschlächtiges Wasserrad mit Spannschütze (verschiedene Schaufelarten angedeutet).

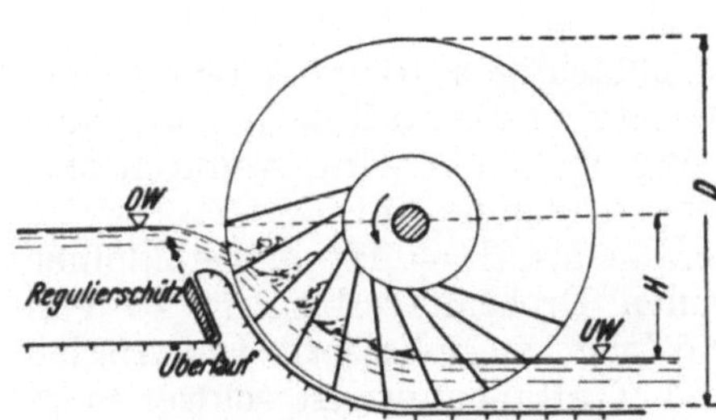

Abb. 325. Mittelschlächtiges Sagebienrad mit Überlauf.

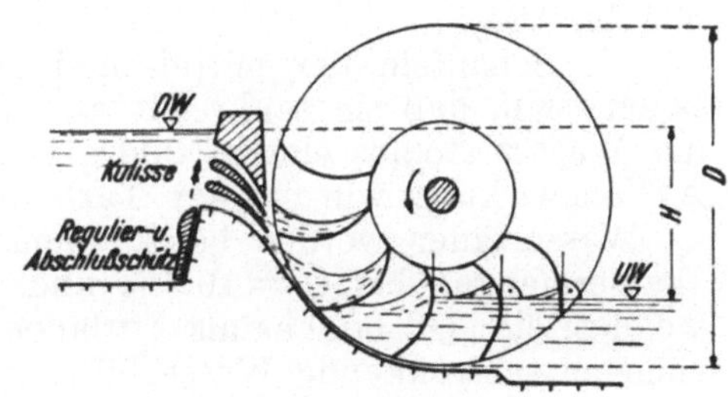

Abb. 326. Poncelet rad mit Kulisseneinlauf.

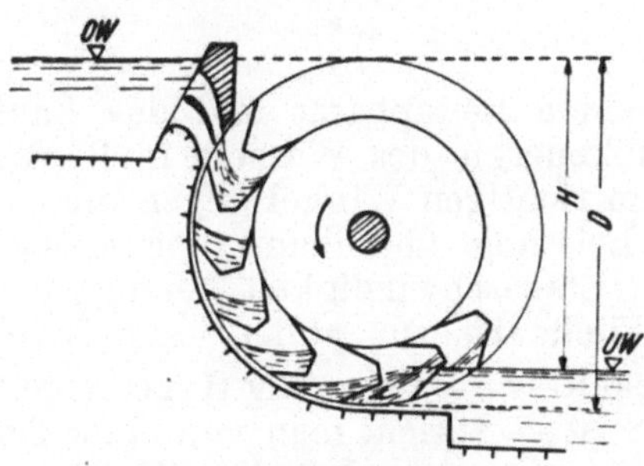

Abb. 327. Rückenschlächtiges Zellen- oder Kübelrad

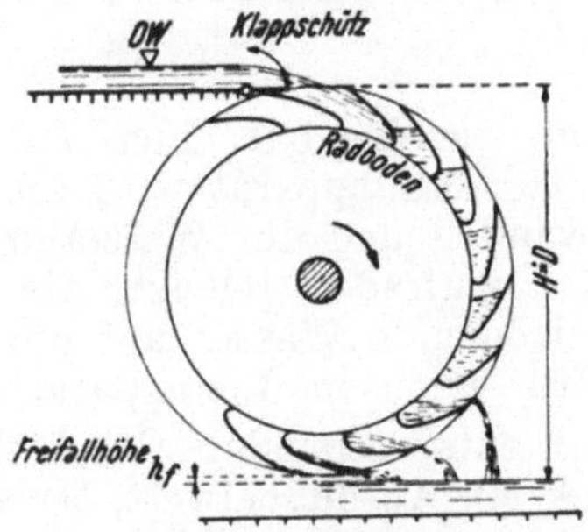

Abb. 328. Oberschlächtiges Wasserrad.

zehrende Vorgelege gestatten; sie haben aber sicherlich für kleine Wasserkräfte

$$(H < 1{,}5^m,\ Q < 10^{m^3}/s \quad \text{oder} \quad H \text{ ca. } 5 \text{ bis } 6 \text{ m},\ Q < 1^{m^3}/s)$$

und unmittelbaren Antrieb langsam laufender Maschinen besonders dort noch Bedeutung, wo ihre Erneuerung vom Betrieb selbst geschehen kann. Wasserräder wird ein Ingenieur wohl selten bauen, häufig aber hat der Wasserkraftbauer Gelegenheit, ihren Wert abzuschätzen.

Die Merkmale der Wasserräder gegenüber Turbinen sind: Das Wasser tritt an einem kleinen Teil des Umfanges ein und an derselben Stelle aus, es wirkt hauptsächlich durch sein Gewicht, der Wasserstoß wird wenig ausgenützt. Das Rad dreht sich um eine waagrechte Welle, Gründl genannt.

Nach der Wassereintrittsstelle teilt man die Wasserräder ein (Abb. 323):

1. Unterschlächtige mit Wassereintritt im unteren Drittel,
2. Mittelschlächtige mit Wassereintritt vom unteren bis oberen Drittel,
3. Rückenschlächtige mit Wassereintritt im oberen Drittel und
4. Oberschlächtige mit Wassereintritt im Scheitel.

Das oberschlächtige Rad dreht sich in Richtung des Wasserzulaufs, alle anderen entgegengesetzt.

Der Zulauf ist als Spannschütz-, Überfall- oder Kulisseneinlauf gestaltet. Diese Vorrichtungen haben den Zweck, durch Aufstau die zum Füllen der Zellen notwendige Einlaufgeschwindigkeit entsprechend der verlangten Drehzahl des Rades zu erzeugen; die gekrümmten Schaufeln des Kulisseneinlaufs stellen einen Übergang zum Turbinenleitrad dar. Den dem Einlaufstrahl und Radkreis angepaßten Gerinnenabschnitt heißt man Kropf (Abb. 324 bis 328).

Die Schaufeln der mittel- und unterschlächtigen Räder sollen so gebogen sein, daß sie senkrecht aus dem Unterwasser auftauchen und daß das Wasser stoßlos eintritt und gleichmäßig abgelenkt wird, wodurch eine Aktionswirkung wie bei der Turbine hervorgerufen wird.

Wasserräder werden bei kleinem Gefälle bis $H = 10$ m, bei kleinen Wassermengen bis $Q = 10\ m^3/s$ und kleinen Drehzahlen bis $n = 10$ verwendet; sie sind billiger als Turbinen und leicht auszubessern. Ein Angleichen an schwankende Wasserführung und Kraftabnahme ist schwer möglich. Gegen verunreinigten Zufluß sind Wasserräder weniger empfindlich, wohl aber gegen Eisansatz. Die Lebensdauer kann bei guter Bauart und Betreuung die der Turbinen erreichen.

b) Wasserturbinen.[29])

Jede Turbine hat einen feststehenden Leitapparat und das Laufrad. Durch den Leitapparat wird die Druckenergie des Wassers in Bewegung umgewandelt und der Wasserstrahl im richtigen Winkel gegen die Schaufel des Laufrades gelenkt, die die Leistung übernimmt, indem sie das durchströmende Wasser auf die Austrittsgeschwindigkeit verzögert.

Wird schon im Leitapparat die Fließe bis zur vollen, dem Druckgefälle H entsprechenden Geschwindigkeit $w_1 = k \sqrt{2gH}$ gesteigert — worin k ein Ausflußbeiwert, etwa 0,98 ist — spricht man von einer Druck- oder Aktionsturbine; bleibt aber w_1 geringer, sodaß das Wasser unter Überdruck in die Laufradzellen einströmt, nennt man dies eine Überdruck- oder Reaktionsturbine.

Das Wasser durchströmt die meisten Turbinenarten in geschlossenem Gehäuse; damit die Turbine nicht im Unterwasser „watet“, liegt sie etwa in Saughöhe über diesem. Diese Fallhöhe nutzt man mit Hilfe des Saugrohrkrümmers, der in allmählicher Erweiterung und richtiger Formgebung auf die Abflußgeschwindigkeit überleitet und damit die Fallhöhe restlos verwertet.

---

[29]) R. Thomann, Wasserturbinen und Turbinenpumpen, Stuttgart, 1931.

Im Gegensatz hiezu ist der Wasserlauf in Freistrahlturbinen geöffnet und die Turbine verliert durch einen Freihang über dem Unterwasser etwas an Fallhöhe (Freifallhöhe (h_f).

Die Drehzahl hängt von der Schaufelform ab, wie nebenstehende Skizze der Geschwindigkeitsparallelogramme am Eintritt und Austritt verschieden gebogener Laufradschaufeln vorführt. Die Schaufelform des Leitrades bestimmt Größe und Richtung der Eintrittsgeschwindigkeit w_1; in Abb. 329 ist diese für alle drei Schaufeln gleich groß und auch gleich gerichtet; sie wird in eine Komponente v tangentiell zur Schaufel und in die Umfangsgeschwindigkeit u zerlegt; da letzte trotz gleicher Eintrittsgeschwindigkeit je nach Schaufelform verschieden groß herauskommt, teilt man darnach Turbinen in Langsam-, Normal- und Schnelläufer.

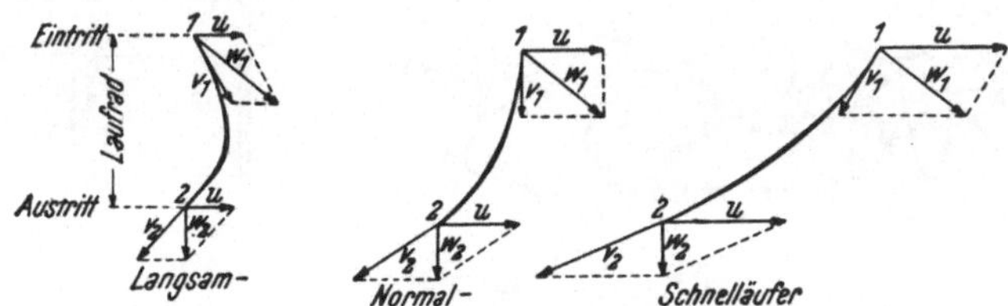

Abb. 329. Formen der Laufradschaufel. Ein- und Austrittsgeschwindigkeit in allen drei Fällen gleich groß und gleichgerichtet.

Das Turbinenlaufrad kann an seinem ganzen Umfang beaufschlagt werden, daß heißt, den Wasserzustrom erhalten oder nur an einem Teil desselben, womit Voll- und Teilturbinen unterschieden werden; letzte sind auch meist Freistrahlturbinen, bei denen der Spalt zwischen Leitapparat und Laufrad groß ist und in freiem Strahl übersprungen wird.

Das Wasser strömt dem Laufrad in Richtung, senkrecht oder schräg zur Achse oder tangentiell am Umfang zu, wonach die Turbinen Achsial-, Radial-, Kegel- oder Tangentialräder heißen.

Nach der Zahl der Laufräder, die auf einer Welle sitzen, gibt es Einfach-, Zwillings- oder Mehrfachturbinen.

Es entstanden eine Menge Turbinenarten, die meist nach ihrem Erfinder benannt werden, von denen aber nur mehr die folgenden in Anwendung kommen.

Das Peltonrad (Abb. 330) ist eine Freistrahlturbine und als Tangentialrad für hohe Fallhöhen und kleine Wassermengen geeignet. Es hat doppellöffelartige Becherschaufeln, die gegen ihre mittlere Schneide aus 1 bis 4 Düsen bespritzt werden; die Düsen werden durch eine Nadel geschlossen. Die Turbine hängt frei über dem Unterwasser und ist zwecks Spritzschutz in einem Gehäuse. Meist hat sie waagrechte Welle, doch auch senkrechte Welle kommt vor; an einer Welle sind 1 bis 4 Laufräder. Infolge der hohen Wassergeschwindigkeit werden die Schaufeln durch sandhältiges Wasser stark abgeschliffen; sie sind aus besonderem Stahlbronzeguß und auswechselbar. Zum Abbremsen sind sie mit einer gegengerichteten Bremsdüse und behufs Ablenken des Wasserstrahls bei plötzlicher Entlastung mit einem Strahlablenker ausgerüstet. Die Umfangsgeschwindigkeit

$$u = 0{,}45 \text{ bis } 0{,}50 \sqrt{2g(H - h_f)}.$$

Die Francisturbine (Abb. 331, 332, 333) ist eine voll beaufschlagte Radialturbine. Das Leitrad besitzt eine Schaufel mehr als das

Laufrad; die Leitradschaufeln sind drehbar und durch einen Zapfen mit dem am Leitapparat aufliegenden verschiebbaren Regulierring in Verbindung, mit dem sie alle gleichzeitig gedreht werden (F i n k sche Drehschaufelregelung). Zwischen Leitrad und Laufrad ist ein feiner Spalt. Die Schaufel des Leitrades ist verschieden bei Langsam-, Normal- und Schnell-

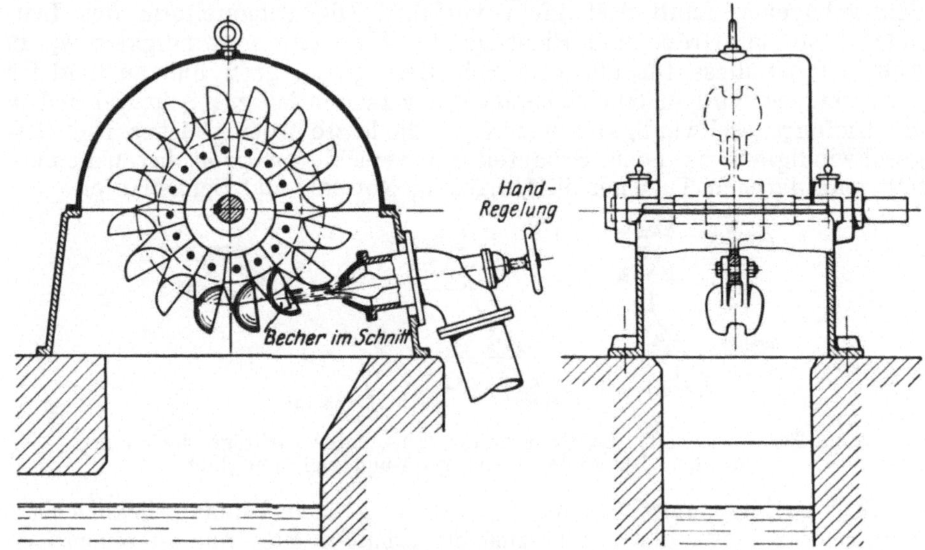

Abb. 330. Peltonrad. (Aus Schoklitsch, Wasserbau II.)

läufern geformt. An die Turbine schließt ein Saugrohrkrümmer an, der häufig Leitwände enthält, um Wirbelbildung zu unterbinden.

Bei niedrigen Fallhöhen steht die F r a n c i s t u r b i n e offen im Schacht, während die bei größerer Fallhöhe notwendige Druckrohrleitung sich in einer Spirale um das Leitrad herumwindet. F r a n c i s r ä d e r haben gleicherweise liegende und stehende Welle und ein oder mehr Räder auf einer Welle; je zwei Laufräder können ein gemeinsames Saugrohr haben.

Die Turbinenschaufeln werden an der dem Wasserstrom abgekehrten Seite durch Korrosion angefressen; da sie mit dem Rad ein Gußstück bilden, müssen dann die Schaufeln durch Schweißung ergänzt oder das ganze Rad erneuert werden.

Die F r a n c i s turbinen sind infolge der wandelbaren Formung für große und kleine Gefälle möglich, hauptsächlich aber für mittlere Gefälle und Wassermengen geeignet; die Umfangsgeschwindigkeit beträgt für Normalläufer

$$u = 0{,}6 \text{ bis } 1{,}2 \sqrt{2 g H}$$

Die K a p l a n t u r b i n e (Abb. 334) hat ein axial durchströmtes, vollbeaufschlagtes Flügelrad und ist eigentlich eine Sonderbauart der P r o p e l l e r t u r b i n e; gleich dieser besitzt sie einen Leitapparat ähnlich dem der Francisturbine durch Schaufelverstellung regelbar.

Der Zulauf erfolgt stets durch eine Spirale, meist aus Beton. Während aber die Laufradschaufeln der Propellerturbine feststehend sind, sind die der Kaplanturbine verdrehbar; durch diese Laufrad-Schaufelregelung übertrifft die Kaplanturbine die übrigen Flügelrad- oder Propellerturbinen. Fast immer ist die Kaplanturbine eine Einradturbine mit stehender Welle;

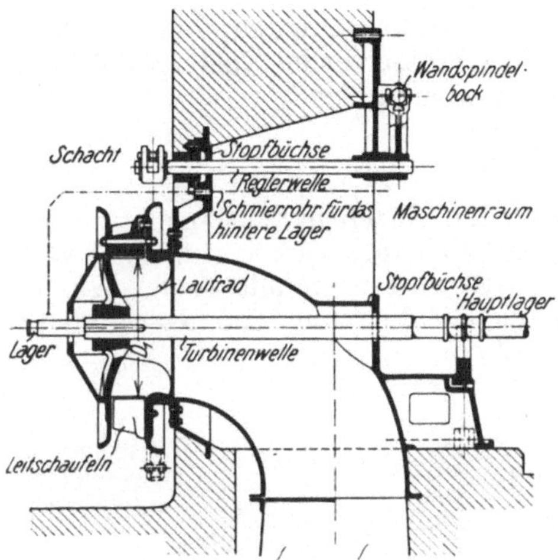

Abb. 331. Francisturbine im offenen Schacht mit liegender Welle.

(Aus Schoklitsch, Wasserbau II.)

Abb. 334. Laufrad einer Kaplanturbine, wobei der Apparat zur Laufradschaufelverdrehung zu sehen ist.

(Archiv M. Voith. St. Pölten)

Einbau und Stellung der Kaplanturbine im Krafthaus siehe Abb. 380.

Abb. 332. Francisturbine im Spiralgehäuse mit liegender Welle.

(Aus Schoklitsch, Wasserbau II.)

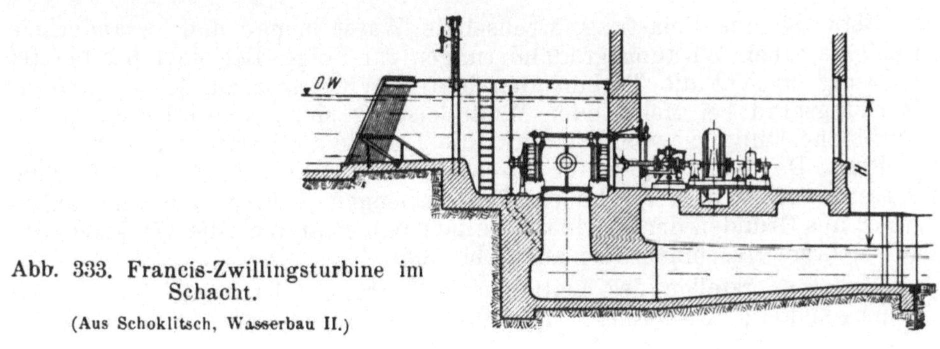

Abb. 333. Francis-Zwillingsturbine im Schacht.

(Aus Schoklitsch, Wasserbau II.)

sie hat auch bei kleinen Fallhöhen große Schluckfähigkeit und sehr hohe Drehzahlen. Damit trug sie wesentlich bei, wasserreiche Niedergefälle ausbauwürdig zu machen. Die Umfangsgeschwindigkeit

$$u = 2{,}5 \sqrt{2g\,H}$$

Als Kennziffer bzw. Vergleichszahl der einzelnen Turbinenarten gilt eine gedachte spezifische Drehzahl n_s, die vorhanden wäre, wenn die Turbine unter einer Fallhöhe $H = 1$ m gerade soviel Wassermenge Q_1 zu schlucken bekäme, daß sie die Leistung von $N = 1$ PS erzeugen kann.

$$n_s = \frac{n\sqrt{N}}{H\sqrt[4]{H}}$$

n ist die im Betrieb verlangte Drehzahl,
N die verlangte Leistung in PS und
H die vorhandene Fallhöhe in m.

Die Turbinengattung kann man aus Tab. 9 ersehen.

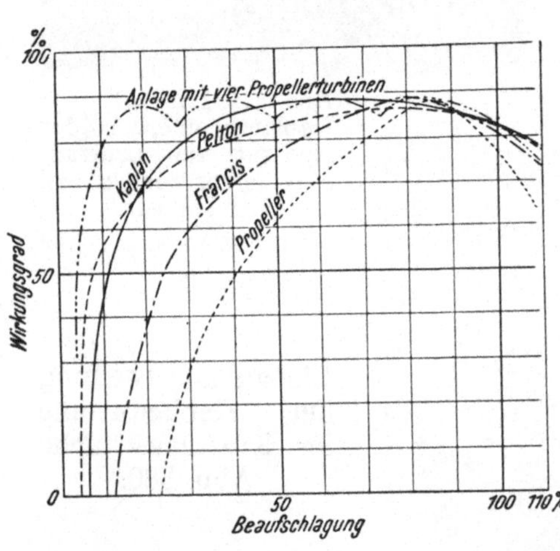

Abb. 335. Wirkungsgrade einiger Turbinengattungen bei wechselnder Beaufschlagung. Man erkennt daraus die günstigen Verhältnisse einer Kaplan- und Peltonturbine, da ihr Wirkungsgrad für ein großes Bereich fast unverändert bleibt.

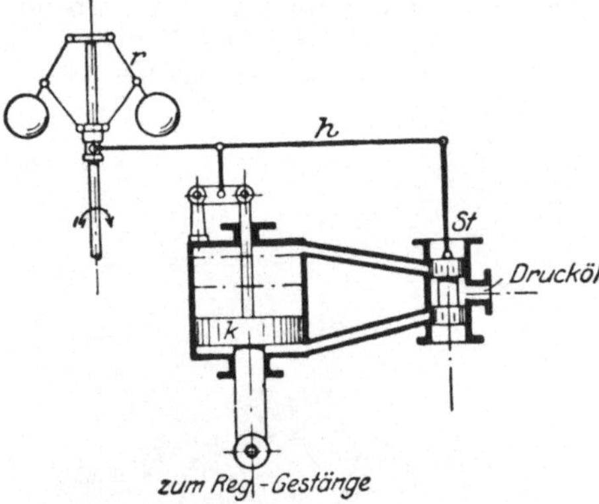

Abb. 336. Servomotor für Turbinenregelung. Der Fliehkraftregler r an der Generatorwelle treibt je nach Stellung der Kugeln mittels des Hebels h den Stempel St in der Drucköl erfüllten Büchse vor und zurück, sodaß dementsprechend Drucköl vor oder hinter dem Kolben k übertritt und darnach das Reglergestänge bewegt wird.

(Aus Schoklitsch, Wasserbau II.)

Schwankende Belastung, wechselnde Wassermenge und veränderliche Fallhöhe haben Wirkungsgradänderungen zur Folge. Bei einer bestimmten Leistung erreicht die Turbine den besten Wirkungsgrad; je weniger der Wirkungsgrad bei Mehr- oder Minderleistung sinkt, umso besser ist die Turbinengattung. Gewöhnlich wirkt die Turbine am besten bei etwa ¾ der Vollast. Da bei festgelegter Drehzahl die Schluckkraft der Turbine begrenzt ist, werden für höhere Wassermengen mehrere Turbinen aufgestellt; aus Gründen der Betriebssicherheit teilt man auch die Werksleistung auf mehrere Maschinensätze auf (Abb. 335).

Mittels Verstellen des Leitapparates wird die Drehzahl der Turbine gleichgehalten; das besorgt ein Hilfs- oder Servomotor (Abb. 336), der

Tab. 9. Einteilung der Turbinen.

	Turbinengattung	Spez. Drehzahl n_s	Fallhöhe H m	Wassermenge Q m³/s	Einbau	Leitapparat	Laufrad	Spalt	Regler
1	Pelton	2 bis 40	50 bis 2000	0,1 bis 15	Gehäuse	1 bis 4 Düsen	14 bis 40 Becher	groß	Nadel
2	Francis-Langsam (schmale)	50 bis 150	30 bis 300	0,5 bis 40	Gehäuse	Leitrad mit 16 bis 24 Schaufeln	15 bis 23 Schaufeln b_1 (Schaufelbreite) klein D_1 (Raddurchmesser) groß	klein	Leitschaufelverstellung
3	Francis-Normal	150 bis 300	10 bis 100	1 bis 80	Gehäuse oder offener Schacht	Leitrad mit 16 bis 24 Schaufeln	15 bis 23 Schaufeln b_1, D_1 mittel	klein	wie oben
4	Francis-Schnell (breite)	250 bis 400	5 bis 25	2 bis 120	offener Schacht	Leitrad mit 18 bis 28 Schaufeln	12 bis 17 Schaufeln b_1 groß D_1 klein	klein	wie oben
5	Francis-Expreß	350 bis 500	2 bis 20	5 bis 150	offener Schacht	Leitrad mit 20 bis 32 Schaufeln	9 bis 17 Sichelschaufeln b_1 groß D_1 klein	groß	wie oben
6	Lawaczek Diagonal	300 bis 800	1 bis 15	5 bis 150	offener Schacht	Leitrad mit 12 bis 32 Schaufeln	4 bis 11 Schraubenschaufeln b_1 groß D_1 klein	groß	wie oben
7	Propeller	400 bis 700	1 bis 18	5 bis 150	offener Schacht	Leitrad mit 16 bis 32 Schaufeln	2 bis 10 radiale Propellerflügel	groß	wie oben
8	Kaplan	600 bis 1200	1 bis 16	5 bis 300	offener Schacht und Spirale	Leitrad mit 16 bis 32 Schaufeln	2 bis 8 radiale, verdrehbare Flügelschaufeln	groß	Verdrehung des Leitrades und der Laufradschaufeln

zwecks rascher Verstellung (1 bis 3 sec) große Kräfte beansprucht. Man bedient sich meist eines mit Preßöl betriebenen Kolbens, dessen Hub durch Relais ausgelöst wird; die Relais werden wieder von einem Fliehkraftregler, oft in Verbindung mit besonderen Pendelgeneratoren, gesteuert.

c) Wasserstoß- und Wassersäulenmaschinen.

Sie sind im neuzeitlichen Wasserkraftbau bedeutungslos; die bekanntesten Arten sind der Hydropulsor und der Widder.

Der Widder wird vielfach am Land zum Wasserheben gebraucht, er arbeitet mit großer Wasserverschwendung und schlechtem Wirkungsgrad (Abb. 337).

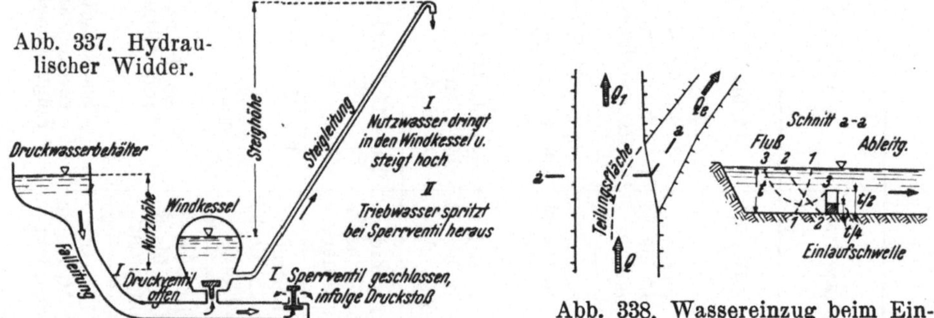

Abb. 337. Hydraulischer Widder.

Abb. 338. Wassereinzug beim Einlauf in einen Freispiegelkanal, falls kein Wehrstau vorhanden ist.

Im Ruhezustand sind beide Ventile geschlossen; wird das Sperrventil aufgestoßen, beginnt das Wasser zu fließen, immer rascher, bis der wachsende Strömungsdruck das Sperrventil aufhebt und es damit schließt. Der damit plötzlich gehemmte Wasserfluß stößt mit einem Ruck, der als Klopfen zu hören ist, das Druckventil auf, eine kleine Wassermenge dringt unter hohem Stoßdruck in den Windkessel ein und wird in der Steigleitung hochgepreßt. Die dabei verbrauchte Arbeitsleistung verringert sofort den Stoßdruck, das Druckventil schließt sich und das Sperrventil öffnet sich durch sein Gewicht, sodaß das Spiel von vorne beginnt.

Mit geringer Fallhöhe kann man bei reichlichem Wasserzufluß einen geringen Teil desselben auf eine größere Höhe heben.

8. Wasserfassung.

Man spricht von gesichertem Einfang, wenn ein Stauwerk vorhanden ist, ohne dieses ist es ein freier Einfang als Fachelwehr, Spiegelschleuse oder ähnliches.

Ein geschützter Einlauf kann abgeschlossen werden, der offene dagegen nicht.

Maßnahmen zur Wasserreinigung geben dem Einlauf das besondere Gepräge. Das Geschiebe wird durch Schwellen und Stufen abgelenkt, die Sinkstoffe sollen sich im Sandfang absetzen, Eis wird durch Eisbäume, Eisrechen und Tauchwände abgewehrt, ebenso anderes Treibzeug durch Grob- und Feinrechen.

Man unterscheidet Freispiegeleinlässe und Druckeinläufe.

a) Freispiegeleinlässe.

Die Wahl der Entnahmestelle ist durch die Geschiebeführung bedingt. Schoklitsch stellt Richtlinien für die Anlage von Kanaleinläufen auf.

Eine Sohlschwelle am Einlauf soll den Geschiebetrieb ablenken; ist nämlich keine Sohlschwelle da, teilt sich der Zufluß gemäß Linie 1—1 (Abb. 338), bei einer Schwellenhöhe von ¼ Tiefe des Gerinnes nach Linie 2—2 und bei ½ Tiefe nach 3—3, sodaß im letzten Fall die Sohlströmung und damit der Geschiebetrieb vom Einlauf abgehalten wird.

Die Entnahme ist an die Außenseite der Flußkrümmung zu legen; zu vermeiden ist ein bogeninnenseitiger Einlauf, weil dieser stetig versandet. Bei Entnahme in der Geraden schafft eine schwache Schrägstellung des

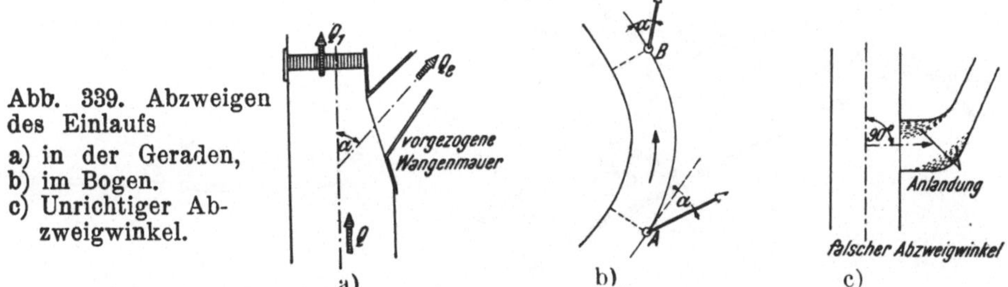

Abb. 339. Abzweigen des Einlaufs
a) in der Geraden,
b) im Bogen.
c) Unrichtiger Abzweigwinkel.

Einlaufes ähnliche Verhältnisse wie eine Flußkrümmung, die durch eine vorgezogene Wangenmauer noch verbessert werden (Abb. 339).

Wesentlich ist auch der Abzweigwinkel α; aus Versuchen für verschiedene Entnahmeverhältnisse ε, das ist der Anteil der entnommenen Wassermenge Q_e zur Gesamtmenge Q geht folgendes hervor:

Bei Entnahme in der Geraden:

Für Entnahmeverhältnis $\varepsilon = \frac{Q_e}{Q}$	0,19	0,32	0,66	1,0
ist der günstigste Abzweigwinkel α	23°	34°	54°	61°

Bei Entnahme im Bogen:

Für ein Entnahmeverhältnis ε	0,25	1,00	
ist ein Abzweigwinkel α	35°	45°	an der Stelle A günstig
	34°	41°	an der Stelle B günstig

Weil aber die Wasserführung und damit das Entnahmeverhältnis ständig schwankt, ist der Abzweigwinkel α nach der Zeit der größten Geschiebeführung zu wählen, dann ist ε gewöhnlich klein und α daher spitz; ein Abzweigwinkel von 90° ist daher falsch und unbefriedigend, weil er nicht abspülbare Anlandungen zuläßt.

Die Höhe der Einlaufschwelle ist von ihrer Tiefenlage unter dem Stauspiegel bestimmt; vor die Mitte des Einlaufes legt sich eine Schotterbarre, welche in den Einlauf hineinwächst. Empfehlenswert ist eine abgetreppte oder schräge Einlaufschwelle ohne scharfe Kanten, die störende Wirbel erzeugen (Abb. 341).

Die übliche Regel, den Einlaufquerschnitt F_E aus der Eintrittswassermenge Q_e und möglichst niedrig gehaltener Einlaufgeschwindigkeit v_E zu rechnen ($F_E = \frac{Q_e}{v_E}$), besagt allein nichts, weil die tatsächliche Geschwindigkeit weit größer werden kann. Die Strömung zeigt nämlich an der Sohle rückläufige Bewegungen verschiedener Stärke und Richtung, je nach Verlandung des Stauraumes und Öffnen eines Wehrfeldes; die tatsächliche Eintrittsgeschwindigkeit ist weit größer, weil außerdem noch jenes Wasser zufließt, welches an der Sohle wieder ausströmt. Eine rechnungsmäßige kleine Eintrittsgeschwindigkeit enttäuscht oft; den Geschiebeeinzug verhindert lediglich die Schwellenausbildung und das richtige Entnahmeverhältnis. Bei zu großer Einlaufbreite würde die Schotterbarre vom Grundablaß nicht mehr abgespült werden können.

Pfeiler und Grobrechen am Einlaufbauwerk verteilen die Geschwindigkeit gleichmäßiger und verringern damit das Geschiebeeinschleppen.

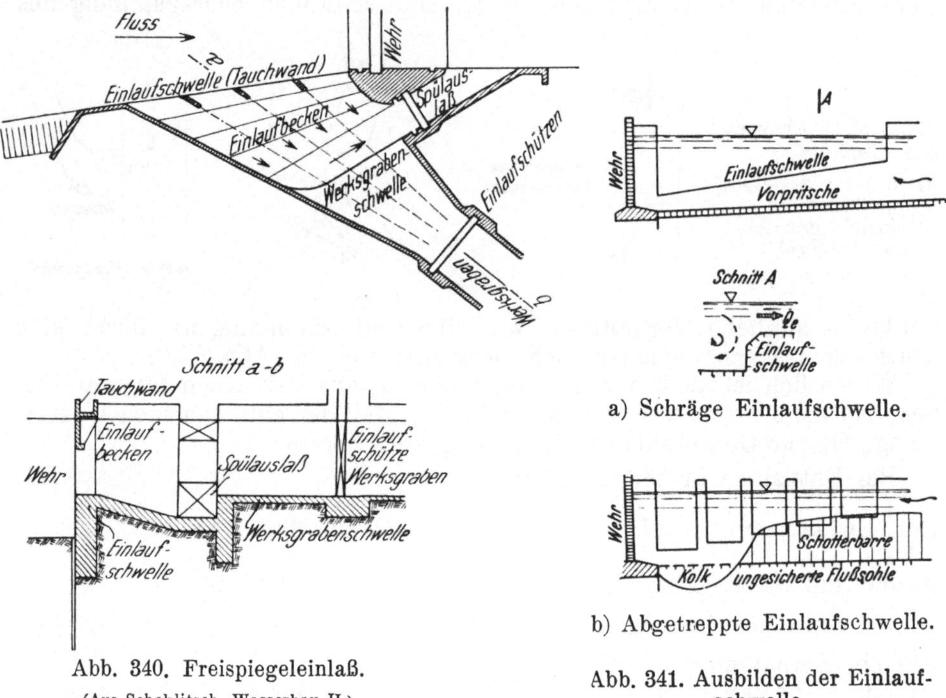

Abb. 340. Freispiegeleinlaß.
(Aus Schoklitsch, Wasserbau II.)

a) Schräge Einlaufschwelle.

b) Abgetreppte Einlaufschwelle.

Abb. 341. Ausbilden der Einlaufschwelle.

Der Einlauf muß so lang sein, daß das Triebwasser geklärt wird, d. h. die Schwebestoffe sollen absinken. Die Sinkgeschwindigkeit v_s hängt vom Korndurchmesser ab; das Absinken kann im Standglas beobachtet und damit die Sinkgeschwindigkeit v_s bestimmt werden. Darnach kann man die Einlauflänge $L_E = 2{,}5 \frac{h}{v_s} v_{Em}$ bemessen, worin h die mittlere Tiefe und v_{Em} die mittlere Geschwindigkeit im Einlaufbecken ist. Das Einlaufbecken wirkt als Entsandungsanlage und endet gewöhnlich an einer Sohlschwelle mit Spülauslaß, gegen den die Beckensohle möglichst steil abfällt.

Die Sohlenlage im Staubereich stellt sich entsprechend dem Durchfluß ohne Rücksicht auf das Stauwerk ein, erst kurz vor dem Grundablaß bildet sich ein steiler Kolkkessel, der allmählich angenagt wird. Um einen glatten Geschiebeabzug vor dem Einlauf zu erreichen, ist dort eine Vorpritsche aus Beton- oder Steinpflaster oder Holzbohlen mit steilem Gefälle zum Grundablaß.

Anlandungen müssen zeitweise abgeräumt werden; Spülen ist nur bei gesenktem Stau wirksam, wobei der Spülstrom staulos durchrinnen soll. Durch Öffnen des Grundablasses, auch Schotterschleuse genannt, bzw. der dem Einlauf benachbarten Wehröffnung wird die Einlaufschwelle freigespült; günstig ist es, wenn die Einlaufschwelle auch Spülkanäle und Spülschützen enthält.

Das Hochwasserschild an der Einlaßschwelle ist eine Tauchwand, die höhere Wasserstände, Eis und Treibzeug abwehrt und zugleich auch den oberen Teil der Einlaßschützen darstellt (Abb. 342).

Vermag ein Kanal kein Überwasser aufzunehmen, muß durch ein Streichwehr oder Überreich zuviel eindringendes Wasser wieder abgeführt werden. Ähnlichen Zweck verfolgt eine Hochwasserentlastung mittels beweglicher Wehreinrichtungen oder ein Heberwehr.

Abb. 342. Tauchwand an der Einlaufschwelle.

b) Druckeinläufe.

Damit nicht Luft in die anschließende Druckleitung kommt, muß die Oberkante eines Druckeinlaufes mindest um

$$h_{min} = 1{,}5\,(1 + \zeta_E)\,\frac{v_E^2}{2g}$$

unter den Wasserspiegel tauchen, worin die Widerstandziffer ζ_E schon im Abschnitt Hydraulik besprochen wurde. Die mittlere Einlaufgeschwindigkeit v_E wird zwischen 0,8 und 1,2 m/s gewählt.

Die Unterkante soll noch so hoch liegen, daß Geschiebe nicht eindringt.

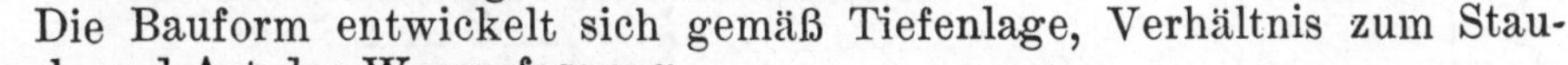

Die Bauform entwickelt sich gemäß Tiefenlage, Verhältnis zum Stauwerk und Art der Wasserfassung.

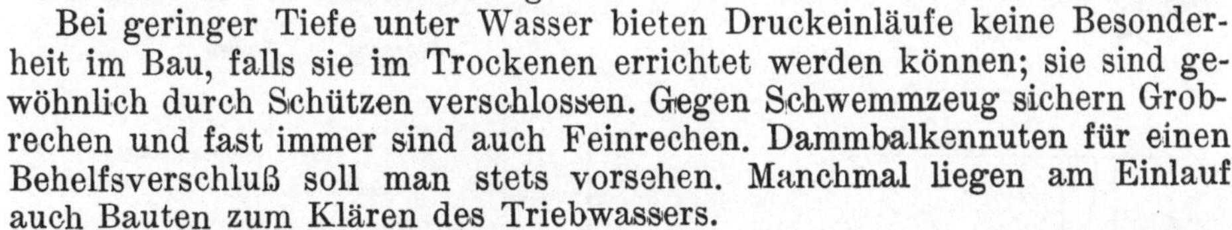

Bei geringer Tiefe unter Wasser bieten Druckeinläufe keine Besonderheit im Bau, falls sie im Trockenen errichtet werden können; sie sind gewöhnlich durch Schützen verschlossen. Gegen Schwemmzeug sichern Grobrechen und fast immer sind auch Feinrechen. Dammbalkennuten für einen Behelfsverschluß soll man stets vorsehen. Manchmal liegen am Einlauf auch Bauten zum Klären des Triebwassers.

Im Fall größerer Tiefe sind die Verschlußeinrichtungen des Einlaufes in einem freistehenden Einlaufturm, in einem an die Staumauer angelehnten Bauwerk oder in einem Schacht am Ufer untergebracht; die letzte Art ist zumeist bei Seeanstich gebräuchlich. Seltener findet man einen Hangeinlaß oder einen Abschluß mit Zylinderschütz. Eine Sonderbauart ist ein schwimmender Einlaß oder ein Saugeinlaß.

Der Einlaufturm (Abb. 343) ragt frei meist am tiefsten Punkt im Stausee empor; er verlangt eine gute Gründung. Ab einer Höhe von etwa 25 m wird er unwirtschaftlich. Er enthält die Betriebsverschlüsse — zur Sicherheit meist zwei hintereinander — in Gestalt von Schützentafeln, Segmentschützen, Keilschieber, Ringschieber oder Drosselklappen, sowie den hochziehbaren Feinrechen; um das Rechengut mit hoch zu heben, sind die Rechenstäbe zu einem Korb- oder Sackrechen gebogen.

Statt eines gemauerten Turmes genügt manchmal ein Stahlgerüst über dem Einlauf (Abb. 344).

Einlauftürme sind über einen Steg oder auch nur mittels eines Kahnes zugänglich.

Die Betriebseinrichtungen des Einlaufes können auch in einem senkrechten oder schrägen Schacht über dem Stollen verlegt sein. Der

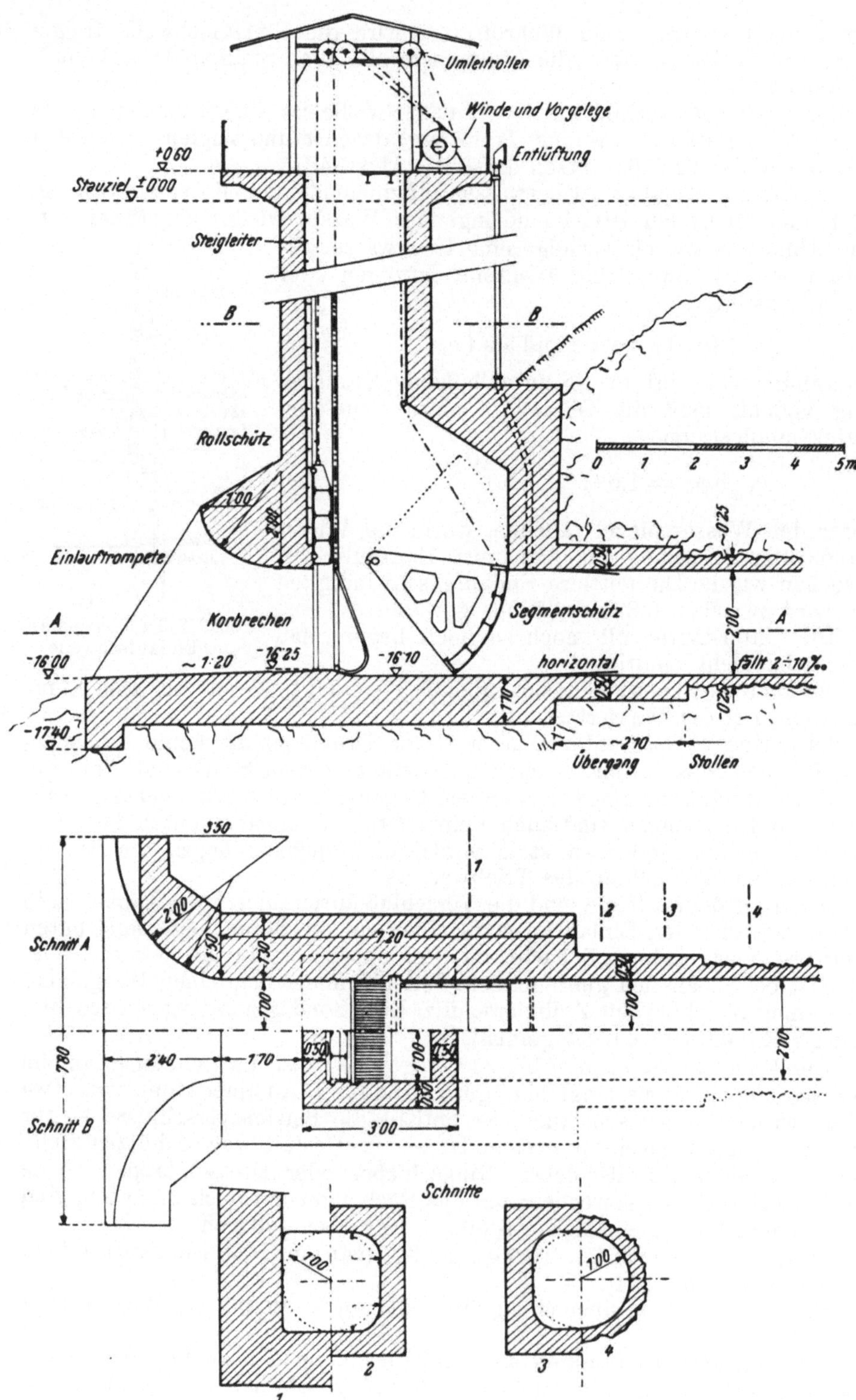

Abb. 343. Einlaufturm.

Schacht kann trocken (wasserfrei) oder naß (wassererfüllt) sein, während das Stollenstück von ihm bis zum See immer unter Wasser bleibt und nur mittels eines Notverschlusses an der Einmündung trocken gelegt wird (Abb. 345).

In die Staumauer eingefügte Einlaufbauwerke schwächen den Mauerquerschnitt, weshalb ein Anbau besser geeignet ist. Solche

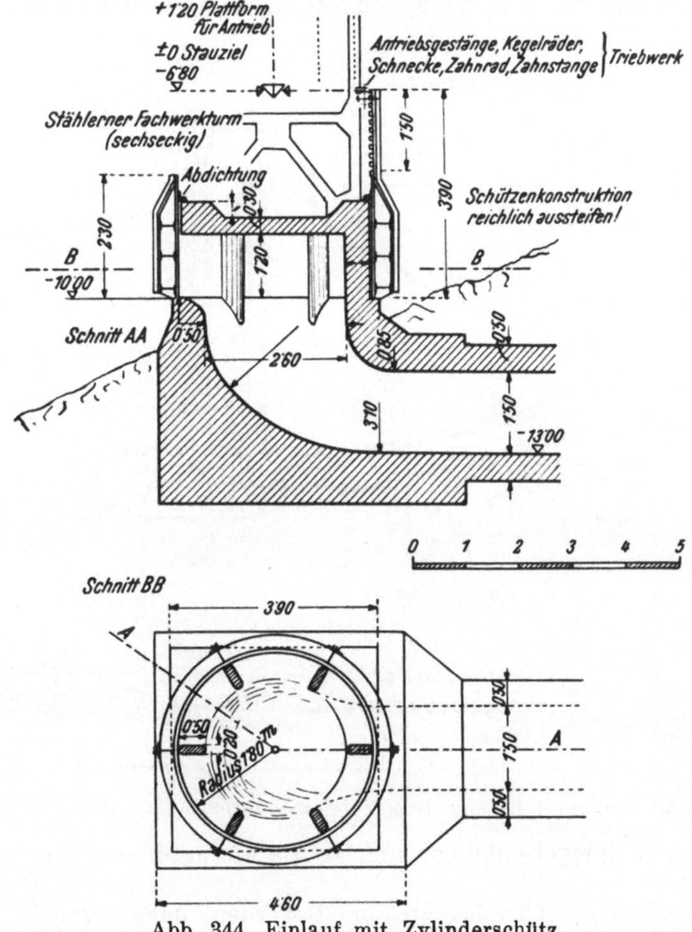

Abb. 344. Einlauf mit Zylinderschütz.

Einläufe haben manchmal viele kleine Einlaßöffnungen in verschiedener Höhe, die durch kleine Schützen oder Klappen verschlossen werden (Abb. 346).

Beim Hangeinlaß (Abb. 347) werden die Verschlüsse auf einer schrägen Rollbahn aus dem Wasser gezogen; es ist eine für große Tiefenlage des Einlaufmundes verhältnismäßg billige Bauart.

Ein eigentümliches Entnahmebauwerk hatte das Pumpspeicherwerk Gosau; der auf Ponton schwimmende Einlauf ist durch eine Leitung aus beweglich gekoppelten Rohrstücken mit dem ober dem Seespiegel liegenden Stollen verbunden. Dies gestattet eine Seeabsenkung bis zu 40 m; das Wasser wird durch eine am Schwimmkörper befindliche Pumpenanlage gehoben.

Saugeinlässe sind selten als Kanaleinläufe, eher als Turbinenzuläufe im Gebrauch, sie benützen die Heberwirkung, um das Wasser über das Uferbord hinwegzuführen.

c) Seeabsenkung.[30])

Fast immer erweist es sich günstig, an einem vorhandenen See Stauraum nicht allein durch Aufstau, sondern auch durch Seeabsenkung zu gewinnen.

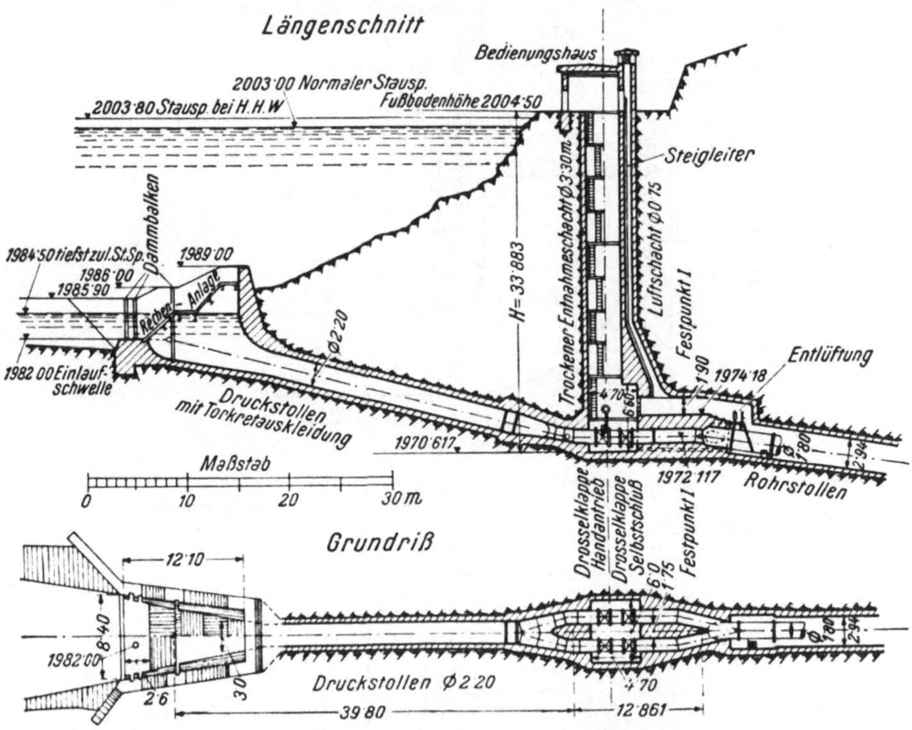

Abb. 345. Einlauf mit doppelten Verschlußeinrichtungen im Schacht.

Zu geringer Spiegelsenkung wird der Abfluß im offenen Einschnitt vertieft.

Der See kann auch abgepumpt werden; dabei ist es vorteilhaft, die Pumpanlage schwimmend einzurichten, weil die Pumpensaughöhe dann stets gleich bleibt.

Abhebern entleert den See in Stufen von 6 bis 8,5 m, indem man Hilfsstollen in dieser Tiefenlage unter dem Seespiegel bis knapp ans Ufer vortreibt und das Wasser mittels Saugleitung über die verbleibende Schwelle hebt. Dies ist geboten, wenn man vor dem Seeanstich durch Aufsprengen des Seebodens zurückscheut.

Ein Seeanstich durch eine gut gelungene Sprengung ist aber die wirkungsvollste Absenkungsart. Von der Luftseite her wird ein Stollen unter nicht zu kleinem Gefälle (10 bis 20 ‰) geradlinig gegen den See

[30]) Schiffmann, Seeabsenkungen, Wasserkraft und Wasserwirtschaft, München 1942.

vorgetrieben; am Ufer teuft man lotrecht darüber oder knapp seitlich des Stollens einen Schacht zu ihm ab, in dem man eventuelle Verschlüsse einbaut. Am Aufbruchort zum See ist im Stollen eine Grube freizumachen, welche den Sprengschutt aufnehmen soll. Ist die Stollenbrust nur mehr 1 bis 4 m vom Seeboden entfernt, wird sie mittels einer kräftigen Ladung schräg aufwärts aufgesprengt. Schutt- und Schlammüberlagerungen am Durchschlagsort stören den Erfolg dieses gewagten Unternehmens; sie

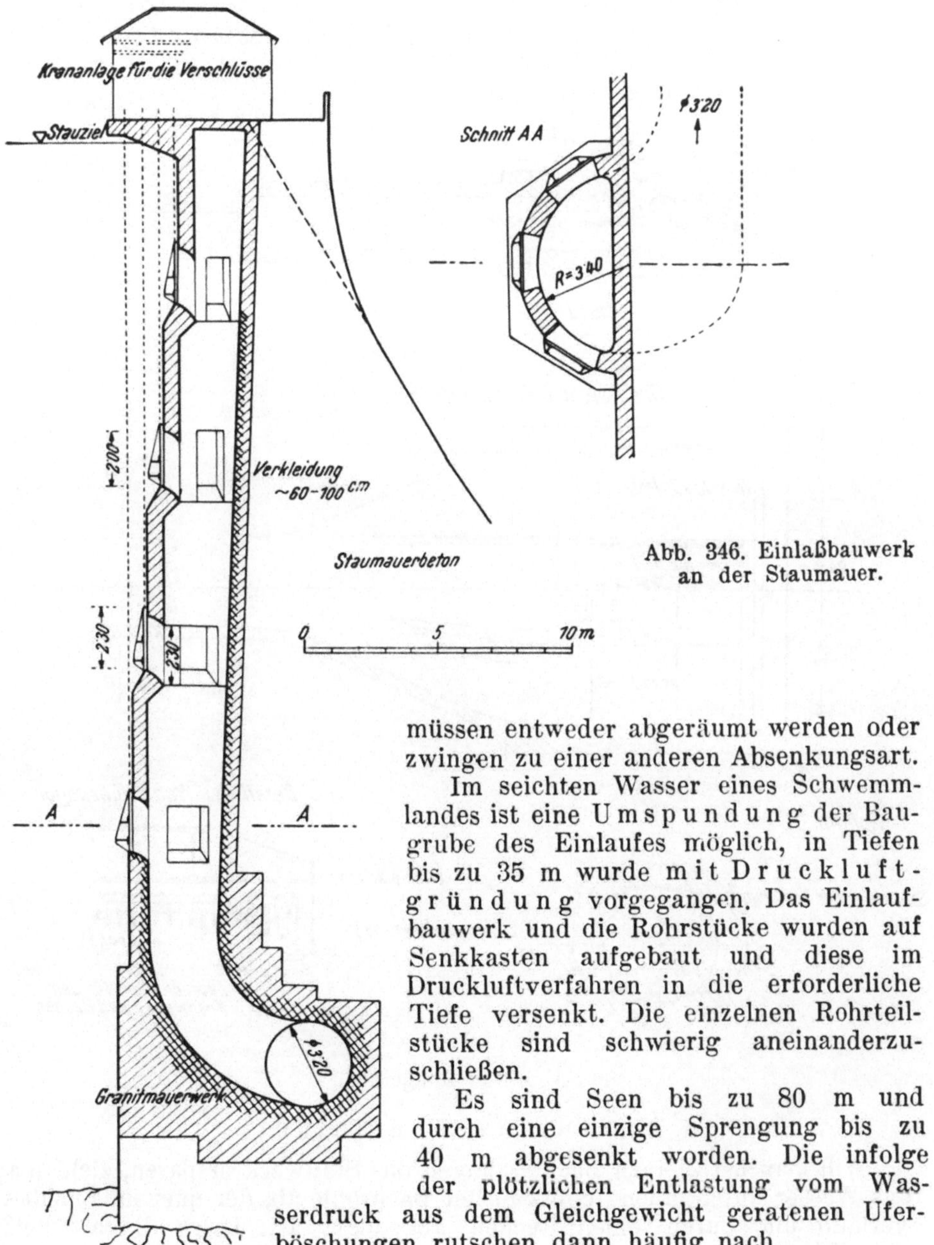

Abb. 346. Einlaßbauwerk an der Staumauer.

müssen entweder abgeräumt werden oder zwingen zu einer anderen Absenkungsart.

Im seichten Wasser eines Schwemmlandes ist eine Umspundung der Baugrube des Einlaufes möglich, in Tiefen bis zu 35 m wurde mit Druckluftgründung vorgegangen. Das Einlaufbauwerk und die Rohrstücke wurden auf Senkkasten aufgebaut und diese im Druckluftverfahren in die erforderliche Tiefe versenkt. Die einzelnen Rohrteilstücke sind schwierig aneinanderzuschließen.

Es sind Seen bis zu 80 m und durch eine einzige Sprengung bis zu 40 m abgesenkt worden. Die infolge der plötzlichen Entlastung vom Wasserdruck aus dem Gleichgewicht geratenen Uferböschungen rutschen dann häufig nach.

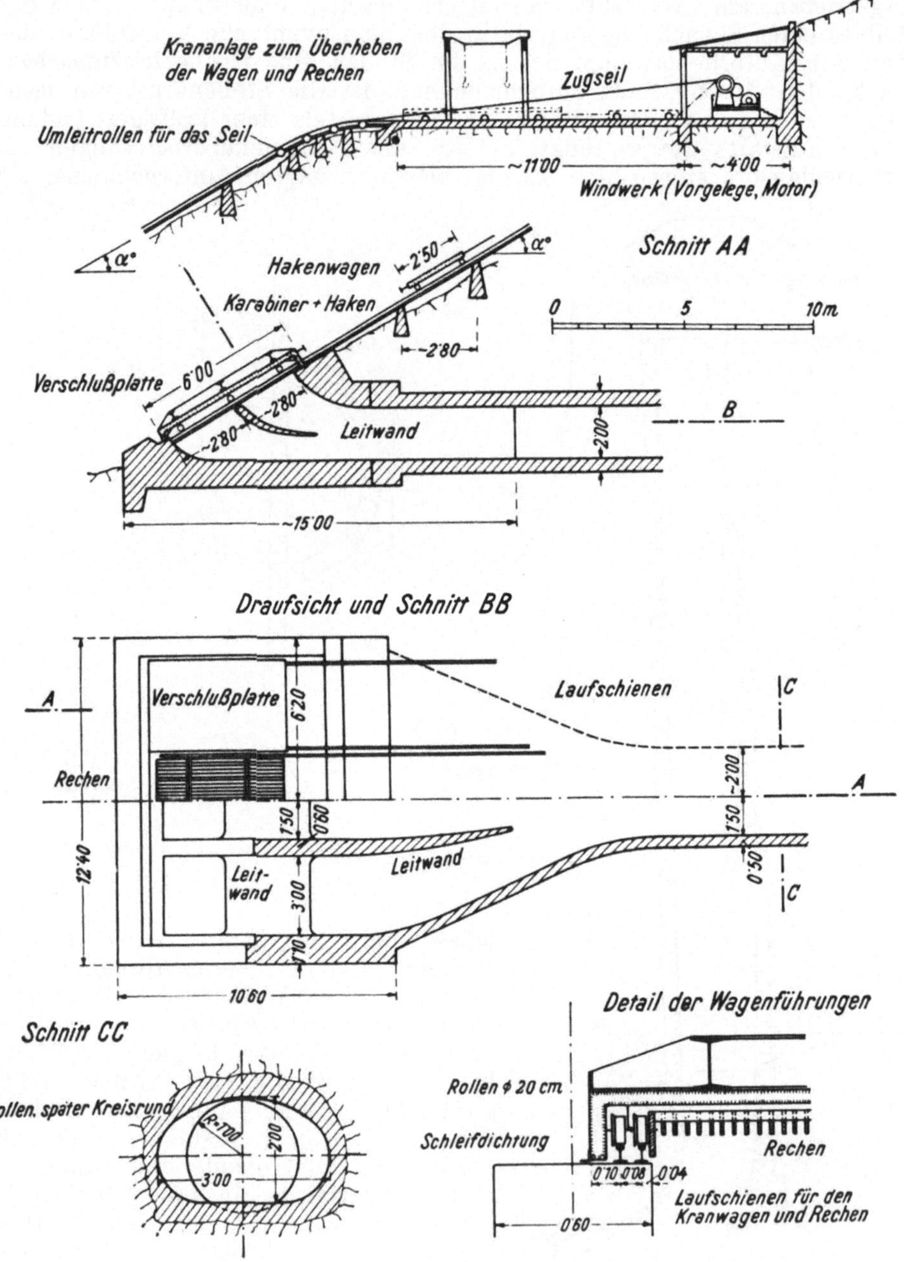

Abb. 347. Hangeinlaß.

d) Grundrecheneinlauf.

Will man bei kleinen Bachfassungen das Stauwerk ersparen, zieht man das Wasser durch einen Schlitz in der Bachsohle ab, der quer im Bachbett verläuft und durch einen Rechen abgedeckt ist. Diese Bauart heißt auch Tirolerwehr oder Spiegelschleuse (Abb. 348).

Der Grundrechen muß so gebaut sein, daß Schotter und Steine darüber hinweggleiten, das Wasser aber zur Gänze durchrinnt; daher ist ein ziemlich enger Stababstand und eine Neigung der Stäbe in Fließrichtung nötig. Rechenstäbe aus dauerhaftem Holz sind besser als die aus Stahl, da Holz weniger leicht vereist. Es scheint zwar die Vereisung nicht so schwerwie-

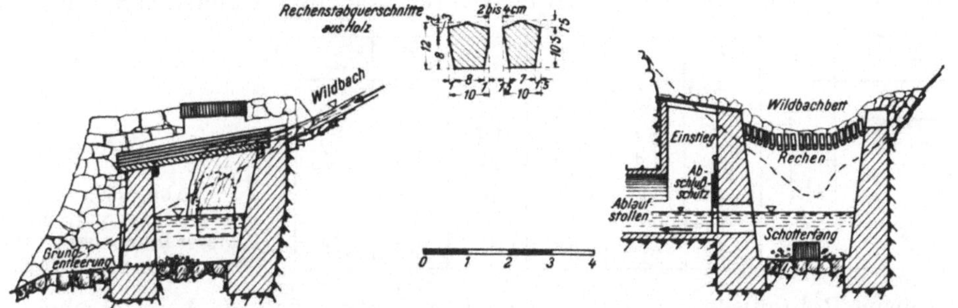

Abb. 348. Grundrecheneinlauf.

gend zu sein, weil beobachtet wurde, daß derartige Einläufe im Winter hoch mit Schnee überdeckt sind, unter dem Schnee aber das Wasser einfließen lassen; einzelne auf den Rechen liegenbleibende Steine stören nicht, wenn die Grundrechenfläche groß genug ist.

Der Ablauf der Spiegelschleuse geht seitlich weg und kann durch ein Schütz abgesperrt sein.

e) Rechen.

Vor Treibzeug aller Art schützen den Einlauf Grobrechen und Feinrechen.

Grobrechen haben Stabentfernung von einem halben Meter und mehr. Die Stäbe sind Trägerprofile, alte Eisenbahnschienen, Rund- und Kanthölzer und Ähnliches; sie stehen gewöhnlich lotrecht.

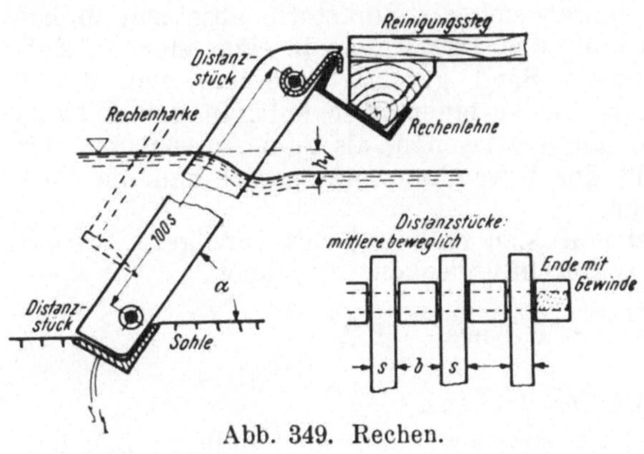

Abb. 349. Rechen.

Feinrechen haben Stababstand von wenigen Zentimeter; Rechenstäbe sind Flachstähle oder besonders geformte Profilstäbe, die auf waagrechten Rundstahlstäben mit Abstandstücken aufgefädelt sind.

Der Energieverlust durch Recheneinbauten beträgt nach Kirschmer für senkrechte Anströmung

$$h_v = \beta \left(\frac{s}{b}\right)^{4/3} \sin \alpha \, \frac{v^2}{2g} = \zeta_{\text{Rechen}} \cdot \frac{v^2}{2g}$$

s Rechenstabdicke, b Rechenstababstand, α Neigung des Rechens und β Rechenbeiwert (Abb. 350).

Form a ist im Handel leicht erhältlich, hat aber einen größeren Verlust, die Formen b und c lassen sich durch Abrunden der Kanten herstellen, der Stromlinienquerschnitt hat nur 25% des Verlustes von a; der Kreisquerschnitt ist zu wenig biegungssteif.

Die Rechenstäbe müssen Wasserdruck aushalten, falls ein Teil des Rechens verlegt ist.

Große Rechenflächen werden in einzelne Tafeln von 1 bis 1½ m Breite zusammengefaßt; den Stababstand wahren auf den Rundstäben aufgeschobene Rohrhülsen, die eine solche Lage haben, daß sie beim Rechenreinigen mittels Harke nicht stören.

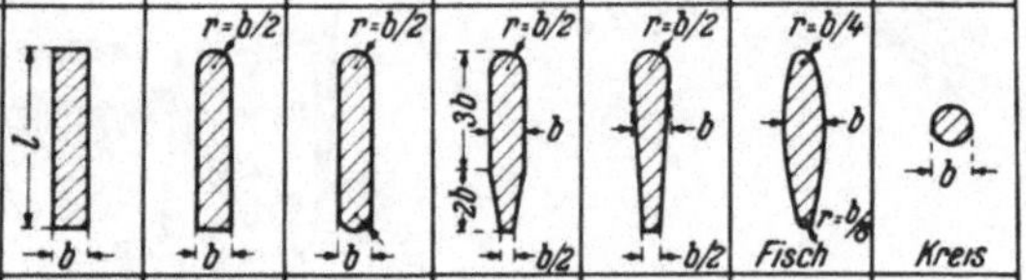

№	a	b	c	d	e	f	g
Querschnitt $l = 5b$	l; b	$r = b/2$; b	$r = b/2$; b	$r = b/2$; $3b$; $2b$; b; $b/2$	$r = b/2$; b; $b/2$	$r = b/4$; b; $r = b/8$; Fisch	b; Kreis
β	2,92	1,83	1,67	1,035	0,92	0,76	1,79

Abb. 350. Rechenstabprofile mit Widerstandsbeiwerten nach O. Kirschmer.

Die Forderung der Fischerei auf einen Höchstabstand der Stäbe von 20 bis 35 mm ist bei großen Kaplanturbinen nicht ganz gerechtfertigt, da sich zeigt, daß kleine Fische unbeschadet die Turbine durchschwimmen.

Das Ausmaß der Rechenfläche sei so, daß die Durchflußgeschwindigkeit etwa 1 m/s ist; die Schräglage unter 50° bis 80° ist wegen der bequemen Reinigung. Der Rechenstab steht am Boden in einer Ausnehmung und lehnt sich ober Wasser an eine Rechenlehne der Reinigungsbrücke; lange Rechenstäbe müssen Zwischenstützen haben.

Rechen geringen Ausmaßes säubert man händisch mit der Harke, während große Rechenflächen durch besondere Rechenreinigungsmaschinen geputzt werden.

f) Sandfang.

In einem großen Stausee werden sich die Sinkstoffe absetzen; in Ermangelung eines solchen Sees muß das Triebwasser in einer eigenen Entsandungsanlage von mitgeführtem Sand gereinigt werden, weil dieser besonders bei Hochdruckwerken die Turbinen abschleift. In den Klärbecken muß das Wasser so lange verweilen, als zum Ausscheiden der Sinkstoffe nötig ist; dazu muß der Durchfluß verlangsamt und die Strömung möglichst laminar werden.

Die Wassergeschwindigkeit muß sich unter 0,3 m/s verzögern, woraus sich der Mindestquerschnitt des Durchflußbeckens errechnet:

$$v = \frac{Q}{B \cdot h} < 0{,}3 \text{ m/s}; \qquad F \gtreqless \frac{Q}{0{,}3}$$

B Breite, h Tiefe, F Querschnitt des Beckens.

Das Becken muß aber auch so lang sein, daß ein Sandkorn Zeit hat, aus der oberen Wasserschicht bis zur Sohle zu sinken.

$$v = v_s \cdot \frac{L}{h} = 0{,}3; \qquad L > \frac{0{,}3}{v_s} \cdot h$$

v_s Sinkgeschwindigkeit, L Beckenlänge.

Die Sinkdauer $T_s = L/v = h/v_s$

damit ist der Inhalt des Sandfangs $V = Q\,T_s$

Um die anfallende Sandmenge zu schätzen, untersucht man die Zusammensetzung des Trockenrückstandes des Wassers durch Absieben und erhält damit die Siebkurve (Abb. 351). Gemäß der Sinkkurve (von Sudry aufgestellt) entspricht einem in Betracht gezogenen Korndurchmesser die zugehörige Sinkgeschwindigkeit und aus der Siebkurve der Anteil am Sink-

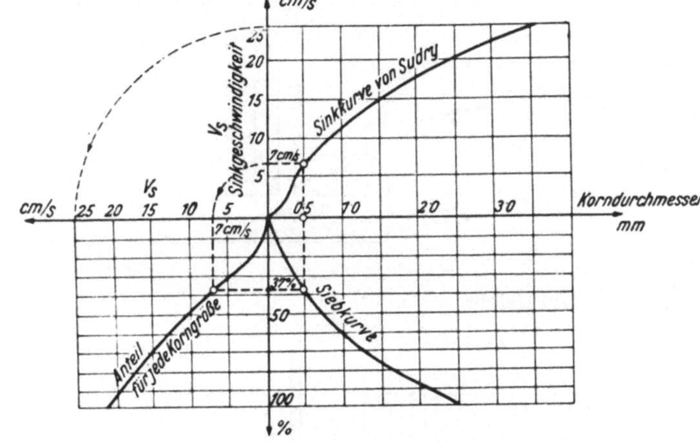

Abb. 351. Sinkkurve und Siebkurve (Mischungslinie). Wenn z. B. Sand über 0,5 mm Korngröße ausfallen soll, erfordert dies eine Sinkgeschwindigkeit von 0,07 m/s, bei der sich 63% des mitgeschleppten Sandes absetzt. Aus der Menge des in 1l jeweiligen Betriebswassers enthaltenen Schwebs und der während der Betriebsdauer durchfließenden Wassermenge ergibt sich die Sandausbeute im Klärbecken.

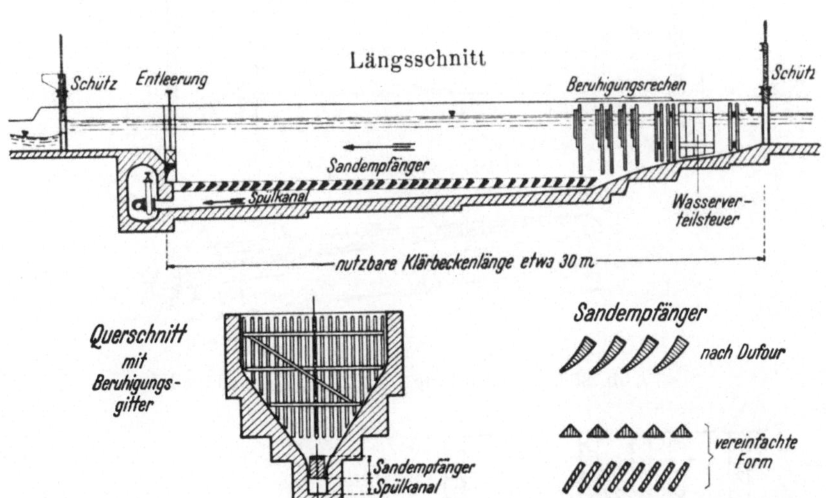

Abb. 352. Entsandungsanlage System Dufour.

stoffgehalt; aus der Durchflußmenge läßt sich darnach die Sandausbeute ermitteln. Sie ist bei trübem Wasser oft sehr reichlich, sodaß die Klärräume rasch verlanden und häufig geräumt werden müssen, weshalb während der Reinigungszeit ein anderer Sandfang zur Aushilfe notwendig ist; weil die Anlandung den Querschnitt verkleinert, leidet ferner die entsandende Wirkung; schließlich werden so breite und tiefe Klärräume, sofern sie ohne Einbauten sind, nicht mehr mit einer Geschwindigkeit, wie sie der Querschnittsweite entspräche, sondern in einzelnen schmäleren Bahnen durchflossen, während daneben Wasserwalzen kreisen. Durch Einbau von Verteilrechen mit verschiedenen Stabentfernungen und durch Tauchwände wird ein gleichförmiges Durchströmen zu erzielen versucht.

Selbsttätige Durchflußentsander mit Sandabzugkanälen an der Sohle ersparen das zeitweise Sandräumen der Klärkammern. Beim System Dufour (Abb. 352) soll der Sand durch einen besonders gestalteten Entsandungsrechen an der Sohle über dem Sandabzugskanal abgezogen werden; das Klärbecken hat Dreiecksquerschnitt und beim Eintritt eine Reihe von Beruhigungsrechen. Büchi (Abb. 353) läßt das Wasser aus dem Klär-

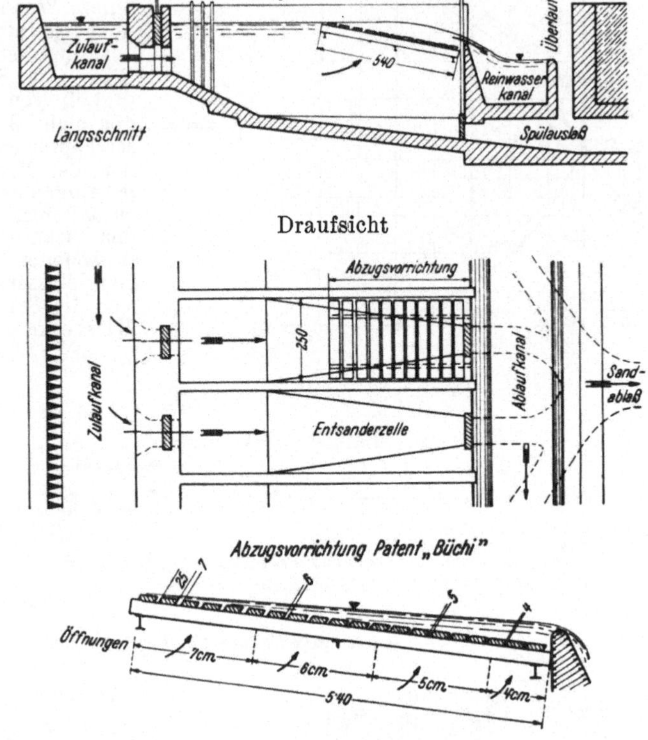

Abb. 353. Entsandungsanlage System Büchi.

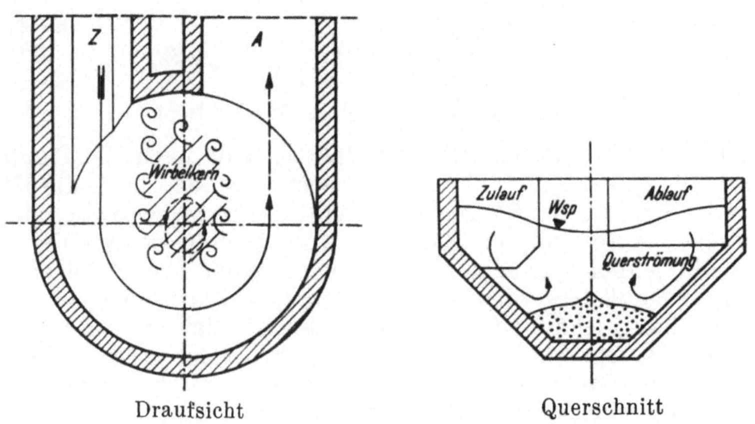

Abb. 353a. Entsandungsanlage System Geiger.

becken durch eine jalousieartige Abzugsvorrichtung oben abfließen, durch die der Sand zurückgehalten werden soll.

Eine neue Art ist der von Geiger (Abb. 353 a) vorgeschlagene Rundsandfang, bei dem die Fliehkraft zur Entsandung herangezogen wird.

9. Triebwasserleitung.

Triebwasserleitungen sind Freispiegelgerinne (Offene Kanäle oder Freispiegelstollen) oder Druckleitungen (Druckstollen, Druckrohre oder Druckschächte).

Die Oberwasserführung der Niederdruckwerke besteht meist durchwegs aus offenen Gerinnen mit freiem Wasserspiegel, bei Mitteldruckwerken schließt gewöhnlich an eine Freispiegelführung eine kurze Druckleitung zu den Turbinen an; Hochdruckwerke ohne Speicher zeigen gleicherweise Freispiegelgerinne, meist Freispiegelstollen, als auch Druckstollen bis zum Wasserschloß, von da an Druckrohr oder Druckschacht; Speicherwerke weisen aber immer Druckleitungen auf.

Es kann die gleiche Wassermenge in verschiedenem Querschnitt, Gefälle und Gerinneausbildung fließen, sodaß Werksgerinne letzten Endes nach Wirtschaftlichkeitserwägungen bemessen werden, weil ein Verringern der Energieverluste im Zulauf die Werksleistung erhöht, andererseits aber mit Mehrkosten beim Bau verbunden ist.

Die hydraulische Berechnung wurde in Abschnitt Hydraulik behandelt. Beim hydraulisch günstigsten Profil hat die Durchflußfläche im Verhältnis zum benetzten Umfang einen Bestwert; als Vergleich verschiedener Profile schlägt Ludin den Formbeiwert $\varphi = \frac{F}{\sqrt{U}}$ vor.

Die allgemeine Gleichung für die hydraulische Berechnung der Gerinne lautet:

$$Q = c \cdot \left(\frac{F}{U}\right)^m \cdot J^n \cdot F$$

Diese Gleichung enthält fünf Veränderliche. Der Durchfluß Q bildet zumeist die Grundlage der Gerinneberechnung. Weil gemäß Wandbeschaffenheit die Geschwindigkeit innerhalb gewisser Grenzen bleiben muß, ist eine angenäherte Beziehung zum Querschnitt F geschaffen, dessen Umfang U aus der Querschnittsform hervorgeht.

Das Gefälle J ist teilweise geländebedingt und soll natürlich möglichst gering sein, um nicht Werksfallhöhe zu verlieren, wozu eine bestimmte Glätte der Wandrauhigkeit c gefordert wird.

Es stehen daher Durchfluß, Querschnitt, Gefälle und Wandrauhigkeit in engstem Zusammenhang; dazu kommt als ausschlaggebende Bedingung die wirtschaftliche Bemessung, sodaß jedes Werksgerinne nach folgenden Gesichtspunkten überlegt werden soll:

a) Untersuchung der hydraulischen Bestform überhaupt,
b) Wahl des Querschnitts unter Rücksichtnahme auf die Naturgegebenheiten;
c) Wirtschaftliche Gegenüberstellung von Querschnitt und Rinngefälle der gewählten Bauart,
d) Wirtschaftlichkeitsvergleiche verschiedener Gerinnebauarten und Linienführung und
e) Einfluß der Rauhigkeit.

Wirtschaftlichkeitsvergleiche bedürfen des Ausdruckes von Geldwerten. Auf der einen Seite bucht man die Energieverluste eines Jahres als Verdienstentgang, in Geldwert angegeben (K_A), auf der anderen Seite stehen jährliche Verzinsung und Tilgung des Anlagekapitals, sowie Erhaltungs- und Betriebskosten (K_B). Für die wirtschaftliche Anlage hat diese Summe einen Kleinstwert.

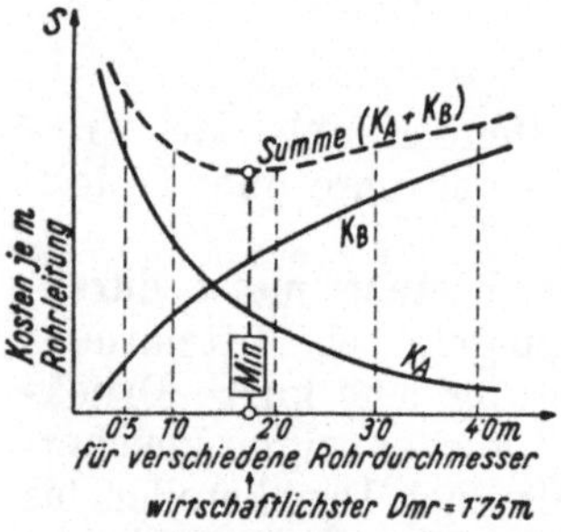

$$\Sigma (K_A + K_B) = \text{Min.}$$

Als Bezugsgröße wählt man nun ein Querschnittsausmaß (Durchmesser bei geschlossenen Rohren, Fließtiefe oder Durchflußquerschnitt bei Freispiegelgerinnen etc.), für das beim gegebenen Durchfluß die Kosten K_A und K_B ermittelt werden. Die Kurve der Summe zeigt einen Kleinstwert, der das wirtschaftliche Ausmaß für eine bestimmte Gerinnebauart andeutet. (Abb. 354).

Abb. 354. Kostenvergleichskurven.

Es können im Lauf einer Triebwasserleitung infolge Geländegestaltung andere Bauarten sich wirtschaftlicher herausstellen, sodaß die eine Gerinnebauart durch andere abzulösen wäre.

Ein Beispiel wird dies am besten dartun:

Das Gerinne wurde zuerst als Trapezprofil im Damm, später als Rechtecksgerinne auf Pfeilern und schließlich als Stahlbetondruckrohr geführt. Hiebei gilt jede Bauart in ihrem Bereich als wirtschaftlichste Form (Abb. 355).

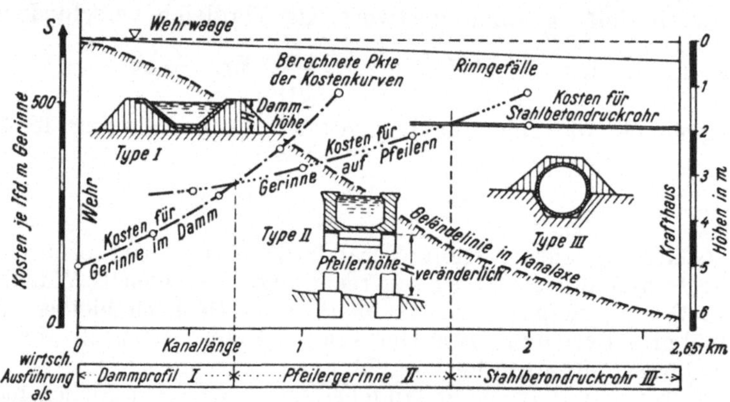

Abb. 355. Vergleich verschiedener Bauarten bezüglich Herstellungskosten.

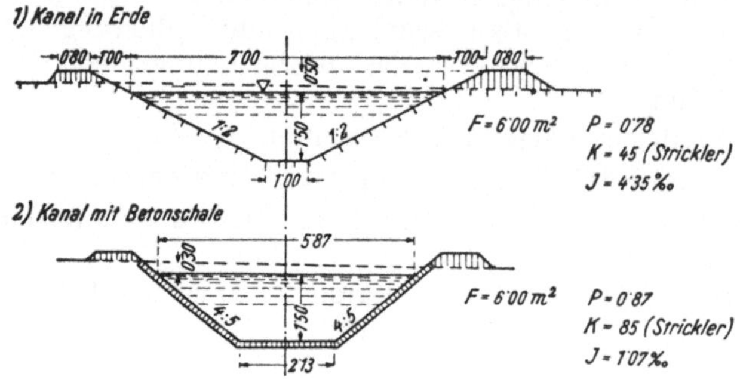

Abb. 356. Zwei Kanalquerschnitte für $Q = 15\ m^3/s$ von gleicher Querschnittsfläche, aber verschiedener Auskleidung.

Den Einfluß der Gerinnerauhigkeit erläutert ein anderes Beispiel:

Der Abflußquerschnitt eines Werkskanals, der Q = 15 m³/s bringen soll, wurde als Trapezquerschnitt von 6,0 m² gefunden; abgesehen von der für ein unausgekleidetes Erdgerinne verhältnismäßig hohen Geschwindigkeit von 2,50 m/s spart der Betonkanal bei gleichem Querschnitt an Gefälle und leistet dadurch pro 1 km Länge fast 500 PS mehr (Abb. 356).

Triebwasserleitungen werden daher nicht nur als Vorsorge gegen Versickerung und Sohlenangriff, sondern auch zur Minderung der Rauhigkeit verkleidet, um Gefälle zu gewinnen.

a) Freispiegelkanäle.

Gegrabene Freispiegelkanäle haben zumeist Trapezquerschnitt; an ungeschützten Ufern soll die Böschungsneigung flacher als folgende Werte sein:

Bei Einschnitt	in Lehm	1 : 3
	in sandigem Kies	1 : 2
	in steinigem Kies	1 : 1,5
	in weichem Fels	1 : 0,5

Bei Auftrag sind diese Werte um 50% zu vergrößern, besser ist aber eine Auskleidung.

Vor Sickerverlusten im durchlässigen Boden bewahren dichtende Lehmabdeckungen. Betonverkleidete Gräben haben steilere Böschungen 1 : 1,25 bis 1 : 1. Die Betonschale ist 10 bis 25 cm stark; beim Übergang vom Damm zum Einschnitt ist die Betonverkleidung zu verstärken oder Dehnfugen einzulegen, weil wegen Dammsetzung dort die Decke leicht reißt. Große Kanäle werden mit Hilfe einer Spezialbetonierungsanlage ausgekleidet.

Die Sohle soll so breit sein, daß dort ein Transportgeleise und bei größeren Kanälen ein Bagger laufen kann. Die Kanalborde sollen mindest 0,5 m über höchstem Wasserspiegel liegen, wobei etwaige Schwälle infolge Belastungsänderungen zu berücksichtigen sind. Beiderseits verläuft am Ufer ein 1 m breiter Gehweg. In Abständen von etwa 100 m sollen am Ufer von Betongerinnen Stiegen oder Haltestangen zur Rettung in den Kanal Gestürzter sein.

Wegen Gelände- und Wärmebewegung ist es ratsam, in Betonschalen Dehnfugen sowohl quer als auch der Länge nach einzulegen; sie sind einfach mit Dichtungsmasse ausgestrichene Arbeitsfugen.

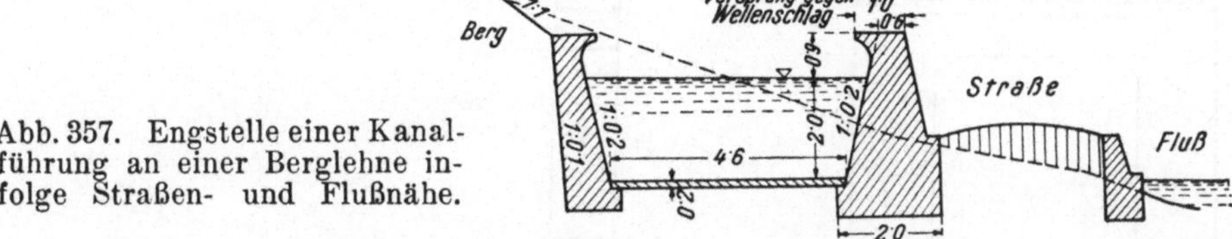

Abb. 357. Engstelle einer Kanalführung an einer Berglehne infolge Straßen- und Flußnähe.

Die Fließgeschwindigkeit in Erdgerinnen sei unter 1,5 m/s, in stein- oder betonverkleideten unter 2,5 m/s; sie sei bei kiesiger Sohle 0,6 bis 0,8 m/s, steinigem Boden 1,0 bis 1,2 m/s, in weichem Fels 1,5 bis 2,0 m/s und in hartem Fels und Beton bis 5 m/s, sofern das Wasser sandfrei ist.

Geländeschwierigkeiten oder Brücken erfordern manchmal Einengen des Profils, das dann meist in ein Rechteck übergeht (Abb. 357). Solche Übergänge sind durch windschiefe Flächen möglichst allmählich zu gestalten; Einbauten, wie Brückenpfeiler, sind tunlichst zu vermeiden, da durch sie Fallhöhe verloren geht.

Prall- oder Engstellen entstehen auch, wenn der Kanal steile Hänge quert, wo flach geböschte Kanalufer unmöglich würden.

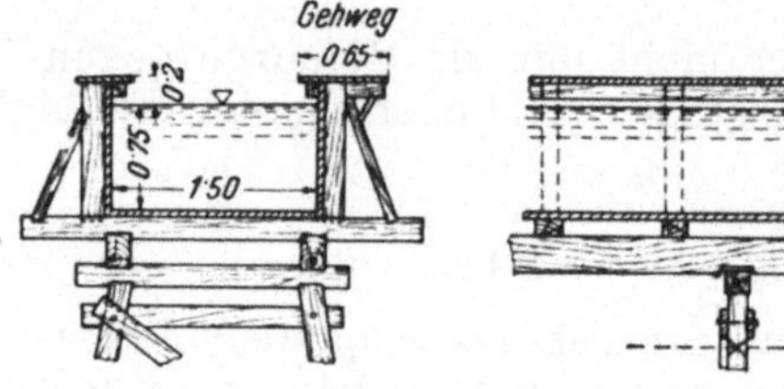

Ähnlich wie bei Wasserstraßenkanälen soll die Trasse möglichst im Einschnitt liegen, da an Dammquerschnitten stets Rutschgefahr besteht. Auf einen Massenausgleich, der im Straßen- und Eisenbahnbau erstrebenswert gilt, wird im Kanalbau kein Gewicht gelegt.

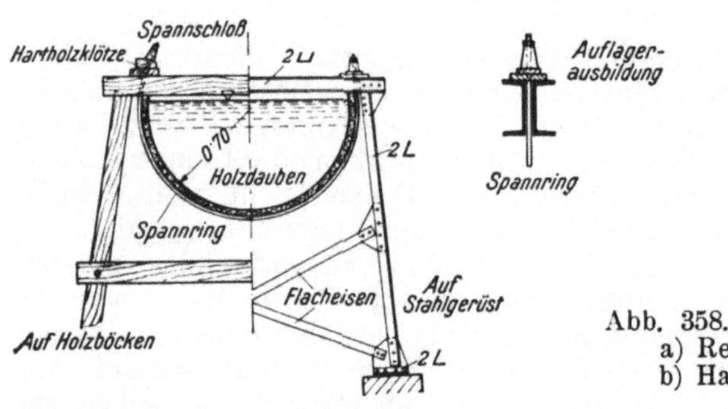

Abb. 358. Holzgerinne auf Pfeilern als
a) Rechteckquerschnitt,
b) Halbkreisprofil aus Holzdauben.

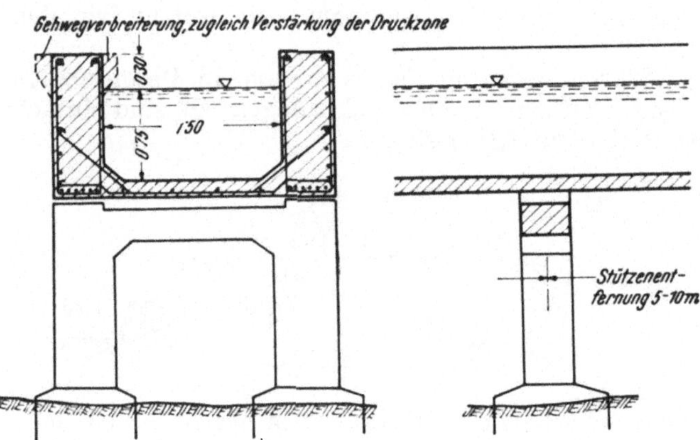

Abb. 359. Stahlbetongerinne auf Pfeilern.

Kleine Gerinne überschreiten Senken auf Pfeilern; derartige Ausführungen sind in Holz (Abb. 358) oder Stahlbeton (Abb. 359) und haben gewöhnlich Rechteck-, seltener Halbkreisquerschnitt. Rechteckige Holzgerinne sind eine beliebte Bauart für kleine Anlagen. Imprägnieren und gutes Abdichten der Bohlen hat sich bewährt.

b) Wasserstollen.

Sie sind Druckstollen oder Freispiegelstollen. Im Druckstollen füllt das Wasser den Querschnitt voll aus und die Wände stehen allseits unter Wasserdruck, während ein Freispiegelstollen nur bis zu einer bestimmten Höhe wassergefüllt ist; der theoretisch günstigste Füllungsgrad des letzteren ist bei 0.95 h (h ist die Profilhöhe), da dann rechnungsmäßig mehr durchfließt als bei Vollaufen. Bauliche Ausführungen begnügen sich fast immer mit geringeren Füllungsgraden, um der Luftführung genug Spielraum zu lassen.

Ein Druckstollen benötigt beim Einlauf eine Tiefenlage, die Lufteintritt in den Stollen hintanhält. Ein genügender Wasserzulauf muß ein Abreißen des Wasserfadens verhindern.

Die Höhenlage von Mundloch und Ausmündung bestimmt die Neigung des Stollens, die meist mit etwa 2‰ angesetzt wird; ein solches Gefälle wäre für einen Freispiegelstollen zu groß. Im Stollen auftretende Luftblasen können sich manchmal verdichten, weil dem Firstgefälle die Wasserbewegung entgegenstrebt, wodurch ein höherer Innendruck entsteht.

Am Stollenumfang treten zufolge inneren Überdruckes Zugspannungen auf, die mit zunehmenden Halbmesser wachsen, daher ist ein kleiner Stollendurchmesser erwünscht, derselbe ruft aber wieder größere Reibungsverluste infolge der höheren Geschwindigkeit im kleineren Durchflußquerschnitt hervor.

Der Mangel einer genauen Berechnungsweise der Wandstärke läßt hier einiges Gutdünken walten. Eine verläßliche Dichtungshaut aus Beton ist nie zu erreichen, sodaß aus feinen Rissen Wasseraustritte zu gewärtigen sind, welche nicht nur Wasserverlust, sondern auch Gefahr für den Bestand bedeuten, falls die Gebirgsbeschaffenheit Rutschungen zuläßt. Betoneinpressen mit höherem als Betriebsdruck vermag Vorspannung schaffen, Klüfte schließen und einen besseren Anschluß ans Gebirge erwecken, weshalb dies bei Druckstollen angewandt wird.

Am Ende des Druckstollens und Übergang zur Steilrohrleitung liegt ein Wasserschloß, das Druckänderungen und Wasserschläge zufolge Leistungsschwankung unschädlich für die spröden Stollenwände abwirken soll. Um Luftzutritt auch hier abzuwehren, muß der Druckstollen mindest 1 m unter dem tiefsten Wasserschloßstand ausmünden.

Seit dem Unfall am Ritomdruckstollen (St. Gotthard, Schweiz), dessen Hufeisenprofil an den Stellen stärkerer Krümmung gefährliche Längsrisse bekam, ist für Druckstollen ausschließlich der Kreisquerschnitt zulässig (Abb. 360).

Selbst im scheinbar dichten Gebirge werden Druckstollen trotz bedeutender Mehrkosten verkleidet, weil das rohe Profil unregelmäßig ist und damit hohe Reibungsverluste erzeugt, weil die Turbinen gefährdet sind, wenn sich im Stollen Gebirgsmassen ablösen und weil eine nachträgliche Ausbesserung teurer kommt. Nur in ganz besonders günstigen Fällen bleibt der Stollen unverkleidet; dann wird an die Stollenwand mit der Zementkanone eine 2,5 cm dicke Haut aus Torkretbeton (auch Gunit genannt) aufgespritzt.

Sonst wird der Druckstollen im weniger druckhaften Teil des Gebirges mit Beton von 20 bis 25 cm Stärke und darauf noch eine 1 cm Torkretschicht ausgekleidet; im druckhaften Gebirge aber wird die Stollenmauerung entsprechend verstärkt; vor ihr ist manchmal noch ein Ring aus

Formsteinen und auch ein Stahlbetonring. Schließlich ist es vorteilhaft, die Stollen mit einem dünnen Glattstrich zu verputzen.

Diese Bauweise ist bei guter Ausführung gegen Drücke bis zu 3 und 4 at genügend widerstandsfähig.

Eine Ummantelung mit dünnen Blechrohren, sogenannte Panzerung, zwecks völliger Wasserdichtheit macht bauliche Schwierigkeiten, ist daher

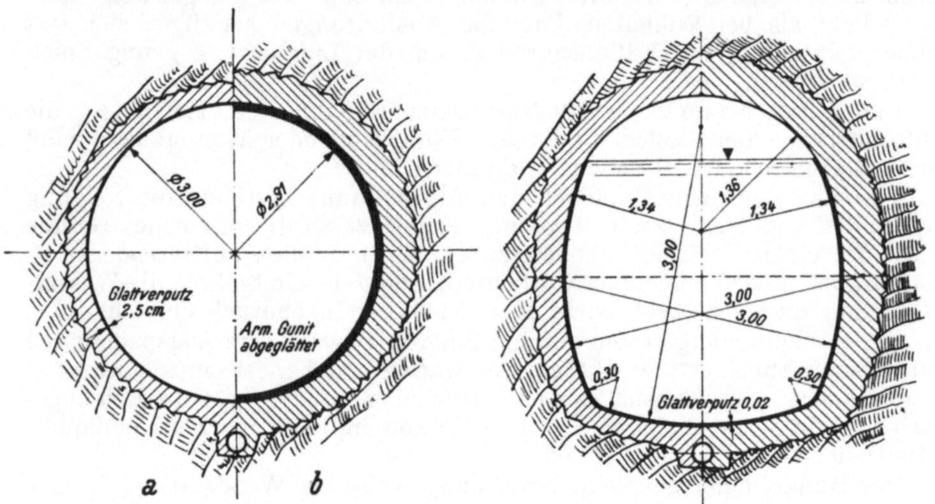

Abb. 360. Druckstollenquerschnitte a) in gutem und b) in minder gutem Gebirge.

Abb. 361. Freispiegelstollenquerschnitt.

teuer und außerdem durch einen möglichen äußeren Wasserdruck gefährdet; ohne zwingenden Grund wird man daher bei obigen Drücken von einer Panzerung absehen.

Je nach Betriebswasserdruckhöhe H empfehlen sich folgende Maßnahmen: Ist $H < 5$ m, genügt Torkretieren rissiger Wände, bei $5 < H < 20$ m eine unbewehrte, bei $20 < H < 100$ m eine bewehrte Betonschale, bei höherem Druck ist eine Blechpanzerung notwendig.

Die Betonauskleidung ist für Innen- und Außendruck zu berechnen, wobei der Gebirgsdruck schwierig erfaßbar ist. Eine Näherungsformel lautet:

$$\frac{\sigma s}{p_i r} = \frac{E s}{E s + K r^2}$$

σ Zerreißspannung im Betonzug in kg/cm²
s Wandstärke in cm
E Zugehöriger Elastizitätsmodul in kg/cm²
p_i Innendruck in kg/cm²
r Stollenhalbmesser in cm
K Gebirgskennziffer; sie wurde in einem besonderen Fall für geschichteten Dolomit und für kompakten Gneis mit 400 ermittelt. Das Gebirge wird jedoch durch die Stollensprengarbeit auf einen bestimmten Umkreis in seinem Gefüge gestört, sodaß alle diese Werte unzulänglich gelten.

Berücksichtigt man besser überhaupt keine Mitwirkung des Gebirges, gilt die bekannte Ringformel.

F r e i s p i e g e l s t o l l e n sind dagegen in ihren Wandquerschnitten durch den äußeren Gebirgsdruck bedingt; sie haben daher ein Hufeisenprofil (Abb. 361) und kleine Stollen auch ein ausgerundetes Rechteck als Querschnitt. Eine Verkleidung, wenigstens im wasserbenetzten Teil ist stets erwünscht; sie wurde bei manchen anfangs unverkleidet belassenen Stollen später nachgeholt. Die Wandstärke ist ebenfalls nicht einwandfrei zu berechnen; die Querschnittsausführungen werden nach Festigkeit und Wasserdurchlässigkeit des durchörterten Gebirges bestimmt. Quellenaufbrüche wird man meist in den Stollen einleiten.

Der Einlauf zum Freispiegelstollen bedarf keines größeren Beckens und nur eines geringen Aufstaues; wesentlich ist ein gleichmäßig eingehaltenes Stauziel, weil davon die Stolleneinzugsmenge abhängt. Vor dem Stollen ist ein Übereich.

Durch Ausweiten lassen sich in einem Freispiegelstollen Wassermengen speichern, welche bei Überbelastung Zuschuß liefern; doch ist diese Speicherung kostspielig; auch die Förderfähigkeit im Stollen ist beschränkt. Nicht abgearbeitetes Überschußwasser fließt im Leerschuß ab. Ein Kraftwerk mit Freispiegelstollen ist daher im Betrieb nicht so spitzenfähig als eines mit Druckstollen; man wird daher den Querschnitt vom Freispiegelstollen verhältnismäßig größer wählen.

Schlechte Gesteinsart des Gebirges ist dem Freispiegelstollen wegen des geringen Wasserdrucks weniger gefährlich. Schwierig ist es, das Rinngefälle und damit das Sohlgefälle vorher genau zu ermitteln, weil die Rauhigkeit nur geschätzt werden kann und auch die Beiwerte der hydraulischen Formeln einen gewissen Spielraum beinhalten.

Vom Standpunkt des Betriebes ist ein Druckstollen, baulich ein Freispiegelstollen angenehmer, jedoch kann die notwendige größere Ausbauwassermenge im Fall eines Freispiegelstollens die baulichen Ersparungen wieder aufheben. Wenn ein Speicher vor dem Stollen liegt und die Fallhöhe groß ist, hat ein Druckstollen trotz Bauschwierigkeiten den Vorzug; kleine Fallhöhen und Speicher am Ende der Triebwasserleitung befürworten Freispiegelführung.

Unter Umständen ist eine Verbindung beider Stollenarten vorstellbar, wenn ein Freispiegelstollen zeitweise unter geringem Überdruck stehen darf; damit könnten Vorteile des einen (Absenken und Wasserspeicherung beim Freispiegelstollen) und des anderen (keine Wasserverluste an Übereich und Leerschuß) gewonnen werden, ohne auf die Wasserdichtheit des Druckstollens oder auf den größeren Querschnitt des Freispiegelstollens hinarbeiten zu müssen.

Die gerade Stollenführung ist die kürzeste und daher beste; manchmal nimmt aber die Gebirgsbeschaffenheit auf die Trassenentwicklung Einfluß, besonders bei Lehnenstollen, welche entlang der Talflanke verhältnismäßig nahe unter der Oberfläche führen. Längere Lehnenstollen unterteilt man in Stücke von 1 bis 2 km, die durch günstig gelegene Stollenfenster von 100 bis 200 m Fensterstollenlänge aufgeschlossen werden; die Stollenfenster werden womöglich nach wirtschaftlichen und natürlich auch geologischen Gesichtspunkten zugemessen.

Für Wasserstollen ist die bergkundliche Kenntnis des Gebirges noch wichtiger als bei Stollen für Verkehrswege, da auch geringfügige Gebirgsbewegungen für Wasserstollen schwere Gefahren bergen. Daher wird man ein allzu nahes Herangehen an die Oberfläche bei Hangstollen selbst im guten Gebirge vermeiden und lieber längere Fensterstollen in Kauf nehmen.

Die bauliche Durchführung von Wasserstollen unterscheidet sich nicht von anderen Stollenbauten [31]). Aus baulichen Gründen wird man auch nicht gern unter einen Mindestdurchmesser bzw. eine Mindesthöhe von 1,80 m für Wasserstollen herabgehen.

Preßlufthämmer und handgeführte Muldenkipper sind die gebräuchlichen Arbeitsgeräte. Tagesfortschritt ist bei Handbohrung bis 1,5 m, bei Preßluftbohrung bis 4 m in hartem und bis 7 m in weichem Gestein zu erwarten.

c) Druckleitung.

Die Hochdruckleitung, auch Steilrohrleitung genannt, faßt am Ende der Oberwasserführung zwischen Wasserschloß und Krafthaus die Fallhöhe zusammen; sie kann eine frei liegende oder überschüttete Rohrleitung, ein Rohrstollen oder ein gepanzerter Druckschacht sein.

Da sie hohen Innendrücken genügen muß, kommen nur zugfeste Werkstoffe in Betracht, also hauptsächlich Flußstahl, dann Stahlguß, Gußeisen, ferner Holzeisenausführungen und für geringe Drücke auch Stahlbeton.

α) **Druckrohre.** Der Rohrdurchmesser wird meist von einer Wirtschaftlichkeitsberechnung hergeleitet; für stählerne Rohre lautet eine Formel:

$$d_{wirt} = \sqrt[7]{\frac{7{,}6 \,.\, \sigma \,.\, w \,.\, t \,.\, Q^3}{c^2 \,.\, H \,.\, K_E}}$$

d_{wirt} wirtschaftlicher Durchmesser in m
σ zulässige Beanspruchung in t/m²
w mittlerer Wert einer kWh in S
t Betriebsstunden im Jahr
Q mittlere jährliche Beaufschlagung in m³/s
c Beiwert nach Chezy
H gesamte Druckhöhe in m
K_E Tilgung und Verzinsung pro Jahr der Kosten einer Tonne eingebauten Stahls in S (Rohr + Transport + Montage + Rohrbett).

In Stahlrohren soll die Geschwindigkeit über 3 m/s und unter 7 m/s bleiben, für Stahlbetonrohre ist 3 m/s Höchstgeschwindigkeit. Eine Regel läßt die Geschwindigkeit von Verhältnis Rohrlänge L zu Fallhöhe H begrenzen:

Darnach ist $v_m = 3$ m/s, wenn L : H = 1 bis 2,
$v_m = 2$ bis 2,5 m/s L : H = 2 „ 4
$v_m = 1$ bis 1,5 m/s L : H = 5 und mehr ist.

Bei großen Fallhöhen stuft man Wandstärke und Durchmesser der Rohrleitung ab, damit der Werkstoff ausgenutzt und die Geschwindigkeit in Richtung zur Turbine gesteigert wird. Der Durchmesser D der einzelnen Abschnitte und die zugehörige Fallhöhe H stehen durch die Gleichung

$$D^7 \,.\, H = \text{konstant}$$

in Zusammenhang. Die Wandstärke s ist angenähert aus der Ringformel

$$s = \frac{p\,D}{2\,\sigma}$$

---

[31]) Randzio, Stollenbau, Berlin 1927.

zu berechnen, worin der statische Innendruck p um das doppelte der bei plötzlichem Abschließen auftretenden Drucksteigerung vermehrt und σ mit 1000 kg/cm² anzunehmen ist. Für Rosten und Abschliff schlägt man 1 bis 2 mm zu; aus konstruktiven Gründen ist die Mindestdicke 5 mm. Die Blechstärken werden auf ganze mm, die Durchmesser auf 50 mm aufgerundet.

Bei hohen Drücken und Durchmessern über 600 mm sind die Rohre meistens aus S t a h l b l e c h, das zu genieteten oder geschweißten Rohrtrommeln (Rohrschüssen) zusammengebogen wird; die Längsnähte sind entweder stumpf gestoßen und autogen oder elektrisch verschweißt oder sie übergreifen, dann sind sie vernietet oder wassergasüberlappt geschweißt (Abb. 362). Die Normallänge der fabriksmäßig erzeugten Rohr-

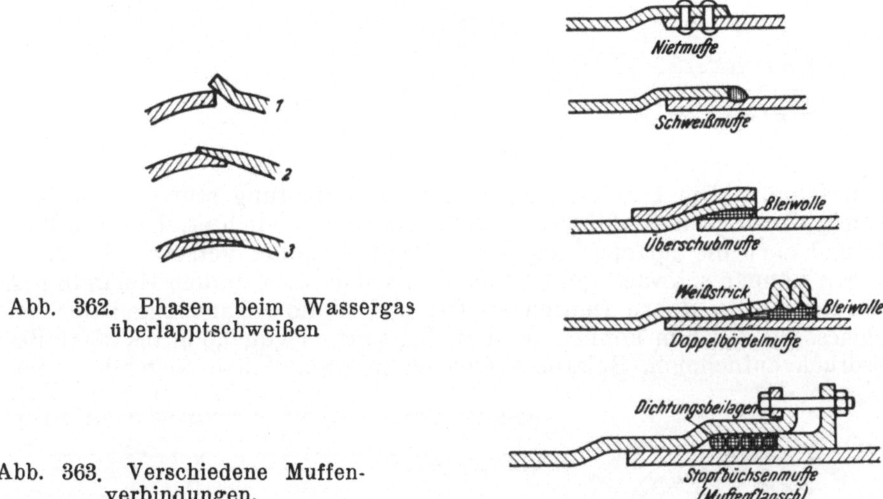

Abb. 362. Phasen beim Wassergas überlapptschweißen

Abb. 363. Verschiedene Muffenverbindungen.

schüsse ist bei D bis 0,4 m ... 6 m und bei größeren D bis 3 m ... 8 m. Die Rohrtrommeln werden zur Probe schon in der Fabrik dem 1,5fachen Betriebsdruck unterzogen. Genietete Rohre finden nur bei kleinen und mittleren Drücken Anwendung. Für Durchmesser unter 600 mm gibt es nahtlos gewalzte Mannesmannrohre.

Die Rohrschüsse werden selten stumpf gestoßen und verschweißt, meist sind sie durch Muffen verbunden (Abb. 363); bei einfachen Muffen werden die Rohre ineinander geschoben und vernietet, zwecks besserer Dichtung auch mit Hanfstrick und Bleiwolle verstemmt. Seltener sind Schweißmuffen und auch die teuren Flanschverbindungen.

Rohrverengungen heißen Kegelrohre.

Wegen Betriebssicherheit und der schwierigen Bahnförderung größerer Rohrdurchmesser wird eine größere Wassermenge auf mehrere Rohrstränge verteilt, die gewöhnlich parallel laufen und gemeinsame Rohrsättel und Festpunkte haben.

Die Zahl der Druckleitungsstränge ist häufig geringer als die Zahl der Turbinen; aber jede derselben bedarf einer eigenen Zuleitung, sodaß die Druckleitung in einzelne Turbinenleitungen aufgespalten wird. Die Teilung eines Rohres auf zwei vollzieht ein sogenanntes Hosenrohr, bei mehreren sind seitliche Abzweigrohre aus der Hauptleitung oder eine besondere Verteilleitung. Abzweigungen bedürfen einer Verstärkung und auch meist einer Stopfbüchse, um eine kleine Beweglichkeit zu gewähren.

Bei zwei Strängen werden manchmal die Hauptrohrleitungen am Ende im Bogen zum Ring geschlossen, um die Turbinen von beiden Seiten zu versorgen.

Überschüttete Rohrstränge können starr ohne Dehnstücke verlegt sein.

Holzrohre (Abb. 364) sind aus Dauben wie Fässer zusammengefügt und in kurzen Abständen (unter 1 m) von Stahlstreifen mit Spannschlössern umschnürt. Die Dauben sind in der Längsrichtung stumpf gestoßen, aber mit verzinkten Stahlblechblättcheneinlagen gedichtet. Die Daubenstöße und auch die Spannschlösser sind gegeneinander versetzt. Holzrohrleitungen können schwach gekrümmt sein, sodaß sie sich dem Gelände gut anschmiegen. Die Rohre werden an Ort und Stelle zusammengebaut; bei Durchmessern von 5 m können sie 4 at, bei solchen von 0,5 m bis 20 at Betriebsdruck aufnehmen. Holzrohre wurden in waldreichen Gegenden vielfach mit Erfolg ausgeführt und sind im Hochgebirge für Behelfsleitungen sehr gut brauchbar.

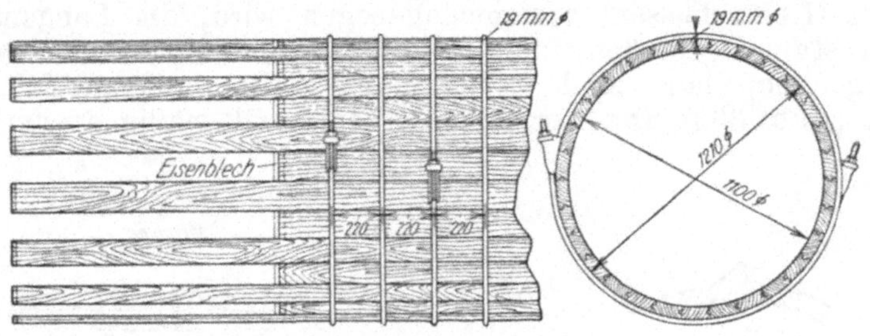

Abb. 364. Holzrohre.

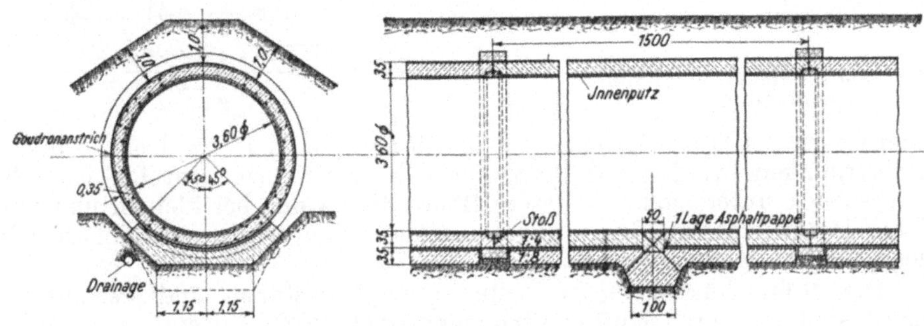

Abb. 365. Stahlbetondruckrohr.
(Abb. 364, 365 aus Schoklitsch, Wasserbau II.)

Stahlbetonrohre (Abb. 365) sind nur für kleine Drücke bis 4 at brauchbar. Sie werden am Gebrauchsort erzeugt und erhalten Längs- und Querbewehrung. Als Wärmeschutz werden sie fast immer überdeckt.

Zur Ausführung der Stahlbetonrohre werden im ausgehobenen Rohrgraben halbkreisförmige, etwa 20 cm starke Künetten als Rohrsättel durchlaufend betoniert, die als Unterlage zum Einbringen der Bewehrung dienen. Die Rohrwände werden in Blechschalung gegossen; zwecks Wasserdichtheit ist ein Glattschliff und Asphaltanstrich angebracht. Um Schwindrisse zu verhüten, wird die Leitung in Teilstücken von etwa 100 m angefertigt und die etwa 0,5 m breiten Stoßlücken zwischen ihnen später geschlossen und verstärkt.

Die statische Berechnung der Wandstärke muß Innen- und Außendruck und bei großem Durchmesser gegenüber kleiner Druckhöhe auch die Veränderung des Innendruckes mit der Höhe berücksichtigen. Die Mindeststärke ist 12 bis 14 cm.

Stahlbetonrohre haben sich an passenden Stellen sehr gut bewährt, doch sind sie stoßempfindlich.

Der Werkstoff wird bei sogenannten Spannbetonrohren besser ausgenützt; sie werden fabriksmäßig bisher in Durchmessern von 40 bis 200 cm und 6 m Rohrlänge erzeugt und halten bis 50 und mehr at dicht. Überschubmuffen stellen die Verbindung her. Erfahrung über sie fehlt noch.

Eternitdruckrohre bzw. Asbestzementrohre werden mehr bei Wasserversorgungsanlagen als Hochdruckwerken für kleine Durchmesser verwendet; sie haben wegen ihres geringen Gewichtes und leichter Schneidbarkeit Vorteile.

β) **Auflagerung der Druckrohrleitungen.** Für die Rohrbahn wird der Hang einigermaßen abgeglichen; auf Schutz vor Steinschlag und Lawinen ist zu achten. Unabgedeckte Stahlrohrleitungen liegen gleitfähig auf Rohrsätteln, deren Abstand je nach der Länge der Rohrschüsse 6 bis 20 m beträgt. Wenn die Pfeiler der Rohrsättel sehr hoch sind oder der Untergrund schlecht ist, wird die Entfernung bzw. Stützweite größer gewählt, sie ist durch die Tragkraft des Rohres begrenzt (Abb. 366).

In der statischen Berechnung der Gleitsättel kommen als angreifende Kräfte nur Eigengewicht, Anteil der Reibung und Erddruck in Frage.

In Abständen von 200 bis 400 m, aber auch in allen Knickpunkten ist die Rohrleitung in Festpunkten verankert und einbetoniert. Da die Rohrleitung, auch wenn sie überdeckt ist, Wärmedehnungen unterworfen ist, muß zwischen den Festpunkten ein Dehnstück in den Rohrstrang eingefügt werden, das die Rohrbewegungen aufnimmt; diese Stopfbüchse befindet sich knapp vor oder nach einem Festpunkt. Die Festpunkte haben oft bedeutende Kräfte aufzunehmen und sind deswegen umfangreiche Mauerklötze. Hruschka[32]) zählt 37 verschiedene angreifende Kräfte auf, von denen aber für die Bemessung nur die folgenden maßgebend sind:

1. Das Eigengewicht G des Mauerwerksklotzes selbst, im Schwerpunkt desselben angreifend,

2. das Gewicht G_r der Rohrleitung, soweit sie vom Festpunkt getragen wird, also nur bis zu den nächsten Rohrsätteln und

3. das in diesem Rohrstück enthaltene Wassergewicht G_w, die beiden letzten Kräfte wirken im Mittelpunkt dieses Rohrteils.

4. In einer Rohrkrümmung entsteht durch die Wasserbewegung die Fliehkraft

$$Z = \frac{\gamma}{g} \cdot F \cdot l_r \cdot \frac{v^2}{r} = \frac{Q \cdot v \cdot \operatorname{arc}\beta}{g}$$

im Schnittpunkt der Rohrachsen in der Richtung des Halbmessers nach außen.

F Rohrquerschnitt, β der Knickwinkel, r Krümmungshalbmesser, l_r Länge des Bogenstücks.

[32]) Hruschka, Druckrohrleitungen, Julius Springer, Wien 1929.

5. Bei einer Rohrverengung ist die Achsialkomponente des durch den verringerten Querschnitt rückgehaltenen Wasserraumes

$$W_r = \gamma (D_1^2 - D_2^2) \frac{\pi}{4} . H$$

die wie die folgenden Kräfte 6 bis 10 in Rohrachse wirkt. H ist die dort vorhandene Druckhöhe, D_1 und D_2 Rohrdurchmesser vor und nach der Verengung.

6. Ferner die Achsialkraft infolge Wasserstoßes auf diese Fläche

$$P = \frac{\gamma}{g} . L . (D_1^2 - D_2^2) \frac{\pi}{4} . \frac{v_1^2}{2}$$

L ist Festpunktabstand, v_1 die Wassergeschwindigkeit am Festpunkt.

7. Die Reibung R in den Gleitsätteln wirkt je nach Lage des Dehnstückes bezüglich Festpunkt; sie wird durch Temperaturbewegungen ausgelöst und ist daher bei Erwärmung infolge Dehnung der Rohrleitung zum Festpunkt, bei Abkühlung und Zusammenziehung vom Festpunkt weg gerichtet.

$$R = f (G_R' + G_W') \cos \alpha$$

f ist die Reibungszahl für Eisen auf Beton 0,5 bis 0,7,
für Eisen auf Eisen 0,3 bis 0,5,
geschmiert 0,1 bis 0,2.

G_R' und G_W' ist Gewicht der Rohrleitung und des Wasserinhalts zwischen den Dehnstücken. Der Angriffspunkt der Reibung liegt im Schwerpunkt der Auflagerlinie $s = r \frac{\sin \gamma}{\text{arc } \gamma}$. Die Reibung wird aber in die Achse verschoben gedacht.

$$R = R' \frac{s + x}{x}$$

damit ist

$$R = f (G_R' + G_W') \cos \alpha \left[1 + 2 \frac{\sin^2 \gamma}{\text{arc}^2 \gamma}\right] \quad \text{(Abb. 366).}$$

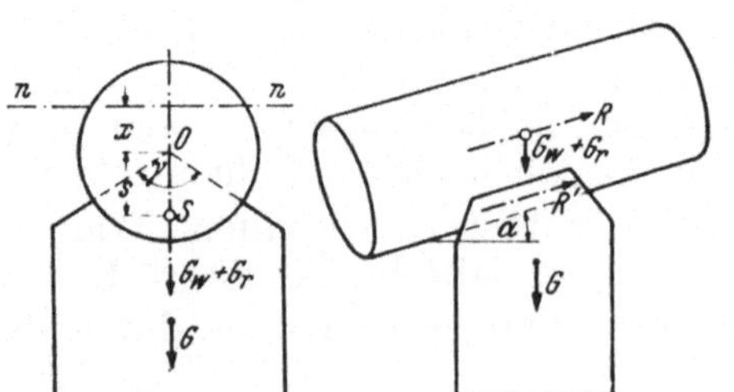

Abb. 366. Gleitsockel einer Rohrleitung mit Einzeichnung der angreifenden Kräfte.

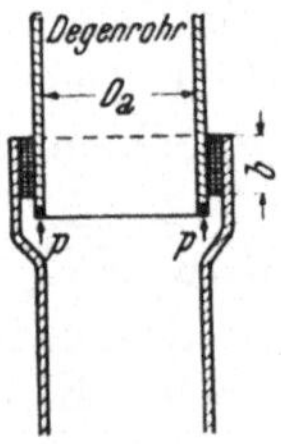

Abb. 367. Degenrohr.

8. Der achsial gerichtete Schub durch das Rohrgewicht zwischen den Dehnstücken vermindert um die Reibung in den Gleitsätteln.

$$T = G_R' \sin \alpha - R$$

9. Der Druck auf Wandquerschnitt des Degenrohres der Stopfbüchse (Abb. 367) $P = p . D_a . \pi . s$

D_a ist der Durchmesser und s die Wandstärke des Degenrohres, p ist der Druck an dieser Stelle, also H/γ.

10. Die Reibung in die Stopfbüchse bei Dehnbewegungen ist

$$R_{St} = f \cdot p \cdot D_a \cdot b$$

b ist die Länge der Stopfbüchsen.

11. Die Schleppkraft, die das Wasser auf die Wandungen beim Fließen ausübt.

$$S = \gamma \cdot F \cdot L \cdot J$$

L ist die Länge zwischen den Dehnstücken (Stopfbüchsen),
J ist das größte im Betrieb vorkommende Druckgefälle.

12. Möglicherweise Erddruck und verschiedene Auflasten.

Diese Kräfte werden am einfachsten auf zeichnerischem Weg zusammengesetzt und damit die Standfestigkeit des Festpunktklotzes gegen Kippen und Gleiten, sowie die Bodenpressung untersucht. Die Scherfestigkeit des Bodens kann hiebei mit etwa $^1/_{12}$ der Druckfestigkeit angenommen werden.

Festpunkte bewehrt man oft mit Altschienen, hauptsächlich um die ans Rohr geschweißten Winkel zu stützen und die Verankerungen zu sichern. Auch Rundstahleinlagen werden beigelegt (Abb. 368).

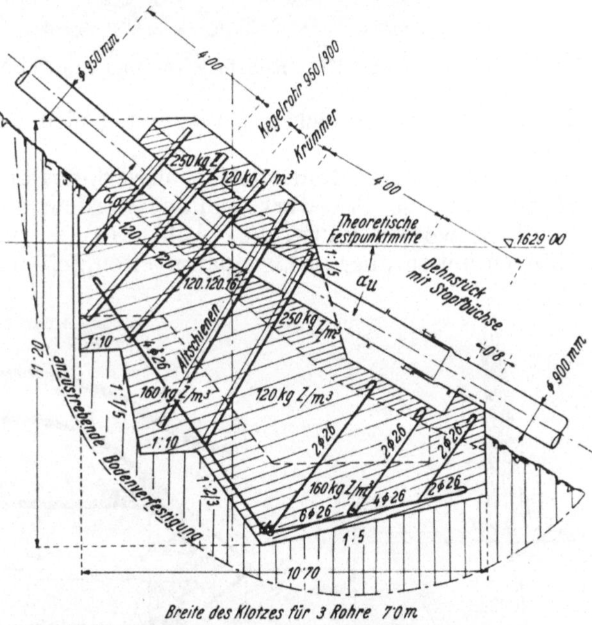

Abb. 368. Festpunkt einer Druckrohrleitung.

γ) **Rohrstollen.** Druckrohre im Stollen sind zwar kostspielig, aber betriebssicher; diese Bauweise wird angewendet, wenn offene Rohrleitungen nicht möglich sind und man vor einem Druckschacht wegen Gebirgsbeschaffenheit zurückscheut. Der Stollen muß groß genug sein, damit die Rohrmontage nicht allzu behindert ist (Abb. 369).

δ) **Druckschächte.** Es sind dies mit einem dünnen Stahlblechrohr ummantelte schräge oder senkrechte Schächte.

Die eingesetzten kreisrunden Rohrschüsse werden mit Beton hinterfüllt, dabei schwindet der Beton, löst sich vom Fels ab und erzeugt am Rohr Druckspannung; durch Einpressen wird die Loslösung wieder behoben. Bei Wasserfüllung tritt nun eine Zugspannung auf, die teils vom Blech-

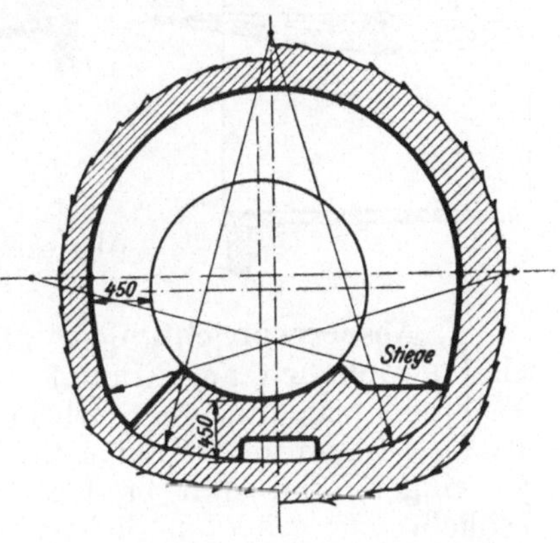

Abb. 369. Rohrstollenquerschnitt.

material, teils vom Beton und Fels übernommen werden soll; um dies zu erreichen beansprucht man das Stahlblech bis zur Proportionalitätsgrenze.

Druckschächte sind daher nur im guten und druckhaften Gebirge zulässig. Der Betonmantel soll mindest 50 cm dick sein; damit beim Bau die

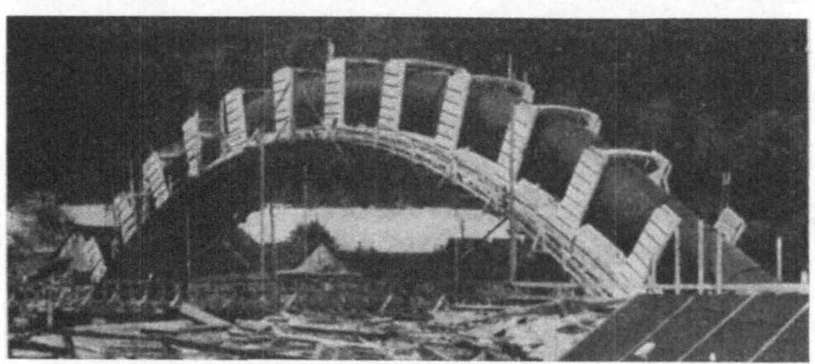

Abb. 370. Rohrbrücke über die Ybbs bei Opponitz.

Betonhinterfüllung sich gut ausgießt, sollen Druckschächte nicht unter 40° geneigt sein.

ε) **Besondere Rohrleitungsbauwerke.** Für Überbrückungen kann das Rohr selbst als Tragwerk benutzt werden; sonst dienen als Rohrbrücken häufig gewölbte Bauwerke (Abb. 370). Kleinere Rohrleitungen sind als Hängebrücken über große Spannweiten geführt worden.

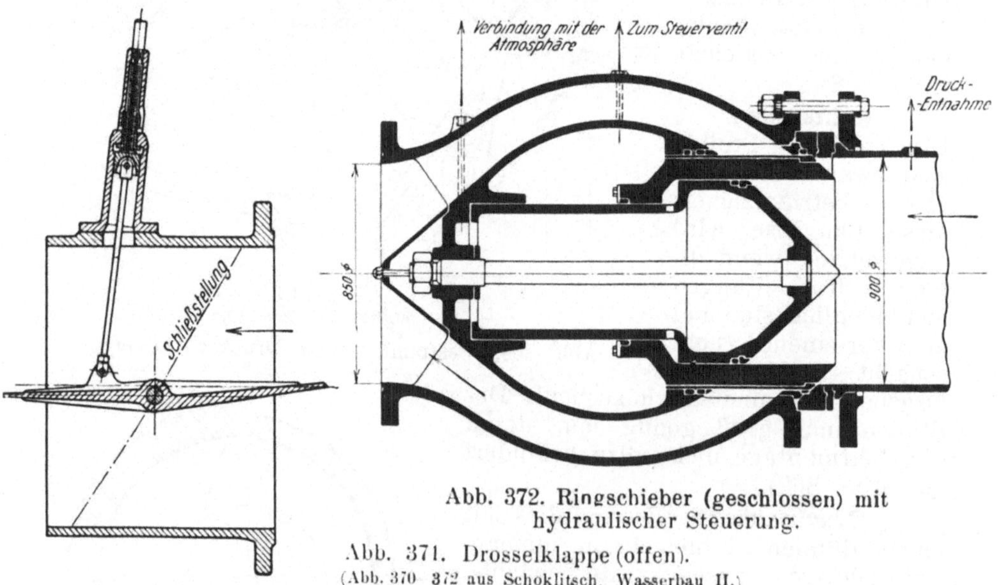

Abb. 372. Ringschieber (geschlossen) mit hydraulischer Steuerung.

Abb. 371. Drosselklappe (offen).

(Abb. 370–372 aus Schoklitsch, Wasserbau II.)

ζ) **Absperrvorrichtungen und Betriebseinrichtungen.** Druckleitungen sind gewöhnlich am Einlauf und zumeist vor den Turbinen absperrbar. Während man die einen Absperrvorrichtungen als Turbinenschieber zu diesen gehörig ansieht, ist der obere Abschluß am Einlauf vielfach so eingerichtet, daß er bei Rohrbruch und Wasseraustritt selbsttätig schließt. Zur größeren Sicherheit sind dort oft zwei Abschlüsse hintereinander.

Die gebräuchlichste Selbstschlußvorrichtung an Rohren ist die Drosselklappe (Abb. 371); sie schließt aber nicht vollkommen dicht, weshalb daneben noch dichte Verschlüsse sind: Keilschieber, Ringschieber und Kugelschieber.

Die bei einem Rohrbruch entstehende übergroße Geschwindigkeit rührt an eine Stoßplatte oder empfindliche Ringwaage, die das Schließen einleitet, indem sie einen Servomotor auslöst, der die Drosselklappe betätigt.

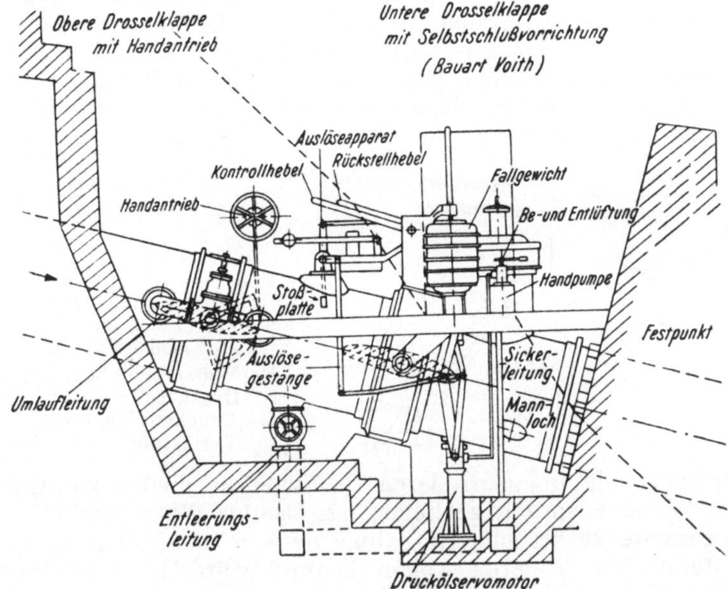

Abb. 373. Apparatekammer.

Eine Umgehungsleitung der Verschlüsse von kleinem Durchmesser erlaubt bei geschlossenen Hauptschiebern das Druckrohr allmählich zu füllen, um die Absperrung vom Wasserdruck zu entlasten und leichter öffnen zu können.

Rohrleitungen haben außerdem Betriebssicherungen gegen Überdruck, sowie Ent- und Belüftungsventile, ferner Einstiegöffnungen, sogenannte Mannlöcher.

Diese Vorrichtungen sind zumeist in der nahe beim Wasserschloß befindlichen Schieber- oder Apparatekammer (Abb. 373) gesammelt, in der dann auch ein Montagekran ist, mit dem die Drosselklappe geöffnet werden kann.

Für den Bau einer Rohrleitung wird fast immer daneben ein Schrägaufzug eingerichtet, der manchmal noch während des Betriebes bestehen bleibt, meist aber mit Bauende abgetragen wird und den Platz für eine weitere Rohrbahn freimacht.

10. Wasserschloß.

Fließt den Turbinen das Triebwasser nicht unmittelbar aus dem Stauweiher zu, sondern liegt eine verhältnismäßig flache Fernleitung vor, muß zwischen ihr und der Turbine ein Behälter sein, der zwischen dem meist gleichmäßigen Zufluß der Oberwasserführung und der häufig wechselnden Turbinenentnahme ausgleichend wirkt.

An Nieder- und Mitteldruckwerken ist hiefür der Oberwassergraben zum Vorhof erweitert; Hochdruckwerke besitzen ein Wasserschloß. Während der ausgedehnte Vorhof diesem Wasserausgleich im allgemeinen ohne auffällige Spiegelbewegung nachkommt, ist das Wasserschloß des Hochdruckwerkes heftiger bewegt.

Es bezweckt neben dem erwähnten Triebwasserausgleich Druckstöße, die den Druckstollen gefährden, unschädlich aufzufangen und ist daher zwischen Druckstollen und Steilrohrleitung eingeschaltet (Abb. 374).

Bei plötzlichen zusätzlichen Entnahmen durch die Turbinen stellt das Wasserschloß den augenblicklichen größeren Wasserbedarf solange zur Verfügung, bis der Zulauf aus dem Stollen, der durch Absinken des Was-

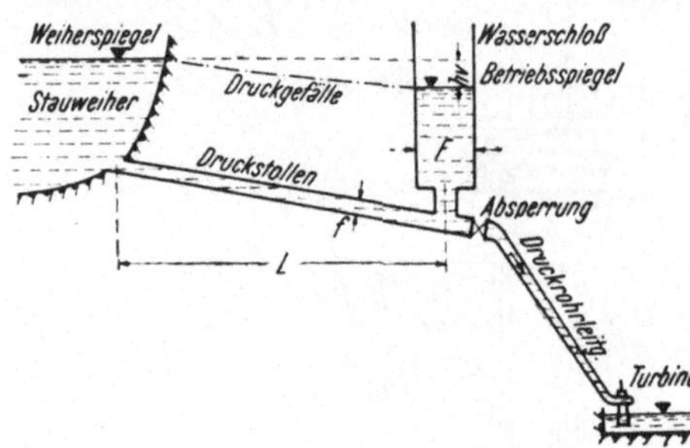

Abb. 374. Schematische Lage des Wasserschlosses bei einem Hochdruckwerk.
F Wasserschloßquerschnitt.
f Druckstollenquerschnitt.
L Druckstollenlänge.
h_v Verlusthöhe im Stollen.

serschloßspiegels mit einem größeren Druckgefälle fließen kann, auf den vermehrten Wasseranspruch gestiegen ist. Da der Wasserschloßinhalt anfangs die gesamte zusätzliche Entnahme decken muß, sinkt sein Spiegel tiefer als durch den größeren Ablauf bedingt wäre. Es wird daher eine größere Wassermenge beschleunigt, als notwendig ist; diese staut sich nun im Wasserschloß auf und hebt dort den Wasserspiegel. Als Folge der Minderung des Druckgefälles im Stollen läßt wieder der Zulauf nach. Dadurch treten Schwingungen des Wasserschloßspiegels auf, die langsam abebben, bis der neue Beharrungszustand erreicht ist.

Umgekehrt steigt bei plötzlichem Abschluß der Turbinen der Wasserspiegel rasch sogar über den Weiherspiegel an und staut damit den Stollenzufluß zurück, bis er nach einigen Schwingungen in den Ruhespiegel übergeht.

Das Wasserschloß muß so gestaltet sein, daß bei der tiefsten Schwingung keine Luft in die Leitungen eindringt und die höchste Schwingung weder Wasserverlust noch Gefährdung bringt.

Die Grundform der offenen Wasserschlösser ist das einfache Schachtwasserschloß oder Standrohr mit durchwegs gleich großem Querschnitt.

Nach Prašil sei $F \geqq 30\,f$, Vogt verlangt als Mindestquerschnitt

$$F > \frac{c^2 \cdot f^{1,5}}{69,85\,H}$$

worin f der Stollenquerschnitt, c die Stollenrauhigkeit nach Chezy und H die Nutzfallhöhe des Kraftwerkes ist.

Die Spiegelschwankung im Wasserschloß bewirkt also Beschleunigung bzw. Verzögerung des Stollenzulaufs. Um dieses Verlangen zu fördern, ist schnelles Absinken bzw. Aufsteigen des Wasserschloßspiegels erwünscht, was durch einen kleinen Schachtquerschnitt erzielt wird, andererseits muß aber ein Wasserraum für Ausgleichsmengen vorhanden sein, was hingegen Querschnittsausweitung erfordert. Aus diesen Erwägungen entstand das Kammerwasserschloß, das in der Höhe der äußersten Schwingungen Erweiterungen, ansonst aber einen engen Schacht aufweist. Da man außerdem Bauaufwand dabei einzusparen hofft, heißt man diese Anordnung auch Sparwasserschlösser.

Ein zu enger Schacht könnte aber der „Stabilität" des Wasserschlosses schaden, d. h. statt daß die Schwingung harmonisch abklingt, würde sie sich steigern. Thoma hat daher eine Stabilitätsbedingung aufgestellt.

$$\frac{L\,f\,v_0^2}{g\,F\,h_v^2} > 2\left[\frac{1-\frac{h_v}{H}}{\frac{h_v}{H}}\right]$$

in der v_0 die Geschwindigkeit im Stollen ist, die die Verlusthöhe h_v zur Folge hat.

Die hydraulische Untersuchung eines beliebigen Wasserschlosses mittels zeichnerischen Verfahrens sei durch ein Beispiel[33]) gezeigt:

a) **Kammerwasserschloß.** Das zu untersuchende Kammerwasserschloß (Bild 375) hat einen senkrechten Kreiszylinderschacht mit oberer und mittlerer kreiszylindrischer Kammer und einem unteren waagrechten Behälterstollen ovalen Querschnitts. Der Stollen ist kreisrund.

1. Als Bezugmaß aller Senkrechten dient mit Ausnahme der Δv-Linie (6) immer der Maßstab der Wasserstandleiter.

2. Ausgehend von einem beim Schwingungsvorgang nicht erreichten Tiefpunkt wird die Inhaltssummenlinie des Wasserschlosses — kurz Inhaltslinie — aufgetragen, die durch ihren flacheren und steileren Anstieg den jeweiligen Querschnittszuwachs wiedergibt. Um Platz zu gewinnen, wurde in der Konstruktionsskizze für jede Schwingung die Inhaltslinie gesondert angefangen.

3. Ausgangswasserspiegel ist für den höchsten Ausschlag der höchstmögliche Weiherspiegel, bezeichnet mit „See voll", für den tiefsten Ausschlag der Wasserschloßschwingung der tiefstzulässige Seespiegel, bezeichnet mit „See leer". Diese Wasserspiegel sind für die betreffenden Konstruktionen die waagrechten Bezugachsen.

4. Für die möglichen Geschwindigkeiten im Stollen der Länge L rechnet man sich die Verlusthöhen h_v nach der Gleichung

$$h_v = \frac{L}{c^2\,P}\,v^2$$

worin Einlaufverlust, Krümmungs- und Profiländerungsverluste gegenüber der Stollenreibung vernachlässigt sind.

$v = q/f$ ist die mittlere Stollengeschwindigkeit des jeweiligen Stollendurchflusses q im Stollenquerschnitt f mit dem Profilradius P und der Rauhigkeit c.

Auf die in (3) genannten waagrechten Bezugsachsen wird von einem beliebig gewählten Nullpunkt „O" nach links und rechts der Geschwindig-

[33]) Soll auch für andere zeichnerische Verfahren im Wasserbau beispielhaft sein, weshalb es eingehend behandelt ist.

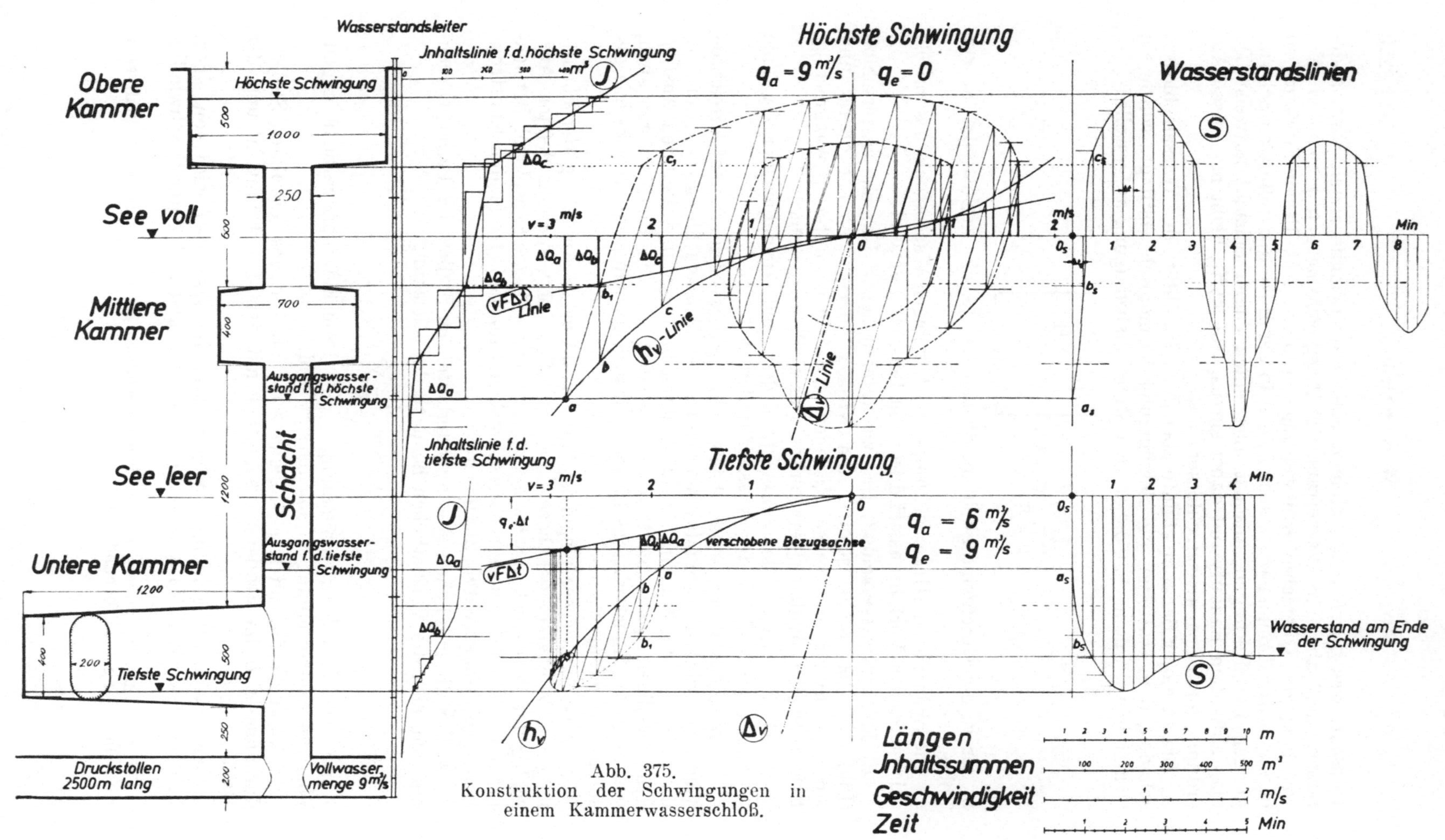

Abb. 375.
Konstruktion der Schwingungen in einem Kammerwasserschloß.

keitsmaßstab aufgetragen; links nach abwärts („+“-Richtung) und rechts nach aufwärts („—“-Richtung) wird nun die punktweise berechnete Verlusthöhenlinie h_v gezeichnet.

5. Man wählt einen Zeitabschnitt Δt, etwa 10, 15 oder 20 Sekunden; ab einem neuen Anfangspunkt O_s, der genügend weit rechts liegt — um die andere Konstruktion nicht zu stören — wird die verlängerte waagrechte Bezugsachse als Zeitachse in Δt - Abschnitte geteilt.

6. Die aus der Gleichsetzung der Drücke beim Eintrittsquerschnitt ins Wasserschloß hergeleitete Gleichung

$$\Delta v = \frac{g}{L} \cdot \Delta t \, (z - h_v) \tag{1}$$

enthält den Ausdruck $g/L \cdot \Delta t$, gemäß dem sich die Geschwindigkeitsänderung Δv vollzieht.

g = Erdbeschleunigung, z = Ordinatenabschnitt.

Für ein beliebig angenommenes $(z - h_v)$, etwa gleich 10 m, rechnet man Δv, trägt es im Geschwindigkeitsmaß auf und erhält damit einen Punkt dieser Geraden und dadurch die Richtung der Δv-Linie.

7. Die Verteilung der zufließenden Wassermenge auf Abfluß zu Turbine und Wasserschloß geht aus der Kontinuitätsgleichung

$$v \cdot f \cdot \Delta t = q_e \cdot \Delta t \pm \Delta J_w \tag{2}$$

hervor.

q_e = die Endwassermenge, auf die übergegangen werden soll, ΔJ_w = die zugehörige Wasserschloßinhaltsänderung.

Die höchste Schwingung liefert ein plötzlicher Abschluß, also $q_e = 0$; die tiefste ein plötzliches, starkes Öffnen der Turbinen gewöhnlich auf $q_e = q_{voll}$ (Vollwassermenge). Im ersten Fall geht daher die $v f \Delta t$-Linie durch den Ursprung O, im anderen Fall ist die Bezugsachse um den Höhenabstand $q_e \, \Delta t$ verschoben.

Als Senkrechtenmaßstab der $v f \Delta t$-Linie wählt man den der Inhaltssummen, wodurch man sich eine Umwandlung erspart. Ein Punkt der $v f \Delta t$-Linie: Für eine angenommene Geschwindigkeit v_1 ist die Ordinate $v_1 f \, \Delta t$, die im Inhaltsmaßstab unter v_1 abgetragen wird.

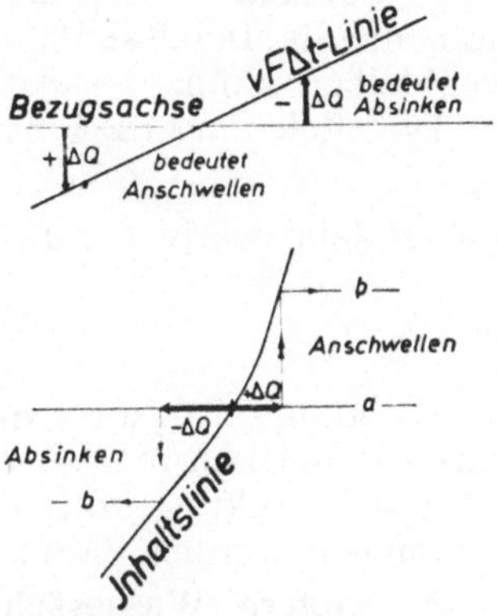

8. Der Ausgangswasserspiegel im Wasserschloß ist durch die Verlusthöhe der Ausgangswassermenge q_a bestimmt; gewöhnlich ist dieselbe für den höchsten Ausschlag die Vollwassermenge ($q_a = q_{voll}$) oder manchmal ist auch eine mittlere Betriebswassermenge, z. B. $q_a = q_{2/3} = {}^2/_3 \, q_{voll}$ maßgebend. Dieser Wassermenge entspricht eine Geschwindigkeit v_a und dieser wieder eine Höhenlage a als Ausgangspunkt der Konstruktion. Den tiefsten Ausschlag kann eine mittlere Betriebswassermenge q_m zum Ausgang haben, die mit etwa ½ bis $^1/_3$ der Vollwassermenge angesetzt wird.

Abb. 376. Vorzeichenregeln.

Höchste und tiefste Schwingung sind nun am besten getrennt ohne gegenseitige Störung der Konstruktionslinien aufzuzeichnen.

9. Der Wasserschloßinhalt ändert sich im ersten Zeitintervall Δt um einen Wert ΔQ_a, das ist angenähert der über dem Ausgangspunkt a gelegene Ordinatenabschnitt ΔQ_a zwischen waagrechter Bezugsachse und v f Δt-Linie. Das Vorzeichen und die Konstruktion ist durch die Regeln im Bild 376 festgelegt. Die Ordinate durch den Endpunkt der Strecke ΔQ_a schneidet die Inhaltslinie in einem Punkt, dessen waagrechte Übertragung auf die Ordinate von Δt den nächsten Punkt b_s der Wasserstandslinie S ergibt.

Der Schnitt dieser Waagrechten mit der Parallelen zur Δv-Linie aus dem Punkt a läßt b_1 finden; senkrecht unter b_1 liegt auf der h_v-Linie der Punkt b, welcher den Ausgangspunkt für die weitere schrittweise Konstruktion darstellt.

Man bekommt eine Punktreihe a_s, b_s, c_s usw., die zur gesuchten Wasserstandslinie der Schwingung verbunden die äußersten Ausschläge anzeigt.

Die Aneinanderreihung der Punkte b_1, c_1 usw. liefert Spiralen, deren Mittelpunkt durch die Geschwindigkeit der Endwassermenge gekennzeichnet ist.

Spirale, Wasserstandlinie und Inhaltslinie zeigen in gleicher Höhe dieselben Unstetigkeiten.

Dieses Verfahren reicht für die Praxis aus und kann durch Wahl der Maßstäbe etwas verfeinert werden.

β) **Überfallwasserschloß.** Das zeichnerische Verfahren ist auch anwendbar, wenn das aufsteigende Wasser in ein Speicherbecken überfällt und die Reglerzeiten, d. i. Schließ- bzw. Öffnungsdauer der Turbinen berücksichtigt werden.[34])

Die Reglerzeit nimmt sowohl bei der Größe der Ausschläge, als auch beim Zeitpunkt des Eintrittes derselben immerhin einigen Einfluß und zwar um so mehr, je länger sie andauert.

γ) **Schachtwasserschloß.** Bei diesem vereinfacht sich die Konstruktion, da die Inhaltslinie eine Gerade wird, die dann in der Konstruktion wegbleiben kann.

Die Gleichung (2) läßt sich in

$$v \,.\, f \,.\, \Delta t = -\, q_e \,.\, \Delta t \mp F \,.\, \Delta z$$

umwandeln, worin Δz die Wasserstandsschwankung im Wasserschloß ist

$$\Delta z = \mp \frac{f}{F} \,.\, \Delta t \,.\, v + \frac{q_e}{L} \,.\, \Delta t$$

Es kann also statt der v . f . Δt-Linie: eine Δz-Linie — eine Gerade durch den Ursprung — genommen werden, an der die jeweilige Wasserstandsschwankung statt des Umweges über die Inhaltsänderung sofort abgenommen werden kann.

δ) **Andere Wasserschloßarten.** Eine Verengung zwischen Rohrleitung und Wasserschloß dämpft die Schwingung wesentlich, ist jedoch einer Berechnung nicht so klar zugänglich. Kammüller schlägt eine Verengung des Stollens in Form eines Venturirohrs beim Wasserschloß vor, wodurch eine bessere Stabilität und zugleich Dämpfung der Schwingung erreicht wird (Abb. 377, c u. d). Diese Abbildung zeigt einige ausgeführte Wasserschlösser, sowie Vorschläge für solche.

---

[34]) Vergl. Wasserkraft und Wasserwirtschaft, München 1942, H. 3.

In Druckwasserschlössern wird im Gegensatz zu offenen Wasserschlössern in der Wasserschloßkammer ein Luftraum zusammengepreßt. Dieser Grundsatz wird bei den Windkesseln der Pumpen angewendet; Druckwasserschlösser sind aber manchmal unzuverlässig, weil die

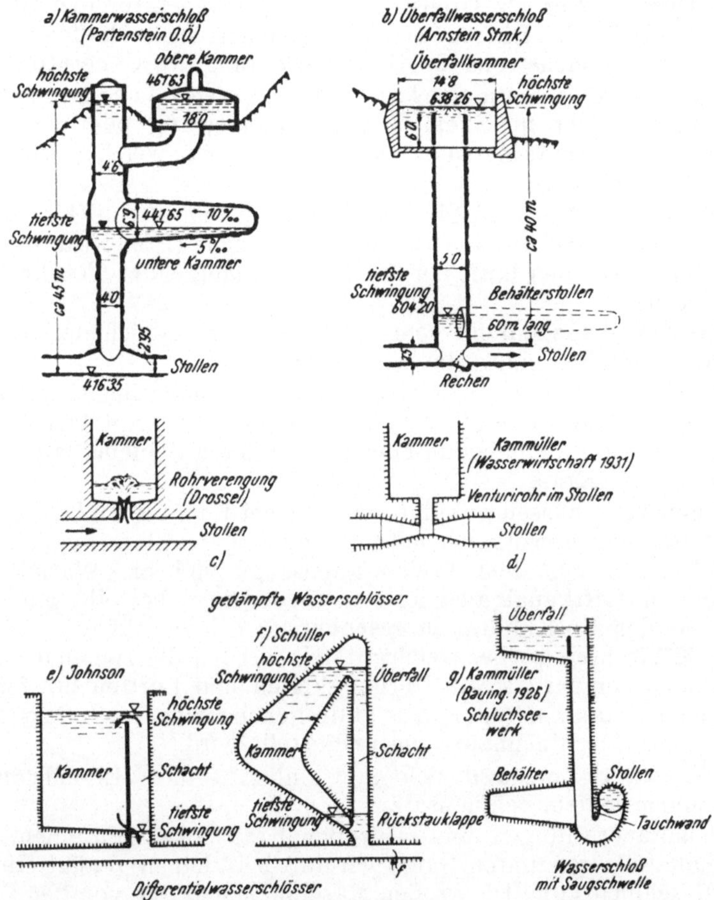

Abb. 377. Verschiedene Wasserschloßarten: a) Kammerwasserschloß, b) Überfallwasserschloß, c) und d) Gedämpfte Wasserschlösser, e) und f) Differentialwasserschlösser, g) Wasserschloß mit Saugschwelle.

Luft allmählich vom Wasser absorbiert wird und sie damit unwirksam werden.

Das Wasserschloß bei Mittel- und Niederdruckwerken, der Vorhof, unterliegt ähnlichen Schwingungen, doch sind diese wegen der großen Oberfläche von geringer Höhe und werden daher wenig beachtet. Wichtiger ist dort der im Kanal hervorgerufene Schwall und Sunk bei Lastschwankungen im Kraftwerk.

11. Krafthaus.

Das Krafthaus birgt Turbinen und Stromerzeuger samt den hiezu nötigen Betriebs- und Schalteinrichtungen, sowie Nebenanlagen.

In neuzeitlichen Anlagen sitzt Turbine und Generator an einer zumeist starr gekuppelten Welle. Es wird hauptsächlich Wechselstrom und zwar Drehstrom für Allgemeinversorgung und Einphasenwechselstrom für Bahnbetrieb erzeugt. Bahnstromgeneratoren haben bei gleicher Leistung größeren Durchmesser als Drehstromerzeuger. Generatorspannung ist gewöhnlich 3 bis 5 kV. Die zumeist auf gleicher Welle laufende Erregermaschine liefert Gleichstrom für die Felderregung des Generators.

Der Strom wird an Sammelschienen abgegeben, die entweder als blanke Kupferbänder in einem Sammelschienengang oder als Kabel in einem Kabelkanal sind; sie führen zum Umspanner, welcher auf die Netzspannung transformiert.

Bei kleinen Werken sind die Umspanner im selben Gebäude, große stehen in eigenen Schalthäusern oder im Freien (Freiluftumspannwerk).

Über den Maschinen läuft ein Kran von genügender Tragkraft für die schweren Teile.

Im Maschinenhaus soll ein vom selben Kran überstrichener Abstellplatz in der Größe mindest eines Maschinensatzes sein.

Die Turbinenschieber der Rohrzuleitungen liegen manchmal im Maschinenraum, um womöglich vom Maschinenhauskran bedient werden zu können. Sind die Schieber in einem besonderen Schieberhaus, brauchen sie einen eigenen Kran.

Stromerzeuger müssen gekühlt werden; bei Luftkühlung wird die Kaltluft durch den gewöhnlich mitumlaufenden Ventilatorflügel vermittels Frischluftkanälen aus dem Freien angesaugt und die Warmluft durch einen anderen Luftkanal ausgeblasen. Neuerdings betreibt man Umlaufkühlung, bei der die Kühlluft in geschlossenem Kreislauf an wasserdurchflossenen Kühlrohren vorbeistreicht; damit werden die ziemlich weiträumigen Luftkanäle erspart, sowie Unreinigkeiten und Luftfeuchte fern gehalten. Im Winter kann mit der Warmluft geheizt werden, indem der Luftumlauf in den Maschinenhausraum umgestellt wird.

Das Kraftwerk erzeugt sich gewöhnlich seinen Eigenbedarfsstrom selbst in einem Hilfsmaschinensatz.

Die Schaltanordnungen sind in großen Krafthäusern in einem Warte oder Befehlsstelle genannten Raum vereint, bei kleinen genügt eine Schalttafel im Maschinenraum. Die großen Maschinen sind alle von der Warte aus steuerbar und überwacht, sodaß dem Maschinenpersonal nur die unmittelbare Betreuung zufällt. Auf der Schalttafel werden die Betriebsvorgänge ferngemeldet, sodaß der Mann in der Warte von allem unterrichtet ist, ohne die Maschinen zu sehen, weshalb die Warte außerhalb des Maschinenhauses liegen kann.

In der Schaltanlage soll auch der Wasserstand von Ober- und Unterwasser aufgezeigt werden.

Untergeordnete Kraftwerke werden jetzt manchmal auch ferngesteuert und betätigt, sodaß bei der Maschine überhaupt keine ständige Bedienung ist.

Es gibt Anlagen, die auf ein Haus über den Maschinen verzichten, sodaß diese im Freien stehen; derart wetterfest gestaltete Maschinenanlagen haben sich selbst in klimatisch schwierigen Gegenden bewährt. Nur die Warte mit den empfindlichen Instrumenten ist in einem kleinen Gebäude untergebracht.

Nicht allein aus luftschutztechnischen Gründen kann eine elektrische Zentrale in einer künstlich geschaffenen Höhle als Kavernenkraftwerk[35]) (Abb. 378) gebaut werden. Solche Anlagen müssen bezüglich Zugang und Lüftung überlegt werden.

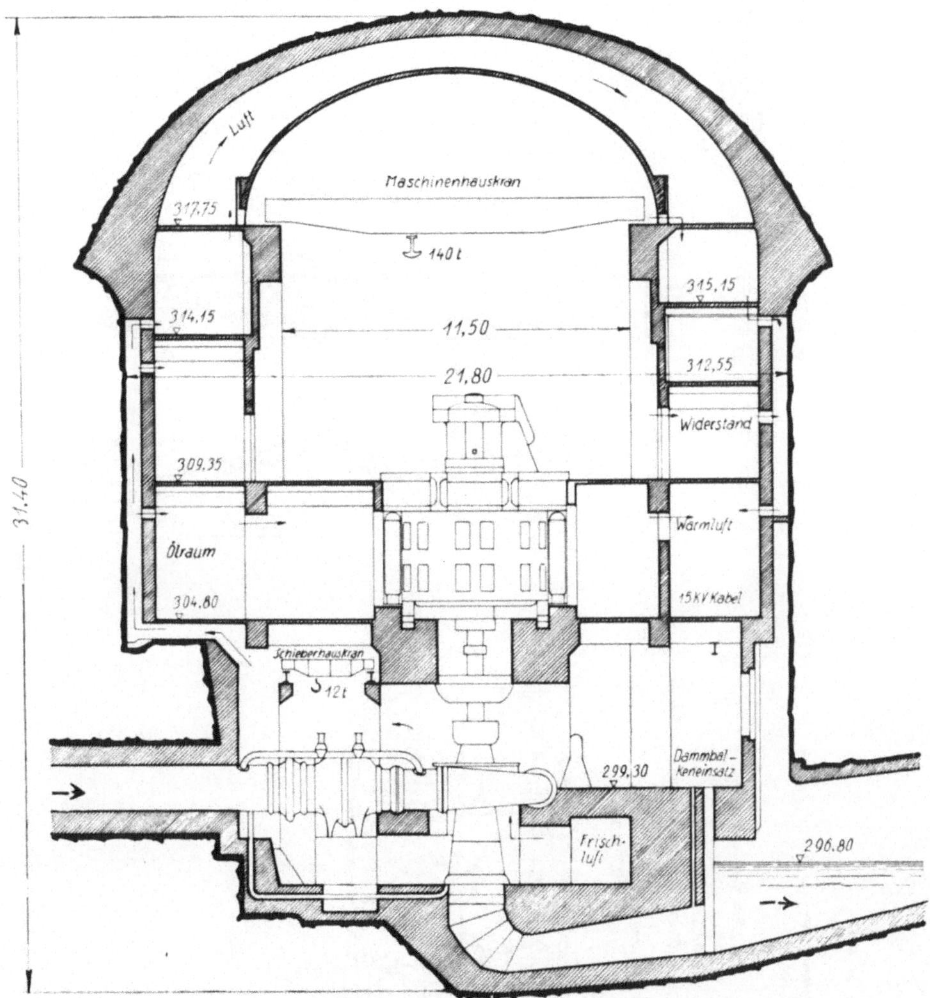

Abb. 378. Kavernenkrafthaus (Brommat).

An Nebenanlagen des Krafthauses sind erforderlich Werkstätte, Lagerräume für Öl und Bestandteile, Einrichtung der Notbeleuchtung (Batterie), Kanzlei und Belegschaftsräume. Die Wohnungen sollen jedoch getrennt sein.

Der Abstand zwischen den Maschinensätzen ist allermindest 1,5 m, der von den Wänden etwas mehr; zu große Beengtheit stört oft sehr.

Wasserführung und Stellung der Maschinenwelle bestimmt die Krafthausbauart. Durch eine Kraftgruppe mit liegender Welle (Abb. 379)

[35]) Wasserkraft und Wasserwirtschaft, München 1941, H. 12 und 1943, H. 10.

in Richtung der Krafthauslängsachse wird eine kleinste Breite erreicht, jedoch wird das Krafthaus lang und die Kreuzungen von Wasser-, Luft- und Stromwegen unangenehm; bezüglich dieser Kreuzungen wäre die Anordnung der liegenden Welle in Breitenrichtung günstiger, aber das Kraft-

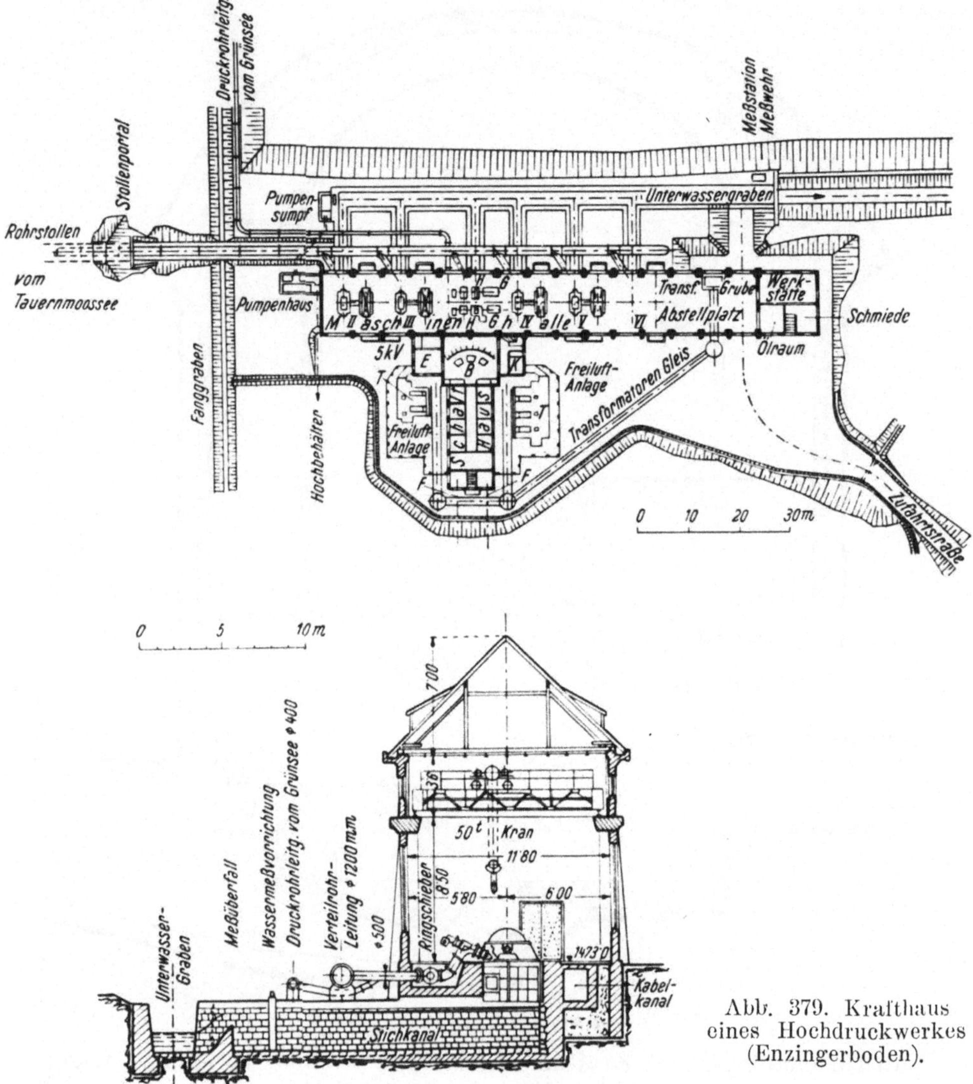

Abb. 379. Krafthaus eines Hochdruckwerkes (Enzingerboden).

haus wird breiter und die Spannweite des Kranes größer. Die kleinste Grundfläche braucht eine Kraftgruppe mit stehender Welle (Abb. 380) doch wird der Maschinenraum hoch, weil diese Höhe zum Ausziehen der Welle notwendig ist; auch das Ausbauen der Turbine ist umständlich, da zuerst zumindest der Rotor des Stromerzeugers abgehoben werden muß. Trotzdem ist diese Anordnung für Niederdruckwerke beliebt, was vorwiegend der Verwendung von Kaplanturbinen zuzuschreiben ist. An Francisturbinen im Schacht mit liegender Welle macht das Abdichten des Wellendurchstoßes durch die Krafthausmauer Schwierigkeiten. Bei Anordnung einer stehenden Welle wird der Maschinenraum mehrstöckig, sodaß zuoberst der Generatorboden und darunter der Turbinenboden liegt; zwischen ihnen kann ein Raum für Sammelschienen oder Kabel sein, in dessen Höhe

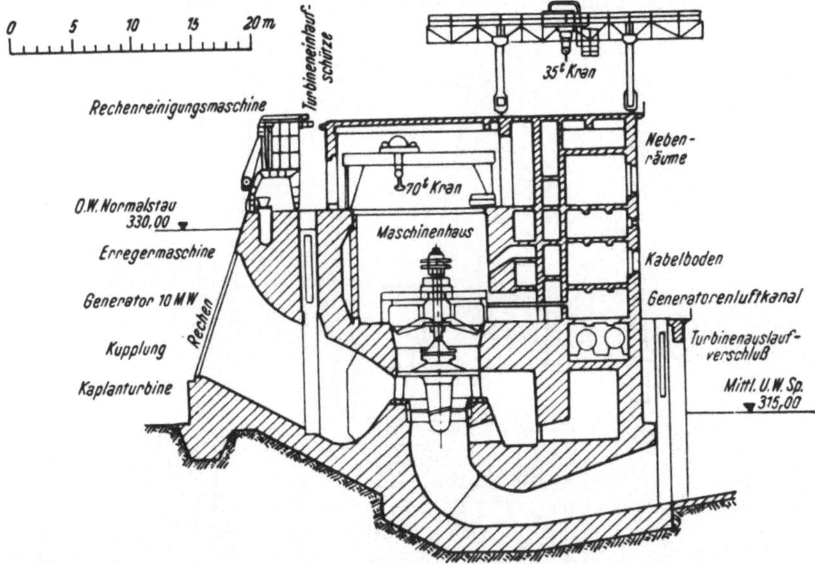

Abb. 380. Schnitt durch das Krafthaus eines Staukraftwerkes (Ternberg).

sich auch die Kupplung der Maschinenachse befindet. Pumpspeicherwerke haben dann noch ein tieferes Stockwerk für die Pumpen und deren Absperrorgane. Hochdruckwerke sind zumeist mit liegender Welle gebaut.

Rechen und Schützen der Niederdruckwerke vor den Turbineneinläufen sind als Krafthausteile anzusehen. Das Schütz am Turbinenzulauf ist gern als Schnellschlußschütz eingerichtet.

Rohrleitung und Turbinenspirale liegt möglichst unter Maschinenhausfußboden.

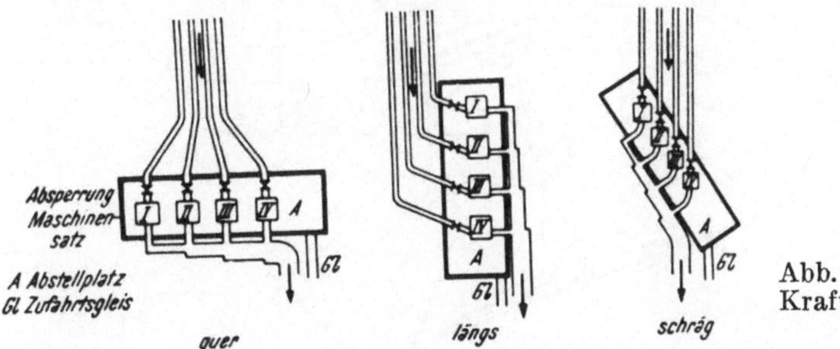

Abb. 381. Stellung des Krafthauses zum Wasserlauf.

Das Krafthaus kann zum Wasserzulauf entweder quer-, längs- oder schräggestellt sein (Abb. 381). Besonders prägt sich dies im Führen der Rohrbahnen der Hochdruckwerke aus: Die Querstellung verlangt Auseinanderziehen der Rohrstränge, die Längsstellung ist nur bei wenigen Strängen günstig und erfordert einen Knick in der Turbinenzuleitung; daher bedeutet die Schrägstellung eine vermittelnde Bauart.

Da Staukraftwerke einen Teil des Flußwehres bilden, wird bei genügender Flußbreite die Stellung quer zur Flußachse bevorzugt, auch dann, wenn eine Flußausweitung dazu notwendig ist.

Das sogenannte Unterwasserkraftwerk (Abb. 382) hat das Krafthaus im Hohlraum des Wehrkörpers, über den das Überschußwasser

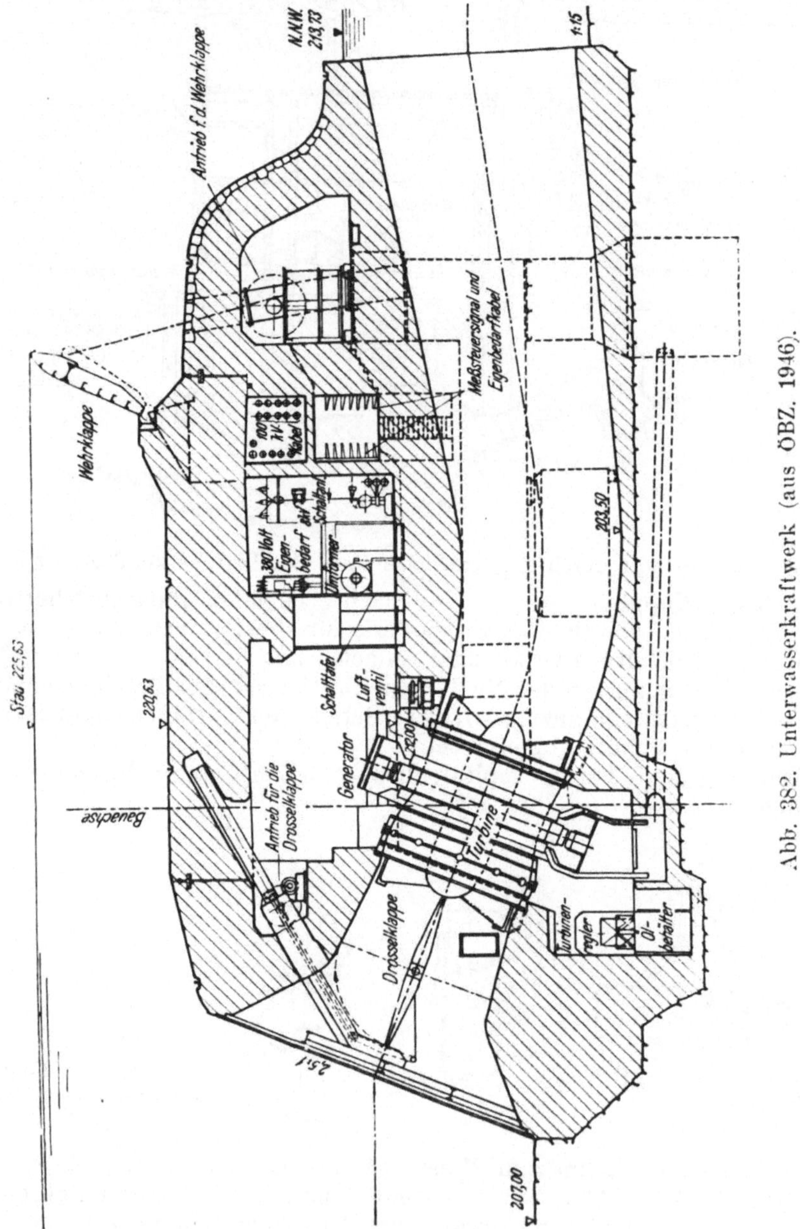

Abb. 382. Unterwasserkraftwerk (aus ÖBZ. 1946).

hinwegstreicht. Der Maschinensatz muß daher wegen Raumnot sehr gedrängt gebaut sein, weswegen man zur Schrägstellung der Achse, Ineinanderschachteln von Turbine und Generator und noch anderen Aushilfsmitteln gegriffen hat. Die bisherigen wenigen Ausführungen sind ideenreich in vielen notwendigen Neukonstruktionen der Maschinen und anderen Einrichtungen, doch bedürfen sie erst der Erfahrung und Bewährung.

Eine vermittelnde Lösung bildet das P f e i l e r k r a f t w e r k der AEW (Abb. 383). Die Maschinensätze werden in die einzelnen Wehrpfeiler hineinverlegt, welche hiezu etwas verbreitert werden. Damit herrscht keine solche Raumenge wie im Unterwasserkraftwerk und normale, erprobte Maschinentypen sind anwendbar. Außerdem reicht der Pfeiler über Wasser, sodaß ein ständiger Zugang von außen und damit Montage und später Reparaturen wesentlich leichter möglich sind, diese Anlagen sind hydraulisch vorteilhaft und erfolgversprechend.

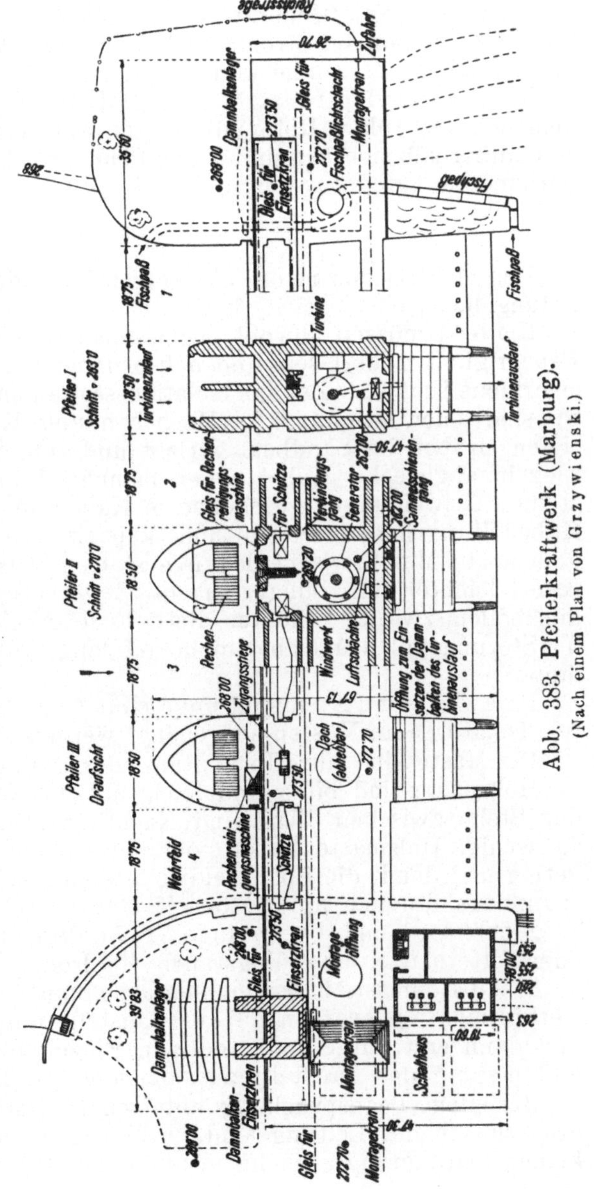

Abb. 383. Pfeilerkraftwerk (Marburg).
(Nach einem Plan von G r z y w i e n s k i.)

Die Gründung der Krafthäuser stößt häufig auf Grundwassererschwernisse, dagegen bietet der Hochbau keinen bemerkenswerten Unterschied gegenüber anderen Industriebauten; da der Bau oft eine bis dahin noch unberührte Natur verletzt, soll man sich mühen, das Äußere passend zu gestalten.

Der U n t e r w a s s e r g r a b e n kann entweder vom Krafthaus überbaut sein oder neben ihm vorbeifließen und die Turbinenabläufe als verlängerte Saugkrümmer oder Stichkanäle aufnehmen. Wie immer sucht man auch hier schroffe Knicke in der Wasserführung zu vermeiden und die Umlenkung des Wasserfadens in die Turbine zu verschieben.

Das Krafthaus soll womöglich mit Bahnanschluß oder einer Wasserstraße, zumindest aber auf einer genügenden Zufahrtsstraße erreichbar sein, sodaß vom Transportmittel möglichst ohne Umladung die Maschinenteile vom Krafthauskran abgenommen werden können.

12. Elektrische Anlagen.

Dem Wasserkraftbauer ist einiges Wissen über elektrische Anlagen von Nutzen; diese sind:

Stromerzeugerstationen (Wasser- und Wärmekraftwerke),
Umspann- und Schaltstationen (Unterwerke) und
Stromnetz, gegliedert in Fernleitungsnetz (Hochspannung) und Verteilernetz (Niederspannung).

Der elektrische Teil der Wasserkraftwerke konnte entsprechend dem Umfang dieses Buches nur gestreift werden; die genaue Kenntnis der Stromerzeuger (Generatoren) ist für den Wasserkraftbauer unwesentlich. Der Rahmen des Stromerzeugers umschließt meist als Gußstahlgehäuse die elektrische Maschine und gibt durch seine Umgrenzung die Raumausmaße; er trägt den feststehenden Teil (Stator) mit den Lagern, innerhalb dem sich der Anker (Rotor) dreht, von welchem lediglich die Abnehmerbürsten außerhalb sichtbar sind. Das Feld wird durch eine mit dem Generator verbundene Erregermaschine erregt.

a) Stromnetz.

Den elektrischen Strom übertragen im Boden verlegte Kabel oder Freileitungen.

Kabel müssen sowohl gegen Spannungsüberschläge als auch gegen Feuchtigkeit isoliert sein und haben daher über dem leitenden Metalldraht mehrfache Umhüllungen aus Isolationsstoffen und Metall-(Blei-)schutzhülsen. Sie sind teuer, besonders für Hochspannung. Kabel werden in 0,5 bis 1,0 m tiefen Gräben im Sandbett verlegt und zum Schutz beim Aufgraben mit Ziegeln abgedeckt. Kabel liegen manchmal im Schutz besonderer Kabelsteine. Abzweigungen geschehen in Kabelköpfen mit Schutzmuffen. Lange Kabelleitungen verbrauchen hohe kapazitative Ladeströme; spannungsausgleichende Metallzwischenlagen gestatten schwächere Isolierung, was die Kabel leichter und billiger macht. Zuverlässige Fehleranzeigevorrichtungen sollen zwecks erhöhter Betriebssicherheit eingebaut werden, damit im Störungsfall das Kabel nicht auf lange Strecken aufgegraben werden muß.

Freileitungen sind ungeschützte Drähte oder Metallseile, die mittels Isolatoren an Masten aufgehängt werden.

Die Maste sind aus Holz, Stahl oder Stahlbeton.

Holzmaste sind billig und leicht aufzustellen; sie gehen aber rasch an der Stelle zwischen „Tag und Nacht“ zugrunde, ein Imprägnieren hilft da wenig. Holzmaste haben viele Störungen im Betrieb; ihre Höhe ist gering und damit die Spannfeldweite klein; sie sind für neuzeitliche Hochspannungsleitungen nur Notbehelf.

Stahlmaste sind bei geringer Höhe Vollwandträger, sonst Fachwerk- oder Gittermaste, neuerdings auch Stahlrohre.

Stahlbetonmaste haben mannigfache Bauarten als Voll-, Hohl- oder Fachwerkformen; sie werden an der Baustelle unmittelbar liegend hergestellt und dann erst aufgerichtet oder in Einzelteilen fabriksmäßig angefertigt und erst an der Baustelle zusammengefügt. Ihre Verbreitung nimmt zu.

Bezüglich Beanspruchung unterscheidet man Tragmaste, die lediglich Stützpunkte der Leitung sind, wohl Eigengewicht und Winddruck, aber keinen Leitungszug aufnehmen und daher nur in geraden Strecken stehen, und Abspannmaste zur Aufnahme des Leitungszuges (etwa 2 bis 3 t) in den Winkelpunkten, Kreuzungsstellen mit Bahn, Straße etc.

In Bezug auf Kopfausbildung spricht man von einfach abgespannten, Tannenbaum- oder Laubbaumtypen und Portalstützen (Abb. 384).

Die Mastberechnung geht nach VDE-Normen.

Die Aufhängung am Mast vermitteln Stütz- oder Hängeisolatoren; erste sind an Festigkeit und Betriebssicherheit unterlegen und daher nur für Spannungen bis 25 kV anwendbar. Bei Wanddurchgängen sind Durchführungsisolatoren entsprechend den Anforderungen geformt.

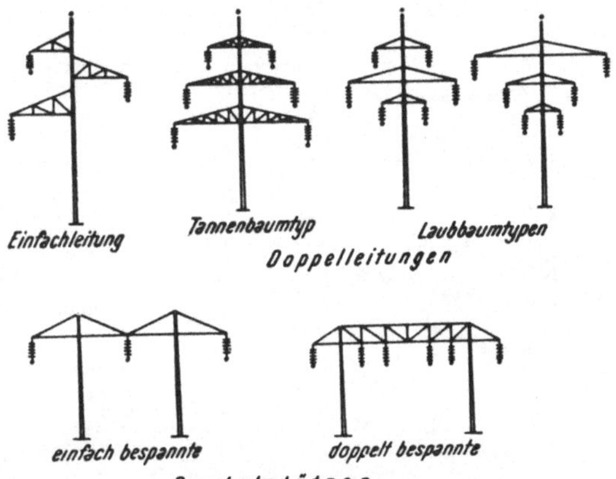

Abb 384. Bauformen der Maste von Hochspannungsfreileitungen.

Je nach Übertragungsleistung und Spannfeldweiten ist die Leitung aus Volldraht oder Litzenspiralseilen; die Werkstoffe sind Kupfer, Stahl und Aluminium, wobei Kupfer die beste Leitfähigkeit, Stahl die größte Festigkeit und Aluminium das geringste Gewicht hat.

An den Mastspitzen wurden früher Blitzschutzseile geführt; Maste sind zuverlässig zu erden.

Die Linienführung der Hochspannungs-Freileitungen unterliegt folgenden Gesichtspunkten: Sie sei die kürzeste Verbindung der Werke, wobei Orte und Flugplätze umgangen werden müssen. Hochwertige Wälder sind zu schützen, die Kosten sind dort bei mittlerem Bestand (z. B. 30 bis 40 Jahre alten Fichten) am größten. Sümpfe sind wegen Gründungsschwierigkeiten und Rauhreifbildung zu meiden; Rutschhänge sind gefährlich. Kreuzungen von Bahnen, Strecken und Flüssen sollen wenige sein, auch keine Parallelführung mit Telephonleitungen. Die Maste mögen an Kulturgrenzen stehen und gute Zufahrt haben.

Hochspannungsleitungen verschönern sicher nicht die Gegend und sind ein notwendiges Kulturübel; für sie müssen Schutzstreifen von beiderseits 30 m Breite frei sein; sie sind im Grundbuch als beschränkte Dienstbarkeit eingetragen (Elektrizitätswegegesetz).

b) Unterwerke.

Gleichstrom wird in Maschinensätzen mit drehenden Teilen umgeformt; es wird fast nur mehr Wechselstrom erzeugt, weil dieser in feststehenden Umspannern (Transformatoren, abgekürzt Trafo) umgespannt werden kann. Umspanner bestehen im Prinzip aus zwei Spulen, die um einen Eisenkern (Kerntrafo) oder Eisenrahmen (Manteltrafo) gewickelt sind.

Auf der Seite der Spannung I sind Hauptschalter (Öl- oder Expanderschalter), Trennschalter (Trennmesser), dann die Sammelschiene I und wieder Haupt- und Trennschalter. Genau die gleiche Anordnung ist auf der Seite der Spannung II; zwischen beiden ist der Trafo, der je Phase ein Spulensystem hat.

Kupplungsschalter vollführen den Zusammenschluß von Sammelschienen gleicher Spannung, Meßwandler sind Kleinumformer zur Stromabnahme für Meßzwecke, Blitzschutzumspanner (Bendmannschutz, Erdschlußspule) sind Drosselspulen zur unschädlichen Aufnahme von Blitzschlägen und Erdschlüssen an der Freileitung.

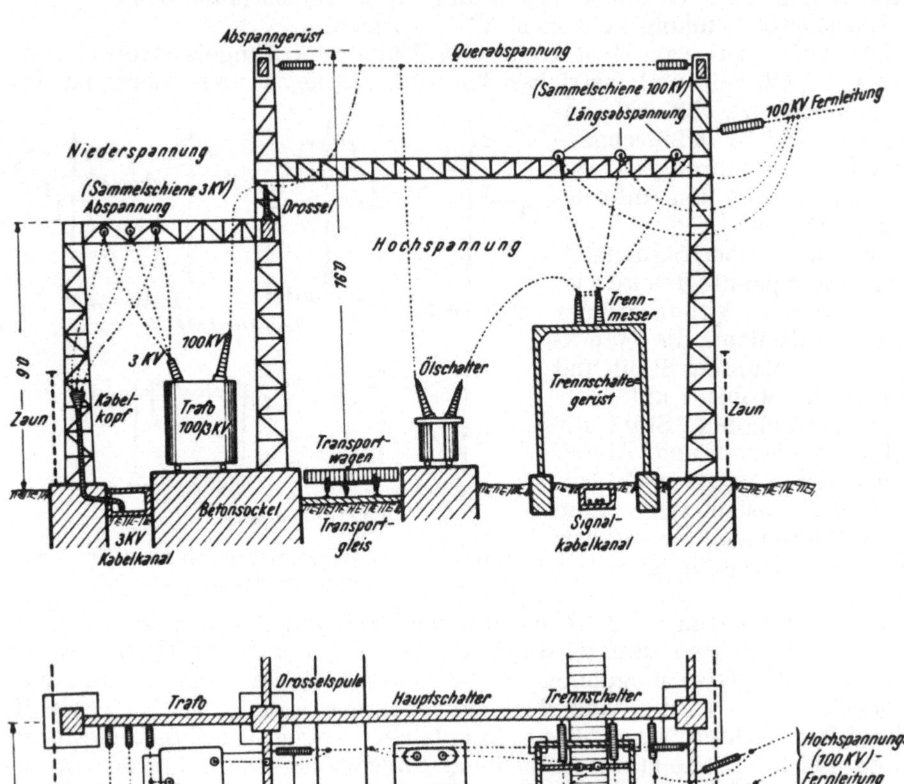

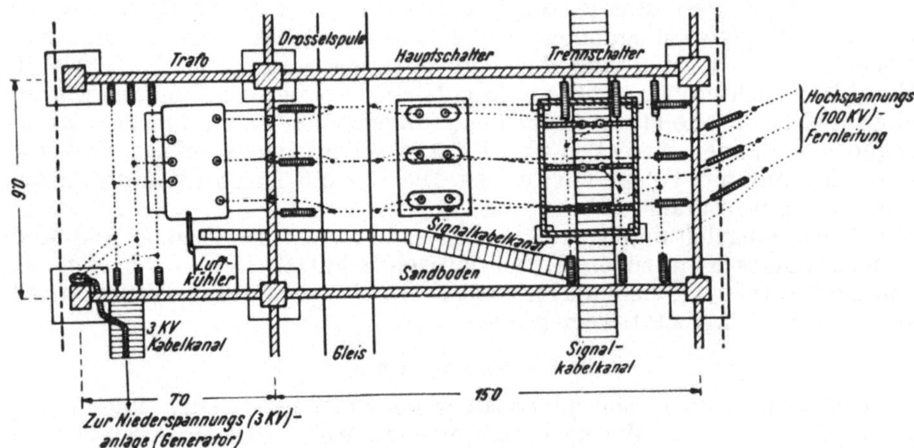

Abb. 385. Freiluftumspannanlage. Schnitt und Grundriß eines Umspannerfeldes.

Kleine Umspannanlagen werden in Gebäuden, ganz kleine in einer Kammer oder einem Transformatorhäuschen untergebracht; große Umspanner stellt man gern ins Freie (Abb. 385), weil man dann die Kosten des Hochbaues erspart.

Über einer größeren Umspannanlage erhebt sich das Abspanngerüst, das die Freileitungen trägt. Die Umspanner stehen auf niederen Sockeln und werden von diesen auf den eigenen Rollen oder Transportwagen fortgeschoben; sie sind ölgefüllte Blechkübel. Umspanner müssen gekühlt werden; bei kleinen genügt dafür die Rippung des Gehäuses, während große über 4000 kVA künstliche Kühlung durch Luft oder Wasser benötigen. Von Zeit zu Zeit muß das Öl abgelassen und durch Schleudern gereinigt werden.

Der Betrieb eines großen Unterwerkes wird von einer Warte aus geleitet, in der alle Meldungen einlaufen und von der aus die Schaltungen vorgenommen werden; die Trennmesser werden in spannungslosem Zustand von Hand gelöst und zeigen so mit Sicherheit den offenen Stromweg an. Selbstverständlich gehören zur Abwicklung eines Unterwerksbetriebes eine Menge Signalleitungen, Meßapparate und Relais.

Ölbrände, sowie Brände in elektrischen Anlagen überhaupt dürfen nur trocken mit Schaumlöschgeräten bekämpft werden.

VII. Wasserversorgung. [36])

1. Feststellung des Wasserbedarfes.

a) Wasserverbrauch.

α) **Der häusliche Verbrauch** ist von kulturellen Ansprüchen der Bewohner, Art der Wasserbezahlung und Wasserentnahme, sowie Einwohnerzahl des Ortes beeinflußt; der Wasserverbrauch steigt ständig mit Besserung der wirtschaftlichen Verhältnisse.

Orte kleiner als 2.000 Einwohner, ohne Kanalisation	50— 60 l je Kopf/Tag
Mittelstädte bis 50.000 Einwohner	80—150 l je Kopf/Tag
Großstädte	150—250 l je Kopf/Tag
Im Mittel für einen Vorentwurf	100 l je Kopf/Tag

Einige Orte:

Eichwalde	3.000 Einwohner,	34 l	Magdeburg	300.000 Einwohner,	113 l
Naumburg	30.000 Einwohner,	70 l	Dortmund	500.000 Einwohner,	276 l
Osnabrück	90.000 Einwohner,	81 l	Köln	600.000 Einwohner,	173 l
Graz	200.000 Einwohner,	70 l	Wien	1,900.000 Einwohner,	224 l
			Berlin	3,500.000 Einwohner,	200 l

Englische Städte wie die deutschen, amerikanische das 2 bis 8fache der deutschen Städte.

Zergliederung auf einzelne Bedürfnisse des Hausverbrauches:

Trinken, Kochen und Reinigen	20— 30 l je Kopf und Tag
Waschen	10— 15 l je Kopf und Tag
Klosettspülung	8— 15 l je einmal
Dauernde Pissoirspülung für 1 m Länge	200 l je Stunde
Wannenbad	300—500 l
Brausebad	30— 60 l
Garten und Straßen besprengen, pro 1 m² . . .	1,5 l im Tag

[36]) Lueger-Weyrauch, Wasserversorgung der Städte, Kröner, Leipzig 1914. — Groß, Handbuch der Wasserversorgung, Oldenbourg, Berlin 1928. — Brix-Heyd-Gerlach; Wasserversorgung, Oldenbourg, München und Berlin 1942.

β) **Gewerblicher Verbrauch** (Landwirtschaft und Industrie):

Kleinvieh	10— 20 l je Tag
Großvieh	40— 60 l je Tag
Dampflokomotive (Tenderfüllung 8—22 m^3)	6000—22.000 l je Tag
Dampfmaschine ohne Kondensation	15— 20 l je PS-Stunde
Dampfmaschine m. Kondensation (Kühlwasser)	300—500 l je PS-Stunde
Dieselmotor (Kühlwasser)	20— 30 l je PS-Stunde
Brauerei: für 1 hl Bier (Kühlwasser)	500—2000 l
Gerberei: für 1 Haut	500—2000 l
Papierfabrik: für 1 kg Papier	400—800 l
Zuckerfabrik: für 1 q Rüben	500—800 l
Textilfabrik für 1 kg Wolle	1000 l
Garage: 1 Auto waschen	200—300 l
Krankenhaus: je Kopf und Tag	250—600 l
Gasthaus: je Kopf und Tag	100 l
Schlachthaus: für 1 Stück Vieh	150—400 l
Markthalle: für 1 m^2 Fläche	5 l
Bau: 1 m^3 Beton bereiten	125—150 l
1000 Ziegel einbauen	750 l

γ) **Öffentlicher Verbrauch:**

Feuerpfosten (Hydrant)	5—10 l/s	(ausnahmsw. 15—17 l/s)
Auslaufbrunnen und Springbrunnen	0,2— 2 l/s	

Besondere Springbrunnen bedeutend mehr:

Rom: Fontana sulla piazza S. Montorio	350 l/s
Paris: Auf dem place du Trocadero	240 l/s
Wien: Hochstrahlbrunnen Schwarzenbergplatz	150 l/s

δ) **Verluste in den Leitungen infolge Undichtheit** (Verlustbedarf):

1—10 % des gesamten Bedarfes, je nach Instandhaltung und Alter der Leitungen (Chicago 45 %!!).

b) Berücksichtigung des Bevölkerungszuwachses.

Die Anlage einer Wasserversorgung soll eine zukünftige Vermehrung der Bevölkerungsziffer berücksichtigen.

$$E_n = E_0 \left(1 + \frac{p}{100}\right)^n$$

E_n Einwohnerzahl nach n Jahren,

E_0 die derzeitige Einwohnerzahl,

p Zuwachs der Bevölkerung im Jahr in %; dieser ist bei Großstädten größer als bei Landorten und zumeist wirtschaftsbedingt. In den Jahren der industriellen Blütezeit 1885—1890 nahm Berlin jährlich um 3,7 %, München 6,07 %, Köln sogar 11,65 %, Bremen aber nur 0,43 % zu.

n entspricht der voraussichtlichen Lebensdauer der Anlage (auch Tilgungszeit) und wird vom Zinsfuß und der Entwicklung des Ortes beeinflußt. Im allgemeinen ist bei rascher, sprunghafter Entwicklung n = 15 bis 20, sonst 20 bis 30 anzunehmen.

Tabelle 10.

Bauteile	Lebensdauer in Jahren	Übliche jährl. Abschreibung in %	Jährliche Unterhaltungsk. in % d. Bauk.
Rohrleitungen	50 bis 80	2 bis 3	0,25 bis 4
Rohrnetzausrüstung	20 bis 40	5	2 bis 10
Wasserkeller	60 bis 100	2	0,5 bis 2
Wassertürme	40 bis 80	2 bis 7	0,2 bis 2
Brunnen, Filter, Maschinen	15 bis 20	4 bis 8	1 bis 4

Der Wasserbedarf soll für eine Bevölkerungsziffer nach n Jahren ausreichen: hiebei ist jener Bauteil maßgebend, dessen Erweiterung bzw. Erneuerung die meisten Unkosten verursacht, das sind die Rohrleitungen, denn Wasserspeicher, Wasserfassung und Pumpwerk lassen sich gewöhnlich unschwierig auf einen vergrößerten Bedarf ausbauen.

c) Schwankungen des Bedarfes.

Der Verbrauch ist in den einzelnen Tagesstunden, Wochentagen, Monaten und auch Jahren verschieden; hauptsächlich ändert sich der Hausbedarf, auch der landwirtschaftliche Verbrauch ist starken Schwankungen unterworfen, dagegen stellt sich der gewerbliche und industrielle Bedarf im allgemeinen ausgeglichener dar.

Das Schwanken des öffentlichen Verbrauches und der Verluste ist willkürlich, da verschiedene Zufälle (Brand, Rohrbruch usw.) mitspielen.

Im stündlichen, täglichen und monatlichen Bedarf zeigen sich periodische Schwankungen, während der Jahresverbrauch allgemein ständig zunehmenden Charakter trägt.

Näher ist bei Bemessung der Wasserspeicher darauf eingegangen; hier ist festzustellen:

Zum Aufstellen des Bedarfes wird ein mittlerer Verbrauch angenommen (mittlerer Tagesbedarf Q_m l/Tag).

Der stärkst beanspruchte Tag verlangt gewöhnlich das 1,3 bis 2,0 fache des mittleren Tagesbedarfes (im Mittel 1,5 fach).

$$Q_{T\max} = 1{,}5\, Q_m$$

Ähnlich verhält sich der mittlere Stundenbedarf q_{hm} $\left(= \frac{Q_m}{24}\right)$ zu dem am stärksten Tag $q_{hT\max} = 1{,}5\, q_{hm}$

Der größte Stundenverbrauch am stärkst belasteten Tag max q, also der Höchstverbrauch überhaupt, ist das 1,5 bis 1,6-fache des mittleren Stundenverbrauches am stärkst belasteten Tag

$$\max q = 1{,}5\, q_{hT\max} = 1{,}5 \times 1{,}5\, q_{hm} = \frac{1{,}5 \times 1{,}5}{24}\, Q_m$$

$$= {}^1/_9 \text{ bis } {}^1/_{11}\, Q \cong {}^1/_{10}\, Q_m$$

Die Werte sind auf sekundlichen Durchfluß umzurechnen, um für die Bemessungsformeln der Rohre brauchbar zu sein.

d) Beschaffenheit des Wassers.

Von einwandfreiem Trinkwasser wird folgendes gefordert:

Farbe: Klar, in dicker Schicht bläulich.

Geschmack und Geruch: Wohlschmeckend und geruchlos.

Temperatur: Gleichbleibend 7—10 ° C.

Chemische Zusammensetzung: In 100.000 Teilen Wasser sollen weniger als 50 Teile Verdampfungsrückstand,

18 —20 Teile CaO und MgO,
2 — 3 „ Chlor und Kochsalz,
8 —10 „ Schwefel- und schwefelige Säure,
0,5— 1,5 „ Salpetersäure,
kein Eisen, Mangan oder Blei und nur Spuren von Ammoniak enthalten sein.

Härte: Wegen guten Geschmacks ist härteres Wasser (12 bis 25 Härtegrade) bevorzugt, Kesselspeisewasser soll dagegen möglichst weich sein.

Bakterien: Es dürfen nicht mehr als 100 Keime in 1 cm^3 frischgeschöpften Wassers sein.

Wasseruntersuchung nach DIN 8101 bis 8106, 8108 und Oenorm C 9001.

2. Wassergewinnung.

Die Hauptaufgabe besteht darin, geeignetes Wasser in günstiger Lage und in genügender Menge zu finden. Dabei sind Umfang des Bedarfes, Beschaffenheit des vorgefundenen Wassers und wirtschaftliche Kostenvergleiche von Einfluß; es ist aber ein an Qualität besseres Wasser bei ausreichender Menge einem zwar billigeren, aber schlechteren Wasser vorzuziehen; andererseits kann sogar ungenügendes Wasser durch eine sorgfältige Aufbereitung verbessert werden und dabei billiger sein, als manches Naturwasser. Großstädte sind mangels ausreichenden Vorkommens von natürlichem brauchbaren Wasser oft gezwungen, sich aus stark verunreinigten Flüssen zu versorgen; richtige Aufbereitung verwandelt das Wasser in vollkommen genußfähiges Trinkwasser (z. B. Berlin aus den Havelseen, Hamburg und Altona aus der Elbe, London aus der Themse u. a.).

Bevor an eine bestimmte Gewinnung geschritten wird, sind Ergiebigkeit, Beschaffenheit, Gewinnungs- und Förderkosten äußerst gründlich zu untersuchen. Es können auch mehrere Gewinnungsstellen zugleich in Frage kommen (z. B. Wien: Hochquellen am Hochschwab und der Rax, Grundwasser im Steinfeld und Flußwasser aus dem Wienfluß).

Die Gewinnung kann erfolgen aus

a) Oberirdischem Wasser: α) Regenwasser,
β) Bäche und Flüsse,
γ) Natürliche und künstliche Seen.

b) Unterirdischem Wasser: α) Quellen,
β) Grundwasser und
γ) Infiltriertes Grundwasser.

a) Oberirdisches Wasser.

α) **Regenwasser** kommt für kleine Versorgungen (Einzelgehöfte) und als Trinkwasser nur dann in Betracht, wenn eine andere Möglichkeit fehlt (z. B. auf Bergeshöhen, wasserarmen Inseln und Küsten). Es ist sehr weich, daher gut zum Waschen, geht aber leicht in Fäulnis über, weil es viel Mikroorganismen enthält. Dächer und Terrassen dienen als Auffangfläche, deren Größe aus jährlicher Niederschlagshöhe, Niederschlagsverteilung und Bedarf hervorgeht; gesammelt wird es in Zisternen (Abb. 386 und 387).

In der Zisterne sollen nicht besondere Überschüsse gespeichert, sondern eher die Einzugsfläche vergrößert werden.

β) **Bach- und Flußwasser** erfordert fast immer eine Reinigung; ungünstig ist die schwankende Temperatur und die ständig wechselnde Rohwasserbeschaffenheit. Wasser aus einem Einzugsgebiet im Urgestein ist gewöhnlich reiner als im Kalk und manche Gewässer sind bei Hochwasser reiner als bei Niederwasser. Die vorhandene Menge reicht fast immer aus. Die Entnahmestelle soll möglichst weit oberhalb bewohnter Gegenden, fern von unreinen Zuflüssen und im tiefen und rasch fließenden Stromstrich sein. Ist

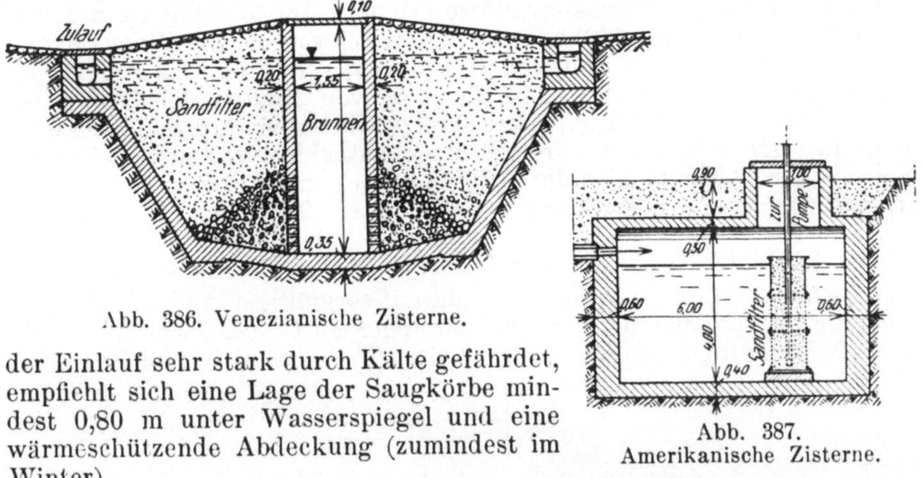

Abb. 386. Venezianische Zisterne.

Abb. 387. Amerikanische Zisterne.

der Einlauf sehr stark durch Kälte gefährdet, empfiehlt sich eine Lage der Saugkörbe mindest 0,80 m unter Wasserspiegel und eine wärmeschützende Abdeckung (zumindest im Winter).

Erfolgt die Entnahme aus einem kleinen Waldbächlein, so wird das Rinnsal an geschützter und geeigneter Stelle durch ein niedriges Wehr aus Beton oder Holz gestaut. In einer seitlichen Einlaufkammer, die ein Rechen

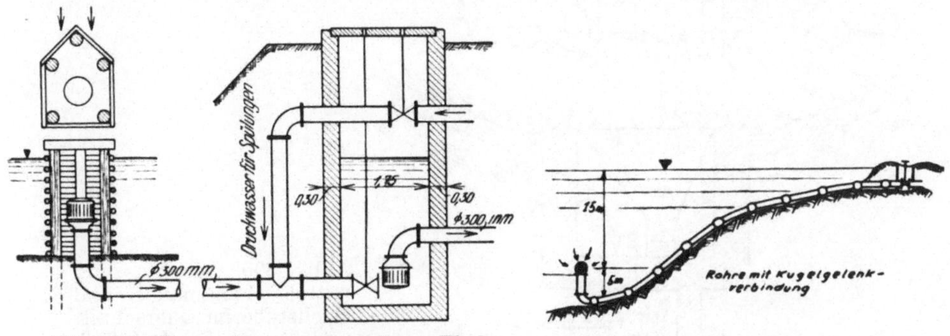

Abb. 388. Wasserfassung aus einem Fluß. (Grundriß und Schnitt)

(Abb. 386—388 aus Schoklitsch, Wasserbau I.)

Abb. 389. Wasserfassung in einem See.

vor grober Verunreinigung bewahrt, wird das Wasser mittels eines geschützten Saugkorbes samt Absperrvorrichtung in frostsicherer Lage entnommen.

Wenn nötig, legt man einen Sandfang an. Eine weitere etwaig notwendige Reinigung behandelt Kapitel 6.

Geschieht die Entnahme aus einem größeren Fluß (Abb. 388), wird der Saugkorb möglichst hoch über der Sohle im Stromstrich aufgestellt und ist gegen Schaden durch Schiffe oder Treibstücke von einem kleinen Schutzrechen umschlossen.

γ) **Seewasser** kann sich in Seebecken weitgehend klären, ferner vollzieht die Tätigkeit von Organismen und die Belichtung eine chemische Reinigung; unterhalb einer Tiefe von etwa 40 m hat das Wasser fast gleichbleibend etwa 4 ° C. Daher ist Seewasser bei richtiger Wahl der Entnahmestelle meist ohne jede Aufbereitung als Trinkwasser genießbar. Die Entnahme soll in einer Tiefe von mindestens 10 m und mindest 3—5 m über dem Seegrund, nicht in Strömungen, sondern weit vom Ufer und fern der Mündung verunreinigter Tagwasserzuflüsse erfolgen. Die Leitung ist auf den Seegrund versenkt (Abb. 389) oder im Wasser schwebend. Zur Wassergewinnung künstlich angelegte Stauseen (Talsperren) verhalten sich ähnlich; die Reinheit des Talsperrenwassers ist abhängig von Staurauminhalt und Zulauf. Die Entnahme erfolgt entweder ähnlich wie aus natürlichen Seen oder durch ein eigenes Bauwerk (Freistehender Entnahmeturm oder in Verbindung mit der Talsperre). Ist der Stauraum auch anderen Zwecken dienstbar, entnimmt man das Trinkwasser aus mittleren Tiefen.

b) Unterirdisches Wasser (Siehe auch Kapitel Grundwasser).

α) **Quellen.**[37]) Ihre Beurteilung beruht auf sorgfältiger, andauernder Beobachtung der Ergiebigkeit, der Veränderungen durch chemische und organische Beimengungen, sowie der geologischen Verhältnisse und Tempera-

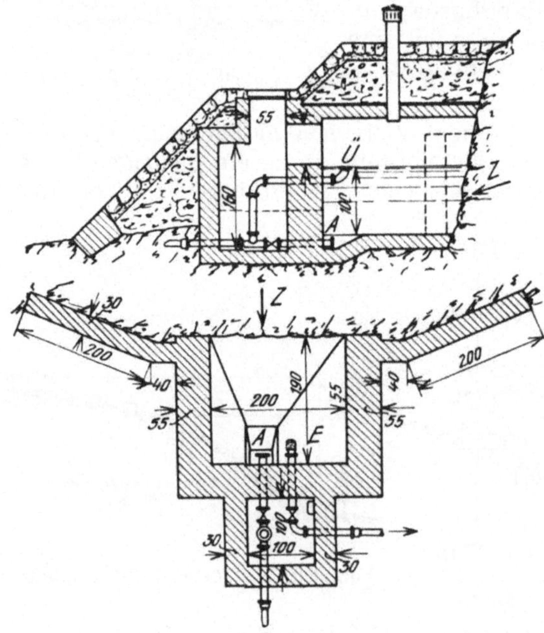

Abb. 390. Quellfassung mittels Fangmauer und Quellstube im Querschnitt und Grundriß. Z Zufluß, Ü Überfall. A Abfluß, E Entleerung.
(Aus Schoklitsch, Wasserbau I.)

turschwankung. Den Wert einer Quelle bestimmt die örtliche Lage bezüglich des Wasserversorgungsgebietes (Entfernung und Höhenunterschied), geringste Quellschüttung, Zugänglichkeit und Beschaffenheit des Wassers. Die Fassung erfordert großes Geschick und Vorsicht; sie ist daher oft eine kostspielige Angelegenheit. Hiebei sollen die hydrologischen Zustände so

[37]) Stiny, Quellen, Julius Springer, Wien 1933.

wenig als möglich geändert, ein Rückstau überhaupt vermieden und das Erschließen vorsichtig tastend, ohne Sprengen vorgenommen werden.

Es gibt hauptsächlich zwei Anordnungen:

a) Eine Fangmauer schließt das aus der wasserführenden Schicht sickernde Grundwasser zusammen und leitet es in das Sammelbecken der Quellstube; eine durchlässige Steinschlichtung an der Fangmauer erleichtert das Zusickern (Abb. 390).

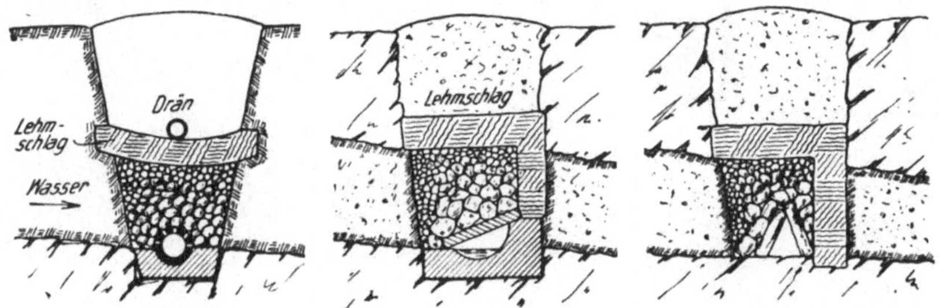

Abb. 391. Verschiedene Ausbildung von Sickersträngen.

Abb. 392. Sickerstollen a) Schliefbar, b) Begehbar.
(Aus Schoklitsch, Wasserbau I.)

Aus dem Sammelbecken, das manchmal zugleich als Wasserspeicher benützt wird, zweigt die Entnahmeleitung, die Entleerung und eine Überfallleitung ab. Die Absperrorgane sind neben dem Wasserbecken in einer kleinen Schieberkammer untergebracht. Der Quellstubenzugang muß verschließbar sein. Die Quellfassung wird nicht nur frostsicher, sondern auch gegen Zusickern von Tagwässern abgedeckt. Die Quellstube muß gut belüftet und kühl sein.

b) Die wasserführende Schicht wird durch Sickerstränge (Abb. 391) oder Sickerstollen (Abb. 392) angeschnitten, die das Wasser über der undurchlässigen Schicht abfangen und in einen Sammelschacht (Abb. 393) leiten.

Der Bau der Sickerstränge wurde schon im Abschnitt „Landwirtschaftlicher Wasserbau" gezeigt, nur legt man hier Wert auf eine sorgfältige Ausführung, daher werden statt gewöhnlicher Tonröhren häufig glasierte Steinzeugrohre angewandt.

Wesentlich ist eine Abdichtung gegen Oberflächensickerwasser mit einem Lehmschlag, der gesondert entwässert wird. Sickerstollen schneiden mit ihrem First die wasserführende Schicht in Streichrichtung der undurchlässigen Schicht an.

β) **Grundwasser.** a) Senkrechte Fassung (Brunnen). Schlagbrunnen (Abessinier- oder Nortonbrunnen) für Hausversorgung sind bis höchstens 20 m (meist nur 6 m) tief gerammte Stahlrohre von 25 bis 75 mm Dmr.; sie sind am unteren, verzinkten Ende gelocht oder geschlitzt und bei Feinsand noch durch ein Kupfersieb geschützt. Zum Einschlagen

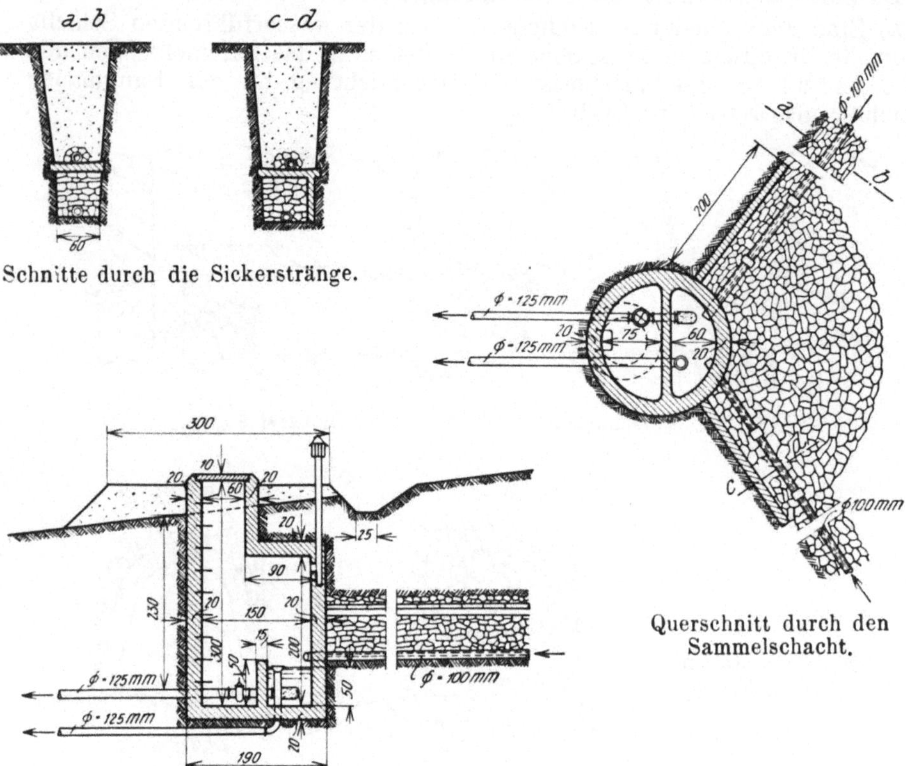

Abb. 393. Quellfassung mit Sickersträngen in einem Sammelschacht.
(Aus Schoklitsch, Wasserbau I.)

wird oben auf das Rohr ein Rammkopf aufgesetzt oder ein Stempel bis auf die Stahlspitze hinabgeführt. Das Rohr soll genau lotrecht stehen.

R o h r - oder B o h r b r u n n e n (Abb. 394) bestehen aus Aufsatzrohr, Saugrohr und Filterkorb (Brunnenfilter) (Abb. 395) sowie Absperr- und Regelvorrichtungen nebst Beobachtungsrohr. Vom Filterkorb ist Wirkung und Lebensdauer des Brunnens abhängig; vor Versanden schützt ein genügend großer Durchmesser d_f des Filterkorbs.

$$d_f = \frac{q}{\pi \, . \, h \, . \, v_i}$$

q Entnahmemenge, h Höhe des Filterkorbes (bis etwa 3 m), v_i die Eintrittsgeschwindigkeit ins Filter.

Ist der Sandkorndurchmesser von 60 % des Materials größer als 1 mm, muß v_i kleiner als 0,002 m/s sein;

ist der Sandkorndurchmesser von 40 % des Materials kleiner als 0,5 mm, muß v_i kleiner als 0,001 m/s sein;

und bei einem Durchmesser von 40 % des Materials kleiner als 0,25 bis 0,00, muß v_i kleiner als 0,0005 m/s sein.

Das Saugrohr hat 80 bis 250 mm Dmr. und mehr; es ist ebenso wie der Filterkorb aus Kupfer oder rostfreien Metallen. Man benützt manchmal Steinzeugrohre und Steinzeugfilter von 120 bis 500 mm Dmr. Zum Bau eines Bohrbrunnens wird ein Bohrrohr [38]) mit etwas größerem Durchmesser

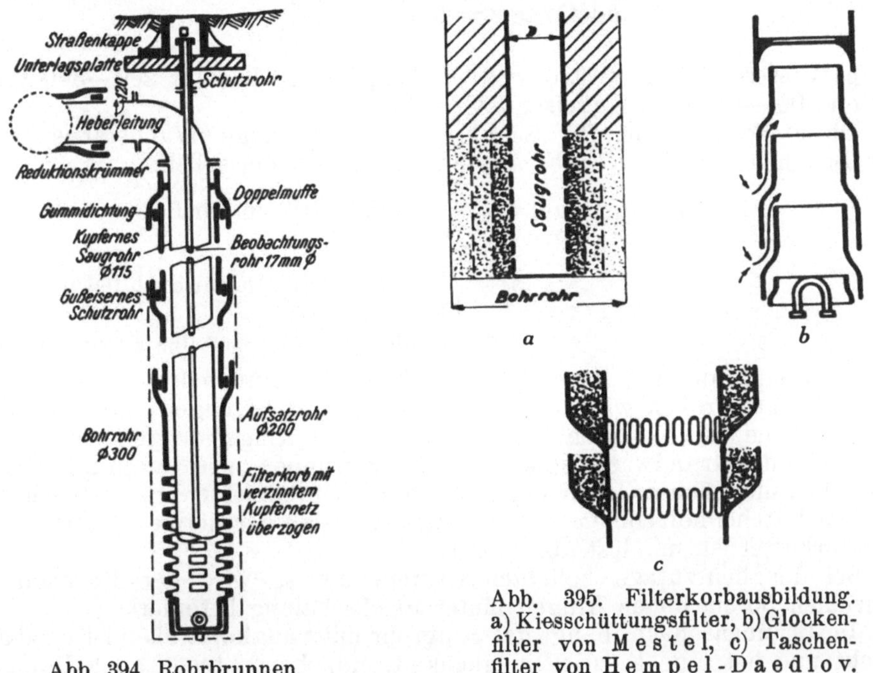

Abb. 394. Rohrbrunnen.

Abb. 395. Filterkorbausbildung. a) Kiesschüttungsfilter, b) Glockenfilter von Mestel, c) Taschenfilter von Hempel-Daedlov.

als der Brunnen niedergebracht; in dieses wird dann der Brunnen eingesenkt und das Bohrrohr wieder gezogen.

Die verlangte Wasserlieferung wird auf mehrere Rohrbrunnen so aufgeteilt, daß die Absenkung nirgends größer als 3 m wird. Brunnendurch-

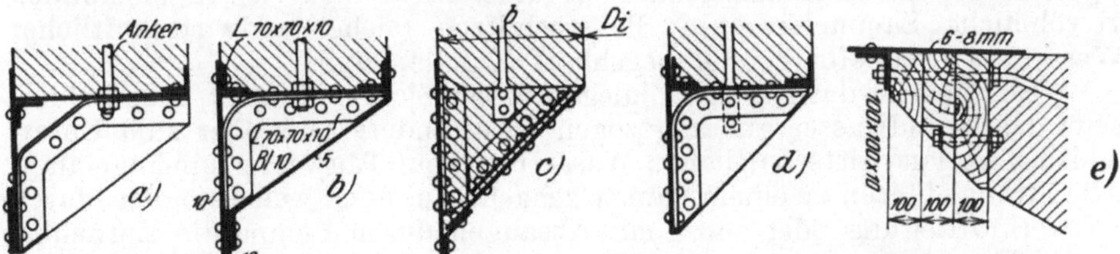

Abb. 396. Verschiedene Ausführungen von Senkschneiden (Brunnenkränze).

messer, Filterkorbausbildung, Durchlässigkeit und Zusammensetzung der wasserführenden Schicht sind miteinander in guten Einklang zu bringen. Die Brunnen haben je nach Durchmesser 10—15 m Abstand; die Verbindungslinie der Brunnenreihe möge stets senkrecht zur Grundwasserströmung liegen.

Schacht- oder Kesselbrunnen sind zweckmäßig, wenn große Wassermengen einem einzigen Brunnen entnommen werden oder der Brunnen zugänglich sein soll und als Ausgleichsbehälter dient oder

[38]) Bohrrohre nach DIN 4911 bis 4918, sowie 4931 bis 4934 und 1659.

wenn bei geringem Wasserandrang stoßweise große Entnahme erfolgt. Er wird mit Durchmessern von 1 bis 5 m, aber selten tiefer als 12 m in Klinkermauerwerk, Beton[39]), Stahlbeton und Gußeisen ausgeführt.

$$\text{Wandstärke } s = R \sqrt{\frac{1{,}7\, p}{k_d - 1{,}7\, p}}$$

p Wasserdruck bzw. Erddruck in t/m^2, k_d für Klinker 200—300 t/m^2, Beton 300—400 t/m^2, Gußeisen 3000—4000 t/m^2.

Diese Formel gibt für Senkbrunnen zu geringe Wandstärke, weil die Brunnen zum Zweck des Absenkens schwer sein sollen.

$$\text{Daher Faustregel } s = \frac{D_i}{10} + (5 \text{ bis } 12) \text{ cm für Beton}$$

$$s = \frac{D_i}{12} + (5 \text{ bis } 10) \text{ cm für Stahlbeton.}$$

D_i Innendurchmesser des Brunnens.

Der Senkbrunnen[40]) lastet auf einer Schneide (Brunnenkranz, Abb. 396) auf, die untergraben wird, sodaß er vermöge des Eigengewichtes absinkt; entsprechend dem Abteufen werden die einzelnen Ringe hochgemauert. Nach Erreichen des Grundwasserspiegels wird der Brunnen meist durch Eintreiben einer Brunnenbüchse (Regent) mit kleinerem Durchmesser aus dichtschliessenden Lärchenholzbohlen soweit fortgesetzt, daß der nötige Wasserzulauf gewährleistet ist, mindest aber 2 m tief.

Bei der heutzutage beliebten Gurtenbauweise wird der Brunnen in einzelnen 50 cm hohen Ringen hinter Blechschalung betoniert.

Im Brunnenschacht hängt das Saugrohr mit Saugkopf; oben ist er abgedeckt und hat eine Einstiegsmöglichkeit. Manchmal stehen auch Pumpen und Motore auf Podesten im Schacht, doch ist dann gut vorzusorgen, daß dadurch das Brunnenwasser nicht verunreinigt wird.

b) W a a g r e c h t e F a s s u n g. In die wasserführende Schicht werden Sickerleitungen ganz ähnlich der schon erwähnten Quellfassung verlegt und zu einem Sammelschacht geführt. Diese Sickerleitungen können gewöhnliche Sammeldrän in Sickerschlitzen (siehe landwirtschaftlicher Wasserbau), schliefbare oder begehbare Kanäle sein.

Wesentlich ist das richtige Einlegen dieser Sickerleitungen, sodaß einerseits das Grundwasser gut abgezogen wird, andererseits aber zum Unterschied vom landwirtschaftlichen Wasserbau kein Tagwasser hineingelangt. Alle Stränge führen zu einem Sammelschacht, aus dem, wenn möglich, durch Schwerkraftleitung oder sonst mit Absaugen durch Pumpe die Entnahme geschieht.

c) R a n n e y M e t h o d e. Knapp ober Brunnensohle werden gelochte Rohre strahlenkranzförmig waagrecht oder etwas schräg abwärts nach außen vorgetrieben, um so den Brunnenhalbmesser zu erweitern.

γ) **Künstliches Grundwasser.** (Infiltriertes Grundwasser). Das einem Fluß entnommene Wasser wird über einer durchlässigen Schicht zum Versickern gebracht und zwar a) in Gräben und Teichen oder b) durch Berieselung der Bodenflächen oder c) durch Versickerungsbrunnen oder d) durch Sickerrohre.

---

[39]) Bei kleinen Durchmessern Schachtringe nach DIN 4034.
[40]) B ö s e n k o p f, Brunnenbau, Julius Springer, Wien 1928.

Nachdem das Wasser eine gewisse Weglänge im Untergrund durchsickert hat, nimmt es Grundwassereigenschaften an und wird als Grundwasser wieder geschöpft. Diese Grundwasseranreicherung wurde schon im Abschnitt Grundwasser besprochen; sie kommt auch oft ohne Zutun durch die der Grundwasserfassung nahe Lage eines Gewässers als seitliche Infiltration zustande.

Bedarf und Bodenverhältnisse weisen die notwendige Größe der Berieselungsfläche bzw. Länge der Sickerleitungen.

Die künstliche Grundwassererzeugung ist von Niederschlägen unabhängig; sie wird als Verstärkung bestehender Grundwassergewinnungsanlagen benützt und ist auch bei Neuanlagen zu erwägen.

Im engeren Schutzgebiet der Wassergewinnungsanlage (Brunnenfeld) ist überhaupt keinerlei Verbauung und landwirtschaftliche Bearbeitung des Geländes zuzulassen (Abb. 397). Das Gebiet der Brunnen

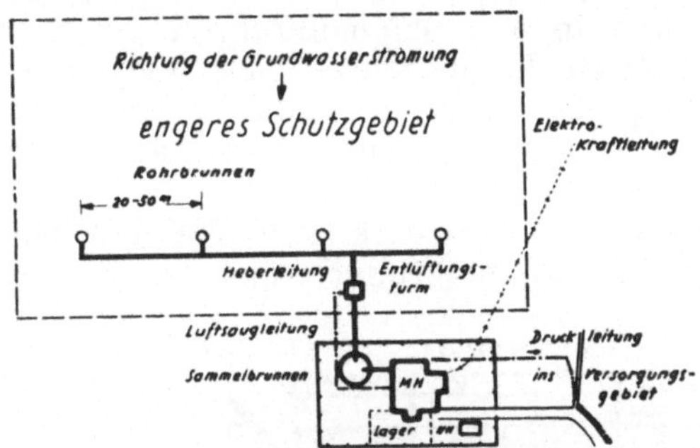

Abb. 397. Wasserwerk mit Schutzgebiet.

samt Schutzstreifen bis etwa 200 m oberhalb der Brunnen soll unbedingt im Besitze des Wasserwerkes sein. Im weiteren Schutzgebiet ist Verbauung und Feldbestellung gesetzlich so zu regeln, daß das Grundwasser nicht verunreinigt wird. (Bedingtes Bauverbot, Weideverbot, Verbot von Kahlschlägen, Bodeneingriffen und Düngen mit Jauchen und Ähnlichem, Zwang zu Wiesenkulturen und Aufforstung, Beschränkung im Verkehr.) Es reicht je nach Größe der Anlage ein bis zwei km (oberhalb des Brunnenfeldes) in Richtung des Grundwasserstromes.

3. Heben und Fördern des Wassers.

Falls der Wassergewinnungsort nicht hoch genug liegt, daß das Wasser durch die Schwerkraft allen Verbrauchsstellen mit genügendem Druck zufließt (Schwerkraftleitung), müssen Pumpen das Wasser heben und ins Versorgungsnetz drücken (Pumpenförderung).[41]

Den besten Wirkungsgrad bis etwa 0,8 erreicht die Kolbenpumpe; sie arbeitet als Saug- und Druckpumpe und kann als unmittelbaren Antrieb die in diesem Fall günstige Dampfmaschine haben. In kleinen Anlagen ist die Kreiselpumpe (Zentrifugal- oder Turbopumpe) beliebter, weil sie unmittelbar an Elektro- und Verbrennungsmotoren angeschlossen werden kann; ihr Wirkungsgrad ist aber bestenfalls 0,6, insbesonders ist die Saughöhe geringer, etwa 4 bis 7 m. Doch kann sie gemeinsam mit dem Elektromotor ins Saugrohr unter Wasser versenkt

[41]) Matthießen-Fuchslocher, Die Pumpen, Julius Springer, Berlin 1938.

sein (Unterwasserpumpe) und ist dadurch für Tiefbrunnen ideal verwendbar. In verunreinigtem Wasser eignet sich die Diaphragmapumpe. Die Mammutpumpe ist ohne bewegliche Teile; sie arbeitet mit Druckluft und erzeugt ein Luft-Wassergemisch, das aufsteigt; der Wirkungsgrad ist sehr schlecht. Ähnlichen Wirkungsgrad von 0,1 bis 0,2 haben auch die pneumatische Tiefbrunnenpumpe und die Strahlpumpe. Für eine Wasserversorgung kommen nur Kolben- und Kreiselpumpen in Frage.

Gern wird bei Einzelversorgung am Lande und Wasserüberschuß das Wasser mit Hilfe des hydraulischen Widders (siehe Seite 250) und verschiedener Wassersäulenmaschinen bequem und billig gefördert.

In kleinen Anlagen und Schachtbrunnen geschieht das Heben und Fördern des Wassers in einer einzigen Stufe mittels einer Saug- und Druckpumpe.

Es kann aber auch zwei oder mehrstufig gepumpt werden, sodaß in der ersten Stufe mittels Luftdruck oder Tiefsaugpumpe das Wasser gehoben und in den Sammelbrunnen gefördert wird; aus diesem wird es mit weiteren Pumpensätzen ins Verbrauchergebiet oder zum Hochbehälter gepreßt. Dergestalt sind die gebräuchlichsten Anlagen für Wasserversorgung größerer Ortschaften aus dem Grundwasser mittels einer Reihe von Rohrbrunnen.

Zum W a s s e r w e r k (Abb. 398 und 399) zählt man die Rohrbrunnenanlage, den Sammelbrunnen und das Maschinenhaus. Aus den Rohrbrun-

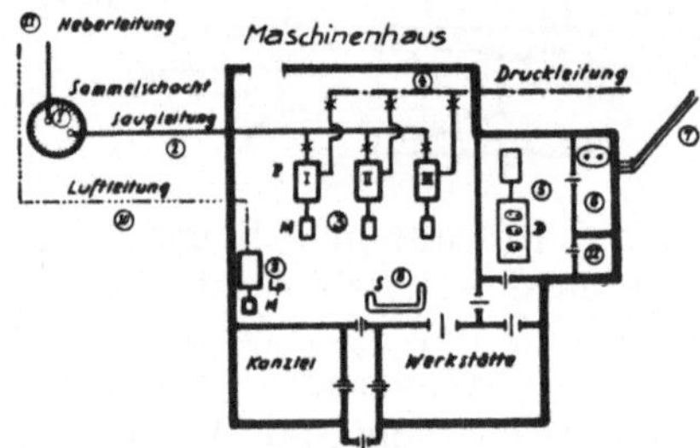

Abb. 398. Wasserwerksanlage.
(1) Sammelbrunnen, (2) Saugleitung, (3) Pumpensätze, (4) Druckleitung, (5) Reservekraft (Diesel), (6) El. Umspanner, (7) El. Kraftzuleitung, (8) Schaltbrett, (9) Luftabsaugapparat, (10) Luftleitung, (11) Heberleitung, (12) Ölraum.

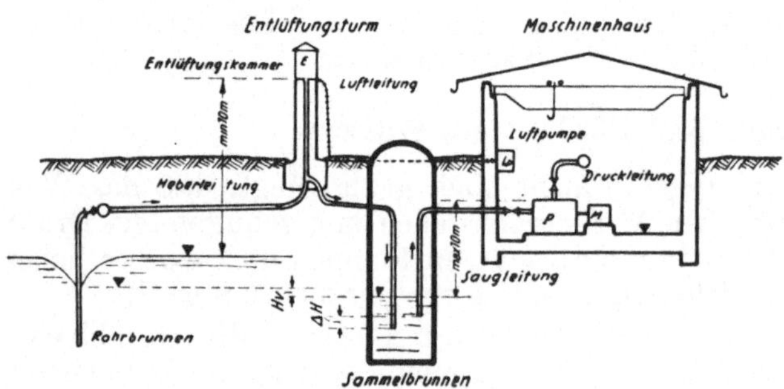

Abb. 399. Schnitt durch die Wasserwerksanlage. P Pumpe, M Motor, E Entlüftungskammer, Lp Luftpumpe.

nen wird das Wasser durch Heberleitung abgesaugt; diese steigt zum Entlüftungsturm an, damit die Luft dorthin entweicht. In der Entlüftungskammer, die mindest 10 m über dem höchsten Grundwasserspiegel liegt, wird Luft durch eine Luftsaugleitung ständig abgesaugt; das Wasser fällt dann in den Sammelschacht; durch Rohrreibung geht die Druckhöhe h_v verloren, um die der Spiegel im Sammelschacht tiefer als im Rohrbrunnen steht. Aus dem Sammelschacht hebt die Pumpe durch ihre

Saugleitung, die um Δh höher als die Heberleitung in den Sammelschacht mündet, das Wasser und preßt es dann in die Druckleitung. Das Maschinenhaus enthält Pumpensätze mit möglichst $^1/_3$ bis $^1/_2$ ihrer Anzahl als Reservesätze. Daneben ist auch eine Reservekraft vorzusehen, falls die elektrische Kraft ausfällt (gewöhnlich ein Dieselmotor mit Generator). Die Fußbodenhöhe im Maschinenhaus ist bedingt durch die Spiegellage im Sammelbrunnen, wobei die Saughöhe der Pumpen möglichst gering gehalten werden soll (unter 6 m); im Sammelschacht aber darf der Wasserstand eine gewisse Höhe nicht überschreiten, damit die Heberung funktioniert, sodaß dieser Spiegel wieder vom abgesenkten Grundwasser abhängt.

Der Kraftbedarf bzw. Motorleistung (N) ergibt sich aus dem Produkt maximaler Fördermenge ($Q = \max q$), Saughöhe + Druckhöhe bis Behälterspiegel + Verlusthöhe in der Leitung ($H = \Sigma h$), dem gesamten Wirkungsgrad von Pumpe, Antrieb und ev. Übersetzung (η), vermehrt schließlich um einen Sicherheitszuschlag von 10 bis 20%.

$$N\,(PS) = 1{,}1 \text{ bis } 1{,}2\, \frac{Q\,.\,H}{75\,\eta}$$

Als Reservekraft ist bei kleinen Wasserwerken womöglich fast dieselbe Leistung, bei großen aber doch mindest $^1/_3$ davon anderwärts bereitzuhalten.

Heberung bedarf sehr geringer Kraft, weil nach einmaligem Absaugen der Luft nur das Vakuum aufrechtzuerhalten ist, während die Hubarbeit der äußere Luftdruck besorgt.

4. Rohrnetz.[42])

a) Zuleitung vom Gewinnungsort zum Speicher und Verbrauch.

Am günstigsten ist eine Schwerkraftleitung; falls diese nicht möglich ist, muß ein Pumpwerk die notwendige Druckhöhe erzeugen. In der Regel soll Gewinnung und eventuelle Reinigung möglichst nahe beisammenliegen. In den Zuleitungen darf nur reines Wasser fließen und eine allfällige Enteisenung muß vor anderen Reinigungsprozessen geschehen.

Zwei grundsätzliche Anordnungen der Speicherlage bezüglich Gewinnungs- und Verbrauchsort sind möglich (Abb. 400).

α) **Als Volldurchgangsbehälter.** Die Wassergewinnung muß ausreichend Druckgefälle liefern, daß der Hochbehälter bis zum höchsten Stand gefüllt werden kann. Im Netz selbst muß noch im ungünstigsten Punkt die sogenannte „bürgerliche Versorgungsdruckhöhe“ h_B herrschen, womit die Sohlenlage des Hochbehälters gegeben ist. Die „bürgerliche Versorgungsdruckhöhe“ ist eine über die höchstgelegenen Zapfstellen hinausragende Druckhöhe für Feuerlöschzwecke, womöglich etwa 4 bis 6 m über den Dachfirst, weil in den sehr rauhen Feuerlöschschläuchen hohe Druckverluste auftreten.

Darnach gilt als „bürgerlicher Versorgungsdruck“ in Landorten 15 bis 20 m, in Kleinstädten 25 bis 30 m, in Mittelstädten 30 bis 40 m und in Großstädten 40 bis 50 m.

---

[42]) Brinkhaus, Rohrnetz städtischer Wasserwerke, Oldenbourg, München 1930.

Die Versorgungsdruckhöhe im ungünstigsten Punkt erheischt eine bestimmte Höhenlage des Hochbehälters.

β) **Als Gegen- oder Endbehälter.** Das Versorgungsnetz liegt zwischen Wasserbezugsort und Hochbehälter; zur Zeit geringen Verbrauches fließt Wasser in den Hochbehälter, zur Zeit starken Verbrauches wird aber auch

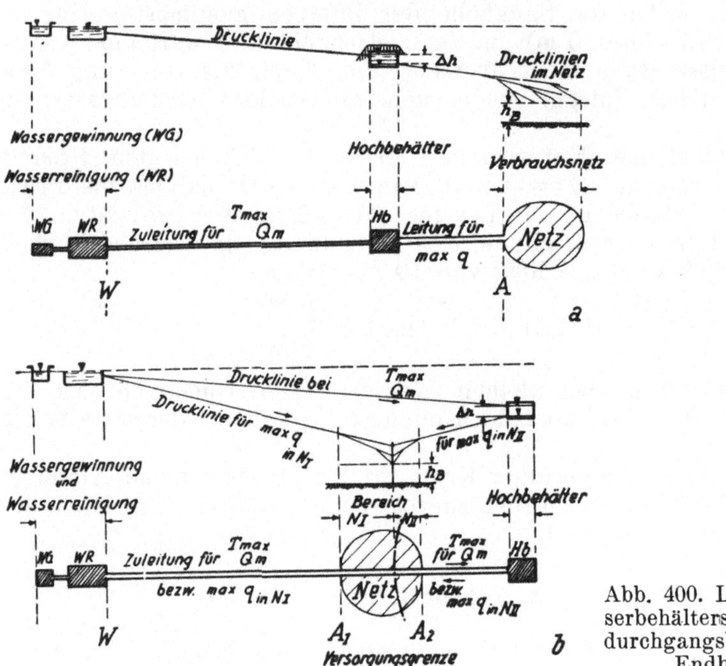

Abb. 400. Lage des Wasserbehälters. a) als Volldurchgangsbehälter, b) als Endbehälter.

aus dem Hochbehälter ein Teil des Netzes gespeist. Im durchlaufenden Strang (W—A_1—A_2—HB) muß daher die Drucklinie für die Wassermenge $\overset{T_{max}}{Q_m}$, welche durchschnittlich am stärkstbelasteten Tag zuläuft, so liegen, daß der Behälter vollaufen kann, andererseits sind alle Leitungen für max q zu bemessen; das Netz wird in zwei Versorgungsbereiche N_I und N_{II} durch die Versorgungsgrenze des Hochbehälters getrennt. Die Berechnung der Drucklinien von beiden Seiten zeigt die Druckscheiden und muß natürlich in allen Punkten des Netzes genügend Versorgungsdruck nachweisen. Ausgangshöhe für das Netz N_{II} ist der niedrigste Wasserstand im Hochbehälter, also ungefähr die Sohle des Behälters.

Ist die Höhenlage des Versorgungsgebietes stark unterschiedlich, teilt man es in verschieden hochgelegene Druckzonen, um nirgends allzuhohe Drücke zu bekommen und unnütze Hebungskosten zu vermeiden. Dementsprechend wird Wasser aus verschieden hochgelegenen Behältern zugeleitet oder der Druck in Druckreduziereinrichtungen für tiefer gelegene Zonen abgemindert.

b) Verteilungsrohrnetz.

α) **Netzsysteme** (Abb. 401). Das Grundsystem der Verästelung verzweigt die Stränge von einem Versorgungspunkt aus wie das Astwerk eines Baumes; werden aber die Endstränge miteinander verbunden, schließt sich das Netz zum Umlaufsystem. Die Versorgung eines Punktes kann nun von zwei oder mehr Seiten erfolgen und ist dadurch betriebssicherer. Man steuert stets auf ein Umlaufsystem hin, zur Berechnung wird es in ein Verästelungssystem aufgelöst, bei dem gedachte Schnittstellen als Wasserscheiden anzusehen sind. Eine Abart des Um-

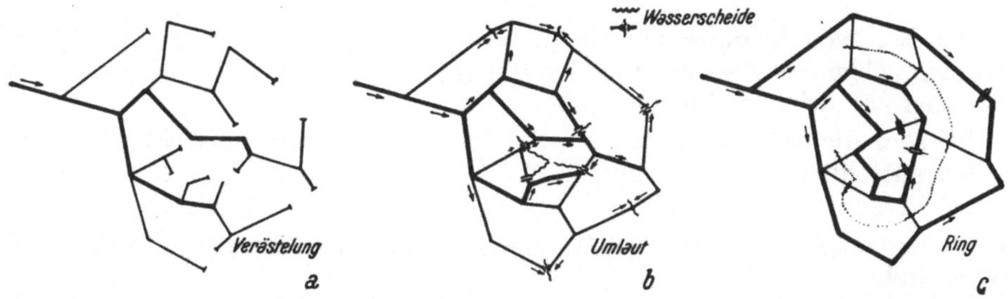

Abb. 401. Netzsysteme.

laufsystems stellt das Ringsystem dar, in dem ein Teil der Stränge als Versorgungsring hervorgehoben ist. Manche Stadtverbauung großer Städte erleichtert das Ausbilden eines solchen Versorgungsringes.

β) **Grundsätze beim Entwurf des Netzes.** Womöglich wird ein Umlaufsystem gewählt, welches neben der größeren Betriebssicherheit durch ständige Wasserbewegung in den Rohren das Wasser eher frisch erhält. Die Wahl des Netzsystems beeinflußt die Durchmesser.

In jeder Straße befindet sich in der Regel ein Wasserleitungsrohr, in breiten Straßen manchmal zwei; die Hauptstränge sollen in den hochgelegenen Straßen, aber nicht in Hauptverkehrsstraßen liegen. Feuerpfosten (Hydranten) befinden sich in Abständen von 100 bis 250 m, meist an Straßenkreuzungen; sie werden unmittelbar aus dem nächsten Strang (mindest 80 mm Dmr) gespeist. Endstränge erhalten manchmal Ausläufe oder man denkt sich dort einen solchen, um damit einer späteren Strangfortsetzung gerecht zu werden. Eine Wasserleitung soll den ganzen Ort tunlichst ausnahmslos versorgen.

Die Lage des Rohres im Straßenquerschnitt (DIN 1998) zeigt Abb. 489 und 490. Hat die Ortschaft stark verschiedene Höhenlage, scheidet man sie je nach der Höhenlage in verschiedene Druckzonen; durch gruppenweise Versorgung von Hoch- und Tiefzonen kann an Förderkosten gespart, sowie gefährliche Rohrbeanspruchung und teure Hausanschlüsse vermieden werden.

γ) **Wasserverbrauch in den einzelnen Strängen.** a) Hausverbrauch. Nimmt man die Wohndichte durchwegs gleich an, errechnet sich der Wasserverbrauch für 1 m Strang, indem man den gesamten Wasserbedarf des Netzes durch die gesamte Länge der Verbrauchsstränge teilt:

$$q_1 = \frac{\text{gesamter max. Hausverbr.} + \text{event. allg. Anteil d. gewerbl. Verbr.}}{\text{Gesamte Länge der Verbrauchsstränge (ohne Zuleitung).}}$$

Um den tatsächlich verschiedenen Bedarf der einzelnen Stränge zu erfassen, teilt man den Strängen je nach Inanspruchnahme Wertziffern 1, 2, 3 usw. zu; ein Strang mit der Wertigkeit 2 hat darnach den doppelten Verbrauch, Strang mit der Wertigkeit 3 den dreifachen Verbrauch als der mit der Wertigkeit 1. Die „ideelle" Länge eines Stranges ist: L_{id} = Wertigkeit $\times$ $L_{wirklich}$ (tatsächliche Länge). Im weiteren wird der Verbrauch vom 1 m ideellen Strang wie vor ermittelt:

$$q_{1\,m} = \frac{\text{Gesamter max. Hausverbrauch} + \text{event. gewerblicher Verbrauch}}{L_{id}}$$

Bei Berücksichtigung verschiedener Wohndichte ist das gesamte Versorgungsgebiet in Bezirke und Teilflächen aufzulösen, die den einzelnen Strängen zugewiesen sind, wobei

bei sehr dichter Verbauung	700—900 Einwohner pro ha
bei mitteldichter Verbauung	300—400 Einwohner pro ha
bei villenartiger Verbauung	100—150 Einwohner pro ha

der Bemessung des Verbrauches in den einzelnen Strängen zugrunde zu legen sind.

b) Der gewerbliche und öffentliche Bedarf ist nach den tatsächlichen Ausmaßen in jedem Strang zu erheben. Für Leitungsverluste kann etwa 5% zum gesamten Verbrauch zugeschlagen werden. Da die Feuerpfosten des gesamten Versorgungsgebietes niemals alle gleichzeitig in Tätigkeit treten, geschehen darüber Annahmen: So können in einem Endstrang bei einer Länge unter 600 m jedenfalls alle daran angeschlossenen Feuerpfosten in Tätigkeit angenommen werden; bei Vereinigung mehrerer Stränge wird jeweils nur ein Teil der in allen diesen Strängen liegenden Feuerpfosten herangezogen, so daß beispielsweise, wenn 3 + 1 + 2 Hydranten in vorhergehenden Strängen liegen und noch zwei im Sammelstrang dazukommen, also insgesamt acht Hydranten vorhanden sind, doch nur drei oder vier Hydranten insgesamt in Rechnung gestellt werden.

δ) **Berechnung des Rohrnetzes.** Bei Umlaufnetzen sind gedachte Wasser- oder Druckscheiden vorerst gefühlsmäßig anzunehmen; erst die nachfolgende Rechnung der Drucklinien erweist, ob die Annahme richtig war, wenn an der gedachten Wasserscheidestelle wirklich die Drucklinie von zwei verschiedenen Seiten her gerechnet gleiche Druckhöhen anzeigt.

Nun wird die größte Durchflußmenge in jedem Strang ermittelt, indem die nach früheren Richtlinien für 1 m Strang berechnete Belastung mit der Stranglänge multipliziert wird; außerdem werden Verbrauche für besonderen Zweck (Feuerpfosten, Gewerbe etc.) und durchfließende Menge jener nachfolgenden Stränge zugeschlagen, welche aus ihm versorgt werden.

In den Leitungen möge die Geschwindigkeit ungefähr 1 m/s betragen, womit sich ein Durchmesser $d = \sqrt{\frac{4\,Q}{\pi}}$ vorberechnet; da aber die Rohre nur nach Normdurchmessern geliefert werden, ist der nächstnahe, meistens der größere Durchmesser zu wählen. In Hauptsträngen gilt wegen des Feuerpfostenanschlusses 80 mm als Mindestdurchmesser. Kleine Durchmesser sind unwirtschaftlich; ein Rohrdurchmesser 125 mm fördert um 100% mehr als eines mit Durchmesser 100 mm und kostet nur 20 % mehr.

Für jeden einzelnen Strang wird nach Formeln, Tabellen oder Nomogrammen der Druckverlust h_v bestimmt; zeichnerisch und rechnerisch wird der Druckabfall der einzelnen Stranglängen aneinandergefügt und so Drucklinien (Piezometerlinien) aufgestellt. Praktisch wird die Druckhöhenlinie sogleich auf absolute Höhe umgerechnet.

Im ungünstigst gelegenen Punkt, also dem entferntesten und zugleich höchst gelegenen, muß noch der verlangte Versorgungsdruck herrschen, woraus sich die tiefstzulässigste Druckhöhe im Hochbehälter bzw. des Versorgungspunktes am Anfang des Netzes sowie die richtige Bemessung des Rohrnetzes ergibt.

War die Wahl der Druckscheiden richtig, weist die Rechnung der Drucklinie von beiden Seiten an diesen Punkten übereinstimmende Ergebnisse auf; gewöhnlich tritt dort aber vorerst ein Rechnungsunterschied auf, der anzeigt, daß die Wahl der Druckscheiden verbessert werden muß. Man kann diesen Unterschied auch durch Änderung der Durchmesser oder des Strangverbrauches ausgleichen.

In langen Strängen kann der Rohrdurchmesser abgestuft werden; er nimmt aber immer in der Richtung des Versorgungszulaufs zu; in Strängen kürzer als 100 m ist durchwegs ein Durchmesser.

Ist der Druckhöhenverlust für die Leitung begrenzt oder vorgegeben, wird erst ein Durchschnittsgefälle der Drucklinie berechnet.

$$J = \frac{h_v}{L}$$

h_v ist der zur Verfügung stehende Druckhöhenverlust, L die Länge des längsten Stranges ab Hauptversorgungspunkt bis zum ungünstigsten Punkt. Für das Gefälle J wird mit Rechnungsbehelfen ein Normdurchmesser ermittelt; das genaue Druckgefälle wird dann gemäß einer Rechnung wie vorhin bestimmt.

Die Nachprüfung der Geschwindigkeit möge annähernd 1 m/s ergeben; kleinere Geschwindigkeiten als 0,25 m/s begünstigen das Verkrusten, lassen das Wasser „abstehen", allzugroße über 2,5 m/s greifen die Leitungen an; es ist daher beides zu vermeiden, zumal nach den normalen Rohrpreisen die wirtschaftlichste Geschwindigkeit etwa mit 0,8 m/s erkannt wurde.

Es sind viele Formeln für Druckverlustberechnung in kreisrunden Röhren nach Erfahrung und Versuchen aufgestellt worden (siehe Abschnitt Hydraulik), in denen die Wahl des Rauhigkeitswertes eine wichtige Rolle spielt, der Verlust ist bei neuen glatten Rohren geringer und nimmt allmählich mit der Verkrustung zu. Damit die Wasserleitung auch nach vielen Jahren noch entspricht, wird meist der Wert für verkrustete Rohre eingesetzt.

Formel von Kutter:

$$h_v = \frac{4 \,.\, v^2}{c^2 \,.\, d} \,.\, L \qquad c = \frac{100 \sqrt{P}}{m + \sqrt{P}} \qquad P = \frac{d}{4}$$

$$Q = \frac{39{,}25 \,.\, d^3 \sqrt{J}}{2\,m + \sqrt{d}}$$

m für neue Rohre 0,25
m für alte Rohre 0,35

Formel von Darcy für neue Rohre:

$$h_v = \left(0{,}01989 + \frac{0{,}0005078}{d}\right) . \frac{L}{d} \,.\, \frac{v^2}{2\,g}$$

Da mit diesen Formeln eine Vielzahl von Durchmessern recht langwierig auszuwerten ist, hat man Tabellen und Nomogramme hiefür, die in Taschenbüchern und Werken über Wasserleitungen zu finden sind.

Im Nomogramm (Abb. 402) nach der Formel von Kutter weist eine quer durchgelegte Gerade den Zusammenhang von Durchmesser, Durchfluß und Gefälle für m = 0.25 und m = 0.35, vollkommen genau genug.

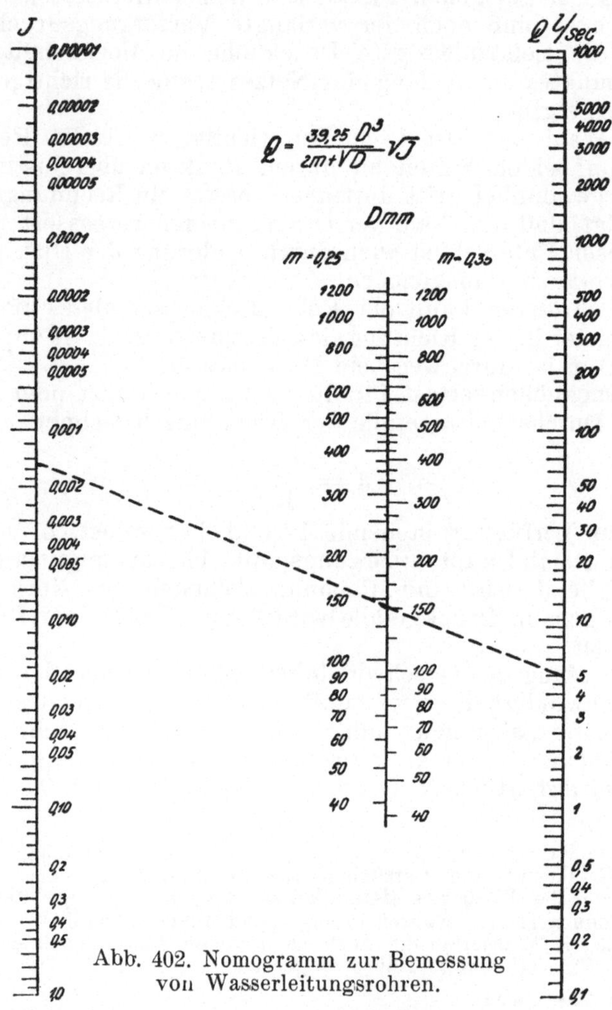

Abb. 402. Nomogramm zur Bemessung von Wasserleitungsrohren.

ε) **Wasserleitungsrohre.** Die handelsüblichen Normaldurchmesser sind:

Kleine Dmr.	für Hausleitungen:	½' (Zoll) (13 mm), ¾' (etwa 20 mm), 1' (25 mm), 5/4' (etwa 33 mm).
	für Nebenleitungen:	40, 50, [60], 70 mm;
mittlere Dmr.	für Hauptleitungen:	**80,** [90] mm; **100, 125, 150, [175], 200,** [225], **250, 275], 300, [325], 350** [375], **400,** 425, **450, 475,**
große Dmr.		**500,** [550], 600, 650; 700, 800, 900, 1000, 1100, 1200 mm.

In Klammern gesetzte Rohrdurchmesser sind nicht sehr gebräuchlich und daher möglichst nicht zu verwenden, **fettgedruckte** werden als Schleudergußrohre erzeugt.

Rohrlängen: Gußeisen 3 bis 5 m, Stahlrohre bis 16 m, gewöhnliche Rohrlängen 5 m.

Material der Rohre[43]: Kleine Durchmesser bis 5/4' (Hausleitungen) sind verzinkte Bleirohre oder Stahlrohre, ausnahmsweise Kupfer. Für mittlere und große Durchmesser wird meist Gußeisen[44]) verwendet, weil es nicht rostet und billig ist. Die Rohre werden stehend gegossen, doch jetzt meist im Schleudergußverfahren [45]) hergestellt. Stahlrohre [46]) müssen durch Anstriche und Umwicklung mit Jutestreifen geschützt sein; bei großen Drucken und mittleren Durchmesser sind nahtlose Mannesmannröhren günstig; für sehr große Durchmesser sind die Rohre genietet oder geschweißt. Rohre aus Asbestzement (Eternit) wurden erst in neuerer Zeit hauptsächlich in Italien eingeführt; sie scheinen sich zu bewähren, haben leichtes Gewicht, können mit der Säge zerschnitten werden und besitzen geringe Wärmeleitfähigkeit. Rohre aus Zement (neuerdings Spannbeton) oder glasiertem Ton, werden in besonderen Fällen angewandt. Holzrohre wurden in früherer Zeit bei kleinem Durchmesser, jetzt eher bei großen Durchmessern in waldreichen Gegenden gebraucht. Die kleinen Holzrohre werden aus harzreichen, astfreien und geraden Baumstämmen erbohrt, die großen Druckrohre sind aus einzelnen Dauben zusammengesetzt; letzte sind im Wasserkraftbau bei den Druckrohrleitungen besprochen.

Die normalen Rohre müssen einen Druck von 10 at (100 m Druckhöhe) standhalten und dicht bleiben. Die Prüfung verlegter Rohre erfolgt auf den doppelten und dreifachen Betriebsdruck.

Als Rohrverbindungen kommen bei kleinen Durchmessern Gewindemuffen, meist Rechtsgewinde, ferner Doppelnippel mit Innengewinde, zugleich als Reduzierstück, bei den mittleren Durchmessern Flanschen oder Muffen verschiedener Art in Betracht; Eternitrohre haben eine Überschubmuffe (Simplexkupplung) oder eine aufgezogene Stahlflanschverbindung (Gibault-Kupplung).

Flanschenrohre haben den Vorteil, leicht auswechselbar zu sein, ihre Dichtung ist sehr gut möglich, auch bei großem Druck; ihr Nachteil ist, daß die Rohrlängen genau stimmen müssen, daß sie teurer sind und

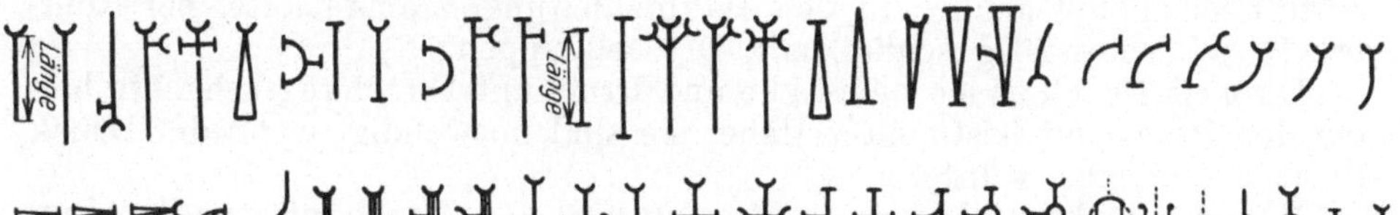

Länge
Länge

Abb. 403. Zeichen für verschiedene Formstücke von Muffen- und Flanschenrohren.
(Aus Schoklitsch, Wasserbau I.)

selbst für große Krümmungshalbmesser in den Strängen schon Formstücke nötig sind.

Muffenrohre dagegen haben den Vorteil, daß flache Krümmungen und auch kleine Längendifferenzen in den Muffen ausgeglichen werden können und daß sie billig sind. Zum Nachteil gereicht es, daß die Auswechslung einzelner Rohre schwierig ist.

[43]) Schwedler-Jürgenson: Handbuch der Rohrleitungen, Berlin 1939.
[44]) DIN 1988, 3510 und 3511.
[45]) DIN 2431/32.
[46]) DIN 2440/41 und 2449.

Im allgemeinen werden wegen des billigeren Preises in langen Leitungen Muffenrohre verwendet und nur bei Einbauten Flanschen bevorzugt; es sind dann Übergangsstücke von Muffen auf Flanschen notwendig.

Formstücke sind Abzweiger, Bögen und Rohrquerschnittsänderungen; auch sie sind genormt (Abb. 403).

Abzweigungen sind gewöhnlich als T- oder Kreuzstücke, seltener als Bogenabzweiger (K-Stück) gestaltet; *Richtungsänderungen* geschehen durch Bogenstücke, gewöhnlich unter 90° und 45°, *Rohrquerschnittsveränderungen* durch Reduzierstücke.

Normen für Rohre:

Beton und Steinzeug (< 2 at)	DIN 1230, 4032, 4033;
Stahlbeton	DIN 4035, 4036, 4037;
Gußeisen (< 10 at, Schleuderguß < 15 at)	DIN 2411, 2420, 2422, 2431, 2432, 2435, 2437;
Stahl (Wassergas überlappt geschweißt)	DIN 1628, 2453;
(elektrisch und autogen geschweißt)	DIN 2452, 2454;
(nahtlos)	DIN 2448 bis 2451, 2460, 2461;
Abdichtung	DIN 3525 bis 3527 U, 3511 bis 3519 U.

ζ) **Einbauten und Zubehör.** *Absperrschieber* (Keilschieber)[47] sind an den Abzweigungen so zu verteilen, daß bei einer möglichst geringen Zahl eine weitgehende Variation der Absperrungen möglich ist; sie sind am besten in den Strang mit dem kleineren Durchmesser zu legen.

Entleerungsschieber an den Tiefpunkten der Wasserleitung mit anschließender Entleerungsleitung ermöglichen eine gänzliche Entleerung in einen nahen Vorfluter.

Entlüftungsventile an den hochgelegenen Punkten der Wasserleitung erlauben ein Entweichen der sich in den Rohren ausscheidenden und am obersten Punkt sammelnden Luft, entweder selbsttätig oder mit Handbetätigung.

Rohrbruchventile oder Rohrbruchsicherungen sind in großen Abständen, hauptsächlich in den Hauptzuleitungen eingebaute, bei Rohrbruch sich selbsttätig schließende Drosselklappen.

Druckreduzierventile und Druckunterbrechungsschächte halten den Druck auf bestimmter Höhe; sie sind notwendig, wenn der Druck 10 at übersteigen würde.

Rückschlagklappen[48] gestatten den Durchfluß nur in einer Richtung.

Rohrumhüllungen (Manschettenrohre) sind bei Unterführung unter Eisenbahnen, Brücken, Kreuzung von stark erschütterten Straßen, Durchschneiden von alten Fundamenten oder als Wärmeschutz an besonderer Stelle notwendig.

Teilkästen legt man an Kreuzungsstellen, zugleich als Schlammfänge ein.

Streifkästen dienen zum Reinigen der Leitung.

Hydranten (Feuerpfosten)[49] geben die Anschlüsse für die Feuerlöschgeräte; sie sind nie unmittelbar am Strang aufgesetzt, sondern mittels

[47] DIN 3204 bis 3208.
[48] DIN 3212.
[49] DIN 3221/22.

eines Abzweigstückes und kurzen Seitenstranges (meist 80 mm Durchmesser) angeschlossen. Es gibt Oberflur- und Unterflurhydranten. Oberflurhydranten stören den Verkehr; man könnte sie an den Hausfronten in Mauernischen einbauen. Unterflurhydranten sind im Winter schwer aufzufinden. Zu empfehlen ist, in einem Netz nur eine Type zu verwenden.

Es ist üblich, die Lage der Schieber, Feuerpfosten und andere Rohreinbauten durch Hinweisschilder[50]) an den Häusern, auf denen ihre Einmessung angeschrieben ist, zu kennzeichnen.

Hausanschlüsse werden jetzt fast immer mittels Anbohrschellen durchgeführt. Um das Strangrohr wird eine gut dichtende, bandförmige Schelle gelegt, welche den Absperrschieber der Anschlußleitung trägt. Durch diesen wird das Rohr angebohrt; die Schieberstange der Hausanschlußschieber hat manchmal keine Straßenkappe, sondern ist unter die Straßendecke vergraben.

Wassermesser unterscheidet man in drei Arten: Venturirohre, Volumen- und Flügelmesser. Volumenmesser (Raummesser) sind nur für kleine Wassermengen in Hausleitungen (Hauswasserzähler)[51]).

5. Wasserbehälter.

a) Inhaltsbemessung.

Wasserspeicherung gleicht die Wassermengen des Zulaufs und des Verbrauches während eines Tages oder längeren Zeitraumes aus, sammelt einen Vorrat für besondere Fälle und ermöglicht einen fast gleichbleibenden Druck in den Hauptversorgungsleitungen.

Der Speicherrauminhalt ergibt sich aus dem größten Abstand zwischen der Verbrauchssummenlinie und der Zulaufsummenlinie eines extrem schwankenden, stärkst belasteten Tages, vermehrt um eine ausreichende

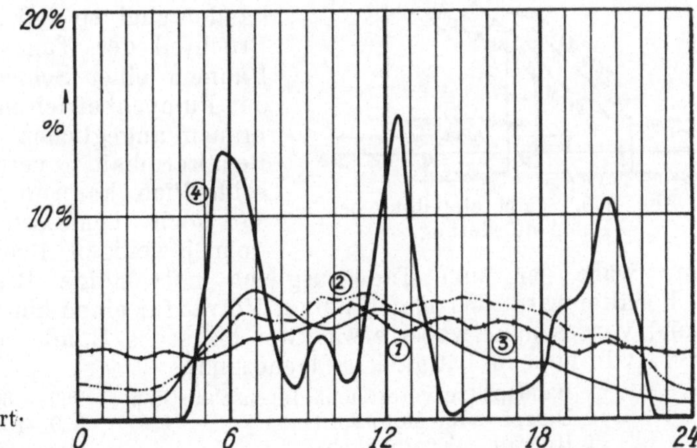

Abb. 404. Tagesverbrauchslinien in
(1) Industriestadt,
(2) Geschäfts- und Wohnstadt,
(3) Wohnstadt,
(4) Landwirtschaftsort.

Reserve für unvorherzusehende Zufälle (Brand, momentanes Ausbleiben des Zulaufes, außergewöhnliche Wasserverluste infolge Rohrbruches etc.) und Auffüllen des sogenannten „toten Raumes“ im Speicherbecken, der natürlich möglichst klein zu halten ist.

---

[50]) DIN 4066/67.

[51]) DIN — DVGW 3261 und 3620.

Die Verbrauchslinien sind örtlich verschieden, doch sind folgende augenfällige Typen zu unterscheiden (Abb. 404):

Industriestadt: Sie hat ziemlich geringe Schwankung im Stundenverbrauch eines Tages, keine hervorstechenden Extreme, auch die jahreszeitlichen Schwankungen sind unbedeutend (Juliverbrauch = 1,2 Februarverbrauch), falls keine wasserverbrauchenden Saisonindustrien vorhanden sind.

Großstadt (Geschäfts- und Wohnstadt): Während des Tages ist der Belastungsunterschied nicht bedeutend, jedoch größer als bei einer Industriestadt; doch sind die Jahreszeiten deutlich merkbar (Juliverbrauch = 1,4 bis 1,5 Februarverbrauch).

Wohnstadt (Villen mit Gärten): Man merkt starke tägliche Schwankung und noch stärkere Unterschiede der Jahreszeiten als bei der vorgenannten.

Landwirtschaftliche Orte: Hier tritt ein äußerst starker Unterschied in den einzelnen Stunden auf, deren Verbrauch von 0 bis 25% des Gesamttagesbedarfes wechselt; weniger treten die jahreszeitlichen Unterschiede hervor.

Kurorte und Bäder: Sie weisen sowohl bedeutende Tages- als auch Jahresschwankungen auf.

Die Zulauflinien sind eine Folge der Wassergewinnungsart. Einen stets gleichbleibenden Zufluß bringt meist der Wasserbezug aus guten Quellen; bei schwankendem Zulauf muß der mittlere Bedarf am stärkstbelasteten Tag gedeckt werden.

Pumpenförderung kann dem Bedarf angepaßt werden (Abb. 405); jedenfalls muß aber die Pumpenleistung so groß sein, daß sie gerade den mittleren Gesamtbedarf deckt; gewöhnlich aber ist sie viel stärker, schon dadurch, daß Reservesätze vorhanden sind, so daß es ausreicht, einen Bruchteil des Tages zu pumpen. Im Rahmen einer Schichteinteilung kann der Pumpenbetrieb möglichst dem Verbrauch angeglichen und dadurch der Behälterinhalt verringert werden; schließlich kann die Pumpenleistung so hoch bemessen sein, daß sie dem jeweiligen Bedarf folgen kann, dann wäre der zum Tagesausgleich notwendige Behälterinhalt Null. Im Behälter wird aber ein ständiger Vorrat für einen ein- bis vierstündigen Brand vorgesehen, wobei etwa zwei bis sechs Hand- oder Motorspritzen bzw. Hydranten in Tätigkeit gedacht sind.

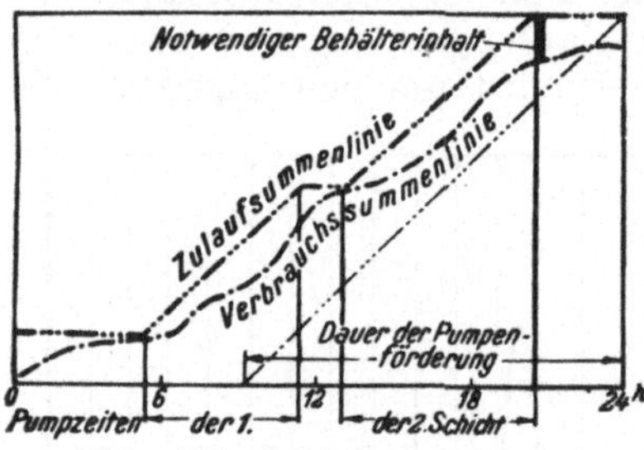

Abb. 405. Schichteinteilung bei Pumpenförderung.

1 Handspritze verbraucht durchschnittlich	100— 600 l/min.
1 Dampf- oder Motorspritze	300—1000 l/min.
1 Hydrant (Feuerpfosten)	200— 600 l/min.

Die Brandreserve (etwa 50—250 m³) ist hauptsächlich in kleinen Orten nötig, denn größere Orte haben schon des Ausgleiches wegen einen weit größeren Notvorrat.

Nach Thiem ist der größte Brandverbrauch etwa 0,1% des Gesamtverbrauches im Jahr.

Da die Entnahme aus hygienischen Gründen etwa ¼ bis ¾ m über der Behältersohle mündet, verbleibt im Behälter ein ungenutzter Wasserraum (toter Raum), der natürlich möglichst gering sein möge und in dem sich der Schlamm absetzt.

b) Bauarten und Berechnung.

Ein Behälterinhalt größer als 25 m³ möge stets auf mehrere Räume verteilt werden, um ohne Störung des Betriebes den Behälter nachschauen und reinigen zu können. In großen Erdbehältern erleichtert das Absteifen durch Zwischenwände die Konstruktion. Turmbehälter, deren Unterteilung

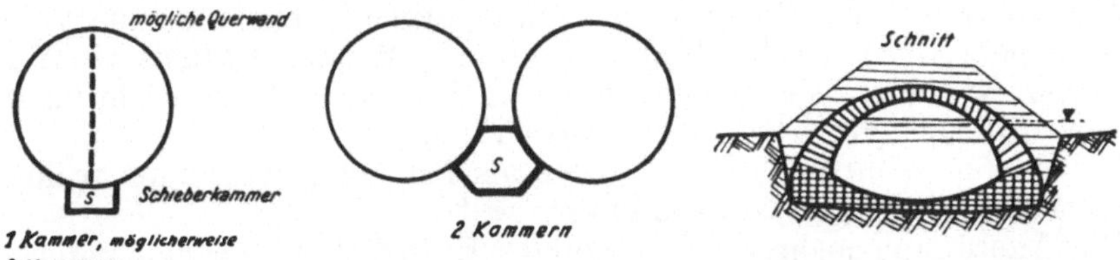

Abb. 406. Kuppelartige Wasserbehälter.

meist nicht angängig ist, erhalten neben oder unter dem Hauptbehälter einen Reservebehälter.

Schieber und Leitungen müssen jede einzelne Kammer für sich absperren lassen.

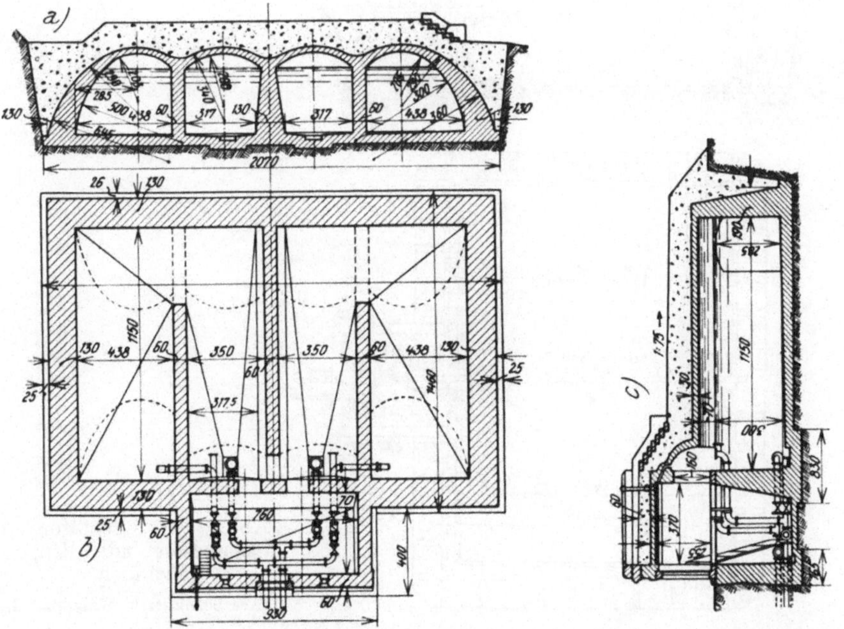

Abb. 407. Überwölbter Wasserbehälter. a) Querschnitt, b) Grundriß, c) Längsschnitt.

(Aus Schoklitsch, Wasserbau I.)

α) **Wasserkeller (Erdbehälter).** a) Die Bauform der Wasserkeller richtet sich nach dem Baustoff. Ausführungen in Mauerwerk und Stampfbeton sind Kuppeln und Gewölbe; in Stahlbeton gibt es neben den schon erwähnten Formen, allerdings mit schwächeren Querschnitten, noch rechteckige Kammern mit Platten, Rippen oder Pilzdecken, auch manchmal Rippenwänden, dann Kreiszylinderkammern mit verschiedenen Abdeckungen.

Einfluß auf die Baugestaltung nimmt auch die Zahl der Kammern, weil eine Schieberkammer für mehrere Behälterkammern gemeinsam sein kann, ferner die Lage zum Berg, die Überschüttungshöhe und schließlich der Untergrund.

Kuppeln (Abb. 406) sind die älteste Bauform für die Erdbehälter, weil sie sich vorteilhaft in Ziegelmauerwerk bauen lassen. Sie werden daher hauptsächlich in Ziegel oder auch in Stampfbeton ausgeführt; Stahlbetonkuppeln werden sehr dünn, so daß die Wasserdichtheit nicht mehr genügend erscheint, sie verlangen daher besonders gute Dichtungsmaßnahmen, die sich unwirtschaftlich auswirken.

Gewölbe sind leichter zu bauen als Kuppeln; sie fanden früher bei Wasserkellern häufigste Anwendung.

Die Anordnung mehrerer überwölbter Erdbehälter nebeneinander zeigt die Abbildung 407.

Rechteckkammern sind einfache, prismatische Räume; sie sind durch die Stahlbetonbauweise eingeführt worden und erfreuen sich für

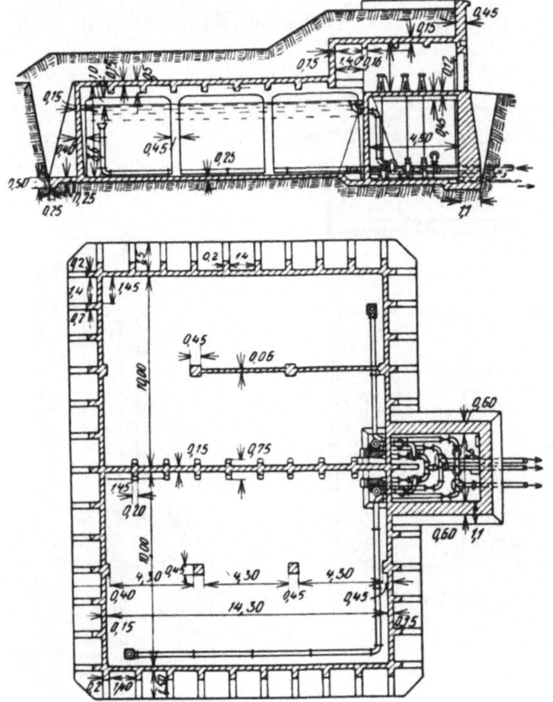

Abb. 408. Behälter in Stahlbeton mit Rippenwänden.

(Aus Schoklitsch, Wasserbau I.)

kleinere Behälter großer Beliebtheit, wobei die Wände gewöhnlich nicht oder nur mäßig bewehrt sind.

Manchmal ist die Seitenwand nach Art einer Rippenplatte gebaut (Abb. 408); diese Ausführung ist nicht sehr vorteilhaft, da die Stoffersparnis durch teure Schalungen wettgemacht wird und die Bewehrung nicht einfach ist. Wegen der erschwerten Hinterfüllung wird ein günstig wirkender Erdwiderstand nicht einwandfrei erreicht.

Zylinderbehälter mit Kuppelabdeckung (Abb. 409) stellen eine günstige Behälterform dar; die Bemessung des stehenden Zylinders kann ziemlich einwandfrei erfolgen und sein Bau ist einfach. Die statisch beste Abdeckung ist die Kuppel, sie benötigt zur Aufnahme des Bogenschubes einen verstärkten Stahlbetonring. Bekommt der Zylinderbehälter eine ebene Abdeckung (Abb. 409 a) als Rippen-

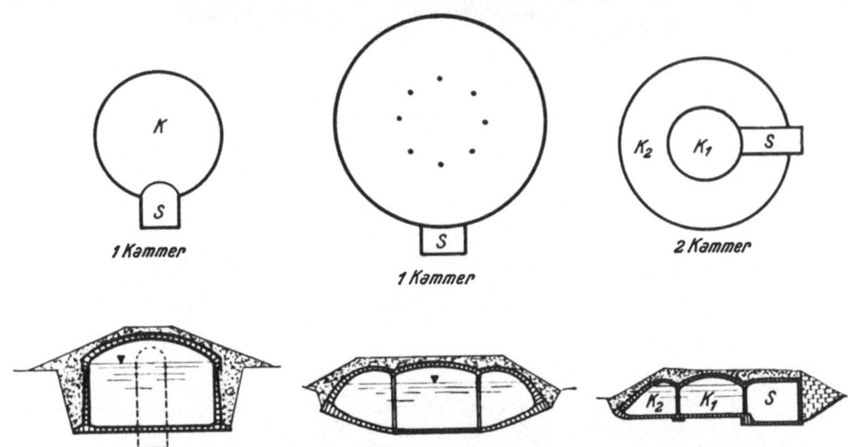

Abb. 409. Kreiszylinderbehälter mit Kuppelabdeckung

decke in Stahlbetonkonstruktion, entfällt der Auflagering. Als Deckenstützen aufgestellte Säulen verringern die Deckenspannweite.

Für Großbehälter wären die bisher genannten Bauweisen unwirtschaftlich. Man führte sie früher als aneinander gereihte Gewölbe und neuerdings als große Rechteckkammern mit Pilzdecken aus (Abb. 410). Der Riesenbehälter der Stadt Wien in Lainz für 140.000 m³, der von Dresden mit 60.000 m³, Graz mit 5.800 m³ und andere haben Pilzdecken. Die Pilzdecken-Konstruktion ist für Stützensenkungen empfindlich; es sind daher nicht allzu ungünstige Untergrundverhältnisse Voraussetzung.

b) Die statische Berechnung der Wasserkeller verlangt Fachkenntnisse aus der Baustatik; sie ist daher an dieser Stelle nur für die einfachen Formen angedeutet.

Gewölbe werden nach den Regeln der Gewölbetheorie durch Zeichnen der Drucklinien konstruiert; als Belastung ist der aktive Erddruck und die Überschüttung zu nehmen, während die Wasserfüllung unberücksichtigt bleibt.

Bei rechteckigen Stahlbetonkammern in fast ebenem Gelände hat die wirtschaftlichste Grundrißform eines Doppelbehälters, dessen Inhalt Q und dessen angenommene Wassertiefe h ist, die Länge $L = 1{,}23 \frac{Q}{h}$ und die Breite $B = 0{,}82 \frac{Q}{h}$: somit $L = 1{,}5\ B$, wobei die Tiefe h nicht über 5 m und nicht unter 3 m sein möge.

Der Behälter möge so tief versenkt sein, daß der Erdaushub die nötige Überdeckung liefert.

Die statische Annahme für einen einkammerigen Erdbehälter ist im Grundriß ein geschlossener Rahmen, während bezüglich Aufriß verschiedene Annahmen walten. Da die Annahmen mit dem

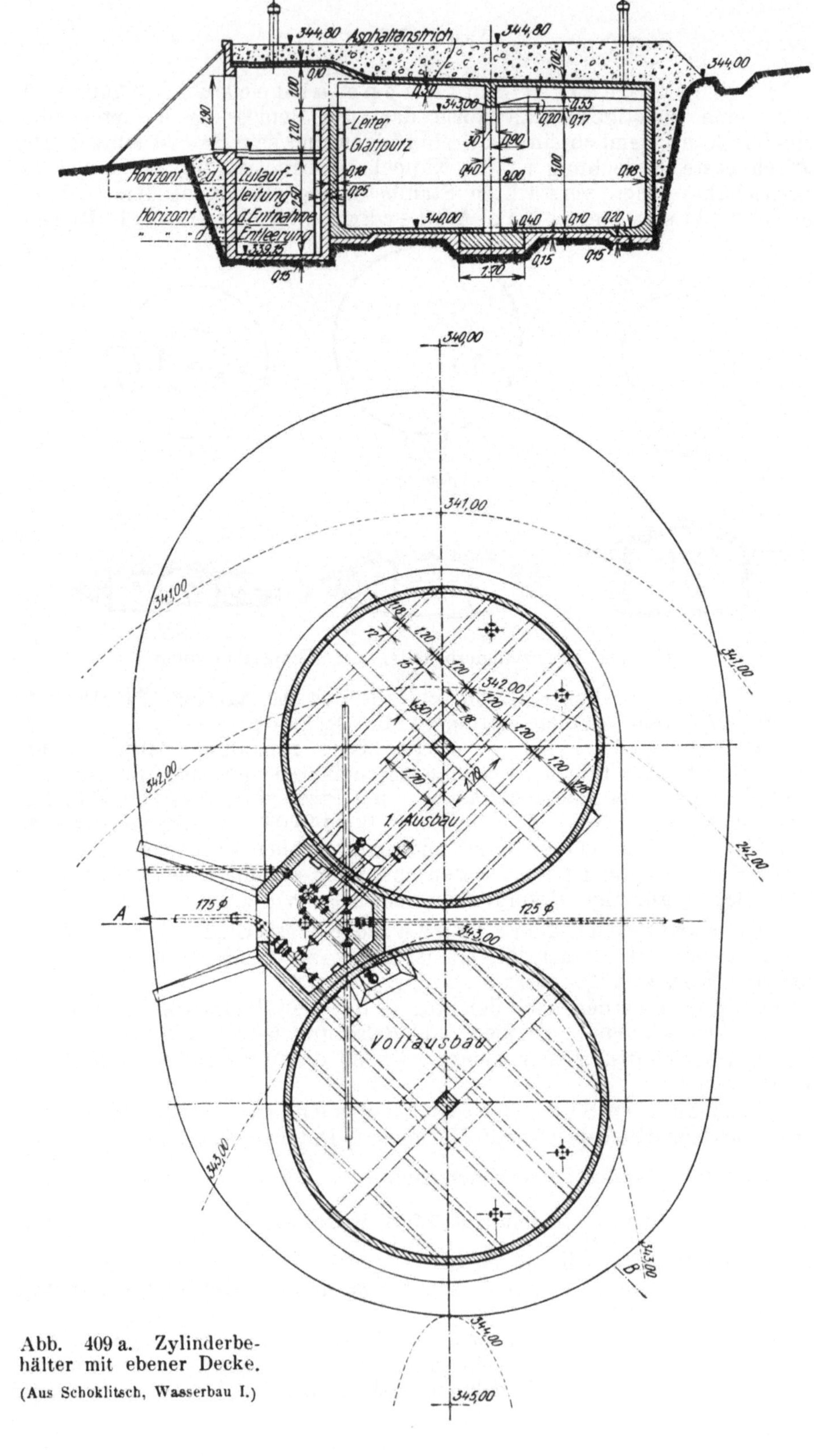

Abb. 409 a. Zylinderbehälter mit ebener Decke.

(Aus Schoklitsch, Wasserbau I.)

Bauvorgang in Einklang zu bringen sind, ist bei der beliebtesten Annahme eines Trogprofils als Vertikalschnitt (Abb. 411, Fall a) das Betonieren der Bodenplatte und der Umfassungswände in ununterbrochenem Zug durchzuführen.

Anders verlangt es ein Zweigelenkrahmen (Abb. 411a, Fall b), der einfach statisch unbestimmt ist und manchmal der Berechnung zugrundegelegt wird.

Ein geschlossener Rahmen auch im Aufriß (Fall c) wird wegen Erschwernis der statischen Berechnung und der baulichen Durchführung trotz sparsamster Querschnittsbewegung selten angenommen.

Rechnerisch bequem, aber bezüglich Baustoffausnützung ungünstig ist es, zwischen Wänden, Boden und Decke überhaupt keine statisch wirksamen Zusammenhänge anzunehmen (Fall d).

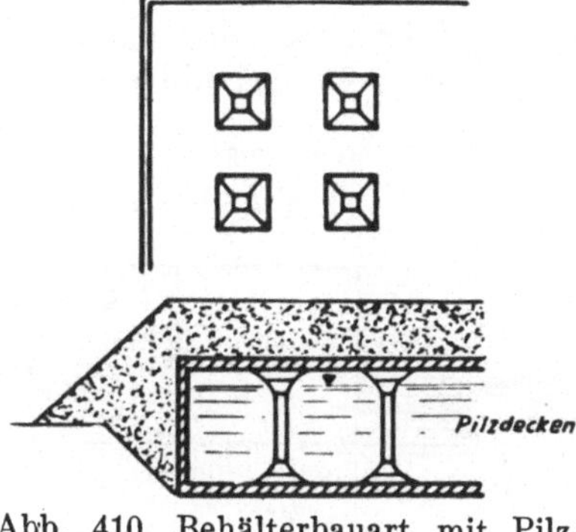

Abb. 410. Behälterbauart mit Pilzdecken statt der Unterzüge und Rippendecke.

Beim Behälter mit zwei Kammern ist der Grundriß ein geschlossener Zweifeldrahmen; da ein Zusammenwirken der Wände mit der Bodenplatte schon wegen der breiten Aufstandsflächen zu erwarten ist, liegt die Annahme eines Trogprofils (Fall a) für den Querschnitt nahe.

Die Bodenplatte ist meist kreuzweise bewehrt, somit erfolgt eine Lastaufteilung nach den Regeln der kreuzweise bewehrten Platten [52]).

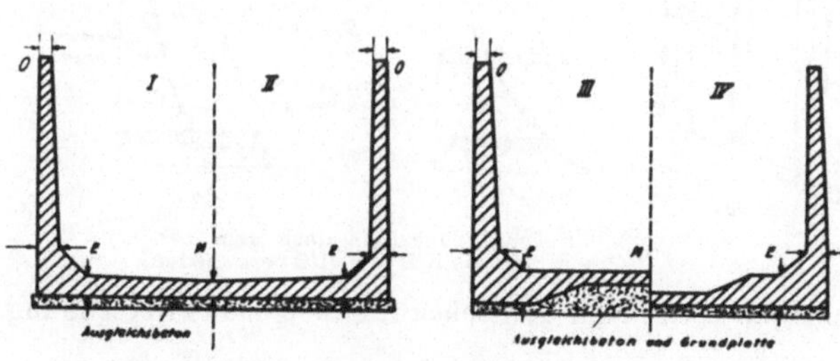

Abb. 411. Behälterquerschnitte, die als Trog gerechnet sind (Fall a).

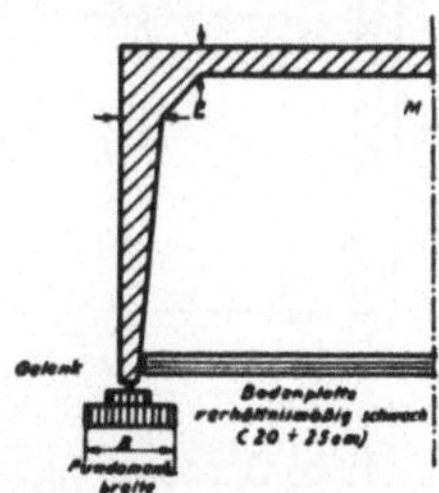

Abb. 411 a. Behälterquerschnitt als Zweigelenkrahmen (Fall b).

Die Decke kann ebenfalls kreuzweise bewehrt oder eine Rippenplatte sein; im Falle a) wird die Decke als frei aufliegend behandelt.

Wenn man die Umfassungswände statisch wirksam mit Boden oder Decke verbunden auffaßt und eine gleiche Beanspruchung des Baustoffes nach beiden Richtungen voraussetzt, ferner eine Dreiecksbelastung angreift, kann das Verhältnis der Belastung von Längs-(waagrecht) zu Quer-(senkrecht)Richtung angenähert gelten:

$$\frac{p_l}{p_h} \cong \frac{l^4}{6\,h^4} \qquad p_l \cong \frac{l^4}{l^4 + 6\,h^4} \cdot p$$

$$p_h \cong \frac{6\,h^4}{l^4 + 6\,h^4} \cdot p$$

[52]) DIN 1045, § 23.

Als Belastung kommen in Frage:

Wasserdruck pro 1 m Breite $W = \frac{1}{2} h_w^2$

Überschüttung $q_ü$ ist lose geschüttete, durchnäßte Erde, Sand und Lehm $\gamma = 1{,}80$ t/m³, Überschüttungshöhe $h_ü = 0{,}80$ bis $1{,}50$ m, im Mittel 1,20 m.

Erddruck wird nach Coulombs Erddruckkonstruktion (s. Abb. 501) oder gemäß Erddrucktafeln von Krey[53]) ermittelt. Als natürlicher

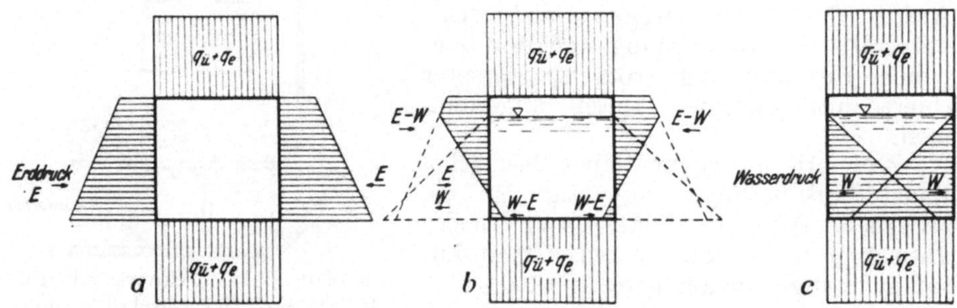

Abb. 412 a. Belastungsfälle eines Erdbehälters im Querschnitt. a) Behälter leer, nur Erddruck, b) Behälter voll, Erddruck wirksam, c) Behälter voll, kein Erddruck. $q_ü$ Belastung infolge Überschüttung, q_e Belastung infolge Eigengewicht der Decke.

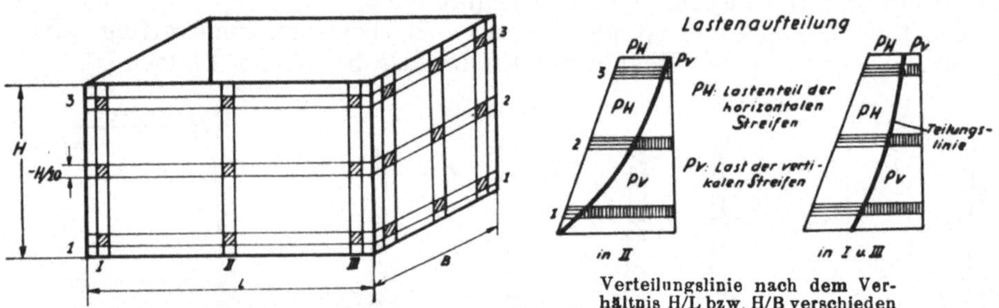

Abb. 412 b. Berechnungsannahme und Aufteilung der Belastung für genaue Berechnung.

Böschungswinkel φ ist etwa 40°, für Reibung zwischen Erde und Mauer $\varphi = 5°$ bis 15° anzusetzen. Das Eigengewicht des Erdreiches ist 1,75 bis 1,8 t/m³.

Bei Rechteckbehältern schätzt man das Eigengewicht der Decke unter einer Überschüttung von 1,2 m für eine

	a) kreuzweis bewehrte Platte	b) Rippendecke (Ripp.-Entf. 1,50 m)
von einer Spannweite 3,00 m	$q_e = 400$ kg/m²	$q_e = 380$ kg/m²
4,00 m	550 „	420 „
5,00 m	670 „	500 „
6,00 m	810 „	560 „

Dies zeigt, daß bei Spannweiten über 3,00 m die Rippendecke vorteilhafter wird.

[53]) Krey. Erddruck und Erdwiderstand, Berlin 1936.

Belastungsannahmen. Abb. 412 a stellt die Belastungsverhältnisse des Vertikalschnittes an einem Erdbehälter dar. Der meist in Betracht gezogene Belastungsfall a) (Behälter leer, nur Erddruck) setzt voraus, daß der Behälter gut hinterstampft wird; Fall b) (Behälter gefüllt, also Wasser- und Erddruck zugleich) ist günstiger als Fall a); im unteren Teil ist die Bewehrung daher beidseitig. Fall c) (Behälter voll ohne Erddruck) ist gewöhnlich die ungünstigste Belastung, doch kann sie vermieden werden, wenn der Behälter erst nach eingestampfter Hinterfüllung in Betrieb genommen wird.

Für einen Behälter mit zwei Kammern gestalten sich die Belastungsverhältnisse analog wie vor. Daß der Erddruck nicht wirksam sei, kommt wohl nicht in Frage. Es ist jeweils die eine Kammer leer, die andere gefüllt anzunehmen. Bei ungleichen Kammern ist jede Kammer gesondert zu untersuchen, bei gleichgroßen die berechnete Bewehrung beiderseits symmetrisch anzuordnen.

In der Vorberechnung wird man zwecks Vereinfachung statt der Dreiecksbelastung eine gleichmäßig verteilte Last $p_m = p_o + {}^2/_3 (p_u - p_o)$ ansetzen, diese gemäß obigem Schlüssel aufteilen und damit M_{max} ermitteln.

Die bei diesen Rechnungen benötigten Rahmenformeln zur Momentenrechnung enthält Kleinlogel, Rahmenformeln oder der Betonkalender. In der Vorberechnung kann das Verhältnis der Trägheitsmomente vorerst gleich 1 gesetzt werden.

Im Falle eine Trogprofils wird die Stärke der Fundamentplatte in der Mitte und am Rande berechnet und nach Abb. 411 geformt. Im Fall eines Gelenkrahmens (Abb. 411 a) ist die Bodenplatte von diesen unbeeinflußt, weil der Rahmenstiel ein eigenes Fundament besitzt.

Die an der Sohle und Decke verschiedene Stärke der Seitenwände wird in der Vorberechnung durch einen mittleren Querschnitt im unteren Drittel der Höhe mit der Last p_m gerechnet und der Mauer ein Anlauf 1 : 10 bis 1 : 40 gegeben.

Die Decke ist als Platte, meist aber als Rippendecke ausgeführt.

Die genaue Berechnung ist häufig nicht erforderlich; man behält möglichst die aus der Vorberechnung gefundenen Querschnitte des Betons bei, damit ist eine erste Annahme der Trägheitsmomente J gegeben. Nun denkt man sich horizontale und vertikale Streifen von etwa 0,25 bis 0,50 m Breite herausgeschnitten (Abb. 412 b). Die Wandbelastung wird so aufgeteilt, daß die Durchbiegung des dem horizontalen Streifen angehörigen Elementes unter dieser Teillast gleich der Durchbiegung des gleichen, aber nun dem vertikalen Streifen zugerechneten Elementes unter dem auf diesen (vertikalen) Streifen entfallenden Lastanteil ist.

Mit der genauen Lastaufteilung werden die Querschnitte nachgeprüft und die Stahlbewehrung bemessen; die Betonquerschnitte brauchen meist nicht mehr abgeändert zu werden. Wenn der Erddruck nicht immer sicher mitwirkt, erfolgt die Bemessung sowohl für Erddruck als auch für Wasserdruck allein, was eine beidseitige Bewehrung verlangt.

Zur überschlägigen Berechnung ist es ausreichend, die Bewehrung des mittleren Streifens in senkrechter und waagrechter Richtung für die mittlere Last p_m infolge Erddruck zu wissen und hieraus auf die übrige Bewehrung zu schließen.

Die statische Annahme runder Stahlbetonkammern unterscheidet, ob die stehende Wand vollkommen vom Behälterboden getrennt ist oder eine statisch einwandfreie Verbindung mit ihm hat.

Im ersten Fall erfolgt die Berechnung nach waagrechten Ringen. Der äußere Erddruck ruft Druckspannungen hervor, die dem Beton ungefährlicher sind als die durch den inneren Wasserdruck ausgelösten Zugspannungen, welche daher zur Bemessung maßgebend sind.

Läßt man als Betonzugspannung $\sigma_{bz} = 5\ kg/cm^2$ zu, so ist die an der Sohle benötigte Wandstärke s in cm bei einer Wassertiefe h und einem Behälterhalbmesser r, beides in m

$$s = 2\,h\,r$$

Im anderen Fall wird die Last auf lotrechte Stäbe und waagrechte Ringe aufgeteilt. Die senkrechten Stäbe gelten als Kragarme; sie haben daher ein Einspannmoment: $M_E = + \frac{4}{54} \cdot h^3$

Die Bodenplatte hat ein mittleres Feldmoment: $M_m = M_E - \frac{h \cdot e^2}{8}$ und eine Längskraft $Z = \frac{1}{3} \cdot h^2$

Zylinderbehälter werden gerne durch eine ringsum frei aufliegende Platte abgedeckt, die bei größeren Behältern durch eine oder mehrere Säulen unterstützt wird. Der Horizontalschub einer Kuppel wird durch einen Stahlbetonring in sich abgefangen und dadurch die Behälterwand nur senkrecht belastet.

Als zulässige Spannungen mögen gelten:

$$\sigma_{bd} = 35 - 40\ kg/cm^2$$
$$\sigma_{ez} = 900 - 1200\ \text{„}$$

Maßgebend ist bei dem wasserbespülten Teil die Betonzugspannung σ_{bz}, deren Nachprüfung höchstens 5—6 kg/cm^2 ergeben soll, um eine sichere Gewähr zu haben, daß Zugrisse und damit Undichtheit auf jeden Fall vermieden werden.

β) **Wassertürme (Turmbehälter).** Wassertürme bestehen aus folgenden Bauteilen: Grundplatte (Fundament), Traggestell, Behälter, Wärmeschutz samt Abdeckung, sowie Leitungen und Zugänge.

Der Behälter ist aus Stahlblechen oder Stahlbeton. Stahlbehälter haben fast immer kreisförmigen Grundriß, weil dann die Wandung nur Zugkräfte erhält. Die senkrechten Schnitte zeigen mannigfache Formen (Abb. 413).

Die Berechnung der Zylindermantelfläche geschieht nach der schon genannten Ringformel, worin die Blechstärke aber aus konstruktiven Gründen mindest 5 mm und die Eisenzugspannung wegen der Schweißnähte höchstens 900 kg/cm^2 sein soll. Die Behälterböden sind schwieriger zu berechnen.[54])

Zu den einzelnen Bauformen sei bemerkt: Die Typen (1) bis (7) sind nur für kleinere Behälter bis 100 m^3 Inhalt geeignet, weil der Boden statisch nicht günstig ist, da eine starke Beanspruchung der Auflagerringe auftritt und sich die Beanspruchung auch bezüglich des Vorzeichens bei verschiedenen Füllhöhen ändert. Die auftretenden Druckspannungen verlangen Aussteifungen. Type (8): Wenn die Zylinderhöhe H größer als $^2/_3 r$ ist, treten nur Zugspannungen auf; die Abfangung geschieht an einem Ring, der aus der Mantelfläche hervorwächst, die Aufstellung benötigt keinerlei Bewegungsmöglichkeit für Temperaturänderungen. Type (11) (Intze-

[54]) Forchheimer, Berechnung ebener und gekrümmter Behälterböden, W. Ernst und Sohn, Berlin 1909.

form): Durch Aufteilung des Inhaltes $J_1 = J_2 = J/2$ wird der Auflagerring nur senkrecht belastet. Der Behälterboden ist jedoch schwierig zu

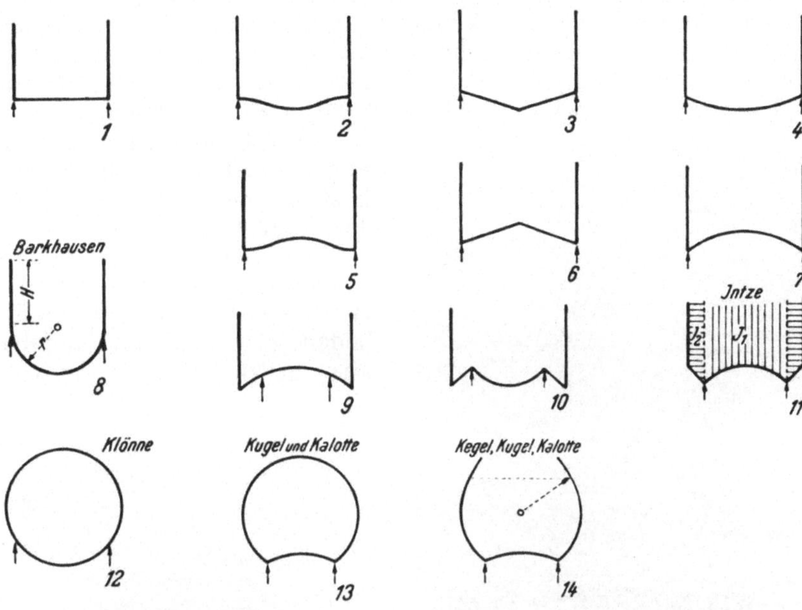

Abb. 413. Bauformen der Stahlbehälter (Querschnitte).

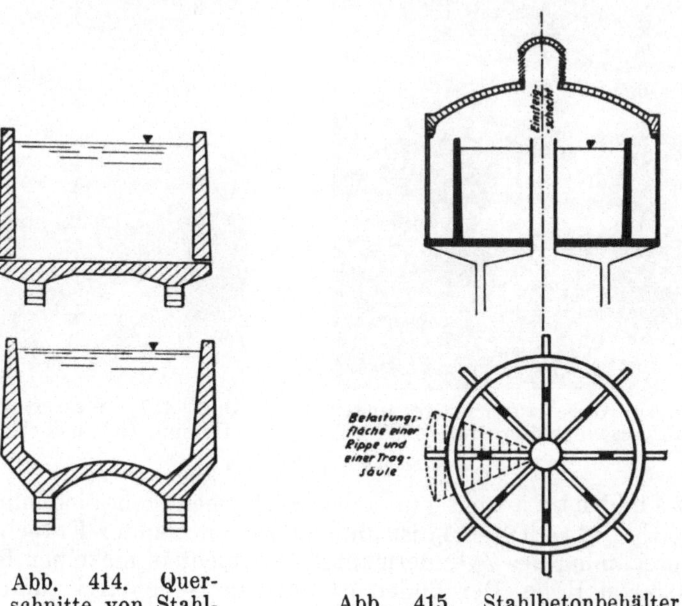

Abb. 414. Querschnitte von Stahlbetonbehältern auf Türmen.

Abb. 415. Stahlbetonbehälter auf einem in einzelnen Säulen aufgelösten Turm.

konstruieren und daher teuer; wegen des kleineren Auflagerringes ist das Traggestell schmäler als bei den Typen (1) bis (8); die Intzetype erfreute sich großer Beliebtheit und bietet auch in der Stahlbetonbauweise Vorteile, besonders wenn die Mitte für einen Einstiegschacht freibleibt. Typen (12), (13), (14) sind statisch am günstigsten, aber schwierig zu bauen, Kugelbehälter sind bis 10 m Dmr ausgeführt. Abgefangen werden sie durch einen Auflagerring von kleinerem Durchmesser als der Behälter, wodurch auch das Traggestell schmäler ausfällt. Im allgemeinen sind die Hängeböden (2) bis (4), (8), (10) und (12) günstiger, da sie nicht wie Stützböden (5) bis (7), (11), (13) und (14) abgesteift werden müssen.

Stützböden werden eingebeult, sobald die Einsenkung unter der Last größer als die Pfeilhöhe des Bogens ist.

Der meist den Übergang zum Traggerüst bildende, stählerne Auflagerring wird von Stützböden gezogen, von Hängeböden aber gedrückt.

Abb. 416. Wasserturm in Groeningen (Barkhausenbehälter für 1000 m³).

Abb. 417. Wasserturm in Hörsum (Klönnebehälter).

(Aus Schoklitsch, Wasserbau I.)

In Stahlbeton sind nur zwei Bauformen gebräuchlich: Type (1) und (11) (Abb. 414). Type (1) ist ähnlich wie ein runder Erdbehälter.

Die Berechnung des Zylindermantels geschieht in einzelnen Ringen von 0,20 bis 0,50 m Höhe. Der Boden ist auf Tragrippen frei aufliegend oder selbst tragender Teil. Die ringsum aufliegende Kreisplatte[55]) bereitet konstruktive Schwierigkeiten, weil die strahlig nach der Mitte zielenden Stahleinlagen sich dort vielfach übergreifen und ein dickes Bündel bilden würden;

[55]) Formeln der Kreisplatten im Betonkalender 1943 oder Beyer, Baustatik, Berlin 1940.

dem weicht man aus, indem man sie dort entweder an einem kräftigen Zugring anschließt oder sie so legt, daß sie den Mittelpunkt der Platte umgehen. Vereinfachend wird zumeist freies Aufliegen auf einem Tragrost angenommen. Oft beläßt man innen in Behältermitte einen Einsteigschacht, um dort den Boden zu entlasten; es ist anzustreben, die Auflagerung so zu verschieben, daß am Einsteigschacht das Moment Null ist. Das Stützenmoment M_A ist jedoch dann größer.

Die Belastungsfläche ist ein Kreisausschnitt, was die Berechnung erschwert (Abb. 415).

Die Intzeform mit Kuppelabdeckung (Abbildung 418) zeigt eine streng sachliche Stahlbetonbauweise, die in Italien besonders häufig zu sehen ist.

Jedoch läßt der Stahlbeton auch rechteckige Behälterformen zu, die sich besser den Grundrissen gewöhnlicher Gebäude anpassen, in denen solche Wasserbehälter unauffällig untergebracht werden können.

Die verhältnismäßig dünnen Stahlbetonwände bedürfen selbstverständlich einer Abdichtung, wobei Dichtungsanstriche (siehe S. 421) der Innenwände unbedingt vorzuziehen sind, weil die meisten der dem Beton beigemengten Dämmstoffe die ohnedies stark beanspruchte Betonzugfestigkeit herabsetzen.

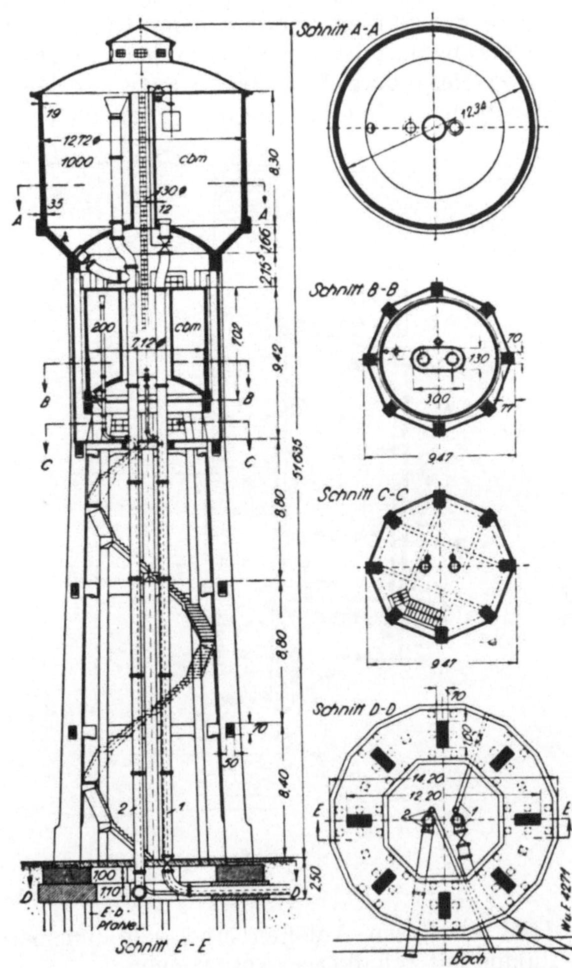

Abb. 418. Wasserturm in Stahlbeton. Oben Hauptbehälter, darunter kleinerer Reservebehälter.

Das Traggestell, also der eigentliche Wasserturm, ist ein Stahlgerüst (Abb. 416), gemauert (Abb. 417) oder in Stahlbetonweise (Abb. 418). Das stählerne Traggerüst ist meist ein vier-, sechs oder achteckiges Raumfachwerk mit Eckständern aus genieteten oder geschweißten Winkeln und U-Eisen, die durch in den Außenflächen liegende Fachwerke versteift sind. Ein gemauerter Wasserturm ist im Grundriß viereckig oder rund, seltener vieleckig, meist in Ziegel- oder Klinkermauerwerk und äußerlich nach der jeweiligen Bausitte gestaltet. Der Wasserbehälter aus

Stahl wird auf eine Eisenbetonplatte oder auf Eisenträger gestellt und die Last aufs Mauerwerk mittels Stahlbetonkranzes übertragen.

Wassertürme in Stahlbeton zeigen eine in einzelne Säulen und Streben aufgelöste Bauweise; äußere Form geben statische und Baugesinnungsgrundsätze; gebräuchlich ist ein Vielecksgrundriß. Sehr oft wird die aufgelöste Bauweise mit Füllmauerwerk ausgemauert.

Die Fundamentplatte bildet auch bei aufgelöster Bauweise gewöhnlich eine einheitliche, bewehrte Platte, um ungleichmäßiges Setzen zu verhindern; nur bei sehr gutem Baugrund (Fels) können Einzelfundamente der Säulen zulässig sein. Oft ist eine Pfahlgründung notwendig. Jedenfalls darf bei der Gründung nicht gespart werden.

γ) **Besondere Behälter.** Hauswasserleitungen erhielten seinerzeit am Dachboden kleine eiserne oder gemauerte Becken als Kleinbehälter,

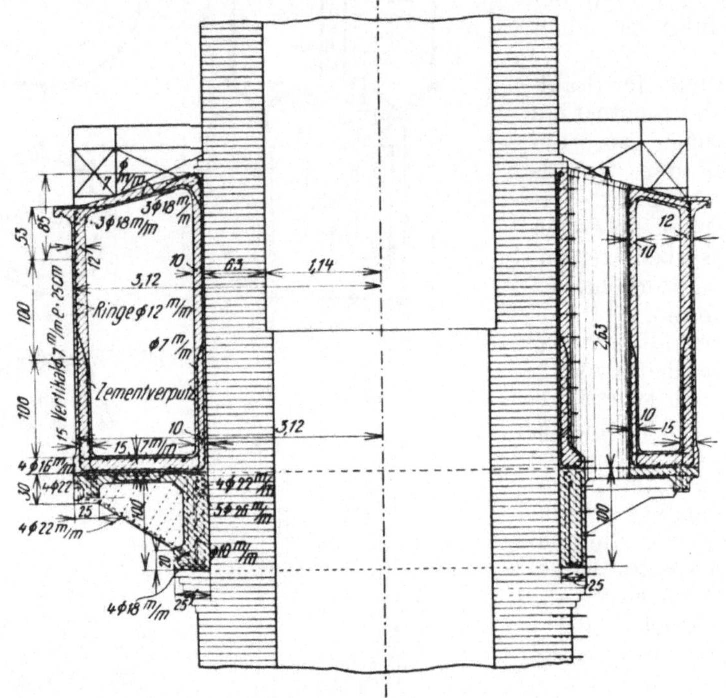

Abb. 419. Schornsteinbehälter.

(Aus Schoklitsch, Wasserbau I.)

doch ist diesen Anlagen eine gebrauchsbereite, selbsttätig anspringende Pumpe mit Windkessel vorzuziehen.

Industriewerke benötigen manchmal Hochbehälter, in denen besonders aufbereitetes Wasser (z. B. Kesselspeisewasser) bewahrt wird; um einen eigenen Turmbau zu ersparen, benützt man vorhandene Schornsteine (Abb. 419).

Standrohre sind ein Mittelding zwischen Wasserturm und Wasserkeller; sie sind stehende Rohre aus Stahl, Stampf- oder Stahlbeton von großem Durchmesser, die entweder als Türme aufgerichtet sind, aber auch an einer steilen Berglehne in der Erde liegen können; derartige kleine Ausgleichsbehälter sind hauptsächlich in Amerika gebräuchlich.

Stollenbehälter kann man statt eines Wasserkellers antreffen; aufgelassene, alte Bergwerksstollen in entsprechender Höhenlage werden hiezu mit wasserdichtem Verputz ausgekleidet.

Filter, Reinigungsanlagen und Klärbecken sind in den üblichen Ausführungen eigentlich Wasserbehälter mit besonderem Zweck; sie bedingen eine geringe Wassertiefe und große Flächenausdehnung, sodaß manchmal auf eine Abdeckung verzichtet wird.

Löschwasserbehälter (Feuerlöschteiche)[56]) werden zumeist als Zierteiche von 100 bis 500 m³ gegraben und wasserdicht ausgekleidet; ge-

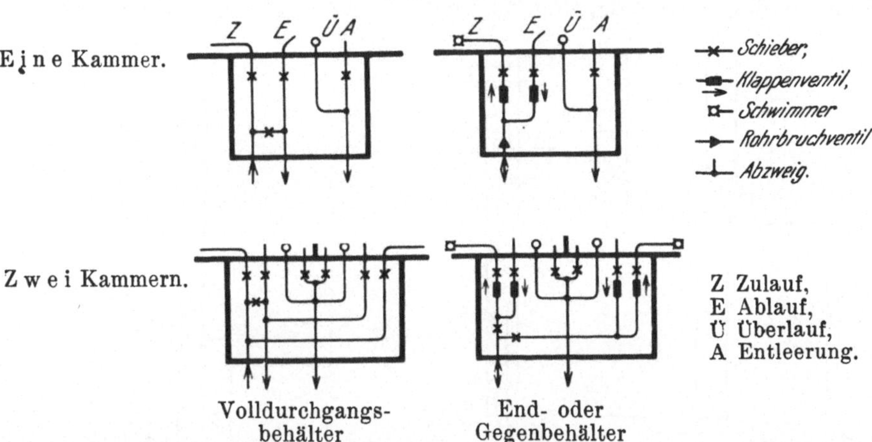

Abb. 420. Wasserverteilung in der Schieberkammer von ein- und zweikammerigen Durchgangs- und Endbehältern. (Aus Schoklitsch, Wasserbau I.)

wöhnlich sind ihre Seitenwände 1 : 1,5 geböscht und mit 10 bis 15 cm starken Betonplatten auf 20 bis 50 cm Lehmschlag abgedeckt. In 5 bis 8 m Entfernung sind gut gedichtete Dehnfugen, ebenso zwischen Sohle und Seitenwand. Dem Beton werden Zusatzmittel zwecks Dichtheit beigemengt.

c) Betriebseinrichtung und bauliche Ausführung.

α) **Wasserkeller.** Die Wasserverteilung vollzieht sich in der Schieberkammer, die dem Behälter so vorgebaut ist, daß der statische Zu-

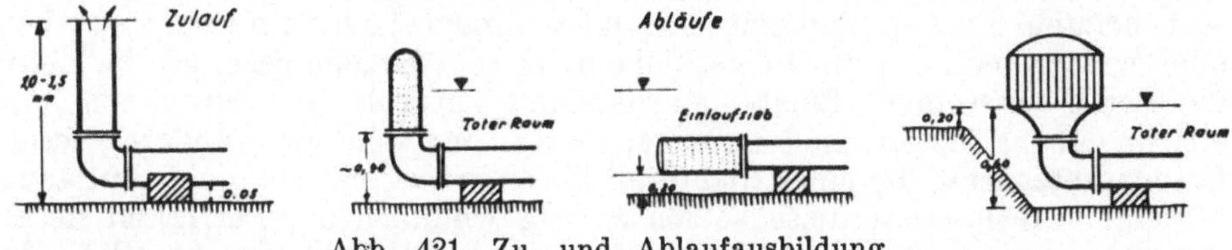

Abb. 421. Zu- und Ablaufausbildung.

sammenhang möglichst wenig gestört ist. Ein Durchlaufbehälter hat getrennte Zu- und Ableitung (Abb. 420), bei einem Gegenbehälter kann beides im selben Strang vereinigt sein. Zu- und Ablauf (Abb. 421) soll möglichst weit im Behälter auseinander liegen, damit das Wasser umläuft und nicht absteht; manchmal werden Leitwände eingebaut, um eine Umlaufbewegung zu fördern. Der Zulauf mündet 1,0 — 1,5 m über dem Boden aus, der Ablauf (Entnahme) liegt mindest 0,20 über dem Boden, damit ein

[56]) DIN FEN 210, 211, 212, 213, 224.

Bodensatz nicht mitgerissen wird; außerdem ist der Ablauf mit einem Seiher geschützt. Die Entleerung ist am tiefsten Punkt, meist in einer Bodenvertiefung (Sumpf). Der Überlauf (Übereich) (Abb. 422) mit trichterförmigem Mundstück muß imstande sein, bei möglichst geringer Überschreitung des zulässigen Spiegels den maximalen Zulauf abzuführen. Entleerung und Überfall führen in den nächsten Vorfluter.

Zulauf, Ablauf und Entleerung sind durch Schieber absperrbar; damit das Wasser in den Leitungen nur in der beabsichtigten Richtung fließt, sind Rückschlagklappen eingebaut. Absperrventile, die durch Schwimmer geregelt werden, vermögen den Zulauf bei einer gewissen Füllhöhe selbst-

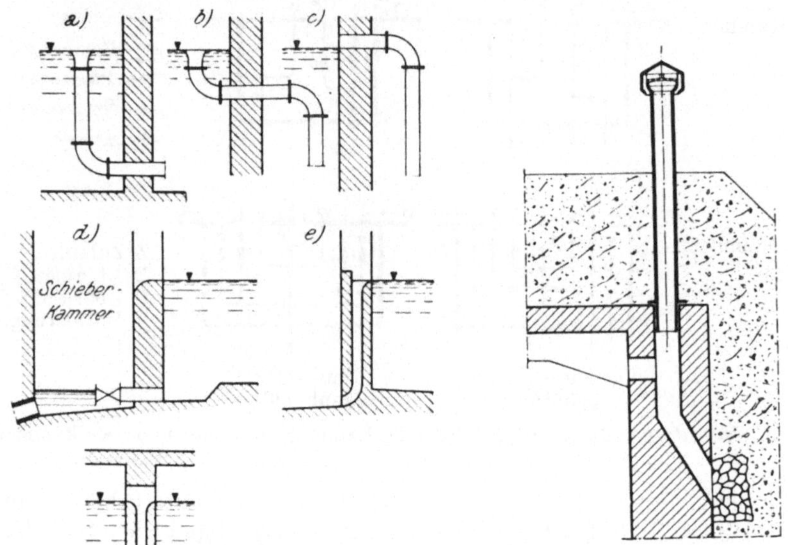

Abb. 422. Überlaufgestaltung. Abb. 423. Entlüftungsaufsatz.
(Aus Schoklitsch. Wasserbau I.)

tätig zu stoppen; ein Überfall ist aber trotzdem vorhanden. Größere Behälter erhalten meist Wasserstandsanzeige mit Fernmeldung an das Wasserwerk.

Die Sohle hat ein Gefälle von 2 — 3 % zur Entleerung. Sämtliche wasserbenetzten Flächen sind mit Schutz- und Dichtungsanstrich oder wasserdichtem Putz zu verkleiden; es gibt Erzeugnisse, die im Beton die Poren verstopfen (Fluate, Murolineum, Tuturol) oder bituminöse Anstriche (Asphalte, Aquasol, Lubrose, Inertol und sehr viele andere), ferner Betonzusatzmittel, die einen dichteren Beton erzeugen (Antaquid, Antiaquazement, Ceresit etc.); diese setzen aber gewöhnlich die Festigkeit herab. Bei besonders agressiver Flüssigkeit ist eine Auskleidung aus Glas oder säurefesten glasierten Tonplatten nötig. Auch außen werden Schutzanstriche aufgebracht, meist aus einer Asphaltmasse, 3 — 10 mm stark.

Das Entweichen der Luft beim Füllen und Luftwechsel besorgen Entlüftungen (Abb. 423); sie sind gewöhnlich in die Decke eingebaute Blech- oder besser Tonaufsätze mit entsprechender Schutzvorrichtung und Netzen gegen Eindringen von Tieren und Unrat. Ferner sind Stiegen und Leitern zur Schieberkammer und zum Behälter notwendig. Der Schieberkammerzugang möge gut verschließbar und nicht allzu groß sein, aber doch so, daß er die größten Montagestücke einzubringen gestattet.

Baugrube und Fundamentsohle ist gut zu entwässern (Abb. 424), damit nicht infolge Aufweichen des Bodens unzulässige Setzungen stattfinden. Auch die oberirdische Entwässerung durch Rinnsale darf nicht vernachlässigt werden.

Auf die Gründungssohle wird zuerst eine etwa 10 cm starke Schicht Ausgleichsbeton aufgebracht; darauf liegt die Fundamentplatte (Bodenplatte) mindestens 25—40 cm stark, bei schlechterem Baugrund bis zu 1,0 m; in Stahlbeton können die Abmessungen geringer sein, doch sollen die Stahleinlagen überall mindest 3 cm vom Beton überdeckt sein. Die

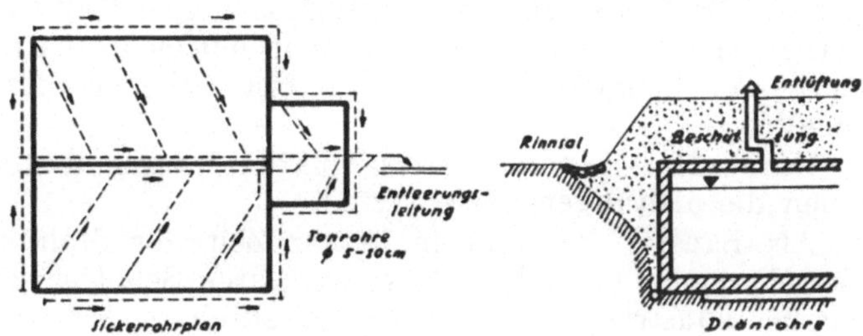

Abb. 424. Sohlentwässerung eines Erdbehälters.

Beschüttung über dem Behälter dient als Wärmeschutz und ist 0,80 bis 1,50 m hoch.

Der Wasserkeller muß so hoch liegen, daß selbst bei tiefstem Wasserstand darin noch der nötige Druck in den Leitungen herrscht; dabei muß der Ablaufseiher genügend hoch überronnen sein. Die Gründung bedarf großer Vorsicht, da ungleiche Setzungen Risse und damit Undichtheit des Behälters bewirken; falls überhaupt stärkere Setzungen zu befürchten sind, ist eine hiefür weniger empfindliche Ausführung zu wählen. Bei Trennung von Sohle und Wänden sind die Fugen gut mit Asphaltmasse auszukitten.

Bei schlechtem Baugrund oder geringer Schwankung des Wasserstandes werden niedrige Wassertiefen (2 bis 3 m) vorgezogen; runde Behälter wurden bis zu 12 m Wassertiefe in Stahlbeton ausgeführt. Kleinere Behälter sind meist rechteckige Eisenbetonkammern, bei denen gewöhnlich das Verhältnis Länge : Breite : : Höhe = 3 : 2 : 1,5 gewählt wird. Größere Behälter über 5000 m³ haben, wie schon erwähnt, Stampfbetonreihengewölbe oder neuerdings bei Rechteckgrundriß Pilzdecken; Gewölbe verlangen einen besseren Baugrund.

β) **Wassertürme.** Zu- und Ablauf (Abb. 425) sind meist in Steig- und Falleitung getrennt; beides kann aber auch in derselben Leitung erfolgen, nur ist dann eine Rückschlagklappe einzubauen, damit sich im Behälter ein Wasserkreislauf entwickelt. Die Steigleitung mündet etwa in halber Höhe des Wasserraumes, die der Falleitung möglichst tief, damit der „tote Raum" klein ist; die Entleerung liegt natürlich an der tiefsten Stelle. Alle Leitungen werden durch Schieber nahe am Behälter abgesperrt, die von einem Podest aus zugänglich sind. Der Durchstoß durch

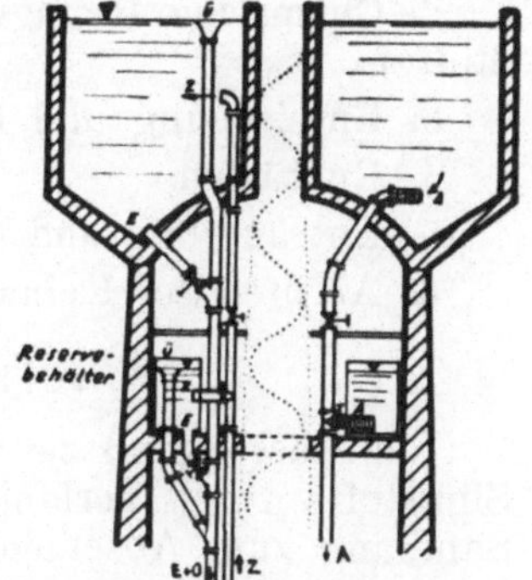

Abb. 425. Rohrleitungen in einem Wasserturm mit Haupt- und Nebenbehälter. Z Zulauf, A Ablauf, E Entleerung, Ü Überlauf.

die Behälterwände findet in Manschettenrohren statt, um die Rohre später bequem auswechseln zu können. Schwimmer zeigen den Wasserstand an und regeln den Zulauf.

Den nötigen Wärmeschutz erhält der Behälter durch Ummantelung und Eindeckung; ummantelt wird mit Kork-, Heraklit und ähnlichen Isolierplatten; besser ist aber eine isolierende Luftschichte. Als Eindeckung ist Schiefer und Blech ohne Innenschalung nicht genügend; das Dach trägt eine Entlüftung, eine Art Laterne, welche so eingerichtet ist, daß Tiere und Unreinigkeit nicht eindringen können. Bei offenen Türmen (aufgelöster Bauweise) sind die Leitungen gegen Kälte zu verkleiden; häufig werden sie in einem runden Schacht mitten durch den Behälter hochgeführt. Der Behälter ist durch Leitern, Stiegen oder Wendeltreppen zugänglich.

Durch das Grundmauerwerk führen Manschettenrohre oder Kanäle, in denen die Leitungen verlegt sind.

Als Baustoff gewinnt in letzter Zeit der Stahlbeton, obwohl teurer, die Oberhand, besonders dort, wo guter Schotter leicht beschaffbar ist; nur im Industriebau entstehen noch stählerne Wassertürme.

Der Wasserturm soll tunlichst im Verbrauchsschwerpunkt stehen.

6. Wasserreinigung.

Die Wasserreinigung ist einerseits von der Beschaffenheit des gewonnenen Wassers, andererseits von seiner Verwendung für Trink- und Wirtschaftszwecke, gewerbliche und technische Zwecke bedingt.

Man wählt die Gewinnungsstelle des Wassers so, daß sie dem Verwendungszweck möglichst entspricht; in Ermangelung dessen ist man gezwungen, vorhandenes Wasser zweckentsprechend aufzubereiten.

Die Aufbereitung erstreckt sich auf:

1. Ausscheiden ungelöster Sink- und Schwebestoffe und der an ihnen haftenden Kleintierwelt,

2. Chemische Reinigung (Entfärben und Ausfällen kolloidal gelöster Stoffe),

3. Enteisenung und Entmanganung,

4. Enthärten,

5. Entsäuerung und

6. Abtöten der Keime.

a) Klärung und Ausfällung.

Flußwasser muß zeitweise geklärt werden; zuerst gelangen die groben Sinkstoffe durch Verlangsamen der Geschwindigkeit mittels Aufstau oder Sandfang zum Absetzen. Feinrechen und Siebe vor dem Saugkorb verhindern den Zulauf grober Verunreinigungen. Feine Sinkstoffe werden in Klärbecken ausgeschieden. In Absitzbecken verbleibt das Wasser solange, bis sich der feine Schlamm abgesetzt hat. Ihre Tiefe ist 2,5 m; die Sinkgeschwindigkeit des Schlammes v_s kann durch Versuche im Standglas unschwer ermittelt werden. Die notwendige Oberfläche ist $O = Q_t/v_s$; Q_t ist die Wassermenge während jener Zeit, meist 24 Stunden, für die das Becken ausreichen soll. In diesem Becken steht das Wasser während der Absitzzeit ruhig. Zu- und Ablauf sind so eingerichtet, daß der abgelagerte Schlamm nicht aufgewirbelt wird. Stauweiher und natürliche Seen sind Klärbecken großen Ausmaßes.

Statt der bei größerem Wasserbedarf sehr ausgedehnten Absitzbecken verwendet man langsam durchströmte Durchflußklärbecken mit einer Durchflußgeschwindigkeit von 2 bis 10 mm/s. Das Becken ist so lang, daß die Durchflußzeit je nach der Art und Menge der Schwebestoffe und dem geforderten Reinheitsgrad etwa 4 bis 24 Stunden beträgt. Die Klärung ist besser, wenn die Schlammfallzeit gering, daher das Becken seicht ist (etwa 1.5 bis 2,5 m). Zu- und Ablauf soll gleichmäßig über die ganze Breite erfolgen, damit das Wasser keine „toten Ecken" bildet, außerdem soll jedes Aufwirbeln vermieden sein; als Zu- und Ablauf eignen sich lange Überfälle und gelochte Rohre. Der Schlamm wird durch Kanäle in der Sohle mit Spülung während des Betriebes abgezogen.

Die Becken sind mit geböschten Wänden ausgehoben und durch Lehmschlag oder Betonpflaster abgedichtet; nur gedeckte Anlagen haben lotrechte Mauern. Es werden wechselweise querstehende Tauch- und Wehrwände, manchmal auch Leitwände eingebaut.

Alle Kläranlagen brauchen Reserven für die Zeit der Reinigung; bei zwei Becken muß jedes den Vollbedarf leisten; sind aber mehr Becken, z. B. vier, so decken drei den Gesamtbedarf, während das vierte mit ein Drittel des Gesamtbedarfes als Reserve dient. Zu- und Ableitung ist so zu gestalten, daß jedes Becken einzeln abgeschaltet werden kann.

Klärbecken erzielen eine Reinigung bis 70% der Schwebestoffe, der Rest ist in Filtern auszuscheiden.

Wenn das Wasser Organismen enthält oder Algen im Klärbecken wachsen, werden Chemikalien zugesetzt und zwar auf 1 m³ Wasser 0,2—0,5 g Chlor oder 0,05—10,0 g Cu-Sulfate; der Fällmittelzusatz ist von pH-Wert abhängig, der den Logarithmus der Anzahl von in 1 l enthaltenen Wasserstoffionen darstellt und damit die saure (pH $<$ 7), neutrale (pH $=$ 7) und alkalische (pH $>$ 7) Reaktion des Wassers anzeigt.

Um das Ausfallen des Schwebes zu beschleunigen, wird 10—50 g Alaun je m³ Wasser beigegeben; schließlich setzt man, um das Wasser zu entfärben oder zu „schönen", Sauerstoff durch Kaliumpermanganat oder ähnlichem zu. Für eine solche Aufbereitung sind geeignete Reaktionskammern mit Mischanlagen (Rührwerke, Paddelräder, Überfälle und dergleichen) anzulegen, in denen der Zusatz zwecks Vermischung bei einer Wassergeschwindigkeit von $^1/_3$ bis $^3/_4$ m/s vollzogen wird; das Absetzbecken heißt dann Niederschlagsbecken oder Koagulationsbehälter und wird mit einer Geschwindigkeit von etwa 1 cm/s in 2 bis 6 Stunden durchflossen.

b) Filterung.

Das Rohwasser durchsickert eine Sandschicht von gewisser Mächtigkeit, wodurch einerseits durch die rein mechanische Siebwirkung, andererseits durch die biologische Wirkung der Filterhaut das feinste Geschwebe und auch Keime zurückgehalten werden. Beim Durchgang durch den Filter findet starker Sauerstoffverbrauch statt.

Die Filtergeschwindigkeit v_F (siehe Abschnitt Grundwasser) ist die Ergiebigkeit des Filters gebrochen durch die Filterfläche; sie ist wesentlich kleiner als die tatsächliche Wassergeschwindigkeit, weil der wirkliche Durchflußquerschnitt kleiner ist als die Filterfläche. Die Laufzeit des

Filters beginnt mit dem Tag der Inbetriebnahme und endet mit seiner Ausschaltung infolge allzugroßer Verschmutzung.

Filtermaterial sind Sande verschiedener Körnung im Durchmesser 0,5—1,0 mm. Der sogenannte wirksame Durchmesser d_w ist jener, bei dem die gleiche Durchlässigkeit wie beim vorhandenen Gemisch erreicht würde. Durch die Ablagerung feinster organischer und anorganischer Stoffe bildet sich über der Sandoberfläche eine gallertartige Schichte, die Filterhaut. Neben dem Aufbau der Filterschichten ist die Bildung dieser Filterschmutzhaut von größter Bedeutung. Es gibt Langsam- und Schnellfilter.

α) **Langsamfilter** arbeiten mit einer Filtergeschwindigkeit $v_f = 100 - 125$ mm/Stunde = 0,03 mm/s, die Ergiebigkeit pro 1 m² Filterfläche ist 2—5 m³/Stunde.

Filterflächen sind bei kleinen Anlagen bis 1000 m², bei mittleren 1000—2500 m² und bei großen 3000—5000 m² pro Filter.

Die Druckverlusthöhe beim Durchgang durch die Filterschicht steigt von wenigen Zentimeter bei Beginn bis etwa 1 m an, dann muß der Filter ausgeschaltet und gereinigt werden.

Bei 1 bis 3 Filtern ist ein Reserve-, bei 4 bis 7 Filtern sind zwei Reserve- und bei über 7 Filtern drei Reservefilter vorzusehen.

Filterkammern sind vollkommen dicht auszukleiden; Sohle und Wände aus Beton haben wegen Rißgefahr Stahleinlagen, sowie Dichtungsanstrich und -putz. Die Sohle liegt im Gefälle von 2—3%.

Die Filter werden je nach Klima und Aufwand offen oder überdeckt gebaut. Offene Filter verlangen geringe Anlagekosten, jedoch höhere Betriebskosten infolge Verstaubung, Algen- und Eisbildung; überdeckte erhalten meist einfache Bedachung, manchmal auch Massivdecken aus Gewölben oder Stahlbeton, sowie Heizung. Unter der Decke muß genügend Raum sein, damit der Filter gereinigt und die Schichten ausgeräumt werden können. Die Filterschicht ist 70—120 cm stark, bei jeder Reinigung werden 2—4 cm abgezogen, bis sie auf eine Dicke von 40—50 cm schwindet, dann ist sie zu erneuern; sie liegt auf möglichst niedriger Stützschicht.

Schichtenfolge in einem Filter von oben nach unten:

Rohwasser		0,90 bis 1,20 m
Filtersand, $d_w = 0{,}35$ mm		0,60 bis 1,20 m
Stützschichten:	Sand, 2 mm Dmr.	0,05 m
	Kies, 6 mm Dmr.	0,10 m
	Kies, 15 mm Dmr.	0,10 m
	Kies, 35 mm Dmr.	0,10 m
	Steine, dazwischen die Sammelrohre	0,15 m

Die Zuführung des Rohwassers darf die Sandschicht nicht aufwirbeln, daher geschieht sie über einen breiten Überfall, ein erweitertes Auslaufrohr oder Streudüsen. Schwimmerventile regeln selbsttätig den Zulauf. Das gefilterte Wasser wird unter der Stützschicht in Dränrohren oder Kanälen aus Steinzeug oder Beton gesammelt.

Ablauf durch Dränrohre in 1 bis 3 m Entfernung; der Dränrohrdurchmesser ist

$$d^{cm} = \begin{matrix} 1{,}8 \\ \text{bis} \\ 1{,}5 \end{matrix} \sqrt{F} \quad \begin{matrix} \text{(bei kleinen Flächen bis 50 m}^2\text{)} \\ \\ \text{(bei größeren Flächen bis 500 m}^2\text{)} \end{matrix}$$

F ist die Filterfläche in m².

Die Filterergiebigkeit wird von Hand oder selbsttätig durch Filterdruckregler im Ablauf geregelt. Der selbsttätige Filterabflußregler (Abb. 426) ist ein Schwimmer mit Teleskoprohr, welches immer denselben Abfluß gewährt und bei Nachlassen des Durchflusses im Filter die Filterdruckhöhe steigen läßt.

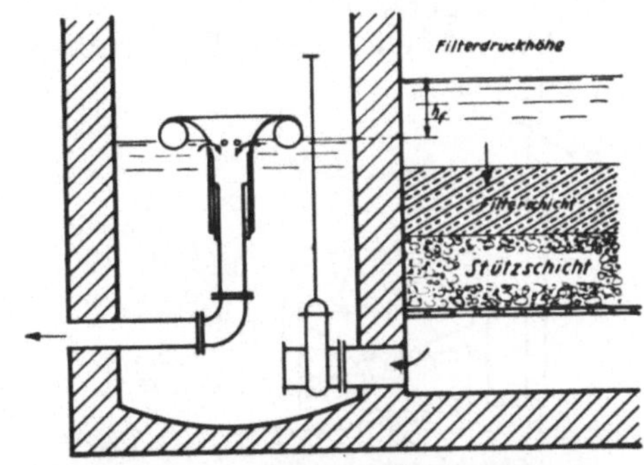

Abb. 426. Selbsttätiger Filterdruckregler.

F i l t e r b e t r i e b: Beim Ingangsetzen wird Reinwasser von unten bis über die Sandoberfläche eingefüllt; der Filter wird dann mit Rohwasser vollgefüllt und anfangs mit geringer Filtergeschwindigkeit betrieben, das erste Filtrat ist nicht verwendbar, erst nach Bilden der Filterschmutzhaut in 2 bis 3 Tagen bis einigen Wochen liefert der „eingearbeitete“ Filter Reinwasser. Die Einarbeitungszeit eines neuen Filters ist länger als eines gereinigten. Der Filterdruckverlust ist bei niedrigen Temperaturen größer, er ist im Winter doppelt so groß als im Sommer. Die Laufzeit hängt vom Rohwasser und der Durchflußmenge ab; durch 1 m^2 Filterfläche werden über 100 m^3 geschickt, ehe der Filtersand gewaschen werden muß (rotierende Waschtrommel, Körtingsche Sandwäsche). Für Filterreinigung und Inbetriebsetzen sind etwa 2% des Filtrates notwendig.

Die Langsamfilter brauchen verhältnismäßig reines Rohwasser, sonst ist Vorreinigung in Absetzbecken oder stufenweise vorgebauten Grobfiltern (Doppelfiltration) nötig; Chlorung hat sich nicht bewährt, weil sie die biologische Wirkung zerstört, ebensowenig Fällmittel, weil leicht Verstopfen eintritt. Nachteil des Langsamfilters ist der große Platzbedarf, hohe Anlage- und Betriebskosten; seine Reinigung ist umständlich, er versagt auch bei stark wechselnder Rohwasserbeschaffenheit.

β) **Schnellfilter** sind vorteilhaft bei Anwendung von Fällmitteln, bei Enteisenung, ferner bei Platz- und Arbeitermangel. Zum Unterschied vom Langsamfilter ist das Filtermaterial gröber und gleichmäßiger und die Filtergeschwindigkeit 20- bis 60-fach. Eine Filterhaut entsteht rasch durch das Fällmittel. Die Filterreinigung geschieht durch Rückspülung mit Druckluft oder durch Rührwerke und beansprucht nur wenige Minuten.

Es gibt offene (Saug-)Filter und geschlossene (Druck-)Filter.

S c h n e l l f i l t e r t y p e n :

R e i s e r t : Filtersandreinigung erfolgt durch Rückspülung mit Luftwassergemisch.

J e w e l l - W a r r e n - H o w a t s o n : Der Filtersand wird von einem Rührwerk durchgemischt.

B o l l m a n n : Bei Rückspülung geschieht Sandstrahlwäsche und Durchwirbelung, sowie Umwälzung der ganzen Sandschicht.

K r ö h n k e : Gesamte Filtertrommel wird um ihre Achse gedreht und dadurch der Sand in dauernder, langsamer Bewegung durch das Rohwasser gewaschen.

H o w a t s o n - H o l z : Es sind Stufenfilter hintereinander mit Rührwerken.

Bei allen Filtern muß die Filtergeschwindigkeit mittels Filter eistungsregler möglichst gleichbleibend gehalten werden. Offene Filter werden als Eisenbetonkammern, geschlossene wegen des hohen Druckes nur in Stahlblech ausgeführt.

Die offene Schnellfilteranlage nach Reisert (Abb. 427) sieht folgend aus:

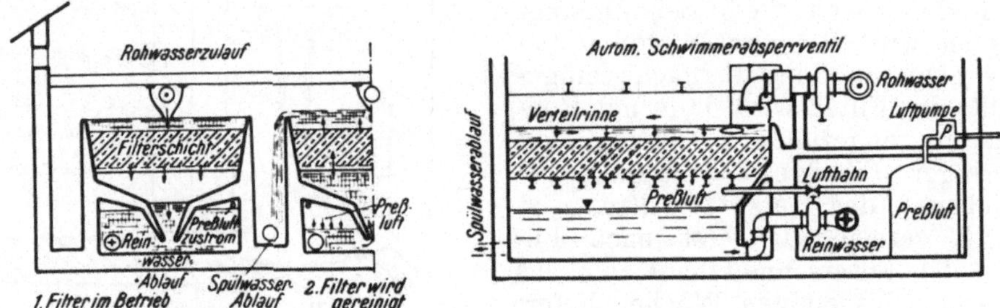

Abb. 427. Offener Schnellfilter nach Reisert.

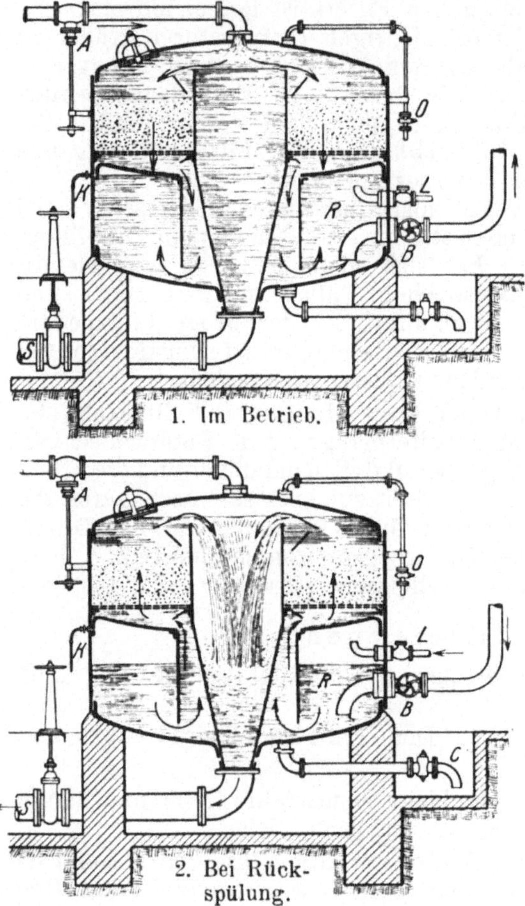

Abb. 428. Geschlossener Schnellfilter nach Reisert im Betrieb und bei Rückspülung.
(Aus Schoklitsch, Wasserbau I.)

Das Rohwasser läuft durch eine Verteilrinne zu, durchsikkert die Filterschicht und sammelt sich in der Reinwasserkammer, von wo das Reinwasser abgezapft wird. Die Filtergeschwindigkeit $v_F = 0{,}45$ bis 0,70 mm/s.

Bei der Rückspülung wird Roh- und Reinwasserleitung abgeschlossen und der Lufthahn geöffnet, Preßluft strömt in die noch mit Reinwasser gefüllte Kammer und treibt das Reinwasser mit Luft untermischt („Waschwasser“) von unten durch die Filterschicht, worauf es dann in den Spülwasserablauf überfällt. Dieser Vorgang geschieht täglich 1 bis 2mal und dauert 5—10 Minuten; er erfordert 1 bis 2% der Reinwassermenge.

Der geschlossene Schnellfilter (Abb. 428) nach Reisert hat im Betrieb den Rohwasserzulauf von oben in den oberen Behälter; das Wasser durchsickert den Filter und wird im Reinwasserbehälter gesammelt. Alle Schieber und Hähne mit Ausnahme des Rohwasserzulaufes bei A und der Reinwasserentnahme bei B sind zu.

Bei der Rückspülung wird nun die Roh- (A) und Reinwasserleitung (B) geschlossen und der Preßlufthahn (L) geöffnet; Preßluft treibt das noch im Behälter stehende Reinwasser durch den Filter nach oben, das „Waschwasser" fällt in den Spültrichter und wird bei S abgeführt; hiebei ist der Lufthahn K offen.

Ein Vorteil der geschlossenen Filter ist es, daß sie keine Verunreinigung zu befürchten haben; eine Pumpe genügt, da der geschlossene Filter unter Druck durchflossen werden kann und daher das Wasser nicht neuerlich gehoben werden muß.

γ) **Kleinfilter** haben statt Filtersand besondere poröse Stoffe (Berkefeldfilter hat z. B. Kieselgur), sowie Holzkohle (Hydraffin ist besonders aktivierte Kohle) und reinigen nur geringste Wassermengen für den Hausbedarf.

c) Enteisenung und Entmanganung.

Das Grundwasser enthält manchmal Eisen als Eisenoxydul oder Eisenbikarbonat, welches zwar nicht gesundheitsschädlich, jedoch wegen der gelblichen Färbung des Wassers, fadem Geschmack, Verkrustungs-

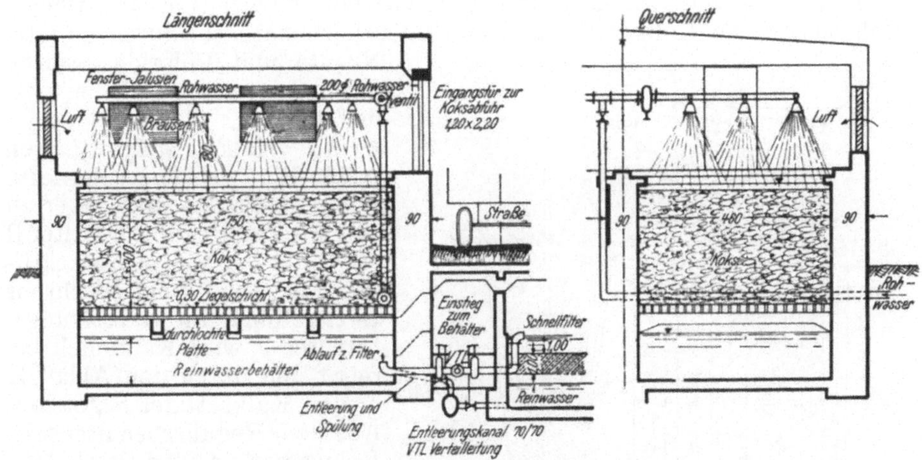

Abb. 429. Enteisenungsanlage nach Piefke.

gefahr für Leitungen und Unbrauchbarkeit zu gewerblichen Zwecken auszuscheiden ist. Die Enteisenung geschieht grundsätzlich durch starke Durchlüftung (Bildung von Eisenhydroxyd) und darauffolgenden Ausscheiden dieses flockigen Niederschlages durch Kontaktwirkung und Filtern. Man unterscheidet offene und geschlossene Anlagen.

Offene Anlagen weisen je nach Belüftungs- und Ausscheidungsart verschiedene Systeme:

Beim System Oesten ist ein künstlicher „Regenfall" aus etwa 2—3 m Höhe mit nachfolgendem längeren Verweilen (2—3 Stunden) im Rieslersumpf; dort ist Gelegenheit zum Ausfallen und Absetzen des Eisenhydroxyds. Statt eines Regelfalls werden Sprüh- und Spritzdüsen, Brausen, Zerstäuben auf Tellern, Überfall in Kaskaden und Einblasen von Luft angewandt.

Das System Piefke (Abb. 429) hat eine Belüftung durch Brausen ähnlich wie das von Oesten, dann aber eine Durchsickerung durch einen etwa 3 m hohen Koksriesler. Der Koks muß alle zwei bis drei Jahre erneuert werden; zu seinem Einbringen sind Öffnungen notwendig. Anstatt Koksriesler werden auch Holzhorden, Ziegelpackungen und ähnliches eingelegt. Bei beiden Systemen muß nachher eine Filtration erfolgen.

Filtersandkorndurchmesser ist 0,5—1,5 mm, Filtergeschwindigkeit $V_F = 1{,}5—3{,}0$ mm/s; Leistung eines Rieslers ist 3,5—4,0 m^3 je m^2 und Stunde. Die Ausmaße sind vielfach von der Belüftungsart bedingt. Eine Brause versprüht 0,1—3,0 l/s im Umkreis von 0,5—2,0 m, Übergeifen der Brausen ist möglich. Es sind geeignete Vorsorgen zu treffen, daß stets genügend Luft zuströmen kann.

Mangan wird entweder durch ähnliche Verfahren ausgeschieden, wie Eisen, wenn es leicht ausfällt; sonst gibt es ein biologisches Verfahren von Vollmar (Dresdener Wasserwerk) mit Mangan aufnehmenden Algen oder mittels Permutit; als Packungsmaterial ist Braunstein zu verwenden.

d) Enthärtung.

Hartes Wasser ist zwar als Trinkwasser sehr schmackhaft, jedoch als Kesselwasser und für viele chemiche Zwecke ungeeignet.

Es gibt eine Karbonathärte infolge kohlensaurer Salze (Ca, Mg), welche durch Zusatz von Kalkwasser und eine Nichtkarbonathärte durch Sulfate, Nitrate und Chloride, welche durch Soda ausgeschieden werden können.

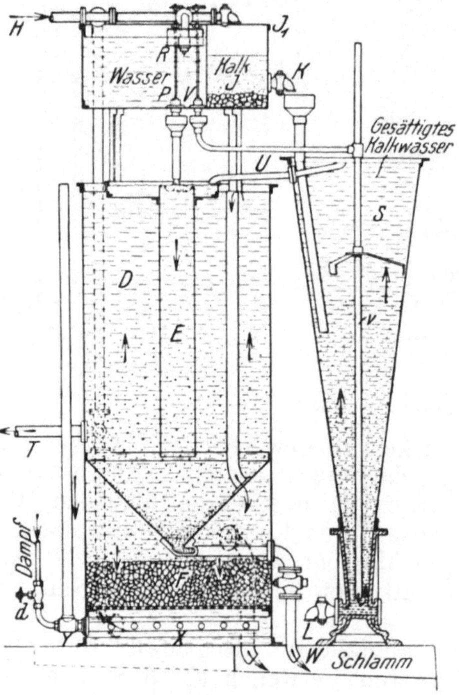

Abb. 430. Enthärtung nach Reisert.
(Aus Schoklitsch, Wasserbau I.)

a) **Kalk - Sodaverfahren** (nach Reisert) (Abb. 430). Bei H fließt das Rohwasser zu und wird im Regulierbehälter R entweder bei V dem Kalksättiger oder bei P dem Mischrohr E zugeführt. Im Kalklösungsbehälter J wird Kalkmilch bereitet und durch den Ablaß K in den Kalksättiger S geleitet. Aus dem Regulierbehälter tritt Rohwasser in den Kalksättiger, wirbelt Kalk auf, bis infolge der Querschnittserweiterung die Wassergeschwindigkeit zu gering wird und die Kalkteilchen absinken. Der Kalkschlamm fließt bei L ab, das Kalkwasser rinnt durch die Leitung U in das Mischrohr E; in dieses fließt auch die Sodalösung, das Rohwasser steigt dann im Reaktionsraum D auf und fällt in ein Rohr über; der Schlamm der Härtebildner setzt sich dabei ab und wird bei W abgelassen; das praktisch enthärtete Wasser fließt durch einen Kiesfilter F ab, welcher durch Rückspülung mittels Dampf, Luft und Wasser gereinigt wird. Das gelochte Rohr X sammelt das Reinwasser, welches bei T abfließt.

β) **Andere Verfahren:** Sehr hartes Wasser wird mit Ätznatron-Soda ähnlich wie vor und schwefelsaure Salze durch Überschuß an Soda behandelt. Verdampfen und Destillieren ist nur wirtschaftlich, sofern das Kesselwasser durch Kondensation rückgewonnnen wird.

e) Entsäuerung.

Freie Kohlensäure im Wasser macht es zwar wohlschmeckend, greift jedoch die Rohre an. Wenn die Grenzlinie der Aggressivität bezogen auf die Härte überschritten wird, bilden sich bei hohem Sauerstoffgehalt Rostknollen, sonst nur eine Trübung; ohne Sauerstoff entsteht keine Eisenlösung; es spielt also bei aggressivem Wasser der Sauerstoffgehalt eine wichtige Rolle.

Aggressives Wasser wird entsäuert – entweder durch Zerstäuben und Durchlüften (notwendiger Wasserdruck 25 m) oder durch chemische Bindung (Marmorriesler). Wasser wird dadurch härter. 1 m^2 Marmorgrusfilter liefert 80 m^3 Wasser im Tag bei 0,8 g Marmorverbrauch für 1 g freie Kohlensäure.

Die Riesler funktionieren selbsttätig, da gerade soviel kohlensaurer Kalk als notwendig in Lösung geht. Eisenhältiges Wasser muß vorher enteisenet werden.

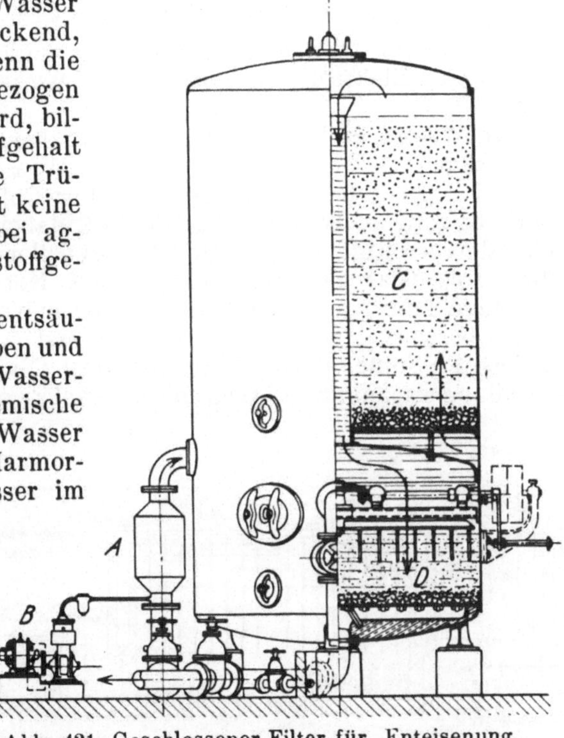

Abb. 431. Geschlossener Filter für Enteisenung, Bauart Bamag-Meguin, A Mischkessel, B Kompressor, C Kontaktraum, D Schnellfilter. (Aus Schoklitsch, Wasserbau I)

f) Abtötung der Keime (Entkeimung).

Keime tötet man mit folgenden Methoden:

1. Abkochen: Das Wasser wird über 75° erhitzt; dies kommt nur für kleine Wassermengen in Frage und verdirbt den Geschmack.

2. Filtrieren: Nur die langsame Filtration macht das Wasser praktisch keimfrei.

3. Ultraviolette Strahlen von Quecksilberdampflampen werden bei kleiner Durchflußgeschwindigkeit und durchsichtigem Rohwasser angewandt. Die Methode ist kostspielig (25 Watt je m^3 Wasser) und unsicher.

4. Ätzkalkzusatz kann in großen Becken (Talsperren) ausgeführt werden.

5. Ozonisierung vollführen besondere Apparate nach verschiedenen Systemen (Siemens & Halske, Siemens-Otto, Siemens-de Frise,

Otto-Abraham); es erzeugt keinen fremdartigen Geschmack und Geruch, ist jedoch sehr teuer (120 Watt je m^3 Wasser).

6. Chlorung ist am billigsten und einfachsten und wird daher am häufigsten angewendet. Die Keime werden durch den beim Chlorzusatz „entstehenden" Sauerstoff getötet.

a) Chlorkalkzusatz (oder Elektrolytchlor) geschieht nach der Formel:

$$Ca(OCl)_2 + H_2CO_3 = 2HCl + CaCO_3 + O_2$$

Der wirksame Cl-Gehalt des Chlorkalkes (25—37%) nimmt bei längerer Lagerung ab. Elektrolytchlor hat 75% Cl wirksam und weniger Lagerungsverlust.

Wird Wasser vorher gefiltert und enthält es wenig organische Substanzen, genügen 1—2 g $Cl(OH)_2$ für 1 m^3 Wasser, bei starkem Eisengehalt und viel organischen Substanzen 3—4 g Chlorkalkzusatz. Pulverisierter Chlorkalk wird im Wasser 1 : 100 gelöst, dabei erfolgt ein Schlammniederschlag der beseitigt werden muß. Dieses Chlorwasser wird in Gefäßen aus Beton, Holz, Glas und Steingut zugesetzt. Notwendig sind große Behälter oder lange Leitungen, damit alles Chlor gebunden wird oder entweichen kann. Überchüssiges Chlor wird aber erst nach beendeter Einwirkung (mindest 1 Stunde) durch Antichlormittel (Natriumthiosulfat, Natriumsulfit, Kaliumpermanganat) beseitigt. Zu wenig gechlortes Wasser verrät sich

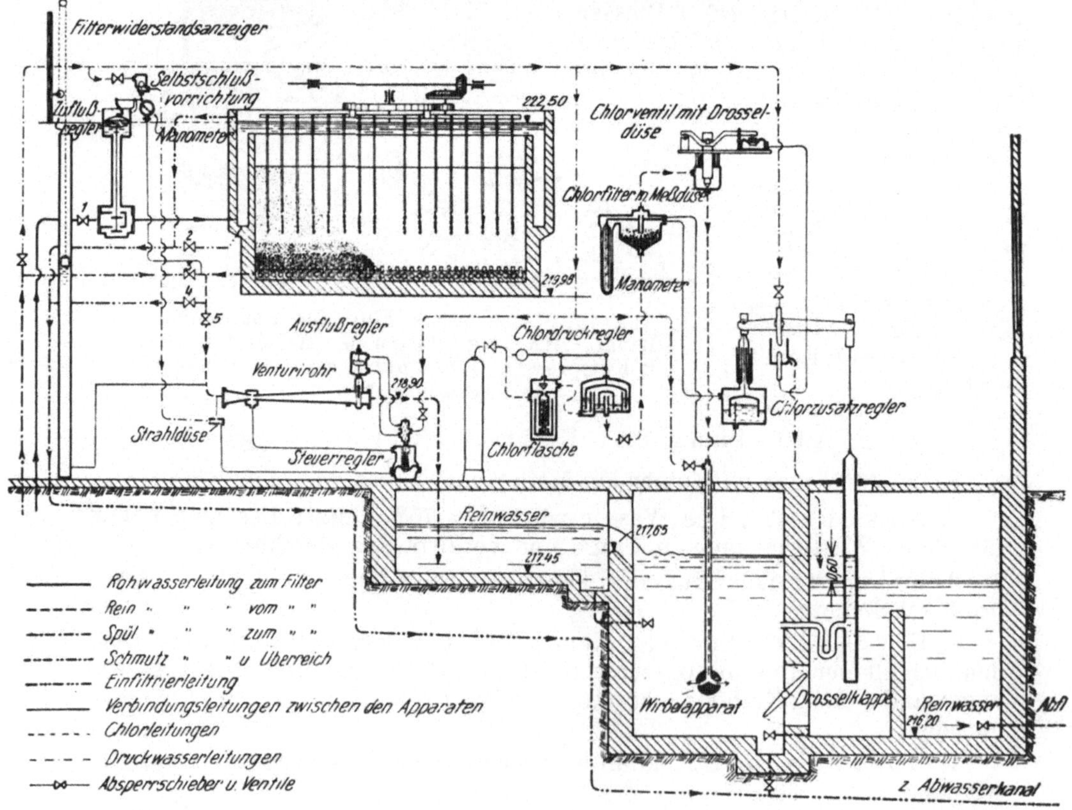

Abb. 432. Direktes Verfahren zum Chlorieren des Wassers mit Chlorgas.

(Aus Schoklitsch, Wasserbau I.)

durch schlechten Geschmack infolge Gehalt an Algen und gewisser organischer Stoffe; Jodoformgeruch stammt von Phenol und Creosol im Wasser. Zu großer Chlorzusatz zeigt sich am Chlorgeruch; daher ist auf richtige Dosierung zu achten.

b) Chlorgas ist flüssig in Stahlflaschen im Handel.

$$2\,Cl + H_2O = 2\,HCl + O.$$

Es gibt ein unmittelbares Verfahren, bei dem die bestimmte Dosis im behandelten Wasser zerstäubt wird, und ein mittelbares Verfahren, bei welchem konzentriertes Chlorwasser zugesetzt wird, das sich leicht wegen gleicher Wichte vermischt.

Gemäß dem ersten Verfahren gelangt das gefilterte Rohwasser in einen Behälter, in dem genau dosiert Chlorgas aus der Chlorflasche mittels Wirbelapparat beigemengt wird (Abb. 432).

Beim mittelbaren Chlorungsverfahren strömt aus der Chlorflasche das Gas ins Mischgefäß; aus der Rohwasserleitung wird ebenfalls Wasser ins Mischgefäß abgezapft. Das im Mischgefäß entstehende Chlorwasser (5 g auf 1 l Wasser) wird durch eine Hartgummileitung mittels eines Einführungsventils in der Wasserleitung dem Rohwasser beigemengt (Abb. 433).

Chlorung beschleunigt auch das Ausscheiden der Kolloide, daher werden stark von organischen Stoffen getrübte Wässer vor oder gleichzeitig mit Fällmittelzusatz gechlort.

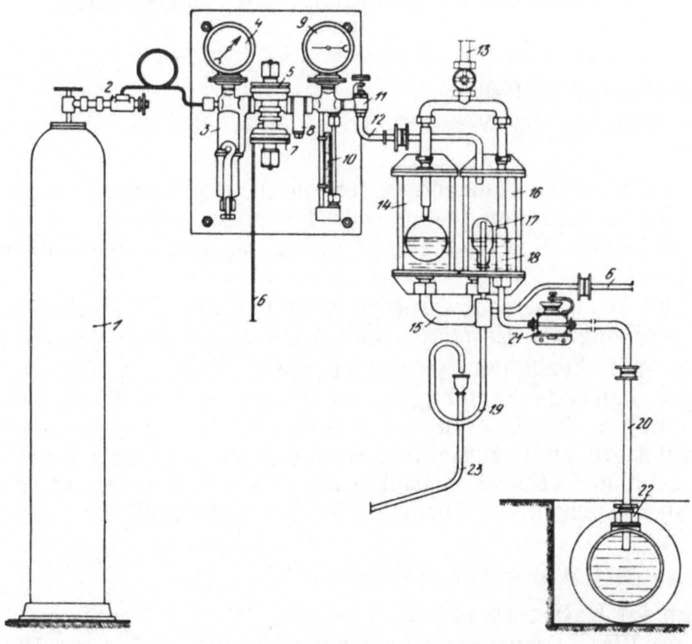

Abb. 433. Indirektes Verfahren zum Chlorieren des Wassers mit Chlorgas. 1 Chlorflasche, 2 Bedienungsventil, 3 Chlorfilter, 4 Hochdruckmanometer, 5 Druckregler, 6 Entlüftungsleitung, 7 Überdruckventil, 8 Säureauffanggefäß, 9 Niederdruckmanometer, 10 Differenzdruckmanometer, 11 Reglerventil, 12 Chlorgasleitung, 13 Druckwasserleitung, 14 Schwimmergefäß, 15 Mischwasserleitung, 16 Mischgefäß, 17 Durchschlagsicherung, 18 Strahlapparat, 19 Geruchverschluß, 20 Einführungsleitung, 21 Absperrventil, 22 Einführungsverschraubung, 23 Überlaufleitung.

(Aus Schoklitsch, Wasserbau I.)

Die Entkeimung mittels Cl muß genau überwacht werden (Benzidinprobe!).

g) Anordnung der Wasserreinigungsvorrichtungen.

Das Heben des Wassers verursacht Kosten, man strebt daher darnach, daß die Reinigungsanlage möglichst infolge Schwerkraft durchflossen wird. Ist aber Heben, wie beim Grundwasser, ohnedies notwendig, ist eine einmalige, größere Hebung vorteilhafter, wobei dann die Reinigungsanlage unter Druck durchströmt wird (Geschlossene Filter). Die Wassergewinnung aus Tagwässern erfordert fast immer eine Reinigung bezüglich Schwebe- und organischer Stoffe, seltener eine Enteisenung, während Grundwasser meist rein von Schwebe- und organischen Stoffen ist, dagegen oft eisenhältig und chemisch verunreinigt ist. Die Härte ist durch die geologische Beschaffenheit des Wasserbezugsgebietes bedingt, ebenso der Gehalt an freier Kohlensäure. Für Trinkwasser ist beides belanglos. Die Entnahme aus großen Talsperren und Seen liefert gewöhnlich geeignetes Wasser; sie ist aber sanitär gut zu überwachen. Abtöten von Keimen kommt in Frage, wenn der Keimgehalt zu groß wird; da es noch nicht gelungen ist, schädliche und unschädliche Keime im Wasser getrennt nachzuweisen, ist eine entsprechende Überwachung besonders zur Zeit von Seuchengefahr, die im Wasser ihren Ursprung hat, notwendig.

7. Vorarbeiten, Ausführung, Bau und Betrieb.

a) Planung und Vorentwurf.

Die Vorplanung umfaßt:

1. Das Ermitteln des Wasserbedarfes, besonders zur Zeit des größten Verbrauchs,

2. den Entwurf des Rohrnetzes der Hauptversorgungsstränge samt Berechnung der Drucklinien, schon mit Berücksichtigung des Wachstums der Ortschaft, sowie die allgemeine Planung der Wasserbeschaffungsanlage und Speicher.

3. Vergleiche verschiedener Möglichkeiten der Wasserbeschaffung in Bezug auf Ergiebigkeit, Beschaffenheit des Wassers und Wirtschaftlichkeit.

Quellen sind bezüglich geringster Quellschüttung, Grundwasservorkommen auf dauernde Ergiebigkeit zu prüfen und an Flußwasser ist die Verunreinigung zu beobachten; schließlich ist jedes Wasser von einer Untersuchungsanstalt zu begutachten, wohin es in gut verschlossenem, etwa 3 Liter fassendem Gefäß einzusenden ist. Das Gefäß muß vorher gründlich gereinigt, ausgekocht und mehrmals mit dem Untersuchungswasser gespült werden.

Der Vorentwurf beinhaltet also:

1. Netzplan im Katastermaßstab,
2. Pläne der Wassergewinnungsanlage und (nötigenfalls) der Wasserreinigungsvorrichtungen,
3. Behälterplan,
4. Zuleitungs- und besondere Bauten (Dücker, Aquädukte, Abstürze etc.),
5. Längenprofil der Hauptstränge samt Drucklinien,
6. Einen „technischen Bericht“, in dem die Anlage beschrieben und begründet ist, die Ergebnisse der Erhebungen, Untersuchungen und Wasser-

analysen verzeichnet sind, ferner ein Vorschlag für ein Wasserleitungsgesetz gegeben wird und schließlich die Wahl der Rohrmaterialien, die Bautypen der Wasserpfosten und anderer Einbauten genannt sind,

7. Kostenvoranschlag samt Stücklisten auf Grund des Entwurfes,
8. Verzeichnis der durch die Wasserversorgung betroffenen Besitzverhältnisse und
9. möglicherweise einen Plan über die Reihenfolge der Bauausführungen, die Finanzgebarung und Geldaufbringung.

b) Wasserversorgungsarten.

Wenn einzelne Abnehmer sich Trink- und Nutzwasser aus eigenen Anlagen unabhängig beschaffen, spricht man von Einzelversorgung, als kleinster Betrieb die Hauswasserversorgung; sie ist nur wirtschaftlich berechtigt, wenn es sich um weit auseinander liegende Häuser und Gehöfte handelt.

Im Fall einer Grundwassergewinnung ist ein Rohrbrunnen mit selbsttätig anspringender, elektrisch betriebener Kreiselpumpe samt Windkessel am gebräuchlichsten, da das den Hochbehälter erspart. Bei Neubauten legt man den Brunnen im Hauskeller an, in dem sich auch oft die Pumpe befindet, falls sie nicht im Brunnenschacht aufgestellt wird. Derartige Anlagen werden zur Gänze vom Installateur erbaut.

Im Falle brauchbarer Quellen in genügender Höhenlage lohnt sich in den meisten Fällen Wasserleitungsbau.

Stark wasserverbrauchende Industrien (Papierfabriken, Brauereien u. a.) machen sich gewöhnlich in ihrer Wasserversorgung selbständig.

Ein Zusammenschluß der Abnehmer zwecks Wasserversorgung wird zum Bedürfnis, wenn in größeren Siedlungen der Wasserbedarf aus dem verseuchten Untergrund nicht mehr befriedigt werden kann. Für große Städte macht die Wasserbeschaffung Kopfzerbrechen; früher glaubte man, eine Naturdruckleitung und Fernversorgung aus dem Gebirge sei die glücklichste Form (z. B. Wiener Hochquellen am Hochschwab u. a., Bremen aus dem Harz). Überflüssiges Gefälle wird dabei in einem Wasserleitungskraftwerk ausgenützt.

Mehrere Ortschaften vereinigen sich zu einer gemeinsamen Gruppenwasserversorgung, wodurch alle Beteiligten wirtschaftliche Vorteile genießen (z. B. Württembergische Landeswasserversorgung).

c) Der Ausführungsentwurf.

Dieser bringt die Planungen des Vorentwurfs eingehender und genauer; manchmal ist es nicht einmal in allen Teilen erforderlich. Wesentlicher sind die Fertigstellungspläne, welche die wirkliche Lage aller Leitungen und Hausanschlüsse aufzeigen sollen.

Die Ausführungspläne[57]) bzw. Bestandspläne sind sofort anzulegen, solange noch alle Bauteile eingesehen werden können.

d) Die Baudurchführung.

Unbedingt ist eine frostfreie Tiefenlage aller wasserführenden Teile einzuhalten; vor dem Zuschütten hat eine Probedrucknahme aller

[57]) Richtlinien für Rohrnetzpläne DIN 2425.

einzelnen Rohrnetzabschnitte mit dem doppelten Betriebsdruck stattzufinden, auf die nie verzichtet werden soll. Beim Zuschütten ist auf gutes Beistampfen zu achten, während die Straßendecken erst nach einiger Zeit (Überwintern!) wieder instandgesetzt werden dürfen, will man unnütze Arbeit vermeiden.

Über den Schiebern sind Straßenkappen aufzusetzen, welche ein Aufgraben und Suchen ersparen. Abzweigstücke noch nicht verlegter Leitungen werden sogleich samt dem Schieber eingebaut. Hausanschlüsse müssen gut überwacht werden. Die Stellen von Einbauten werden durch Hinweisschilder an den Häusern gekennzeichnet.

Während der Haftzeit der Baufirma ist alles genau zu überprüfen, um Fehler rechtzeitig aufzudecken und undichte Stellen zu erkennen.

e) Der Betrieb.

Eine Wasserversorgung ist gewöhnlich eine Einnahmsquelle des Stadtsäckels und kann zur Deckung der meist passiven Stadtentwässerung dienen.

Das Wasser wird an die Verbraucher vielfach nach einer Pauschalgebühr abgegeben; dies ist am Anfang anzuraten, damit sich ein gewisser Verbrauch eingewöhnt, später dann, falls die Grenzleistung der Anlage naherückt, werden, um den Verbrauch zu drosseln, Wassermesser eingebaut, sodaß der tatsächliche Wasserverbrauch mit oder ohne Grundgebühr bezahlt wird.

Die Verbrauchseinheit ist 1 m^3, der Preis (Wasserzins) örtlich verschieden; er ist in großen Städten oft billiger als in kleinen, Großabnehmer haben wieder Sonderpreise. Der Wasserzins betrug 1939 in deutschen Städten von 5 bis 40 Rpf., Graz z. B. 13 Rpf. und Hartberg (Steiermark) sogar 80 Rpf.

Der Betrieb selbst richtet sich nach den Einrichtungen der Wassergewinnung, Speicherung und Verteilung. Hochquellenanlagen bedürfen fast keiner Wartung, wogegen Grundwasserwerke, auch selbsttätige, einer ständigen Aufsicht bedürfen. Die Pumpzeiten sind anfangs nur kurz und müssen bei steigendem Verbrauch länger werden, womit sich ein Grundwasserwerk angleichen kann.

Das Wasser soll durch fallweise Wasseruntersuchungen ständig überprüft werden.

VIII. Abwasserbeseitigung (Ortsentwässerung oder Kanalisation[58]).

1. Allgemeines; Entwässerungsarten.

Entwässerung der Ortschaften kannte bereits das Altertum. In Ninive und Babylon gab es überdeckte Rinnen für Abfall- und Regenwässer, in Rom war die cloaca maxima, eine überwölbte Abwasserleitung, die heute noch erhalten ist und bis 1900 benützt wurde; in Athen wurde das Schmutzwasser auf Rieselfelder geleitet. Selbst Provinzstädte wie Pompeji hatten richtiggehende Kanalsysteme und in der römischen Kolonialstadt

[58]) Geißler, Kanalisation und Abwasserreinigung, Handbibliothek für Bauingenieure, Berlin 1933.

Köln werden heute noch unterirdische Sammler aus römischer Zeit mitbenützt. Dagegen war im Mittelalter ein vollkommener Verfall an Stadthygiene, weshalb Epidemien guten Nährboden fanden. Abfall- und Regenwasser sammelte sich in oberirdischen Rinnen in Straßenmitte. Erst im 19. Jhdt. begann in England der Aufschwung moderner Stadtentwässerung; Schwemmkanalisation wurde nach Einführung der Spülaborte Tagesfrage. Die Einleitung der Brauchwässer in die Flüsse verursachte eine starke Verunreinigung der Vorfluter, die das Problem der Abwasserreinigung um die Jahrhundertwende dringend machten. Hamburg führte 1842 als erste deutsche Stadt eine planmäßige Stadtentwässerung durch.

Die Entwässerungen bedeuten gewaltige Bauausführungen: Wiens Kanalnetz vor 1938 war beispielsweise 2800 km lang (davon 1800 km Hausleitungen) und entwässerte 270 km². Im Jahr wurden im Mittel 295 Milliarden Liter abgeführt, wovon 190 Mia Liter Brauchwasser und 105 Mia Liter Niederschlagswasser waren. Nach einem starken Regen müssen 8 Mia Liter zum Abfluß gebracht werden.

Als Grundsätze der Entwässerung gelten, daß weder Luft noch Boden verunreinigt werden soll, auch Nachbargemeinden sollen nicht belästigt sein; die Ausführung sei möglichst billig und die Abwässer mögen schnell und vollkommen abgeführt werden. Die Düngervergeudung sei nicht allzu groß; auf die Sauberkeit des Vorfluters ist größte Rücksicht zu nehmen.

Die Abwässer sind:

1. Hauswirtschaftliche und gewerbliche, einschließlich menschlicher und tierischer Entleerungen (Fäkalien und Jauche); zusammengefaßt als Brauchwässer.

2. Athmosphärische Niederschläge samt mitgeschlepptem Schmutz als Regenwasser.

Je nachdem sich die Entwässerung auf Abfuhr der Brauch- oder Regenwässer oder beider gemeinsam erstreckt, wird unterschieden:

A. **I. Teilkanalisation:** Es wird a) nur ein Teil der Abwässer (Brauchwässer) unterirdisch, der Regen aber oberirdisch in Rinnsalen abgeleitet, b) nur der Regen wird in Rinnsalen oder eventuell unterirdisch abgeleitet, die Fäkalien aber in Tonnen oder Senkgruben gesammelt und weggefahren. Es ist auch möglich, in Hauskläranlagen feste und flüssige Stoffe des Brauchwassers abzuscheiden und nur das geklärte Abwasser in die Regenkanäle einzuführen.

B. Vollkanalisation: Sämtliche Abwässer fließen in gedeckten Kanälen ab und zwar nach dem

II. Mischverfahren, bei dem Brauch- und Regenwasser denselben Kanal benützen (Schwemmkanalisation) oder nach dem

III. Trennverfahren, welches Brauchwasser und Niederschläge in verschiedenen Kanälen ableitet.

Nur in sehr flachen Gegenden fanden früher pneumatische Verfahren Anwendung: Nach Lienur werden die Abwässer durch Luftverdünnung aus dem luftdicht geschlossenen Kanalnetz abgesaugt (Amsterdam); nach Shone werden sie mit Preßluft und Ejektoren gefördert (Allenstein und indische Städte). Das saugende Verfahren ist günstiger.

Die Kanäle können unmittelbar in den Vorfluter (Fluß) münden (offene Kanalisation), die Abwässer können vorher gereinigt werden (Abwasserkläranlagen) oder sie werden auf Rieselfelder geleitet.

Die Verfahren sind nach folgenden Gesichtspunkten auf Grund von Kostenvergleichen zu überlegen:

Beim Trennverfahren kann die Unterbringung von zwei Leitungen in engen Straßen Schwierigkeiten bereiten; die doppelte Anzahl der Schachtdeckel ist im Verkehr nachteilig. Ein Doppelprofil (Abb. 434) ist nicht günstig, da ein gleiches Gefälle beider Leitungen unwirtschaftlich ist und die notwendigen Kombinationen der Profile zu zahlreich sein müßten. Die zweite Hausanschlußleitung fällt dagegen weniger ins Gewicht. Mit der ansonst nur durch die Straßeneinläufe bedingten Tiefenlage der Regenleitungen — frostsichere Tiefe ist erfahrungsgemäß nicht unbedingt notwendig — läßt sich in flachen Straßen leicht Gefälle gewinnen und Querschnitt ersparen. Die Brauchwasserkanäle sind gleichmäßiger durchflossen. Nicht vorgesehene Anschlüsse neuer Stadtteile an die Brauchwasserleitung sind leichter möglich, weil die Endstränge meist größer als notwendig sind.

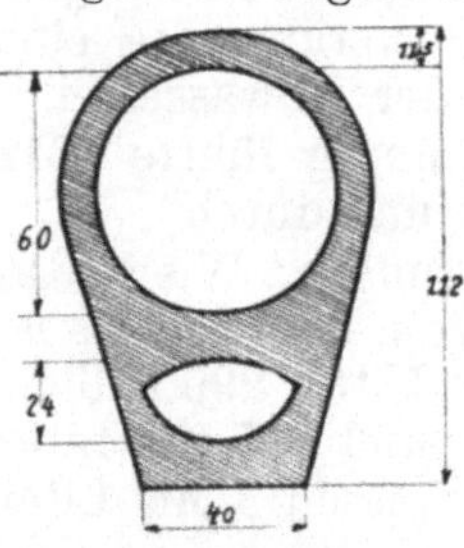

Abb. 434. Doppelprofil

Beim Mischverfahren ist die Reinhaltung der Leitung schwierig. In dem für den Regenabfluß bemessenen Querschnitt — der augenblickliche Regenabfluß ist oft das hundertfache des Trockenwetterabflusses — lagert sich bei Trockenwetter infolge zu geringer Geschwindigkeit und Tiefe Schlamm ab, weswegen Spülungen notwendig sind; etwas verbessert wird dieser Zustand durch Eiprofile. Das Mischverfahren läßt auch eine Kellerüberschwemmung infolge Überlastung des Kanalnetzes bei Sturzregen befürchten.

Bezüglich Reinhaltung des Vorfluters sind die Systeme gleichwertig. Das Trennsystem verursacht gewöhnlich höhere Kosten; kann jedoch der Regenablauf auf kurzem Weg in den Vorfluter ausgießen, läßt sich wegen kleineren Profils des langen Hauptsammlers einiges ersparen. Reinigungsanlagen und Pumpwerke kosten beim Trennverfahren weniger, hingegen ist das Netz wegen der doppelten Leitungslänge teurer instandzuhalten; die günstige Anlage von Notauslässen durch Nachbarschaft des Vorfluters gibt wieder dem Mischsystem den Vorzug. In armen Gemeinden kann zuerst eine Teilkanalisation mit oberirdischem Regenablauf durchgeführt werden, welche erst später zum Trennverfahren ausgestaltet wird.

Es ist also Größe und Lage des Vorfluters bedeutungsvoll; sehr große Wasserführung des Vorfluters gegenüber den Abwassermengen läßt eine offene Einleitung unbedenklich zu; im anderen Falle sind Abwasserreinigung oder Felderberieselung notwendig; letzte ist aber nur für kleine Orte zweckmäßig, da die Rieselflächen mindest das Ausmaß des entwässerten Gebietes haben müssen. Eine genügend tiefe Wasserspiegellage des Vorfluters macht Ausmündung und Entlastungsüberfälle leicht möglich, ansonsten erfordert das Heben des Wassers große Kosten.

Einfluß nimmt auch die Geländelage; bei starkem Gefälle ist das Mischverfahren vorteilhaft, in einer flachen und tief gelegenen Zone das Trennverfahren.

Das Netz zerfällt nach der Oberflächengestaltung in einzelne Gebiete. Im hügeligen Gelände werden die natürlichen Wasserscheiden nahezu die Grenzlinien der einzelnen Einzugsgebiete darstellen, in flachen Gegenden treten andere Umstände wie Verlauf der Straßenzüge, Verkehr u. dergl. in den Vordergrund. Der Hauptsammler möge in den Talsohlen liegen und sich dem Gelände möglichst anschmiegen.

Man unterscheidet folgende Netzsysteme:

Das Abfangsystem (Abb. 435 a) ist in flach geneigtem Gelände gegeben; verhältnismäßig kurze Seitenkanäle werden durch den Hauptsammler abgefangen und oft erst über eine Reinigungsanlage an den Vorfluter abgeführt.

Beim Parallelsystem (Abb. 435 b) kann das Gelände stark geneigt sein, der Hauptsammler liegt nicht im stärksten Gefälle, sondern schräg oder senkrecht dazu.

Das Quersystem (Abb. 435 c) hat viele Hauptsammler senkrecht zum Vorfluter und ist daher für ein Regenwassernetz geeignet.

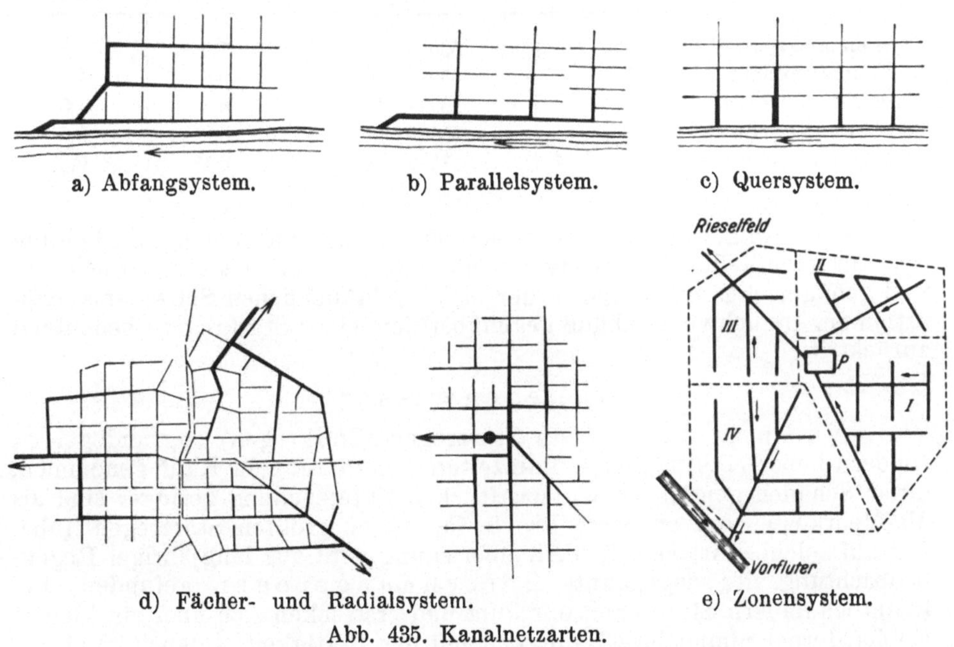

a) Abfangsystem. b) Parallelsystem. c) Quersystem.

d) Fächer- und Radialsystem. e) Zonensystem.

Abb. 435. Kanalnetzarten.

(Abb. 435a — d aus Schoklitsch, Wasserbau I.)

Im Fächer- oder Verästelungsnetz (Abb. 435 d) fließen die Sammler strahlig einem oder mehreren Hauptkanälen zu; eine Abart ist das Radialsystem, das einem zentralen Sammelpunkt zuführt und zweckmäßig für Berieselungen ist (Berlin).

Als Zonensystem (Abb. 435 e) bezeichnet man die Anordnung verschiedener Verfahren und Netzsysteme infolge verschiedenen Höhenlagen der Einzugsgebiete. In der Abbildung entwässern die Gebiete I und II zur Pumpstation P, diese drückt das Wasser durch den Sammler von Gebiet III hinaus auf Rieselfelder, sonst gewöhnlich in einer eigenen Druckleitung; Gebiet IV (Fächersystem) hat natürliche Vorflut.

Einzelne Gebietsnetze können untereinander verbunden sein, sodaß sie sich bei Regengüssen gegenseitig unterstützen; bei Trockenwetter wird aber diese Netzverbindung wieder in jedem Kanal getrennt. Durch Einleiten eines Baches ist auch leichtes Durchspülen möglich.

2. Abwassermengen.

a) Brauchwasser.

Seine Menge ist meist gleich jener, die durch die Wasserversorgung zugeführt wird, mindestens aber 80 % von ihr, bei hohem Grundwasserstand sogar mehr. Man berechnet den Abfluß nach der Fläche. Brauchwässer, die explosiv gefährlich oder über 40 ° warm sind oder Verstopfungen hervorrufen, dürfen in das Kanalnetz nicht eingeleitet werden.

Tab. 11. Bestimmung der Brauchwassermengen.

Siedlungsart	Einwohnerzahl (Wohndichte) je ha	Abfluß l/s . ha	
		Min.	Max.
Kern einer Großstadt	500—1000	1,0	2,5
Sehr dicht verbaut	350— 500	0,5	1,3
Geschlossen verbaut	250— 400	0,4	1,0
Weitläufig verbaut	150— 300	0,25	0,6
Außengebiete (Villenviertel)	75— 150	0,12	0,3

Das Schwanken des Brauchwasserabflusses ist ohne Belang, da Leitung und ein eventuelles Pumpwerk ohnedies dem augenblicklichen Höchstzufluß genügen müssen, wobei in der meist gebräuchlichen Schwemmkanalisation der Brauchwasserabfluß gegenüber dem eines Starkregens bedeutend zurücktritt.

b) Regenwasser.

Es wird nicht der heftigste Sturzregen (Starkregen) zugrundegelegt, sondern lieber eine mögliche, kurzzeitige Überflutung in Kauf genommen, deren Schäden gemäß der wirtschaftlichen Untersuchung geringer sind als die Mehrkosten der größeren Profile für diesen größten Sturzregen. Inbezug auf solche Wirtschaftlichkeitsüberlegung wird aus langjähriger Regenbeobachtung der sogenannte Berechnungsregen gefunden. Bekanntlich dauern Sturzregen nur kurz und erstrecken sich über ein kleines Gebiet, ferner nimmt ihre Häufigkeit mit der Heftigkeit (Intensität) ab.

Über die Ermittlung der Berechnungsregen sind viele Studien betrieben worden. Unzählige Abhandlungen[59]) beweisen die Verantwortung des Festlegens dieser Zahl.

In der Regentafel von Salcher (Abb. 98) sind verschiedene Regenwahrscheinlichkeiten ersichtlich. Die Regen derselben Kurve sind bezüglich Häufigkeit gleichwertig. Im Stadtkern wird man trachten, möglichst keine Überflutung zu erhalten, während in den Außenbezirken der Nachteil einer jährlich mehrmaligen, kurzen Überflutung nicht die Kostspieligkeit der leistungsfähigeren Anlage aufwiegt. Hat man sich für eine dieser Regenkurven entschieden, kann man denjenigen Regen auswählen, welcher den größten Abfluß erzeugt. (Starke Regen dauern gewöhnlich kürzer als 20 Minuten.)

---

[59]) Von Bürkli-Ziegler, Höchstabflußberechnung städt. Kanalisationen, 1878 bis Imhoff, Taschenbuch der Stadtentwässerung, München 1941.

Man hat versucht, die Regendichte r aus der Regendauer t^{min} zu berechnen:

$$r^{mm/min} = -0{,}311 + \frac{3{,}522}{\sqrt[3]{t}}$$

Den zum Abfluß gelangenden Teil des Niederschlages zeigt der Abflußbeiwert an; der Rest versickert oder bleibt in Pfützen stehen und verdunstet.

Tab. 12. Abflußbeiwerte φ

Flächenart	Abflußbeiwerte	
	φ	im Mittel φ_m
Dächer	0,80—0,95	0,95
Pflaster ohne Fugen (Asphalt)	0,90—0,97	0,90
Pflaster mit gedichteten Fugen	0,80—0,90	0,85
Pflaster mit nicht gedichteten Fugen	0,50—0,65	0,60
Schotterfahrbahn	0,35—0,50	0,40
Garten mit Anlagen	0,05—0,20	0,15
Wälder und Kulturflächen	0,05—0,10	0,05

Den Abflußbeiwert φ beeinflußt ferner Geländeneigung, jeweilige Bodenbeschaffenheit, Luftfeuchtigkeit und Entfernung zum Kanaleinlauf. Die Geländeneigung kann berücksichtigt werden, indem man zu jedem größeren Gefälle als 5 ‰ für je 5 ‰ Gefällezunahme je ½ % zum Abflußbeiwert zuschlägt.

Für einen ersten Entwurf genügt gewöhnlich eine rohe Dreiteilung des Entwässerungsgebietes nach drei Klassen:

1. Dicht verbauter Stadtkern $\varphi = 0{,}75$
2. Teils geschlossen, teils offen verbaute Wohnviertel $\varphi = 0{,}50$
3. Villenviertel, Parke und Gartenanlagen $\varphi = 0{,}25$

Der jährliche Anfall an Brauchwasser ist 1500 — 8000 m^3/ha, die jährliche Regenmenge etwa 1/2 — 1/8 des Brauchwasserabflusses; in der Sekunde kann jedoch der Regenabfluß ein Vielfaches der Brauchwassermenge sein, sodaß letzte bei Berechnung kleiner Kanalnetze des Mischsystems gegenüber der Regenmenge manchmal vernachlässigt wird.

Weil der momentane Anfall einer großen Regenwassermenge, der außerdem nur selten auftritt, große Kanalquerschnitte verlangt und damit die Anlage sehr verteuert, sucht man nach Abhilfe. Dazu dienen Notauslässe, die das Kanalnetz bei Regen zum Vorfluter entlasten, Rückhaltebecken (oberirdische Teiche oder unterirdische Kammern), in denen Wasser gesammelt und allmählich zum Abfluß gebracht wird und schließlich Berücksichtigen der tatsächlich auftretenden Verzögerung des Abflusses.

Der Regentropfen benötigt eine gewisse Zeit, um vom Ort des Niederfallens zum Kanal und durch diesen in das weitere Kanalnetz und in den Vorfluter zu gelangen; da die Dauer der Starkregen begrenzt ist, kann es sein, daß der Zufluß am oberen Kanalende bereits aufgehört hat, während der erste Zufluß noch nicht die Ausmündung des Kanals erreicht hat. Diese Erscheinung bewirkt eine weit geringere Beanspruchung des unterhalbliegenden Kanales als es eine Berechnung verlangt, welche die größten Wassermengen aller einzelnen Sammler summiert.

Die Abflußverzögerung hängt von der Regendauer T_R und der Geschwindigkeit in den Entwässerungsleitungen ab. Unter der Annahme, daß die Einzugsfläche des Kanals proportional der Länge L zunimmt, berechnet sich die Auffülldauer T_A des einzelnen Sammlers

$$T_A = \frac{L\ \text{(Kanallänge)}}{v\ \text{(Geschwindigkeit im Kanal)}}$$

wobei vernachlässigt wird, daß die Geschwindigkeit bei Beginn nicht gleich der des vollaufenden Profiles nach der Anlaufzeit T_A ist (Abb. 436 a). Nach der Anlaufzeit T_A erreicht der Kanal seine maximale Füllung $Q_A = \varphi . r . F$ (gesamter Abfluß aus diesem Gebiet) und behält ihn auf die Regendauer T_R.

Ist T_R kleiner als T_A (Abb. 436 b), so erreicht der Kanal nur eine geringere maximale Wassermenge Q'_{max}. Da die Regendauer T_R mit der Regendichte in erfahrungsgemäßem Zusammenhang steht, ist bei einer anderen Regendauer T_{R1} auch ein anderer Abfluß Q_{A1} und damit eine andere Anlaufzeit T_{A1}. Daher kann ein Starkregen von geringer Dichte, aber längerer Dauer infolge des Abflußvorganges einen größeren Abflußquer-

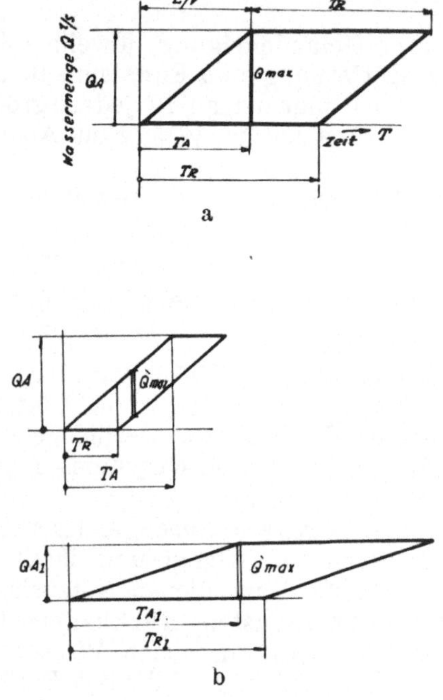

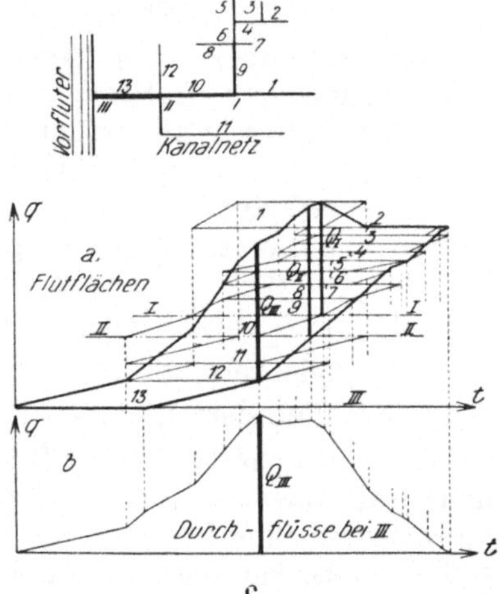

Abb. 436. Berechnung der Abflußverzögerung. a) Wassermenge — Zeitdiagramm („Flutfläche"), b) Abflußmenge, je nach dem T_R kleiner oder größer als T_A, c) Flutflächen nach Frühling für ein Kanalnetz mit Ermittlung des Höchstabflusses.
(Abb. 436c aus Schoklitsch, Wasserbau I.)

schnitt erfordern. Frühling bringt dies in den „Flutflächen" anschaulich zur Darstellung (Abb. 436 c). Es sind Vergleichsberechnungen verschiedener wirtschaftlich gleichartiger Starkregen vorzunehmen; meist ist Q_{max} bei $T_R = T_A$. Da aber T_A bei normalen Kanallängen gewöhnlich kleiner ist als T_R, zeigt erst die Berechnung der Verzögerung eines ganzen Kanalnetzes den Zweck dieser Überlegung. Aus einer angenommenen

Regendauer T_R, hiezu gehöriger Regendichte r, ergeben sich die Abflußmengen Q_A der einzelnen Kanaleinzugsflächen; die Kanallänge L ist gegeben, über die Geschwindigkeit v kann durch eine angenäherte Vorberechnung entschieden werden. Die Flutflächen der einzelnen Sammler sind zu ermitteln (das Flutflächenparallelogramm ist spitzer, wenn v kleiner ist); sie werden richtig aneinander gereiht, indem zusammenmündende Kanäle den Anfang ihrer Flutfläche auf derselben Zeitordinate haben. Jeder Fortsetzungskanal ist um seine Anlaufzeit T_A gegen diesen Zeitpunkt vorverschoben. Diese Zickzackflächen werden nun zusammengezogen. Für jeden Sammler findet man das Q_{max}, indem man über der Abszisse seiner Flutfläche die größte Ordinate sucht. Bei der Neubemessung der Querschnitte wird sich die Geschwindigkeit ändern, sodaß bei wesentlichem Unterschied mit der verbesserten Geschwindigkeit eine Wiederholung der Konstruktion am Platze ist, die meist aber gegenüber den Abstufungen der genormten Profile weniger ins Gewicht fällt. Für Kanäle in Flachstrecken erscheint die Verzögerung wirksamer.

Statt den verzögernden Einfluß derart langwierig zu erfassen, berechnet man die mit einem Zeitbeiwert (Verzögerungsziffer) ψ verminderte Abflußspende: Nach Bürkli ist $\psi = \frac{1}{\sqrt[n]{F}}$ oder $\frac{1}{\sqrt[n]{L}}$ worin F das Einzugsgebiet in ha, L die Kanallänge in km, n vom Gefälle und Gebietsform abhängt und zwischen 4 und 8 schwankt.

Über die Abflußverzögerung sind noch andere zeichnerische und rechnerische Methoden entwickelt worden.[60])

3. Kanäle (Sammler).

a) Lage und Gefälle.

Nach Wahl des Systems weisen die Schichtenlinien, sowie Lage und Breite der vorhandenen und geplanten Straßenzüge die Lage und Richtung der Kanäle. In engen Straßen sind Hauptsammler zu vermeiden.

Der Kanal liegt meist in Straßenmitte und soll 2 bis 3 m von den übrigen Leitungen entfernt sein. Seine Tiefenlage ist durch jene tief gelegenen Räume bestimmt, die noch ohne Heben des Wassers entwässert werden sollen. Der Kellerfußboden ist gewöhnlich 1,20 bis 1,80 m unter Straßensohle. Die gewöhnliche Lage des Kanals zeigen die Straßennormalquerschnitte (Abb. 489 und 490). Einfluß nimmt auch die Ausmündung in den Vorfluter. Liegt diese über Hochwasser, erfolgt kein Rückstau; hygienisch besser wäre sie unter Niederwasser, ist aber dann mit Rückstau verbunden, daher wird meist ein Mittelweg beschritten: Ausmündung unter Mittelwasser, weil dabei auch die Kosten nicht zu hoch sind.

Beim Mischverfahren ist für Brauchwasser das Sohl-, für Regenwasser das Spiegelgefälle im Sammler maßgebend.

Die größte Geschwindigkeit in Kanälen sei kleiner als 2 bis 3 m/s, sonst werden die Kanalwände angegriffen; ist das Gefälle zu groß, legt man Absturzschächte ein. Die Geschwindigkeit darf aber auch nicht zu klein sein; sie sei größer als 0,4 m/s, da sonst Ablagerungen entstehen. Sand soll nicht an der Sohle mitgeschleppt werden, sondern zufolge der Wirbelströmung

[60]) Zeitbeiwertlinien, Deutsche Wasserwirtschaft 1940.

schwebend bleiben, was bei feinen Sanden eine Geschwindigkeit größer als 0,3 m/s, bei grobem Sand mehr als 0,6 m/s verlangt. Zum vollständigen Reinhalten der Kanäle ist eine Geschwindigkeit größer als 0,8 m/s erforderlich; dies läßt sich nicht überall und immer erreichen, weil sich die Geschwindigkeit auch mit der Fülltiefe ändert.

Es möge Tab. 13 über das Gefälle stets beachtet werden:

Tabelle 13.

Hausanschlüsse	Gefälle min. 1/100,	max. 1/15,	im Mittel 0,03
Straßenkanäle bis ⌀ 30 cm	„ „ 1/250,	„ 1/20,	„ „ 0,02
Straßenkanäle von ⌀ 30 bis ⌀ 60 cm	„ „ 1/400,	„ 1/20,	„ „ 0,01
Nebensammler	„ „ 1/1000,	„ 1/30,	„ „ 0,005
Hauptsammler	„ „ 1/3000,	„ 1/100,	„ „ 0,001

Abb. 437 läßt die Grenzen des Gefälles für die verschiedenen Durchmesser und Profile erkennen.

Im oberen Teilstrang eines Kanals sind kleine Wassermengen, großes Gefälle und kleine Tiefen, im unteren Teilstück große Wassermengen, klei-

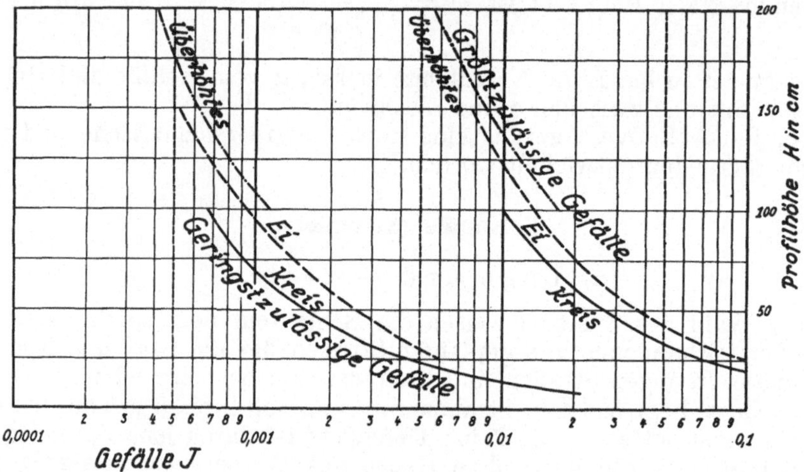

Abb. 437. Schaubild der Grenzen des Gefälles für Anwendung verschiedener Profile.

nes Gefälle und große Tiefen; die Geschwindigkeit gleicht sich aus (Abb. 438).

Da ein Kanal nicht allmählich erweitert werden kann, werden die Kanalquerschnitte gestuft: 1. Es kann die Sohle durchlaufend geführt werden (Abb. 438 a); damit ergibt sich ein Spiegelgefälle, bei dem kein Kanalstück Druck erleidet, die Profile aber nur am Ende ausgenützt werden oder man nimmt einen geringen Überdruck in einzelnen Streckenteilen in Kauf. 2. Liegt hingegen der Scheitel des Kanals im berechneten Spiegelgefälle und ist die Sohllinie abgestuft (Abb. 438 b), werden die Querschnitte zweckmäßig ausgenützt; allerdings verlangt diese Anordnung etwas tiefere Sohlenlage der unterhalb liegenden Kanäle.

Die Einmündung der Nebensammler in den Hauptkanal bereitet oft Schwierigkeiten (Abb. 439). Zwei Grenzfälle sind da zu bemerken: An höchster Stelle einzumünden wäre am günstigsten, läßt jedoch das geringste Gefälle im Seitenkanal zu; bei tiefst gelegener Einmündung kommt der Seitenkanal manchmal unter Druck, es staut aus dem Hauptsammler zurück, was Ablagerungen verursacht, im Seitenkanal steht aber bei Niederwasser (Trockenwetter) das größte Gefälle zur Verfügung. Der Idealzustand erfordert, daß die Wasserspiegel beim Zusammenfluß gleich hoch

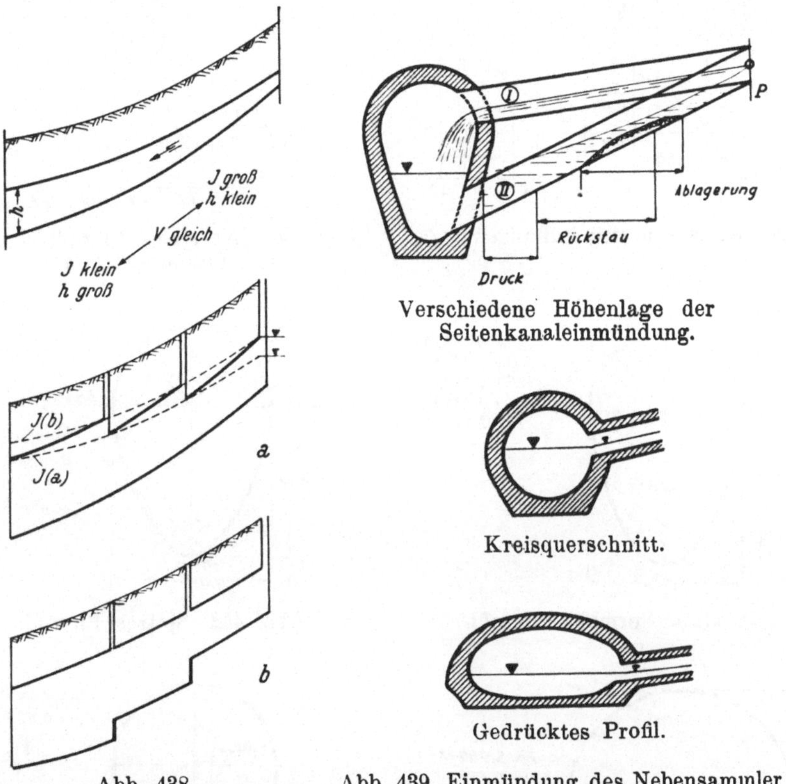

Abb. 438. Kanalquerschnittsabstufung.

Abb. 439. Einmündung des Nebensammler in den Hauptkanal.

sind; bei kleinerem Wasser im Hauptsammler findet jedoch ein Absturz, bei größerem ein Rückstau statt; gedrückte Profile haben geringere Spiegelschwankungen, sind also für Einmündungen günstiger. Gewöhnlich wird auf Grund einer angenommenen Mittelwassermenge die Höhenlage der Einmündung bestimmt.

b) Querschnitte

Der Kreisquerschnitt (Abb. 440) hat geringsten Umfang U bei größter Querschnittsfläche F, daher ist im Kreisprofil die geringste Reibung. Größte Geschwindigkeit tritt bei der Fülltiefe von 0,81 der Querschnittshöhe, größte Leistungsfähigkeit bei 0,95 auf, also nicht bei voller Füllung. Die Füllungskurve zeigt an, welcher Teil der Vollauf-Leistung für die jeweilige Füllungshöhe vorhanden ist. Um einen Leistungsvergleich zu haben, werden v und Q aller weiteren Profile auf das Kreisprofil mit dem Radius r bezogen, dessen Geschwindigkeit v_1 und dessen Wassermenge Q_1 ist.

Eiprofile haben bei kleiner Wassermenge und teilweiser Füllung größere Schwemmtiefe, sind wegen der größeren Höhe bequemer betretbar und erfordern eine schmälere Baugrube. Am gebräuchlichsten ist das Eiprofil, dessen Höhe sich zur Breite wie 3 : 2 verhält (Abb. 441); seltener

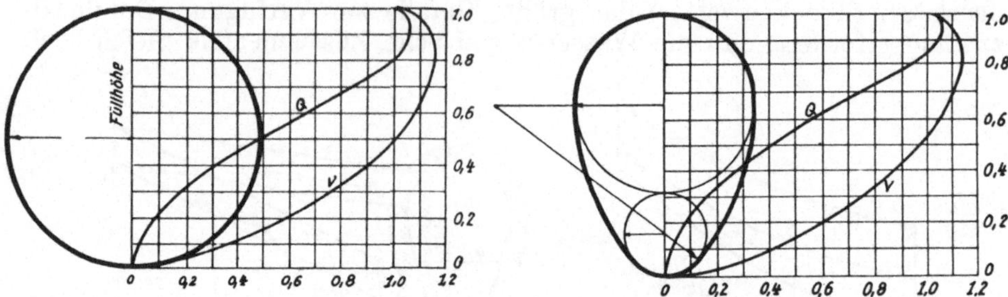

Abb. 440. Kreisprofil mit Füllungskurven.

Abb. 441. Normales Eiprofil und seine Füllungskurven.

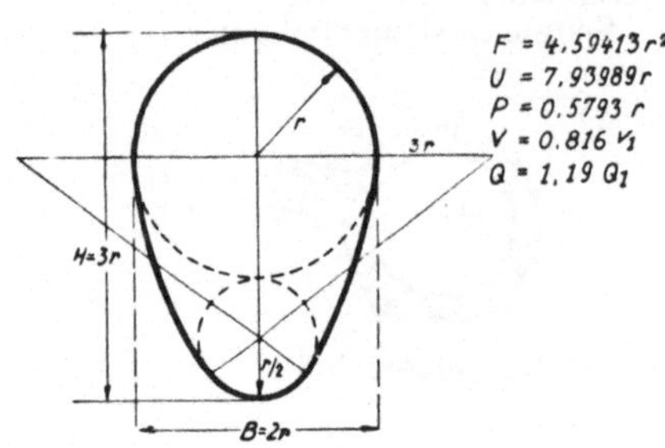

Abb. 441 a. Normales Eiprofil.

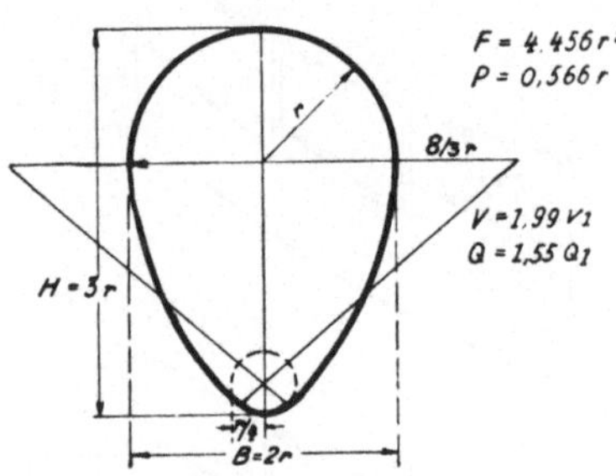

Abb. 442. Spitzes Eiprofil.

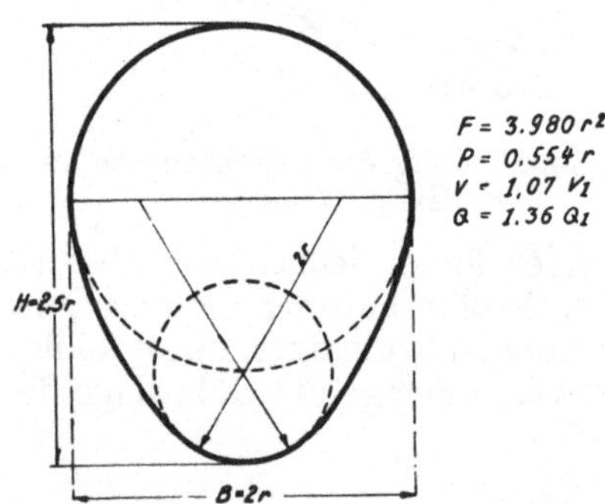

Abb. 443. Gedrücktes Eiprofil.

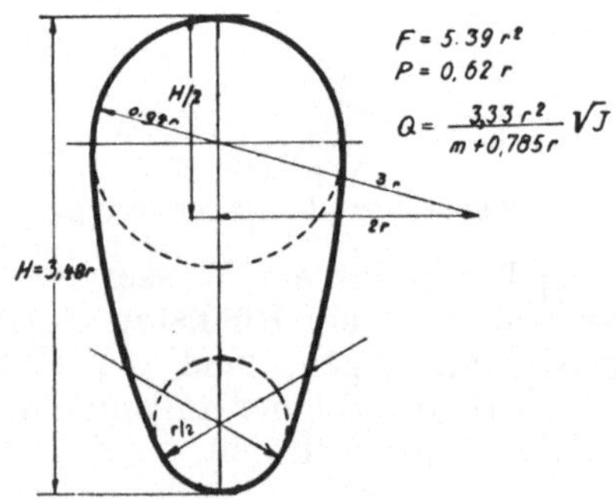

Abb. 444. Überhöhtes Eiprofil.

kommt das spitze (Abb. 442) und das gedrückte Eiprofil (Abb. 443) in Anwendung.

Das überhöhte Profil (Abb. 446) und das Oval (Abb. 447) finden mehr bei Freispiegelgerinnen von Kraftwerken und weniger in der Kanalisation Anwendung.

Überhöhte Profile sind am Platze in sehr engen Gassen, gedrückte, wenn der Wasserstand in engen Grenzen gehalten werden soll oder der Grundwasserstand hoch ist.

In den großen Hauptsammlern wird ein Maul- und Haubenprofil (Abb. 448 und Abb. 449) verwendet, in dessen Sohle oft eine Rinne für den Trockenwetterabfluß eingetieft wird; einer ähnlichen Überlegung entspricht auch der Kreis mit Sohlgerinne (Abb. 450); die letzten Arten sind mehr aus statischen, denn aus hydraulischen Erwägungen entstanden.

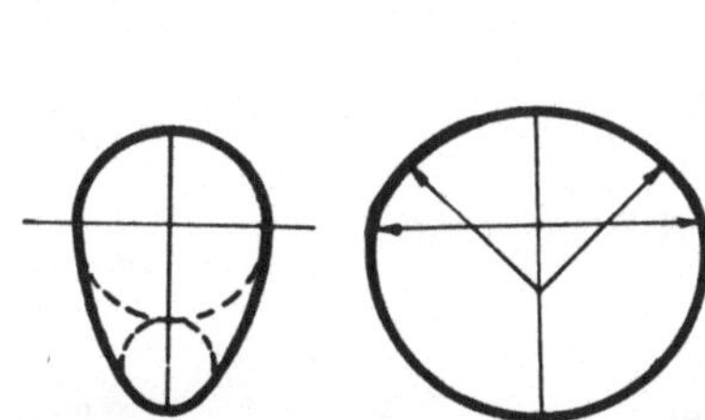

Abb. 445. Umgekehrtes gedrücktes und umgekehrtes normales Eiprofil.

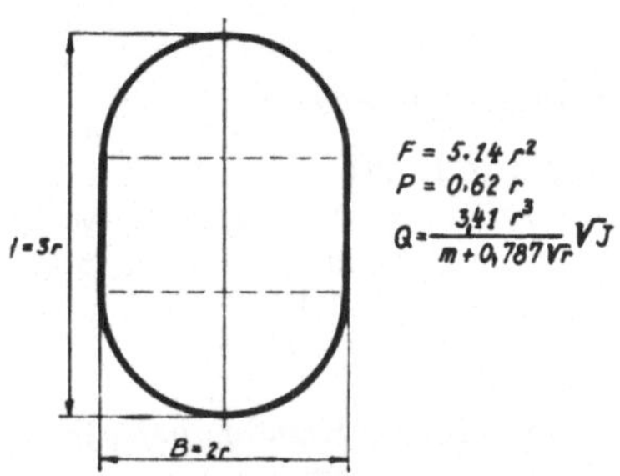

Abb. 446. Überhöhtes Profil.

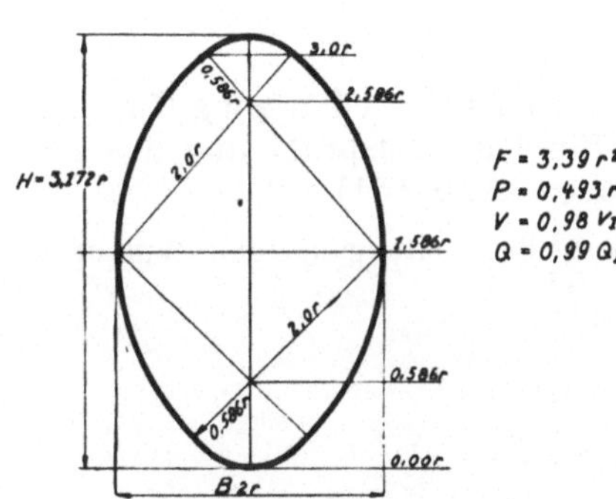

Abb. 447. Ovales Profil.

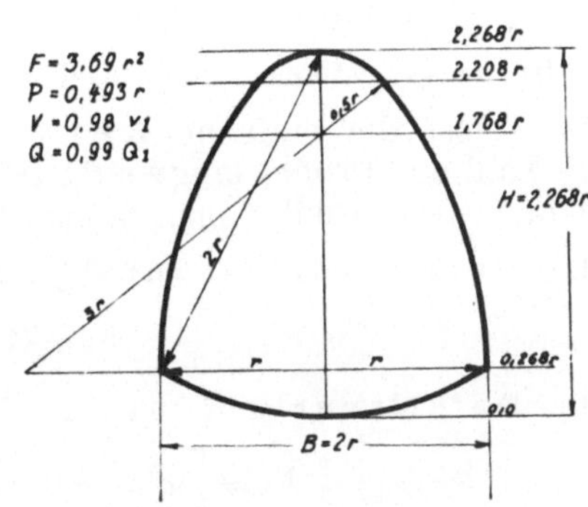

Abb. 448. Haubenprofil.

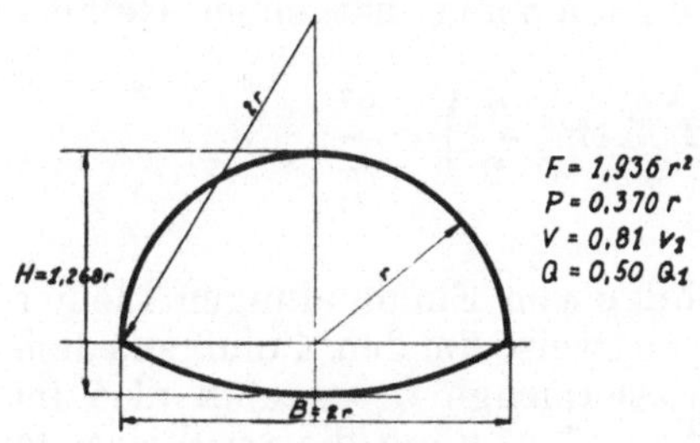

Abb. 449. Maulprofil.

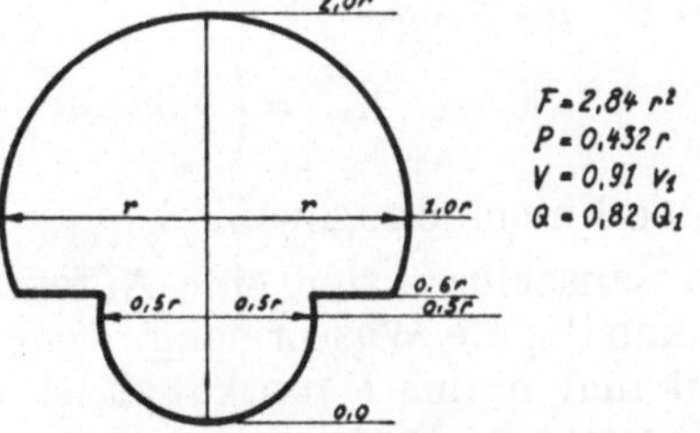

Abb. 450. Kreis mit Sohlgerinne.

In Abb. 441 a — 450 bedeutet v_1 die Geschwindigkeit und Q_1 die Durchflußmenge im Kreisprofil mit dem Radius r bei voller Füllung.

c) Berechnung der Leitungen.

Bezüglich hydraulischer Berechnung werden die im Abschnitt Hydraulik entwickelten Gundlagen und Formeln in Erinnerung gebracht. Außer Reibungsverlusten entstehen durch Änderung der Abflußrichtung (Knick und Krümmung), Einmündung von Seitenkanälen und Hausanschlüssen, sowie plötzliche Querschnittserweiterung Gefällsverluste, die aber in der Rechnung meist nicht berücksichtigt werden, obwohl sie bedeutende Werte erreichen können; es sind daher ungünstige Ausführungen zu vermeiden, sonst mögen auch diese Verluste, um keine hydraulischen Überraschungen zu erleben, nachgeprüft werden.

Der Reibungsverlust wird wieder nach der vereinfachten Formel von Kutter

$$c = \frac{100 \sqrt{P}}{m + \sqrt{P}} \text{ berechnet.}$$

m ist der Rauhigkeitswert.

Für sehr glatte Rohre . . . . ist m = 0,12—0,15
Glasierte Steinzeug- und asphaltierte Rohre 0,25
Lange Zeit im Betrieb befindliche Steinzeug- und Zementrohre, sowie glattes Mauerwerk . . . . 0,30—0,35
Rauhes Mauerwerk, Bruchstein 0,75
Fels- und Erdkanäle 1,50
Pflanzenbewachsene Kanäle, natürliches Gerinne . . . . 2,00—3,50

$$Q = \frac{100 \sqrt{P}}{m + \sqrt{P}} \cdot \sqrt{P . J} . F \text{ ; daraus ist } J = 0{\cdot}0001 \left(1 + \frac{m}{\sqrt{P}}\right)^2 \frac{v^2}{P}$$

Dann ist die Verlusthöhe infolge Reibung $h_r = J . L$.

Da selbst die einfache Reibungsverlustrechnung für die große Zahl der Profile langwierig ist, sind für das Kreisprofil und das gebräuchlichste Eiprofil Nomogramme beigegeben (Abb. 451).

Der Gefällsverlust infolge Knick in der Leitung um den Winkel α:

$$h_k = (1 - \cos \alpha) \frac{v^2}{2g}$$

Der Gefällsverlust infolge Krümmung:

$$h_k = \left[0{,}131 + 0{,}163 \left(\frac{d}{\varrho}\right)^{3,5}\right] \frac{\alpha}{90} \cdot \frac{v^2}{2g}$$

α ist der Ablenkungswinkel, ϱ der Krümmungshalbmesser und d der Kanaldurchmesser.

Die Einmündung eines Seitenkanals hat einen Gefällsverlust h_s zur Folge:

$$h_s = \left(0{,}95 \sin^2 \frac{\alpha}{2} - 2{,}05 \sin^4 \frac{\alpha}{2}\right) \cdot \frac{v^2}{2g}$$

α ist der Einmündungswinkel.

Hausanschlüsse sind eine Aufeinanderfolge von Einmündungen kleiner Seitenkanäle; die Wassermenge wächst sprungweise um den Zufluß aus dem Seitenkanal q; im Hauptkanal ist die Wassermenge Q; es muß also im Hauptkanal die Arbeit $q . h_s$ aufgewendet werden, um q die resultierende Geschwindigkeit zu erteilen; bei der ersten Einmündung ist also der Energieverlust $h_1 = \frac{q . h_s}{Q}$, bei der zweiten $h_2 = \frac{q . h_s}{Q + q}$, bei der dritten $h_3 = \frac{q . h_s}{Q + 2q}$ u. s. f. Für n Hausanschlüsse ist der gesamte Energieverlust $h = h_1 + h_2 + h_3 + \ldots$ Ist $Q = 0$, so ist $H_s = h_s + \frac{h_s}{2} + \frac{h_s}{3} + \ldots + \frac{h_s}{n - 1}$

Bei einer plötzlichen Erweiterung tritt ein unelastischer Stoß auf die langsamer fließende Wassermenge auf, er bringt die Verlusthöhe

$$h_0 = \frac{(v_1 - v_2)^2}{2\,g}$$

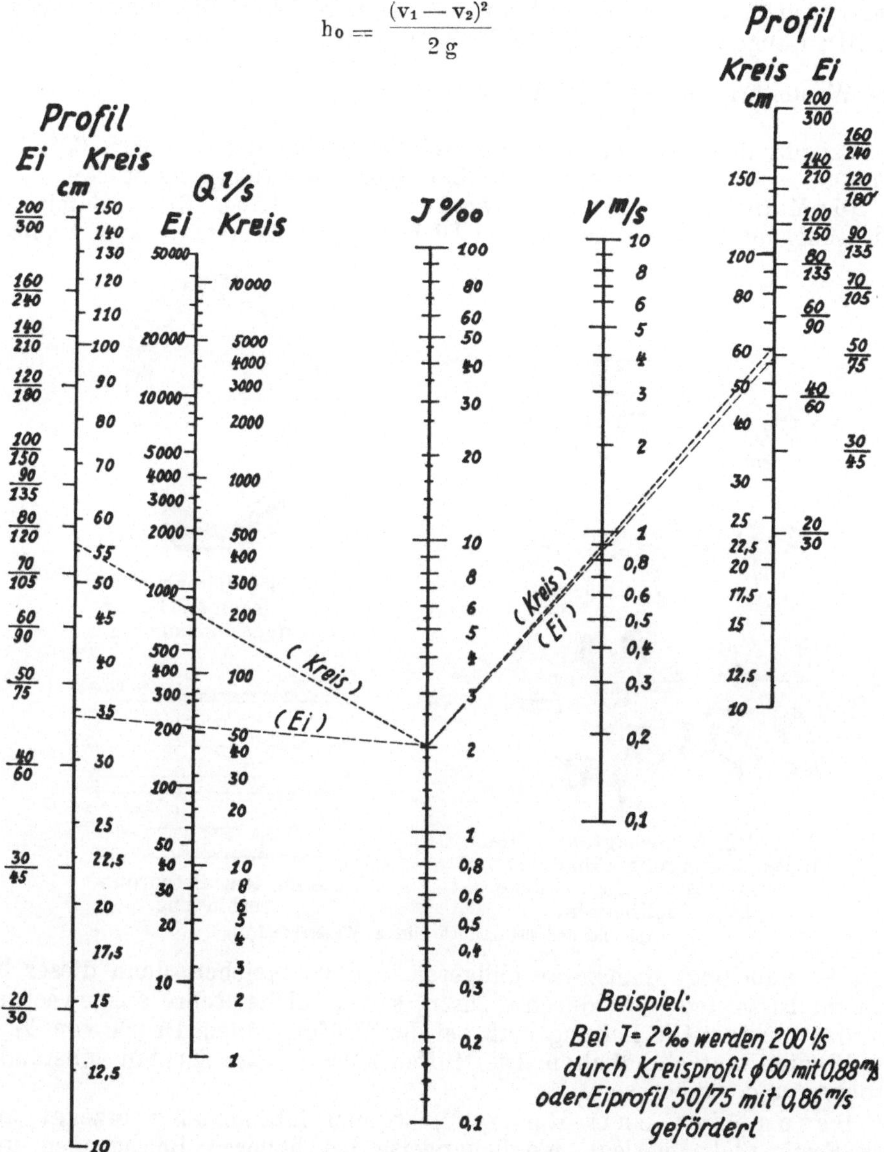

Abb. 451. Nomogramm zur Berechnung von Kanalquerschnitten (Kreis- und normales Eiprofil).

d) Baustoff der Entwässerungsleitungen.

Glasierte Steinzeugrohre sind beliebt, weil sie chemisch sehr widerstandsfähig und leicht sind; infolge ihrer Glätte bieten sie wenig Gelegenheit zum Anlegen der Sielhaut. Sie sind teurer als Zementrohre und werden normal nur als Kreisrohre bis 50 cm Durchmesser ausgeführt, weil das Brennen größerer Durchmesser und anderer Formen schwierig ist.

Günstig ist ihre Dichtheit [61]); heller Klang beweist, daß kein Sprung ist. Sie werden meist als Muffenrohre nach DIN 1230, Kanalisations-Steinzeugwaren [62]) erzeugt. Bezeichnung D×L DIN 1230, Güteklasse (Ia, Ib, II, III); Länge meist 1 m, Härte 8—9, Druckfestigkeit 1700—2000 kg/cm²; die Wandstärke $s = \left(\frac{D}{20} + 1\right)$ cm (Abb. 452).

Es gibt dann Bogenstücke für Winkeländerungen von 90°, 60°, 45° und 30°, schräge und senkrechte Abzweiger sowie Übergangsstücke.

Die Muffe innen und das Schwanzende außen haben Rillen, damit das Dichtungsmittel besser haftet. Die Dichtung mit Teerstrick und Asphalt-

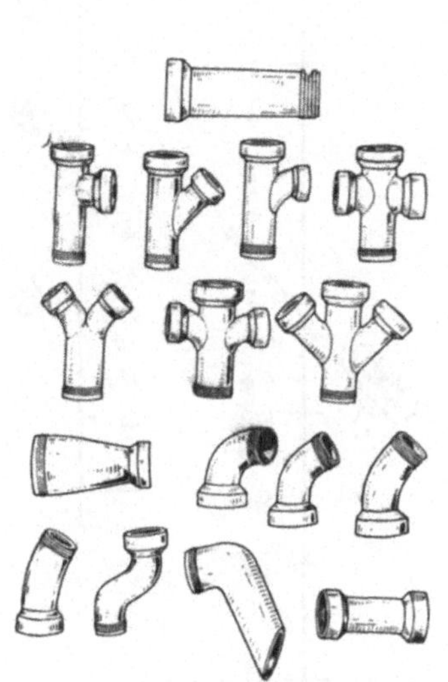

Abb. 452. Steinzeugrohre. Gerades Muffenrohr, Abzweiger, Verengungsstück, Bogenstücke, Doppelmuffenrohr.

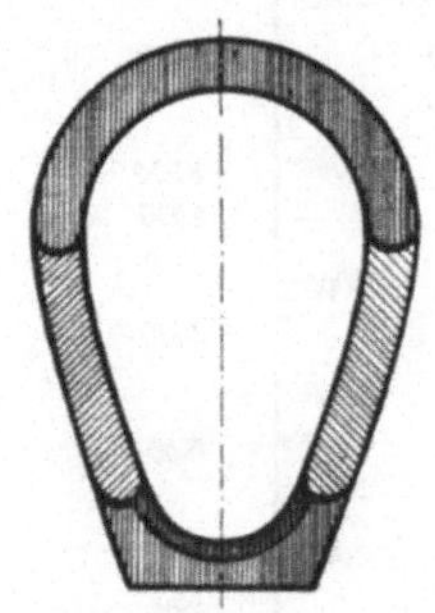

Abb. 453. Betoneiprofil, aus einzelnen Fertigteilen zusammengefügt.

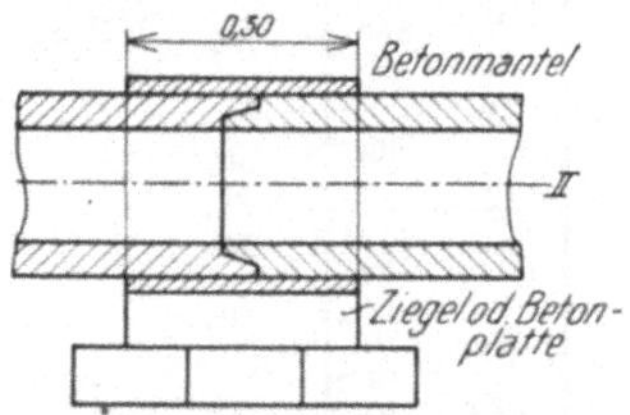

Abb. 454. Betonrohrverbindung.

(Abb. 452 und 454 aus Schoklitsch, Wasserbau I.)

kitt ist unbedingt dem zwar billigeren Ton vorzuziehen, denn dieser bekommt Risse und wird durchwachsen, sodaß solche Rohre ausgewechselt werden müssen. Die Leitung muß bei der Prüfung einem Druck von ¼ at 10 Minuten lang standhalten. Die Muffen müssen beim Dichten vollständig trocken und sauber sein.

Beton-(Zement)-Rohre [63]) werden fabriksmäßig erzeugt und als Fertigstücke verlegt, möglicherweise bei höheren Belastungen ummantelt. Stahlbeton- und Betonmauerwerkskanäle größerer Querschnitte werden an der Baustelle in Stahlbeton oder Stampfbeton entsprechend der Verwendungsart und Beanspruchung hergestellt. Größere Profile werden auch in einzelnen Teilstücken angefertigt und erst an Ort und Stelle zusammengefügt (Abb. 453). Nachteil der Betonrohre ist die geringe Dicht-

[61]) Prüfung nach DIN 1065.
[62]) DIN 1230 ersetzt DIN 1203 bis 1206.
[63]) Betonrohre: DIN 4032, Lieferung und Prüfung mit Beiblatt für Beförderung. Eisenbetonrohre: DIN 4035, Lieferung und Prüfung.

heit; daher besteht die Gefahr, daß der Untergrund verseucht wird. Auch werden sie durch mitgeschleppten Sand ausgeschliffen; deswegen wird häufig die Sohle mit Steinzeugsohlplatten (DIN 1230) ausgekleidet.

Folgende Formen sind gebräuchlich: Runde Rohre (von 10—150 cm lichtem Durchmesser) mit Auflagerfuß, dann eiförmige von 20/30 bis 120/180; Sohle und Scheitel sind verstärkt. Die Rohre sind durch Nut und Falz verbunden (Abb. 454), bei nicht schliefbaren Profilen ist die Nut kürzer als der Falz, bei größeren Profilen ist es umgekehrt. Manchmal sind über die Stöße Überschubmuffen, die bewehrt sein müssen, weil sie auf Biegung beansprucht werden. Schliefbar sind Profile ab B = 50 cm und H = 75 cm; begehbar sind Profile ab B = 60 cm und H = 180 cm. Kreisrunde Betonrohre werden auch im Schleuderverfahren verfertigt, wodurch eine willkommene Verdichtung des Betons zustande kommt; solche Rohre widerstehen besser chemischen Einflüssen.

Nachteilig ist die größere Aushubbreite der Kreisform. Besonderen Zwecken dienen Betonrohre mit Asphaltbetonmantel oder Asphaltbetonfutter. Fabriksmäßig werden dann noch Anschlußstücke für Seitenzuläufe — jedoch mit Muffe, ferner Bogen (90 °, 45 ° und 30 °) und Übergangsrohre erzeugt.

Kanalrohre müssen genügend druck- und zugfest sein. Die Zugfestigkeit wird nie ausgenützt; wegen der Erschütterungen durch Verkehr sind Steinzeugrohre über 50 cm und Betonrohre über 80 cm zu ummanteln. Die Rohre müssen sich genug widerstandsfähig gegen die abschleifende Wirkung des an der Sohle mitgeschleppten Geschiebes erweisen. Versuche haben ergeben, daß der Abschleifverlust bei Steinzeugsohlplatten sogar größer ist als bei Schleuderbetonrohren, während gewöhnliche Zementrohre den Steinzeugrohren unterlegen sind.

Gewöhnliches Abwasser ist alkalisch, greift daher den Beton nicht an, wohl aber sind verschiedene säurehältige Industrieabwässer gefährlich, dann dürfen nur Steinzeugrohre verwendet werden.

Dichtheit und Glätte der Rohrwandung ist bei Steinzeugrohren besser, doch bildet sich bei Zementrohren die sogenannte Sielhaut, welche neben Glättung auch einigermaßen die Wände schützt.

Den Zementrohren können günstige Formen und Abmessungen gegeben werden, auch die Kosten sind wesentlich geringer als die der Steinzeugrohre und des Klinkermauerwerks.

Für gewöhnliche Gefällsverhältnisse und Abwässer werden nur Betonrohre verwendet; doch mögen von wirtschaftlich besser gestellten Gemeinden und bei aggressiven Abwässern Steinzeugrohre unbedingt bevorzugt werden.

Große Kanalquerschnitte (Abb. 455) müssen an Ort und Stelle betoniert werden, wobei man trachten wird, Schalungen möglichst oft wiederzuverwenden, so daß man diese Kanäle abschnittsweise baut. Die Wahl der Querschnitte hängt von Wasserführung, Untergrund und Platzverhältnissen ab, worauf bei der Querschnittsbesprechung bereits hingewiesen wurde.

Mauerwerk aus Klinker, Hartbrandziegel oder Bruchstein. Nur beste, richtig geformte Klinker sollen gebraucht werden, bei kleinen Profilen sind Formsteine [64]) nötig. Der Mörtel erhält einen Dichtungszusatz (Traß oder ähnliches); im Mörtel enthaltener Kalk erzeugt

[64]) Kanalklinker DIN 4051 mit Anwendungsbeispielen.

in der schwefelsäurehältigen Kanalluft Gipsausblühungen und Abblättern, im Zement enthaltener Ätzkalk eine schmierige Gipsmasse; es ist also eine richtige Auswahl des Mörtels zu treffen.

Es gibt viele und verschiedene Profilformen. Manchmal verfolgt man mit der Kanalisation zugleich ein Senken des Grundwasserspiegels; dann

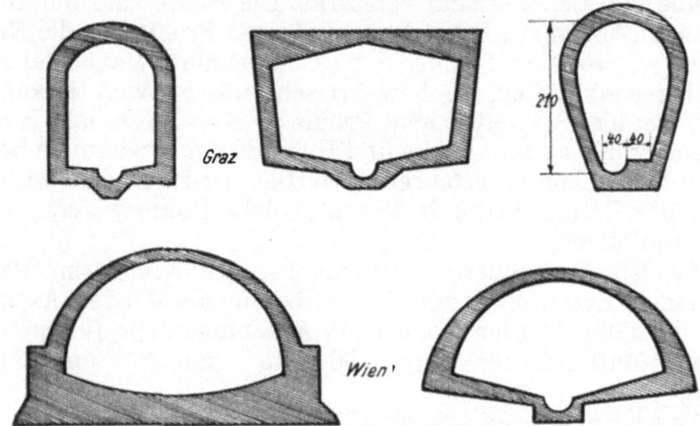

Abb. 455. Größere, begehbare Hauptsammlerquerschnitte.

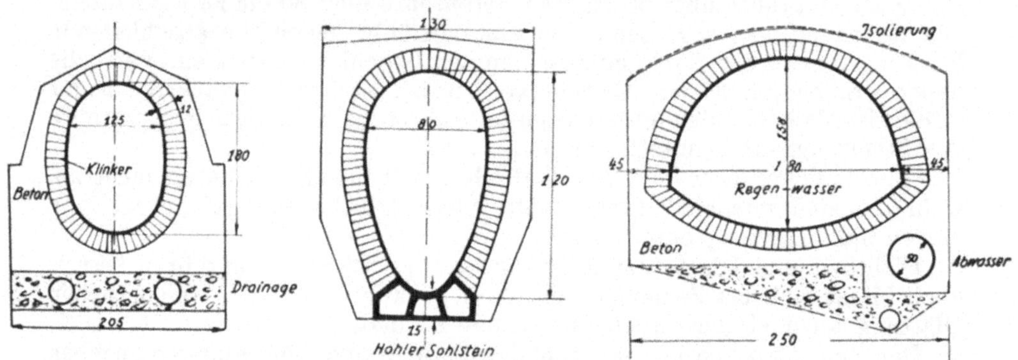

Abb. 456. Kanäle in Klinkermauerwerk.

liegen unter den Kanalprofilen Dränrohre oder die Sohlsteine haben Hohlräume. Mauerwerkskanäle werden fast immer betonummantelt (Abb. 456).

Gutes Klinkermauerwerk ist chemisch gleich widerstandsfähig wie Steingut.

Gußeisenrohre (DIN 2411) werden bis auf 150° erhitzt und in Leinöl und Teer getaucht; man gebraucht sie als Druckleitungen in Häusern.

Flußstahlrohre (DIN 2413) werden dort verwendet, wo eine mechanische Beschädigung von außen die Umgebung gefährden könnte (auf Brücken, unter Eisenbahngeleisen u. ä).

e) Verbindung der Kanäle.

Selbst kleine Kanäle und Hausanschlüsse sollen immer tangentiell zusammenfließen; kleinere Profile haben hiefür eigene Formstücke, bei mittleren findet die Vereinigung in Einsteigschächten statt (Abb. 457), bei großen Sammlern sind besondere Übergangsbauwerke (Abb. 458).

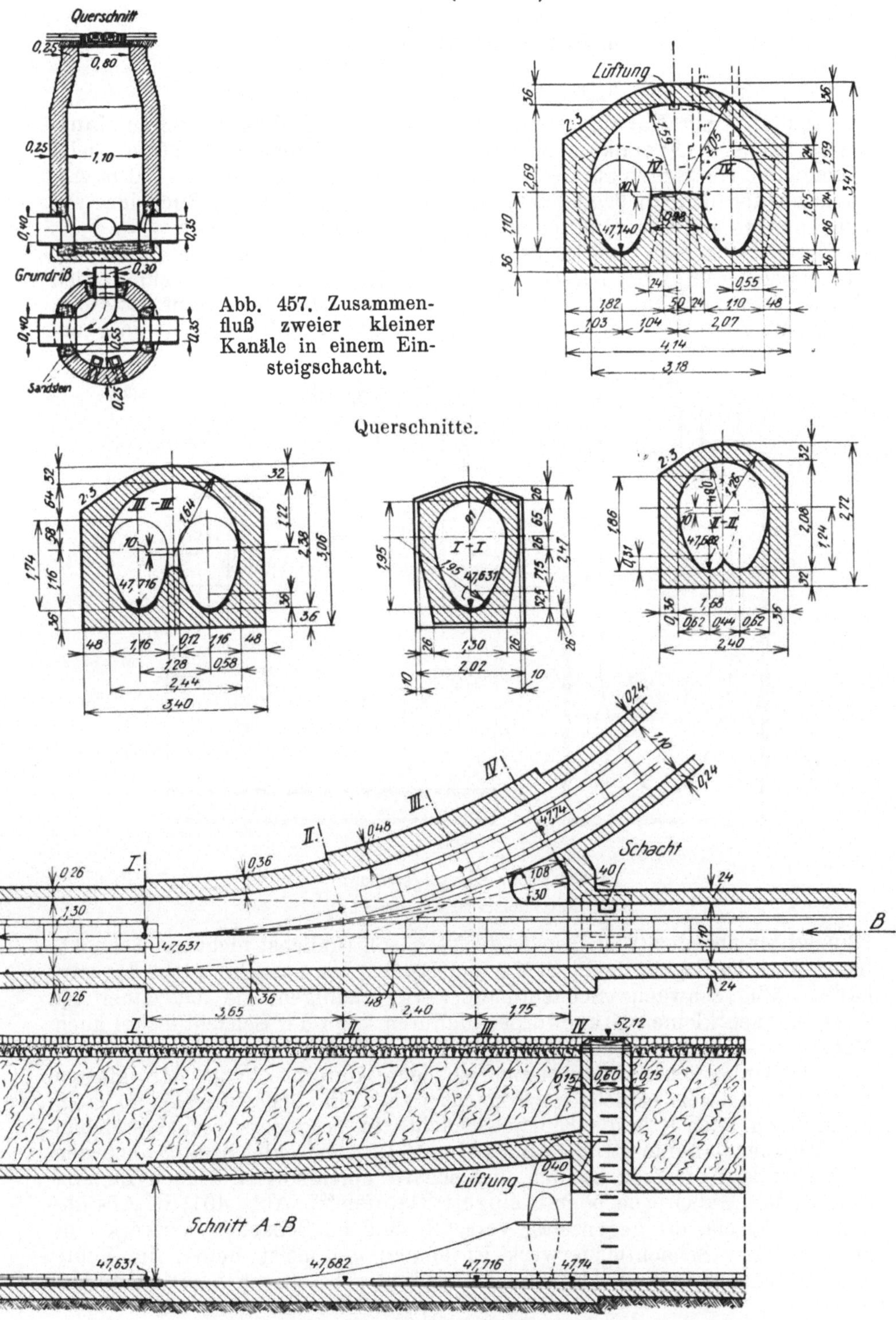

Abb. 457. Zusammenfluß zweier kleiner Kanäle in einem Einsteigschacht.

Abb. 458. Zusammenführung von zwei größeren Kanälen.
(Aus Schoklitsch, Wasserbau I.)

4. Bauwerke am Kanalnetz.

a) Einsteigschächte.

Sie dienen zur Kanaluntersuchung und sind in nicht begehbaren Kanälen an jedem Bruchpunkt in waagrechter und senkrechter Richtung, beim Einmünden von Seitenkanälen und in geraden Strecken in 50—120 m Abstand anzuordnen. In begehbaren Kanälen können sie ohne Rücksicht auf Bruchpunkte und Einmündungen in weiteren Abständen liegen.

Der Schacht (Abb. 459) ist möglichst eng, häufig rechteckig (60 × 80 cm), aus statischen Gründen besser rund (70 cm Durchmesser); er verjüngt sich oben zu einem noch engeren, quadratischen oder runden Ausschlupf, der durch einen gußeisernen Schachtdeckel (Schlupfweite 50 oder 60 cm) oder ein

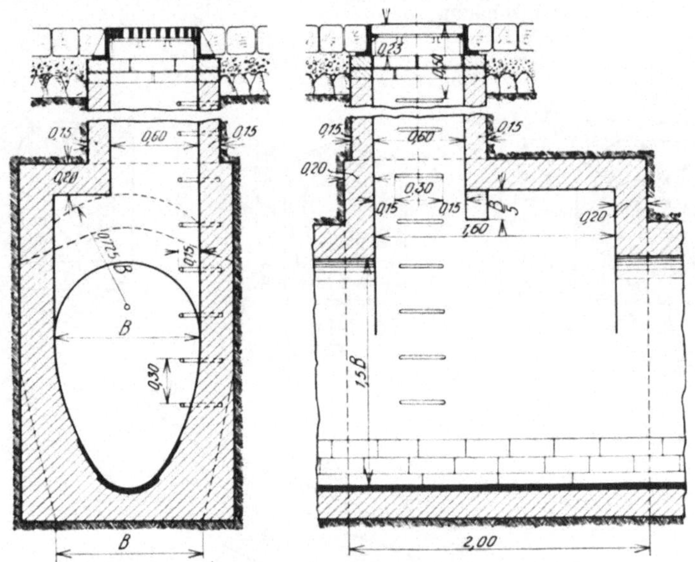

Abb. 459. Einsteigschacht.

(Aus Schoklitsch, Wasserbau I.)

Kanalgitter abgedeckt ist. Die Abdeckung soll tunlichst nicht am Schachtmauerwerk aufliegen, damit Stöße und Lasten des Verkehrs nicht das verhältnismäßig schwache Schachtmauerwerk schädigen; sie hat daher oft einen eigenen kleinen Grundkörper; dadurch kann der Schachtdeckel auch Veränderungen der Straßenhöhe leicht angepaßt werden. Vom verkehrs- und straßenbaulichen Standpunkt ist jede Unterbrechung der glatten Straßendecke verwerflich; man macht daher die Schachtdeckel [65]) möglichst klein oder legt die Einstiegschächte in besonders verkehrsreichen Straßen sogar an den Straßenrand (Abb. 460), wo sie gleichzeitig auch den Straßeneinlauf ersetzen können und schafft einen unterirdischen Zugang zum Kanal. Gußeiserne oder Steinguttrittstufen [66]) (Abb. 461) in Abständen von 50 cm, oft gegenseitig versetzt, sind im Schachtmauerwerk eingelassen. Das Schachtmauerwerk ist heutzutage meist Beton, die Sohle eine Steinzeugschale; Schlammsäcke sind hier besser zu vermeiden. Um

[65]) Die Schachtabdeckungen sind jetzt durchwegs genormt: DIN 1214 bis 1229.

[66]) Schachtsteigeisen DIN 1211 und 1212.

bei Kanalarbeiten etwas Bewegungsfreiheit zu haben, sind an kleinen Kanälen die Schächte unten erweitert.

Aus Spargründen kann jeder zweite Einsteigschacht als L a m p e n - s c h a c h t (Abb. 462) hergestellt werden, gerade weit genug, um eine Lampe hinabzulassen; der Schacht besteht aus stehenden Ton- oder Zementrohren und trägt eine kleine Straßenkappe aus Gußeisen.

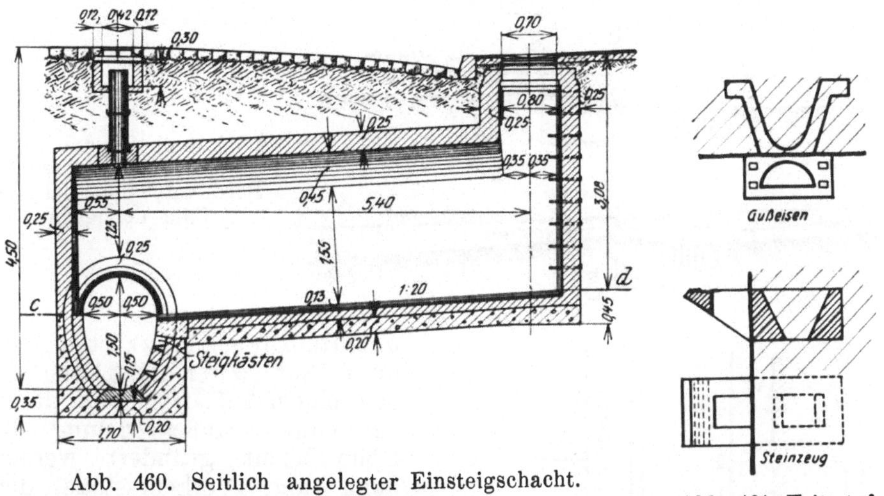

Abb. 460. Seitlich angelegter Einsteigschacht.
(Aus Schoklitsch, Wasserbau I.)

Abb. 461. Trittstufen.

b) S c h n e e - E i n w u r f s c h ä c h t e (Abb. 463).

Solche werden in verkehrsarmen Straßen, in denen große Kanäle liegen, meist beiderseits der Straße wegen schnellerem Entladen der Fuhrwerke angelegt; das Gefälle zum Kanal muß möglichst steil, mindest 1 : 3, sein.

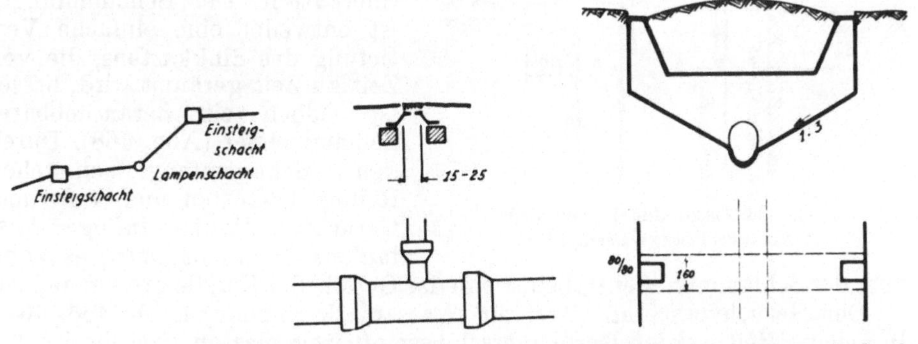

Abb. 462. Lampenschacht.

Abb. 463. Schnee-Einwurfschacht.

c) R e g e n e i n l ä u f e (Straßenabläufe, Gully).

Sie nehmen die Niederschläge von Straßen, Höfen, manchmal auch Gärten auf. In Straßen sind Regeneinlaufschächte im Abstand von gewöhnlich etwa 40 m, in verkehrsarmen Straßen bei tiefen Regenrinnen bis 100 m angeordnet; die Einzugsfläche soll etwa 200—400 m² (nach S c h o k l i t s c h

300—800 m²) betragen. Es ist zu vermeiden, daß Wasser um Ecken zu führen und die Regeneinläufe auf Schutzwegen und Übergängen anzulegen (Abb. 464).

Der Straßenablauf [67]) besteht aus einem Aufsatz mit Einlaufgitter, dem Sinkkasten mit Schlammfang, und manchmal einem Geruchverschluß.

Aufsatz und Einlaufgitter ist gewöhnlich rechteckig aus Gußeisen und der Rost [68]) (Gitter) ist abhebbar (Abb. 465). Der Aufsatz liegt besser nicht

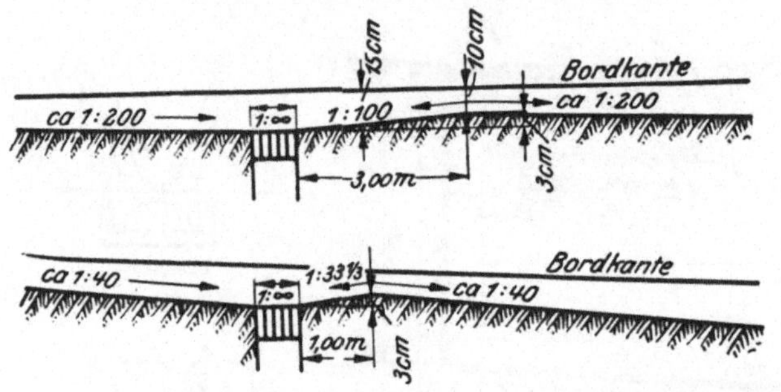

Längenschnitt des Rinnsteins, bei waagrechter Bordkante und bei Gefälle derselben.

unmittelbar am Sinkkasten, sondern auf zwei Ziegelscharen oder einem Aufsatzring auf, damit bei einer Straßenregelung die Höhe leicht geändert werden kann und Verkehrsstöße den Sinkkasten nicht belasten.

Sinkkästen aus Beton (selten aus Klinkern) sind meist viereckig, die aus Steingut kreisrund; daher benötigen diese ein Übergangsstück (Trichter) vom rechteckigen Einlaufrost in den runden Sinkkasten. Der Schlammfänger ist entweder eine einfache Vertiefung des Sinkkastens, die von Zeit zu Zeit geräumt wird, besser ist jedoch ein heraushebbarer Schlammeimer (Abb. 468). Durch den Schlammfang entstehen Reinigungskosten und außerdem Geruchbelästigung infolge Ausfaulens des Schlammes; es kann aber der Schlammfang entfallen, wenn das Gefälle der Kanäle groß genug ist.

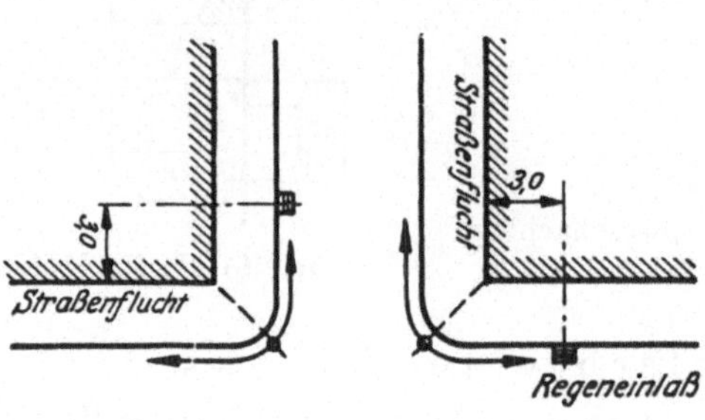

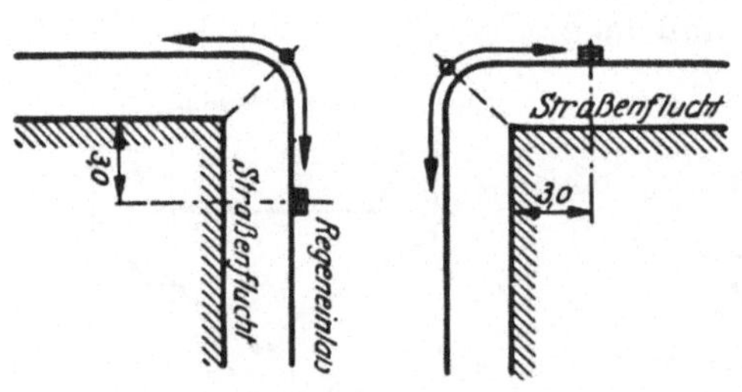

Abb. 464. Lage der Regenläufe.
(Aus Schoklitsch, Wasserbau I.)

Den Geruchverschluß bildet ein Wassersack (Siphon) (Abb. 466, 467). In neuerer Zeit werden Geruchverschlüsse oft weggelassen, weil die Kanäle vermittels der Dachabfallrohre gut entlüftet werden und durch die Einläufe Luft angesogen wird. Bei Einläufen mit Geruchverschluß muß dieser in frostfreie Tiefe verlegt werden. Nunmehr sollen nur genormte Straßenabläufe bei Neuanlagen verwendet werden.

[67]) Straßenabläufe DIN 4052 (Beton) und 4053 (Steinzeug), Beiblatt 1, Einzelteile: Beiblatt 2.

[68]) Breitrost DIN 593, Schmalrost DIN 1207.

In Abläufe mancher Industrien lohnt es sich, Fettfänger (Abb. 469) einzubauen, die mitgeschwemmtes Fett absondern, welches industrielle Verwertung findet.

In Garagen sind Einläufe mit Benzinfänger (Abb. 470) vorgeschrieben: das leichtere Benzin steigt im Schacht auf und fließt in den Benzinfänger, das gereinigte Wasser in den Kanal.

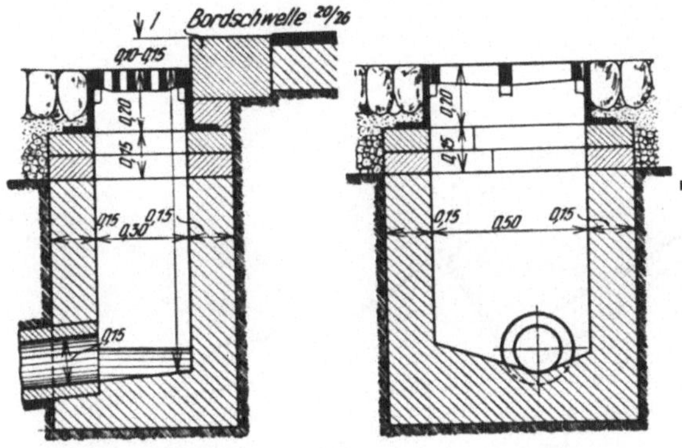

Abb. 465. Einfacher Straßeneinlauf in Beton (Graz).

Abb. 466. Hofsinkkasten mit Geruchverschluß.

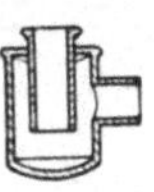
Abb. 467. Badewanneneinlauf mit Geruchverschluß.

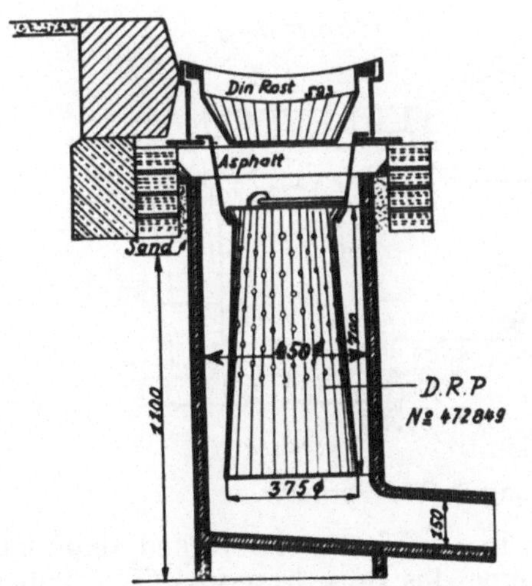

Abb. 468. Straßeneinlauf aus Steingut mit Schlammeimer.

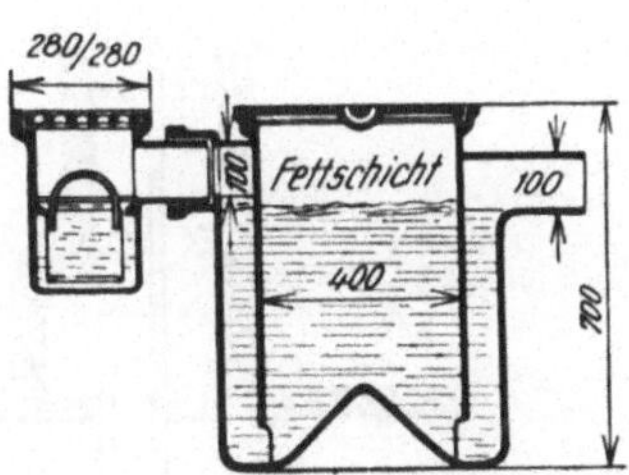

Abb. 469. Fettfänger.

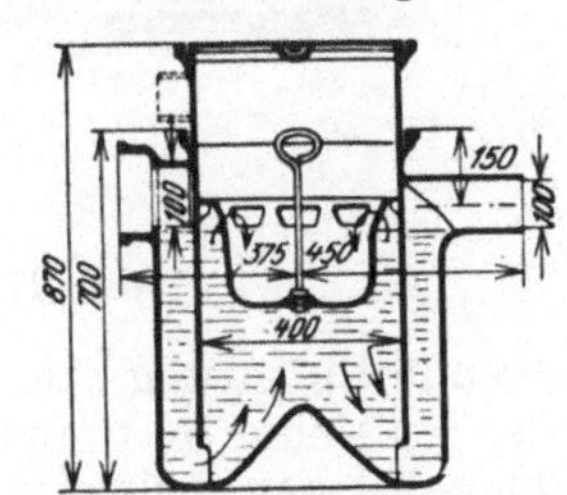

Abb. 470. Benzinfänger.

(Abb. 465 — 467, 469 und 470 aus Schoklitsch, Wasserbau I.)

d) Die Ausmündung in den Vorfluter.

Diese möge stets tangentiell erfolgen. Besondere Vorrichtungen sind erforderlich, wenn ein Rückstau des Hochwassers in das Kanalnetz zu befürchten ist; man setzt dann Verschlußvorrichtungen (Schützen, Dammbalken etc.) oder selbsttätige Rückstauklappen ein. Wenn eine gründliche Durchmischung des Abwassers mit dem Fluß erwünscht ist, läßt man das Abwasser durch eine unter Flußsohle verlegte Rohrleitung erst im Stromstrich ausfließen (Abb. 471).

e) Notauslässe (Regenüberläufe).

Im Mischsystem liefert zeitweise die Regenwassermenge den Hauptanteil der Abwässer. Um davon das Netz zu entlasten und dadurch an Kanalquerschnitt zu sparen, sucht man an günstigen Punkten einen Teil der gesamten Wassermenge Q durch einen Regenauslaß in den Vorfluter abzuwerfen (Abb. 472); damit aber diese meist innerhalb des Stadtgebietes

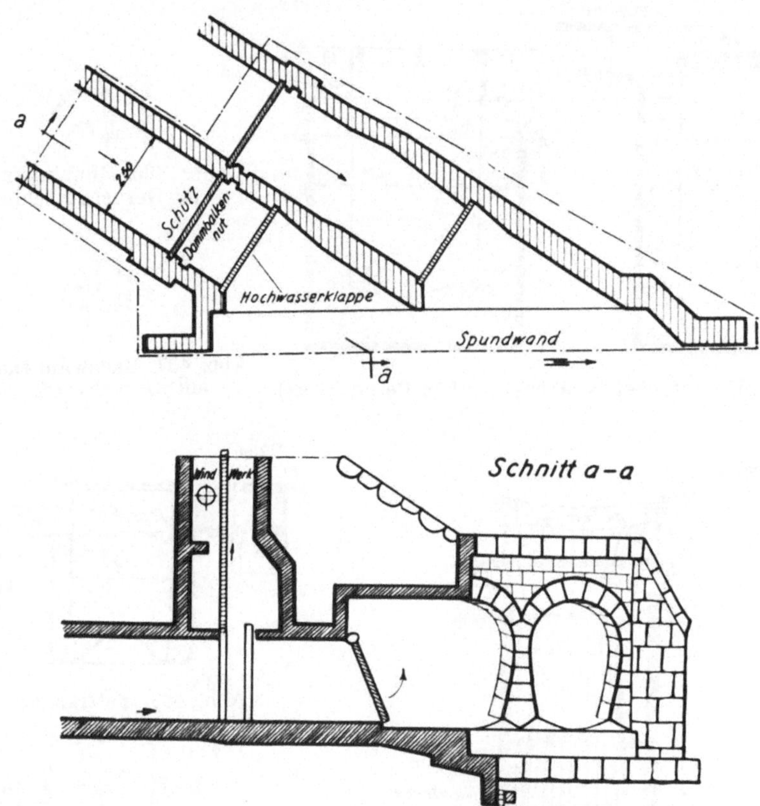

Abb. 471. Ausmündung in den Vorfluter.

erfolgende Einleitung von Abwässern in den Fluß nicht störend empfunden werde, muß eine bestimmte Verdünnung des Brauchwassers (Trockenwetterabflusses) gewährleistet sein. Je nach der Wasserführung des Vorfluters und je nach der Lage im Stadtgebiet ist diese Verdünnung gleich dem 2- bis 10-fachen Brauchwasserabfluß Q_B zu wählen.

Im Hauptsammler vor dem Regenauslaß fließt:

Gesamte Wassermenge		Regenmenge		Brauchwassermenge
Q	$=$	Q_R	$+$	Q_B

In der Fortsetzung des Hauptsammlers nach dem Regenauslaß ist die n fach verdünnte Brauchwassermenge

$$n \cdot Q_B = x \cdot Q$$

x ist ein Bruchteil von Q (im Beispiel $x = 0{,}26$).

Füllungskurven (siehe Abb. 440 und 441) zeigen, wie hoch bei diesem xten Teil von Q in dem für das gesamte Q bemessenen Querschnitt das Wasser im Kanal steht, es ist dies y . H; bei dieser Füllhöhe wird die verlangte n fache Verdünnung erreicht. Sämtliches Wasser oberhalb der

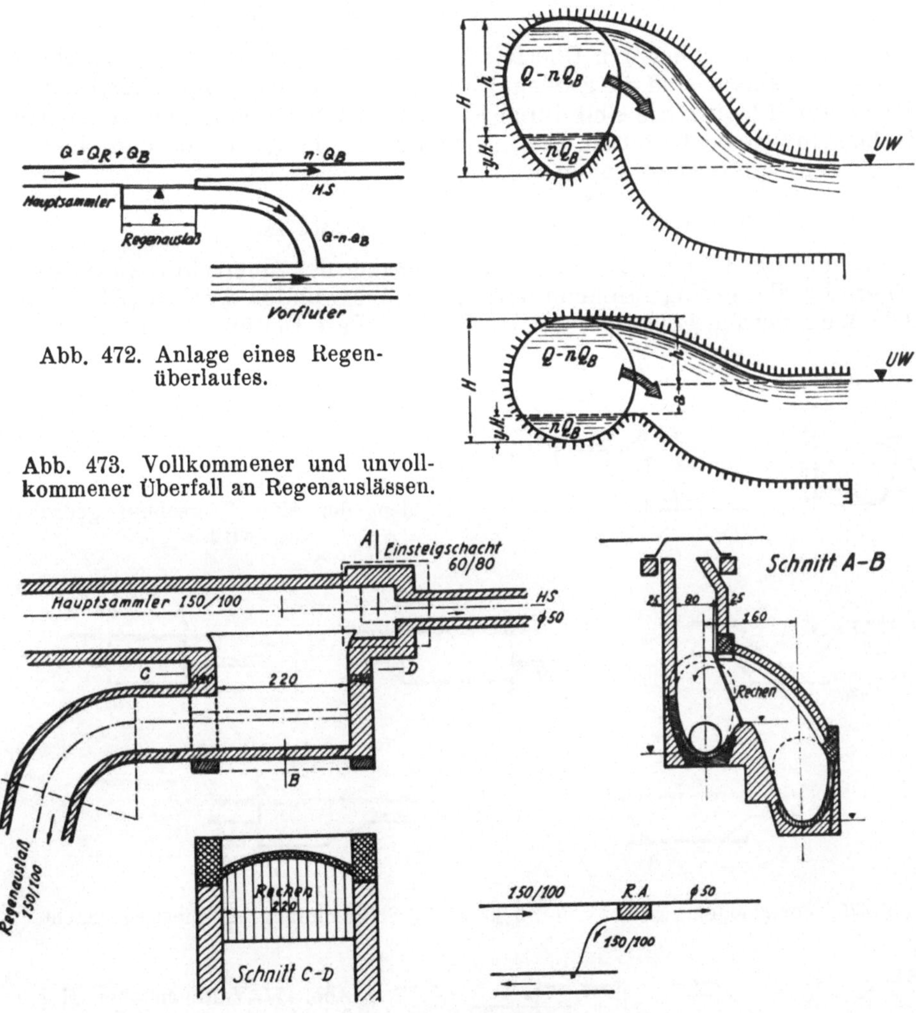

Abb. 472. Anlage eines Regenüberlaufes.

Abb. 473. Vollkommener und unvollkommener Überfall an Regenauslässen.

Abb. 474. Regenüberlauf.

Höhe y . H kann in den Regenauslaß abfließen, womit die Höhenlage der Überfallkante zum Regenauslaß bestimmt ist (Abb. 473).

Die Länge b eines solchen Überfalles hat Engels aus Laboratoriumsversuchen mit der Formel

$$Q = \frac{2}{3} \mu \sqrt{2g} \sqrt{b^{2.5} \cdot h^5}$$

gefunden. Es genügen auch nachstehend vereinfachte Formeln für vollkommenen bzw. unvollkommenen Überfall je nach der Lage des Wasserspiegels im Vorfluter.

$$\text{Vollkommener Überfall: } b = \frac{Q}{0{,}5h\sqrt{2\,gh}}$$

$$\text{Unvollkommener Überfall: } b = \frac{Q}{\sqrt{2\,gh}\,(0{,}5\,h + 0{,}6\,a)}$$

Meist macht man aber den Überfall sicherheitshalber länger als errechnet.

Regenauslässe sind in großen Kanalnetzen oft mächtige unterirdische Gewölbe und Dome. Sie sind durch Einsteigschächte zugänglich zu machen. Rechen und Siebe verhüten, daß grobe Unreinigkeiten durch den Notauslaß in den Vorfluter getragen werden (Abb. 474).

f) Kreuzung von Hindernissen.

In manchen Fällen können durch Änderung der Querschnittsform (niedrigere Profile) geringe Höhenunterschiede überwunden werden (Abb. 475). Dücker werden gebaut, wenn der Kanal andere Leitungen, unterirdische

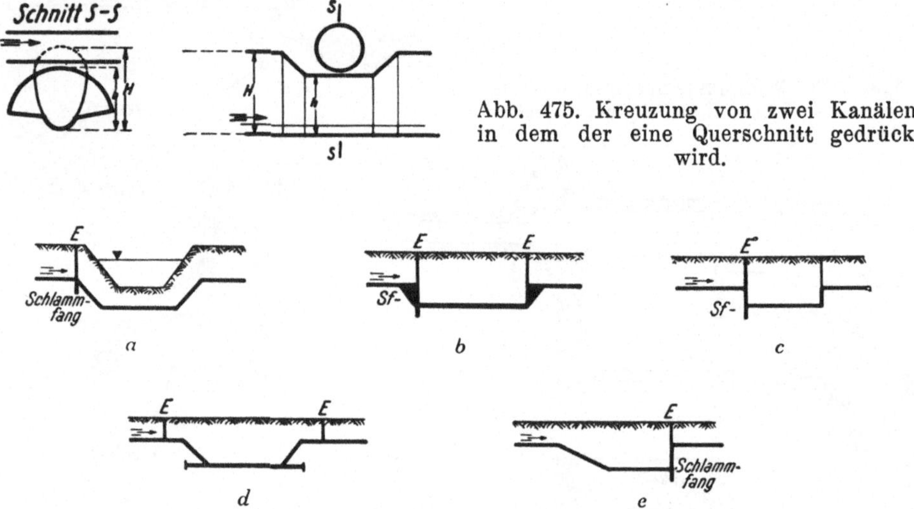

Abb. 475. Kreuzung von zwei Kanälen, in dem der eine Querschnitt gedrückt wird.

Abb. 476. Verschiedene Arten von Dückern. Sf Schlammfang, E Einstiegschacht.

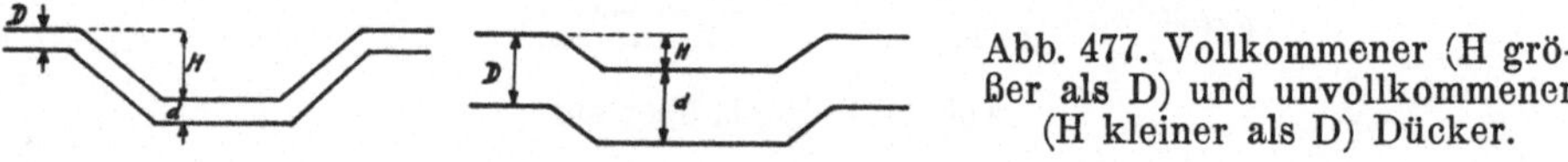

Abb. 477. Vollkommener (H größer als D) und unvollkommener (H kleiner als D) Dücker.

Verkehrsanlagen, Schiffahrtskanäle etc. unterfahren soll und ein Profildrücken (wie vor) nicht mehr ausreicht. Verschiedene Bauformen stehen zum Unterdückern zur Verfügung (Abb. 476). Die Steigschächte (Dückerschenkel) können senkrecht und schräg sein und sind mit Putzschächten ausgerüstet. Die Form c) und e) in Abb. 476 ist leichter zu reinigen und bei Raummangel bevorzugt. Man spricht ähnlich wie beim Überfall von einem vollkommenen Dücker, wenn die Dückerquerschnittshöhe kleiner als der Höhenunterschied des Dückers ist, im anderen Fall heißt es unvollkommener Dücker (Abb. 477). Im Dücker sind manchmal kleinere Profile als im durchgehenden Kanal, um die Geschwindigkeit zu steigern und damit Ablagerungen zu verhindern; ein kleinerer Durchfluß hätte eine zu geringe Geschwindigkeit zur Folge, daher löst man einen Dücker in mehrere Leitungen verschiedener Lichtweite auf, die gestaffelt durch Überfälle nacheinander in Tätigkeit treten. Die Dückerrohre sind auch entsprechend dem Innendrucke stark genug auszubilden.

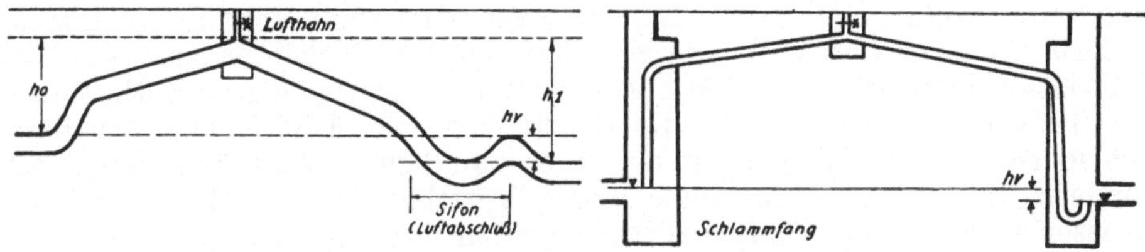

Abb. 478. Heberleitungen für Kanäle.

Bei Kreuzung von Flüssen werden Dücker offen oder in gebaggerter Rinne verlegt. Die Rohre werden dann schwimmend zur Baustelle gebracht und durch Beschweren abgesenkt. Z. B. wurde in Hamburg ein Dückerrohr von 2,50 m Dmr aus Stahl (Gewicht 200 t, Auftrieb 350 t) durch Betoneinfüllen abgesenkt.

Die Berechnung der Druckverluste h_v in Dückern ist wie bei gewöhnlichen Rohren; um diesen Betrag ist der Auslauf tiefer zu legen. Dücker sind schwer zugänglich; sie werden meist durch Schieber und Schützen geschlossen und müssen zum Reinigen ausgepumpt werden.

Heber leiten über ein Hindernis hinweg; im Scheitelpunkt ist immer ein Lufthahn, die Enden des Hebers müssen vor Luftzutritt gesichert sein. Der Heberauslauf muß um die Druckverlusthöhe im Heberrohr (h_v) tiefer als der Einlauf liegen. Die höchste Steighöhe h_0 ist kleiner als 7,5 m (Abb. 478).

g) Absturzbauwerke.

Man schaltet sie ein, wenn das Kanalgefälle unzulässig steil würde. Bei kleinen Kanälen sind an den Absturzstufen Einsteigschächte notwendig; die Gefällsstufe kann auch durch eine besonders vorgerichtete Schußrinne bewältigt werden (Abb. 479).

h) Pumpwerk.

In ebenem Gelände ist die Abfuhr der Abwässer erschwert, daher werden sie an Tiefpunkten gesammelt und durch Druckpumpen weiter gefördert. Hiefür sind elektrisch betriebene Kreiselpumpen meist mit selbsttätiger Inbetriebsetzung bevorzugt. Den Pumpen möge das Wasser ohne Saughöhe zulaufen und der Zulauf durch Grobrechen und Sandfänge geschützt sein. Die Druckleitung zur Weiterförderung ist aus Gußeisen oder Stahl, neuerdings Schleuderbeton, und wird nach wirtschaftlichen Grundsätzen bemessen.

i) Lüftung der Kanäle.

Aus gesundheitlichen Gründen und zum Schutz der Kanalarbeiter, auch wegen Explosionsgefahr, ist das gesamte Kanalnetz gründlich zu durchlüften. Die Kanalgase bestehen aus etwa 70 % Methan, 10 % Kohlengase, 10 % Schwefelwasserstoff, wobei das Gemisch leichter als Luft ist; sie lassen sich daher durch natürliche Entlüftung absaugen. Hiezu dienen die

Regenabfallrohre der höchsten Dächer (Abb. 480). Die Kellerleitungen erhalten Geruchverschluß durch Wasserabschluß (Siphon); die Abortfalleitungen sind unbedingt über Dach zu entlüften. Die Entlüftungsleitung kann aus verzinktem Eisenblech sein. Der Luftersatz strömt durch die Kanalgitter von Einsteigschächten und Einläufen zu, daher ist dort kein Luftabschluß anzubringen. Dieser Luftkreislauf wird beim Vollauf der Kanäle unterbrochen, es tritt dann die Kanalluft an den Schächten aus, was sich fallweise bemerkbar macht. Gefährlich erweisen sich bei dieser Entlüftungsart die schweren Gase, z. B. die Benzingase. Der Einbau von Benzinabscheidern soll das Eindringen dieser entzündlichen Gase überhaupt verhindern. In Berlin werden nach einem Verfahren von Gerlich durch am Wasser schwimmende Sauger diese schweren Gase abgepumpt; solche Anlagen können ortsfest eingebaut oder transportabel sein.

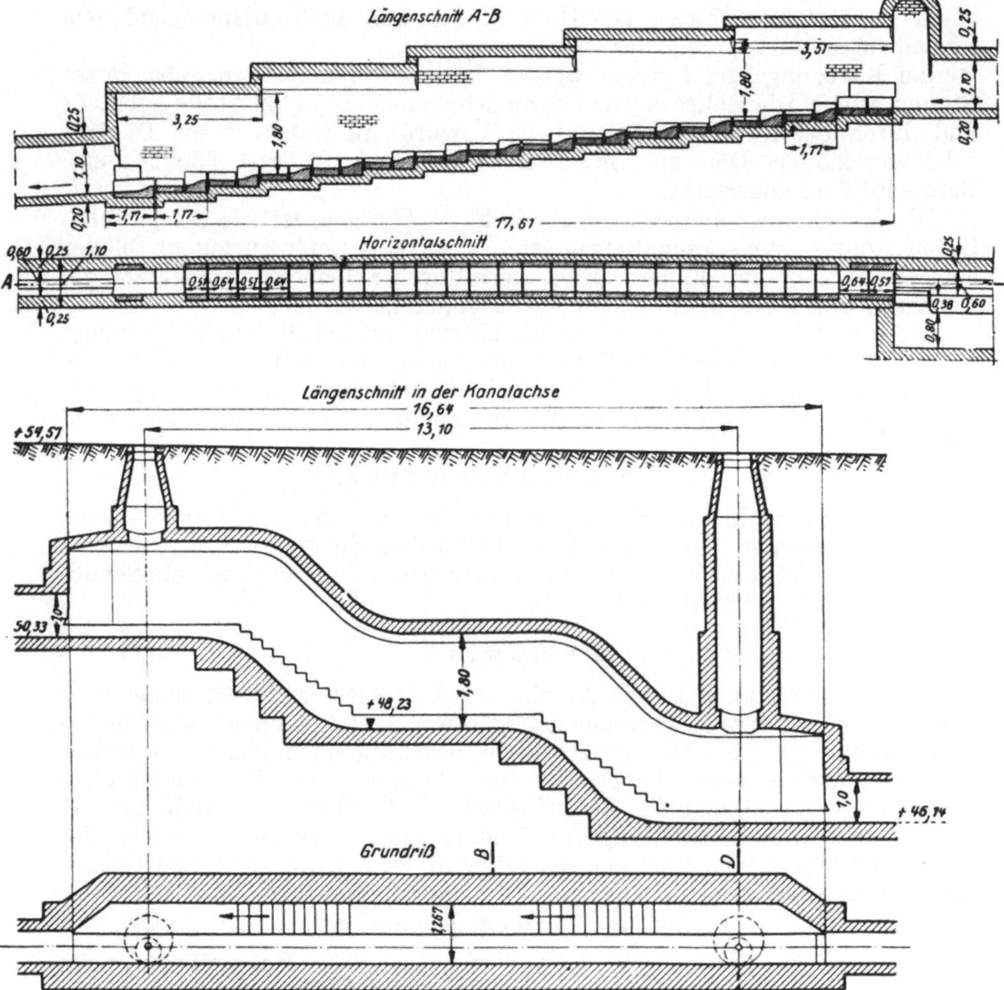

Abb. 479. Absturzbauwerke: Oben abgetreppt, unten als Schußrinne ausgebildet.
(Aus Schoklitsch, Wasserbau I.)

Explosionsgefährlich ist

Benzin bei Luftzusatz von	1,0 — 1,5 %	Methan bei Luftzus. von	6 %
Azetylen „ „	3 %	Leuchtgas „	7 %
		Kohlenmonoxyd	16,5 %

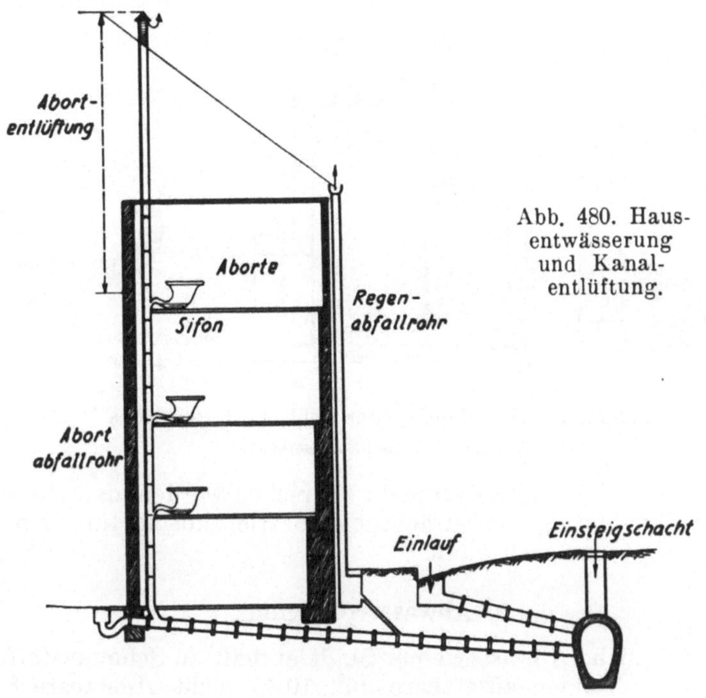

Abb. 480. Hausentwässerung und Kanalentlüftung.

Tabelle 14.

In der Luft ist ein %-Gehalt an	Benzin	Benzol	Kohlen-monoxyd	Chlor
nach ½ Stunde tödlich	1,08	0,84	0,16	0,0031
führt nach ½ Stunde zu schwerer Erkrankung	0,93	0,70	0,12	0,0016
noch nach 6 Stunden ungefährlich	0,16	0,14	0,0008	0,0001

k) Reinigung der Kanäle.

Nicht immer genügt die natürliche Vorflut, um die Kanäle vor Ablagerungen zu bewahren; es muß dann Reinigen oder künstliches Spülen nachhelfen.

Zum Spülen werden kleine Bäche des Stadtgebietes an den Hochpunkten des Kanalnetzes eingeleitet, die durch Betätigen von Schiebern und Schützen dasselbe ausreichend durchfluten. In kleinen Kanälen genügt auch Spülung aus Feuerpfosten. Mit Spülschützen, Spültüren und Ähnlichem kann der Kanal angestaut werden, deren plötzliches Öffnen eine Spülwelle erregt, welche allerdings rasch verflacht und dann wirkungslos ist. Zwecks verstärkter Wirkung werden besondere Wasserbehälter (Spülkammern) (Abb. 481) gebaut. Auf andere Art wird mit Hilfe von Spülwagen und Spülschildern gereinigt, die das Kanalprofil ganz ausfüllen und vor der Spülwelle einhertreiben. Ferner werden Bürstenwagen, Kanalketten und Kanalbohrer durch den Kanal von Einsteigschacht zu Einsteig-

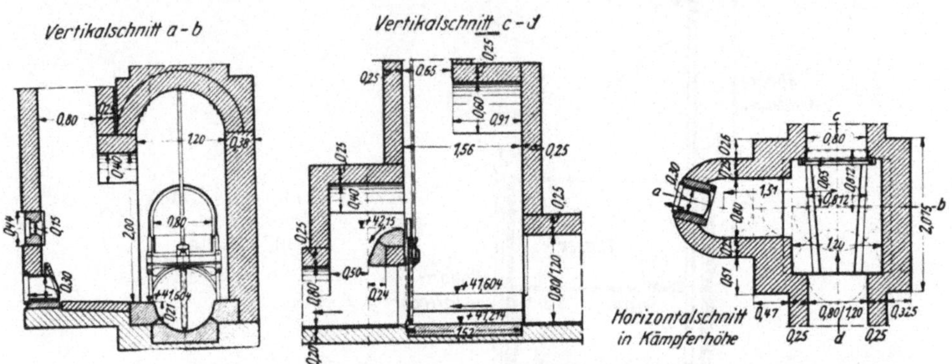

Abb. 481 Spülkammer. Durch Schließen der Spülschütze wird das Wasser angestaut.
(Aus Schoklitsch, Wasserbau I.)

schacht gezogen. Jedenfalls darf nicht übersehen werden, daß ein ungünstig angelegtes Kanalnetz ganz beträchtliche Betriebskosten für Reinigen und Instandhalten verursachen kann.

5. Abwasserreinigung.

Das gewöhnliche Abwasser einer Stadt enthält an Schmutzstoffen 20 % innerhalb zwei Stunden absetzbare und 10 % nicht absetzbare Schwebeteilchen, ferner 55 % anorganisch gelöste, 8 % molekular gelöste organische und schließlich 7 % kolloidale Stoffe.

Unangenehm sind organische Stoffe, weil sie Fäulnis erregen; gesonderte Behandlung erfordern Fette und Öle, da sie ungelöste Stoffe umhüllen und diese dann nur einer chemischen Reinigung zugänglich sind. Im gewöhnlichen Abwasser ist etwa 50 — 60 mg Fettgehalt je Liter.

Eine unmittelbare Einleitung in den Vorfluter darf erfolgen, wenn seine kleinste Durchflußmenge mindest 15 mal so groß als der Trockenwetterabfluß ist (nach Pettenkofer); nach Baumeister sei die in den Vorfluter entwässernde Einwohnerzahl

$$E < \frac{86.400}{(1+c)k} \cdot Q \cdot V$$

worin Q m^3/s kleinster Durchfluß und V m/s mittlere Geschwindigkeit des Vorfluters ist; $c = 0$, wenn keine Fäkalien und $c = 1$, wenn alle Fäkalien eingeleitet werden. k ist ein Verschmutzungsbeiwert; er ist gleich oder größer als 5.

Die Einleitung soll dergestalt statthaben, daß sie eine gründliche Durchmischung mit dem Fluß ermöglicht. Verunreinigung des Vorfluters durch anorganische Stoffe ruft keine unmittelbaren Schäden hervor, bedenklich sind nur die organisch gelösten Stoffe; sie können das biologische Leben des Flusses grundlegend ändern bzw. vernichten. Die fäulnisfähigen Stoffe werden im Fluß zwar verdünnt, doch nicht zerlegt (nach Koch).

Die Selbstreinigungskraft des Wassers erfordert eine bestimmte Menge Sauerstoff und vermag entweder auf biologischem Wege durch das pflanzliche und tierische Leben oder rein physikalisch-chemisch die Schmutzstoffe teils zu verarbeiten, teils abzusetzen.

Nach der Einführung von Abwässern unterscheidet man im Fluß drei Zonen: Zuerst die Abwasserzone; sie ist sauerstoffarm, hier werden die Eiweißstoffe zerlegt und viel abgesetzt. Daran schließt eine Übergangszone mit lebhafter Oxydation; in ihr vollzieht sich die eigentliche biologische Reinigung. Sie hat eine reichliche Kleintierwelt und geht allmählich in die Reinwasserzone über, die Bakterien treten zurück, es entwickelt sich wieder normales Tier- und Pflanzenleben.

Liegen an einem kleinen Fluß viele große Siedlungen, würde unmittelbares Einleiten der Abwässer das Gebiet verseuchen, es muß daher das Abwasser vorher von fäulnisfähigen Stoffen befreit werden.

a) Vorreiniger.

α) **Grob- und Feinrechen** aus angenähert lotrecht stehenden Holzstäben oder Flacheisen entfernen sperrige Verunreinigungen; mittels Harken werden die Rechen geputzt. Zwecks selbsttätiger Reinigung wurden Flügel- und Siebbandrechen gebaut, die sich mit dem Rechengut aus dem Wasser heben, wo es abgefegt wird.

β) **Sandfänge** (Abb. 482) haben die Gestalt von Kanalerweiterungen mit anschließendem Sandbecken; damit sich aber keine faulfähigen Stoffe absetzen, muß die Geschwindigkeit größer als 0,15 m/s sein; sie möge 0,3 m/s sein, dann ist die Durchflußfläche $F = Q/0{,}3$. Mulden und nicht durch-

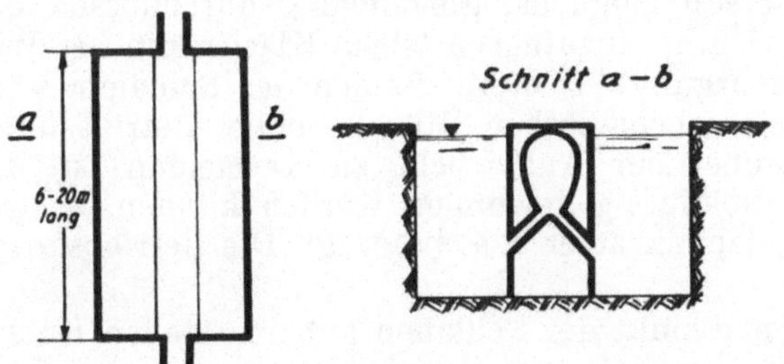

Abb. 482. Sandfang an einem Kanal.

flossene Ecken sind zu vermeiden. Die anfallende Sandmenge beträgt 0,15 — 0,25 m^3/Tag je 10.000 Einwohner. Zur Betriebsreserve sind zwei oder mehrere Kammern mit Umlaufleitung vorhanden. Der abgelagerte Sand wird mit Becherwerken, Spülsaugern, Baggern oder Dränleitungen entfernt.

γ) **Fettfänger:** Es wird Luft eingepreßt, die beim Aufsteigen die Fetteilchen mitreißt; Tauchplatten leiten das nun oberflächlich schwimmende Fett seitlich ab. Ähnlich wirken die Benzinabscheider.

b) Siebanlagen.

Mit diesen werden Teilchen vom Durchmesser größer als 1 mm abgeseiht, wobei etwa 0,3 m^3/Tag Trockenmasse je 10.000 Einwohner anfällt.

α) **Trockensiebe** (Abb. 483) sind um eine stehende Achse drehbare Siebscheiben, welche durch Bürstenräder fortwährend abgekehrt werden; das ausgefaulte Siebgut gibt getrocknet guten Dung.

β) **Naßsiebe** (Abb. 484). Die um eine waagrechte Achse sich drehende Naßsiebtrommel hat eine Umfangsgeschwindigkeit von etwa 1,5 m/s. Das Wasser muß durch das Sieb durchtreten und fließt seitlich ab, ein Teil desselben wird durch ein Führungsblech zum Abspülen des Siebgutes abgelenkt.

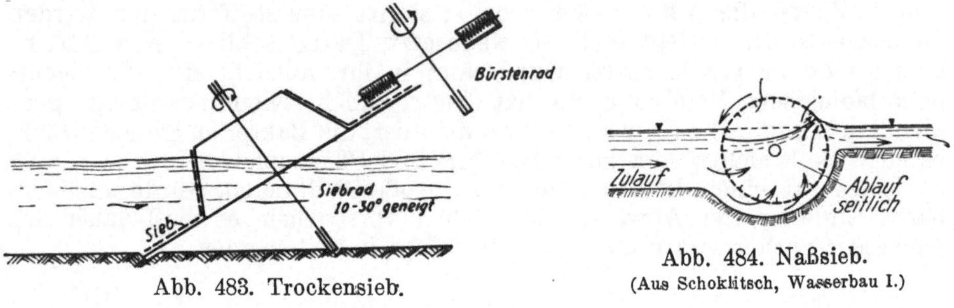

Abb. 483. Trockensieb.

Abb. 484. Naßsieb.
(Aus Schoklitsch, Wasserbau I.)

c) Absetzanlagen.

Die Strömungsgeschwindigkeit muß so weit herabgemindert werden, daß Stoffe, die schwerer sind als das Wasser, sich absetzen. Je länger das Wasser im Becken sich aufhält, umso besser ist die Klärung; aber etwa 20 % der Schwebestoffe sind selbst bei ruhigem Stehenlassen des Wassers nach 12 Stunden noch nicht beseitigt.

α) **Flachbecken.** Die Länge des Beckens ist so zu wählen, daß auch die Stoffe mit der kleinsten Sinkgeschwindigkeit den Boden erreichen können. Die Tiefe ist 2 bis 3 m. Das Absitzbecken ist etwa 3 bis 5 mal so breit als tief. Der Beckenquerschnitt soll möglichst gleichmäßig durchflossen werden, daher ist das Wasser richtig einzuführen (siehe Klärbecken bei Wasserkraftbau und Wasserversorgung). Das Ausräumen des Schlammes soll ohne Handarbeit allein mit mechanischen Mitteln ohne Betriebsunterbrechung möglich sein, wobei ein Aufwirbeln zu vermeiden ist. Der Schlamm möge möglichst dickflüssig gewonnen werden können, er wird durch Ausräumschieber, Schlammkratzer u. ä. beseitigt. Die Betriebskosten sollen gering sein.

β) **Absetzbrunnen.** In ihnen sinkt der Schlamm auf den steilen Rutschflächen des Absitzraumes in die Tiefe, wo er entweder an Ort und Stelle ausfaulen kann oder durch Schlammpumpen in getrennte Ausfaulräume gehoben wird; man bezeichnet die erstgenannten Anlagen als zweistöckig. Die Faulräume dürfen nicht durchflossen werden.

Die zweistöckige Anlage zeigt folgende Vorteile: Der Schlamm gelangt selbsttätig ständig in kleinen Mengen in den Faulraum und reichert sich mit den zum Ausfaulen nötigen Bakterien an, der Betrieb ist also einfach, da nur der ausgefaulte Schlamm rechtzeitig abzulassen ist; der Faulraum ist durch seine tiefe Lage auf einer günstigen Temperatur gehalten. Nachteilig ist, daß das zu klärende Abwasser durch Übertritt von Wasser aus dem Faulraum „angesteckt" werden kann. Die Herstellung ist aber teuer; eine notwendige Erweiterung des Faulraumes ist ausgeschlossen, daher ist kein Anpassen an den Bedarf möglich.

Die Vorzüge der getrennten Schlammausfaulung sind geringere Baukosten, keine nachteilige gegenseitige Beeinflussung von Absetz- und Faulraum; Heizen des Faulraumes und ebenso Beseitigen des Schwimmschlammes sowie ein Umwälzen des Schlammes kann unschwer geschehen; die

Vorgänge im Faulraum sind wegen der leichten Zugänglichkeit ohne weiters zu überwachen. Zum Nachteil gereicht, daß der ausfallende Frischschlamm in bestimmten Zeiträumen gefördert werden muß; die Anlage ist daher genau zu überwachen. Die Betriebskosten sind höher. Bei kleinen Anlagen wird der zweistöckige Absetzbrunnen bevorzugt, während bei größeren die Vorteile der Trennung überwiegen. Über die Bemessung der Faulräume hat Blunk [69]) Regeln aufgestellt. Es fällt ungefähr 0,6 — 1,8 l/Tag/Kopf an Frischschlamm an. An Trockenschlamm kann 0,18 m³ je Jahr für 1 m³ Abwasser je Tag berechnet werden. In den Schlammräumen fault

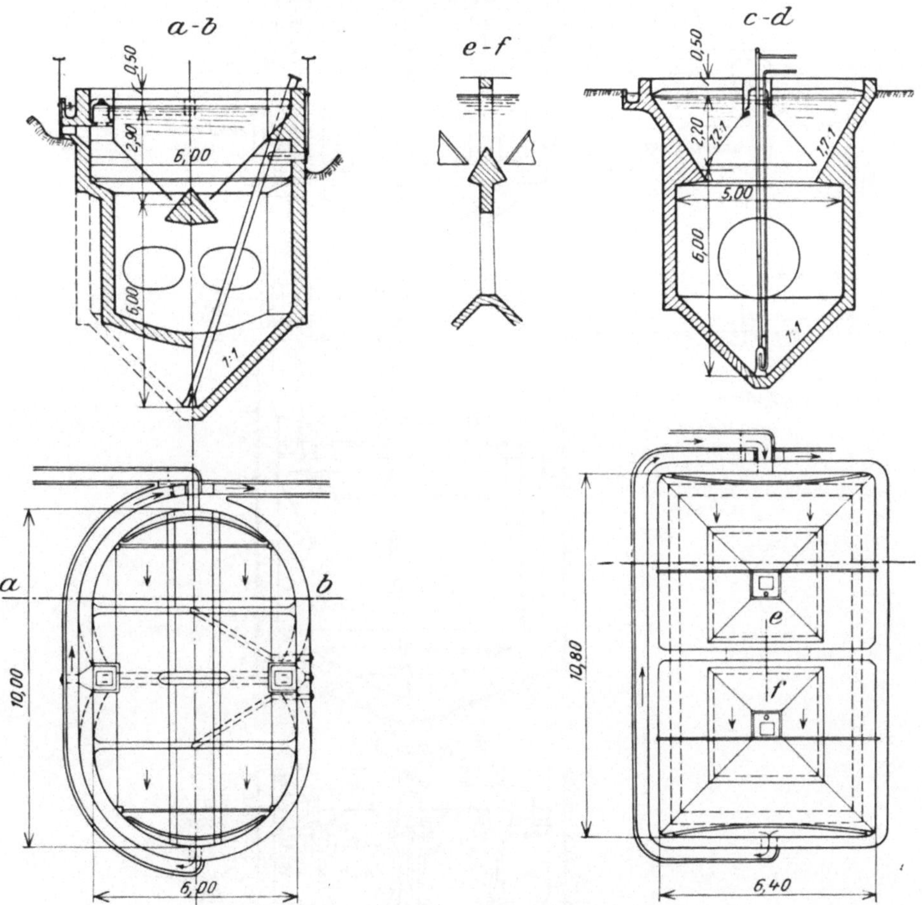

Abb. 485. Emscherbrunnen.
(Aus Schoklitsch, Wasserbau I.)

der Schlamm durch Gärung aus; die zuerst eintretende saure Gärung scheidet Wasserstoff, Kohlensäure und Schwefelkohlenstoffe ab, sie ist stinkend, daher unerwünscht, da außerdem der Schlamm flüssig bleibt; nach fünf Monaten geht sie in die erwünschte alkalische Gärung über, bei der hauptsächlich Methangas frei wird, und bleibt als solche, wenn täglich höchstens 10 % Frischschlamm zugeführt wird. Hiebei werden die ungelösten organischen Stoffe mineralisiert.

[69]) Vergl. Gesundheitsingenieur, 1925, Nr. 48.

Die häufig sehr reichliche Gasentwicklung kann als Energiequelle (Heizwert 7500 cal/m³) benützt werden, welche die Betriebsspesen der Anlage deckt. Häufiges Umwälzen des Schlammes und eine Temperatur zwischen 25° — 40° erhält die Lebenstätigkeit der Bakterien; außerdem

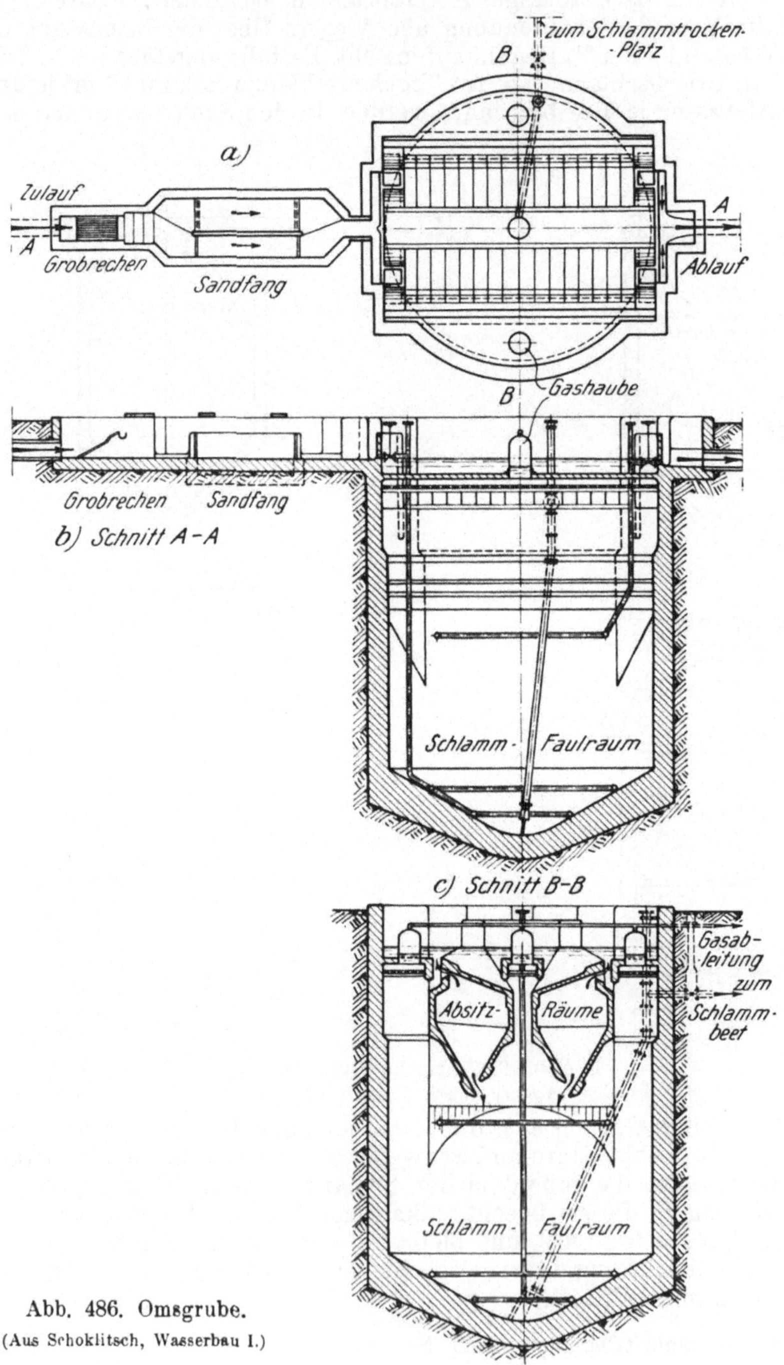

Abb. 486. Omsgrube.
(Aus Schoklitsch, Wasserbau I.)

muß die Schwimmschlammdecke zeitweise zerstört oder unter Wasser gehalten werden, um ihr Entstehen zu hindern und das Entweichen des Gases zu fördern.

Solche Anlagen sind die Emscherbrunnen, Omsbrunnen, Sadokläranlagen, Kremerbrunnen (für fettreichen Schlamm) und andere. In verkleinertem Umfang dienen sie als Hauskläranlagen.

Emscherbrunnen (Abb. 485): Im Absetzraum rutscht der Schlamm auf den steilen Trichterflächen durch 25 cm breite Schlitze in den darunterliegenden Faulraum. Ein Betonkörper von Dreiecksausschnitt verhindert durch seine Form das Aufsteigen der Gase in den Absetzraum; die Gase sammeln sich unter einer kleinen Gasglocke. Durch das Schlammrohr wird der Schlamm aus dem tiefsten Teil infolge Wasserüberdruck gehoben und fließt in die Schlammrinne zum Schlammtrockenbeet.

Omsgrube (Abb. 486): Der Absitzraum ist gänzlich unter dem Wasserspiegel des Faulraumes; Schwimm- und Sinkschlamm verläßt durch Schlitze oben bzw. unten den Absetzraum. Eine Pumpe besorgt die Schlammumwälzung.

Der Schlamm wird an der Luft auf Schlammtrockenplätzen bis zur Stichfestigkeit getrocknet und dann als Dünger verwendet. Manchmal wird er auch mechanisch mittels Filterpressen und neuerdings durch Schleuderzentrifugen verfestigt; hie und da mengt man Trocknungsmittel bei, z. B. in Köpenik: Kohlebreiverfahren.

Ist der Vorfluter wenig aufnahmsfähig, bedürfen die geklärten Abwässer einer weiteren Behandlung durch Oxydation oder Desinfektion (chemische Verfahren) oder durch Tätigkeit von Kleinlebewesen, die die faulfähigen Stoffe in nicht faulfähige verwandeln (Biologisches Verfahren).

d) Chemische Behandlung.

Sie ist meist eine Chlorung wie beim Trinkwasser, da an manchen gewerblichen Abwässern ein biologisches Verfahren nicht möglich ist. Zur Desinfektion ist ein Zusatz von 1 g Cl je m^3, um den Geruch zu nehmen 4 g Cl je m^3 und um es haltbar zu machen 20 g Cl je m^3 notwendig.

e) Biologische Reinigung.

α) **Natürliche Verfahren:** Rieselfelder mit düngender Berieselung müssen genügend Durchlässigkeit und mindest 2 m tiefliegenden Grundwasserspiegel haben. 1 ha Rieselfeld reicht für 300 Einwohner, bei Vorreinigung bis zu 1000 Einwohner und wenn auf landwirtschaftliche Nutzung verzichtet wird, für noch mehr aus. Die Flächen müssen zwischen den einzelnen Beschickungen mindest 6 Stunden trocken liegen.

Das Wasser wird über die Rieselfelder entweder nach der Art der Hang- oder Rückenberieselung oder durch Bodenberegnung verschiedentlicher Art oder schließlich auch als Untergrundberieselung mittels Dräne ausgebreitet.

Bei Bodeninfiltration liegt in 2 m Tiefe ein Drännetz für einen Abfluß von 30 l/sec/ha. Das Abwasser wird über die Rieselfläche verteilt; durch das Drännetz wird es in gereinigtem Zustand abgesogen und einem Vorfluter zugeführt. Wird die Oberfläche zu dicht, ist sie umzupflügen.

Diese beiden Verfahren sind im Abschnitt Landwirtschaftlicher Wasserbau unter den Bewässerungsarten beschrieben.

Das Stauverfahren läßt in Fischteichen Abwasser 1 : 3 verdünnt stehen. Die Teiche sind 50 bis 80 cm tief; 1 ha Teichfläche reicht für 200 bis 1000 Personen und gibt einen Fischertrag von 300 bis 700 kg im Jahr. Es ist das ertragreichste Verfahren.

β) **Künstliche Methoden.** Da die natürlichen Rieselfelder große Flächen erfordern (Berlin hatte 1930 beispielsweise 27.000 ha Rieselfelder), schafft man den filternden Boden künstlich und außerdem für die Bakterien günstige Lebensbedingungen sowie Einrichtungen zum Ausscheiden kolloidal gelöster Stoffe.

Füllkörper sind große Behälter, die mit Sand gefüllt sind. Im Zweistufenfüllkörper ist zuerst grober und dann feiner Sand. Absorbiert wird beim Durchsickern der Schichten dieses sogenannten „biologischen Rasens“, der gut durchlüftet werden muß. Leider verschlammt er bald. Erneuern ist kostspielig, daher wird dieses Verfahren neuerdings nicht mehr angewendet. Dunbar hat es in Hamburg eingeführt.

Tropfkörper sind eine Aufschlichtung aus Brocken von Steinen, Schlacken u. ähnl. von einer Korngröße 20 bis 80 mm in mehreren Schichten, wobei die gröbsten zu oberst liegen. Die Körper sind 2 bis 4 m hoch; sie werden durch Streudüsen, Drehsprenger ständig oder intermittierend beschickt; die Einarbeitungszeit dauert bis zu 30 Tagen; je Einwohner sind etwa 0,13 m³ Füllkörper nötig. Füllkörper belästigen durch Geruch infolge Freiwerden von Schwefelwasserstoff; dagegen hilft Chloren und gegen die Fliegenplage Ansetzen von Wasserspringschwanz.

Tauchkörper sind lose geschichtetes Reisig, Latten und ähnliches (sog. Kolloidore), die in den Abfluß hineingehängt werden; in ihnen entsteht eine reichliche Kleintierwelt. Erforderlich ist eine sehr gute Durchlüftung mittels fester oder pendelnder Belüftungsrohre. Luftblasen reißen den Schlamm fort, der entweder in den darunter liegenden Faulraum sinkt oder sich in besonderen Absetzbecken ablagert. Einarbeitungszeit ist 1 bis 2 Tage. Tauchkörper werden auch in Emscherbrunnen hineingehängt.

Beim Belebtschlammverfahren (Abb. 487) treten an Stelle der festen Körper Flocken, in denen auf schleimigem Grundstoff Bakterien und Urtiere leben; sie werden durch Einblasen von Luft schwebend

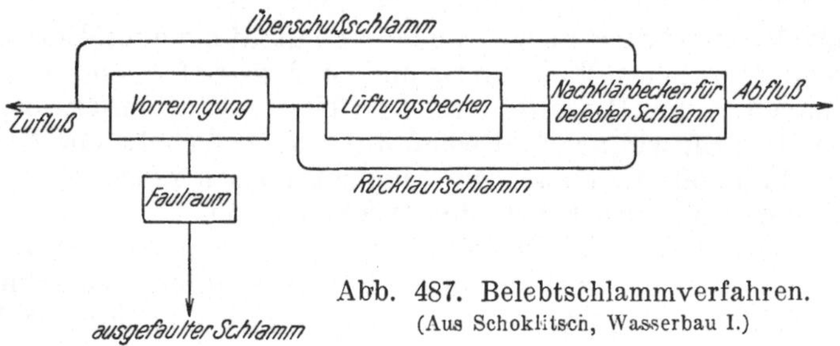

Abb. 487. Belebtschlammverfahren.
(Aus Schoklitsch, Wasserbau I.)

erhalten. Diese Flocken kommen dadurch zustande, daß Kolloide im Wasser ausgefällt werden (ähnlich wie bei der Enteisenung des Trinkwassers). Große Mengen Sauerstoff und eine reichliche Umwälzung ist nötig. Für je 1 m³ Abwasser wird 1 m³ Luft gebraucht. Durchflußzeit ist 6 Stunden. Der Vorgang ist folgender: Dem vorgereinigten Wasser wird „belebter Schlamm“ zugesellt, das Gemisch dann durch lang gestreckte Becken geleitet, wobei Luft zugeführt wird und Rührwerke eine reichliche Umwälzung erzeugen;

im trichterförmigen Nachklärbecken sinkt der Schlamm ab, während das reine Wasser überfällt. Etwa ¼ dieser ausfallenden Schlammenge wird als Rücklaufschlamm dem Abwasser wieder beigegeben, sodaß das Belebungsbecken für das 1,25 fache der Abwassermenge zu bemessen ist; der überschüssige Rücklaufschlamm geht erst auf dem Wege über die Vorreinigung in den Faulraum und von dort auf die Schlammbeete. Der Betrieb des Belebungsbeckens erfordert 1 PS je 1000 Einwohner.

Dieses Verfahren, von Imhoff in Essen 1925 eingeführt, bewirkt eine volle biologische Reinigung; die geklärten Abwässer sind zur Düngung bei folgender Vierfeldwirtschaft geeignet: ¼ Gras, ¼ Sommerhalmfrucht, ¼ Winterhalmfrucht und ¼ Rüben oder Kartoffeln.

6. Grundstücksentwässerung.

Damit bezeichnet man die Abfuhr von Brauch- und Regenwasser aus Gebäuden und zugehörigen Höfen.

Eine Hauptgrundleitung aus Steingut oder Gußeisen, gewöhnlich 15 cm Dmr, sammelt die Abwässer der meist lotrechten Fallrohre und führt sie auf möglichst kurzem, geraden Weg in 2 bis 5 % Gefälle in den Straßensammler. Ein Putzschacht, noch innerhalb des Grundstücks, meist im Hauskeller, gestattet die Leitung zu überprüfen.

Man vermeide es, Fallrohre einzumauern. Schmutzwasserführende Fallrohre sind gewöhnlich aus Steingut, seltener Gußeisen und haben 5 bis 10 cm Dmr; sie müssen vor dem Übergang in die Grundleitung eine Reinigungsöffnung besitzen. Regenabfallrohre sind aus verzinktem Stahlblech oder Asbestzement, an gefährdeten Stellen auch aus Gußeisen; sie haben 7—10 cm Weite. Ihr Anschluß an Gußeisenrohre bedarf eigener Formstücke.

Abb. 488. Geruchverschluß bei Spülaborten.
(Aus Schoklitsch, Wasserbau I.)

Jeder Ablauf (Ausguß, Spülabort) muß mit einem Geruchverschluß (Siphon) versehen sein (Abb. 488); das in einem Knierohr (Knieverschluß) oder Wassersack (Flaschen- oder Glockenverschluß) stehende Wasser verhindert den Luftübertritt aus dem Ablauf. Es müssen dort Putzöffnungen vorhanden sein. Nur Regenabfallrohre benötigen keinen Geruchverschluß.

An Schmutzwasserfallrohre schließt gewöhnlich oben eine Entlüftungsleitung aus asphaltierten Blechrohren an, die über Dach mit einem Entlüftungsaufsatz endet.

Stark fetthaltige Abwässer schickt man durch Fettabscheider[70]), weil Fett die Leitung verstopft, wieder gewonnen, aber verseift werden kann. Garagenabwässer bedürfen des Einbaues von Benzinabscheidern[71]). Gegen Rückstau aus dem Straßenkanal sichert man tiefliegende Leitungen durch Rückstauverschlüsse[72]).

Im übrigen zählt dies zu den sanitären Einrichtungen und ist Angelegenheit des Installateurs.

Die Regeln der Grundstücksentwässerung sind in DIN 1986, 1986 U und 1987 zusammengestellt.

---

70) DIN 4040, 4082.
71) DIN 1999.
72) DIN 1997.

7. Planung und Bau.

Das Entwässerungsnetz soll die anfallenden Wassermengen auf dem kürzesten Weg mit Hilfe des verfügbaren Gefälles abführen; bei ungenügendem Gefälle müssen Pumpwerke das Wasser fördern. Im Trennverfahren können Zierteiche oder Weiher Regenwasser zu Zeiten sammeln, um es allmählich abfließen zu lassen.

Die Straßensammler liegen bei Straßenbreiten bis 20 m meist in Straßenmitte, bei größeren Breiten beiderseits unter den Gehwegen, wie das die Bilder der Straßenquerschnitte (Abb. 489 und 490) zeigen. Der Haupt-

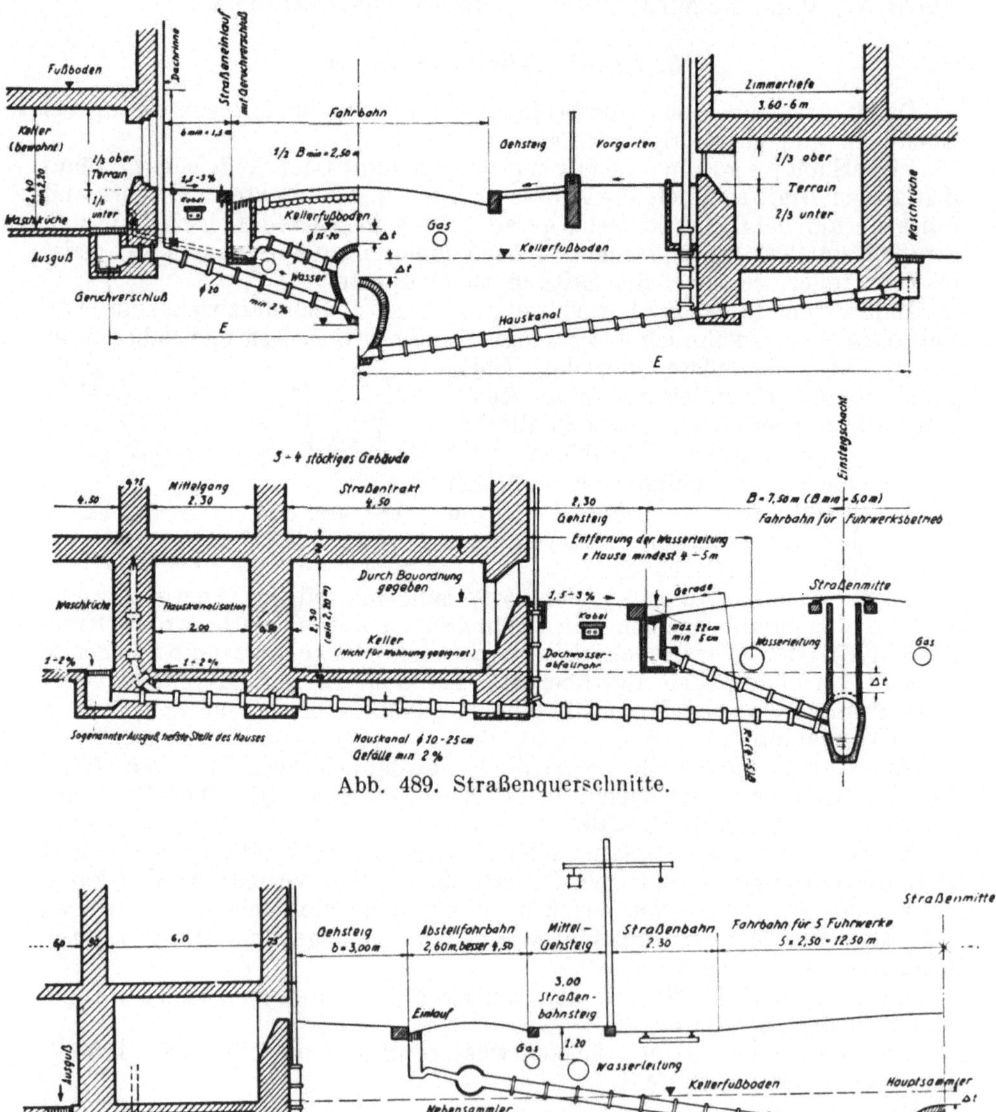

Abb. 489. Straßenquerschnitte.

Abb. 490. Straßenquerschnitte einer „Ring"-straße.

sammler folgt den Tälern. Im ungünstigen Gelände sollen statt einer Verbauung Grünflächen geplant werden. Im übrigen ist auf eine voraussichtliche Entwicklung von 30 bis 40 Jahren Bedacht zu nehmen.

Im Übersichtsplan des Kanalnetzes, der für Großstädte den Maßstab 1 : 10.000, für Kleinstädte aber mindest 1 : 5.000, besser das Katastermaß hat, scheidet man die Einzugsgebiete nach den verschiedenen Abflußbeiwerten und Abflußrichtungen; in ihm wird das Kanalnetz samt Einsteigsschächten und besonderen Bauwerken mit den zugehörigen Beitragsflächen eingezeichnet. Sind die Beitragsflächen nicht durch bestimmte Angaben festgelegt, wird die Baublockmitte und die zu ihr gezogenen Halbierenden der Straßenecken als Wasserscheide aufgefaßt; eine starke Geländeneigung ist zu berücksichtigen.

Eine genaue Höhenaufnahme ist notwendig, um die 10 bis 25fach überhöhten Längenschnitte der Kanäle aufzustellen. Ihre Kilometrierung beginnt am tieferen Ende. Grundwasserstand, Kellertiefe[73]) und Straßenquerschnitt beeinflussen die Tiefenlage der Leitungen, die Straßenneigung ihr Gefälle. Gewöhnlich ist der Höhenunterschied Kellersohle—Kanalwasserspiegel etwa ½ m, sodaß in den Wohnstraßen der Kanalfirst mindest 2,5 m unter Straßenoberkante zu liegen kommt.

Tab. 15. Gefällsverhältnisse in Straßen.

	Quergefälle in ‰ bei einer Längsneigung der Straße von		
	0 ‰	kleiner als 35 ‰	größer als 35 ‰
Schotterfahrbahn	60	45	30
Steinpflaster	40	30	20
Asphalt	15	5	unverwendbar
Rinnsteinpflaster auf 0,5—1,0 m Breite	50 bis 70		
Fußwege, gepflastert	30 bis 40		
Fußwege, asphaltiert	10 bis 20		

Entwässerungsrinnen haben ein Längsgefälle von mindestens 10 ‰, in Asphalt oder Beton nur 5 ‰.

Die Entfernung der Straßeneinläufe bestimmt sich aus der Höhe der Straßenborde (mindest 8 cm, höchstens etwa 16 cm) und beträgt bei waagrechter Straße etwa 30 bis 35 m, bei Straßengefälle größer als 10 ‰ etwa 40 bis 60 m.

Nach der allgemeinen Planung wird der Entwurf in Lageplänen 1 : 500, 1 : 1000 oder 1 : 2000 niedergelegt und Einzelheiten in größerem entsprechendem Maßstabe dargestellt.

DIN 4045 macht mit Formelzeichen und Begriffsbestimmungen in der Abwassertechnik vertraut.

[73]) Die Baukommission setzt die Erdgeschoßfußbodenhöhe und damit auch angenähert die Kellersohle fest.

Im städtischen Tiefbau, dessen wasserbaulicher Anteil Wasserversorgung und Entwässerung beinhaltet, ist die Normung von allen Gebieten des Wasserbaues am weitesten vorgeschritten. Richtlinien für Bestandpläne öffentlicher Entwässerungsleitungen sind in DIN 4050 gezeigt; die Vorschriften über den Einbau von Stadtentwässerungsleitungen (DIN 4135) bilden die Grundlage für den Bau.[74]

Zumeist werden Kanäle in offener Baugrube[75] ausgeführt, nur bei großer Tiefe und sehr beengten Verkehrverhältnissen schreitet man zum Stollenbau. Baugruben sind zu pölzen, wobei die Nähe der Häuser besondere Vorsicht erfordert; in engen Gassen stützt man die Hausfronten gegenseitig ab. Hauptsächlich wird waagrechte Zimmerung angewendet, die lotrechte erst, wenn der Boden nicht einmal mehr auf die Höhe einer Bohle freisteht oder bei Wasserzudrang; in diesem Fall werden Spundwände (Kanaldielen) geschlagen und die Kanalsohle gedrängt.

Auf das Verlegen der Kanäle[76] in der richtigen Neigung ist sehr zu achten; der Untergrund ist gut vorzurichten, damit das Rohr satt aufliegt. Man legt entgegen dem Rinngefälle mit der Muffe bergwärts vor. Der möglichst schmal gehaltene freie Raum zwischen Kanal und Baugrubenwand ist sorgsam auszustampfen oder mit Magerbeton auszufüllen.

Während des Baues sind die Bestandspläne anzufertigen (gewöhnlich im 4fachen Katastermaß) und die genaue Lage der Leitungen samt allen Bauwerken (Einsteigschächten usw.), ferner Lage der Häuser samt Hausanschlüssen sowie auch die vorgefundenen Untergrundverhältnisse zu verzeichnen. Unterlassung an diesen Plänen ist ein grober Mangel der Bauleitung.

IX. Hafen- und Seebau[77].

1. Grundlagen des Bauens am Meer.

Die Flüsse führen dem Meere feinste Sinkstoffe zu, die in Vermengung mit der im Brackwasser absterbenden Kleintierwelt einen Schlamm — den Schlick — bilden, der sich als Kleiboden ablagert. Küstenströmung und Wellengang bringen ein Wandern von Schlick und Sand zuwege, sodaß sich der Meeresboden in Küstennähe ständig ändert und daher der Untiefen wegen die Schiffahrtswege immer zu beobachten sind.

Die ewig brandenden Wellen benagen die Steilküste, zerreiben das Gestein zu feinem Sand und gestalten damit einen flach ansteigenden Strand als schützendes Vorland, bis wieder Sturmfluten darüber hinwegjagen und erneut das Festland angreifen.

Ist die Küstenlandschaft im Sinken begriffen, wie beispielsweise Holland, können nur mächtige Deichbauten das Land vor Überschwemmung bewahren. Der beim Zurückweichen des Meeres während der Ebbezeit hervortretende sandige Seeboden ist das Wattenmeer,

---

[74]) Diese ist vom ehemaligen Reichsverdingungsausschuß, Berlin 1943 unter den Büchern zur VOB (Verdingungs-Ordnung für Bauleistungen) herausgegeben worden. Ein Normenverzeichnis enthält auch Arnold, Städtischer Tiefbau, Leipzig 1942.

[75]) Baugrube DIN 4132, Wasserhaltung DIN 4133, Bodenbewegungsarbeiten DIN 4138.

[76]) DIN 4033.

[77]) Proetel, See- und Hafenbau, Hdbibl. f. Bauing. 1921.

in dem das Wasser in einzelnen Rinnsalen (Prielen) bei Ebbe seewärts, beim Anlaufen der Flut aber landwärts strömt.

Bauten am Meer sind rasch von einer dichten Kruste von Muscheln und anderen Seetieren überzogen, ebenso auch die Schiffe, sodaß diese zeitweise gesäubert werden müssen, weil durch die vermehrte Rauhigkeit der Wandung ihre Fahrgeschwindigkeit leidet; dem Bestand der Bauten schadet aber dieser Überzug nicht. Dagegen ist ein gefährlicher Schädling von Holzbauten im Meer der Bohrwurm, der in der Nordsee vorkommt; Tränken

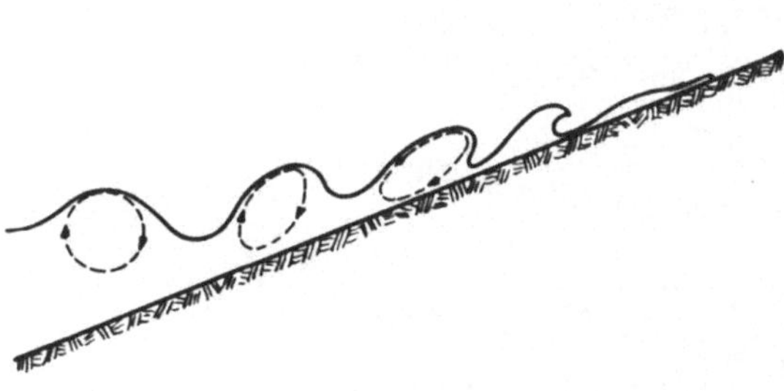

Abb. 491. Brandungswelle an flach ansteigender Küste.

Abb. 492. Riffelbildung am Strand infolge Wellengang.

des Holzes hilft nur kurze Zeit, doch leisten einige ausländische Holzarten seinem Angriff Widerstand, wie australischer Eukalyptus und südamerikanisches Grünholz.

Holzgrundwerke können am Meer unbedenklich über das Niederwasser der Ebbe gelegt werden, solange sie beim Wechsel der Gezeiten nicht zum Austrocknen kommen.

Über die Gezeiten wurde bereits im Abschnitt Hydraulik gesprochen, ebenso über Wellen. An flacher Küste geht die kreisförmige Schwingung der Welle in immer flachere elliptische Bahnen über, was schließlich beim Auflaufen auf das Ufer die Brandung erzeugt. (Abb. 491). An Steilküsten und senkrechten Wänden entsteht durch die Welle ein Stoß, oft von beträchtlicher Stärke, bis zu 30 t/m², aber keine Brandung. Die durch den Wind hervorgerufene Wellenbewegung heißt Seegang und nach dem Abflauen des Windes ihr Weiterbestehen Dünung. Der Wellengang erzeugt eine eigentümliche Wellung des feinen Sandes am Strande, die man als Riffelung bezeichnet (Abb. 492).

Bei vielen Häfen ist die Kenntnis der Flutzeiten wichtig. Der Zeitpunkt des Fluteintrittes heißt die Hafenzeit; sie wird für den Tag von Vollmond und Neumond in vorausberechneten Gezeitentafeln für die einzelnen Häfen angegeben und kann nun für die anderen Tage durch Berücksichtigen der täglichen Gezeitenverschiebung um 50 Minuten ermittelt werden.

2. Küstenschutz.

Steilküsten und Flachküsten — die letzten aber nur im Bereich geologischer Senkungserscheinungen — sind fortwährend von Wellen und Küstenströmungen angegriffen.

Um den Abbruch eines Steilufers hintanzuhalten, werden Schutzbauten vor die gefährdete Küste gestellt, welche den Ansturm der Wellen auffangen sollen; es sind dies eiserne und hölzerne Wände, Steindämme und Betonmauern. Sie werden entweder entlang der Küste in einem bestimmten Abstand geführt; diese Art von Bauten muß hoch genug herausragen und dient als Wellenbrecher (Abb. 493). In großzügigster Weise wurden solche Schutzbauten um die Insel Helgoland errichtet.

Die Bauwerke können aber auch senkrecht zur schützenden Küste nach Art von Buhnen erstellt werden, ihre Länge und der darnach bemessene Abstand sei möglichst groß. Man will damit die Küstenströmung ablenken. Diese Art wird vielfach an den Küsten der Nordsee angewendet. Häufig werden statt einer geschlossenen Spundwand Pfähle Mann an

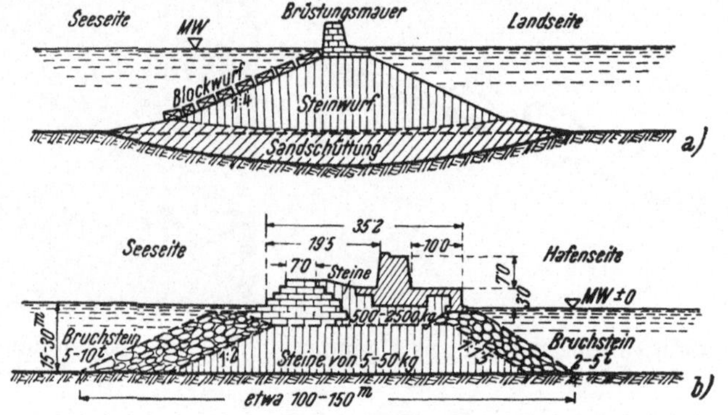

Abb. 493. Wellenbrecherquerschnitte.

Mann gerammt, die oben durch eine Längsverbindung zusammen gehalten werden.

Flachküsten und Depressionsgebiete werden durch Deiche (Abb. 494) geschützt; diese sind mächtige Dämme, welche seeseits eine weit flachere Böschung als die Flußdeiche haben. Ihre Krone ist mehrere Meter breit und als Fahrweg ausgebaut; sie liegt hoch über dem höchsten beobachteten Flutstand, weil auch der Wellenschlag berücksichtigt werden muß. Die Binnen-

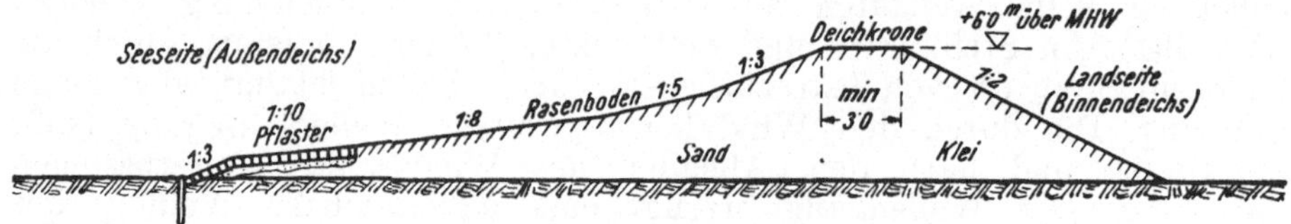

Abb. 494. Deichquerschnitt.

wässer der hinter den Deichen tiefer liegenden Polderlandschaft müssen abgepumpt werden. Manchmal können sie aber bei Niederwasserstand des Meeres mit natürlichem Gefälle in Durchlässen durch den Deich, sogenannten Sielen, abfließen; damit jedoch kein Hochwasser durch sie in tiefliegende Polder eindringen kann, erhalten sie Hochwasserrückstauklappen.

Als natürlicher Küstenschutz entstehen die Sandwälle der Dünen; da aber ihr feiner Sand durch den meist landwärts wehenden Wind leicht fortgeblasen wird, wandern die Dünen, solange ihre Oberfläche nicht befestigt ist. Die Anstrengung geht dahin, die Dünen durch Bepflanzen festzusetzen, was schwierig fällt, weil der sandige Boden nur kümmerliche Gräser aufkommen läßt und zudem in ständiger Bewegung ist. Die Wanderdünen schreiten oft unaufhaltsam fort, sodaß Ortschaften aufgegeben werden mußten, die dann vom Sand verschüttet wurden.

In neuer Zeit ist der Mensch bestrebt, vom Meer Land wieder rückzugewinnen. Es werden hochwasserfreie Dämme ins Meer hinausgeführt, die einen Teil des seichten Wattenmeeres umgrenzen; die so eingedeichten Flächen werden dann ausgepumpt und trocken gelegt. Oft läßt man eine Zeitlang durch Öffnungen das Meer noch hineinströmen, damit sich Schlick ablagere und eine Aufladung stattfinde. Da der Boden anfangs noch stark versalzen ist und erst allmählich durch die Niederschläge gereinigt wird, bedarf es einer entsprechenden Bewirtschaftung. Dieser Kleiboden ist aber später sehr fruchtbar.

Landgewinnungsstellen heißen Kooge. In der Dieksander- und Tümlauerbucht in Schleswig wurden auf diese Weise einige tausend ha Land gewonnen, 1936 wurde durch Abschluß der Zuidersee in Holland, die infolge Einbruchs des Meeres im 11. Jhd. entstand, 2320 km² Land zurückerobert.

3. Seehäfen.

Häfen liegen entweder als Seehäfen unmittelbar am Meer, wohl meist im Innern einer geschützten Bucht oder sie sind sehr oft am Unterlauf eines Stromes als Binnenseehäfen. Zu diesem zählen einige der größten Welthandelshäfen: London, Hamburg und die meisten deutschen Seehäfen; der Handelsplatz wird dort durch den zugleich umgeschlagenen Stromverkehr begünstigt.

Offene Häfen sind bei jedem Wasserstand zugänglich, während Dockhäfen zeitweilig durch Schleusen verschlossen werden. Wenn Häfen nur bei Flut zugänglich sind, bezeichnet man sie als Tidehäfen. Offene Häfen versanden leicht und benötigen bei großen Unterschieden in den Gezeiten hohe Uferbauten; fällt aber dieser Nachteil weg, sind offene vorzuziehen.

Nach dem Hauptzweck spricht man auch von Handels-, Kriegs-, Fischerei- und Zufluchtshäfen.

Jeder Hafen braucht einen geschützten, genügend großen Ankerplatz, eine Reede, auf der Schiffe vor Anker gehen können, wenn ihnen die Hafeneinfahrt verwehrt ist. Ist hiezu nicht eine vor grobem Seegang sichere Bucht oder eine Strommündung vorhanden, muß diese Reede künstlich geschaffen werden, indem durch Wellenbrecher und Molen ein Ankerplatz umgrenzt wird.

Wellenbrecher (Abb 493 a) sind gewöhnlich Steinwurfdämme, die vom Schiff aus geschüttet werden und ziemlich flache Böschungen besitzen. Oft bildet eine Sandschüttung den Untergrund des schweren Steinwurfs auf dem weichen Meeresboden. Als Bekrönung ist gewöhnlich ober Mittelwasser eine Steinmauer mit senkrechten Wänden. Selbstverständlich liegen die schwersten Steine auf der Seite des stärksten Wellenangriffs.

Molen (Abb. 493 b) werden vom Ufer aus vorgebaut. Sie sind in einfacher Art ähnlich den Wellenbrechern eine Unterwasserschüttung, auf der eine Blockmauer steht; hie und da wird auch zwischen gegeneinander verankerten Spundwänden Sand geschüttet. Als Unterbau der Molenmauer dient manchmal ein Pfahlrost unter Wasser, der durch Spundwände gegen Durchflutung abgeschirmt ist. Neuerdings gründet man sie oft mittels Senkkasten in offener oder Druckluftbauweise.

Mangels eines Hafens wird der Umschlagverkehr durch sogenannte Leichterboote vollzogen, was aber bei stürmischer See schwierig ist. Bequemer ist eine feste Landungsbrücke, die über die Brandungszone hinwegführt; leichtere Waren und Massengüter können manchmal durch eine ins Meer hinausführende Seilbahn verladen werden.

Die Zugänge vom offenen Meer in den Hafen sollen stets eine sichere Zufahrt gewährleisten und auch nicht versanden. Das Schiff muß genügend Raum zum Wenden haben, falls es die Zufahrt verfehlen sollte; die Einfahrtsrichtung soll in der Richtung stärksten Seegangs liegen, ist aber diese Richtung nicht möglich, so können Seegang- und Einfahrts-Richtung auch einen Winkel von etwa 70° einschließen, wobei aber der luvseitige Molenkopf vorgezogen wird, um in beruhigtem Wasser einfahren zu können; die Einfahrt soll im Mittel 120 m breit sein und sich nach innen erweitern, damit der Wellengang im Hafen abgemindert wird. Die Molenköpfe sollen steil und glatt sein, damit keine Brandung entsteht und ein Auflaufen der Schiffe weniger gefährlich ist. Durch gut sichtbare Einfahrtszeichen soll das Fahrwasser gekennzeichnet sein.

Geschlossene Häfen (Dockhäfen) erhalten Schleusentore (Abb. 495); ist der Dockhafen nur bei Flut zugänglich, darf also ein bestimmter Wasserstand im Hafen nicht unterschritten werden, genügt eine einfache Dockschleuse mit einem sogenannten Ebbetor, welches nach innen aufgeht. Für den anderen Fall, bei dem zwar der Hafenwasserstand beliebig tief sinken kann, Hochwasser dagegen wegen des zu tief liegenden Hafengeländes nicht eindringen darf, braucht man eine Sperrschleuse mit einem oder sicherheitshalber noch einem zweiten Fluttor, das nach außen aufgeht. Kammerschleusen ermöglichen bei jedem Wasserstand den Verkehr, wenn ihre Häupter Schiebetore oder doppelkehrige Stemmtore haben. Eine derartige Schleuse mit Schiebetoren hat der Nord-Ostsee-Kanal bei Holtenau, um die möglichen Wasserstandsunterschiede zwischen Nordsee und Ostsee auszugleichen. Sollen Häfen durch Störung in der Schleuse nicht lahmgelegt werden, benötigen sie eine zweite Schleuse.

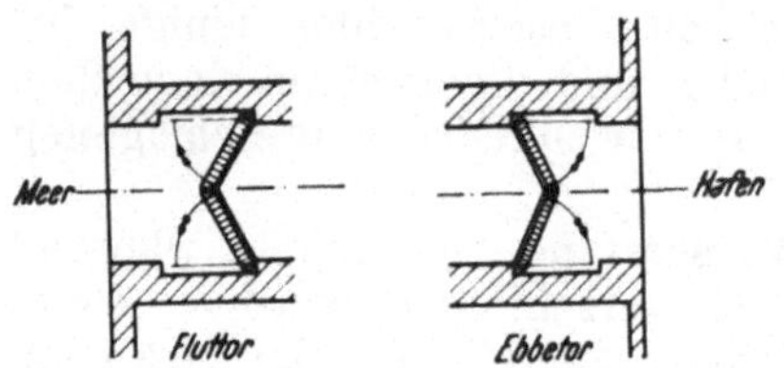

Abb. 495. Schleusentore an einem Dockhafen.

Die Schleusenkammer soll dem größten in Betracht kommenden Schiff auch in Zukunft genügen.

Vor den Schleusen sind ausreichende Anlegeplätze und genügend Raum zum Abbremsen der Schiffe sowie Leitdalben zur Schleuseneinfahrt vorzusehen.

Das eigentliche Hafenbecken soll möglichst lange Anlegeufer — Kai genannt — haben, was durch vorspringende Landzungen — Piers — erreicht wird; die Piers sind 15 bis 30 m breit. Die Breite des Beckens dazwischen hängt von der Schiffsbreite und davon ab, ob daneben noch ein- und ausgefahren werden soll; wird dann noch mit Schwimmkranen zwischen den Schiffen von Binnenkähnen auf Seeschiffe umgeladen, muß das Hafenbecken sehr breit sein, bei Doppelliegeplätzen etwa 300 m. Die Länge der Piers ist 100 bis 300 m. Die Hafenbecken sind meist angenähert rechteckig.

Die Kaimauern stehen häufig auf über Niederwasser reichenden Pfahlrosten; sie sind auch gegenseitig verankerte Stahlspundwände mit niedriger Bekrönungsmauer.

Auf dem Kai und Ladepier sind Straßenfahrbahn und Gleisanlagen sowie Lagerhäuser und Verladekrane verschiedenster Art; ferner zum Festmachen der Schiffe eine große Zahl Poller; zum selben Zweck sind auch Dükdalben aus langen Pfählen im Hafenbecken selbst geschlagen.

Der Hamburger Hafen hatte 1938 40 km Kaimauern für Seeschiffe, 34 km für Flußschiffe, die Wasserfläche für Seeschiffe war 6.8 km^2, für Flußschiffe 7.8 km^2, die Fläche der Lagerspeicher 1.5 km^2. Kleine Krane bis 5 t waren 1250 Stück, ferner ein Dutzend Schwerlastkrane, teilweise bis 250 t Tragkraft, die Länge der Hafengeleise betrug 450 km. An Dükdalben sind allein 9000 Stück mit nahezu 100.000 Pfählen. Daraus ist erkennbar, welch riesige Anlage ein Welthafen darstellt.

4. Regelung der Fleetstrecke in Flußmündungen.

In Deltamündungen wird gewöhnlich der kleinste Mündungsarm als Schiffsweg ausgebaut, bei der Donau ist dies beispielsweise die mittlere Sulinamündung; in diesem sucht man ein möglichst einheitliches Bett zu gestalten. Bei flacher Küste wird der Strom zwischen Leitdämmen soweit ins Meer hinausgeführt, bis die Küstenströmung, deren Schleppkraft mit der Tiefe wächst, imstande ist, die Sinkstoffe wegzuschwemmen. Ist aber der Meeresgrund eben, die Sinkstoffe zu schwer, der Unterschied der Wichten von Fluß- und Meerwasser groß, weht ferner der Wind hauptsächlich gegen die Mündung und fehlt eine Küstenströmung überhaupt, so ist eine Verbesserung der Flußmündung aussichtslos; dann muß sie durch einen Schleusenkanal umgangen werden.

In der Fleetstrecke tritt zur Wassermenge des Stromes die veränderliche der Gezeitenströmung hinzu, die umsomehr überwiegt, je mehr man sich der Mündung nähert (Abb. 496). Die Verbindungslinie der Scheitel bzw. Fußpunkte dieser Gezeitenwellen im Flußlauf sind die Grundlagen für die Regulierung.

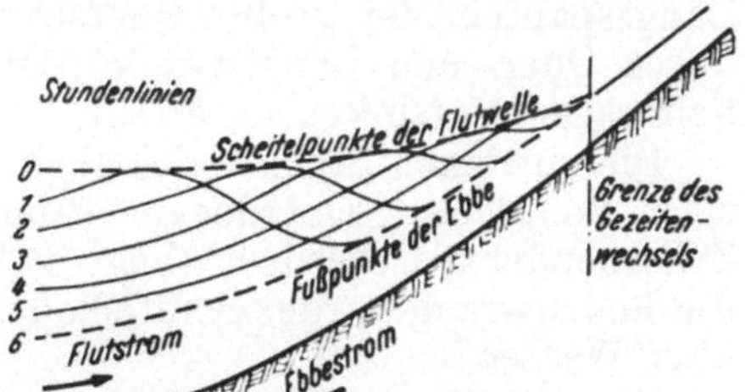

Abb. 496. Fortschreiten der Gezeiten in einer Strommündung.

In trichterförmigen Flußmündungen weist die Flutwelle außerordentliche Sprunghöhen auf, während sie in breiten und tiefen Strömen bei kleinem Gefälle fast waagrecht verläuft. Strömt eine kräftige Flutwelle in einen seichten Strom großen Gefälles ein, entsteht die schon erwähnte Schwallbildung einer Bore.

Durch Spaltungen und Krümmungen seichter Flüsse wird die Scheitellinie der Flut meistens gesenkt. Bei steigender Wassermenge des Stromes rückt die Grenze der Fleetstrecke talwärts, bei fallender bergwärts, sodaß im ersten Fall die Fluthöhe verringert wird, während sie bei abnehmender Stromwassermenge vergrößert erscheint, an der Mündung selbst verliert sich diese Erscheinung. Höhere Fluten wirken natürlich weiter stromaufwärts.

In einer Strommündung kann die durchfließende Wassermenge vermehrt werden, wenn man die Flußbreite vergrößert, ohne die Flutgröße zu verringern, oder die Flutgröße vermehrt, indem man das Einströmen der Flut durch Regelung eines verwilderten Flußbettes bei der Ausmündung fördert und dort ausbaggert; damit kann unter Umständen ein dauerndes Offenhalten einer sonst versandenden Flußmündung erzielt werden, weil die größere ein- und ausfließende Wassermenge mehr Sinkstoff abführen kann.

5. Seeschiffahrt.

Es sollen auch dem binnenländischen Ingenieur einige Grundbegriffe und Ausdrücke aus dem Schiffsbau geläufig sein.

Tiefgang ist der lotrechte Abstand von der Wasserlinie des Schiffes (Schwimmebene) bis zum tiefsten Punkt des Kiels; zu beiden Seiten der Schiffswand, vorne am Bug und hinten am Heck, sind Tiefgangmarken, aus denen erkannt wird, ob das Schiff richtig verteilt geladen wurde und gleichlastig ist, also allseitig gleichen Tiefgang aufweist. Schlagseite oder Krängung hat das Schiff, wenn es nach einer Seite geneigt ist, steuerlastig ist es, wenn das Heck, und kopflastig, wenn der Bug tiefer taucht. Mit Ladung schwimmt das Schiff in der beladenen, unbeladen in der leichten Wasserlinie, der Abstand beider Wasserlinien heißt Trim. Die Wasserverdrängung zwischen leichter und beladener Wasserlinie zeigt die Tragfähigkeit an.

Die Wasserverdrängung wird in Bruttoregistertonnen angegeben, dies ist kein Gewicht, sondern der Raum von 2,83 m³.

Der Völligkeitsgrad der Seeschiffe liegt zwischen 0,3 und 0,8, bei Schleppern und kleinen schnellen Schiffen näher dem geringeren, bei Ozeandampfern mehr dem höheren Wert.

Vom Heck zum Vorsteven, also in normaler Fahrtrichtung gesehen, liegt rechts Steuerbord, links Backbord.

Die Rippen und Verspannung des Schiffskörpers heißen Quer- und Längsspanten, der größte Querschnitt ist der Hauptspant; das Schiff wird durch Quer- und Längswände (Schotten) zum Aussteifen und als Sicherheit gegen Versinken unterteilt.

Die einzelnen Stockwerke sind die Decks, von oben nach unten heißen sie: Bootdeck, Oberdeck, Promenadedeck, Brückendeck, Hauptdeck, Zwischendeck, Unterdeck (liegt in Wasserlinie), Orlopdeck, Raumdeck und die Bodenwrangen (der Schiffsboden). Freibord ist die Höhe des Oberdecks über Wasser.

Ein Schiff schlingert, wenn es um seine Längsachse schwankt, es stampft, wenn es sich um eine Querachse bewegt, und es giert, wenn es sich um eine lotrechte Achse dreht.

Der Schiffsweg wird im Bereich der Küsten durch verschiedene Seezeichen gekennzeichnet. Im seichten Wasser ist die Fahrrinne durch verankerte Schwimmkörper (Bojen) vermarkt, sie bezeichnen auch gefährliche Stellen. Bei Nacht tragen die Bojen meist Lichter, bei Nebel werden Heultöne oder Glockensignale abgegeben. Zur Wahrnehmung des Schiffsweges bei Nacht dienen feste Lichter und Blinkfeuer von Leuchttürmen auf dem Land und Feuerschiffen zur See. Jedes dieser Zeichen hat sein besonderes Signal und seine Reichweite; dies ist in der Seekarte eingetragen.

Die Schiffe werden auf Werften gebaut, der Bauplatz ist die Helling. Dort wird das Schiff auf Holzstapel aufgelegt und zwar entweder mit dem Kiel in der Richtung zur Wasserkante oder parallel dazu; letzte Art (Querhelling) ist meist für Flußschiffe angewendet, deren Längssteifigkeit den Beanspruchungen eines Stapellaufs in Längsrichtung nicht gewachsen ist. Nach Fertigstellung des Schiffskörpers gleitet das Schiff auf einer schiefen Ablaufbahn ins Wasser und wird dort im Vorhelling fertig ausgerüstet. Solche Werftanlagen brauchen große Krane zum Einsetzen der schweren Schiffsteile, besonders der Schiffskessel, was zumeist durch Schwimmkrane geschieht. Die Helling ist von Krangerüsten umbaut, weshalb man moderne große Werftanlagen von weitem erkennt.

Die Seeschiffe werden in Dockanlagen ausgebessert. Das Trockendock ist ein Becken, nur für die Größe eines Schiffes ausgehoben, das durch eine Dockschleuse zugänglich ist; nach dem Einlaufen des Schiffes wird das Becken leergemacht, nachdem das Schiff vorher mit Holzstapel unterbaut und abgestützt wurde. Jetzt ist der Schiffsrumpf frei zugänglich. Im Fall eines Schwimmdocks fährt das Schiff auf den untergetauchten Schwimmkörper, welcher eine hohle Platte mit beiderseitigen Seitenwänden (U-Dock) oder einseitiger Wand (L-Dock) ist; nach Leerpumpen taucht er aus dem Wasser und hebt damit das Schiff heraus. Schwimmdocks arbeiten rascher als Trockendocks, sie sind auch bei ungünstigem Baugrund und großem Gezeitenunterschied vorteilhafter als jene, haben aber höhere Betriebskosten. Auch für die Dockarbeiten selbst ist ein Trockendock bequemer.

Fünfter Abschnitt

Wasserwirtschaft und Wasserrecht.

1. Allgemeines.

Wasserwirtschaft ist eine planmäßige Betreuung alles natürlich vorkommenden Wassers, um Schaden zu verhüten und Nutzen zu schaffen. (Schutz- und Nutzwasserwirtschaft), denn der naturgegebene Wasserkreislauf ist dem Menschen nicht immer genehm, sodaß er mittels wasserbaulicher Eingriffe diesen seinem Verlangen entsprechend abzuwandeln hofft. Weil jede dem einen nützlich dünkende Änderung eines Naturvorganges einem anderen schaden kann, muß eine sorgsame Wasserwirtschaft vermitteln, wozu im Wasserrecht gesetzliche Grundlagen verankert sind.

Allgemein hat sich der Begriff Wasserwirtschaft als übergeordnet eingebürgert, während dem Wasserbau nur die Durchführung technischer Belange obliegt.

Die Einteilung in Schutz- und Nutzwasserwirtschaft läßt allzuviele Einordnungszweifel aufkommen; eingehender ist eine Aufteilung[1]) in Linienwasserwirtschaft (Wildbachverbauung, Flußbau, Hochwasserschutz), Siedlungswasserwirtschaft (Wasserversorgung und Abwasserbeseitigung), Flächenwasserwirtschaft (Bodenbewässerung und -Entwässerung, Mooraufschließung), Wasserkraftwirtschaft, Verkehrswasserwirtschaft (Kanalbau, Schleusenbau, Seebau) und Wassergütewirtschaft (Biologie und Chemie des Wassers), in die Arbeitsgebiete der theoretischen Grundlagen (Wetterkunde, Gewässerkunde und Bodenkunde) und das Zusatzgebiet des Wasserrechts. Diese Ordnung liegt im allgemeinen auch diesem Buch zugrunde.

Selbstverständlich überschneiden sich die einzelnen Arbeitsgebiete; die unklaren Grenzen sind im öffentlichen Leben noch verschärft, da es eines Wasserwirtschaftsministeriums noch ermangelt, sodaß die Sachgebiete verschieden zuständig sind. In Deutschland war der während des zweiten Weltkrieges unternommene Versuch, die gesamte Wasserwirtschaft zusammenzufassen, wegen der Schwäche dieser Zentralstelle zum Mißlingen verurteilt, zumal wichtige Agenden abgezweigt blieben, z. B. die Wasserstraßen beim Verkehrsministerium. In Österreich wirkt trennend, daß Wasserbauer aus den Technischen Hochschulen als Bauingenieure, aus der Hochschule für Bodenkultur als Kulturingenieure hervorgehen. Auch sind die Ministerien für Handel und Wiederaufbau, für Energiewirtschaft, für Land- und Forstwirtschaft und für Verkehr je nach Sachgebiet zuständig.

---

[1]) Nach O. Vas.

So wichtig für die Bewirtschaftung ein Sammeln aller wasserbaulichen Arbeitsgebiete unter einem Hute wäre, ist es in absehbarer Zeit in unseren Ländern kaum zu erwarten; dies kommt wohl dort zuerst zustande, wo mißliche Wasserverhältnisse dazu zwingen oder eine vorausschauende Politik mit geweitetem Horizont herrscht.

Die Wasserwirtschaft ist mit der menschlichen Kultur so innig verbunden, daß man sie als ihren Maßstab ansetzen kann. Solange ein Volk durch geordnete Wasserwirtschaft die Fruchtbarkeit seines Bodens wahrte, blühte seine Kultur; verfiel aber die Wasserwirtschaft infolge Kriegswirren oder innerer Unruhen, verödete das Land und versank die Kultur in Urwald oder Wüste.

Wasserbauten sind gewöhnlich große Bauvorhaben, die ein gemeinschaftliches Vorgehen, verbunden mit rechtlichen Abmachungen erfordern, sodaß sie eine Staatsgemeinschaft mit bodenständiger Bevölkerung auf einem gewissen Kulturstand voraussetzen, die sich einer friedlichen Betätigung zwecks Verbessern der Lebenshaltung unter zielbewußter Führung hingibt.

An die Bedeutung wasserwirtschaftlicher Arbeiten mahnen Jahrtausend alte Inschriften in Ägypten und Mesopotamien, die den Ruhm der Herrscher als Urheber jener Anlagen und Wohltäter preisen.

Es würde vielleicht erzieherischer wirken, statt der epischen Dramatik blutiger Kriege vordringlicher die ruhig ablaufende Kulturgeschichte, damit auch die des Wasserbaues, in den Schulen zu lehren.

2. Geschichte des Wasserbaues.[2])

Die Beschäftigung in der Wasserwirtschaft verlangt Kenntnis des Naturgeschehens überhaupt vermittels Beobachtung, Erfahrung und Überlegung, ferner die Bekanntschaft mit den wasserbaulichen Mitteln, Möglichkeiten und Ausführungen. Hiefür liefert die Entwicklungsgeschichte das vortrefflichste Einfühlen. Es möge daher der Geschichte des Wasserbaues und angrenzender Sparten etwas Raum geboten sein, obwohl derartige Abhandlungen seitens der Techniker häufig als überflüssig abgelehnt werden; aber gerade der geschichtliche Werdegang erklärt manches Ergebnis, sodaß der überlegene Techniker eine geschichtliche Darstellung gern hinnimmt.

In den alten Ländern war das technische Wissen nicht Gemeingut, sondern geistiges Eigentum einer bevorzugten Bevölkerungsschicht — meist der Priesterkaste — und wurde zumeist nur mündlich überliefert, sodaß davon wieder vieles verlorenging, weil es dieselbe eifersüchtig hütete, um damit vor dem Volke übernatürlich zu erscheinen.

Das erste Buch über die Wasserbaukunst schrieb Tschou-li in China um 1100 v. Chr.

Aristoteles beschrieb 330 v. Chr. den natürlichen Wasserkreislauf, der jedoch lange vorher von Ägyptern und Babyloniern erkannt war; vor ihm hatte schon Hippokrates die Entstehung der Quellen erklärt.

Der römische „Ingenieur“ Vitruvius widmet in seinem Sammelwerk „De architectura“, das das technische Wissen der Zeit des Kaisers Augustus zusammenfaßt, den achten Band dem Wasserbau. Er berichtet über Arbeiten im Wasserbau und Grundbau des Altertums; hiebei erzählt

[2]) Mit Benutzung eines nicht veröffentlichten Aufsatzes von C. Reindl, München.

er unter anderem von Fangdämmen hinter Spundwänden und Ausschöpfen der Baugrube durch Wasserräder mit Tretradantrieb. Er erwähnt eine Bauweise zum Abdämmen, die erst kürzlich als neue Errungenschaft aus Amerika vermerkt wurde: Am Dammkopf errichtet man einen Mauerpfeiler, der nach Fertigstellen ins Wasser gekippt wird und damit den Damm bildet, wodurch man einen Molo schrittweise vortreiben kann.

Die Hydraulik war im Altertum reine Erfahrungswissenschaft. Fließgesetze waren zunächst unbekannt, obgleich schon auf den Zusammenhang von Rinngefälle, Fließtiefe und Bettrauhigkeit hingewiesen wurde; man nahm aber die Geschwindigkeit verhältnisgleich der Druckhöhe an, trotzdem der Gebrauch von Wasseruhren, die auf dem Ausfluß aus einem Gefäß fußten, dies als unrichtig anzeigte. Die Wirkung des Luftdruckes nannte man „Scheu vor dem Leeren". Galilei verfaßte ein Buch über die Bewegung des Wassers; Torricelli erkannte, daß fließendes Wasser dem gleichen Gesetz gehorcht wie ein freifallender Körper, wozu dann das Newton'sche Gravitationsgesetz die Grundlage lieferte.

1755 veröffentlicht Chezy die jetzt noch gebräuchliche Grundgleichung $v = c\sqrt{RJ}$ und bald hernach Euler eine theoretische Abhandlung über die Kontinuitätsgleichung.

Das wasserbauliche Versuchswesen begründet Leonardo da Vinci, welcher systematisch Strömungsvorgänge, Geschiebetrieb, Wellen- und Walzenbildung beobachtete. Er erkannte die Abhängigkeit der Fließgeschwindigkeit von Gefälle, benetztem Umfang und Bettrauhigkeit — allerdings noch mit Annahme eines linearen Zusammenhanges zwischen Geschwindigkeit und Gefälle — in seinem Werk „Über die Bewegung und Messung des Wassers".

In der Folgezeit gewann man aus Versuchen Reibungs-, Überfall- und Ausflußbeiwerte. Ende des vergangenen Jahrhunderts prüfte Fargue im Flußbaulaboratorium am maßstäblich verkleinerten Modell der Garonne die Wirkung von Flußeinbauten, während Reynolds Regeln für die Modellmaßstäbe aufstellte. Um die Jahrhundertwende entstanden der Reihe nach wasserbauliche Versuchsanstalten in Dresden (1891), Karlsruhe (1901), Berlin (1902) und Wien (1926).

Die Wassermessung geschah in römischer Zeit mit einer Art Meßdüse; als Einheit galt die Wassermenge, die innerhalb 24 Stunden aus einem 30 cm langen Rohr von 3 cm lichter Weite unter 33 cm Druckhöhe ausfloß. Diese Meßart ist noch heute im Salinenwesen gebräuchlich, die Maßeinheit heißt „ein Röhrl".

Auch hier waltete der universale Geist Leonardo da Vincis, welcher Schwimmer und Meßflügel zeichnete und benützte.

Woltmann führte 1790 den hydrometrischen Flügel ein.

In der Gewässerkunde befaßte man sich in frühester Zeit nur mit Wasserstandsbeobachtungen.

Ein altägyptischer Nilpegel in Gestalt einer Treppenanlage am Ufer der Insel Elephantine aus der Zeit 2000 v. Chr. ist noch vorhanden. Im alten Rom war der Pegel am Steinpfeiler der Tiberbrücke eingemeißelt und von oben nach unten beziffert.

In Korea sind Regenmesser und Pegel aus Stein aus dem Jahr 1441 noch im Gebrauch.

Die anfänglichen Wasserbauten beschränken sich auf Anlagen der Wasserversorgung, Bewässerung und möglicherweise Hochwasserschutz.

Am Nil, Euphrat und den Riesenströmen Chinas wurden vor vier Jahrtausenden Hochwasserdeiche und Stauseen zum Auffangen der Hochfluten errichtet. In Ägypten gestaltete man 2000 v. Chr. den Mörissee als Stauraum für Nilhochwässer, um Wasser zur Bewässerung Unterägyptens zu sammeln. Ähnlichen Zwecken dienen die aus der Sassanidenzeit stammenden großen Staudämme im Iran; diese Wehre haben einen betonähnlichen Kern oder Quaderummantelung, ihre Länge ist bis 900 m bei einer Stauhöhe von 3 bis 4 m. Beim Bau wurde der Fluß in Umlaufstollen umgeleitet. Einige dieser Stauanlagen sind noch erhalten.

Die alten Kulturländer des nahen und fernen Ostens waren durch großzügige Bewässerungsanlagen fruchtbar gemacht, nach deren Verfall das Land Wüste ward, wofür Mesopotamien das bekannteste Beispiel bietet.

Reste von Wasserleitungen, zum Teil kunstvoll in Stein gehauen, im Reiche der Inka, zeigen, welch hohe Zivilisation vor 5 bis 6 Jahrtausenden in der nunmehr von Urwald bedeckten Gegend herrschte. Auch Stadtentwässerung in unterirdischen Kanälen gab es einstmals dort; doch besitzen jene Ruinenstädte keinerlei Befestigungsanlagen, sodaß die hochentwickelte Kultur wohl die Frucht langer Friedenszeiten gewesen sein muß.

Zu bedeutenden Bauwerken bot die Wasserversorgung der Städte des Altertums Anlaß.

Oft besprochen ist die Siloah-Wasserleitung von Jerusalem (700 v. Chr.), welche durch einen 531 m langen, S-förmig gekrümmten Stollen führt. Die auf einer Insel liegende Stadt Tyrus wurde durch eine Leitung aus Bronzerohren versorgt, die durchs Meer ging. In Mesopotamien wurde eine Tonrohrleitung aus 30 cm langen Muffenrohren von 11 cm lichter Weite gefunden, die mit Lehm abgedichtet waren; sie ist 2500 Jahre alt. In diesem Lande war auch ein 48 km langer Bewässerungskanal des Königs Senacherib.

Kunstvolle Wasserversorgung besaßen die Städte Altgriechenlands. In Mykenä wurde 500 v. Chr. eine Wasserleitung durch einen 1 km langen, beiderseits vorgetriebenen Stollen gelegt; beim Stollendurchschlag war 1 m Höhenabweichung, eine für die damalige Zeit beachtenswerte Leistung. Nach Pergamum floß das Wasser durch eine Druckrohrleitung in Hausteinrohren, die 16 bis 20 at Druck aushielt; Smyrna wurde durch eine solche von 22 km Länge mit 20 at Druck, teilweise wieder auf 25 m hohen Mauerbögen, versorgt.

Von den Griechen lernten es die Römer, die es zur Meisterschaft im Wasserleitungsbau brachten. Sie zogen es aber vor, unter Ausnutzung des Geländes Freispiegelgerinne — manchmal als Aquädukte auf mächtigen Bogenbrücken — unter gleichmäßigem Gefälle von 5 ‰ anzulegen.

Roms alte Wasserzufuhr aus den Albanerbergen hatte um 300 v. Chr. eine Gesamtlänge von 400 km, davon 57 km Aquädukte, die bis 33 m übers Gelände emporragten. Der Albanersee wurde 400 v. Chr. mittels Stollen angezapft. Zur Kaiserzeit strömten so 11,6 m^3/s der ewigen Stadt zu. Von den zehn altrömischen Wasserleitungen stehen zur Zeit noch vier im Gebrauch. Überhaupt war Roms Wasserversorgung vorzüglich organisiert, wovon ein damaliger „Wasserwerksdirektor“ Frontinus eine Schilderung der Einrichtungen hinterließ.

In Deutschland besitzt Trier Reste der römischen Wasserleitung.

Ostasien baut Wasserleitungen seit uralter Zeit aus Bambusrohren, eine Bauart, die neuerdings auch für Fernleitungen von Naturgas verwendet wird.

Die Grundwassererschließung geschah bereits vor mehr als 2500 Jahren im Iran nach ganz neuzeitlich anmutenden Gesichtspunkten durch Quellfassungsstollen von mehreren Kilometern Länge, die in die wasserführende Schicht bergmännisch vorgetrieben wurden. Zum Aufsuchen dieser Schicht wurden in 100 bis 200 m Abstand Schächte abgeteuft, die man dann durch einen 0,4 bis 0,8 m breiten und 1,0 bis 1,5 m hohen Stollen verband.

Zur Salzgewinnung am Dürnberg bei Hallein (Salzburg) wurden um 1200 v. Chr. Quellstollen erschlossen; in Reichenhall (Bayern) und St. Moritz (Schweiz) fand man vorgeschichtliche Quellfassungen mit ausgehöhlten Baumstämmen als Schachtauskleidung.

Die Chinesen betreiben das Brunnenbohren mit Hilfe eines Federbaums, auf welche Art sie schon in alter Zeit Bohrlöcher von 1000 m Tiefe niederbrachten.

Bodenentwässerungsanlagen in der Art moderner Dräne durch oben gelochte Tonrohre gab es im altbabylonischen Reich (1900 v. Chr.).

Die römischen Kaiser ließen die pontinischen Sümpfe trockenlegen und verwandelten sie in fruchtbares Getreideland. Mit dem Untergang des römischen Reichs verfielen diese Entwässerungen, sodaß wieder Sumpf und Fieber einzogen, bis vor einigen Jahren die alten Maßnahmen wiederholt wurden.

Die Abwasserbeseitigung ist uralt. In einem ägyptischen Tempel wurde ein Abwasserkanal aus Kupferblech zusammengebogenen Rohren sowie Ausgußbecken mit Metallstopfen aus der Zeit 2500 v. Chr. vorgefunden.

Eine alte Flußregulierung ist die des Tiber im Stadtgebiet von Rom, welche eine schmale Niederwasserrinne, ein breiteres Mittelwasserbett und ein erweitertes Hochwasserprofil aufweist, ähnlich unseren Flußregelungen für schwankenden Abfluß.

Die chinesischen Ströme zwangen schon vor 4000 Jahren zu Vorkehrungen gegen Schlammführung und Sohlaufhöhung.

In Ägypten will man Spuren von Geschieberückhaltesperren gefunden haben, welche also die ältesten Werke der Wildbachverbauung wären. In Südtirol wurden im 16. Jahrhundert Geschiebesperren bei Trient und Schotterablagerungsplätze bei Brixen geschaffen. Gleichzeitig begann man dort das Übel an der Wurzel zu bekämpfen und den Oberlauf der Wildbäche zu verbauen. In tirolischen Landen druckte man auch das erste Buch über Wildbachverbauung von Duile (1825), in dem bereits kultureller Bodenbindung gedacht wurde.

Zu den Anfängen wasserbaulicher Großtaten zählen die Schiffahrtskanäle. Vor 3300 Jahren ließen die Pharaonen Sethos I. und Ramses II. einen Kanal vom Nil zum Roten Meer, gewissermaßen als Vorläufer des Suezkanals, graben, der 1000 Jahre später mit Schleusen ausgestattet wurde. Ihn querten Nechos Admirale 650 v. Chr. anläßlich der ersten geschichtlichen Rundfahrt um Afrika.

Um 600 v. Chr. wurde an Stelle des Kanals von Korinth eine Schleifbahn für Schiffe errichtet, die bis ins zwölfte Jahrhundert in Benützung blieb.

Die Römer legten 100 v. Chr. eine Schiffahrtstraße von der Rhone nach Marseille und zur Zeit Christi eine vom Rhein zur Issel an.

In Mitteleuropa machte Karl der Große den ersten Versuch zu einer Binnenwasserstraße zwischen Rhein und Donau; die Reste dieses Unternehmens sind noch jetzt bei der Station Grönenhart in der Nähe Weißenburgs in Bayern sichtbar. Der Kanal hätte 6 m Sohlbreite und 0.8 m Wassertiefe erhalten sollen, die Dämme waren bis 9 m hoch. $^1/_5$ der Erdbewegung von etwa ¾ Mio m^3 war bereits geleistet, als das Vorhaben, welches hauptsächlich dem Avarenfeldzug dienen sollte, aufgegeben wurde.

650 n. Chr. begann im Reich der Mitte der Bau des riesigen Kaiserkanals als Verbindung der chinesischen Ströme; Höhenunterschiede werden dabei durch schiefe Ebenen überwunden.

Kammerschleusen sollen um 1300 aufgekommen sein; Leonardo da Vinci entwarf solche in seinen Skizzen, die auch Bagger- und Fördermaschinen zum Bau großer Kanäle technisch durchaus möglich darstellten und damit den weit vorausschauenden Geist dieses Mannes beweisen, leider waren damals Treträder und Göpel die einzig bekannten Antriebe.

1700 schritt Rußland zum Bau seiner Schiffahrtswege. Einen Höhepunkt des Wasserstraßenverkehrs im 18. Jhd. bilden die französischen Kanäle, die bezüglich ihrer Anlage in landschaftlicher Hinsicht beispielgebend sind.

Erst vor dreißig Jahren dachte man an die Ausnutzung des Schleusengefälles für Wasserkraft.

Die erste Maschine der Wasserkraftnutzung und Vorläufer des Wasserrades ist wohl die in China heute noch übliche Wasserstampfe (Wasseranke), ein einseitiger Hebel, der durch das Wassergewicht bewegt wird. Wasserschöpfräder mit Antrieb durch den Strom waren in Ostasien zur Bewässerung der Reisfelder schon 1000 Jahre v. Chr. Geburt oder noch früher bekannt.

Um 100 v. Chr. drang das Wissen der Wasserkraftnutzung ins Abendland. Wassermühlen waren zur Zeit Julius Cäsars in Rom und wurden von Vitruvius beschrieben. Römische Legionäre verbreiteten diese technische Errungenschaft über das ganze Weltreich der Römer und im 3. Jhd. bis in die Moselgegend. Es handelt sich hiebei um Stoßräder mit meist senkrechter Welle, wie sie heute noch am Balkan oder in ladinischen Tälern anzutreffen sind. In Böhmen erschienen Wassermühlen nach 700; Goslar soll 922 anstelle einer Mühle gegründet worden sein. Um 1000 baut man in Augsburg ein Lechwehr zum Abzweigen von Mühlbächen und 1047 entsteht eine Wassermühle in Schwaz (Tirol). Nun mehren sich die urkundlichen Belege über Wasserkraftwerke, besonders in den Alpentälern; Bergbau und Abbau der Salzlagerstätten fördern die „Wasserkünste", welche dort Pumpen und Förderhaspel treiben, wobei das Aufschlagwasser manchmal durch die Stollen in ein anderes Flußtal abgeleitet wird.

Die Erfindung der Kolbenpumpe wird Ktesibios zugeschrieben, der im 3. Jhd. v. Chr. in Griechenland lebte. Auch die Handfeuerspritze war Griechen und Römern bekannt, ohne aber von ihnen besonders angewendet zu werden.

Die Wasserräder entwickelten sich in mannigfachen Formen bis zu 10 m Durchmesser; sie wurden durch gekrümmte Schaufeln, Kropfeinbau und Spannschützen verbessert, sodaß bis 100 PS Leistung erreicht wurde.

Aber den Aufschwung der Wasserkräfte zeitigte erst die Erfindung der Turbine. Wieder ist Leonardo da Vinci darin zweihundert Jahre seiner Zeit voraus, da er Aktionsturbinen mit stehender Welle, Rohrzuleitung und Düsenbeaufschlagung — ja sogar eine Propellerturbine mit achsialem Durchfluß ohne Leitapparat skizzierte. Bernouilli erkannte das Gesetz der Reaktion, Umwandlung von Geschwindigkeit in Druck, Segner baute das Reaktionsrad, Euler fand die Berechnungsgrundlage und Burdin konstruierte 1826 die erste derartige Wasserkraftmaschine, die Turbine genannt wurde. Fourneyron verbesserte dieselbe und baute 1834 die erste Hochdruckturbine für 108 m Fallhöhe, die nun im deutschen Museum in München steht. Die Theorie holte Poncelet nach. Swain erstellte 1869 erstmals die nach Francis benannte Turbinenart und zehn Jahre später Pelton eine Freistrahlturbine mit Becherschaufeln. Vor 25 Jahren vollendete der Steiermärker Kaplan die Konstruktion einer Propellerturbine mit verstellbaren Flügeln. Diese drei Turbinenbauarten gewannen über die anderen den Vorrang und werden nunmehr ausschließlich gebaut; besonders die Kaplanturbine hat rasch außerordentlichen Fortschritt gemacht, weil sie niederste Gefälle mit großen Wassermengen erfolgreich auszunützen gestattet.

Die Wasserkraft war anfangs standortgebunden und ihre Leistung gering, sodaß die Erfindung der Dampfmaschine (1820) sie arg in den Hintergrund drängte. Aber die rasche Entwicklung der Elektrotechnik hat die Wasserkraft vom Standort freigemacht und damit ihren sprunghaften Aufschwung in den letzten fünfzig Jahren ermöglicht.

1891 übertrug man das erstemal eine Leistung von 300 PS aus Laufen am Neckar zur Ausstellung nach Frankfurt am Main über eine Strecke von 170 km als Drehstrom von 15 kV. Das war der entscheidende Anstoß für die Großraumenergiewirtschaft der Gegenwart.

Eine zweite Förderung erfuhr die Wasserkraft durch den Fortschritt der Chemie, die manche mangelnden Rohstoffe mit Hilfe sogenannter Kraftverfahren auf elektrochemischer oder elektrothermischer Grundlage aus reichlich vorhandenen Stoffen, wie Luft, Wasser, Kalk u. a. entstehen ließ, sodaß diese Stoffe nur eine Energiefrage bedeuten. Es benötigt beispielsweise das Herstellen von 1 t Karbid 3000 kWh, Kalkstickstoff 11000 kWh, Luftstickstoff 18000 kWh, Aluminium 20000 kWh und Gummi 40000 kWh.

Selbst im kohlereichen Deutschland gab die Erkenntnis, daß die Wasserkraft als sogenannte „weiße Kohle“ gegenüber der wirklichen Kohle sich immer wieder erneuere und damit unerschöpflich sei, den Ausschlag, die Wasserkräfte restlos auszubeuten, zumal die Kohle als wertvoller Rohstoff bei der Dampfkraftnutzung nur schlecht mit einem Wirkungsgrad von 15 bis 20 % verwertet wird.

Immerhin sind Wärmekraftwerke für den Ausgleich der zeitweise an Wassermangel leidenden Wasserkraftwerke nötig. Andererseits sucht man diesem Übelstand durch Speichern allfälliger Wasser- und Energieüberschüsse in Talsperren und Pumpspeicherwerken abzuhelfen, welche seit dem ersten Weltkrieg der Gegenstand vieler Bauten und Planungen sind.

Um den Energiebedarf mit dem Energiedargebot auszugleichen, erstrebt man eine Verbundwirtschaft, die knapp vor dem ersten Weltkrieg durch Oskar von Miller angeregt aus dem eng begrenzenden Raum einiger Ortschaften um die Jahrhundertwende sich länderumspannend ausdehnte und nunmehr als Strom-Ein- und -Ausfuhr in den zwischenstaatlichen Handelsverkehr eingegangen ist.

Den Aufstieg der Wasserkraftnutzung beleuchtet am besten nachstehende Tafel über das Steigen der Leistung einzelner Wasserkraftmaschinen.

Jahr:	1850	1880	1900	1920	1943
Höchste Turbinenleistung in PS	150	600	1500	20.000	115.000
Größte Schluckfähigkeit je Laufrad in m³/s	2	7	23	70	325
Bester Wirkungsgrad in %	65—70	76	85	91	93

Auch bei der Wasserversorgung denkt man an Wasserkraftnutzung, indem überschüssiges Gefälle der Wasserleitung als Kraftstufe abgearbeitet wird; zuerst geschah es 1906 in Nordhausen am Harz. Seither entstanden große Wasserleitungskraftwerke z. B. Opponitz an der Wiener Hochquellenleitung mit 5000 kW.

Im beschränkten Raum dieses Buches konnten nur einige Marksteine aus der Geschichte der Wasserwirtschaft herausgegriffen werden, sodaß die interessanten und oft zu weiterem Denken anregenden Einzelheiten wasserbaulicher Fortschritte und Erfindungen, Um- und Abwege dieses technischen Geschehens verabsäumt werden müssen.

3. Wasserrecht.

Die Gesetzgebung hinkt bekanntlich der wirtschaftlichen Entwicklung nach, wovon besonders die Wasserwirtschaft Zeugnis ablegt. Wohl erscheint 398 n. Chr. im römischen Reich das erste bekannte Wassergesetz, welches den Wassermühlen öffentlichen Schutz angedeihen läßt und ihnen ein Privatrecht am Wasser einräumt. Ähnliche Bestimmungen übernehmen die salischen Gesetze im 7. Jhd. Auch Österreich besitzt eine Mühlenordnung vom Jahr 1802.

Bis Mitte des vorigen Jahrhunderts hatten sich aber die einzelnen Zweige der Wasserwirtschaft kaum gegenseitig beeinflußt.

Erst die Zusammenballung der Bevölkerung auf engen Raum schuf wasserwirtschaftliche Unzukömmlichkeiten. Das natürliche Grundwasservorkommen reichte nicht mehr aus, die in die Flüsse eingeleiteten Abwässer verdarben das Wasser für den Gebrauch der Unterlieger und brachten sanitäre Mißstände; der Fischbestand litt in dem mit Industriewässern belasteten Vorfluter, die höher sich entwickelnde Landwirtschaft benötigte mehr Wasser. Arg steigerten sich diese Unzulänglichkeiten bei Wasserklemme.

Die Wassernutzung veränderte den natürlichen Wasserlauf sowohl durch Stau als Umleitung, beeinflußte das hergebrachte Flußregime auch sonst, sodaß die gewohnten Rechte der Ober- und Unterlieger sowie Anrainer berührt wurden.

Die sich immer mehr verstärkenden Gegensätze bedurften notgedrungen der Schranken eines Wasserrechtes, das sich aus dem Rahmen einzelner Landeswassergesetze schließlich auf den Raum eines Reiches ausdehnte, dabei aber den klimatisch und hydrographisch verschieden veranlagten Gegenden gerecht werden sollte.

Es ist daher unmöglich, in wenigen Zeilen die Wasserrechtslage der verschiedenen Länder auch nur kurz zu skizzieren, zumal vieles noch in Schwebe ist. Es mögen daher nur die Richtlinien erklärt werden, in deren Rahmen sich die allgemeine diesbezügliche Rechtsanschauung[2]) bewegt.

Österreich hatte seinerzeit ein staatliches Rahmengesetz und in den einzelnen Bundesländern darauf basierende Landeswassergesetze. Das Bundesgesetz über das Wasserrecht vom 19. 10. 1934 räumt vorbildlicherweise mit dieser Zersplitterung und den einzelnen Landeswassergesetzen auf.

Nach der bestehenden Rechtsauffassung teilt man die Gewässer in öffentliche und private. Jeder Nießbrauch an öffentlichen Gewässern, zu denen unbedingt die schiffbaren gehören, ist mit geringfügigen Ausnahmen, die keine besondere Veränderung des Wasserlaufs verursachen, wie Baden, Viehtränken, kleine Schotterentnahme und Befahren mit Fahrzeugen, an eine behördliche Genehmigung (Konzession) geknüpft, während im privaten Gewässer alles im Belieben des Besitzers liegt.

Das unter seinem Grund und Boden befindliche Grundwasser galt ebenfalls als Privatgewässer — eine Rechtserkenntnis, die neuerdings verlassen wurde, sodaß nur mehr kleine Grundwasserentnahmen für den üblichen Hausgebrauch keiner Bewilligung bedürfen, während große genehmigungspflichtig sind.

Es sind über alle wasserwirtschaftlichen Bauvorhaben an die technische Verwaltungsbehörde Pläne mit dem Ersuchen um Genehmigung einzureichen; sie werden nach einem vorgeschriebenen Verfahrensgang behandelt und die Einflußnahme auf Nachbarn sowie die öffentliche Stellungnahme untersucht. Schließlich werden in der Konzessionsurkunde eventuell fallweise Bedingungen, Gebühren und Fallfristen für Baubeginn, Erlöschen der Genehmigung und Heimfallsrecht auferlegt. Manche Bewilligung (z. B. Wassereinleitung in einen Vorfluter) kann auch widerruflich verliehen werden. Eine mehrere (meist drei) Jahre unterbrochene Wassernutzung erlischt, sofern nicht rechtzeitig um Fristverlängerung angesucht wurde.

In manchen Ländern (Österreich), werden erteilte Rechte in Wasserbücher verzeichnet, doch sind mit dieser Eintragung allein dieselben nicht begründet.

Österreich kennt ein Gesetz über bevorzugte Wasserbauten vom 9. September 1938, das wesentliche Erleichterungen für beschleunigtes Verfahren sowie insbesonders eine weitgehende Enteignungsbefugnis gewährt, die auch im Bundesgesetz verankert ist.

Den Kern des Wasserrechts bilden Bestimmungen über Gründung und Aufgaben von Wassergenossenschaften zwecks Regelung und Reinhaltung von Flüssen, kulturellen Bodenarbeiten, Wasserversorgung und Abwasserbeseitigung. Diesen Genossenschaften sind gewisse Rechte zum Eintreiben von Beiträgen u. ähnl. zugestanden. Im neuen Wasserbauförderungsgesetz in Österreich ist der aus öffentlicher Hand gewährte Zuschuß für gemeinnützige Wasserbauvorhaben festgelegt.

Das Wesentliche im Wasserrecht ist gegenüber dem sonstigen bürgerlichen Recht, daß die Entscheidungen verwaltungsrechtlich und nicht durch den Richter gefällt werden, was hauptsächlich in Schadenersatzfragen und Rechtsfeststellungen wichtig ist.

---

[2]) Eine Übersicht über Wassergesetze in den wichtigsten europäischen Ländern findet sich in den Wasserkraftjahrbüchern 1929/30 und 1930/31. „Die Grundzüge der Wasserkraft- und Energiegesetzgebung in den wichtigsten Wasserkraftländern Europas“.

Als Wasserbehörde gelten in Österreich die Landesbauämter und als vorgesetzte Instanz das betreffende Ministerium.

Eng verflochten mit der Wasserkraftwirtschaft ist die Energiewirtschaft, die in Deutschland durch das Gesetz zur Förderung der Energiewirtschaft vom 13. 12. 1935 (R.G.Bl. 1940, I. Nr. 14) ihre gesetzlichen Grundlagen bekam; dasselbe trat in Österreich 1939 in Kraft, wo es das frühere Elektrizitätswegegesetz ablöste. Es enthält Anordnungen über Anzeigepflicht, Erweiterung und Stillegen von Anlagen der Energieversorgungsunternehmungen, Enteignungsbefugnis und Zusammenarbeiten von Wasserkraftanlagen für Eigenversorgung mit denen öffentlicher Hand.

In welcher Weise das neugeschaffene Energiewirtschaftsministerium und die geplante Verstaatlichung aller Energieversorgungsunternehmungen in Österreich sich rechtlich auswirkt, läßt sich derzeit noch nicht absehen.

Sechster Abschnitt

Grundbau.[1])

I. Baugrund.

1. Bodenarten.[2])

Die Bodenphysik und Erdbaumechanik, die sich mit dem Verhalten der verschiedenen Bodenarten beschäftigt, hat gerade in letzter Zeit große Fortschritte erlebt, wenn sie auch noch in den Anfängen steckt und manche Grundbegriffe, z. B. Porenvolumen, Fels u. a. noch nicht einheitlich festliegen. Terzaghi hat mit seinem Buch[3]) umwälzend gewirkt. Die Fülle des Neuen verwirrt selbst Fachleute, so daß sich der einfache Ingenieur heute noch vielfach mit Althergebrachtem begnügt und sich skeptisch verhält.[4])

Unter Boden versteht man im Grundbau alles außer Fels. Man unterscheidet kohäsionslose Böden, deren Zusammenhalt gering ist und die nur durch Reibung haften (körniger oder Sandboden) und kohärente Böden mit guter Haftung (bindige oder Tonböden). Dazwischen sind natürlich Übergangsformen (verkittete Böden, z. B. Löß).

Bezüglich Korngröße scheidet man die Sande unter einem Korndurchmesser von 0,1 mm (Mehl- und Staubsand) durch Schlemmanalyse nach der Sinkgeschwindigkeit, die mit größerem Korn mit Siebanalyse in Fein- (0,1/0,2 mm), Mittel- (0,2/1 mm) und Grobsand (1/2 mm), ferner in Fein- (2/5 mm), Mittel- (5/30 mm) und Grobkies (30/70 mm); bei noch größerem Korn spricht man von Steinen.

Die Dichte des Sandes ist 2,6 bis 2,7, die des Tones 2,6 bis 2,9, also schwerer.

Das Porenverhältnis ist bei bindigen Böden stets größer als bei Sand und bei Sand weniger veränderlich als bei Ton.

Bei Sandböden ist der Wassergehalt nicht so entscheidend wie bei Ton; denn bei diesem scheint der Boden solange widerstandsfähig, bis das Wasser herausgedrückt wird.

Körniger Boden (Schotter, Kies und Sand, sowie Gebirgsschutt) ist nicht zug-, noch scherfest, also nicht bindig, sondern rollig; erst in tieferen Lagen wird er infolge der Überlagerungshöhe etwas scherfest. Er ist trotz verhältnismäßig großer Poren wenig zusammendrückbar und gilt als guter Baugrund.

---

[1]) Brennecke-Lohmeyer: Der Grundbau, 3 Bände, Berlin 1938. — Schulze-Benzel, Grundbau, Berlin 1943.

[2]) DIN 4022, Einheitliches Benennen der Bodenarten usw.

[3]) Terzaghi, Erdbaumechanik auf bodenphysikalischer Grundlage, Leipzig 1925.

[4]) Petermann-Boedeker, Forschungen für das Straßenwesen 1937, H. 12: Schrifttum über Bodenmechanik.

Auch Feinsand, Staubsand („Mo“ 0,1/0,02 mm) und Mehlsand („Schluff“ 0,02/0,002 mm) kann in einiger Tiefe tragfähig sein, wenn er nicht durch Anwachsen des Wassergehaltes bei Lockerung des Gefüges zum „Schwimmsand“ wird; dies kann beim Auspumpen einer Baugrube durch einseitigen Wasserdruck von unten geschehen. Schwimmsand ist sehr gefährlich als Untergrund.

Löß ist ein Mo-Schluff-Gemenge mit vielen Poren, durch hohen Kalkgehalt verkittet; er ist in trockenem oder wenig feuchtem Zustand auch ein mittelmäßiger Baugrund.

Bindiger Boden (Ton, Lehm, Letten, Tegel, Mergel, Schlamm, Klei und Schlick) ist durch den Wassergehalt stark beeinflußbar; er besteht aus feinsten Sanden und Bodenteilchen bis hinab zu den Bodenkolloiden von 0,002 bis 0,00002 mm Korngröße.

Ton besteht aus allerfeinsten biegsamen Schüppchen (0,002 mm) und hat überaus feine Poren, saugt langsam Wasser auf, quillt dabei und wird weich.

Lehm ist Ton mit 30 bis 70% Sand und wird daher nicht so plastisch als dieser, dafür aber infolge des größeren Porengehaltes schneller und leichter weich.

Letten ist zäher Ton, in dem das ursprüngliche Gestein zu erkennen ist. Die Bezeichnung ist nicht einheitlich.

Tegel (Schlier) sind unreine, gleichmäßige, meist geschichtete Tone von blauer, grauer oder grüner Farbe.

Mergel ist stark kalkhaltiger Ton, ein recht guter Baugrund.

Schlamm (in Norddeutschland: Klei oder Schlick) ist zufolge seines Wassergehaltes dünn- oder zähflüssiger Ton.

Bindige Böden sind bedenklich, weil der Wassergehalt durch die Baulast langsam ausgepreßt wird, was jahrelang dauern kann; daher sind Setzungen auf lange Zeit zu gewärtigen. Beim Entlasten schwillt dieser Boden wieder auf, beim Austrocknen schwindet und reißt er.

Fels ist bei genügender Mächtigkeit und waagrechter Schichtung der beste Baugrund.

Als Eruptivgestein ist er entweder Tiefengestein, das unter hohem Druck erstarrt ist (z. B. Granit) oder Ergußgestein (z. B. Basalt); beide haben massig-kristallines Gefüge.

Verwittert Gestein, wird es dann durch Wasser, Eis und Wind umgelagert und darnach wieder verfestigt; so entstehen die verschiedenen Sedimentgesteine (Konglomerate, Sandstein, Tonschiefer) und bei hohem Druck die kristallinen Schiefer; sie sind geschichtet.

Loser, verwitterter Schutt ist bis auf den „gewachsenen“ Fels abzuräumen. Klüfte sind mit Beton zu schließen.

Guter Fels kann nur durch Sprengen oder Abmeißeln bearbeitet werden, gebrächer, lockerer und geschieferter Fels auch mit der Brechstange. Gefährlich sind Gesteine, die sich bei Wasserzudrang verändern, wie Gips, Anhydrit, möglicherweise auch Kalkstein und Dolomit.

Kein Baugrund ist Moorerde, Torf, Mutterboden, Schlick und Faulschlamm; diese Böden sind auch gewöhnlich wegen Säurehältigkeit dem Grundmauerwerk gefährlich.

Nicht gewachsener Boden — also Anschüttung — ist je nach Liegezeit und Dichte schlechter bis mäßiger Baugrund.

Die Schichtung des Bodens ist von Bedeutung, weil wenig preßbare, tragfähige Schichten über nachgiebigem Untergrund so mächtig sein müssen, daß sie die Druckverteilung auf die Unterschicht weit genug ausbreiten. Bei wechselnder Schichtenfolge ist der Grundbau durch schlechte Schichten hindurch auf eine tragfähige Breite des Untergrundes auszudehnen.

Der Untergrund unter einem Bauwerk wird um so stärker zusammengepreßt, je geringer der umgebende Boden vermittels seiner Zug- und Scherfestigkeit mitwirkt und je mehr seine Poren zusammengedrückt werden können.

Besteht die Gefahr des Ausweichens, ist der Baugrund durch Entwässern oder durch Umschließen mit Spundwänden zu sichern. In Bergbaugebieten ist das Grundwerk mit Rücksicht auf Senkungserscheinungen anzulegen.

2. Zulässige Belastung des Baugrundes.

Der Begriff der zulässigen Pressung wird verschieden gedeutet: Nach einer Annahme ist es jene Belastung, bei der die Last auf eine Grundfläche von 0,3/0,3 m verteilt 1 cm tief in den Boden einsinkt. Eine andere Regelung nimmt die Hälfte der Proportionalitätsgrenze als zulässig an.

Bettungsziffer nennt man jene Pressung, die den Boden um 1 cm zusammendrückt; weil aber der Boden nicht elastisch ist, führt die Kenntnis der Bettungsziffer zu keinem Ziele.

Die Erfahrung lehrt, daß maßstäbliche Unterschiede bestehen; beispielsweise setzte sich blauer Ton bei einer Pressung von 2,3 kg/cm² auf eine Grundfläche von 0,8/0,8 m um 6 mm, bei einer Lastfläche von 8,0/8,0 nicht

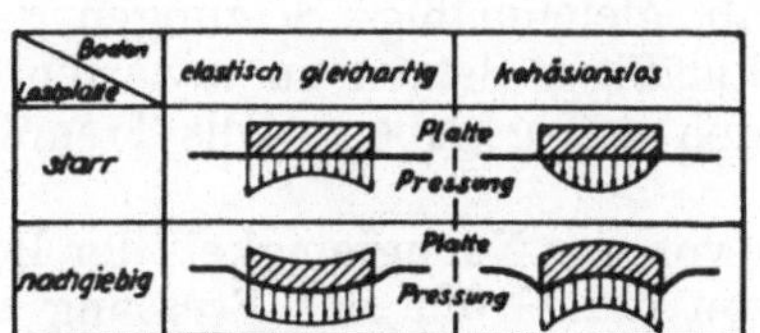

Abb. 497. Grenzfälle der Bodenbelastung.

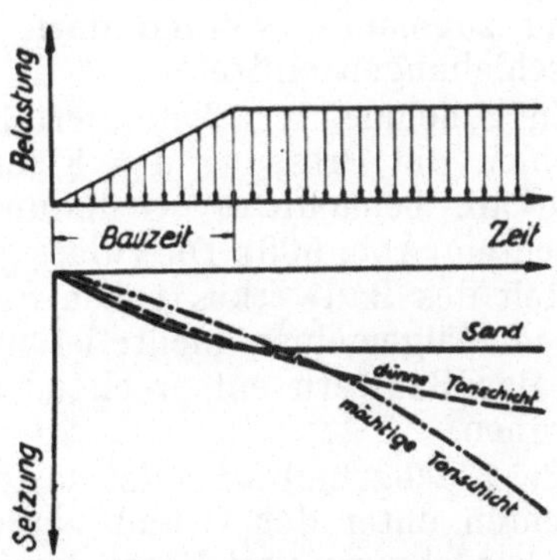

Abb. 498. Schaubild der Setzungen über verschiedenen Bodenarten.

erkennbar. Unterschiede weisen auch die Ergebnisse des Versuchsraumes und der Natur auf.

Dies erklärt sich daraus, daß der Boden nicht homogen und die Last infolge Nachgiebigkeit des Grundwerks und des Bodens sich nicht gleichmäßig auf die gesamte Grundfläche verteilt.

Theoretische Grenzfälle werden gekennzeichnet durch eine vollkommen starre und vollkommen elastische Lastplatte im elastisch gleichartigen Boden und kohäsionslosen Sand (Abb. 497); die Wirklichkeit liegt zwischen diesen Grenzen.

Die Setzungen sind bei manchen Bodenarten mit dem vollendeten Aufbringen der Last nicht beendet, sie dauern bei bindigen Böden jahrelang an (Abb. 498). Entlastung bringt im bindigen Boden nur ein teilweises Zurückgehen der Einsenkung.

Der Störungsbereich im Untergrund erstreckt sich außerhalb des Grundkörpers (Abb. 499).

Die *wahre Sicherheit* des *Bauwerkes* hängt vom Zusammenwirken der Bodenungleichförmigkeit, von Grundrißform und konstruktiven Eigenschaften des Bauwerkes selbst ab. Stahlbeton ist beispielsweise

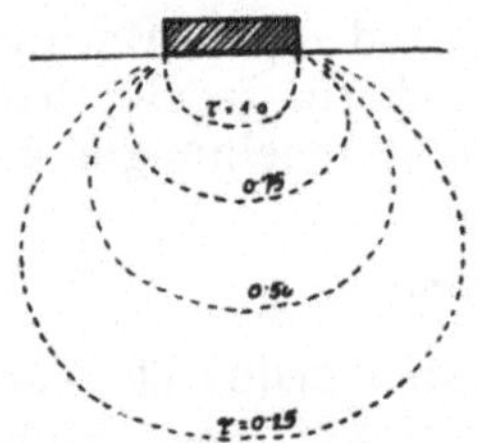

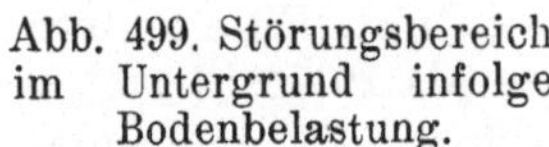

Abb. 499. Störungsbereich im Untergrund infolge Bodenbelastung.

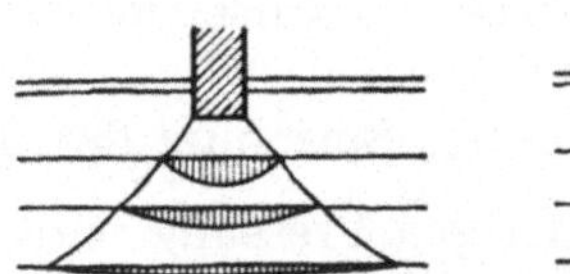

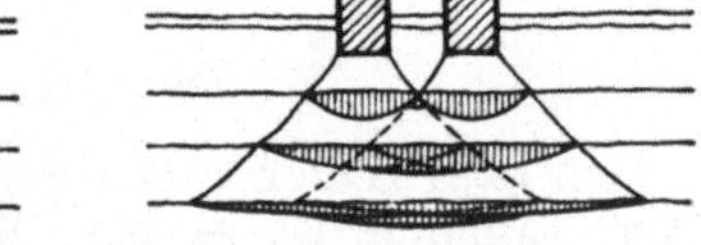

Abb. 500. Pressung unter Bauwerken.

infolge seiner Steifigkeit gegen ungleiche Setzungen empfindlicher als das nachgiebigere Ziegelmauerwerk.

Man müßte also die Setzung jedes Bauwerkes vorher schätzen und darnach das Grundwerk gestalten; weil diese Bauplanung zu umständlich wäre, hat man Richtlinien für die zulässige Bodenbelastung geschaffen.

Die *Richtlinien DIN 1054* geben an, welche Last dem Baugrund zugemutet werden darf, damit keine schädlichen Setzungen und Verschiebungen eintreten.

In zunehmender Tiefe verteilt sich die Pressung auf immer breitere Flächen, die Pressung der Flächeneinheit nimmt also mit zunehmender Tiefe ab; benachbarte Gründungen überlagern sich in tiefer gelegenen Schichten (Abb. 500). Die zulässige Belastung hängt auch von der Empfindlichkeit des Bauwerkes gegen Setzen ab; gleichmäßige Setzungen gefährden im Allgemeinen nicht; ist ungleichmäßiges Setzen zu erwarten, muß man das Bauwerk entsprechend ausbilden und gegebenenfalls Trennfugen anordnen.

Bei Flachgründungen ist das Setzen von der Nachgiebigkeit der Bodenschichten unter der Gründungssohle von der Größe der Pressung sowie von Ausdehnung und Form der Gründungsfläche beeinflußt.

Gleiche Setzungen eines Baugrundes werden erreicht, wenn die größeren Grundflächen eine etwas geringere Einheitsbelastung als die kleineren aufweisen, worauf besonders bei bindigen Böden zu achten ist.

Bei Pfahlgründungen ist Pfahlbelastung, Nachgiebigkeit der Bodenschicht unter den Pfählen und Mantelreibung der Pfähle maßgebend.

Kann der Baugrund einwandfrei beurteilt werden, gelten die in der Tafel angezeigten *höchstzulässigen Bodenpressungen*, dabei darf ein tatsächlich dauernd vorhandener Auftrieb vom Gewicht des Bauwerkes abgezogen werden.

Die Gründungssohle muß frostfrei liegen (mindest 80 cm tief), unter ihr müssen überall tragfähige Bodenschichten sein. Die Setzung darf das für

Tabelle 16. Zulässige Bodenpressung $\sigma_{d\,zul}$ unter Gründungssohle in zweifelsfreien Fällen.

	Bodenart	$\sigma_{d\,zul}$ in kg/cm²
A	Angeschütteter, nicht künstlich verdichteter Boden. Je nach der Beschaffenheit und Dicke der Gründungsschicht sowie der Dichte und Gleichmäßigkeit ihrer Lagerung	0 bis 1
B	Gewachsener (offensichtlich unberührter) Boden	
1.	Schlamm, Torf, Moorerde im allgemeinen	0
2.	Nicht bindige, festgelagerte Böden	
	a) Feinsand und Mittelsand bis 1 mm Korngröße	2
	b) Grobsand, 1 bis 3 mm Korngröße	3
	c) Kiessand mit 1/3 Kies bis 70 mm Durchmesser	4
3.	Bindige Böden (Lehm, Ton, Mergel)	
	a) breiig (quillt beim Ballen durch die Finger)	0
	b) weich (läßt sich leicht kneten)	0,4
	c) steif (schwer knetbar, kann zu kleinen Walzen ohne zu reißen gerollt werden)	0,8
	d) halbfest (zerbröckelt zwar beim Rollen, ist aber feucht) .	1,5
	e) hart (ausgetrocknet, sieht hell aus, zerbricht)	3,0
4.	Fels mit geringer Klüftung in gesundem, unverwittertem Zustand und in günstiger Lagerung, sonst sind nachstehende Zahlen um mehr als die Hälfte zu ermäßigen.	
	a) geschlossene Schichten (Grauwacke, Sandstein, Kalkstein, Marmor, Mergelstein, Dolomit, kristalline Schiefer), bei geringer Festigkeit	10
	bei fester Beschaffenheit (σ_d Druckfestigkeit größer als 50 kg/cm²)	15
	b) in massiger Ausbildung (Granit, Syenit, Diorit, Porphyr, Diabas, Basalt, Andesit, Gneis)	30

das Bauwerk zulässige Maß nicht überschreiten, was im Zweifelsfall durch Setzungsberechnung nachzuweisen ist.

Der Baugrund darf keine nennenswerten Erschütterungen erfahren.

Bei ausmittiger Belastung muß die Mittelkraft mindest 1/6 der Grundflächenausmaße vom Rand entfernt sein. Sind alle Lasteinwirkungen erfaßt, dürfen im gewachsenen Boden die Werte für die Kantenpressungen um 30 % erhöht werden, aber die Schwerpunktspannung darf die Tafelwerte nicht überschreiten.

Ist das Bauwerk tiefer als 2 m gegründet, darf die Bodenpressung um das Gewicht der Bodenmassen erhöht werden, die vor dem Aushub dauernd dort auflasteten.

Bei körnigen Böden zweifelsfrei festgestellter guter Lagerung ist ein Erhöhen der zulässigen Bodenpressung bei breiteren Grundflächen als 2 m gemäß nachfolgender Regel erlaubt.

Tabelle 17.

Bodenart	Breite der Grundfläche[1]	
	2 m	10 m
a) Feinsand und Mittelsand bis 1 mm Korn	2	5 kg/cm²
b) Grobsand, 1 bis 3 mm Korn	3	8 kg/cm²
c) Kiessand mit 1/3 Kies bis 70 mm Korn	4	10 kg/cm²

[1]) Für Zwischenbreiten sind die Werte geradlinig einzuschalten.

Erschütterungen können bei körnigen Böden die Setzungen erheblich vergrößen.

Wird die Größe der erwarteten Setzung bezweifelt oder werden die zulässigen Pressungen überschritten, sind eingehende Untersuchungen anzustellen, zu denen eine anerkannte Versuchsanstalt oder ein Fachmann zugezogen werden soll.

Probebelastungen sind im Zusammenhang mit der Bodenuntersuchung vorzunehmen; sie bieten in der Regel nur ein Bild der Preßbarkeit der oberen Schichten, lassen sich aber nicht ohne weiteres verallgemeinern.

Der Boden übt zufolge seiner hydromechanischen Eigenschaften ähnlich dem Wasserdruck seitliche Druckkräfte aus, deren Größe und Richtung wesentlich von seiner jeweiligen Konsistenz abhängen und stark verschieden sind, je nachdem sie angreifend wirken (aktiver Erddruck oder kurz Erddruck) oder einer seitlichen Angriffskraft widerstehen (passiver Erddruck oder Erdwiderstand). Es ist bisher noch nicht gelungen, eine einwandfreie Theorie darüber zu entwickeln; als Altmeister gilt Coulomb, auf dessen Erddrucktheorie der ebenen Gleitlinien heute noch zurückgegriffen wird, wenn Erddruckberechnungen geliefert werden; die unterdes gestarteten Theorien gekrümmter Gleitlinien entsprechen zwar besser den Tatsachen, sind aber schwer der rechnerischen Behandlung zugänglich.

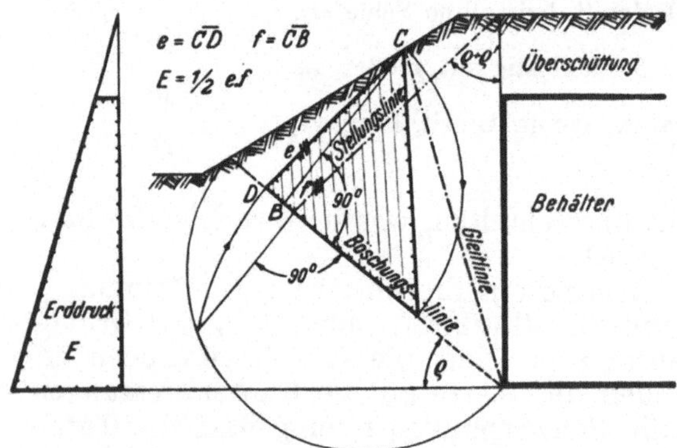

Zeichnerische Ermittlung des Erddruckes in einem einfachen Fall.

Abb. 501.

Vom Fußpunkt der vom Erddruck belasteten Wand des Behälters trägt man unter dem Reibungswinkel ϱ (für nasses Erdreich 37°) die Böschungslinie bis zum Geländeschnitt auf; vom Schnittpunkt der verlängerten Wandlinie mit dem Gelände zeichnet man unter dem Winkel $(\varrho + \varrho')$ die Stellungslinie, worin ϱ' der Reibungswinkel zwischen Erde und Mauer ist (etwa 5 bis 15°). Dann erfolgt gemäß obenstehendem Bild die Konstruktion des Erddruckdreieckes, welches zwecks instruktiverer Darstellung in die seitwärts gezeigte Form (Aktiver Erddruck E) flächengleich umgewandelt wird; mit dem Artgewicht des Erdmaterials ($\gamma = 1.5$ bis 1.8 t/m³) vervielfacht ist es die Erddruckkraft, die im Schwerpunkt der Erddruckfläche unter dem Winkel ϱ' über der Senkrechten auf die Wand angreift.

Der Erddruck ist geringer als der Wasserdruck gleicher Höhe.

Eingehend befaßt sich damit Krey,[5]) um aber in den angeschlossenen Erddrucktafeln, die derzeit vielfach zur raschen Berechnung dieser Kräfte anerkannt sind, wieder Coulomb und den Rebhannschen Satz anzuwenden.

---

[5]) Krey, Erddruck. Erdwiderstand und Tragfähigkeit des Baugrundes, Berlin 1936.

Die Erddruckstatik und Stützmauerberechnung hat sich zum eigenen Wissenszweig aufgeschwungen und wird im Gebiet der Baustatik weiter gepflegt (Abb. 501).

Bei waagrechten Kräften ist nachzuweisen, daß der Gleitwiderstand mindestens das 1,5 fache der waagrechten Seitenkraft beträgt, wobei günstige Verkehrslasten und passiver Erddruck nicht berücksichtigt werden.

3. Baugrundforschung.[6])

Die Baugrunderkundung soll Aufschluß geben, welche Belastung dem Boden zuzumuten ist.

Die Bodenschichtung ist womöglich vor der Wahl der Baustelle, jedenfalls aber vor dem Festlegen der Gründungstiefe, Gründungsart und Bodenpressung durch Schürfe oder Bohrungen[7]) festzustellen. Die Bodenerkundung ist so tief zu führen, daß die die Setzung des Bauwerkes beeinflussenden Schichten aufgeschlossen werden, bei Einzelkörpern ist diese Tiefe das dreifache der Sohlenbreite, mindestens aber 6 m, bei Plattengründung und Bauwerken mit mehreren sich überlagernden Grundkörpern das anderthalbfache.

Schürfe sind tiefer zu führen, wenn die geologischen Verhältnisse es erfordern. Im regelmäßigen Schichtverlauf genügen einige Schürfe bis zu dieser Tiefe, während die anderen seichter bleiben können. Bodenuntersuchung mit schwingender Last erfordert weniger Probelöcher.

Die Lage der Probelöcher ist im Grundriß und ihr Aufschluß über die Schichtenfolge in Längsschnitten darzustellen.

Schürfen und Bohren kann durch geophysikalische Untersuchungen ergänzt werden.

Vor 1800 baute man überhaupt nur auf gutem Baugrund, den man fallweise durch Pfähle zu verbessern suchte; einzelne Fehlgründungen haben später viel zu schaffen gemacht. Bekannt sind der Turm von Pisa, bei dem Grundwasserquellen den Feindsand ausspülten, die Hagia-Sofia-Moschee in Konstantinopel, die auf Lehmboden steht, das Straßburger Münster und manche andere.

Von etwa 1800 bis kurz vor dem ersten Weltkrieg legte man auf Grund der freigelegten Bodenarten eine zulässige Pressung gemäß Tabellen fest, wobei die tragfähige Schichte 3 bis 4 m stark sein mußte.

Seither versucht eine wissenschaftliche Bodenforschung, die von Nordamerika ausgeht, die Setzungen unter den Grundwerken vorauszuberechnen. In Deutschland entstand ein Ausschuß für Baugrundforschung, dem auch die erwähnten Normblätter zu verdanken sind; doch ist die Bodenmechanik[8]) noch im Anfangstadium.

a) Schürfen.

Zum Schürfen hebt man eine Grube von etwa 2,0 m im Geviert aus, in der ungestörte Bodenproben mittels zugeschärfter Rohrstutzen von 15 cm Durchmesser ausgestochen werden können; tiefe Probelöcher sind zu pölzen. In schlecht stehendem Boden oder bei Grundwasserandrang schlägt man einen Schürfstahl ein, der in kleinen eingekerbten Taschen beim Her-

[6]) DIN 1054, § 3.

[7]) DIN 4021.

[8]) Neues von Bodenmechanik, Referat H. Hermanns, Bauindustrie 1940, Heft 5, 6, 7.

ausziehen winzige Bodenproben zutagefördert; am Eindringen dieses Stahlstockes erkennt man ungefähr die Tragfähigkeit des Untergrundes; bei Schotterboden wird er blank gescheuert, während bei Tonböden etwas haften bleibt.

b) Bohren.

Geringe Tiefen und leichte Bodenarten können mit Drehbohrern erschlossen werden; diese sind der Tellerbohrer, die Schappe und der Ventilbohrer; letzter heißt auch Schlammbüchse, weil mit ihm auch der Bohrschlamm oder Bohrschmand gehoben wird (Abb. 502).

In festem Boden und Gestein sowie in größeren Tiefen wird Schlagbohrung mittels Meißel oder Kernbohrung angesetzt.

Die Meißel sind flach oder kreuzförmig und werden nach jedem Schlag etwas gedreht, um ein rundes Bohrloch zu liefern. Der zerstoßene Boden wird von Zeit zu Zeit mit der Schlammbüchse gefördert. Über dem Bohrloch wird

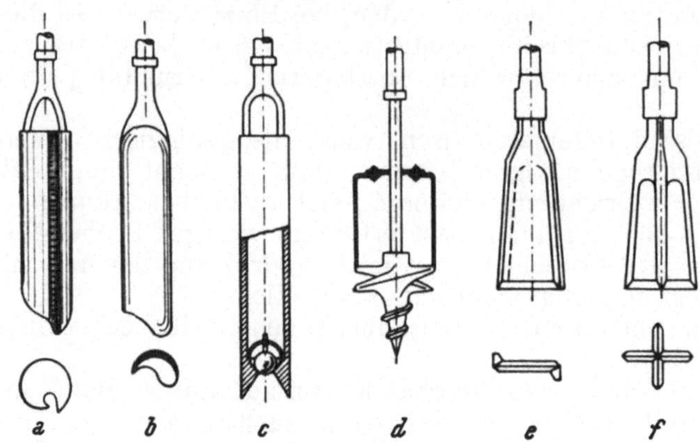

Abb. 502. Bohrwerkzeug.
a) Rohrschappe, b) Schappe, c) Schlammbüchse, d) Tellerbohrer mit Glocke, e) Z-Meißel, f) Kreuzmeißel.

ein dreifüßiger Bock errichtet, mit dem der Meißel samt dem Bohrgestänge angehoben wird. Das Bohrgestänge besteht aus schweren Stahlstäben, die mit Gewinden oder Blattschlössern verbunden sind. Der Meißel samt dem Bohrgestände wird von einer Winde hochgezogen und zum freien Fall durch eine sogenannte Freifallschere selbsttätig oder mittels Handbetätigung ausgelöst.

Beim Kernbohren wird ein zugeschärftes, hohles Rohr in den Boden hineingefräst, dessen Schneide mit Diamanten oder besonders gehärteten Stahlspitzen besetzt ist und sich damit in das Gestein hineinfrißt. Diese Bohrweise liefert Bohrkerne, die die Bodenschichtung wiedergeben; sie ist die zuverlässigste Art der Tiefenerkundung.

In nicht standfesten Böden muß das Bohrloch verrohrt werden, wozu am Bohrgestänge zusätzliche Schneiden sind, die das Loch etwas erweitern, um für das Einsatzrohr Platz zu schaffen.

Im Fall das Gestänge bricht, versucht man mit Fangbüchse, Zahngabel oder Glückshaken den abgebrochenen oder losgelösten Bohrerteil herauszufischen.

Die Bohrrohre zieht man mit Hilfe eines Wuchtebaumes oder Schraubenwinden, da Bock und Winde hiefür meistens zu schwach sind.

c) Geophysikalische Methoden.

Neuerdings werden geophysikalische Methoden immer mehr angewendet, um rasch einen weiteren Umkreis, wenn auch nur angenähert, zu erkunden; sie sind:

1. Gravimetrische, welche die Erdschwere mittels Drehwaage messen;
2. magnetische, die für spezielle Fälle dienlich sind;
3. elektrische [9]), die mit Hilfe der natürlichen Potentialdifferenz, Stromlinienverfahren oder Funkmutung arbeiten, ferner
4. dynamische (seismische), die durch Beobachtung künstlicher Erdbebenwellen Schlüsse auf den Untergrund zulassen, schließlich
5. geothermische und
6. radioaktive Verfahren.

Ihre Anwendung erfordert besondere Fachkenntnis, da sie meist auf Vergleichen beruhen und die verschiedenen Eigenschaften der Bodenschichten nur im Verhältnis zueinander nachweisen.

4. Bodenprüfung.

a) Probebelastung.

Der deutsche Ausschuß für Baugrundforschung zeigt in seinen „Vorschlägen und Richtlinien für Probebelastungen" den Vorgang derselben.

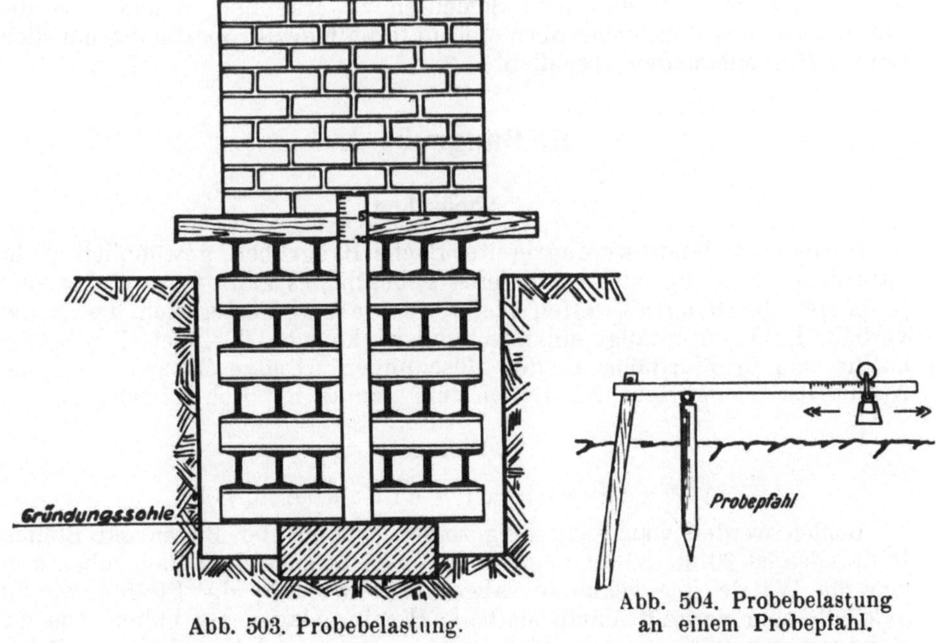

Abb. 503. Probebelastung.

Abb. 504. Probebelastung an einem Probepfahl.

Biegungsfeste Platten verschiedener Größe (0,1, 0,5, 1,0 m²), meist quadratisch, 10 cm unter Gründungssohle verlegt, werden stufenweise genau mittig belastet und ihr Eindrücken durch Höhenmessen oder Hebelzeiger genau beobachtet (Abb. 503).

[9]) Fritsch, Geoelektrik, Industrie und Technik, Wien 1948, Heft 2/3.

Der Siemensbodenprüfer wird durch Druckwasser eingepreßt, das auf einem Stempel, der die Belastungsplatte darstellt, drückt. An einer Anzeigevorrichtung ist die Setzung des Bodens abzulesen.

Statt einer Bodenplatte kann auch ein Pfahl eingeschlagen und belastet werden; anstatt direkter Gewichtsauflage kann der Druck mittels eines einarmigen Hebels erzeugt werden (Abb. 504); hiebei sind Entlastung und Wiederbelastung leicht möglich. [10])

b) Einfluß des Untergrundes auf Beton.

Gründungsmauerwerk ist zumeist aus Beton, auf den manche Böden zerstörenden Einfluß ausüben. Freie Säuren, die sich manchmal erst durch Hinzutritt der Luft beim Bodenaufschluß bilden (z. B. bei Schwefelkies), greifen Beton an; das beim Abbinden des Zementes frei werdende Kalkhydrat verbindet sich bei schwefelhältigem Gestein zu Kalziumaluminiumsulfat, dem sogenannten „Zementbazillus", der Betonzerfall verursacht. In solchen Böden ist ein kalkarmer Sonderzement angebracht oder besser wird eine Klinkerschutzschicht aufgelegt.

c) Bodendurchlässigkeit.

In manchen Fällen ist die Durchlässigkeit des Untergrundes von Interesse, z. B. bei Talsperren; sie zu erforschen, preßt man in die Bohrlöcher Wasser unter bestimmtem Druck ein und beobachtet das Wasseraufnahmevermögen. Man geht in jedem Bohrloch abschnittsweise vor, um den Unterschied der einzelnen Schichten zu erkennen, indem man den übrigen Teil des Bohrloches ober- und unterhalb des Probestückes mit dichtenden Gummieinlagen abschließt.

II. Baugrube [11]).

1. Abböschen.

In freiem Gelände werden breite, flache Baugruben, gewöhnlich in der natürlichen Neigung oder auch steiler geböscht; es kann umso steiler sein, je kürzer die Baugrube offen bleibt und je standfester sich der Boden verhält. Im Lehm genügt ein Böschungswinkel von 60°. Bei Handbetrieb macht man in Wurfhöhe an den Böschungen Absätze (Bermen), um den Aushub zu überwerfen; sie werden zum Schutz mit Bohlen belegt.

2. Pölzung.

a) Waagrechter Verbau (Abb. 505).

Bohlen werden waagrecht eingezogen, solange der Boden auf Bohlenbreite, das ist 20 bis 30 cm hoch, steht; in nicht zu weiten Baugruben können die Wände gegeneinander abgespreizt werden; die Steifen werden gekröpft oder verkeilt, damit sie beim Hineinschlagen gut halten. Die Anwendung von stählernen Spindelspreizen erspart viel Verschnitt an Rundholz. Darf nicht die ganze Wand frei stehen, sondern muß jede Bohle sofort gepölzt werden, stützt man zuerst nur behelfsmäßig ab, um nach fertigen Ausschachten die endgültige Aussteifung einzubauen. Damit die Steifen

[10]) DIN 1954 leitet ebenfalls zur Probebelastung von Pfählen an.
[11]) DIN 4132.

nicht rutschen und sich nicht verschieben, werden sie verklammert oder Knaggen beigeheftet, besonders dann, wenn auf sie Arbeitsböden aufgelegt werden. Die Steifen sollen möglichst rechtswinklig zur Wand stehen.

Bei Baugrubenweiten größer als 6 m können die Wände nicht mehr gegeneinander abgesteift werden; es werden dann Pfähle gerammt, hinter die waagrechte Bohlen geschoben werden; die Pfähle erhalten Schräg-

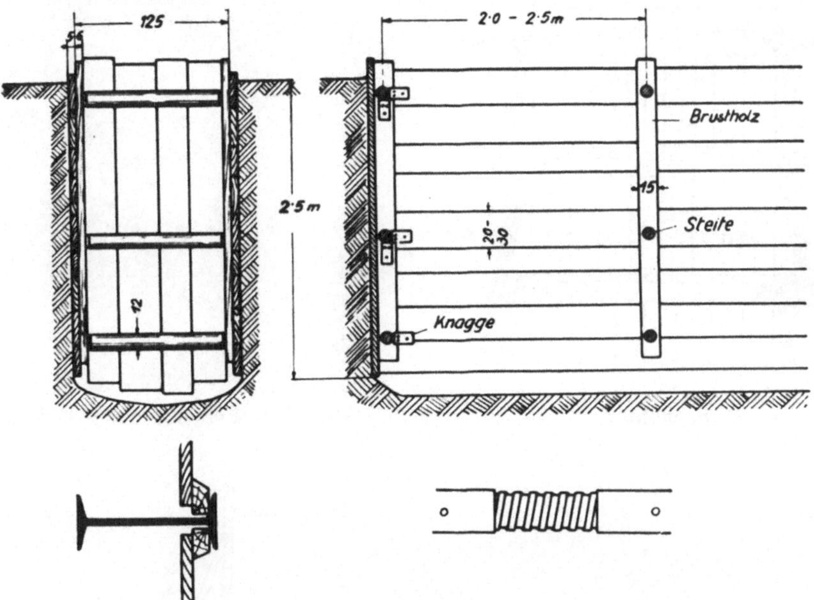

Abb. 505. Waagrechter Verbau einer schmalen Baugrube. Darunter: Anordnen des Verbaues bei gerammten I-Profilen.

stützen nach innen in die Baugrube oder werden am Kopf mit Seilen nach außen verankert. Statt hölzerner Pfähle werden auch I-Stähle gerammt, in deren Flansch die Bohlen liegen; die letzte Art ist zwar teurer, aber bequemer, weil Steifen und Anker entfallen können.

Pfähle oder I-Stäbe haben 2 bis 2,5 m Abstand.

b) Lotrechte Zimmerung (Abb. 506).

In losem, schlecht stehenden Boden werden die Schalbohlen lotrecht eingetrieben, nachdem ihre Stellung durch einen Kranz abgesteift wurde; die Bohlen werden mit einem Holzhammer im Zuge des Ausschachtens tiefer geschlagen. Nach etwa 1 m Tiefe wird wieder ein Kranz eingelegt, hinter den die zweite Bohlenreihe geschlagen wird. Um sattes Anliegen zu erreichen, werden die oberen Bohlen durch Keile auseinander getrieben und verspannt.

Statt Holzbohlen verwendet man stählerne Kanaldielen und stählerne Rahmen. Die Unionkanaldiele (Tab. 18) ist 2,5 m lang und reicht für ein Gefach, dem Abstand zweier Kränze.

c) Absteifung.

In großen Baugruben und schwierigem Gelände, an Hängen oder zwischen vorhandenen Bauwerken ist das Pölzen nicht mit dem Einbringen einiger Steifen abgetan.

Die Pölzung soll den rechnerisch oft sehr starken Erddruck aufnehmen und dabei nicht die Arbeit in der Baugrube behindern, oder übermäßig Holz verschwenden; während des Mauerns muß sie stückweise entfernt oder ausgewechselt werden, da dem frischen Beton noch keine Kraftauf-

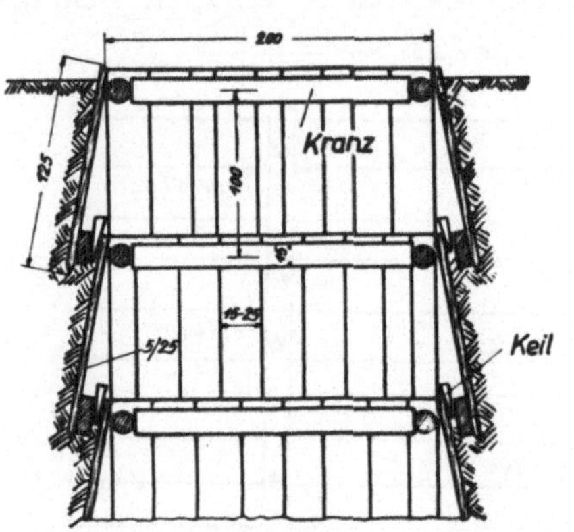

Abb. 506. Lotrechte Zimmerung eines Schachtes.

Abb. 507. Pölzung einer Stützmauer.

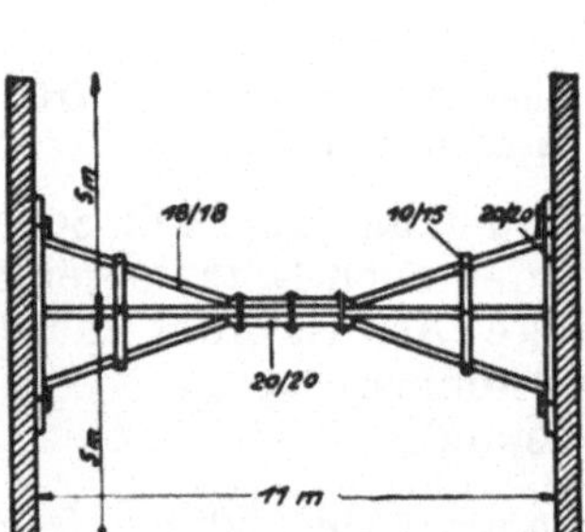

Abb. 508. Gegenseitiges Abstützen zweier gegenüberliegender Häuser einer Straße, in der ein Kanal gebaut wird.

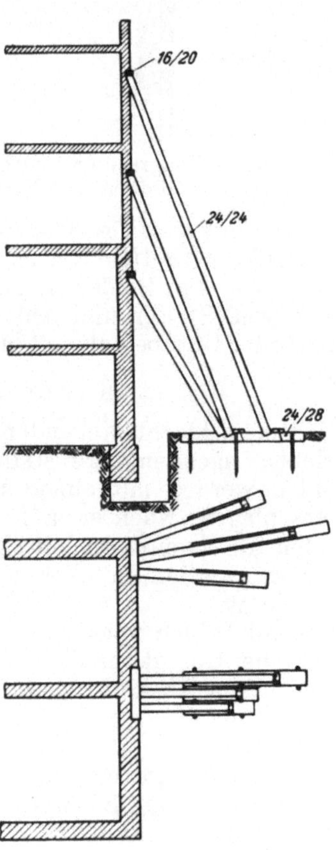

Abb. 509. Abpölzen der Feuermauer eines Hauses anläßlich des nebenan aufgeführten, tiefer fundierten Neubaues.

nahme zuzumuten ist. Das Umpölzen zählt zu den gefährlichsten Arbeiten und bedarf äußerster Umsicht, um Bauunfälle zu vermeiden.

Der Pölzeinbau ist ein Fachwerk, das statisch schwer zu durchschauen ist, weil angreifende Kräfte und statische Verhältnisse nicht genug erfaßbar sind; es erübrigt sich daher meist eine genaue Berechnung.

Gepölzt wird mit durchgehenden Längssteifen (Longen), die in der Richtung des hauptsächlichsten Erddrucks verlaufen und lagenweise in einer Ebene liegen; um die Knicklänge zu mindern, stützen Quersteifen die Longen in ihrer Ebene gegeneinander ab. Die Knotenpunkte werden nach unten und oben abgestrebt. Die Steifen werden mit Keilen angetrieben, bis beim Beklopfen ein heller Klang ihre feste Einspannung und damit ihr Mitwirken andeutet. Zwecks Sicherung wird alles verklammert und mittels Knaggen verheftet. Richtig und sauber zu pölzen ist eine besondere Kunst mit großer Verantwortung.

Grenzt die Baugrube sehr nahe oder unmittelbar an einen bestehenden Bau, ist dieser gegen Ausweichen, Setzen und Reißen zu sichern, wozu er in der Regel bis zur Sohle des Neubaues gestützt und möglicherweise unterfangen werden muß.

Das Lichtbild (Abb. 507) zeigt eine derart gepölzte Baugrube an einem Hang mit stark erschütterndem Bahnverkehr.

Häufig geben Pölzungen nach; man muß dann besondere Vorsicht walten lassen, obwohl solche Vorfälle noch nicht unmittelbare Einsturzgefahr bedeuten, da das Holz bis zu einem gewissen Grad Verbiegungen ohne Bruch hinnimmt und doch voll tragfähig bleibt.

d) Unterfangen.

Beim Unterfangen werden die Träger vor dem Aufsetzen der abzufangenden Mauer durch Druckpressen soweit durchgebogen, als es die künftige Auflast erfordert (Abb. 510).

Unterfangen wird in einzelnen Pfeilern, zuerst am Anschluß der Stirn- und Zwischenmauern; sobald diese Pfeiler Halt haben, untermauert man die

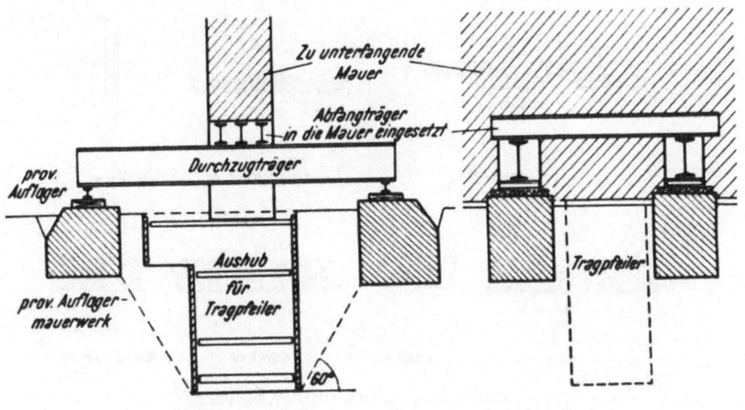

Abb. 510. Unterfangen einer Mauer.

Zwischenräume. Der Abstand der Pfeilerbaugruben ist etwa das anderthalbfache ihrer Tiefe, ihre Länge 1,5 m, ihre Breite etwa 1,0 m.

In Kies und Sand, über und unter Grundwasser, kann man durch Versteinen des Untergrundes mittels Zementeinpressen oder Joostenverfahren

(Einpressen von Kieselsäuregelee anstatt Zement) verhältnismäßig einfach unterfangen; eingepreßt wird neben und durch die Mauer, meist stufenweise, bis auf Neubausohle (Abb. 511). Statt unmittelbar zu unterfangen, wird eine Art unterirdischer Stützmauer gegen Ausweichen des Bodens unter dem Altbau erzeugt.

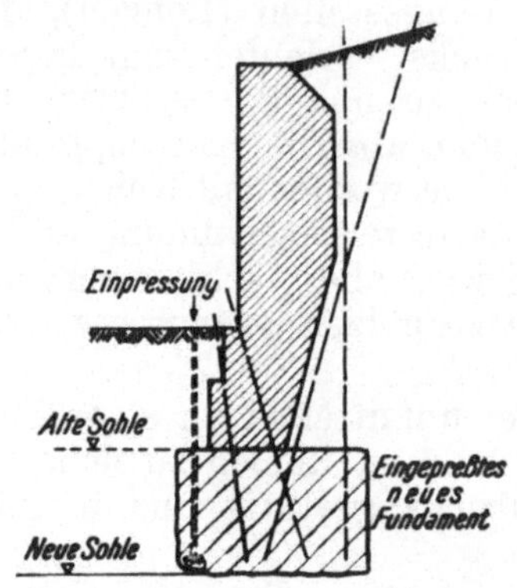

Abb. 511. Unterfangen einer Stützmauer durch Einpressen eines neuen Fundamentmauerwerks unter die alte Sohle, teilweise mittels Bohrlöchern, die durch das alte Mauerwerk hindurchführen.

3. Spundwände.

Hauptsächlich bei Andrang von Grundwasser werden dichte Wände vorausgerammt, in deren Schutz die Baugrube ausgegraben wird; die Fugen müssen möglichst dicht schließen, um dem Wasser den Durchtritt zu verwehren.

Die Spundwände schmaler Baugruben können gegenseitig abgestützt werden; ist ein Absteifen nicht möglich, muß nach dem Ausschachten die Wand mindest ebenso tief im Boden stecken als sie freisteht; außerdem wird sie oben durch doppelte Saumzangen gefaßt.

Die Spundbohlen sind: a) aus Holz, b) Stahl oder c) Stahlbeton.

a) Holzspundwände (Abb. 512).

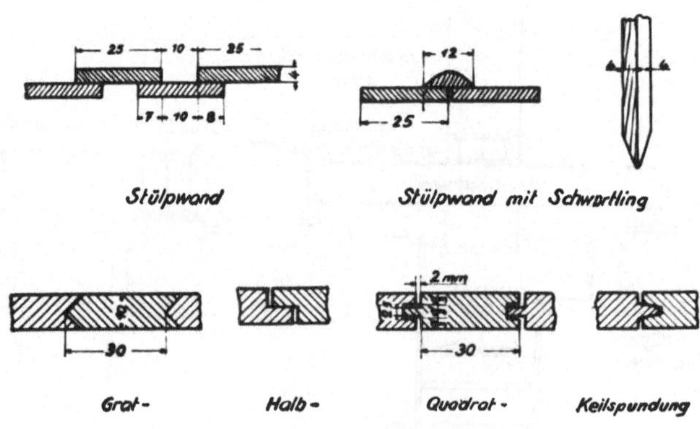

Abb. 512 Holzspundwände.

Die einfachste Art sind Stülpwände.

Die richtigen Spundwände greifen in den Fugen ineinander und zwar durch Grat-, Halb-, Quadrat- oder Keilspundung. Die Gratspundung ist fester und für groben Kies geeignet; die Quadratspundung und die Keilspundung hält dichter, man nimmt sie in feinem Sand.

Tab. 18. Auswahl von Spundwandprofilen.

Grundsätzliche Ausbildung	Querschnittsform (mm)	Name bzw. Erzeugerwerk	Erz. Profilgrößen	Gewicht von 1 m² Wand (kg)	Widerstandsmoment je 1 m Wand (cm³)	Bemerkung
Flache Stahlwand	245	Union-Kanaldiele	3	10 bis 15	27 bis 35	
	400	Union-Flachdiele	1	155	120	Schloßfestigkeit 200 t/m
	250	Kanaldiele Hoesch	2	9 und 11	36 und 46	
	290	Dortmunder-Union				
Wellenförmige Spundwand	120 bis 460	Larssen (Dortmund-Hoerder-Hütte)	24	47 bis 310	120 bis 5000	
	400–425	Hoesch	20	65 bis 310	195 bis 5000	
		Lamp				
	150 bis 270; 400	Wulstklaue (Klöcknerwerk)	4	89 bis 165	600 bis 2160	
	300 bis 425; 100 bis 290	Doppelklaue (Klöcknerwerk)	10	74 bis 238	338 bis 3000	
		Krupp	6	122 bis 290	1100 bis 3900	Eigenes Schloßeisen
		Ransome				
Kastenförmige		Peine	alle Breitflanschprofile mit angewalzten Randleisten			Eigene Schloßeisen
		Krupp	Durch Zusammenfügen einzelner Profile in Verbindung mit Schloßeisen entstanden			mit Schloßeisen
		Hoesch				ohne Schloßeisen
		Union				mit Schloßeisen

Eckausbildung durch besondere Eckbohlen oder Zusammenschweißen von Winkelstählen

Jede Spundung hat Nut und Feder; die Feder der meist gebräuchlichen Quadratspundung ist $^1/_3$ der Bohlenstärke, aber höchstens 5 cm dick, die Nut ist um 2 bis 3 mm weiter, damit die Bohle nicht gesprengt wird und um 3 bis 4 mm weniger tief, um dicht zu schließen.

Zum Rammen werden gewöhnlich zwei Bohlen zu einem Rammelement verbunden, der Kopf gegen Zersplittern mit einem Stahlring eingefaßt, der Fuß der einen Bohle erhält eine Abschrägung (Schmiege), damit sie sich an die vorangehende beim Einschlagen anpreßt. Die Feder wird vorangerammt. Bundpfähle mit beiderseitigen Nuten werden in den Spundwandecken zuerst niedergebracht; sie haben quadratischen Querschnitt, sind doppelt so stark und etwas länger als die gewöhnlichen Spundbohlen.

Um später zu erkennen, ob eine Spundbohle abgeschnitten wurde, brennt man knapp am oberen Ende einen Stempel ein.

Beiderseits längs der Wände ausgelegte Führungszangen richten die Bohlen aus; die Bohlen werden gestaffelt gerammt, damit sie möglichst lange Führung haben.

Unterbricht ein Bauwerk die Spundwand, wird ein sogenanntes Schütz eingezimmert, indem dort die Wand durch einen waagrechten Verbau zwischen zwei Bundpfählen ausgewechselt wird.

b) Stahlspundwände.

Stahlspundwände sind natürlich weit besser und widerstandsfähiger, jedoch teurer; sie sind im schwersten Boden anwendbar. Die Spundbohlen sind aus St 37, St 52 und Sonderstählen; bei Kupferzusatz ist ihre Lebensdauer über 100 Jahre.

In Mitteleuropa sind wellenförmige und kastenförmige Spundwände gebräuchlich. Die einzelnen Bohlen greifen in besonders ausgebildeten Schlössern möglichst gut ineinander. Meist sind zwei Bohlen zusammen ein Rammelement und werden auch bei der statischen Berechnung mitsammentragend angenommen.

Ihr Widerstandsmoment entnimmt man aus Tabellen, die die Erzeugerfirmen beistellen; diese sind in Deutschland: Dortmund—Hoerder Hüttenverein (Larssen und Union), Hoesch in Köln-Neuessen, Klöcknerwerk in Osnabrück und Krupp in Rheinhausen. Österreich erzeugt bisher keine derartigen Profile (Tab. 18).

Die verschiedenen Bauarten sind ziemlich gleichwertig, so daß keiner überragende Vorzüge vor anderen zugesprochen werden können, die altbekannten Larssenbohlen springen leicht aus dem Schloß. Mit Kastenprofilen werden höhere Widerstandsmomente erreicht.

c) Stahlbetonspundwände.

Stahlbetonspundwände sind am Platz, wenn sie einen Teil des Bauwerks darstellen; sie haben größere Lebensdauer, sind aber empfindlich gegen Stöße am Transport und beim Rammen.

Werden sie eingespült, sind beiderseits halbkreisförmige Nuten zum Einsatz des Spülrohres, die hernach ausgegossen werden.

Die Abmessungen der Stahlbetonwände können den jeweiligen Erfordernissen angepaßt werden (Abb. 513).

4. Fangdämme.

Um im offenen Wasser eine Baugrube trocken zu legen, muß sie von dichten Wänden umschlossen sein. Hiezu dienen gewöhnliche Spundwände, hinter und zwischen welche dichtende Erde gestampft wird, da Spundwände allein zu wenig dicht sind. Kann eine Spundwand nicht geschlagen werden, z. B. bei Felssohle, wird ein Betonfangdamm errichtet.

Dammbaustoffe sind sandiger Lehm oder lehmiger Sand, manchmal auch Mutterboden. Ungeeignet ist reiner, bindiger Boden, weil er sich unter Wasser nicht einbringen läßt; *Lohmeyer* empfiehlt unter Wasser nur Sand, der durch Beimischen von Kalkbrei oder Gerberlohe besser dicht wird. Die Dammsohle ist womöglich an die undurchlässige Grundschicht anzuschließen, bei Fels dichtet Mist, Lohe oder am besten Beton.

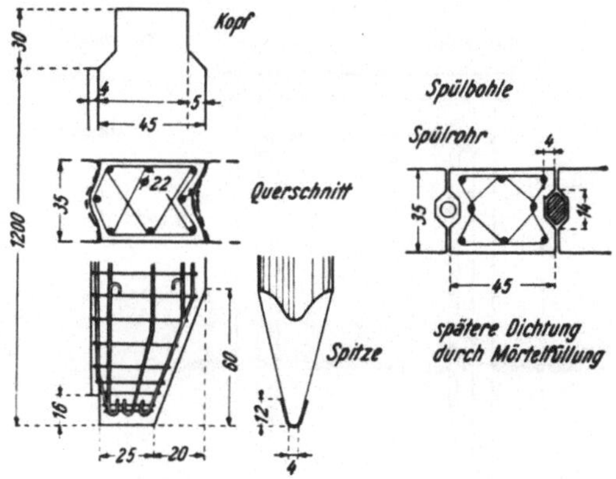

Abb. 513. Betonspundwand.

Undichte Stellen werden von innen an Holzwänden durch Ausstopfen mit Werg, in Stahlwänden mit schnellbindendem Zementmörtel verstopft, von außen mittels Sägespänen, feinem Sand, Lehm, ungelöschtem Kalk, Fichtennadeln, Schlackenasche usw., die vor die Löcher geschwemmt werden.

Die einfachen Fangdämme (Abb. 514 und Abb. 515) genügen bis 1,5 m Wassertiefe bei nicht allzustarker Strömung, bei größerer Tiefe und starker Strömung sind *Kastenfangdämme* (Abb. 516) nötig, die aus beiderseitigen Spundwänden mit verbindenden Querholmen hergestellt werden; ihre Breite bemißt man etwa zu $\left(\frac{h}{2} + 1{,}0 \text{ bis } 1{,}5\ \text{m}\right)$. Höhere Kastenfangdämme müssen abgestützt werden.

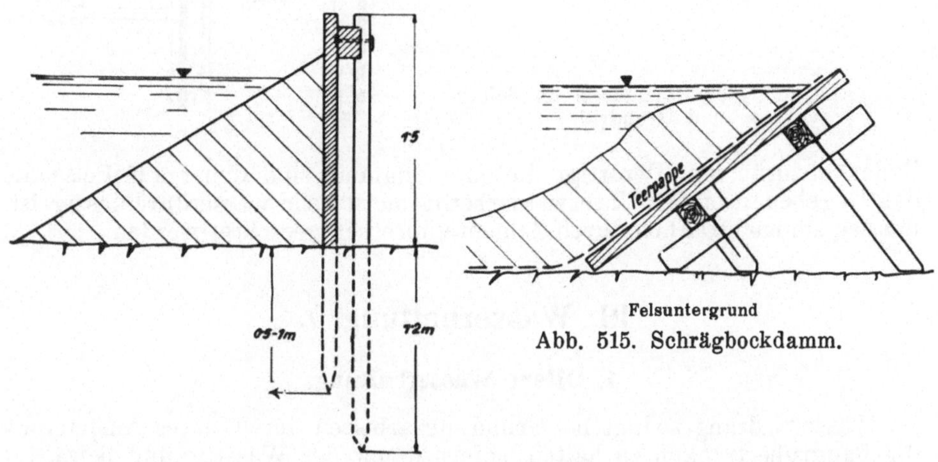

Abb. 514. Einfacher Fangdamm.

Abb. 515. Schrägbockdamm.

Stahlspundwände werden in geschlossenen Rechtecken oder Kreisen von einigen Metern Durchmesser geschlagen, so daß sie aneinandergereihte Zylinderzellen bilden, die mit Dammbaustoffen gefüllt werden (*Zellenfangdamm*).

Um einen Betonfangdamm (Abb. 517) aufzustellen, werden im Fels zwei Reihen Löcher gebohrt, in die man alte Eisenbahnschienen oder Stahlprofile hineinsteckt, welche die Stütze für den Fangdamm abgeben, sie tragen die Verschalung, zwischen die Beton geschüttet wird, der nach Erhärten den Fangdamm darstellt; zuvor ist das Geröll am

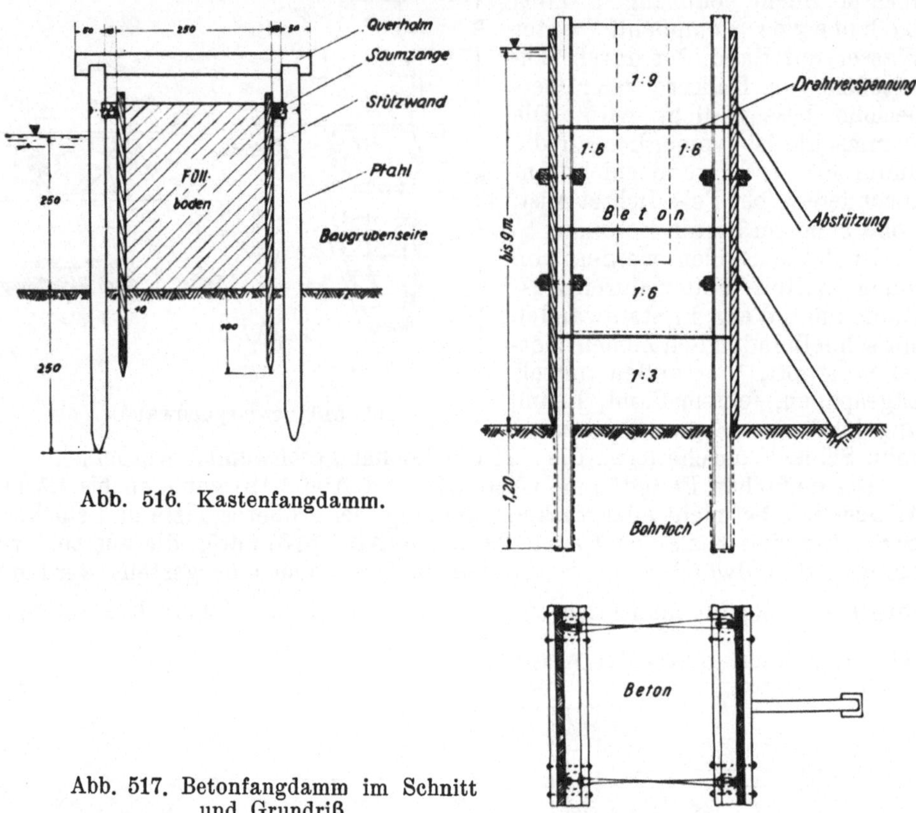

Abb. 516. Kastenfangdamm.

Abb. 517. Betonfangdamm im Schnitt und Grundriß.

Boden abzuräumen. Derartige Betonfangdämme sind daher auf Felssohle das Gegebene; da der Unterwasserbeton meist sehr wasserdurchlässig ist, müssen sie nachträglich durch Zementeinpressen gedichtet werden.

III. Wasserhaltung[12]).

1. Offene Wasserhaltung.

Wasserandrang zwingt bei Gründungsarbeiten durch stetes Auspumpen die Baugrube trocken zu halten, sofern damit der Wasserzufluß bewältigt werden kann.

Das Wasser rinnt in offenen Zuleitungsgerinnen oder Drängraben zu einer Vertiefung, dem Pumpensumpf, der nach Erreichen der Gründungssohle außerhalb des Baukörpers liegen muß; dort schlürft es der durch

[12]) DIN 4133.

einen Saugkorb aus Gitternetzen, Weidengeflecht oder Grobschotterpackung vor Verlegen gesicherte Pumpensaugkopf.

Vorsicht ist geboten, damit durch das aufsteigende Wasser nicht das Gefüge des Bodens allzusehr gelockert wird. Im Schwimmsand werden Stellen, wo das emporquellende Wasser schon kleine Sandkegel aufwirft, durch Auffüllen und Beschweren mit grobem Kies geschützt. Das gehobene Wasser wird möglichst weit zu einem Vorfluter abgeleitet, sodaß die Umgebung nicht aufgeweicht wird.

Baupumpen müssen tunlichst unempfindlich gegen unreines Wasser sein; sie sind

a) in den meisten Fällen Kreiselpumpen, manchmal auch Unterwasserpumpen,

b) Membranpumpen, bei denen Unreinigkeiten wenig schaden,

c) seltener Kolbenpumpen, die zwar guten Wirkungsgrad haben, aber sehr empfindlich gegen unreines Wasser sind und

d) Mammut- oder Druckluftpumpen, die aber schlechten Wirkungsgrad aufweisen.

Die Pumpen werden gewöhnlich elektrisch betrieben; Stromstörungen sind daher sehr unangenehm. Die direkte Kupplung von Motor und Pumpe ist zwar betrieblich gut, doch läßt sich die Drehzahl nicht mit der Förderhöhe verändern, was ihren Wirkungsgrad bei anderen Förderhöhen verschlechtert; bei Riemenantrieb ist ein Anpassen durch Wechseln der Riemenscheiben leicht möglich, doch ist der Betrieb unsicher.

2. Grundwassersenkung.

Droht stärkerer Wasserandrang oder würde die Bauwerkssohle infolge Ausschwemmen des feinen Sandes bei einer offenen Wasserhaltung geschädigt, saugt man das Grundwasser aus seitlich der Baugrube angelegten Brunnen ab. In Sand- und Schotterboden werden zumeist Rohrbrunnen abgeteuft, sonst auch größere Brunnen von 1 bis 2 m Dmr. Sehr feiner Schwemmsand ist ungünstig, weil ihn das Wasser nur sehr langsam durchströmt. Tonboden erlaubt Grundwassersenkung überhaupt nicht, weil er kein Wasser abgibt.

Diese Bauweise ermöglicht den Aushub im Trockenen, erspart Baugrubenumschließung und etwaige Sohlabdichtung; sie umgeht auch Bodenauftrieb und Lockerung der Baugrubensohle, die eine offene Baugrube gefährden. Grundwassersenkung ist in erster Linie bei ausgedehnten Baugruben berechtigt. Mit ihr wurde schon 25 m tief abgesenkt.

Rings um die Baugrube wird eine Brunnenreihe erbohrt, die fortwährend abgepumpt wird; Saughöhe ist etwa 7 m, sodaß je nach Bodendurchlässigkeit 3 bis 5,5 m abgesenkt werden kann; eine tiefere Senkung wird staffelweise durchgeführt. Die Brunnen einer Staffel schließen an eine gemeinsame Saugleitung an. Senkt jede folgende Staffel wieder tiefer ab, spricht man von einer Staffelung in Längsrichtung.

Man verbindet entweder die gleich hoch liegenden Brunnen einer Reihe (Staffelschaltung) oder die örtlich beieinander liegenden Brunnen durch Heberleitung (Heberschaltung); letztes ist vorteilhafter. Am Heberscheitel sitzt eine Luftabsaugpumpe.

Die Rohrbrunnen sind im Abschnitt Wasserversorgung beschrieben, die hydraulische Berechnung wurde im Abschnitt Grundwasser vorgeführt.

Absenken erfordert eine größere Leistung als die offene Wasserhaltung.

3. Gefrierverfahren und Bodenabdichtung.

In durchnäßtem Untergrund werden Kühlrohre hineingebohrt und verlegt, durch die Kältelösungen geschickt werden, welche das Grundwasser zum Gefrieren bringen; damit ist im Boden ein Fangdamm aus Eis entstanden, welcher jeglichen Wasserandrang abhält.

Das Verfahren ist teuer und nur für kleine Baugruben verwendbar; man nimmt es hauptsächlich bei Schachtabteufen in wasserführenden Schichten.

Ähnlich erreicht man durch Zementeinpressung oder Bodenversteinung eine Abdichtung im Boden.

4. Taucherarbeiten.

Geringfügige Arbeiten unter Wasser, wie Ausbessern und Dichten von Bauwerken sowie Beseitigung von Hindernissen, läßt man durch Taucher ausführen.

Der Taucher trägt einen Anzug aus gummiertem Baumwollstoff, mit dem er bis 30 m Wassertiefe tauchen kann. Den Kopf umhüllt ein Helm aus Kupfer, der aus Schulter- und Kopfstück besteht; der Helm hat Fenster, Luftauslaßventil und Anschlüsse für Luft- und Fernsprechleitungen. Der Auftrieb wird durch Gewichte, Bleischuhe, Brust- und Rückenblei ausgeglichen. Die Hände sind bloß.

Moderne Tauchapparate haben Preßluftbehälter zum raschen Auftauchen. Außerdem verbindet den Taucher eine Notleine unmittelbar mit dem Taucherschiff.

In neuester Zeit wurden Tauchapparate konstruiert, in denen man bis 100 m tief taucht; sie hüllen den Träger völlig in einen stählernen Panzer, sodaß ihn der Wasserdruck nicht mehr belastet. Die Arbeitsmöglichkeit darin ist beschränkt; es bedarf ihr Einsatz noch mancher Nebenapparate. Im Grundbau ist ihre Anwendung nicht erforderlich.

Tauchen verlangt einen sehr gesunden Körper, besonders müssen Herz und Lunge widerstandsfähig sein. Aus Tiefen unter 13 m darf nur langsam aufgetaucht werden, da sonst schwere Erkrankungen, die bei der Luftdruckgründung noch besprochen werden, die Folge sind. Für zu rasch aufgetauchte oder erkrankte Taucher muß ein Tauchersack vorhanden sein, in dem der gefährdete Mann sofort unter Luftdruck gesetzt werden kann.

IV. Arbeiten und Geräte im Grundbau.

1. Rammen.

Kurze Pfähle und Bohlen werden durch Handrammen eingetrieben, indem ein hölzerner oder eiserner Schlagklotz — der Bär — von 2 bis 4 Mann an Griffen gehoben und auf den Pfahlkopf geschlagen wird; um den Bär zu führen, ist am Pfahl ein Stahlstab (Nadel) eingelassen (Abb. 518).

Die Handrammung wird verbessert, wenn der Rammbär an einem Gerüst hochgezogen und fallen gelassen wird, wobei an der Zugleine mehr Leute arbeiten können (Zugramme) (Abb. 518). Am Rammgerüst wird der Bär in einer Läuferroute (Mäkler) geführt. Der Bär wiegt 100 bis 300 kg; je Arbeiter rechnet man höchstens 15 kg. Hubhöhe ist etwa 1 m. Nach einer „Hitze", d. i. etwa 20 bis 30 Schläge in 1 Minute, ist eine Pause von 2 Minuten.

Ein einfaches Rammgerüst ist der dreifüßige Bock. Um Pfähle schräg zu schlagen, wird die Läuferroute schief gestellt.

Bei der Freifallramme wird der Bär mit einer Winde oft bis 15 m hochgezogen, dann durch eine Vorrichtung (Freifallschere) ausgeklinkt und fallen gelassen, hierauf mit Hilfe der sogenannten Nachlaufkatze, die den

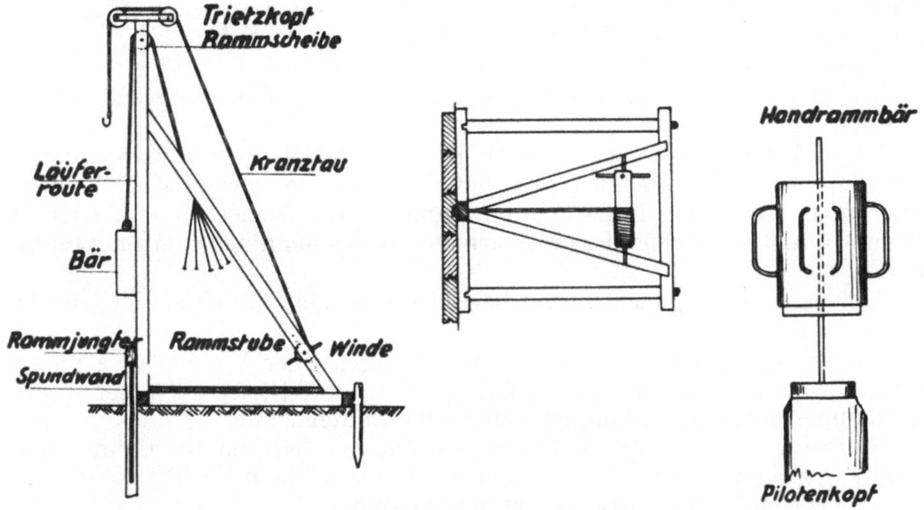

Abb. 518. Zugramme in Aufriß und Grundriß; Handramme.

oberen Bärteil umklammert, mit einer einschnappenden Kupplung erfaßt und wieder hinaufgeholt, worauf das Spiel von neuem beginnt. Zum Schutz des Pfahles beim Schlagen ist über seinen Kopf eine Rammhaube (Rammjungfer) gestülpt, auf die der Bär schlagt.

Der Bär der Dampframme ist als Dampfzylinder gestaltet; er wiegt 1 bis 10 t, hat 1,25 m Hub und macht 30 bis 50 Schläge je Minute. Die Schlagzahl kann gesteuert oder selbsttätig eingestellt sein.

Die Explosionsramme hat den Zylinder eines Verbrennungskraftmotors als Rammbär; der Bär ist leichter als der der Dampframme, hat kleineren Hub, macht aber mehr Schläge je Minute.

Der Rammhammer hat Dampf- oder Preßluftantrieb, sein Kolben macht 250 Schläge je Minute.

Die Maschinenfabriken bauen verschiedene Arten derartiger Rammgeräte.

Der Rammstoß erschüttert sehr stark die ganze Umgebung; um dies zu vermeiden, kann man in leichterem Boden einspülen. Unter der Schneide der Bohle wird Druckwasser eingespritzt, das den Boden lockert, worauf die Bohle unschwer hineingeht.

2. Maschinelle Geräte.

Eine Großbaustelle ohne Maschineneinsatz ist heutzutage undenkbar.

Aushubgeräte heißen Bagger: Nach der Art des Grabwerkzeuges unterscheidet man hauptsächlich Löffel-, Greif-, Schleppschaufel- oder Eimerseil- und Eimerkettenbagger, nach der Lage zum Aushub Hoch- und Tiefbagger, nach Gebrauchsort Trocken- und Naßbagger, die sich auf

Schienen oder Raupenketten bzw. Schiffen fortbewegen. Antriebskraft kann Dampf, Rohöl, elektrisch oder dieselelektrisch sein.

Löffelbagger haben ein Untergestell mit Fahrwerk, auf dem das Hubwerk samt Antrieb drehbar aufsitzt. Der Löffelinhalt ist gewöhnlich 0,5 bis 2,5 m³; er schaufelt nur leichtere Bodenarten, wogegen der Greifbagger auch schwere Böden bewältigt, allerdings ist seine Leistungsfähigkeit geringer. Beide Typen bieten auch bei kleineren Baustellen günstigen Einsatz, wenn das Fahrwerk auf Raupenketten läuft.

Beim Eimerseil- oder Schleppschaufelbagger wird ein Kübel an einem Seil über den auszuhebenden Boden schürfend herangezogen.

Der Eimerkettenbagger ist auf Schiffen oder im Großabraum auf Gleisen nur bei ziemlich gleichmäßigem Boden vorteilhaft; die über eine untere und obere Rolle (Turas) laufende, mit Bechern besetzte Kette fördert ununterbrochen, dagegen arbeiten vorgenannte Bauarten absatzweise.

Ausheben und zugleich Abfuhr bewerkstelligt man mit einem Schürfkübelbagger.

Beliebt ist wegen seiner Vielseitigkeit ein kleiner Umbaubagger auf Raupen, der als Hoch- und Tieflöffel-, Greif- und Eimerseilbagger sowie als Ramme, Kran und Stampfer verwendet werden kann.

Hubgeräte (Krane) gehören zum wichtigen Bestand bei Gründungsarbeiten; Förderbänder leisten wertvolle Hilfe beim Transport, sodaß sie jetzt auf allen Baustellen zu finden sind.

Ausgleichen, aber auch Wegschieben von Erdmassen besorgen Planierraupen.

Selbstverständlich wären die verschiedenen zum Betonaufbereiten und -Fördern dienenden Geräte zu erwähnen.

3. Abdichten.

Aus dem Boden aufsteigende Feuchtigkeit muß durch gut wirkende Dichtungen (Isolierungen) abgedämmt werden.

Baufeuchte dauert höchstens 2 bis 3 Jahre; es ist daher fast immer möglich, feuchte Räume durch geeignete Dichtungen und entsprechende Behandlung auszutrocknen und trocken zu halten.

Während man in früheren Zeiten das Abdichten des Mauerwerks vernachlässigte, obwohl es im Altertum schon bekannt war, geht man neuestens soweit, beispielsweise auch Widerlagsmauerwerk aus Beton, dem eigentlich Nässe wenig schaden würde, zu isolieren; hingegen wird Ziegelmauerwerk durch ständiges Feuchtsein zerstört (Mauerschwamm).

Selbstverständlich sind Wohnräume aus gesundheitlichen Gründen vor Mauerfeuchte zu bewahren.

Isolier- und Sperrstoffe sind

a) Wasserdichte Sperrstoffe und

b) Porenfüllende Beimengungen zum Mauerwerk.

Die wasserdichten Sperrstoffe können ein besonderer Belag sein (z. B. Bleiplatten) oder von einem Träger aufgenommen werden (z. B. Asphaltfilzplatten) oder unmittelbar am Mauerwerk aufgetragen werden (Dichtungsanstriche).

Dichtungen sind ein Spezialgebiet; es würde daher zu weit führen, auch nur einen Teil der vielen Stoffe, die unter den verschiedensten Namen in den Handel kommen, mit ihren Vor- und Nachteilen aufzuzählen.[13])

a) Sperrstoffe.

α) **Bleiplatten** und nicht rostende, anschmiegsame **Metallfolien** aus Zink, Kupfer, Aluminium u. ä. stellen die beste und dauerhafteste Form einer Dichtungsschicht dar.

β) **Asphaltfilz** entsteht durch Einpressen von Naturbitumen in Wollhaarfilzplatten; er hat vorzügliche Eigenschaften und lange Lebensdauer.

γ) **Bitumenmasse** mit Beimengungen (Asphaltkitt) ist sehr beständig, auch gegen Säuren, doch kann sie bei höheren Temperaturen und Belastungen herausgequetscht werden.

δ) **Teerpappen** und ähnliche Isoliererzeugnisse sind minderwertig, müssen jedoch mangels anderer vielfach angewandt werden.

ε) **Kieselgur** dient auch zur Wärmedichtung in Kühlhäusern und bei Dampfleitungen und wird zur besseren Wasserdichtheit mit Asphaltlack und ähnlichem bestrichen.

ζ) **Tondichtung** muß richtig mit Sand vermischt (abgemagert) werden und in dickeren Schichten (15 bis 20 cm) eingestampft sein.

η) **Anstriche** aus Bitumenemulsionen mit Zusätzen sind unter mannigfachen Namen im Handel; Goudron, Inertol, Preolith, Sidersothen-Lubrose, Solutin u. a. Sie haften auch auf frischem Mauerwerk; manche sind allerdings nicht sehr widerstandsfähig und entwickeln alkalische Seifen, die dem Beton schaden. Reine Teeranstriche verschwinden allmählich im Lauf der Jahre.

b) Porenfüllende Dämmstoffe.

Dem Mörtel beigemengte mechanische und chemische Bindemittel füllen Hohlräume aus. Mechanisch wirken Teer, Pech, Harz, Schwefel usw., chemisch Alaun, Traß, Wasserglas, Fettkalk, Schmierseife u. ähnl. Sie sind billig und beliebt, verhindern aber nicht die Rißgefahr im Mauerwerk.

Bekannte Handelserzeugnisse sind Ceresit, Sika, Murolineum.

Wesentlich ist immer die richtige Wahl des Mischungsverhältnisses der Zuschlagsstoffe, Auswahl des Zementes und genügender Zementzusatz, weil damit auch eine gewisse Dichtheit des Betons erzielt wird, ohne durch Zumischen von Dichtungsstoffen die Festigkeit herabzumindern.

c) Technische Ausführung.

Grundsätzlich soll die Dichtung so liegen, daß sie vor Verletzungen geschützt ist, weswegen man in gewissen Fällen ein besonderes Vorlegemauerwerk anbringt.

Man unterscheidet Innenhaut-, Außenhaut- und Zwischenlagendichtung.

Die Isolierung soll stets an der Druckseite sein, über keine scharfen Kanten führen und glatt aufliegen. Schräge Dichtungsflächen werden gegen Rutschen waagrecht abgetreppt. Die Dichtungslagen müssen mindest 20 cm übergreifen.

Schutzschichten aus Klinkern oder Betonformsteinen decken 10 bis 15 cm stark die Isolierlagen.

---

[13]) Die deutsche Reichsbahn hat eine empfehlenswerte Schrift „Anweisung für die Abdichtung von Ingenierbauwerken" (AIB) veröffentlicht.

Während der Isolierarbeiten ist Wasser fernzuhalten. Grundwasserandrang vermag man durch Zementinjektionen oder Untergrundversteinen zu beherrschen.

Quellen sind besonders schwierig abzudämmen; stärkere fängt man in einem Rohr, das nach Fertigstellung des Bauwerks durch einen Blindflansch abgeschlossen wird, kleine kann ein rasch draufgepappter expreßbindender [14]) Betonpfropf verstopfen.

Dehnfugen werden mit besonderen baulichen Vorkehrungen überbrückt und abgedichtet. (Siehe Dehnfugen bei Talsperren).

Dichtungsarbeiten sind unter guter Aufsicht gewissenhaft auszuführen; man wird sie daher nur an gut eingeführte Firmen übertragen. Nachtarbeit soll vermieden werden.

V. Gründungsarten.

A. Flachgründung.

1. Offene Gründung im Trockenen.

Bei einer Flachgründung werden die Grundmauern in mäßiger Tiefe soweit verbreitert als es die zulässige Beanspruchung des Baugrundes erfordert; derart wird gegründet, wenn die nötige Verbreiterung nicht allzugroß oder der für eine geringere Ausbreitung tragfähige Baugrund sehr tief liegt und nur mit großen Kosten zu erreichen wäre.

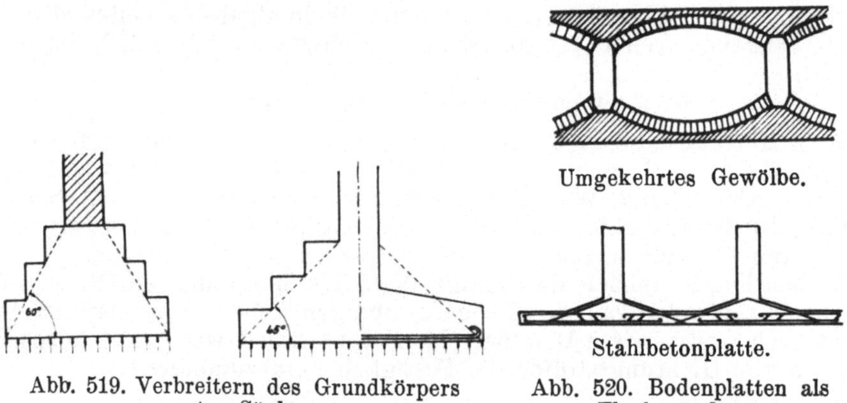

Abb. 519. Verbreitern des Grundkörpers unter Säulen.

Abb. 520. Bodenplatten als Flachgründung.

Gründung im Trockenen oder in trocken gehaltenen Baugruben bereitet keine bauliche Besonderheit, wenn der Untergrund tragfähig ist. Grundmauerwerk ist heutzutage fast ausschließlich Beton; nur in betonschädlichen Bodenarten sind Hartbrandziegel oder Klinker in Portlandzementmörtel einzubauen.

Einzelfundamente unter Säulen, Pfeilern oder Mauern werden mittels Sockelvorbau oder umgekehrten, d. h. von unten belasteten Kragplatten verbreitert (Abb. 519).

Grundplatten unter Gebäuden (Abb. 520) oder anderen Objekten sind als von unten her durch die Bodenpressung belastete Stahlbetonkonstruk-

[14]) Expreßbinder sind Chemikalien, die dem trocken angemachten Beton zuletzt beigegeben werden und diesen bei Wasserzugabe fast augenblicklich erhärten lassen.

tionen oder umgekehrte Gewölbe auszuführen. Zum Berechnen wird die Bodenpressung als gleichmäßig verteilte Last angenommen. Die errechnete Stärke der Stahlbetonplatte ist im Grundbau zumindest um 6 bis 10 cm zu vermehren, die als Ausgleichsschicht aufgebracht werden, um einer Verunreinigung der eigentlichen Stahlbetonkonstruktion vorzubeugen.

Die Sohle muß frostfrei liegen, damit sie von Bewegungen des Baugrundes infolge Gefrieren und Auftauen unbeeinflußt ist; sie muß ferner möglichst lotrecht zur Richtung der Schlußkraft der auf den Untergrund zu übertragenden Baulasten sein, um ein seitliches Abgleiten zu verhindern (Abb. 521).

Bauteile, die den Baugrund erheblich stärker belasten, wie Türme, Schornsteine und ähnliche, dürfen mit dem übrigen Bau nicht in Verband

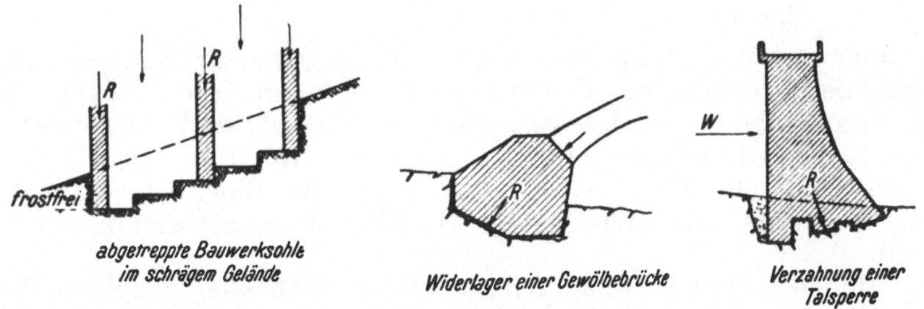

Abb. 521. Bodenfuge entsprechend der Angriffsrichtung der Resultierenden gestaltet.

gebracht werden, sondern sind durch lotrechte Baufugen getrennt, damit keine wilden Risse entstehen.

Es ist überhaupt eine Grundregel, in einem zusammenhängenden Bau die Bodenfuge durch entsprechende Breitenabstufung möglichst gleichmäßig zu belasten. Wichtig ist dies bei bindigen Bodenarten.

Alte und neue Bauwerksteile sollen so verbunden sein, daß Setzen des neuen Mauerwerks keine Unzukömmlichkeit im Gesamttragwerk hervorruft; es sind also als Übergangstragwerke freiaufliegende Balken oder Gelenke und an den Übergangsstellen Bewegungsfugen anzuordnen.

2. Verbessern des Baugrundes.

Die Baugrubensohle soll während der Arbeit durch einen Bohlenbelag vor Auflockern geschützt werden, vor Aufsetzen des Bauwerks möge sie gewalzt oder gestampft werden; lockerer Sandboden kann durch vorübergehende Belastung oder durch im Untergrund versenkte schwingende Rüttler verdichtet werden, weiche Schichten können durch Einwalzen von Sand, Kies und Steinen oder Einrammen von Pfählen, manchmal durch Einstampfen von Sand in Bohrlöcher oder nach Bauweise Dulac (Zusammenpressen durch Fallenlassen schwerer Stößel) besser tragfähig gemacht werden.

Sandschüttung kann im Moorboden gute Dienste leisten, weil Beton im Moorwasser angegriffen würde. Beim Bau großer Dämme der Reichsautobahnen, die Moore kreuzen, wurde durch Sprengen unter dem geschütteten Damm das Moor verdrängt und derart der Damm gegründet.

Schotteriger Boden von reinen Kalk- und Massengesteinen kann durch Zementeinspritzen nach dem System Wolfsholz versteint werden: Man teuft Bohrrohre ab, in die zuerst Wasser eingespritzt wird, um den Untergrund von Unreinigkeiten freizuspülen; schließlich wird unter hohem Druck Zementmörtel (1 : 3 bis 1 : 4) eingepreßt, welcher im Boden erhärtet. Ähnlich füllt man Felsspalten aus.

Zementinjektionen erfreuen sich zunehmender Anwendung. Der abgepreßte Baugrund muß vorher durch Aufbringen einer Mauerwerksschicht belastet werden, damit Boden und Zementeinspritzungen nicht emporquellen.

Statt Zement wird nach dem Joostenverfahren Kieselsäuregelee eingepreßt, welches auch in unreinem Boden gerinnt und ihn versteint. Das Shell-Permverfahren drückt Asphalt-Bitumen in den Untergrund zur Bodendichtung.

Solche Verfahren gestatten auch bereits erfolgte, aber unzureichende Gründungen zu verbessern.

3. Offene Gründung unter Wasser.

a) Unterwasserschüttung. Als Grundbau von Dämmen im Wasser (Molen u. dergl.) bei schlammigem Boden schüttet man oft Schotter und Steine, welche den Schlamm verdrängen oder den Untergrund verdichten und so eine breite Grundfeste darstellen, auf welcher der Damm oder das Grundwerk aufsteht. Zum gleichen Zwecke werden Blöcke, manchmal sehr großen Ausmaßes (bis 400 t), von Schiffen oder Schwimmkranen aus versenkt.

Die Blöcke lagern in waagrechten, senkrechten oder geneigten Fugen aufeinander, je nachdem ein Zusammenhalt gewünscht wird; statt massiver Körper werden auch steingefüllte Zellen versenkt.

b) Betonieren unter Wasser. Unterwasserschüttbeton ist unzuverlässig; es ist also stets eine trockene Baugrube anzustreben.

Baggerschaufeln heben den Boden unter Wasser bis zur Gründungssohle aus; in einem fahrbaren oder schwenkbaren Trichter, der bis an die Sohle reicht, wird nun möglichst trocken angemachter Beton eingefüllt, der sich über die Sohle verteilt (Abb. 522). Selbst bei bester Vorsorge ist nicht zu verhindern, daß hiebei Zement ausgeschwemmt wird. Dadurch entstehen Nester und Schotterlassen im Beton, die die Festigkeit des Mauerwerks stark beeinträchtigen; diese Gründungsart ist daher nur in geschlossener Baugrube und stehendem Wasser anwendbar. Nach Vollenden der Schüttung kann die Baugrube ausgepumpt werden, weil nunmehr von unten kein Wasser mehr aufqualmen kann. Es soll nicht über 5 m tief geschüttet werden, da sich sonst der Beton entmischt.

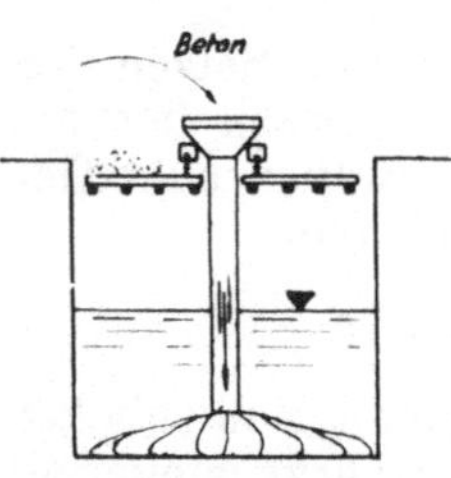

Abb. 522. Betonieren unter Wasser mittels fahrbaren Trichters.

Sicherer ist mit einem ortsfesten Trichter (Kontraktorverfahren) zu betonieren, der im Schüttgut steckt; der im Trichterrohr nachschiebende Beton breitet sich unter dem Schutz des zuerst eingebrachten Betons aus, mit zunehmender Betonhöhe wird der Trichter gezogen.

c) Schwimmkastengründung. Der Grundwerkskörper wird als Hohlkasten im Dock auf einer Unterlage oder am Helling auf einer Ablaufbahn fertig hergestellt, zu Wasser gelassen und dann schwimmend an Ort und Stelle gebracht, dort mit Schotter, Steinen oder Beton gefüllt und versenkt, wobei vorzusorgen ist, daß er dabei in die richtige Lage kommt.

Die Dockbauweise der Schwimmkasten erlaubt eine waagrechte Baulage und ein stoßfreies Zuwasserbringen, während bei der Stapellaufbauweise die Ausmaße nicht beschränkt sind.

Die Schwimmkastenform richtet sich nach dem Bauwerk. Diese Gründungsart findet Anwendung am freien Wasser für Molen, Leuchttürme, Brückenpfeiler u. ähnliches; sie läßt viel von der Findigkeit des Ingenieurs erhoffen.

Ein interessantes Beispiel hiefür bieten die von einer deutschen Unternehmung gebauten Pfeiler der kleinen Beltbrücke, die 30 m unter dem Meeresspiegel gegründet sind. Die Schwimmkästen von fast 5000 t wurden in umgekehrter Lage am Helling gebaut und so eingeschwommen, am Aufstellort durch einseitige Belastung gedreht und durch Wasserballast versenkt; schließlich wurden sie unter Druckluft innen ausgemauert, ein Teil der Hohlräume verblieb jedoch, um die Sohle zu entlasten. Der Untergrund ist dichter Ton mit großen Findlingen. Die starke Strömung durch den Belt erschwerte den Bau.

B. Tiefgründung.

Wenn die zulässige Beanspruchung des Baugrundes in Höhe der normal vorgesehenen Bausohle im Verhältnis zur Auflast nur gering ist, aber der Baugrund in erreichbarer Tiefe ausreichende Tragfähigkeit gewährt, schreitet man zu einer Tiefgründung, die auch größere Sicherheit gegen Setzen bietet.

Die Grundbauten werden meist in einzelne Pfeiler aufgelöst, die am tragfähigen Grund auflasten.

Die Tiefgründung erfolgt durch

1. Abteufen einzelner Grundpfeiler in offener Baugrube, wenn der tragfähige Boden in nicht allzugroßer Tiefe ist und kein besonderer Grundwasserandrang herrscht.

2. Pfähle, die wie einzelne Wurzeln durch den schlechten Boden hindurch auf tragenden Grund hinunter greifen, wobei auch die Mantelreibung des Umfanges mithilft.

3. Senkbrunnen, die in größeren Tiefen eine breitere und sicherere Aufstandsfläche gewähren als Pfähle.

4. Druckluftsenkkasten, wenn für Senkbrunnen der Wasserzustrom zu stark wird.

1. Grundpfeiler.

Die Baugruben dieser Pfeiler sind klein, sodaß ihr Aushub unschwierig vor sich geht; die Zwischenräume werden knapp unter Gelände durch Stahlbetonbalken oder Bogentragwerke überbrückt.

2. Pfahlgründung.

Pfähle werden besser *gerammt*, weil damit eine Bodenverdichtung verbunden ist. Durch *Bohren* werden meist nur Ortbetonpfähle abgeteuft, weil reine Bohrpfähle nur geringe Aufstandsfläche und keine Mantelreibung besitzen. *Einspülen* erleichtert in feinkörnigen Boden das Niederbringen, ohne den Nachbargrund in Mitleidenschaft zu ziehen; es ermöglicht überhaupt erst das Eindringen in feinkörnigen, dichten Boden.

Durch Hindernisse zerstörte Pfähle werden wieder durch Winden, Wuchtebaum oder Pfahlzieher gezogen; letztes bewirkt am maschinellen Rammgerät das Umkehren der Kraftrichtung.

Die in einer Querschnittsebene verbundene Pfahlgruppe bildet ein Pfahljoch, die Gesamtheit der Pfähle mit ihren Querverbindungen heißt der *Pfahlrost*.

Die Pfähle sind so angeordnet, daß sie achsrecht und nicht auf Biegung beansprucht werden; wenn aber auch andere als lotrechte Kräfte aufzunehmen sind, werden Schrägpfähle durch Schiefstellen des Mäklers geschlagen. Druckpfähle sollen mindest 1 m, Zugpfähle mindest 3 m in den tragfähigen Boden eingreifen. Der Pfahlabstand ist abhängig von Belastung und Tragkraft; er ist 0,6 bis 1,2 m, doch stets größer als zwei Pfahldurchmesser üblich. Sehr enge Stellung ist im dichten Boden bedenklich, weil dieser so stark gepreßt werden kann, daß die Pfähle beschädigt werden.

Die Pfahlköpfe werden durch eine Rostplatte aus Beton, mit oder ohne Bewehrung zusammengefaßt, die gewöhnlich auf Bausohle angeordnet wird und in welche Druckpfähle mindest eine Pfahldicke, Zugpfähle mindest 0,6 m einbinden sollen. Zugpfähle müssen außerdem zugfest angeschlossen sein, was man bei Holzpfählen vermittels dübelartigen Anschnittes, bei Stahlbetonpfählen durch Freilegen der Stahlbewehrung und ihren Anschluß

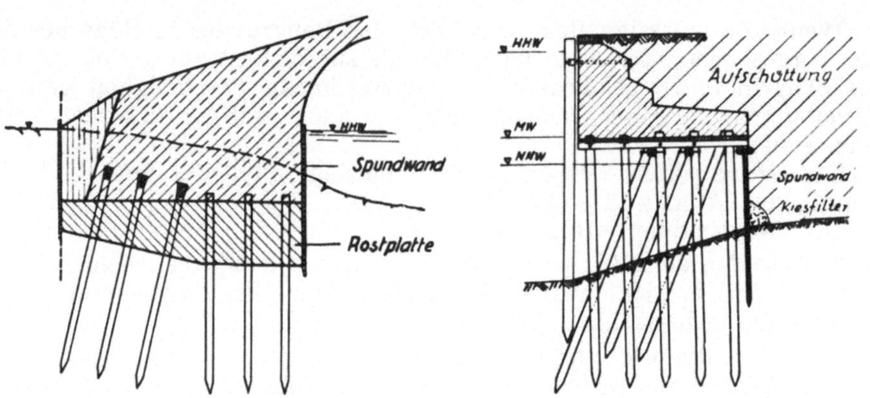

Abb. 523. Pfahlrost unter dem Widerlager einer Gewölbebrücke.

Abb. 524. Hoher Pfahlrost in Holz für eine Ufermauer.

an die Rostbewehrung erzielt. Betonrostplatten sind daher mindest 0,5 bis 1 m dick (Abb. 523).

Die heutzutage seltener gebrauchten Holzroste müssen unter NW liegen; auf sie wird mit Klinker aufgemauert. Sie werden meist nur in betonschädlichem Wasser oder bei freistehenden Pfählen angewandt.

Als Grundbau für Ufermauern, besonders am Meer, werden oft sogenannte hohe Pfahlroste (Abb. 524) errichtet, deren Kopf weit aus dem Boden hervorragt. Auf diese Art kann man eine teure Gründung ersparen. Weil der Pfahlrost den Erddruck aufzunehmen hat, wird ein Teil der Pfähle schräg gestellt. Die Rostplatte aus Holz muß vor Fäulnis durch genügend sichere Lage unter Wasser geschützt sein. Eine hintere Spundwand schließt die Lücke zwischen ihr und dem Boden. Bei stark wechselndem Wasserstand muß die Spundwand durchlöchert sein.

Eine vordere Spundwand wird nur gesetzt, wenn der Boden so nachgiebig ist, daß er unter der Strömung fortgespült würde und sie nicht viel länger als die hintere ist oder wenn man einen Abschluß der Baustelle benötigt.

Die Pfähle sind durch Querholme zu Jochen zusammengefaßt, meist durch eine Doppelzange mit hölzernen Bolzen; darauf werden verbindende Längsholme aufgelegt, die den Bohlenbelag (6 bis 10 cm dick) tragen. Weil die gerammten Pfähle gewöhnlich nie genau die vorgeschriebene Lage einnehmen, müssen sie in diese oft gezwungen werden; zu diesem Behufe sind Behelfsverbindungen einzuschalten, was eine gewisse zimmermännische Kunst erfordert und überlegt sein muß.

Die Tragfähigkeit der Pfähle läßt sich einigermaßen aus Proberammen und Probebelastung eines Pfahles beurteilen, umso schwerer aber ist daraus auf die Tragkraft einer Pfahlgruppe zu schließen; denn durch das Rammen wird die Mantelreibung im körnigen Boden abgemindert, ferner übergreifen sich die Lasteinwirkungen im Untergrund.

Man soll nie vergessen, eine Rammliste anzulegen, die das Ziehen, das ist Eindringen der Pfähle während der einzelnen Hitzen (Schlagserien), insbesonders der letzten 10 Schläge verzeichnet; diese letzte „Hitze" muß unter 10 cm Eindringtiefe ergeben, andernfalls der Pfahl nicht voll tragfähig ist. In der Rammliste ist ferner Pfahldurchmesser, Bärgewicht, Fallhöhe und Schlagfolge anzuführen.

Angenähert versucht man die Tragkraft der Pfähle aus sogenannten Rammformeln abzuleiten, von denen die von Brix am bekanntesten ist.

$$P\,zul = \frac{h}{n\,.\,e} \cdot \frac{G_1\,.\,G_2^2}{(G_1 + G_2)^2}$$

P zul Zulässige Pfahlbelastung in t,
G_1 Pfahlgewicht in t,
G_2 Bärgewicht in t,
h Fallhöhe in cm,
e Ziehen beim letzten Schlag in cm und
n Sicherheitsbeiwert.

Erddruckformeln lassen ebenfalls nur eine Schätzung zu.

$$P\,zul = \Big[\underbrace{F\,tg^2\left(\frac{\pi}{2} + \frac{\varrho}{2}\right)\gamma\,t}_{\text{Spitzenwiderstand}} + \underbrace{U\,\gamma\,\frac{t^2}{2}\,tg\,\delta}_{\text{Mantelreibung}}\Big]\,k$$

F Pfahlquerschnitt, U Pfahlumfang, t Pfahltiefe, γ Bodenwichte, ϱ Reibungswinkel des Bodens, δ Reibungswinkel zwischen Pfahlmantel und Boden. k Beiwert zwischen 1 und λ_p, der Erdwiderstandsziffer in den Tafeln von Krey.

Schätzungsweise kann die Tragfähigkeit der Pfähle im Kiesboden bei Holzpfählen mit Längen über 5 m mit ungefähr 1 t je 1 cm Durchmesser angenommen werden, bei Stahlbetonpfählen mit 30 bis 40 kg je 1 cm^2 Querschnittsfläche, so daß ein Holzpfahl von 40 cm Durchmesser etwa 40 t, ein quadratischer Stahlbetonpfahl mit 40 cm Seitenlänge etwa 45 t trägt.

Die statische Berechnung von Pfahlgruppen aus lotrechten und schrägen Pfählen ist wegen mancher Unklarheiten bezüglich Einspannung mit Schwierigkeiten verbunden. Einfachst kann man bei Annahme von Gelenklagerung die in den Pfählen auftretenden Kraftwirkungen aus Kraftplänen erkennen. [15])

Nach dem Baustoff unterscheidet man Holz-, Stahl- und Stahlbetonpfähle, nach ihrer Herstellung Fertigpfähle und Ortpfähle, welche letzte erst in ihrem Pfahlloch erzeugt werden.

---

[15]) Näherungsverfahren zur Nachprüfung geben: Nökkentved, Berechnung von Pfahlrosten, Berlin 1928, Titze, Seitlicher Bodenwiderstand von Pfahlgründungen, Berlin 1943.

a) **Holzpfähle (Holzpiloten).** Sie sind billig und auch im Salzwasser brauchbar, doch sind sie im allgemeinen nur von Dauer, wenn sie ständig unter niedrigstem Grundwasserstand bleiben, weil in diesem Fall Holz nicht faulen kann. Holzpfähle sind rund, am unteren Ende meist vierkantig zugeschärft und meist mit Stahlspitzen versehen; am oberen Ende wird ein Eisenring gegen Zersplittern beim Schlagen warm aufgezogen.

Die verwendete Holzart ist je nach Land verschieden, in den Alpenländern vielfach Lärche. Bevorzugt ist Kiefernholz; Tanne ist weniger fest und dauerhaft; Eichenpfähle sind gut, aber teuer.

Kiefernpfähle werden nach folgender Faustregel ausgewählt:

Grundpfähle: für 3 bis 4 m Länge 24 cm mittlerer Durchmesser + 1,5 cm je 1 m mehr;

Freistehende Pfähle: bis 6 m Länge 30 cm mittlerer Durchmesser + 1,5 cm je 1 m mehr;

Größtdurchmesser 45 cm, Größtlänge 20 bis 25 m.

Das Zopfende wird nach unten gerichtet; die Pfahlspitze ist umso stumpfer, je fester der Boden ist.

b) **Stahlpfähle.** Volle Rundstähle (125 bis 200 mm Durchmesser) oder Stahlrohre (150 bis 900 mm Durchmesser) erhalten unten Schraubenteller und werden damit in den Boden geschraubt; sie sind in englischen Ländern verbreitet. Statt Rundstahl werden kastenförmig zusammengebaute Spundwandprofile gerammt.

c) **Stahlbetonpfähle.** *α*) F e r t i g p f ä h l e. Stahlbetonpfähle lassen sich beliebig lang herstellen. Ihr Vorzug ist, daß sie nicht faulen und von Bohrwürmern verschont bleiben; ihr Nachteil, daß sie beim Rammen leicht Haarrisse bekommen, was für die Stahleinlagen Rostgefahr bedeutet.

Um Schwindrisse zu vermeiden, darf die Betonmischung nicht zu fett sein; im Meerwasser sind kalkarme Zemente zu verwenden. Die Einlagen sollen mindest 2 cm, besser 5 cm, mit Beton gedeckt sein.

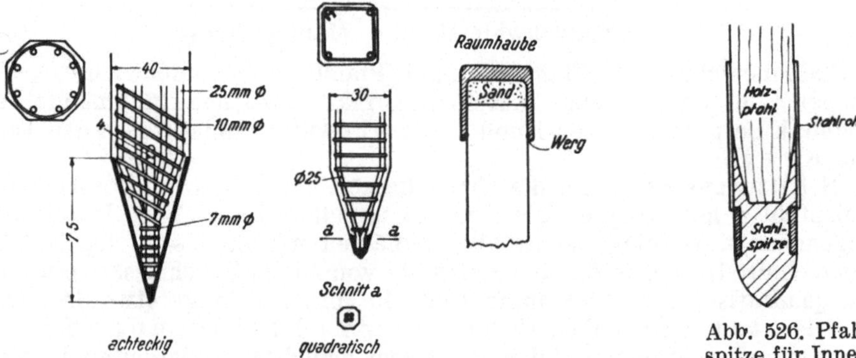

Abb. 525. Pfahlspitze und Rammhaube bei Fertigbetonpfählen.

Abb. 526. Pfahlspitze für Innenrammung.

Die Pfähle werden liegend betoniert, meist mit quadratischem Querschnitt und abgefasten Ecken, manchmal auch fünf-, sechs- und achteckig. Die Spitze ist durch einen Stahlschuh geschützt. Die Pfähle sind mit Längseisen in jeder Kante bewehrt, welche durch Bügel- und Spiralbewehrung umwunden sind.

Als Pfähle großer Stärke und Länge empfehlen sich zwecks Gewichtsersparnis Eisenbetonhohlpfähle, die entweder mit Außen- und Innenschalung oder im Schleuderbetonverfahren erzeugt werden.

Stahlbetonpfähle lassen sich aufpfropfen und dadurch verlängern; dabei werden die Längsstähle auf mindestens das 40fache ihres Durchmessers bloßgelegt, angesetzt und mit Draht umwickelt.

Beim Rammen erhalten die Pfahlköpfe zum Schutz gegen die Bärschläge eine Rammhaube, die vermittels einer schlagverteilenden Zwischenlage (Sand oder Polster aus Tauen) aufsitzt (Abb. 525).

β) Ortpfähle. Erschwernisse des Rammens und der Umgang mit den schweren Pfählen lassen sich vermeiden, wenn Pfahllöcher an Ort und Stelle durch Bohren oder Rammen hergestellt werden, die von Beton mit oder ohne Bewehrung ausgefüllt werden.

Bei den im Rammverfahren erzeugten Ortpfählen wird ein Rohr mit Stahlspitze meist durch Innenrammung eingetrieben, weil dabei das nach-

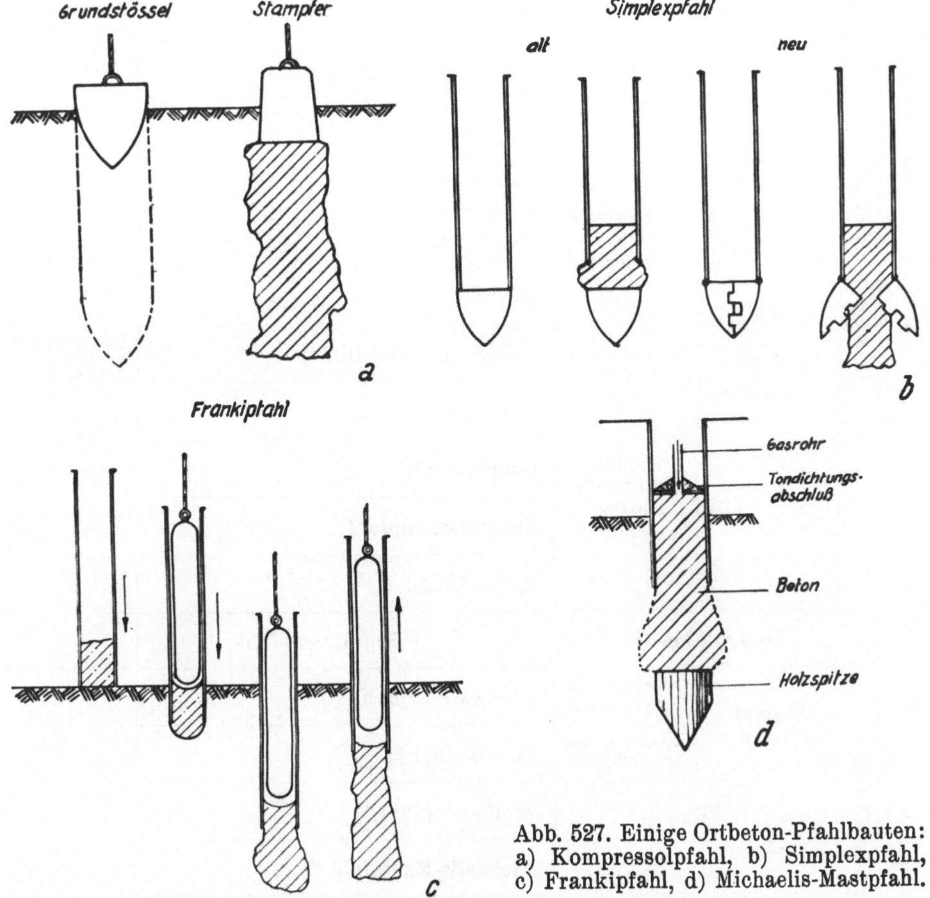

Abb. 527. Einige Ortbeton-Pfahlbauten: a) Kompressolpfahl, b) Simplexpfahl, c) Frankipfahl, d) Michaelis-Mastpfahl.

gezogene Rohr dünn gehalten werden kann und die Bodenerschütterung sich auf die Umgebung der Rohrspitze beschränkt (Mastpfahl) (Abb. 526).

Bohren vermeidet Erschütterung und ist daher auch im Innern von Gebäuden möglich; auch Hindernisse werden leicht durchfahren.

Bei manchen Ortpfahlarten geht das Bohrrohr verloren, weil es im Boden verbleibt, andere Arten ermöglichen das Rohr zurückzugewinnen.

Tab. 19. Gebräuchliche Pfähle.

<table>
<tr><td rowspan="17">Rammpfähle</td><td colspan="3" rowspan="5">Fertigpfähle</td><td colspan="2">Holzpfähle</td><td rowspan="5"></td></tr>
<tr><td colspan="2">Stahlpfähle</td></tr>
<tr><td rowspan="3">Stahlbetonpfähle</td><td>Massiv</td></tr>
<tr><td>Hohl</td></tr>
<tr><td>Schleuderbeton</td></tr>
<tr><td rowspan="12">Ortbetonpfähle</td><td colspan="2" rowspan="3">ohne Futterrohr</td><td colspan="2">Kompressolpfahl *)</td><td rowspan="12">Übergang zur Brunnengründung</td></tr>
<tr><td colspan="2">Konradpfahl</td></tr>
<tr><td colspan="2">Expreßpfahl von Stern</td></tr>
<tr><td rowspan="9">mit Futterrohr</td><td rowspan="5">verlorenes Futterrohr</td><td colspan="2">Konischer Schachtpfahl von Stern</td></tr>
<tr><td colspan="2">Mastpfahl *)</td></tr>
<tr><td colspan="2">Raymondpfahl</td></tr>
<tr><td colspan="2">Janssenpfahl</td></tr>
<tr><td colspan="2">Hohlpfahl Grün-Bilfinger</td></tr>
<tr><td rowspan="4">wiedergewonnenes Futterrohr</td><td colspan="2">Frankipfahl *)</td></tr>
<tr><td colspan="2">Simplexpfahl *)</td></tr>
<tr><td colspan="2">Zimmermannpfahl</td></tr>
<tr><td colspan="2">Konradpfahl</td></tr>
<tr><td rowspan="8">Bohrpfähle</td><td colspan="3">Fertigpfähle</td><td colspan="2">Schraubenpfähle</td><td></td></tr>
<tr><td rowspan="7">Ortbetonpfähle</td><td rowspan="2">Stampfbeton</td><td>verlorenes Bohrrohr</td><td colspan="2">Alba-Lorenzpfahl *)</td><td rowspan="7">Rüttelfußpfahl</td></tr>
<tr><td>wiedergewonnenes Bohrrohr</td><td colspan="2">Straußpfahl *)</td></tr>
<tr><td colspan="2" rowspan="5">Preßbeton</td><td colspan="2">Wolfsholzpfahl *)</td></tr>
<tr><td colspan="2">Michaelis-Mastpfahl *)</td></tr>
<tr><td colspan="2">Grün-Bilfingerpfahl</td></tr>
<tr><td colspan="2">Fischerpfahl</td></tr>
<tr><td colspan="2">Kellerpfahl</td></tr>
</table>

*) sind im Text beschrieben.

Bei den letztgenannten wird der Beton entweder in Pfahllöcher ohne Rohr (Kompressolpfahl) oder im Rohre mit abschließender Spitze (Franki- und Michaelis-Mastpfahl) oder in unten offene Rohre durch Auspressen mit Druckluft (Wolfsholz-Preßbetonpfahl) oder Einstampfen (Simplex- und Straußpfahl u. a.) gefüllt.

Es gibt eine Menge derartiger Pfahlausführungen und Patente (Tafel 19), von denen im folgenden die bekanntesten beschrieben sind:

Kompressolpfahl: Durch Fallenlassen eines Grundstößel aus etwa 15 m Höhe wird ein Loch freigemacht, in das Beton lageweise gefüllt und gestampft wird (Abb. 527 a).

Simplexpfahl (Abb. 527 b): Ein Rohr mit Spitze wird gerammt, das Rohr ohne Spitze gezogen und der Hohlraum mit Beton gefüllt, die Spitze bleibt im Boden. Der neue Simplexpfahl hat eine aufklappbare Spitze, die mit dem Rohr wieder gezogen wird, aber beim Ziehen den Boden lockert.

Straußpfahl: Er ist ähnlich wie der alte Simplexpfahl.

Lorenzpfahl: Es wird ein Klumpfuß bis zu 1 m Durchmesser erzeugt, indem mit sich auseinander spreizenden Federnschneiden der Untergrund ausgehöhlt und unter Wasser ohne Stampfen ausbetoniert wird. Das Rohr bleibt als Bewehrung.

Frankipfahl (Abb. 527 c): Ein Pfropfen erdfeuchten Betons wird eingerammt, der mit Hilfe der Wandreibung das Rohr nachzieht. In der Tiefe wird ein Klumpfuß zusammengestampft und das Rohr entsprechend dem Auffüllen mit Beton hochgezogen. Der Frankipfahl besitzt eine gute Tragfähigkeit.

Mastpfahl (Abb. 527 d): Dieser trägt beim Rammen eine Holzspitze, welche in der Tiefe verbleibt; beim Michaelis-Mastpfahl wird nach dem Betoneinfüllen ins Rohr eine dichte Abschlußhaube eingebracht, und darauf Druckwasser mit 35 at. eingepreßt, welches den Beton verdichtet und das Rohr heraustreibt.

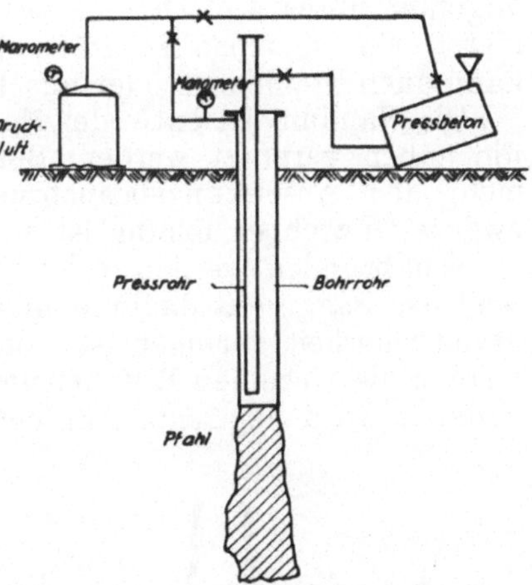

Abb. 528. Wolfsholzpreßbetonpfahl.

Nach dem System Wolfsholz-Preßbetonpfahl (Abb. 528) wird aus dem vorgebohrten Rohr zuerst mit Druckluft das Wasser herausgedrückt, dabei steigt das Rohr hoch; dann wird umgeschaltet und Preßbeton unter 5 bis 10 atü eingeblasen, der sich ausbreitet, in die Spalten eindringt und einen ausgezeichneten Pfahl erzeugt, der ohneweiters auch bewehrt werden kann.

3. Brunnengründung.

Brunnen sind offene Hohlzylinder aus Mauerwerk, Beton, Stahlbeton oder Stahl, die unter Ausheben des Bodens im Innern bis zum tragfähigen Baugrund abgesenkt und dann mit Beton und Mauerwerk ausgefüllt werden.

Die Brunnengründung wird vorteilhaft im gleichmäßigen, sandigen und lehmigen Boden angewandt, wenn der Baugrund tief (bis 15 m) liegt und kein starker Wasserandrang zu erwarten ist; in diesem Fall kann man allerdings den Brunnen oben schließen und unter Druckluft weiterarbeiten. Offene Brunnen sind bis 50 m abgeteuft worden. Sehr störend sind Hindernisse in der zu durchfahrenden Erdschicht, wie z. B. Wurzeln, große Steine usw.; auch nahestehende Bauten sind durch die unvermeidliche Auflockerung des Bodens gefährdet.

Der Senkbrunnen als Gründungspfeiler wird dem Umriß des Bauwerks angepaßt; am günstigsten ist ein Kreisquerschnitt, weil bei ihm ein kleinster Umfang bei größter Querschnittsfläche, damit ein geringster Reibungswiderstand vorhanden ist, der Aushub von allen Seiten gleichmäßig anfällt und der Erddruck günstig aufgenommen wird. Kreisrunde Brunnen drehen sich beim Absenken und kommen damit aus der Richtung; rechteckige fügen sich besser ins Bauwerk ein und sind daher bevorzugt.

Wasserbrunnen sollen ringsum dicht ans Gelände anschließen, Senkbrunnen dagegen leicht niedergehen, weshalb sie sich nach oben etwas verjüngen oder absetzen (etwa $^1/_{15}$ bis $^1/_{10}$) und die Außenwände zwecks Reibungsminderung geglättet werden. Bauweise und Bauvorgang ist den schon im Abschnitt Wasserversorgung beschriebenen Brunnen ähnlich, soweit es dem anderen Zweck entspricht. Wenige große Brunnen sind besser als viele kleine, weil jene dickere Wände und verhältnismäßig höheres Gewicht haben und weil sie weiter von einander abstehen. Mindestabstand der Brunnen sei 0,6 m von Schneide zu Schneide.

Der unterste Brunnenring, der B r u n n e n k r a n z, erhält eine Schneide, ungefähr unter 45° abgeschrägt, aus Stahlwinkeln geschweißt oder vernietet; sie ist umso schärfer, je härter der Boden. Der Brunnenkranz kann auch Stahlbeton oder aus Holz sein.

Die Wandung ist entweder Mauerwerk aus Hartbrandziegel und Klinker, die außen verputzt werden, Beton oder Stahlbeton. Die Wandstärke ist mehr den Absenkungsbeanspruchungen als dem Erddruck anzupassen; zwecks Gewichtserhöhung ist sie reichlich zu bemessen.

Senkbrunnen werden meist nicht sogleich zu voller Höhe aufgemauert, weil das Baggergut dadurch unnötig hoch gefördert werden muß und die Standsicherheit geringer ist, sondern gemäß dem allmählichen Absinken werden die einzelnen Brunnenringe von 1 bis 2 m Höhe nachgemauert. Der Brunnen wird abgesenkt, indem unter der Schneide das Aushubmaterial

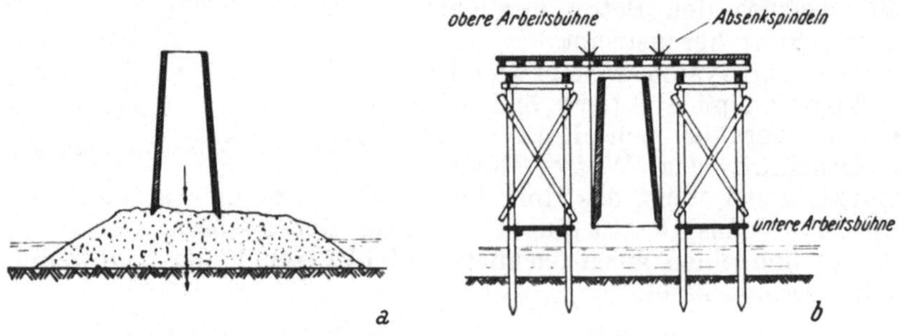

Abb. 529. Brunnenabsenkung in offenem Wasser: a) von einer vorher geschütteten Insel; b) von einem Gerüst.

weggegraben wird, so daß er allmählich tiefer sinkt; zum Niedergehen wird der Brunnen manchmal belastet.

Unter Wasser wird mit Schaufeln ausgebaggert und der Beton für die Sohle mit ortsfestem Trichter eingebracht. Nach Festwerden der Sohle wird der Brunnen leergepumpt und ausgemauert.

Im offenen Wasser senkt man den Brunnen entweder von einer Inselschüttung oder von einem Gerüst, in sehr tiefem Wasser auch von Schiffen aus, ab (Abb. 529).

Geht ein Senkbrunnen nicht in der verlangten Richtung nieder, versucht man ihn durch Abspreizen und einseitige Schüttungen zurecht zu rücken.

Sobald die Senkbrunnen in die richtige Lage niedergebracht und ausgemauert sind, werden sie knapp über dem Wasser durch Gewölbe oder Stahlbetonbalken verbunden (Abb. 530).

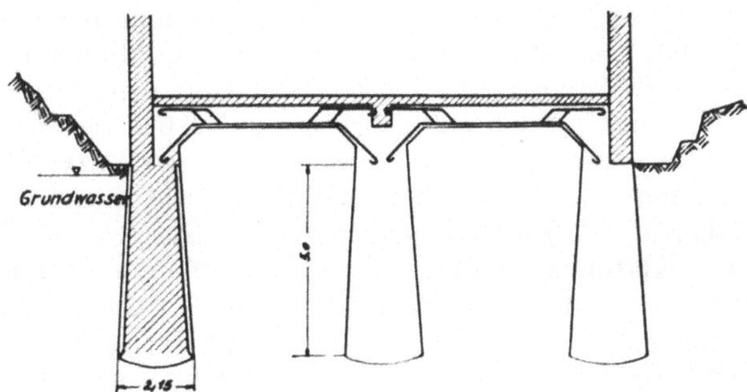

Abb. 530. Brunnengründung eines Gebäudes.

4. Druckluftgründung.

Wird ein Senkbrunnen oben geschlossen und beim Absenken unter Wasser der Innenraum durch Einblasen von Druckluft wasserfrei gehalten, kann in diesem Arbeitsraum der Aushub trocken erfolgen. Man hat eine Senkkastengründung; der Arbeitsraum wird später ausgemauert und bildet zusammen mit dem Senkkasten den Grundkörper; wird jedoch der unten offene Senkkasten nur zeitweise über den Grund gestülpt, um in seinem Schutz wasserfrei arbeiten zu können, nennt man dies eine Taucherglocke.

Die Druckluftgründung ist zufolge ihrer kostspieligen Bauart bei tiefen Gründungen in starkem Wasserandrang und bei schweren Hindernissen

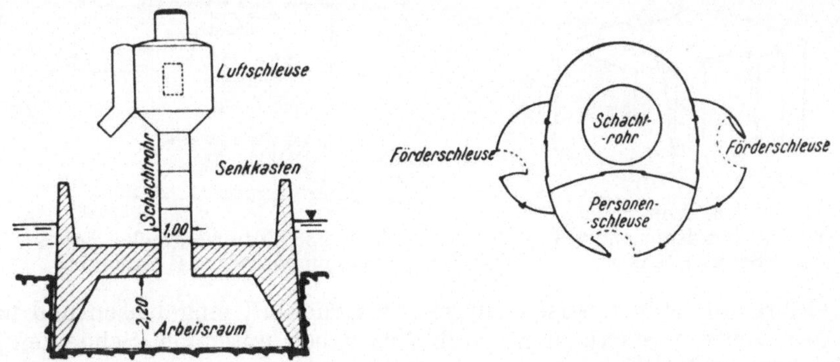

Abb. 531. Druckluftsenkkastengründung mit Schnitt durch die Luftschleuse.

gewöhnlich das letzte Auskunftsmittel, wenn einfachere Gründungsweisen versagen.

a) **Senkkasten.** Der Senkkasten (Caisson) (Abb. 531) ist kräftig zu bauen, da er nicht nur das Bauwerk trägt, sondern vermöge seines Gewichtes einsinken soll; eine statische Berechnung braucht bei ausreichender Bemessung nur annähernd zu sein. Der Senkkasten ist aus Beton, Stahlbeton oder Stahl, ehemals auch aus Holz gebaut. Die Innenwand ist umso stärker geneigt, je weicher der Boden ist, damit der Caisson nicht zu stark einsinkt und der Arbeitsraum mindest mannshoch freibleibt. Die Außenwand hat einen Anzug 1 : 10 bis 1 : 20 zur Minderung der Reibung. Decke und Wände müssen luftdicht sein, weshalb Betonsenkkästen innen verputzt werden.

Zum Ein- und Aussteigen der Arbeitsmannschaft sowie zum Fördern des Aushubs und der Baustoffe ist in der Senkkastendecke ein Schachtrohr mit Luftschleuse aufgesetzt, meist je eine für Personen und eine oder zwei für Material. Der Schacht besteht aus freistehenden Stahlrohren, die mit Innenflansch und Gummidichtungen verbunden und nur mit dem untersten Rohrstutzen an der Decke einbetoniert sind. Er trägt oben die stählerne Luftschleuse, die ohne Verlust an Druckluft den Übertritt von Personen und Material von außen in die unter Druckluft stehende Arbeitskammer und umgekehrt ermöglicht; die Eintrittskammern der Luftschleuse haben einen Lufthahn zum Druckausgleich sowie gut abgedichtete Türen oder Klappen, die erst nach vollkommenem Druckausgleich geöffnet werden können, weil sie vorher der Überdruck geschlossen hält. Damit der Materialtransport keine Unterbrechung erleidet, sind zwei Förderschleusen; während die eine gefüllt wird, entleert man die andere; dem Personenverkehr dient eine dritte Kammer.

Ein Absenken im Wasser wird von einer vorher geschütteten Insel oder von einem Gerüst aus vorgenommen; der Senkkasten kann an Ort und Stelle betoniert oder auch anderswo fertig gestellt und dann eingeschwommen werden. Am Gerüst hängt der Kasten an Schraubenspindeln, mit denen er gleichmäßig abgelassen wird. Zugleich mit dem Absenkvorgang werden die Senkkastenwände brunnenartig bis über den Wasserspiegel

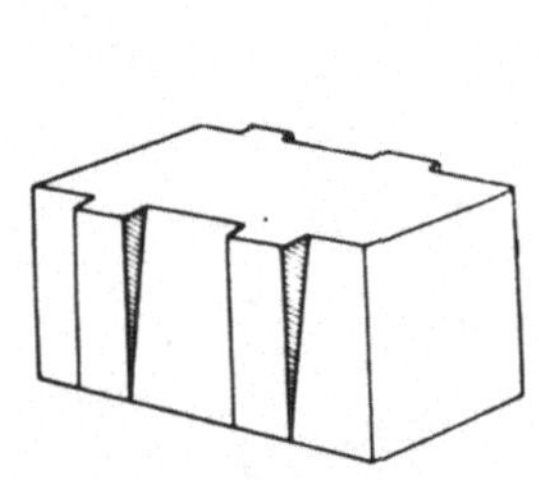

Abb. 532. Leitrippen zwecks Geradführung des Senkkastens.

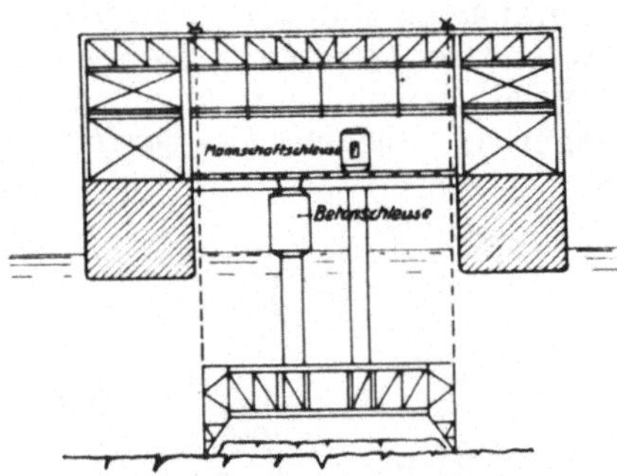

Abb. 533. Taucherglocke vom Schwimmgerüst aus absenkbar.

hochgeführt, die Luftschleusen aufgesetzt, Druckluft eingeblasen und nach dem Aufsitzen der Senkkasten durch Ausgraben unter den Schneiden allmählich abgesenkt.

Weicht der Senkkasten von der vorgeschriebenen Richtung ab und geht er schief, kann man ihn einseitig durch Stempel im Innern zurückhalten oder gegen Widerlager abspreizen, einseitig Boden anschütten oder schräg absenken (nach Brennecke); schließlich versucht man durch Leitwände an den Seiten den Kasten gerade zu führen (Abb. 532). Ausgraben an der einen Seite zum Verringern des Eindringwiderstandes hilft auch zum Aufrichten.

Nach Erreichen der richtigen Tiefe ist der Arbeitsraum sorgfältig auszumauern und dabei besonders auf guten Deckenanschluß zu achten. Man hat derart bis 40 m unter Wasserspiegel gegründet und einzelne Senkkasten von 30 × 55 m Grundfläche gebaut.

b) **Die Taucherglocke.** Sie ist ein Senkkasten aus Stahl, der aber nicht in den Grund versenkt, sondern nur über die Grundwerkssohle gestülpt wird, um in seinem Schutz das Bauwerk trocken hochzuführen; sie wird dort angewendet, wo die Baugrundsohle ohne tiefes Ausschachten zu erreichen ist (Abb. 533).

Die Taucherglocke hängt an einem schwimmenden Gerüst oder ist selbst schwimmend.

c) **Druckluftarbeiten.** Arbeiten unter erhöhtem Luftdruck gefährden die Gesundheit, weshalb hiefür gesetzliche Vorschriften bestehen.[15])

Die Druckluft wird durch Wasser gekühlt und durch Luftfilter und Ölabscheider gereinigt; in die Arbeitskammer führen zwei getrennte Luftleitungen mit Windkessel zum Druckausgleich. Sicherheitsventil bei der Pumpe, Rückschlagventil in der Arbeitskammer, Druckmesser bei der Pumpe, im Arbeitsraum und in den Schleusen sorgen für die Sicherheit. Ein Zuviel an Luft entweicht unter der Schneide oder kann abgeblasen werden.

Je Arbeiter müssen stündlich 30 m^3 reine Frischluft, 10 bis 25° C warm, eingeblasen werden; im Caisson ist nur elektrisches Licht; Rauchen ist verboten.

Es dürfen nur gesunde, 20 bis 50 Jahre alte Leute unter Druckluft arbeiten, die ständig vom Arzt gesundheitlich überwacht sind. Als höchster Überdruck ist 3,5 atü zugelassen. Arbeitszeit ist acht bis vier Stunden, mit wachsendem Überdruck geringer.

Das Einschleusen muß so langsam geschehen, daß niemand Beschwerden hat, das bedrohlichere Ausschleusen geschieht nach Vorschrift, je 1 Minute für $^1/_{10}$ atü, bei höheren Drücken immer länger dauernd, bis 70 Minuten bei 3 atü.

Zeigen sich irgend welche Krankheitsmerkmale, wie Gliederschmerzen, Lähmungen oder Ohnmacht, so ist der Kranke sofort wieder unter Druckluft zu setzen und dann erst ganz langsam auszuschleusen; es muß hiezu eine eigene S a n i t ä t s s c h l e u s e vorhanden sein.

---

[15]) Verordnung für Arbeiten in Druckluft vom 29. Mai 1935, RGBl. 1935/I, Nr. 58.

Namenverzeichnis.

Sachverzeichnis.